数字电子技术基础

主　编　夏路易
副主编　高文华　田建艳　刘振宇

科学出版社
北　京

内 容 简 介

本书内容包括数制与编码、逻辑代数、逻辑门电路、组合电路、触发器、时序电路、存储器、可编程逻辑器件、Verilog 语言、脉冲整形与产生、数模与模数转换器、数字外围电路与 QUARTUS Ⅱ软件的使用，并给出数十个数字电路大型作业题。本书还介绍多种数字元器件的技术参数、数字电路逻辑设计与直接设计方法，给出大量丰富的例题与习题，目的是使读者具有分析、设计与实现数字电路的能力。

本书可作为电子信息类、电气信息类、仪器仪表类各专业的教材，也可供其他相关工科专业使用，还可作为电子工程师、电子技术爱好者的参考书。

图书在版编目(CIP)数据

数字电子技术基础／夏路易主编.—北京：科学出版社，2012. 8

ISBN 978-7-03-035275-0

Ⅰ. ①数… Ⅱ. ①夏… Ⅲ. ①数字电路-电子技术-高等学校-教材 Ⅳ. ①TN79

中国版本图书馆 CIP 数据核字(2012)第 179203 号

责任编辑：刘鹏飞 张丽花／责任校对：林青梅
责任印制：张 伟／封面设计：迷底书装

科学出版社 出版
北京东黄城根北街 16 号
邮政编码：100717
http://www.sciencep.com
北京中石油彩色印刷有限责任公司 印刷
科学出版社发行 各地新华书店经销
*
2012 年 8 月第 一 版 开本：787×1092 1/16
2022 年 1 月第八次印刷 印张：24
字数：626 000

定价：59. 80 元

(如有印装质量问题，我社负责调换)

前　言

本书内容丰富、通俗易懂、保证基础、立足应用的特点，根据教学情况对书中的内容适当取舍，使教材日臻完善，满足教学需要。

数字电子技术的教学目的有三个，其一是学习数字电路基本工作原理；其二是学会阅读数字元器件数据手册；其三是读懂数字电路图。本书围绕这三个方面编写，除像其他教材一样介绍数字电路基本原理外，还给出很多数字元器件技术参数及大量的数字电路实例，其目的是有意识地引导读者学习元器件技术参数，而给出大量数字电路实例的目的是使读者练习读懂数字电路图。

本书特点如下：

(1)在保留现有数字电路基本内容的基础上，突出介绍元器件功能与技术参数，使读者具有阅读元器件技术参数与数字电路图的能力。

(2)引入组合电路与时序电路的逻辑设计与直接设计概念，给出设计步骤。

(3)介绍基于 Verilog HDL 的硬件描述方法与 QUARTUS Ⅱ软件的使用方法，使读者能够掌握先进技术分析、设计组合、时序电路与数字系统。

(4)书中有很多单片机硬件相关的内容与例子，目的是为读者学习嵌入式系统做技术准备。

(5)附录给出数十个实际控制器设计的大型题目，不仅可以作为课后作业，而且可以作为课程设计题目。

本书适合作为电类各专业的数字电子技术课程教材，先修课程为电路基础，后续课程为微机原理、嵌入式系统(单片机)等课程。

在使用本书时，建议在讲第 4 章组合逻辑电路时，介绍 QUARTUS Ⅱ软件，以使学生可以随时通过软件仿真学习所讲授内容。若是有课程设计，也可以把第 8 章(可编程逻辑器件工作原理)与第 9 章(Verilog HDL)放在课程设计课中讲授。书中标有星号的内容可以根据课时数选用。

参加本书编写工作的有：太原理工大学田建艳(第 4 章)、石栋华(第 2 章)、曲兵妮(第 5 章)、郝晓丽(第 9 章)；太原科技大学高文华(第 6 章)、董增寿(第 12 章)、任青莲(第 1 章)、曹俊琴(第 11 章)；山西农业大学李利峰(第 7 章)、刘振宇(第 8 章)、郭海霞(第 3 章)、刘琪芳(第 10 章)，其余章节与附录由夏路易编写。夏路易任主编，负责全书的组织、修改与定稿；高文华、田建艳与刘振宇任副主编，协助主编工作。

中北大学毕满清教授不辞辛劳，认真地审阅了书稿，并提出许多宝贵意见，在此表示感谢。

本书在成书过程中参考了许多专家的教材、著作与论文，在此一并表示感谢。

由于编者能力有限，本书虽经修改，但难免还有错漏之处，恳请同行与读者批评指正，在此表示感谢。

主编电子邮箱：yiluxia@yahoo. com. cn。

编　者

于太原理工大学

目　　录

第 1 章　数制转换与编码

本章介绍二进制数的基本概念、不同数制之间的转换、二进制数运算与补码，以及常用的编码。

1.1　二 进 制 数

1.1.1　为什么使用二进制数

日常使用的十进制数中任何一位数需要 10 个状态才能表示，因此用电的方法表示非常困难。例如，用电压表示十进制数，需要 10 个电压值，常用如图 1-1 所示的简单分压电路实现。所以，为获得表示任何数字的电压值，单刀开关须动作多次。

同样，实现 1 位二进制信号简单得多，若用两个分离的电压值（又称逻辑电平）表示二进制数，例如，实现 1 位二进制信号，可以用如图 1-2 所示的开关电路实现，开关闭合时，输出电压 0 V 表示二进制数字 0；开关断开时，输出电压 5 V 表示二进制数字 1，所以实现二进制数的开关动作简单得多，因此二进制数很容易用开关电路实现。

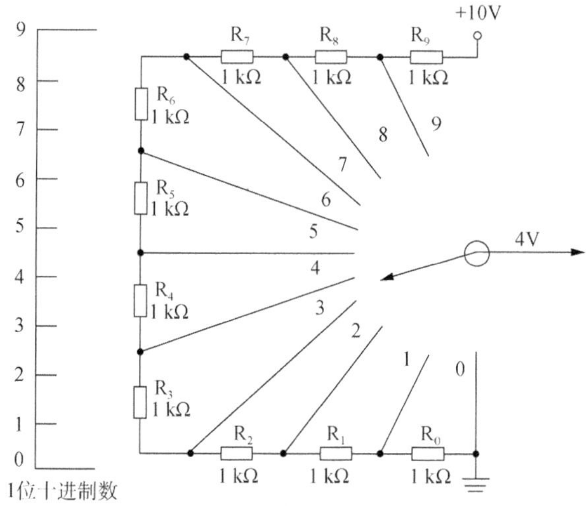

图 1-1　电阻分压电路实现 1 位十进制数

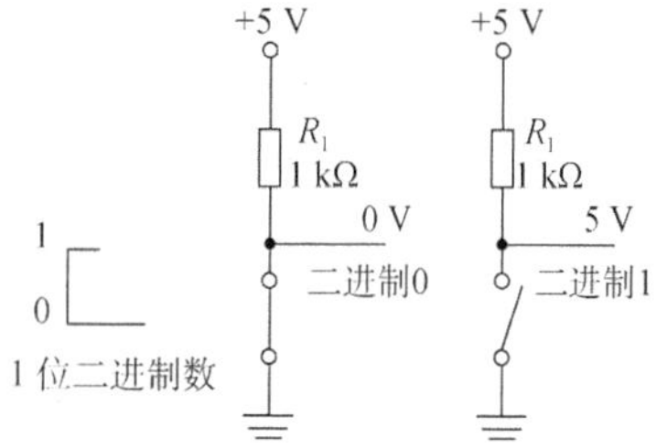

图 1-2　开关实现 1 位二进制数

在实际中具有开关功能的电子器件很多，如图 1-3 所示，继电器可以实现二进制数，二极管、晶体管等都可作为开关组成电路实现二进制数。如图 1-3(a)所示，继电器在线圈输入端无电压时，线圈 b 无电，触点 a 在弹簧 c 的作用下断开；当线圈输入端有电压时，继电器线圈 b 通电，在线圈 b 电磁吸力的作用下，触点 a 闭合。因此继电器是一个电压控制的开关。

图 1-3(b)是二极管作为开关的电路图，当二极管输入电压为 0 V 时，输出被钳位在 0.7 V；当二极管输入电压为 3 V 时，输出被钳位在 3.7 V，因此输入信号可以控制输出电平。

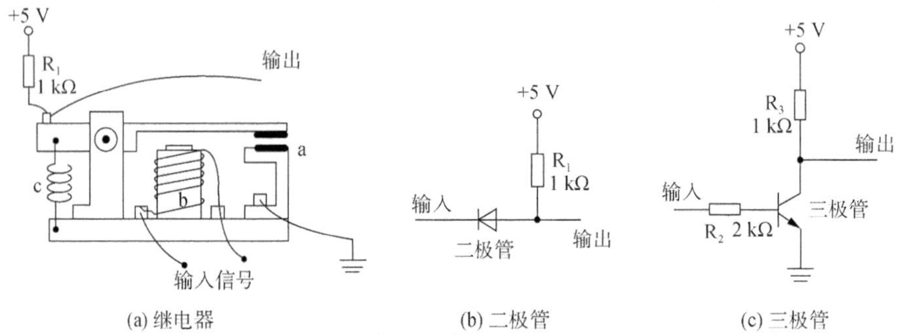

图 1-3　用于表示二进制数的开关元器件

图 1-3(c)是三极管开关电路图,当输入电压使三极管饱和时,输出电压近似为 0 V;当输入电压使三极管截止时,输出电压近似为 5 V。输入电压信号可以控制三极管开关的通断,控制输出电压的变化。

二进制数容易用电子元件实现,这是使用二进制数的主要原因。

1.1.2　二进制数的组成、转换与算术运算

1. 有权数

十进制数是有权数,数的位置不同,数具有的权不同,例如,对于十进制数 33,虽然两个数都是 3,但由于位置不同,所以右边的 3 代表 3,左边的 3 代表 30,所以 $33=3\times10^1+3$。对于有小数的十进制数,例如,123.4 可以表示为 $1\times10^2+2\times10^1+3\times10^0+4\times10^{-1}$。

十进制数的权结构可以表示为:

$$\cdots10^5\ 10^4\ 10^3\ 10^2\ 10^1\ 10^0\ 10^{-1}\ 10^{-2}\ 10^{-3}\cdots$$

二进制数与十进制数一样也是有权数,其权结构可以表示为:

$2^{n-1}\cdots2^5\ 2^4\ 2^3\ 2^2\ 2^1\ 2^0\ 2^{-1}\ 2^{-2}\ 2^{-3}\cdots2^{-n}$

二进制权重如表 1-1 所示。

表 1-1　二进制权重

2^8	2^7	2^6	2^5	2^4	2^3	2^2	2^1	2^0	2^{-1}	2^{-2}	2^{-3}	2^{-4}	2^{-5}
256	128	64	32	16	8	4	2	1	0.5	0.25	0.125	0.0625	0.03125
									1/2	1/4	1/8	1/16	1/32

2. 二进制数转十进制数

将各位二进制数乘以相应的权后相加就可以转成十进制数。例如,将 1101101 转成十进制数的过程如下:

$$\begin{aligned}&1\times2^6+1\times2^5+0\times2^4+1\times2^3+1\times2^2+0\times2^1+1\times2^0\\&=1\times64+1\times32+0\times16+1\times8+1\times4+0\times2+1\times1\\&=64+32+8+4+1=109\end{aligned}$$

3. 十进制整数转二进制数

常用的十进制整数转二进制数方法是重复除 2 法:将十进制数除以 2,余数则为二进制数低位,得到的商继续除以 2;得到的余数为次低位,得到的商再次除以 2;不断重复该过程,直到商为 0;最后得到的余数 1 为最高位。

例如，$45_{(10)}=101101_{(2)}$，$173_{(10)}=10101101_{(2)}$。其中，MSB 表示高位，LSB 表示低位。

除数	商	余数	
2	45	=1	LSB
2	22	=0	
2	11	=1	
2	5	=1	
2	2	=0	
2	1	=1	MSB
	0		

除数	商	余数	
2	173	=1	LSB
2	86	=0	
2	43	=1	
2	21	=1	
2	10	=0	
2	5	=1	
2	2	=0	
2	1	=1	MSB
	0		

4. 十进制小数转二进制数

常用的十进制小数转二进制数方法是重复乘 2 法：将小数部分乘以 2，积的整数部分是最高位；积的小数部分继续乘以 2，积的整数部分是次高位；积的小数部分继续乘以 2，直到积的小数部分全为 0；最后得到积的整数部分 1 是最低位。

例如，$0.3125_{(10)}=.0101_{(2)}$。

	积的整数部分	
$0.3125\times2=0.625$	0	MSB
$0.625\times2=1.25$	1	
$0.25\times2=0.50$	0	
$0.5\times2=1.00$	1	LSB

5. 二进制数算术运算

二进制数可以表示数值，也可以表示逻辑值。所以，两个二进制数既可以实现算术运算，也可以实现逻辑运算。二进制数的算术运算与十进制数运算规则相似，只是逢 2 进 1，借 1 相当于 2。

1)加减法运算

例如，$1100_{(2)}+1010_{(2)}=10110_{(2)}$，$1100_{(2)}-1010_{(2)}=0010_{(2)}$。

```
加法:
0+0=0        1100
0+1=1      + 1010
1+0=1      ------
1+1=10      10110

减法:
0-0=0        1100
10-1=1     - 1010
1-0=1      ------
1-1=0        0010
```

在实际应用中，使用数字电路可以实现二进制数的加减法运算。

2)乘法运算

二进制数乘法运算过程：先将被乘数与乘数最低位形成部分积，随后将被乘数与乘数次低位形成部分积，直到所有乘数各位都与被乘数相乘形成部分积，再将所有部分积相加。

例如，$1100_{(2)}\times1001_{(2)}=1101100_{(2)}$，其运算式如下：

```
      1100
   ×  1001
   -------
      1100
     0000
    0000
 + 1100
 ---------
   1101100
```

乘法运算实际上是被乘数按照乘数中 1 的位置左移形成部分积后相加实现，乘数的最低位的位置为 0。在本例中，由于乘数位置 0 为数 1，则被乘数 1100 先左移 0 位，形成第一个部分积

1100；然后由于乘数位置 3 为 1，则被乘数左移三位形成部分积 1100000，两个部分积相加，形成积为 1101100。

由上述规律可知，如果一个二进制数乘以一个 2 的整数幂，则可以由左移幂次实现，移出的空位补 0，例如，110×2^1 之积可以直接将 110 左移 1 位实现，结果为 1100。

3)除法运算

除法运算是被除数或余数减去右移的除数。若余数大于等于 0，则商为 1，否则商为 0。

例如，$110_{(2)}\div10_{(2)}=11_{(2)}$。

首先是被除数 110 减去右移 0 位的除数，余数大于 0，所以商为 1；然后是余数减去右移 1 位的除数，余数等于 0，则商为 1。

由上述规律可知，如果一个二进制数除以一个 2 的整数幂，则可以由右移幂次实现，移出的空位补 0，例如，$110\div2^1$ 之商可以直接将 110 右移 1 位实现，结果为 11。

6. 反码与补码

1)反码

反码是将一个二进制数中的 1 变为 0，0 变为 1。例如，二进制数 1010 的反码是 0101。

反码有时又称为 1 的补码，就是与该二进制数位数相等的全 1 二进制数（2^n-1，n 为二进制数的位数）的补码，或者一个二进制数与该二进制数 1 的补码相加，是与该二进制数相等位数的全 1 二进制数。

例如，1010 与 0101 相加等于 1111（2^4-1），所以 0101 是 1010 的 1 的补码（反码）。

2)2 的补码

反码加 1 称为 2 的补码，相当与二进制数位数相等的全 1 二进制数加 1（2^n）的补码，或者称为模为 2^n 的补码。

例如，1010 的反码是 0101，0101＋1＝0110 是 2 的补码，因为 1010＋0110＝10000（2^4）。

一个二进制数的补码就是用模 2^n 减去这个二进制数。一个数与该数的补码之间是互补关系，而两个数互补，则说明是相同的数（只是表示方法不同），或者说是符号相反的另外一个数。因此在减法运算中，减一个数常用加一个数的补码代替。

7. 有符号数

有符号数可以表示为：符号＋数值。一个二进制数的最高位在有符号数中是符号位，通常用 0 表示正数，1 表示负数，例如，＋25 的 8 位有符号二进制数为 00011001，而－25 的有符号的二进制数为 10011001。

有符号数也可以表示为：权重之和，即最高位等效为具有符号权重的十进制数。

若是将负数的符号位按照权重考虑为负数，其他权重为正数，则二进制数的权重之和是该数。取补运算可以改变该数的符号，例如，8 位有符号数中 00000100（＋4）的补码为 11111100，由于最高位为 1，因此：－128＋64＋32＋16＋8＋4＝－4；11101101（－19）的补码为 00010011，其权重之和为 16＋2＋1＝19。

在有符号数系统中，正数的补码是该数本身，而负数的补码为该数取反码加 1。

1)两个有符号数相加

两个有符号数相加分为 4 种情况，以下举例说明。

(1)两数都是正数，如 7＋4＝11 的情况：

$$\begin{array}{rr} 00000111 & 7 \\ +00000100 & +4 \\ \hline 00001011 & 11 \end{array}$$

这时，和是正二进制数。

(2)正数大于负数，如 15＋(－6)＝9 的情况：

```
   00001111     15
 + 11111010    + -6
 1 00001001      9
```

在丢掉进位后，和是正二进制数。

(3)负数大于正数，如 16＋(－24)＝－8 的情况：

```
   00010000     16
 + 11101000    + -24
   11111000     -8
```

和是负数，因此是 2 的补码。

(4)两数都是负数，如－5＋(－9)＝－14 的情况：

```
   11111011     -5
 + 11110111    + -9
 1 11110010    -14
```

丢掉进位后，和是 2 的补码。

2)两个有符号数相减

两个有符号数减法运算步骤为：将减数取补码，然后被减数与减数相加，再丢掉进位，下面分 4 种情况举例说明。

(1)8－3＝8＋(－3)＝5：

```
   00001000     被减数8
 + 11111101     -3的补码
 1 00000101     差为5
```

(2)－25－(＋19)＝－25＋(－19)＝－44：

```
   11100111     被减数 (-25)
 + 11101101     -19的补码
 1 11010100     差为-44 (-128+64+16+4=-44)
```

(3)－120－(－30)＝－120＋30＝－90：

```
   10001000     被减数 (-120)
 + 00011110     +30的补码
   10100110     差为-90 (-128+32+4+2=-90)
```

(4)12－(－9)＝12＋9＝21：

```
   00001100     被减数 (+12)
 + 00001001     +9的补码
   00010101     差为+21  (16+4+1=21)
```

8. 十六进制数与二进制数之间的转换

1 位十六进制数与十进制数、二进制数之间的关系如表 1-2 所示。

将二进制数转换成十六进制数，只须将二进制数 4 位 1 组，按组转换成十六进制数。将十六进制数转换成二进制数，只须将每位十六进制数转换成对应的二进制数。例如，$10101110_{(2)}=AE_{(16)}$。

有时为区别十六进制数与十进制数，常在十六进制数前加 0x。例如，$10011100_{(2)}$＝0x9C。

表 1-2　十六进制数与十进制、二进制数之间的关系

十进制数	二进制数	十六进制数	十进制数	二进制数	十六进制数
0	0000	0	8	1000	8
1	0001	1	9	1001	9
2	0010	2	10	1010	A
3	0011	3	11	1011	B
4	0100	4	12	1100	C
5	0101	5	13	1101	D
6	0110	6	14	1110	E
7	0111	7	15	1111	F

1.2　常用的编码

1. 8421 码

8421 码又称为 BCD(Binary Coded Decimal)码，用 4 位二进制数表示 1 位十进制数，如表 1-3 所示。

表 1-3　BCD 码

十进制数	0	1	2	3	4	5	6	7	8	9
BCD	0000	0001	0010	0011	0100	0101	0110	0111	1000	1001

由于 4 位二进制数有 16 种组合，而 BCD 码只用其中的 10 种组合，因此还有 6 种组合没有使用。

2. 余三码

余三码也是一种用 4 位二进制数表示十进制的编码，是由 8421 码加 3 形成的一种编码，如表 1-4 所示。

表 1-4　余三码

十进制数	0	1	2	3	4	5	6	7	8	9
余三码	0011	0100	0101	0110	0111	1000	1001	1010	1011	1100

3. 格雷码

格雷码(Gray Code)又称为循环码，该编码如表 1-5 所示。

表 1-5　格雷码

编码顺序	0	1	2	3	4	5	6	7	8	9	10	11	12	13	14	15
二进制数	0000	0001	0010	0011	0100	0101	0110	0111	1000	1001	1010	1011	1100	1101	1110	1111
格雷码	0000	0001	0011	0010	0110	0111	0101	0100	1100	1101	1111	1110	1010	1011	1001	1000

从 0000 开始，该编码的特点是每一位都循环变化：

(1)最右边一位的变化规律为 0110 0110 0110 0110；

(2)右边第二位的变化规律为 0011 1100 0011 1100；

(3)右边第三位的变化规律为 0000 1111 1111 0000；

(4)最左边一位的变化规律为 0000 0000 1111 1111。

格雷码的主要优点是编码按照顺序变化时，相邻编码间只有一位发生变化，因此不会出现逻辑变量互补变化产生的噪声。

4. 美国信息交换标准代码(ASCII)

美国信息交换标准代码(American Standard Code)是由美国国家标准化协会(ANSI)指定的一种信息代码，广泛用于计算机与通信领域，ASCII 已经由国际标准化组织(ISO)认定为国际标准代码。

ASCII 码是用 7 位二进制数组成的编码，因此可以表示 128 个信息，其中包括十个数字 0～9、大小写英文字母、32 个符号和 34 个控制码。如表 1-6 所示是部分美国信息交换标准代码。

表 1-6　部分美国信息交换标准代码表

十六进制	ASCII 代码	十六进制	ASCII 代码	十六进制	ASCII 代码	十六进制	ASCII 代码
30	0	44	D	58	X	6C	l
31	1	45	E	59	Y	6D	m
32	2	46	F	5A	Z	6E	n
33	3	47	G	5B	[	6F	o
34	4	48	H	5C	“	70	p
35	5	49	I	5D	]	71	q
36	6	4A	J	5E	ˆ	72	r
37	7	4B	K	5F	—	73	s
38	8	4C	L	60	‘	74	t
39	9	4D	M	61	a	75	u
3A	:	4E	N	62	b	76	v
3B	;	4F	O	63	c	77	w
3C	<	50	P	64	d	78	x
3D	=	51	Q	65	e	79	y
3E	?	52	R	66	f	7A	z
3F	?	53	S	67	g	7B	DEL
40	@	54	T	68	h	7C	{
41	A	55	U	69	i	7D	|
42	B	56	V	6A	j	7E	}
43	C	57	W	6B	k	7F	～

小　　结

本章内容主要为：

(1)使用二进制数的原因。

(2)二进制数的组成、基本运算，反码、补码与有符号数运算。

(3)二进制数与十进制数、十六进制数之间的转换。

(4)常用的 8421 码、余三码、格雷码与美国信息交换标准代码。

思　考　题

1. 为什么在数字系统中使用二进制数?
2. 常用哪些电子元件表示二进制数?
3. 什么是有权数?
4. 什么是反码与补码?
5. 常用的编码有哪几种?
6. 十六进制数 30 表示 ASCII 代码的哪个数字?

习　　题

【题 1-1】 将下列十进制数转换为二进制数、八进制数、十六进制数。

(1)25;(2)43;(3)56;(4)78。

【题 1-2】 将下列二进制数转换为十进制数。

(1)10110001;(2)10101010;(3)11110001;(4)10001000。

【题 1-3】 将下列十六进制数转换为十进制数。

(1)FF;(2)3FF;(3)AB;(4)13FF。

【题 1-4】 将下列十六进制数转换为二进制数。

(1)11;(2)9C;(3)B1;(4)AF。

【题 1-5】 将下列二进制数转换为十进制数。

(1)1110.01;(2)1010.11;(3)1100.101;(4)1001.0101。

【题 1-6】 将下列十进制数转换为二进制数。

(1)20.7;(2)10.2;(3)5.8;(4)101.71。

【题 1-7】 写出下列二进制数的反码与补码(最高位为符号位)。

(1)01101100;(2)11001100;(3)11101110;(4)11110001。

【题 1-8】 将下列自然二进制码转换成格雷码。

000;001;010;011;100;101;110;111。

【题 1-9】 将下列十进制数转换成 BCD 码。

(1)25;(2)34;(3)78;(4)152。

【题 1-10】 试写出 3 位和 4 位二进制数的格雷码。

第 2 章　逻辑门与逻辑代数基础

逻辑可以表示各种事物之间的因果关系，如果用二进制数表示逻辑状态，则可以用逻辑门实现逻辑。本章介绍逻辑描述、逻辑门、逻辑代数基本公式与逻辑代数化简。

2.1　逻辑描述

实际逻辑问题需要逻辑描述，下面介绍几种逻辑描述方式。

1. 逻辑函数

逻辑函数与一般的数学函数一样，描述输入与输出变量之间的逻辑关系，函数中的逻辑变量常用大写或小写字母表示，但取值只能为 0 或 1。通常，取值为 1 的变量称为原变量，取值为 0 的变量称为反变量。

2. 真值表

真值表是将所有可能情况下的输入取值与对应的输出值列成的表格，是逻辑关系的表格表示。通常，表格左侧为输入变量按照二进制数增序排列的所有取值，右侧为输出变量。

如果用数字 0、1 表示输入与输出变量的取值，则真值表描述输入逻辑变量与输出变量之间的关系。如果用高电平 H、低电平 L 表示输入信号与输出信号的取值，则真值表描述门电路输入与输出之间的电平关系称为电平真值表。

3. 逻辑电路图

逻辑电路图又称为逻辑图，逻辑图用图形的方式描述逻辑输入变量与输出变量之间的关系，逻辑门符号是逻辑图的基本元素。

在逻辑电路图中，低电平或是逻辑 0 有效的信号常与逻辑非（小圆圈）引脚连接，以表示该信号是低电平或是逻辑 0 有效的信号。若信号不与逻辑非符号（小圆圈）引脚连接，则表示该信号是高电平或是逻辑 1 有效的信号。用圆圈表示逻辑非的符号称为逻辑非符号。

4. 逻辑信号

逻辑信号既可以用高电平 H 或是逻辑 1 表示有效，也可以用低电平 L 或是逻辑 0 表示有效。在信号为高电平 H 或是 1 有效的逻辑中，低电平 L 或是 0 表示信号无效；在信号为低电平 L 或是 0 有效的逻辑中，高电平 H 或是 1 表示信号无效。有些逻辑图中的信号既有高电平有效的信号，也有低电平有效的信号，这种逻辑称为混合逻辑。

若用逻辑 1 代表高电平 H，用逻辑 0 代表低电平 L，则称为正逻辑；若用逻辑 1 代表低电平 L，用逻辑 0 代表高电平 H，则称为负逻辑。

2.2　基本逻辑门功能概述

1. 非门

非门又称为反相器，是实现逻辑“非”运算的逻辑电路。非门的逻辑符号如图 2-1 所示，其中右侧符号为国外资料常用的符号。

非门逻辑符号输出端的小圆圈表示逻辑非，在此表示输出端低电平有效；输入端没有小圆圈,表示高电平有效。引脚之间的逻辑关系用方框中的文字描述。例如,非门符号中的"1"表示一个有效的高电平输入信号可以输出一个有效的低电平信号。

非门的输出信号 Y 是输入信号 A 的"非",若输入信号 A 是高电平 H,则输出信号 Y 是低电平 L;若输入信号 A 是低电平 L,则输出 Y 是高电平 H。

非门输出信号与输入信号之间的逻辑关系可以用表 2-1 的真值表表示。

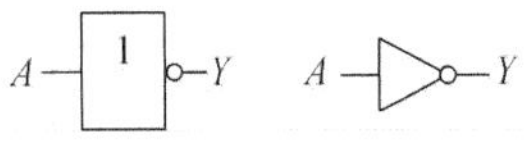

图 2-1　非门符号

表 2-1　非门真值表

输入	输出	输入	输出
A	Y	A	Y
L	H	0	1
H	L	1	0

在表 2-1 中,左侧为电平真值表,右侧为逻辑真值表。

非门输入变量 A 与输出变量 Y 之间的关系可写成逻辑函数式,即

$$Y=\overline{A}$$

该函数式中,A 是输入逻辑变量,Y 为输出逻辑变量,$\overline{A}$顶部的横杠表示逻辑非运算,读作"A 非"或"非 A"。A 常称为原变量,$\overline{A}$称为反变量。

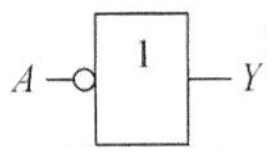

图 2-2　另一种非门符号

图 2-2 也是非门符号图,但是它的输入端是低电平有效,而输出端是高电平有效。

【例 2-1】　如图 2-3 所示,一串方波波形加在非门输入端,试画出非门输出端波形。

解:由于非门的输出与输入相位相反,所以输出波形如图 2-3 所示。

【例 2-2】　用非门实现反码。

解:4 位二进制数取反码,就是将 4 位二进制数逐位取反,实现该功能的电路如图 2-4 所示。

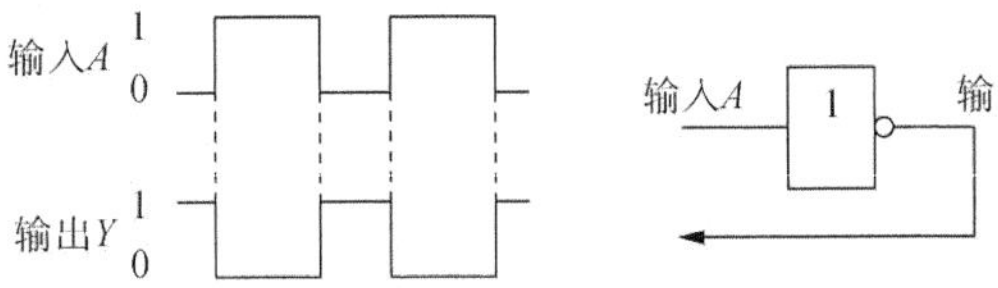

图 2-3　非门的输入与输出波形

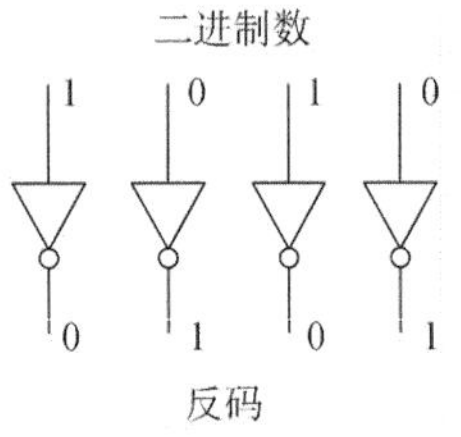

图 2-4　获得反码的电路

2. 或门

或门是实现"或"运算的门电路,或运算符号如图 2-5 所示,其中右侧符号为国外资料常用的或门符号。"或"运算又称为"或"逻辑、逻辑加。或门实现的逻辑如表 2-2 所示。由表可知输入变量 A 与 B 中只要有一个为 1,则输出 Y 为 1,写成逻辑函数式为

$$Y=A+B$$

函数式中的"+"号表示"或"运算。

或门符号中的"≥1"表示一个或多于一个有效的输入 1 可以输出一个有效的输出 1。输入和输出引脚都没有加小圈,表示输入、输出引脚都是高电平有效。

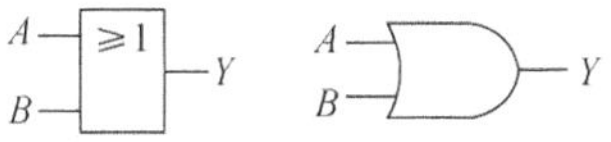

图 2-5　或门符号

表 2-2　或门真值表

输　入		输　出
A	B	Y
0	0	0
0	1	1
1	0	1
1	1	1

【例 2-3】　如图 2-6 所示，波形加在一个或门输入端，试画出或门输出端的波形。

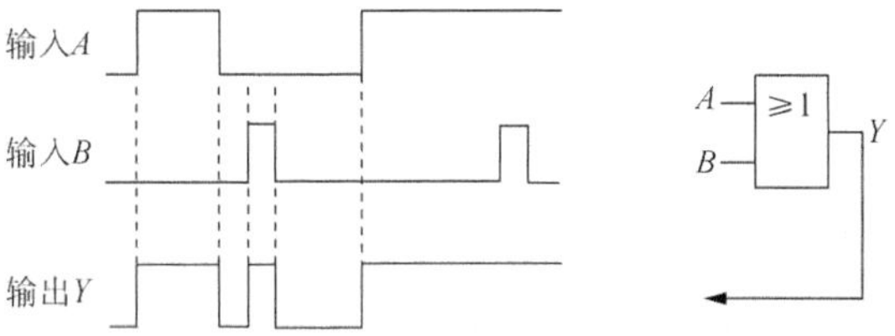

图 2-6　或门输入 A、B 波形与输出 Y 的波形图

解：输入 A 与输入 B 的波形中，只要有高电平，输出就是高电平，所以输出波形如图 2-6 所示。

【例 2-4】　某房间的 3 个窗户上安装有磁控开关，当窗户打开时磁控开关输出高电平，现在要求设计一个电路，当任何一个窗户打开时，该电路输出报警信号。

解：实现该例功能的电路如图 2-7 所示。窗户上安装的磁开关在窗户关上时，由于磁铁作用使开关(干簧管)触点闭合，连接或门的信号线输出低电平；当窗户打开时，由于磁铁作用消失，开关触点断开，相连或门的信号线输出高电平。由于或门的作用，任何一个窗户打开，或门都输出高电平，该输出使三极管 9013 饱和导通，蜂鸣器通电报警。

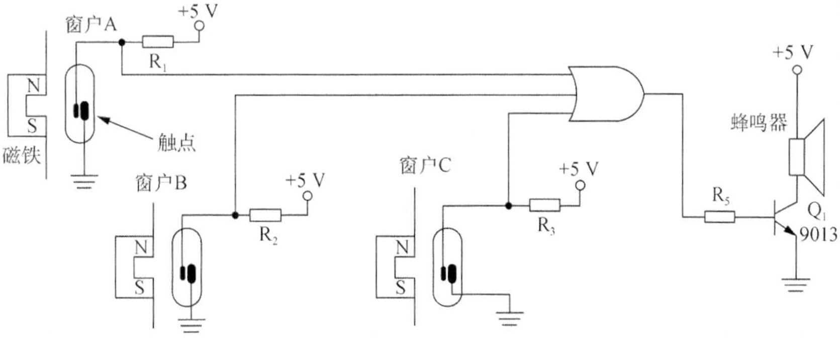

图 2-7　用或门组成的开窗报警电路

3. 与门

与门是实现“与”运算的门电路，与门符号如图 2-8 所示，其中右侧符号为国外资料常用“与”门的符号。“与”运算又称为“与”逻辑、逻辑乘。与门实现的逻辑如真值表 2-3 所示。输入 A 与 B 都为 1 时，输出 Y 为 1，可以写成逻辑函数式为

$$Y = A \cdot B$$

表 2-3　与门真值表

输　入		输　出
A	B	Y
0	0	0
0	1	0
1	0	0
1	1	1

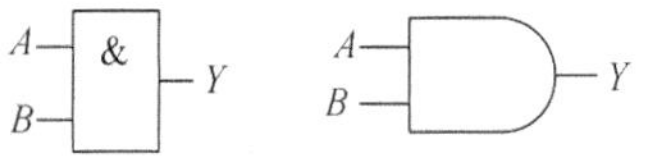

图 2-8　与门符号

函数式中的“·”表示“与”运算，常省略。

【例 2-5】　对于如图 2-9 所示的 A、B 波形，试确定与门输出波形。

解：按照与门的逻辑功能，只要有一个输入信号为低电平，输出就是低电平；两个输入信号都是高电平时，输出才是高电平，所以可以画出如图 2-9 所示的与门输出波形。

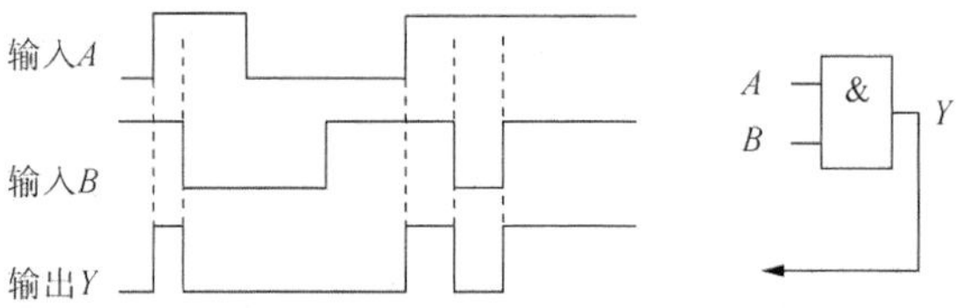

图 2-9　与门电路的输入 A、B 与输出 Y 的波形图

【例 2-6】　利用与门控制计数器输入脉冲的脉冲频率测量电路如图 2-10 所示，试分析工作原理。

解：与门的一个输入信号是被测频率 F，另外一个输入信号是时间为 1 s 的高电平控制信号。在控制信号为高电平区间，与门解除封锁，脉冲频率信号通过与门使计数器对脉冲个数计数，在译码器电路支持下，显示电路显示计数器所计的脉冲频率计数值。

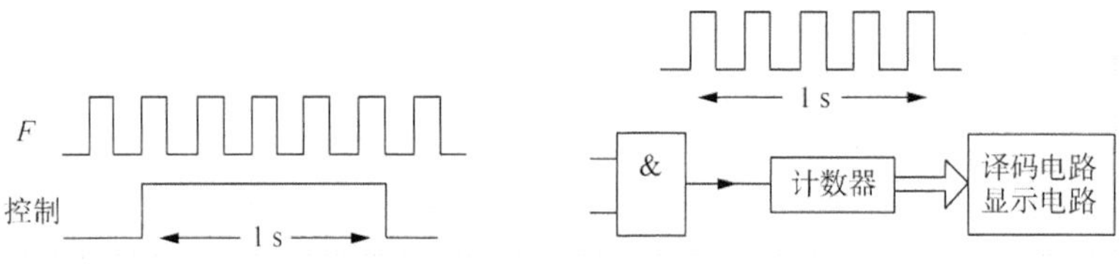

图 2-10　与门控制脉冲频率计数的频率测量电路

【例 2-7】　汽车安全带绑紧检测装置如图 2-11 所示，试分析工作原理。

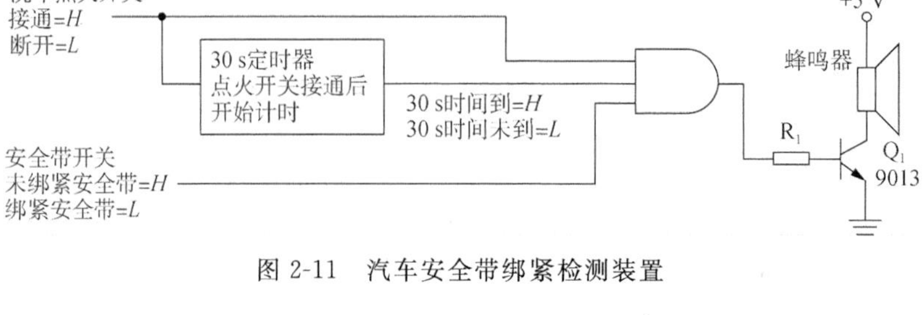

图 2-11　汽车安全带绑紧检测装置

解：当汽车点火开关接通（输出信号为高电平 H）且 30 s 定时器开始计时，当 30 s 定时器时间到（输出信号为高电平 H），若安全带未绑紧（输出信号为高电平 H）时，与门输出高电平，三极

管 9013 饱和导通，蜂鸣器报警。

4. 与非门

与非门可实现“与门”和“非门”的复合运算，与非门符号如图 2-12 所示，其中右侧符号为国外资料常用的与非门符号。与非门实现的逻辑如真值表 2-4 所示。

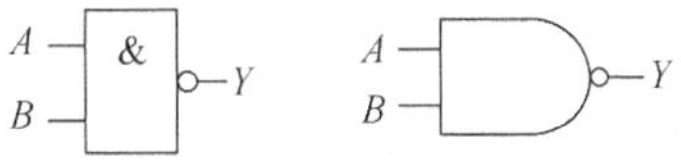

图 2-12　与非门符号

表 2-4　与非门真值表

输　入		输　出
A	B	Y
0	0	1
0	1	1
1	0	1
1	1	0

输入 A 与 B 都为 1 时，输出 Y 为 0，写成逻辑函数式为

$$Y=\overline{A\cdot B}$$

【例 2-8】　对于如图 2-13 所示的 A、B 波形，试确定与非门输出波形。

解:按照与非门的逻辑功能，只要有一个输入信号为低电平，输出就是高电平；两个输入信号都是高电平时，输出才是低电平，所以可以画出如图 2-13 所示的与非门输出波形。

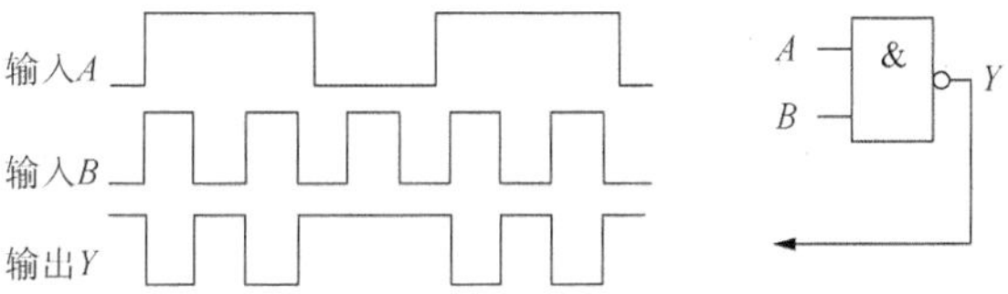

图 2-13　与非门的输入 A、B 波形与输出 Y 的波形图

【例 2-9】　某工业生产须监视两种液体的液位，当液位高于液罐高度的 10%时，液位传感器输出高电平，否则输出低电平。要求当两罐液位同时高于液罐高度的 10%时，绿色发光二极管亮。

解:实现该例功能的电路如图 2-14 所示，采用与非门判断两个液罐的液位信号，若是两个液罐液位都超过 10%，液位传感器输出高电平，与非门输出低电平，发光二极管亮；只要有一个液罐的液位信号为低电平时，与非门输出高电平，发光二极管灭。

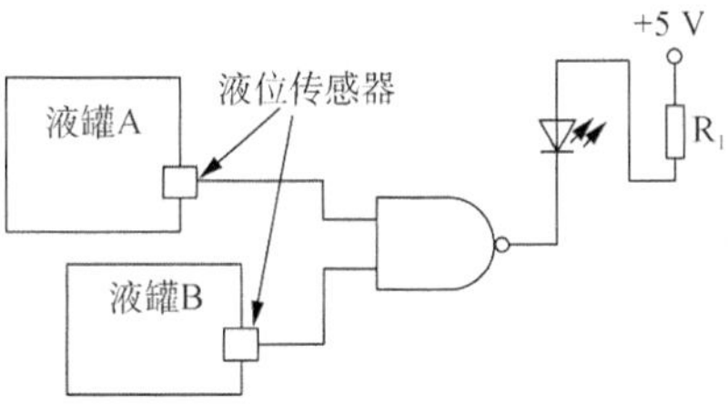

图 2-14　液罐液位高度监测电路

5. 或非门

或非门可实现“或门”和“非门”的复合门运算，其符号如图 2-15 所示，其中右侧符号为国外资料常用的或非门符号。或非门实现的逻辑功能如真值表 2-5 所示。

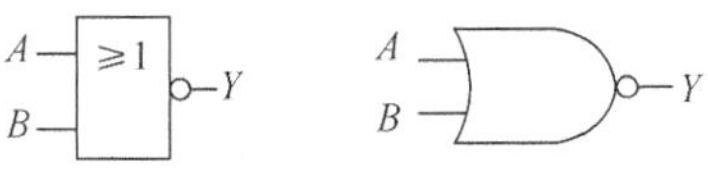

图 2-15　或非门符号

表 2-5　或非门真值表

输　入		输　出
A	B	Y
0	0	1
0	1	0
1	0	0
1	1	0

输入变量 A 与 B 中有一个或多于一个为 1，输出 Y 为 0，写成函数式为

$$Y=\overline{A+B}$$

【例 2-10】 对于如图 2-16 所示的 A、B 波形，试确定或非门输出波形。

解：按照或非门的逻辑功能，只要有一个输入信号为高电平，输出就是低电平；两个输入信号都是低电平时，输出才是高电平，所以可以画出如图 2-16 所示的与非门输出波形。

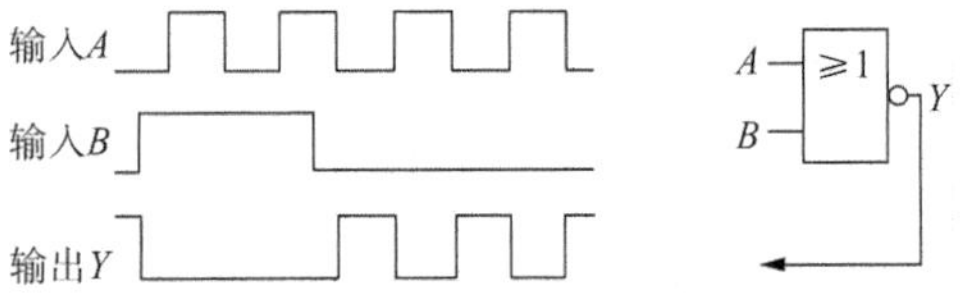

图 2-16 或非门的输入 A、B 波形与输出 Y 的波形图

【例 2-11】 设有汽车门关闭检测系统，汽车门若未完全关闭，门检测开关输出高电平；若门完全关闭，门开关输出低电平。要求若有一个或多个门未完全关闭，发光二极管亮，提示驾驶员关门。

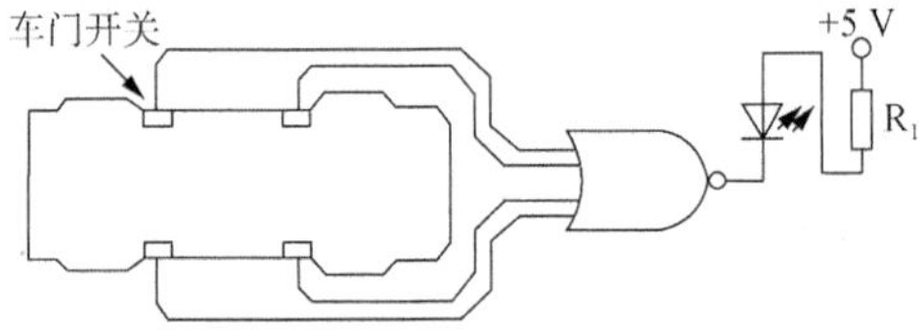

图 2-17 汽车门完全关闭检测电路

解：实现该例功能的电路如图 2-17 所示。只要有一个或多个车门未关闭，或非门输出低电平，发光二极管点亮报警。

6. 异或门

异或门实现“异或”逻辑，其符号如图 2-18 所示，其中右侧符号为国外资料中常用的异或门符号。异或门实现功能如真值表 2-6 所示。

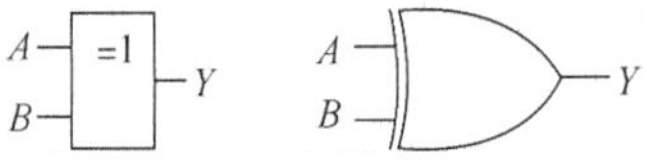

图 2-18 异或门符号

表 2-6 异或门真值表

输入		输出
A	B	Y
0	0	0
0	1	1
1	0	1
1	1	0

输入变量 A 与 B 中有一个输入是高电平，另外一个输入为低电平时，输出 Y 为高电平，写成逻辑函数式为

$$Y=\overline{A}B+A\overline{B}=A\oplus B$$

【例 2-12】 对于如图 2-19 所示的 A、B 波形，试确定异或门输出波形。

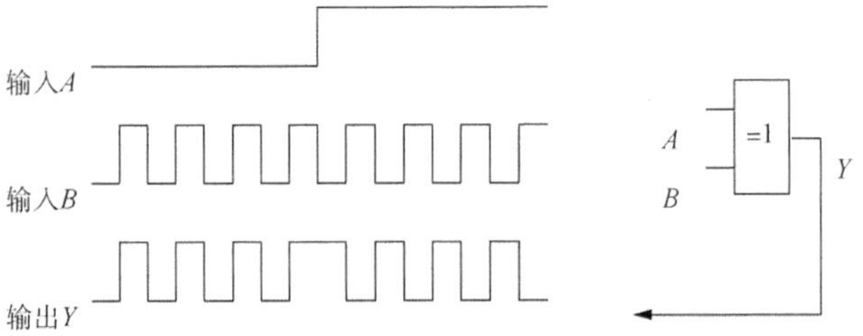

图 2-19 异或门的输入 A、B 与输出 Y 的波形图

解:按照异或门的逻辑功能,当信号 A 为低电平时,输出 Y 与输入 B 相同;当输入信号 A 为高电平,输出 Y 就是对输入信号 B 取反,所以可以画出如图 2-19 所示的异或门输出波形。

7. 同或门

同或门实现“同或”逻辑,其符号如图 2-20 所示,其中右侧符号为国外资料中常用的同或门符号。同或门功能如真值表 2-7 所示。

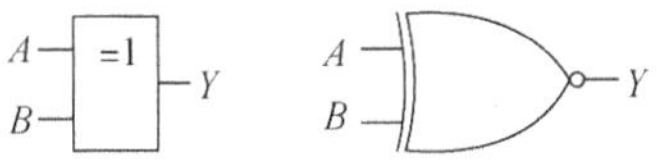

图 2-20　同或门符号

表 2-7　同或门真值表

输　入		输　出
A	B	Y
0	0	1
0	1	0
1	0	0
1	1	1

两个输入 A 与 B 都是高电平或是低电平时,输出 Y 为高电平,所以同或门功能是异或门的“非”,写成逻辑函数式为

$$Y=\overline{A}\ \ \overline{B}+AB=A\oplus B$$

【例 2-13】　某装置为可靠运行,采用两套控制装置。当两套控制装置输出结果同是 1 或 0 时,一致性检测装置的发光二极管灭,否则发光二极管亮。

解:一致性检测装置如图 2-21 所示,当控制装置 1 和 2 输出同为高电平或是低电平时,同或门输出高电平,发光二极管灭;当控制装置 1 或 2 有一个输出为低电平时,同或门输出低电平,发光二极管亮。

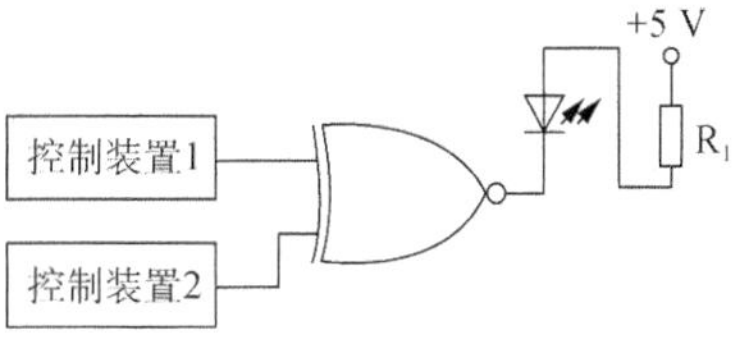

图 2-21　一致性检测装置逻辑图

2.3　逻辑代数基本定律与公式

2.3.1　基本定律

本节所述的逻辑代数基本运算规律与实数运算所具有的规律相同,都可以用真值表证明,方法是分别比较等式两侧表达式的真值表,若两真值表相等,则说明等式两侧相等。

1. 交换律

“或”运算交换律　　　　$A+B=B+A$

“与”运算交换律　　　　$A\cdot B=B\cdot A$

交换律说明逻辑门的输出与输入变量的接入位置无关。因此,如图 2-22 所示逻辑门的输入端变量可以连接任何一个输入引脚,无论如何连接,其结果相同。

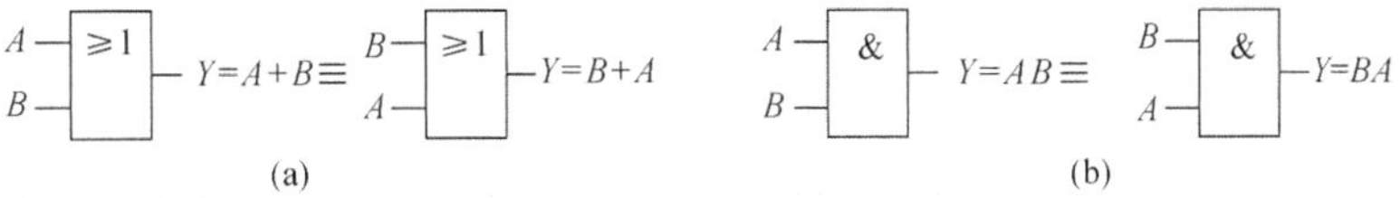

图 2-22　逻辑门输入变量顺序不影响输出结果

2. 结合律

"或"结合律　　$(A+B)+C=A+(B+C)$

"与"结合律　　$(AB)C=A(BC)$

结合律表明门电路的输出与输入变量组的接入位置无关。因此，如图 2-23 所示逻辑门输入变量组可以连接任何一个输入引脚，无论如何连接，其结果相同。

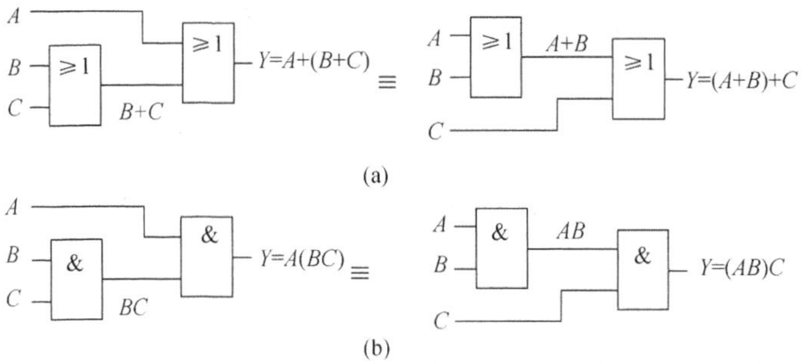

图 2-23　变量组连接逻辑门的任何一个引脚

3. 分配律

"与"对"或"的分配律　　$A(B+C)=AB+AC$

"或"对"与"的分配律　　$A+BC=(A+B)(A+C)$

该定律说明先实现$(B+C)$，再与 A 相"与"的运算结果等于 A 和另外两个变量分别相"与"后，再相"或"的运算结果。图 2-24 显示利用该定律可以实现的门电路变换。

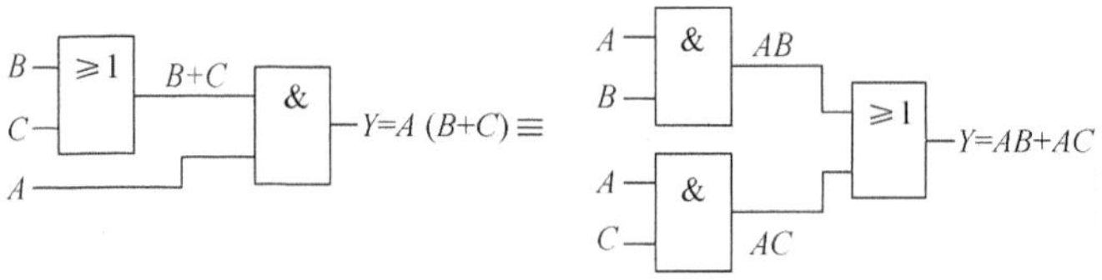

图 2-24　"与"对"或"分配律实现门电路变换

2.3.2　基本公式

基本逻辑等式可以用真值表验证，等式两侧表达式的真值表相同。

1. 使能公式

1) $A+0=A$

变量 A 与 0 实现"或"运算，等于变量 A。如图 2-25 所示，或门电路输入为 0 的引脚使 A 信号可以通过或门到达输出端，因此输入为 0 的信号可以使能或门。

2) $A\cdot 1=A$

变量 A 与 1 实现"与"运算，等于变量 A。如图 2-26 所示，与门电路输入为 1 的引脚使 A 信号可以通过与门到达输出端，因此输入为 1 的信号可以使能与门。

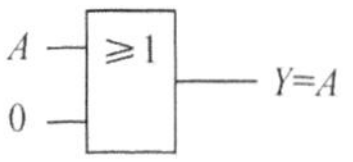

图 2-25　或门电路实现 $A+0=A$

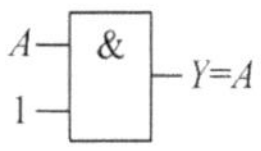

图 2-26　与门电路实现 $A\cdot 1=A$

2. 禁止公式

1) $A+1=1$

变量 A 与 1 实现“或”运算，输出等于 1。如图 2-27 所示，或门电路输入为 1 的引脚禁止 A 信号通过或门到达输出端，使输出总为 1，因此输入为 1 的信号可以禁止或门。

2) $A\cdot 0=0$

变量 A 与 0 实现“与”运算，输出等于 0。如图 2-28 所示，与门电路输入为 0 的引脚禁止 A 信号通过与门到达输出端，使输出总为 0，因此输入为 0 的信号可以禁止与门。

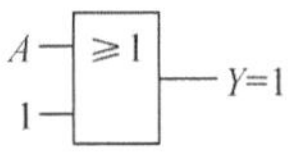

图 2-27　或门电路实现 $A+1=1$

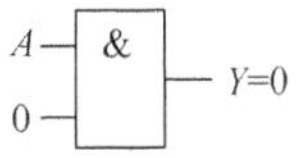

图 2-28　与门电路实现 $A\cdot 0=0$

3. 冗余公式

1) $A+A=A$

变量 A 与 A 实现“或”运算，输出等于 A。如图 2-29 所示，或门电路若 $A=0$，则输出为 0；若 $A=1$，则输出为 1。

2) $A\cdot A=A$

变量 A 与 A 实现“与”运算，输出等于 A。如图 2-30 所示，与门电路若 $A=0$，则输出为 0；若 $A=1$，则输出为 1。

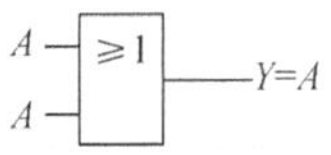

图 2-29　或门电路实现 $A+A=A$

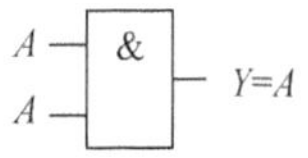

图 2-30　与门电路实现 $A\cdot A=A$

4. 互补公式

1) $A+\overline{A}=1$

变量 A 与 $\overline{A}$ 实现“或”运算，输出等于 1。在如图 2-31 所示或门电路的输入信号中，总有一个信号为 1，因此输出为 1。

2) $A\cdot\overline{A}=0$

变量 A 与 $\overline{A}$ 实现“与”运算，输出等于 0。在如图 2-32 所示与门电路的输入信号中，总有一个信号为 0，因此输出为 0。

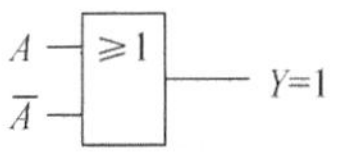

图 2-31　或门电路实现 $A+\overline{A}=1$

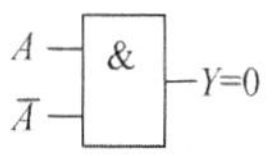

图 2-32　与门电路实现 $A\cdot\overline{A}=0$

5. 双重否定公式

双重否定公式是 $\overline{\overline{A}}=A$，变量非两次运算，输出等于 A。如图 2-33 所示，信号 A 经过两个非门求反输出后就是信号 A 本身。

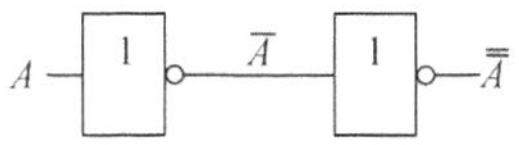

图 2-33　非门电路实现 $\overline{\overline{A}}=A$

由以上基本公式可以得到以下 2 组常用公式。

6. 吸收公式

(1) $A+AB=A$；

(2)$A+\overline{A}\cdot B=A+B$。

7. 包含公式

$$A\cdot B+\overline{A}\cdot C+B\cdot C=A\cdot B+\overline{A}C。$$

2.3.3 基本定理

1. 代入定理

在任何一个逻辑等式中，如果将等式两边所有出现的某一逻辑变量用一个逻辑函数式代替，则逻辑等式仍然成立。这个定理称为代入定理。

例如，在 $A+AB=A$ 中，将所有出现 A 的地方都用函数 $B+CD$ 代替，则等式仍成立，即得

$$B+CD+(B+CD)B=B+CD$$

因为等式左侧$(B+CD)(1+B)=B+CD$。

2. 对偶式和对偶定理

所谓对偶式就是将一个逻辑函数式 Y 中所有的“·”换成“+”，“+”换成“·”，“1”换成“0”，“0”换成“1”，得到一个新的逻辑函数式 Y'。

对偶定理：若两逻辑函数式相等，则它们的对偶式也相等。

例如，$Y=A(B+C)$，则对偶式为 $Y'=A+BC$。

又例如，如果欲证明式 $A+\overline{A}\cdot B=A+B$，则可以证明该式的对偶式：$A(\overline{A}+B)=AB$。对偶式左侧：$A(\overline{A}+B)=A\overline{A}+AB=AB$，可见对偶式相等，因此可以证明 $A+\overline{A}\cdot B=A+B$ 成立。

3. 反演定理

将一个逻辑函数式 Y 中所有的“·”换成“+”，“+”换成“·”，“1”换成“0”，“0”换成“1”，原变量换成反变量，反变量换成原变量，则得到的逻辑函数式为$\overline{Y}$。将 Y 变为$\overline{Y}$的规律称为反演定理。使用反演定理时，注意遵循如下规则：

(1)遵守“先括号，然后乘，最后加”的运算顺序。

(2)不属于单个变量上的“非”号应该保留不变。

如下介绍的摩根定理是反演定理的特例。

4. 摩根定理

1)摩根定理

(1)定理 1：或函数的“非”等于“非”的与函数，即$\overline{A+B}=\overline{A}\,\overline{B}$。真值表 2-8 证明该等式相等。摩根定理 1 的门电路等效如图 2-34 所示。

表 2-8　证明$\overline{A+B}=\overline{A}\,\overline{B}$的真值表

A	B	$\overline{A+B}$	$\overline{A}\,\overline{B}$
0	0	1	1
0	1	0	0
1	0	0	0
1	1	0	0

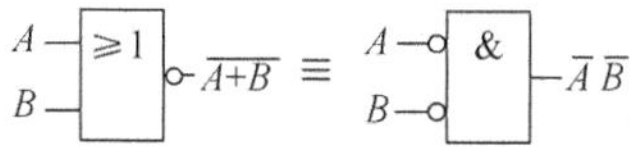

图 2-34　摩根定理 1 的门电路等效

(2)定理 2：与函数的“非”等于“非”的或函数，即$\overline{AB}=\overline{A}+\overline{B}$。真值表 2-9 证明该等式相等。摩根定理 2 的门电路等效如图 2-35 所示。

表 2-9　证明 $\overline{AB}=\overline{A}+\overline{B}$ 的真值表

A	B	$\overline{AB}$	$\overline{A}+\overline{B}$
0	0	1	1
0	1	1	1
1	0	1	1
1	1	0	0

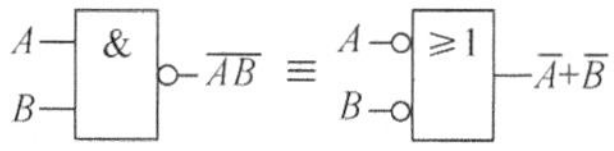

图 2-35　摩根定理 2 的门电路等效

【例 2-14】　使用摩根定理化简如图 2-36(a)所示的逻辑图。

解：由如图 2-36(a)所示的逻辑图，可以得到输出表达式为 $\overline{AB}+\overline{C}$，由摩根定理有

$$\overline{AB}+\overline{C}=\overline{\overline{\overline{AB}+\overline{C}}}=\overline{ABC}$$

因此可以得到如图 2-36(b)所示的简化逻辑图。

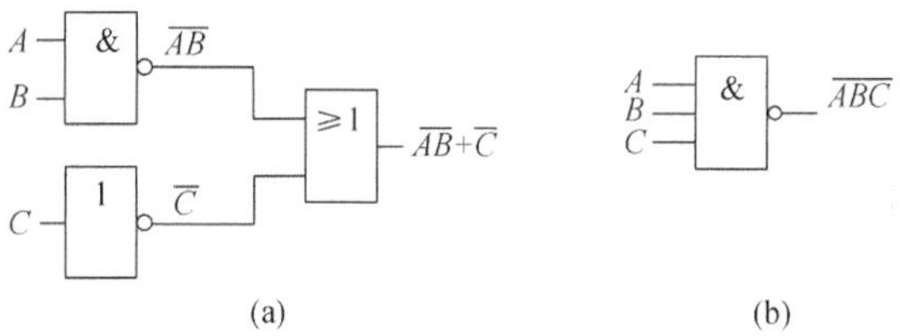

图 2-36　例 2-14 的逻辑图

2)摩根定理用于门电路转换

通常人们对高电平起作用的信号非常习惯，而对低电平起作用的信号感觉很难处理。例如，电动机运转表示为逻辑值“1”，用高电平信号表示；电动机停止表示为逻辑值“0”，用低电平表示，这就比较符合人们的思维习惯。反过来，电动机运转表示为逻辑值“0”，用低电平表示；电动机停止运行表示为逻辑值“1”，用高电平表示，则容易引起思维困难。如果设计一个监测两台电动机 M_1、M_2 同时运行的电路，要求在两台电动机同时运行时输出 Y 为高电平，则按照高电平起作用的规则，可以直接使用“与”逻辑，表示为 $Y=M_1\cdot M_2$。但是，按照低电平起作用的规则，即电动机运行用低电平表示，这时人们首先想到的是将低电平起作用的信号用“非”逻辑转换成高电平起作用的信号，然后再使用与逻辑实现，很难想到直接使用“或非”逻辑实现，表示为 $Y=\overline{M_1+M_2}$。

在实际数字系统中，逻辑信号究竟是高电平还是低电平起作用，不能随意设置，既然不能随意设置，则应该在处理这些信号的逻辑电路设计上考虑如何直接处理这些信号。人们常称高电平起作用为高电平有效，而称低电平起作用为低电平有效，这样的好处是摆脱正负逻辑规则的束缚。只要充分认识低电平有效信号逻辑的特点，就可以直接使用逻辑门实现低电平有效信号的逻辑。

任何一个门都可以工作在高电平有效或是低电平有效两种工作状态，但是人们更愿意从高电平有效的角度认识门电路的功能，若能够从高电平和低电平有效两个方面认识门电路的功能，则能够增加逻辑设计的灵活性。下面介绍使用摩根定理变换逻辑函数式，使逻辑门适合低电平有效的输入信号。

(1)将“或”门转换成输入低电平有效的“与非”门。

由摩根定理可知，对于“或”逻辑函数式 $Y=A+B$，利用摩根定理则有 $Y=\overline{\overline{A}\,\overline{B}}$，所以可以将或门画成如图 2-37 所示的符号，可知这是输入低电平有效、输出低电平有效的与门。这是或门的另外一种表示方式，用于输入低电平有效的与非门。注意，这是一种逻辑概念，实际上是用输

入、输出高电平有效的或门用于输入低电平有效的与非门。

例如，某数字系统有信号$\overline{WE}$和$\overline{RAM}$，当这两个信号同时有效时，输出$\overline{RAMWE}$有效，这种情况就是低电平有效的与门情况，因此在实现时用如图 2-38 所示的或门电路实现。

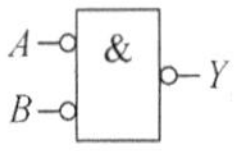

图 2-37　输入低电平有效的“与非”门

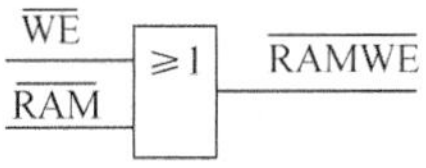

图 2-38　“或”门实现输入低电平有效的“与非”门

(2)将“与”门转换成输入低电平有效的“或非”门。

由摩根定理可知，对于“与”逻辑函数式 $Y=AB$，用摩根定理有 $Y=\overline{\overline{A}+\overline{B}}$，所以可以将“与”门画成如图 2-39 所示的“或非”门。

这是“与”门的另外一种表示方式，用于输入都是低电平有效的“或非”门。注意，这是一种逻辑概念，实际上没有如图 2-39 所示的门电路，通常用输入、输出高电平有效的“与”门用于输入是低电平有效的“或非”门。

例如，监测两台电动机运转的信号 M_1、M_2 都是低电平有效，如果一台电动机运转时其输出端 Y 输出低电平，则须用如图 2-40 所示的电路实现。

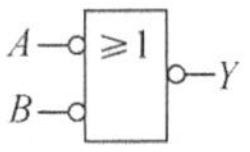

图 2-39　输入低电平有效的“或非”门

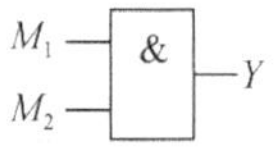

图2-40　监测电动机运转的电路

(3)将“与非”门转换成输入低电平有效的“或”门。

对于“与非”逻辑函数式 $Y=\overline{AB}$，对等式右侧采用摩根定理变换后，$Y=\overline{A}+\overline{B}$，所以可以将与“非门”画成如图 2-41 所示的符号，该符号可以实现一个输入低电平有效、输出高电平有效的“或”门，也是“与非”门的另外一种表示方式，被用于输入是低电平有效、输出是高电平有效的“或”门。

例如，监测两台电动机运转的信号 M_1、M_2 都是低电平有效，如果在一台电动机运转时其输出端 Y 输出高电平，则须用如图 2-42 所示的电路实现。

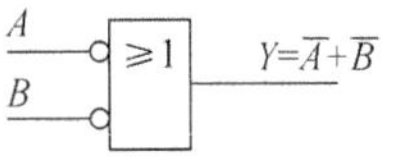

图 2-41　输入低电平有效的“或”门

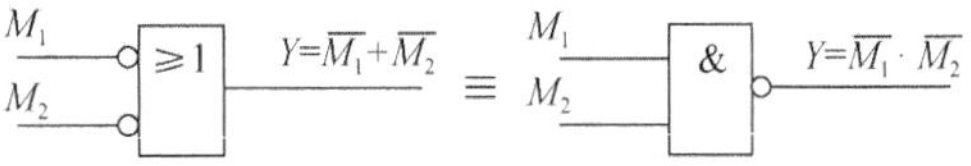

图 2-42　实现电动机运转监测的“与非”门

(4)将“或非”门转换成输入为低电平有效的“与”门。

对于“或非”逻辑函数式 $Y=\overline{A+B}$，对等式右侧采用摩根定理变换后，$Y=\overline{A}\ \overline{B}$，所以可以将“或非”门画成如图 2-43 所示的符号，该符号是或“非门”的另外一种表示方式，相当于输入是低电平有效、输出是高电平有效的“与”门。

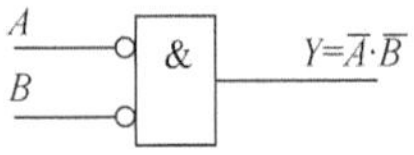

图 2-43　输入低电平有效的“与”门

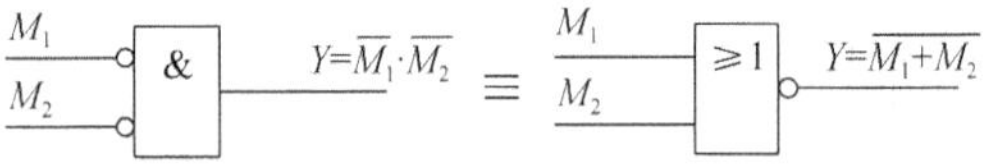

图 2-44　监测两台电动机同时运转的电路

例如，监测两台电动机运转的信号 M_1、M_2 都是低电平有效，如果在两台电动机都运转时其输出端 Y 输出高电平，则须用如图 2-44 所示的电路实现。

2.4 标准逻辑函数式

1. 标准“与-或”函数式

若“与-或”逻辑函数式中的“与”(乘积)项中包含所有输入变量,且每个变量以原变量或是反变量出现1次,则该“与”项称为最小项。

“与”项采用最小项写法的“与-或”函数式称为标准“与-或”函数式。

例如,将“与-或”函数式 $Y=AB+\overline{A}C$ 转换成标准“与-或”函数式,转换方法是使非最小项的“与”项和其缺失变量的原、反变量相“或”后相“与”。例如,“与”项 AB,缺失变量 C,则使“与”项 AB 和 $C+\overline{C}$ 相“与”,就得到最小项 $ABC+AB\overline{C}$,由此有

$$Y=AB+\overline{A}C=AB(C+\overline{C})+\overline{A}(B+\overline{B})C=ABC+AB\overline{C}+\overline{A}BC+\overline{A}\,\overline{B}C$$

为书写简单,还可以将最小项“与-或”表达式写成

$$Y=ABC+AB\overline{C}+\overline{A}BC+\overline{A}\,\overline{B}C=m_7+m_6+m_3+m_1=\sum m(1,3,6,7)$$

这里用 m 表示最小项,其下标是用十进制表示的最小项编号,如 $AB\overline{C}$ 与110相对应,而110表示十进制的6,所以该最小项为 m_6。

对于任意一个最小项,只有一组输入变量使其为1。在“与-或”函数式中,只要有一个最小项为1,则“与-或”函数式等于1。例如,对于“与-或”函数式 $Y=ABCD+A\,\overline{B}\,\overline{C}D+\overline{A}\,\overline{B}\,\overline{C}\,\overline{D}$,有

$$ABCD=1\cdot1\cdot1\cdot1=1$$

$$A\overline{B}\,\overline{C}D=1\cdot\overline{0}\cdot\overline{0}\cdot1=1$$

$$\overline{A}\,\overline{B}\,\overline{C}\,\overline{D}=\overline{0}\cdot\overline{0}\cdot\overline{0}\cdot\overline{0}=1$$

所以,函数式 Y 在输入变量 $ABCD$ 的组合为1111、1001或0000时输出1。

2. 标准“或-与”函数式

若“或-与”函数式中的“或”(和)项包含所有变量,且每个变量以原变量或反变量出现1次,则该“或”项称为最大项。

“或”项采用最大项书写的“或-与”函数式称为标准“或-与”函数式。方法是非标准“或-与”式中的“或”项中和缺失变量的原变量、反变量相“与”后再相“或”,如“或”项中缺失变量 D,则增加 $D\overline{D}$,然后用“或”对“与”的分配律 $A+BC=(A+B)(A+C)$,就可以将“或”项转换成最大项。

【例 2-15】 转换“或-与”函数式 $Y=(A+\overline{B}+C)(\overline{B}+C+\overline{D})(A+\overline{B}+\overline{C}+D)$ 到标准“或-与”函数式。

解:

$$\begin{aligned}Y&=(A+\overline{B}+C)(\overline{B}+C+\overline{D})(A+\overline{B}+\overline{C}+D)\\&=(A+\overline{B}+C+D\overline{D})(A\overline{A}+\overline{B}+C+\overline{D})(A+\overline{B}+\overline{C}+D)\\&=(A+\overline{B}+C+D)(A+\overline{B}+C+\overline{D})(A+\overline{B}+C+\overline{D})(\overline{A}+\overline{B}+C+\overline{D})(A+\overline{B}+\overline{C}+D)\\&=(A+\overline{B}+C+D)(A+\overline{B}+C+\overline{D})(\overline{A}+\overline{B}+C+\overline{D})(A+\overline{B}+\overline{C}+D)\end{aligned}$$

为书写简单,还可以将最大项“或-与”表达式写成

$$\begin{aligned}Y&=(A+\overline{B}+C+D)(A+\overline{B}+C+\overline{D})(\overline{A}+\overline{B}+C+\overline{D})(A+\overline{B}+\overline{C}+D)=M_4M_5M_{13}M_6\\&=\prod M(4,5,6,13)\end{aligned}$$

这里用 M 表示最大项,其下标是用十进制表示的最大项编号,例如,$A+\overline{B}+\overline{C}+D$ 与0110相对应,而0110表示十进制的6,所以该最大项为 M_6。

对于任意一个最大项,只有一组变量,使最大项为0,例如,$A+\overline{B}+C+\overline{D}=0+\overline{1}+0+\overline{1}=0$,则0101可使该最大项为0。如果一个“或-与”函数式中有一个“或”项为0,则函数式为0。

最大项与最小项之间的关系为 $M_i=\overline{m_i}$，如 $m_0=\overline{A}\,\overline{B}$，则$\overline{m_0}=\overline{\overline{A}\,\overline{B}}=A+B=M_0$。

3. 标准“与-或”函数式转换成“或-与”函数式

在真值表中，输出为 1 的组合可以写成“与-或”函数式，输出为 0 的组合可以写成最大项函数式，因此可以首先确定所有“与-或”函数式中最小项的编号，然后再得到所有最大项编号，按照最大项编号写出最大项后，就可以得到“或-与”函数式。

例如，$Y=\overline{A}\,\overline{B}\,\overline{C}+\overline{A}B\,\overline{C}+\overline{A}BC+A\,\overline{B}C+ABC=m_0+m_2+m_3+m_5+m_7$，因此只有 001、100、110 为最大项，所以“或-与”函数式为 $Y=(A+B+\overline{C})(\overline{A}+B+C)(\overline{A}+\overline{B}+C)=M_1M_4M_6$。

2.5 代数法化简函数式

化简函数式的目的就是使逻辑函数式简单，实现函数式时不仅所用的门电路最少，而且门电路的输入端个数最少。或者说在最简“与或”函数式中，“与”项最少，“与”项中的变量数最少，因此为最简“与或”函数式。

逻辑代数法化简就是用逻辑代数的定律与公式进行化简，下面举例说明。

【例 2-16】 试化简函数式：$Y=\overline{A}\,\overline{B}\,\overline{C}+\overline{A}\,\overline{B}C+A\,\overline{B}\,\overline{C}$。

解：
$Y=\overline{A}\,\overline{B}\,\overline{C}+\overline{A}\,\overline{B}C+A\,\overline{B}\,\overline{C}$
$=\overline{A}\,\overline{B}(\overline{C}+C)+A\,\overline{B}\,\overline{C}$　　提出相同变量$\overline{A}\,\overline{B}$
$=\overline{A}\,\overline{B}(1)+A\,\overline{B}\,\overline{C}$　　互补：$(\overline{C}+C)=1$
$=\overline{A}\,\overline{B}+A\,\overline{B}\,\overline{C}$
$=\overline{B}(\overline{A}+A\,\overline{C})$　　提出相同变量$\overline{B}$
$=\overline{B}(\overline{A}+\overline{C})$　　吸收：$\overline{A}+A\,\overline{C}=\overline{A}+\overline{C}$
$=\overline{A}\,\overline{B}+\overline{B}\,\overline{C}$

【例 2-17】 试化简函数式：$Y=[A\,\overline{B}(C+BD)+\overline{A}\,\overline{B}]C$。

解：
$Y=[A\,\overline{B}(C+BD)+\overline{A}\,\overline{B}]C$
$=(A\,\overline{B}C+A\,\overline{B}BD+\overline{A}\,\overline{B})C$
$=(A\,\overline{B}C+A0D+\overline{A}\,\overline{B})C$　　互补：$\overline{B}B=0$
$=(A\,\overline{B}C+0+\overline{A}\,\overline{B})C$
$=A\,\overline{B}CC+\overline{A}\,\overline{B}C$　　冗余：$CC=C$
$=A\,\overline{B}C+\overline{A}\,\overline{B}C$
$=\overline{B}C(A+\overline{A})$　　互补：$A+\overline{A}=1$
$=\overline{B}C$

【例 2-18】 试化简函数式：$Y=\overline{AB+AC}+\overline{A}\,\overline{B}C$。

解：
$Y=\overline{AB+AC}+\overline{A}\,\overline{B}C$
$=\overline{AB}\,\overline{AC}+\overline{A}\,\overline{B}C$　　摩根定理
$=(\overline{A}+\overline{B})(\overline{A}+\overline{C})+\overline{A}\,\overline{B}C$　　摩根定理
$=\overline{A}\,\overline{A}+\overline{A}\,\overline{C}+\overline{A}\,\overline{B}+\overline{B}\,\overline{C}+\overline{A}\,\overline{B}C$　　由$\overline{A}\,\overline{A}=\overline{A}$和$\overline{A}\,\overline{B}+\overline{A}\,\overline{B}C=\overline{A}\,\overline{B}(1+C)=\overline{A}\,\overline{B}$
$=\overline{A}+\overline{A}\,\overline{C}+\overline{A}\,\overline{B}+\overline{B}\,\overline{C}$　　由$\overline{A}+\overline{A}\,\overline{C}=\overline{A}(1+\overline{C})=\overline{A}$
$=\overline{A}+\overline{A}\,\overline{B}+\overline{B}\,\overline{C}$
$=\overline{A}+\overline{B}\,\overline{C}$

【例 2-19】 试化简函数式：$Y=A\,\overline{\overline{B}+C}\quad\overline{BC}$。

解：$Y=A\,\overline{\overline{B}+C}\quad\overline{BC}$　　由摩根定理

$=AB\overline{C}(\overline{B}+\overline{C})$　　由分配律

$=AB\overline{B}\,\overline{C}+AB\overline{C}\,\overline{C}$　　由于 $B\overline{B}=0$ 和 $\overline{C}\,\overline{C}=\overline{C}$

$=A0\,\overline{C}+AB\overline{C}$　　由禁止公式

$=AB\overline{C}$

【例 2-20】 试化简函数式：$Y=AC+\overline{A}B+B\overline{C}$。

解：$Y=AC+\overline{A}B+B\overline{C}$

$=AC+\overline{A}B+BC+B\overline{C}$　　利用包含公式 $AC+\overline{A}B=AC+\overline{A}B+BC$

$=AC+\overline{A}B+B(C+\overline{C})$　　由互补公式 $C+\overline{C}=1$

$=AC+\overline{A}B+B$

$=AC+B(1+\overline{A})$　　由禁止公式 $1+\overline{A}=1$

$=AC+B$

【例 2-21】 如图 2-45 所示，将逻辑图化简到最简形式。

解：由逻辑图可以写出函数式：$Y=\overline{\overline{A}\,\overline{B}\,\overline{C}}C+\overline{\overline{A}\,\overline{B}\,\overline{C}}+D$，函数式化简：

$$
\begin{aligned}
Y&=\overline{\overline{A}\,\overline{B}\,\overline{C}}C+\overline{\overline{A}\,\overline{B}\,\overline{C}}+D\\
&=(A+B+C)C+A+B+C+D\\
&=AC+BC+C+A+B+D\\
&=A+B+C+D
\end{aligned}
$$

由简化函数式得到的逻辑图如图 2-46 所示。

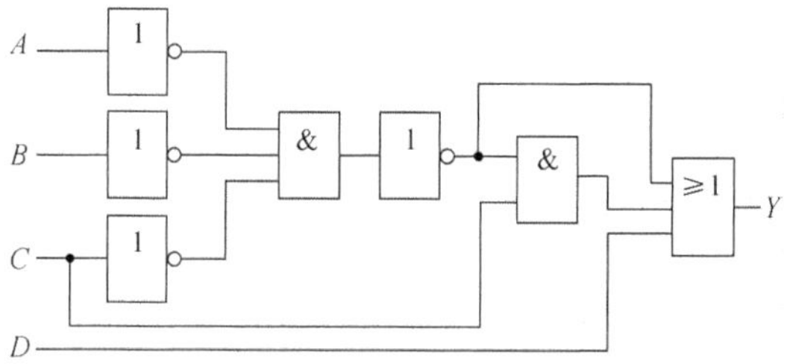

图 2-45　例 2-21 的逻辑图

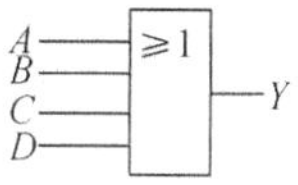

图 2-46　简化函数式的逻辑图

【例 2-22】 试画出表 2-10 所示真值表的逻辑图。

解：写出输出 Y 为 1 的函数式为：$Y=\overline{A}\,\overline{B}C+A\overline{B}\,\overline{C}+A\overline{B}C+AB\overline{C}$

表 2-10　例 2-22 的真值表

A	B	C	Y
0	0	0	0
0	0	1	1
0	1	0	0
0	1	1	0
1	0	0	1
1	0	1	1
1	1	0	1
1	1	1	0

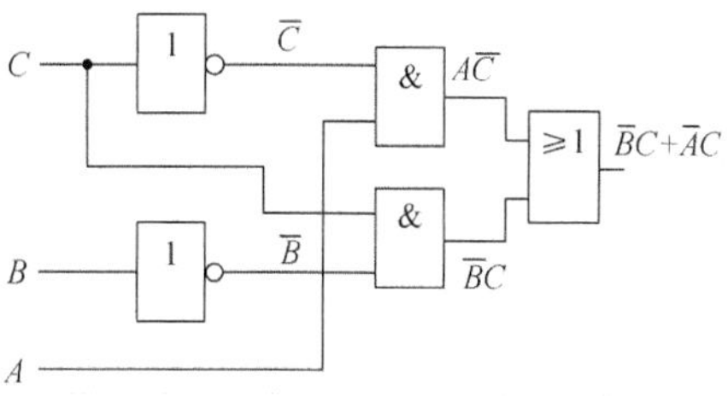

图 2-47　例 2-22 的逻辑图

化简函数式：$Y=\overline{A}\,\overline{B}C+A\overline{B}\,\overline{C}+A\overline{B}C+AB\overline{C}$

$=\overline{B}C(\overline{A}+A)+A\overline{C}(\overline{B}+B)$

$=\overline{B}C+A\overline{C}$

由此可以得到如图 2-47 所示的逻辑图。

2.6 卡 诺 图

2.6.1 画卡诺图

卡诺图是二维表格，像真值表一样，卡诺图中的每一个格代表一个输入组合，因此三变量输入的卡诺图具有 $2^3=8$ 个格。卡诺图每个格中填入的数字是对应输入变量组合的输出逻辑值。

1. 卡诺图

1)三变量卡诺图

三变量卡诺图如图 2-48(a)所示，A、B 和 C 是输入变量，因此每个格代表一个输入变量组合或是最小项，图 2-48(b)显示每个格代表的最小项，图 2-48(c)显示的是每个格代表的最小项编号，卡诺图与真值表的最大不同点是大诺图每两个相邻格之间只有一个变量不同，或者说总有一个变量互补。互补的变量相“或”等于 1，如 000 格和 001 格的两个最小项$\overline{A}\,\overline{B}\,\overline{C}$和$\overline{A}\,\overline{B}C$，变量 C 互补，因此若这两个格的最小项相“或”，则可以消除变量 C，即$\overline{A}\,\overline{B}\,\overline{C}+\overline{A}\,\overline{B}C=\overline{A}\,\overline{B}(\overline{C}+C)=\overline{A}\,\overline{B}$。

每 4 个格之间有两个变量互补，如 000、001、100 和 101 这 4 个格中，最小项$\overline{A}\,\overline{B}\,\overline{C}$、$\overline{A}\,\overline{B}C$、$A\overline{B}\,\overline{C}$、$A\overline{B}C$ 中变量 A 和 C 互补，因此，若这 4 个最小项相“或”，则可以简化为 B。

若是 8 个格相邻，则有 3 个变量互补，则逻辑函数简化为 1。

图 2-48(d)是横向三变量卡诺图。

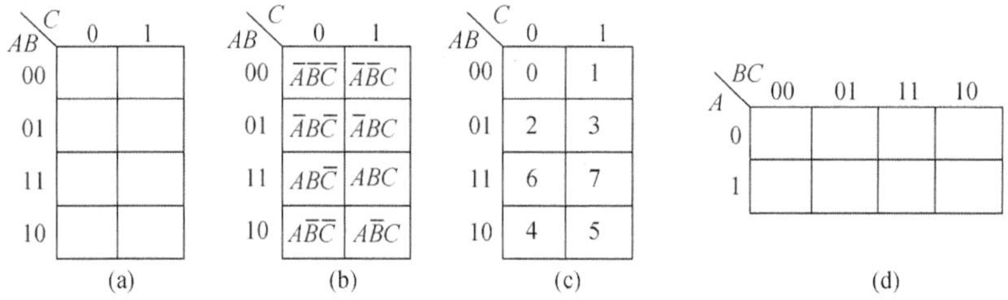

图 2-48　三变量卡诺图

2)四变量卡诺图

四变量卡诺图如图 2-49 所示。图 2-49(a)是空卡诺图，图 2-49(b)是标有最小项的卡诺图，图 2-49(c)是每个格中填有最小项编号的卡诺图。

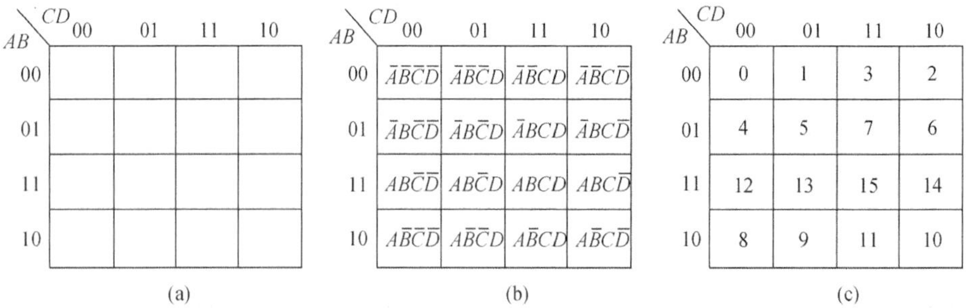

图 2-49　四变量卡诺图

对于卡诺图，除了两相邻格、四相邻格、八相邻格的最小项互补外，顶行格与底行格、左列格与右列格也是相邻格；四个角的格也相邻。若 16 格都相邻，则相当于 4 个变量互补，逻辑函数输出为 1。

2. 从真值表到卡诺图

真值表与卡诺图一样是输入变量的最小项与输出值之间关系的表格，因此只要将真值表中输出为 1 的最小项所对应的卡诺图格中填入 1，就可以完成真值表到卡诺图之间的转换。

例如，如图 2-50(a)所示真值表输出 $Y(A、B、C)$为 1 的最小项值是 001、010、110 和 111，在这些最小项对应卡诺图格中填入 1，得如图 2-50(b)所示的卡诺图。

3. 将“与-或”函数式填入卡诺图

1)将标准“与-或”函数式填入卡诺图

将标准“与-或”函数式填入卡诺图，即在函数式最小项对应的卡诺图格中填入 1。例如，函数式 $Y=\overline{A}\,\overline{B}\,\overline{C}+\overline{A}\,\overline{B}C+AB\overline{C}+A\overline{B}\,\overline{C}$，填入卡诺图时，应该将最小项转成二进制值 000、001、110 和 100，然后逐个填入卡诺图，如填入 000，则横向找 A 为 0 的行，在纵向位置找 BC 为 00 的列，则行列相交的格内填入 1。填完的卡诺图如图 2-51 所示，未填入 1 的位置是 0，但通常不填入。

A	B	C	Y
0	0	0	0
0	0	1	1
0	1	0	1
0	1	1	0
1	0	0	0
1	0	1	0
1	1	0	1
1	1	1	1

(a)

AB \ C	0	1
00		1
01	1	
11	1	1
10		

(b)

图 2-50　从真值表到卡诺图

A \ BC	00	01	11	10
0	1	1		
1	1			1

图 2-51　填入 1 的卡诺图

【例 2-23】　将四变量标准“与-或”函数式 $Y=\overline{A}BC\overline{D}+ABC\overline{D}+AB\overline{C}\,\overline{D}+ABCD$ 填入四变量卡诺图。

解：逐个将最小项填入卡诺图，例如，最小项$\overline{A}BC\overline{D}$，二进制值是 0110，所以在横向找 01 的行，纵向找 10 的列，行列交叉格填入 1。填完的卡诺图如图 2-52 所示。

2)非标准“与-或”函数式填入卡诺图

非标准“与-或”函数式中的“与”项常缺少一个或几个变量，缺哪个变量，相当于哪个变量互补，最小项占据卡诺图中的一个格。缺一个变量，则占据 2 个格；缺两个变量，占据 4 个格；缺 3 个变量，则占据 8 个格。例如，对于三变量函数式，“与”项 BC 代表$\overline{A}BC$ 和 ABC 两个最小项，因此占据两个格；“与”项$\overline{C}$代表$\overline{A}\,\overline{B}\,\overline{C}$、$\overline{A}B\overline{C}$、$A\overline{B}\,\overline{C}$、$AB\overline{C}$4 个最小项，因此占据 4 个格。

AB \ CD	00	01	11	10
00				
01				1
11	1		1	1
10				

图 2-52　例 2-23 的卡诺图

A \ BC	00	01	11	10
0	1	1	1	1
1	1	1		1

图 2-53　函数式 $Y=\overline{A}+A\overline{B}+AB\overline{C}$的卡诺图

例如，将函数式 $Y=\overline{A}+A\,\overline{B}+AB\,\overline{C}$填入卡诺图，由于该函数式不是标准“与-或”函数式，因此应该注意缺失变量的情况，对于“与”项$\overline{A}$，由于缺失两个变量，则填入 4 个格，因此将变量 $A=0$ 行中的格都填入 1；对于“与”项 $A\,\overline{B}$，由于缺失一个变量，因此填 2 个格，就是把 $A=1$ 的行与 $B=0$的列相交格中都填 1，最后再填入最小项 $AB\,\overline{C}$后的卡诺图，如图 2-53 所示。

2.6.2 用卡诺图化简“与-或”函数式

1. 画圈

用卡诺图化简的目的是使“与-或”函数式中的“与”项最少，每个“与”项中的变量最少。“与”项少，则“与”门的个数最少；“与”项中的变量少，则“与”门中的输入端个数少。由于卡诺图中两个相邻格一个变量互补，可以消除一个变量；四个相邻格两个变量互补，可以消除两个变量，八个相邻格三个变量互补，可以消除三个变量。通常用画圈的方法将相邻的最小项圈在一起，圈越大说明变量消除得越多，门电路的输入端越少；不允许有重复圈，每个圈中至少有一个没有被圈过的最小项。

【例 2-24】 试在如图 2-54 所示的卡诺图上画圈，使圈最大，使圈的个数最少。

解：对应图 2-54 的画圈卡诺图如图 2-55 所示，须注意的是，在有些情况下，圈的方法不止一种。

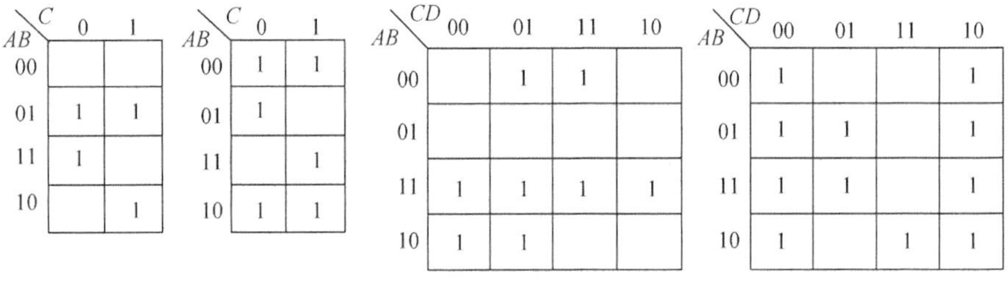

图 2-54 例 2-24 的待画圈卡诺图

2. 书写已画圈卡诺图的“与-或”函数式

卡诺图中的每个圈都是一个“与”项，在写“与”项函数式时应采用横看圈所占用的行、消互补，以及纵看圈所占用的列、消互补的方法，写出横看变量后再按顺序写纵看变量。“与”项写出后，将各个“与”项相“或”，得到“与-或”函数式。

【例 2-25】 试写出图 2-55 所示的三变量卡诺图中各圈的函数式。

解：对于图 2-55(a)中的各个圈：

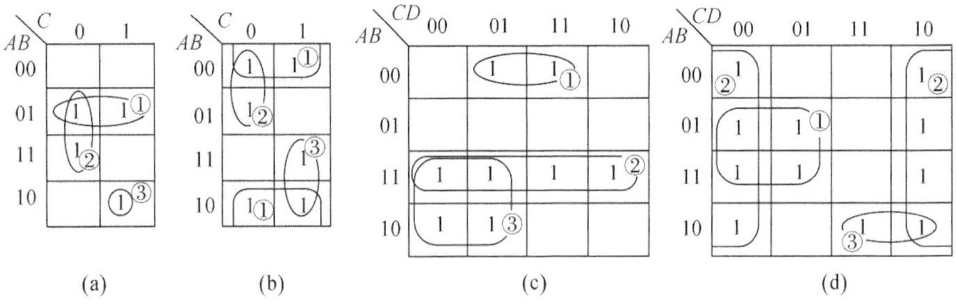

图 2-55 画好圈的卡诺图

圈①:横看为$\overline{A}B$,纵看变量 C 互补,所以"与"项为$\overline{A}B$。

圈②:由于 A 互补,横看为 B,纵看为$\overline{C}$,所以"与"项为 $B\overline{C}$。

圈③:横看为 $A\overline{B}$,纵看为 C,所以乘积项为 $A\overline{B}C$。

对于图 2-55(b)中的各个圈:

圈①:由于变量 A 互补,横看为$\overline{B}$,纵看变量 C 互补,所以"与"项为$\overline{B}$。

圈②:由于变量 B 互补,横看为$\overline{A}$,纵看为$\overline{C}$,所以"与"项为$\overline{A}\,\overline{C}$。

圈③:由于变量 B 互补,横看为 A,纵看为 C,所以"与"项为 AC。

对于图 2-55(c)中的各个圈:

圈①:横看为$\overline{A}\,\overline{B}$,由于变量 C 互补,纵看为 D,所以"与"项为$\overline{A}\,\overline{B}D$。

圈②:横看为 AB,由于变量 CD 互补,纵看为 1,所以"与"项为 AB。

圈③:由于变量 B 互补,横看为 A;由于变量 D 互补,纵看为$\overline{C}$,所以"与"项为 $A\overline{C}$。

对于图 2-55(d)中的各个圈:

圈①:由于变量 A 互补,横看为 B;由于变量 D 互补,纵看为$\overline{C}$,所以"与"项为 $B\overline{C}$。

圈②:由于变量 AB 互补,横看为 1;由于变量 C 互补,纵看为$\overline{D}$,所以"与"项为$\overline{D}$。

圈③:横看为 $A\overline{B}$;由于变量 D 互补,纵看为 C,所以"与"项为 $A\overline{B}C$。

【例 2-26】 化简函数式 $Y=A\overline{B}C+\overline{A}BC+\overline{A}\,\overline{B}C+\overline{A}\,\overline{B}\,\overline{C}+A\overline{B}\,\overline{C}$。

解:由函数式得如图 2-56 所示的卡诺图。由卡诺图可以得到圈①的与项为$\overline{B}$,圈②的与项为$\overline{A}C$。所以,化简后的函数式为 $Y=\overline{B}+\overline{A}C$。

【例 2-27】 试化简最小项函数式 $Y(A,B,C,D)=\sum m(0,1,2,3,4,6,9,11,12,13,15)$。

解:由最小项函数式得到如图 2-57 所示的卡诺图。

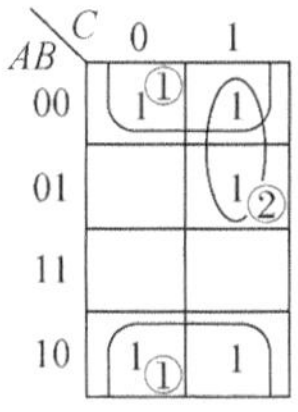

图 2-56 例 2-26 的已画圈图

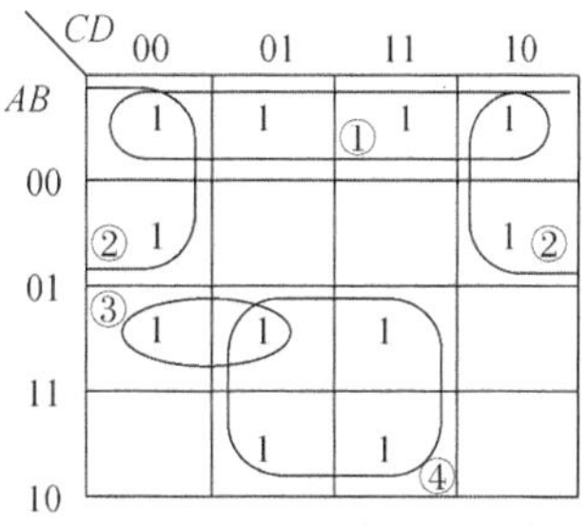

图 2-57 例 2-27 的已画圈图

圈①:"与"项为$\overline{A}\quad\overline{B}$。

圈②:"与"项为$\overline{AD}$。

圈③:"与"项为 $AB\overline{C}$。

圈④:"与"项为 AD。

因此,可以得到简化的函数式为 $Y=\overline{A}\,\overline{B}+\overline{A}B\,\overline{D}+AB\overline{C}+AD$。

【例 2-28】 真值表如表 2-11 所示,试用卡诺图化简并写出最简"与-或"式。

解:由真值表得到如图 2-58 所示的卡诺图。圈①:由于变量 A 与 C 都互补,所以"与"项为 B。

圈②:变量 B 互补,所以"与"项为 AC。

因此,简化函数式为 $Y=B+AC$。

表 2-11 例 2-28 的真值表

A	B	C	Y
0	0	0	0
0	0	1	0
0	1	0	1
0	1	1	1
1	0	0	0
1	0	1	1
1	1	0	1
1	1	1	1

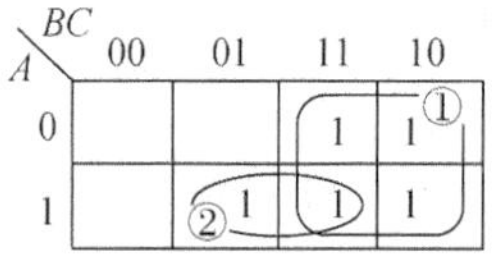

图 2-58 例 2-28 的卡诺图

2.6.3 具有无关项的逻辑函数化简

在实现某些逻辑功能时,如果不允许输入变量的某些组合出现,因此这些输入变量组合对逻辑函数没有作用,则这些输入变量的组合称为约束项。

在实现某些逻辑功能时,如果某些输入变量组合的取值不影响逻辑功能,则这样的输入变量组合称为任意项。

约束项和任意项都不能使逻辑函数有确定的输出值,也不影响逻辑函数的功能,因此称为逻辑函数的无关项。若所有输入变量的组合都产生确定的逻辑函数值,则该函数没有无关项。

在卡诺图中,无关项常用×表示,可以根据需要取 1 或是取 0,因此也可以根据需要与输出为 1 的最小项圈在一起。图 2-59 是具有无关项的卡诺图:如果没有任意项,则圈①的"与"项为$\overline{A}BCD$,圈②的"与"项为 $A\overline{B}\,\overline{C}$。若将任意项取值为 1,则圈①的"与"项为 BCD,圈②的"与"项为 A。

【例 2-29】 试用卡诺图化简逻辑函数 $Y(A,B,C,D)=\sum m(5,6,7,8,9)+\sum d(10,11,12,13,14,15)$。$d(10,11,12,13,14,15)$为无关项,表示这些输入变量组合的函数值可任意设定。

解:画出该函数式的卡诺图,如图 2-60 所示。

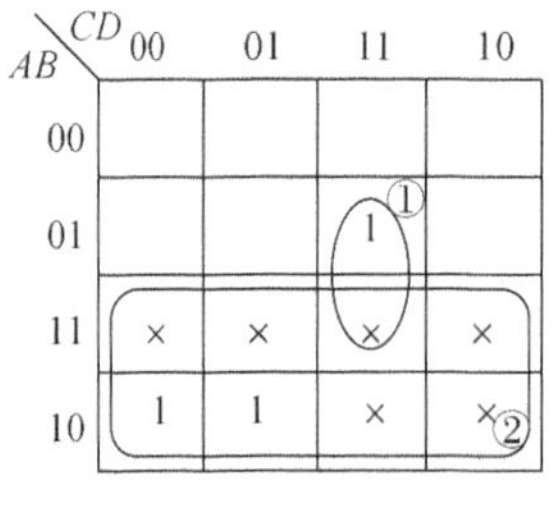

图 2-59 具有无关项的卡诺图

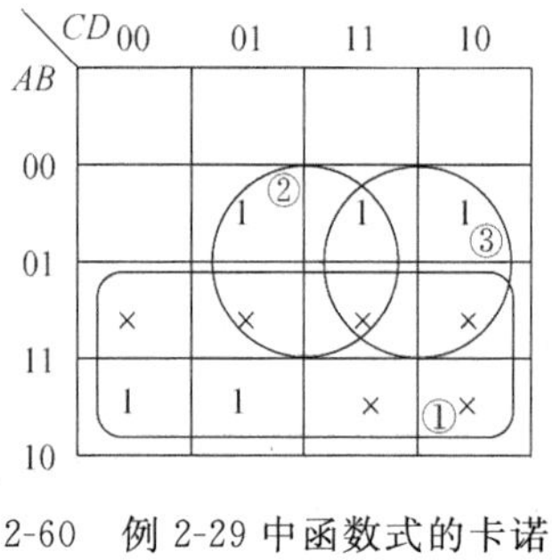

图 2-60 例 2-29 中函数式的卡诺图

由卡诺图可得到逻辑函数式为

$$Y(A,B,C,D)=A+BD+BC$$

2.7 逻辑电路图、函数式与真值表之间的转换

1. 逻辑电路图转换到逻辑函数式

用逻辑运算符号替代逻辑图中相应的门电路，就可以将逻辑图转换为逻辑函数式，通常从输入向输出逐级推导各个门的输出函数式。例如，为推导如图 2-61 所示电路的输出，则应该首先逐级写出各个门的输出函数式，最终得到该逻辑图的输出表达式为 $A(B+CD)$。

【例 2-30】 对于给定的输入波形 A、B，试画出如图 2-62 所示逻辑电路的输出波形。

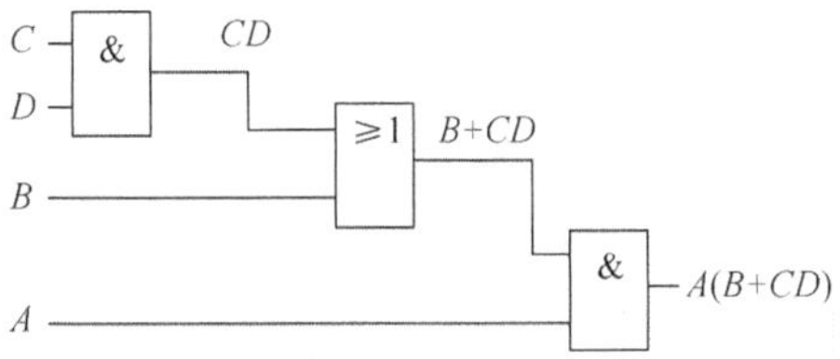

图 2-61 推导逻辑函数式的逻辑电路图

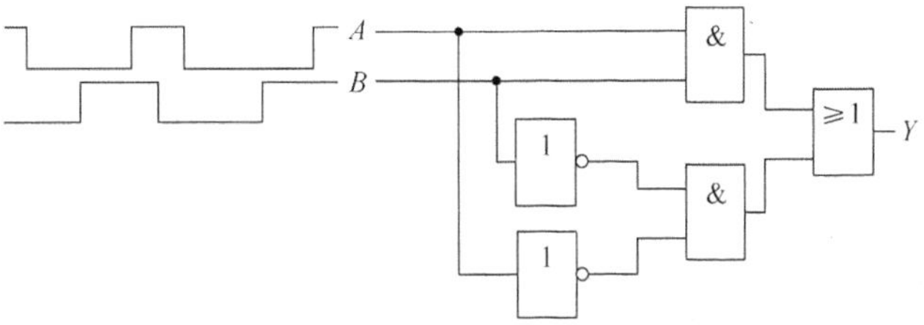

图 2-62 例 2-30 的输入波形图与逻辑电路图

解：首先写出如图 2-62 所示逻辑电路的输出函数式为 $Y=AB+\overline{A}\,\overline{B}$，由该函数式可知 $A=1$ 且 $B=1$ 时输出为 1，或 $A=0$ 且 $B=0$ 时输出为 1。因此，画出输出波形，如图 2-63 所示。画图时可以先画输出为 1 的横线，然后补画输出为 0 的横线。

2. 逻辑函数式转换成逻辑电路图

用门电路替代函数式中的逻辑运算符号，就可以将函数式画成逻辑图。例如，将“与-或”函数式 $Y=\overline{A}B+A\,\overline{B}$ 画成逻辑图，应该分析函数式中的逻辑运算。由函数式可知，输入变量为 A、B，需要非门实现反变量 $\overline{A}$、$\overline{B}$，还需要与门实现 $\overline{A}B$ 和 $A\,\overline{B}$，用或门实现 $\overline{A}B+A\,\overline{B}$。最后画成的逻辑图如图 2-64 所示。

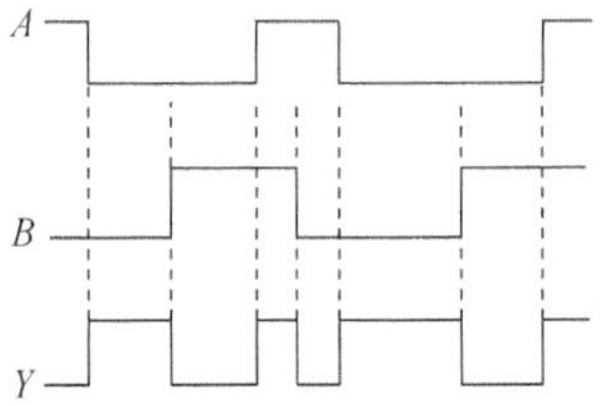

图 2-63 输出波形图

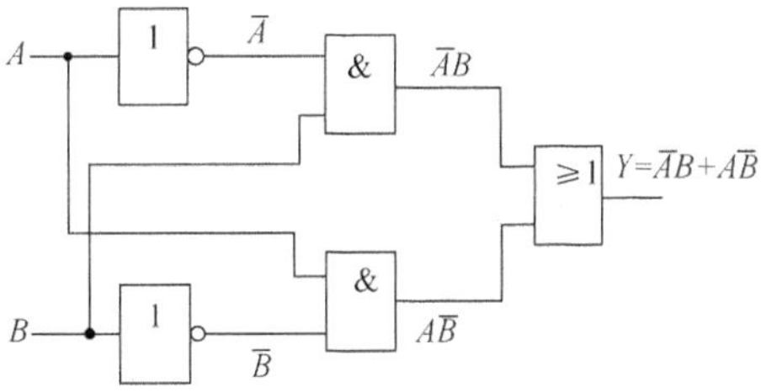

图 2-64 逻辑函数 $Y=\overline{A}B+A\,\overline{B}$ 的逻辑图

该图的画图过程是首先在图的左侧画出输入变量、非门与输入变量的“非”，然后是“与”项，最后画“或”项。

“或-与”函数的画法基本相同，如对于函数式 $Y=\overline{(\overline{A}+\overline{B}+\overline{C})(A+B+C)}$，有如图 2-65 所示的逻辑图。

画图时，先画左侧的输入变量 A、B、C，再用非门实现 $\overline{A}$、$\overline{B}$、$\overline{C}$，随后用两个三输入端或门实现 $A+B+C$ 和 $\overline{A}+\overline{B}+\overline{C}$，最后用与非门实现 $\overline{(\overline{A}+\overline{B}+\overline{C})(A+B+C)}$。

3. 由逻辑函数式得到真值表

得到逻辑函数式后，若将该函数式的 n 个输入变量的组合都输入逻辑函数式，就可以得到 2^n 个函数值，将输入变量所有的组合与对应输出值列成的表格就是真值表。

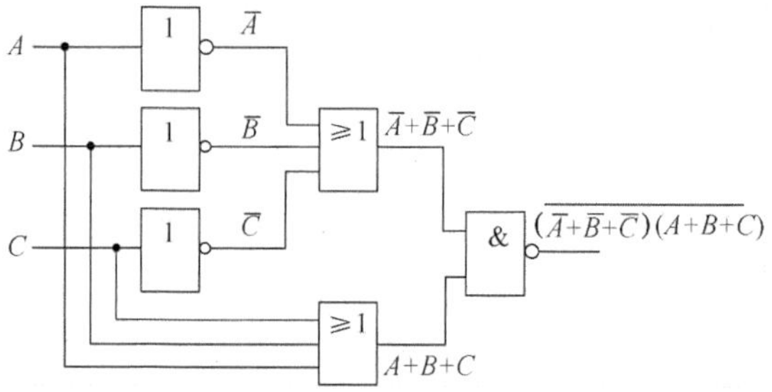

图 2-65　函数式 $Y\ \overline{(\overline{A}+\overline{B}+\overline{C})(A+B+C)}$的逻辑图

通常，为减小工作量，只填入真值表函数式为 1 的值，然后在非 1 格补 0。例如，对于函数式 $A(B+CD)$，A 等于 1 且 $B+CD=1$ 时，函数式为 1；对于 $B+CD$，表明 $B=1$ 或是 CD 都为 1 时，$B+CD=1$，因此可在满足上述输入组合的输出填入 1，并在非 1 组合的输出填入 0。表 2-12 是最后完成的真值表，真值表左侧 4 列 A、B、C 和 D 是输入变量所有组合的升序排列，最右侧 1 列 $A(B+CD)$是函数式输出值。

表 2-12　函数式 $A(B+CD)$的真值表

A	B	C	D	$A(B+CD)$
0	0	0	0	0
0	0	0	1	0
0	0	1	0	0
0	0	1	1	0
0	1	0	0	0
0	1	0	1	0
0	1	1	0	0
0	1	1	1	0
1	0	0	0	0
1	0	0	1	0
1	0	1	0	0
1	0	1	1	1
1	1	0	0	1
1	1	0	1	1
1	1	1	0	1
1	1	1	1	1

表 2-13　获得函数式的真值表

A	B	Y
0	0	0
0	1	1
1	0	1
1	1	0

4. 由真值表得到逻辑函数式

按照实际功能需求得到输入变量与输出对应关系的真值表。例如，如表 2-13 所示的是输入变量 A 与 B 中有一个为 0、一个为 1 时，输出 Y 就为 1 的真值表。

由表可知，有些组合使 Y 为 1，有些组合使 Y 为 0。若逻辑电路输出高电平有效，则将输出 Y 为 1 的组合写成函数式。对于组合 $A=0$ 且 $B=1$，则写为$\overline{A}B$，因为 $A=0$ 时，$\overline{A}=1$ 和 $B=1$

相“与”使$Y=1$。同理，对于$A=1$且$B=0$的组合，应写为$A\overline{B}$。Y有两个组合，只要有一个组合为1，则Y输出1，两个组合之间是“或”关系，因此有“与-或”逻辑函数式为

$$Y=\overline{A}B+A\overline{B}$$

有时，“与-或”函数式又称为积之和(Sum of Product，SOP)函数式。

由上所述，从真值表获得“与-或”表达式的方法为：将真值表输出为1的组合中的0以字母变量的“非”表示，1用原字母变量表示后以“与”逻辑关系写出；再将各个组合相“或”，则可以从真值表得到输出值为1的函数式。

【例2-31】 对于表2-14，只有组合$A=0$、$B=0$、$C=1$或组合$A=1$、$B=0$、$C=1$使输出$Y=1$。试写出函数式。

解：将A、B、C组合中的1用变量字母表示，0用变量字母取“非”表示，可以写出函数式为$Y=\overline{A}\,\overline{B}C+A\overline{B}C$。

对于表2-15，输入组合$A=1$、$B=0$、$C=1$和$A=0$、$B=1$、$C=0$使输出$Y=0$。其他组合的输出都为1，输出值为1的函数式有6个组合，但是输出值为0的函数式只有2个组合$\overline{Y}=A\overline{B}C+\overline{A}B\overline{C}$。

表2-14　例2-31的真值表

A	B	C	Y
0	0	0	0
0	0	1	1
0	1	0	0
0	1	1	0
1	0	0	0
1	0	1	1
1	1	0	0
1	1	1	0

表2-15　获得“或-与”函数式的真值表

A	B	C	Y
0	0	0	1
0	0	1	1
0	1	0	0
0	1	1	1
1	0	0	1
1	0	1	0
1	1	0	1
1	1	1	1

对函数式$\overline{Y}=A\overline{B}C+\overline{A}B\overline{C}$两侧取“非”运算，则有$\overline{\overline{Y}}=\overline{A\overline{B}C+\overline{A}B\overline{C}}$，结果是$Y=(\overline{A}+B+\overline{C})(A+\overline{B}+C)$，该结果同样是输出值为1的函数式，是“或-与”函数式，又称为和之积(Product of Sum，POS)函数式。

由上所述，从真值表获得“或-与”函数式的方法为：对于真值表中产生输出值为0的每一组输入变量的组合，对每个组合内变量值取“非”运算后，用相应的变量表示，进行逻辑“或”，最后对实现逻辑“或”的各组之间实现逻辑“与”。

【例2-32】 真值表如表2-16所示，试写出该表的“或-与”函数式。

解：按照“或-与”函数式的书写方法，变量取值为0，则为变量本身；变量取值为1，则为变量“非”，有“或-与”函数式为$Y=(A+B)(\overline{A}+B)$。

表2-16　例2-32的真值表

A	B	Y
0	0	0
0	1	1
1	0	0
1	1	1

2.8 与非门和或非门

1. 与非门

如图 2-66 所示，与非门可以实现“非”、“与”、“或”、“或非”逻辑运算，因此称为通用逻辑门。与非门的两个输入端连接在一起作为单输入端使用时，可以实现逻辑“非”，摩根定理可以实现函数式$\overline{AB}=\overline{A}+\overline{B}$的变换，即“与非”逻辑可以转换成低电平输入的或门，因此与非门可以实现非门、与门、或门和或非门。

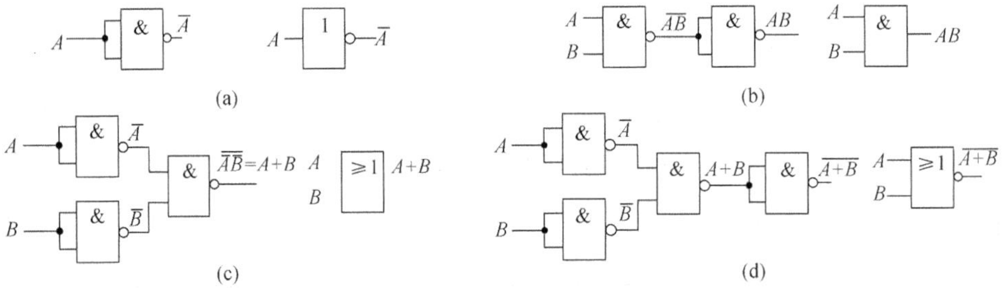

图 2-66 与非门实现“非”、“与”、“或”和“或非”逻辑运算

基于摩根定理$\overline{AB}=\overline{A}+\overline{B}$，可以使用低电平输入的或门代替高电平输入的与非门，通过这样的变换，可以从“与非-与非”逻辑图中直接得到没有“非”号的函数式。例如，对于如图 2-67 所示的逻辑图，将右侧第一级与非门变换为低电平有效输入的或门后，则可以直接写出没有“非”号的输出函数式。

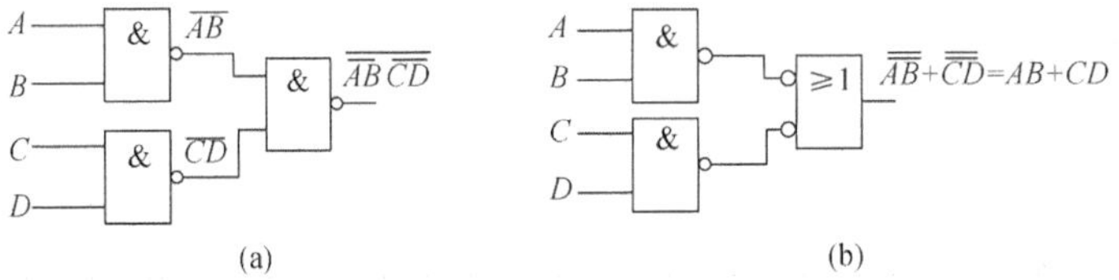

图 2-67 “与非-与非”逻辑图转换为“与非-低电平有效或门”逻辑图

两级门之间的“非”号互相抵消，因此与非门变成与门，低电平输入有效的或门变成或门。

2. 或非门

或非门同与非门一样，也是通用逻辑门。如图 2-68 所示，或非门可以实现非门、或门、与门和与非门。

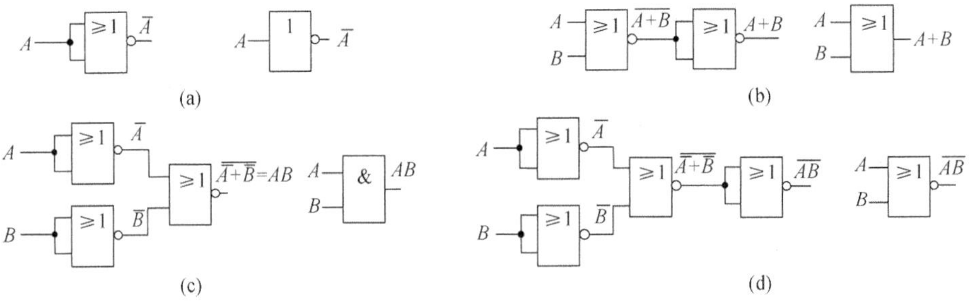

图 2-68 或非门实现非门、或门、与门和与非门

或非门的两个输入端连接在一起作为单输入端使用时，可以实现逻辑“非”；摩根定理可以实

现函数式$\overline{A+B}=\overline{A}\,\overline{B}$的变换，即“或非”逻辑可以转换成低电平输入的与门，因此或非门可以实现非门、或门、与门和与非门。

小　　结

本章内容主要为：

(1)基本逻辑门功能与符号，包括与门、或门、非门、与非门、或非门和异或门。

(2)逻辑代数基本定律、定理与公式，以及利用摩根定理实现逻辑门转换。

(3)标准逻辑函数式，代数法化简与卡诺图化简。

(4)逻辑电路图、函数式与真值表之间的转换，用与非门或或非门实现逻辑函数。

本章内容是数字电子技术的基础，因此须熟练掌握。

思　考　题

1. 什么是逻辑函数？什么是真值表？什么是逻辑电路图？什么是逻辑信号？
2. 叙述与门、或门、非门、与非门、或非门、异或门的功能。
3. 叙述摩根定理。
4. 卡诺图有哪些特点？在卡诺图上画圈时，应该注意哪些事项？
5. 什么是无关项？
6. 如何将“与-或”函数式转换成“与非-与非”，或是“或非-或非”函数式？

习　　题

【题 2-1】 试画出如图题 2-1(a)所示电路在输入图题 2-1(b)波形时输出端 B、C 的波形。

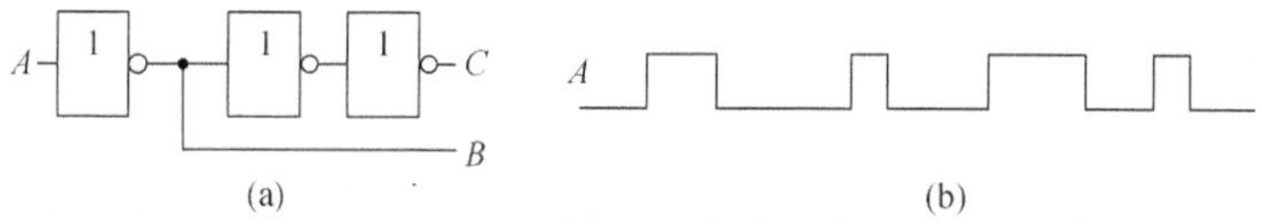

图题 2-1

【题 2-2】 试画出如图题 2-2(a)所示电路在输入图题 2-2(b)波形时输出端 X、Y 的波形。

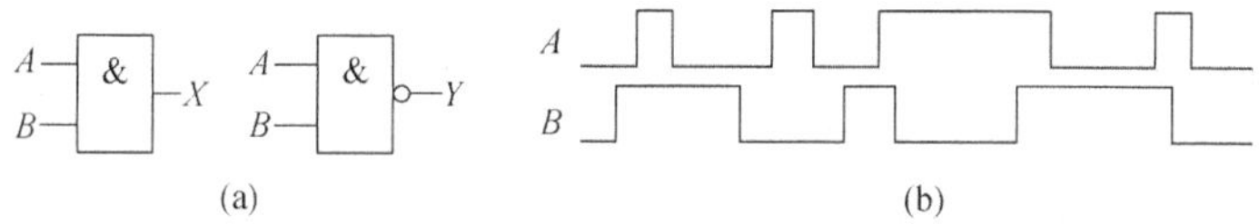

图题 2-2

【题 2-3】 试画出如图题 2-3(a)所示电路在输入图题 2-3(b)波形时输出端 X、Y 的波形。

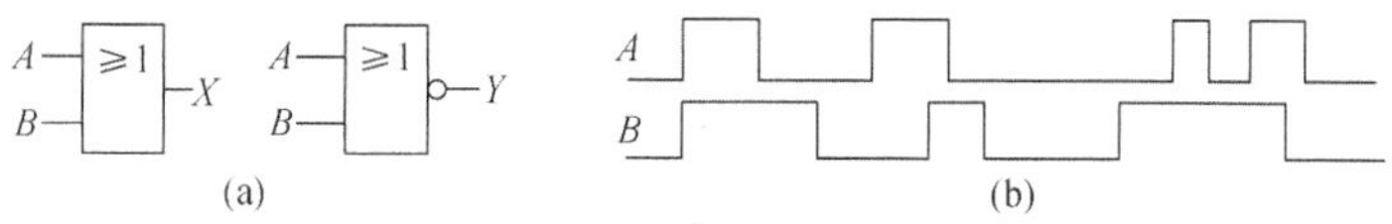

图题 2-3

【题 2-4】 试画出如图题 2-4(a)所示电路在输入图题 2-4(b)波形时输出端 X、Y 的波形。

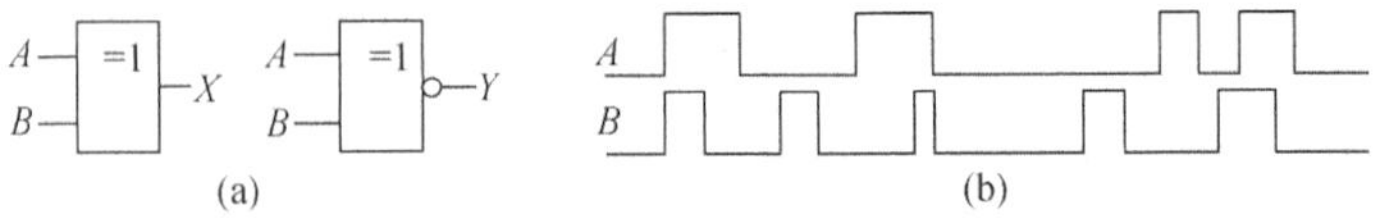

图题 2-4

【题 2-5】 试设计一逻辑电路,其信号 A 可以控制信号 B,使输出 Y 根据需要为 $Y=B$ 或 $Y=\overline{B}$。

【题 2-6】 某温度与压力检测装置在压力信号 A 或温度信号 B 中有一个高电平出现时,输出低电平的报警信号,试用门电路实现该检测装置。

【题 2-7】 某印刷裁纸机,只有操作工人的左右手同时按下开关 A 与 B 时,才能进行裁纸操作,试用逻辑门实现该控制。

【题 2-8】 某生产设备上有水压信号 A 与重量信号 B,当两信号同时为低电平时,检测电路输出高电平信号报警,试用逻辑门实现该报警装置。

【题 2-9】 如果如下乘积项的值为 1,试写出该乘积项中每个逻辑变量的取值。

(1)AB;(2)$AB\overline{C}$;(3)$\overline{A}B\overline{C}$;(4)$A\overline{B\overline{C}}$。

【题 2-10】 如果如下和项的值为 0,试写出该和项中每个逻辑变量的取值。

(1)$A+B$;(2)$A+\overline{B+C}$;(3)$\overline{A}+B+\overline{C}$;(4)$A+\overline{B+\overline{C}}$。

【题 2-11】 对于如下逻辑函数式中变量的所有取值,写出对应 Y 的值。

(1)$Y=ABC+A\overline{B}$;(2)$Y=(A+B)(A+\overline{B})$。

【题 2-12】 试证明如下逻辑函数等式。

(1)$A\overline{B}+A\overline{B}C=A\overline{B}$;(2)$AB(C+\overline{C})+AC=AB+AC$;

(3)$A(BC+BC)+AC=A(BC)+AC$。

【题 2-13】 对如下逻辑函数式实行摩根定理变换。

(1)$Y_1=\overline{A+B}$;(2)$Y_2=\overline{\overline{A}B}$;(3)$Y_3=\overline{A\overline{B}(C+\overline{D})}$;(4)$Y_4=\overline{(A+\overline{B\overline{C}}+CD)}+\overline{\overline{BC}}$。

【题 2-14】 试用代数法化简如下逻辑函数式。

(1)$Y_1=A(A+B)$;(2)$Y_2=BC+\overline{B}C$;(3)$Y_3=A(A+\overline{A}B)$。

【题 2-15】 试用代数法将如下逻辑函数式化简成最简"与或"式。

(1)$Y_1=\overline{A}B+\overline{A}B\overline{C}+\overline{A}BCD+\overline{A}B\overline{C}\,\overline{D}E$;(2)$Y_2=AB+\overline{\overline{A}B}C+A$;

(3)$Y_3=AB+(\overline{A}+\overline{B})C+AB$。

【题 2-16】 试用代数法将如下逻辑函数式化简成最简"与或"式。

(1)$Y_1=\overline{A}\,\overline{B}C+\overline{(A+B+C)}+\overline{A}\,\overline{B}\,\overline{C}D$;(2)$Y_2=ABCD+AB\overline{CD}+\overline{\overline{A}B}CD$;

(3)$Y_3=ABC(AB+\overline{C}(BC+AC))$。

【题 2-17】 将如下逻辑函数式转换成最小项之和形式。

(1)$Y_1=(A+\overline{B})(C+B)$;(2)$Y_2=(A+B\overline{C})C$;

(3)$Y_3=AB+CD(A\overline{B}+CD)$;(4)$Y_4=AB(\overline{B}\,\overline{C}+BD)$。

【题 2-18】 试用卡诺图化简如下逻辑函数式。

(1)$Y_1=ABC+AB\overline{C}+\overline{B}$;　　(2)$Y_2=A+A\overline{B}C+AB$;

(3)$Y_3=A\overline{C}+A\overline{B}+AB$;　　(4)$Y_4=A\overline{B}\quad\overline{C}+A\overline{C}+C$。

【题 2-19】 试用卡诺图化简如下逻辑函数式。

(1)$F(A,B,C,D)=\sum m(0,1,2,8,9,10,12,13,14,15)$；

(2)$F(A,B,C,D)=\sum m(2,4,5,6,7,11,12,14,15)$；

(3)$F(A,B,C,D)=\sum m(0,2,4,6,7,8,12,14,15)$。

【题 2-20】 试用卡诺图化简如下具有任意项的逻辑函数式。

(1)$F(A,B,C,D)=\sum m(3,5,8,9,10,12)+\sum d(0,1,2,13)$；

(2)$F(A,B,C,D)=\sum m(4,5,6,13,14,15)+\sum d(8,9,10,12)$；

(3)$F(A,B,C,D)=\sum m(0,2,9,11,13)+\sum d(4,8,10,15)$。

【题 2-21】 将如下逻辑函数式画成真值表。

(1)$Y_1=AB+BC$；(2)$Y_2=(A+B)C$；(3)$Y_3=(A+B)(\overline{B}+C)$。

【题 2-22】 将如下逻辑函数式画成真值表。

(1)$F_1=A\overline{B}C+\overline{A}B\overline{C}+ABC$；(2)$F_2=\overline{A}B\overline{C}D+\overline{A}BC\overline{D}+A\overline{B}\overline{C}D+\overline{A}\overline{B}\overline{C}\overline{D}$。

【题 2-23】 写出如图题 2-23 所示逻辑电路的逻辑函数式。

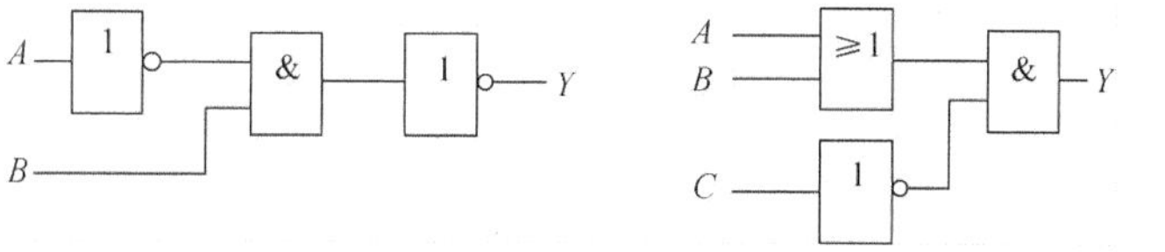

图题 2-23

【题 2-24】 画出如下逻辑函数式的逻辑电路图。

(1)$\overline{A}B+A\overline{B}$；(2)$AB+\overline{A}\,\overline{B}+\overline{A}BC$；

(3)$\overline{A}B(C+\overline{D})$；(4)$A+B(\overline{C}+D(B+C))$。

【题 2-25】 写出表题 2-25 的"与或"逻辑函数式。

【题 2-26】 用与非门实现如下逻辑函数。

(1)$F=ABC$；(2)$F=\overline{AB}+\overline{CD}$；(3)$F=(A+B)(C+D)$。

【题 2-27】 用或非门实现题 2-26 中的逻辑函数。

表题 2-25

A B C	Y
0 0 0	0
0 0 1	1
0 1 0	0
0 1 1	0
1 0 0	1
1 0 1	1
1 1 0	0
1 1 1	1

第3章 门 电 路

门电路是实现逻辑的电路，常由二极管、三极管或场效应管组成。逻辑门是所有数字电路的基础，本章介绍CMOS与TTL逻辑门电路的基本工作原理与技术参数。

3.1 数字逻辑信号

1. 数字逻辑值“0”和“1”与数字逻辑信号电平之间的关系

数字逻辑信号用两个逻辑值“0”和“1”为描述具有无穷多值的模拟世界，而数字逻辑信号是具有低电平和高电平的电压值，用数字电路操作数字逻辑值“0”和“1”，必须使数字逻辑值“0”和“1”与数字逻辑信号低电平和高电平之间有对应关系。

按照正逻辑约定，逻辑“0”用低电平信号表示；逻辑“1”用高电平信号表示，这是人们最容易接受的逻辑与信号电平之间的对应关系。

按照负逻辑约定，逻辑“0”用高电平信号表示；逻辑“1”用低电平信号表示，这种逻辑约定不太符合人们的习惯思维方式。

2. 数字逻辑信号电平

数字逻辑信号电平分为高电平和低电平，低电平常以小于某个电压值的一个电压范围表示，而高电平常以高于某个电压值的电压范围表示。对一个具体的逻辑门电路来说，还具体分为输入信号电平和输出信号电平。准确地说，输入信号电平应该为逻辑门电路输入端可以辨认的输入逻辑电平。一个逻辑门电路的信号电平示意图如图3-1所示。这里须注意的是逻辑高电平和低电平都是一个范围，在高低电平之间，有一个不确定区域，不确定区域既不是高电平，也不是低电平。逻辑高电平常用H或HIGH表示，逻辑低电平常用L或LOW表示。

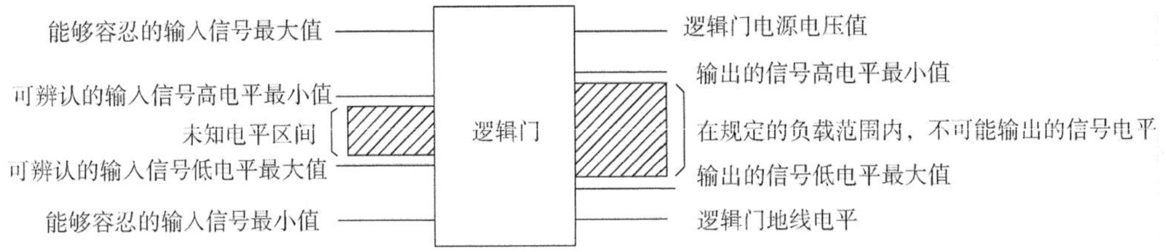

图3-1 门电路的逻辑信号电平示意图

3.2 CMOS门电路

3.2.1 MOS晶体管

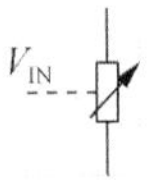

图3-2 MOS管的模型

金属-氧化物-半导体场效应晶体管(Metal-Oxide-Semiconductor-Field-Effect-Transistor)简称MOS管，是外加电压控制导电沟道宽窄的器件，依据参与导电的载流子分类，若空穴参与导电称为PMOS管，若电子参与导电称为 NMOS 管。

由于导电沟道的宽窄与导电沟道呈现的电阻成比例，所以 MOS 管可以模型化为输入电压控制的可变电阻，其输入电压可以控制电阻阻值的大小，如图 3-2 所示。确定的输入电压可以使电阻的阻值很大，使 MOS 管截止；使电阻的阻值很小，使 MOS 管导通。

若 MOS 管在无控制电压时，不具有导电沟道，加控制电压形成导电沟道，则称为增强型 MOS 管；若 MOS 管在无控制电压时，具有导电沟道，加控制电压使导电沟道变窄，则为耗尽型 MOS 管。

增强型 NMOS 管的符号与简化符号如图 3-3(a)和图 3-3(b)所示。该管具有三个电极，是栅极(Grid)、源极(Source)和漏极(Drain)。由图 3-3(c)所示的结构图，MOS 管的栅极与漏极、源极之间绝缘，所以栅极与漏极、源极之间有很高的阻抗；在栅极与源极(衬底)之间加电压 V_{gs} 产生电场，可以吸引 P 型半导体衬底内的电子形成 N 型导电沟道，一旦形成导电沟道就可以连通源极与漏极相连的 N+区域，使源极与漏级之间形成导电电阻，这时加有电压 V_{ds} 的漏级与源极之间可形成电流漏源电流 I_{ds}。由于依靠电场控制漏极和源极之间的沟道，进而控制导电电阻，因此产生场效应。

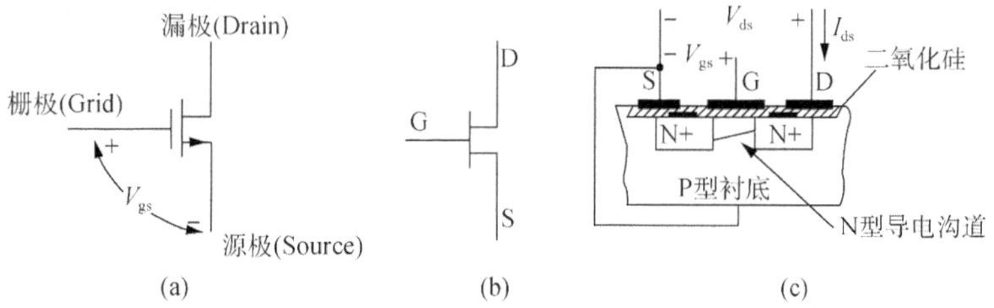

图 3-3　NMOS 管的符号与内部结构

控制栅极和源极之间的电压 V_{gs}，即可控制漏极和源极之间的电阻 R_{ds}，当 $V_{gs}=0$ 时，即栅极电压与源极电压相等时，R_{ds} 很大，至少有 $10^6\ \Omega$；当 V_{gs} 足够大，即栅极电压减去源极电压的数值很大时，R_{ds} 可以很小。

增强型 PMOS 管符号与简化符号如图 3-4 所示。PMOS 管栅极与源极之间的电压 V_{gs} 也可以控制漏极和源极之间的电阻 R_{ds}。

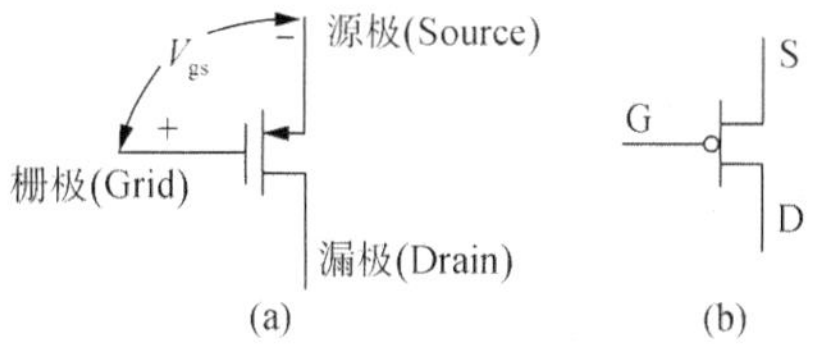

图 3-4　PMOS 管符号与简化符号

当 $V_{gs}=0$ 时，即栅极电压与源极电压相等时，R_{ds} 很大，至少有 $10^6\ \Omega$；当 V_{gs} 减小到足够大的负值，即栅极电压减去源极电压的数值是负值，R_{ds} 可以很小。简化符号中栅极上的小圈表示栅极电压低于源极电压，PMOS 管导通。

实际上，在 MOS 管截止时，源极、漏极之间有非常小的泄漏电流，其数值小于 1 μA。

栅极与漏极、源极之间没有电流。MOS 管的符号明确地表现这一点，栅极和漏极、源极之间只有电容。在 MOS 管工作过程中，需要有电流向栅极的电容充电和放电，这需要电源供给功率，特别是在 MOS 管高速通断时，功率耗损相当大。

3.2.2　基本 CMOS 非门

NMOS 管和 PMOS 管一起组成的 MOS 电路称为互补 MOS 电路，称为 CMOS 电路。由一个 NMOS 和一个 PMOS 管组成的反相器(非门)如图 3-5 所示，其电源电压范围 V_{DD} 为 2～6 V，但是为讨论方便常选择和 TTL 电路兼容的电源电压，即选择 $V_{DD}=5$ V。

在理想情况下，非门的工作情况可以分为两种。

(1)当 V_{IN}是 0 V 时，NMOS 管 Q_1的 $V_{gs}=0$ V，所以截止；PMOS 管 Q_2由于 $V_{gs}=-5$ V，所以导通。导通后的 Q_2管呈现小的电阻值，使输出端 $V_{OUT}=V_{DD}=5$ V。

(2)当 V_{IN}是 5 V 时，NMOS 管 Q_1的 $V_{gs}=5$ V，所以导通；PMOS 管 Q_2由于 $V_{gs}=0$ V，所以截止。导通后的 Q_1管呈现小的电阻值，使输出端与地之间相连，$V_{OUT}=0$ V。

CMOS 非门输入和输出之间的关系可以由表 3-1 所示的电平动作表描述。

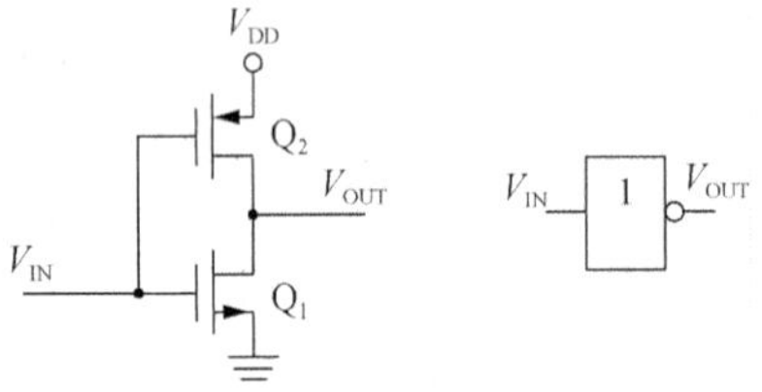

图 3-5 CMOS 非门的电路和符号

表 3-1 CMOS 非门的输入与输出关系表

V_{IN}	Q_1	Q_2	V_{OUT}
0 V(L)	断	通	5 V(H)
5 V(H)	通	断	0 V(L)

电源 V_{DD}中的 DD 是延续 NMOS 电路中的符号，表明是连在漏极上的电源。在 CMOS 中，电源实际连接的是 PMOS 管的源极，再使用 V_{DD}已经不合适，为和 TTL 电路保持一致，本书使用 V_{CC}作为电源电压的符号。电路中的地线有时使用 V_{SS}代替，表示地线与源极连接。

如果把 CMOS 中的 PMOS 和 NMOS 管抽象成开关，则 CMOS 非门的等效电路可由图 3-6 所示，其中图 3-6(a)是输入信号 $V_{IN}=L$(低电平)的情况，而图 3-6(b)是 $V_{IN}=H$(高电平)的情况。

图 3-7 是使用具有动作电平表示的 MOS 管非门电路，PMOS 和 NMOS 管的符号除了在 PMOS 管的栅极加一个小圈以外完全相同。如果小圈代表该管在输入电压为低电平 L 时漏极和源极之间导通，而没有小圈代表在输入电压为高电平 H 时漏极和源极导通，则可知：在 $V_{IN}=L$ 时，Q_2导通，Q_1截止，$V_{OUT}=H$；在 $V_{IN}=H$ 时，Q_1导通，Q_2截止，$V_{OUT}=L$。

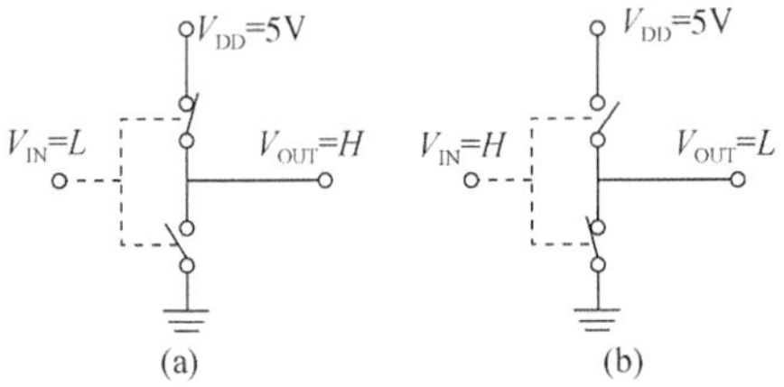

图 3-6 抽象成开关的非门电路

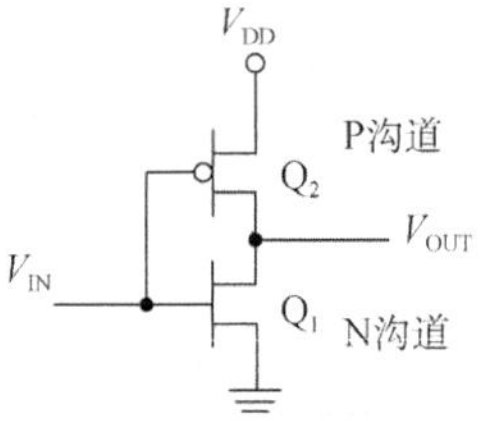

图 3-7 具有动作电平表示的 MOS 管非门电路

3.2.3 CMOS 与非门和或非门

1. CMOS 与非门

CMOS 与非门电路如图 3-8 所示。由于采用能够表示动作电平的简化 MOS 管符号，所以该电路的功能分析很容易。例如，假设 A 为 L，则可知 Q_1断，Q_2通；假设 B 为 L，可知 Q_3断，Q_4通，最终结果是 Y 为 H。将两个输入端 A 和 B 所有的组合都分析完，就得到表 3-2。

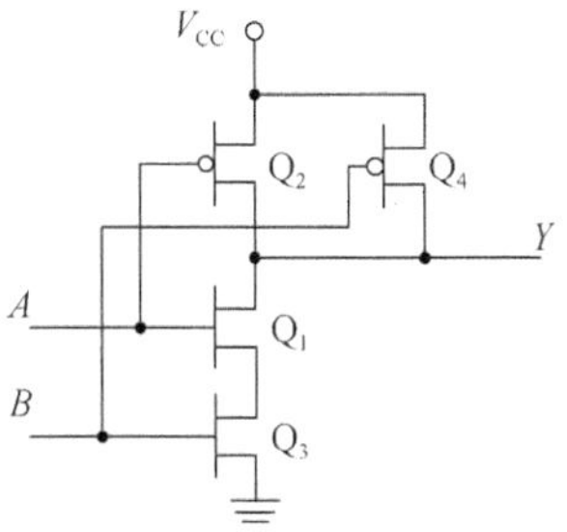

图 3-8 CMOS 与非门电路

表 3-2 CMOS 与非门的电平动作表

A	B	Q_1	Q_2	Q_3	Q_4	Y
L	L	断	通	断	通	H
L	H	断	通	通	断	H
H	L	通	断	断	通	H
H	H	通	断	通	断	L

2. CMOS 或非门

CMOS 或非门电路如图 3-9 所示。分别分析输入端 A 和 B 的四种逻辑组合，可以得到表 3-3。

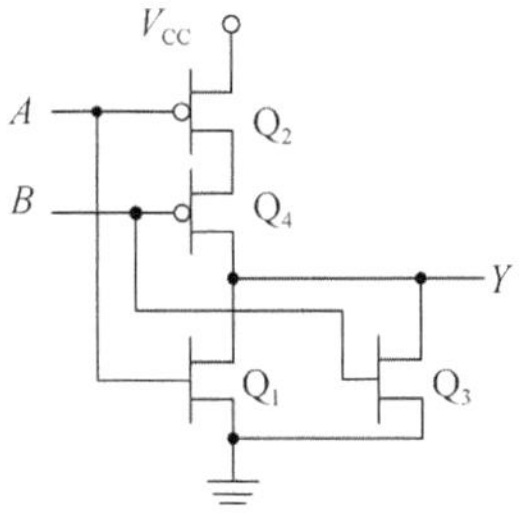

图 3-9 CMOS 或非门电路

表 3-3 CMOS 或非门的电平动作表

A	B	Q_1	Q_2	Q_3	Q_4	Y
L	L	断	通	断	通	H
L	H	断	通	通	断	L
H	L	通	断	断	通	L
H	H	通	断	通	断	L

由输入 A、B，以及输出 Y 之间的关系知，有一个或多于一个输入为高电平时，则输出为低电平，显然是或非门。

CMOS 电路形式还有很多，例如，与非门后串联非门可以组成与门；或非门后串联非门组成或门；采用多级门增加输入端数等，这里不一一列举，它们的分析方法一样。

3.3 74HC 系列门电路的电特性

理解和熟悉 CMOS 门电路的电特性是使用 CMOS 门电路设计数字电路的基础，这些电特性的正确使用可以保证数字逻辑实现，甚至在最坏的情况下，仍然可以保证数字电路正常工作。本节以 74HC 系列非门电路 74HC04 为例，介绍 74HC04 数据说明书包括的极限值、推荐工作条件、静态特性与动态特性。

3.3.1 74HC 系列门电路的极限电参数

当芯片使用条件超出极限电参数时，使芯片特性变差，甚至永久损坏。如表 3-4 所示的是 74HC04 的主要极限值。

电源电压 V_{CC} 的极限电压是 −0.5～7 V，这表明最高电源电压不能超出 7 V，同时也不能反接电源；若电源反接，且电压超过 0.5 V，就可能使芯片损坏。

表 3-4 74HC04 芯片的主要极限值电参数

符　号	参　数	数　值	单　位
V_{CC}	电源电压	−0.5～7	V

续表

符　号	参　数	数　值	单　位
V_I	直流输入电压	$-0.5\sim V_{CC}+0.5$	V
V_O	直流输出电压	$-0.5\sim V_{CC}+0.5$	V
I_{IK}	输入保护二极管电流	±20	mA
I_{OK}	输出保护二极管电流	±20	mA
I_O	直流输出电流	±25	mA

输入电压 V_I 的最高极限值与 V_{CC} 有关，当 V_{CC} 降低时，输入电压必须降低，如当芯片电源电压为 3.3 V 时，不能接受 3.8 V 以上的输入电压。

直流输出电压 V_O 也有极限值，无论是流出输出端的电流（称为拉电流），或是流入输出端的电流（称为灌电流）负载时，外加到输出引脚的电压值不能超出 $V_{CC}+0.5$ V。

输入保护二极管电流 I_{IK} 值不能超出±20 mA，超出这个电流，可能损坏图 3-10 所示等效输入电路中的输入保护二极管，这些保护二极管由芯片制作中分布 PN 结形成，二极管损坏说明有些 P 区或者是 N 区损坏，也就是芯片损坏。

输出端的保护二极管电流 I_{OK} 也不能超出±20 mA，图 3-11 显示的是输出保护电路的结构。由图可知，当输出端的外电路电压超出一定电压值时，可使二极管正向导通，就可能引起流过保护二极管的电流超过极限值。

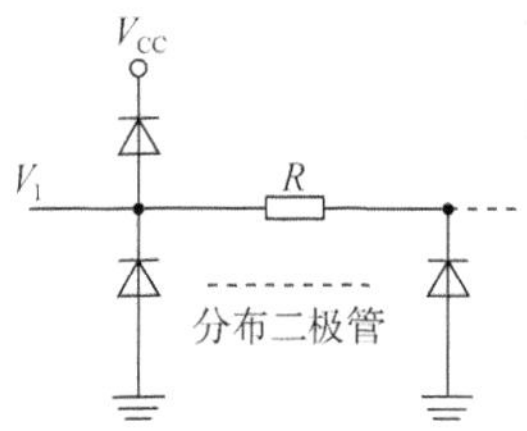

图 3-10　74HC04 的输入保护电路

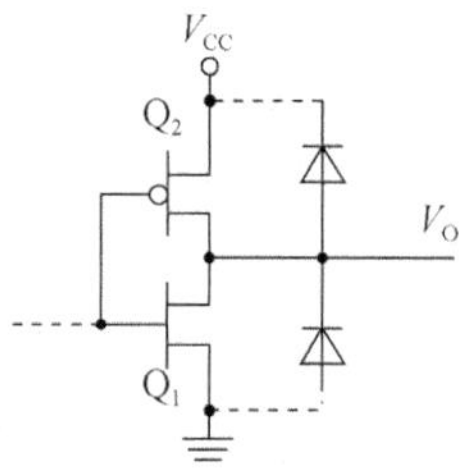

图 3-11　输出端保护电路

输出电流 I_O 也不能超出极限值，无论是灌电流还是拉电流负载，其负载电流都不能超过极限值。

极限值是设计数字电路的重要依据，例如，输出极限电流为±25mA，则可在不需要保证输出逻辑电平值时使用驱动负载，可以使芯片的输出电流工作在极限值附近。

3.3.2　74HC 系列门电路的推荐工作条件

推荐工作条件是芯片制造厂向芯片用户提供的芯片正常工作条件，74HC04 的主要推荐工作条件如表 3-5 所示。

表 3-5　74HC04 的主要推荐工作条件

符　号	参　数	数　值	单　位
V_{CC}	电源电压范围	2～6	V
V_I	直流输入电压范围	$0\sim V_{CC}$	V
V_O	直流输出电压范围	$0\sim V_{CC}$	V

只要保证芯片在推荐工作条件下工作，芯片就能够实现正确的逻辑功能。由推荐工作条件可知，74HC 系列芯片正常工作的电源电压范围是 2～6 V，所以该系列可以工作在 5 V、3.3 V 和 2.5 V 三个常用的电压标准，但为保证各项技术参数，电源电压最好选择 5 V。对于 3.3 V 电源，应该选择 74LV、74LVC 系列 CMOS 门电路。直流输入电压 V_I 与输出电压 V_O 的工作范围为 $0 \sim V_{CC}$。

3.3.3 74HC 系列门电路的静态电特性

1. 静态电特性

静态电特性有时又称为直流特性，静态电特性给出芯片的输入电平、输入电流、输出电平及负载特性等参数。74HC04 的静态电特性如表 3-6 所示，表中的参数在某种实验条件下给出。

表 3-6 74HC04 的静态电特性

符号	参数	实验条件(环境温度为 25℃)		最小值	典型值	最大值	单位
V_{IH}	输入高电平	$V_{CC}=2$ V		1.5			V
		$V_{CC}=4.5$ V		3.15			V
		$V_{CC}=6$ V		4.2			V
V_{IL}	输入低电平	$V_{CC}=2$ V					0.5
		$V_{CC}=4.5$ V					1.35
		$V_{CC}=6$ V					1.8
V_{OH}	输出高电平	$V_{CC}=2$ V	$I_{OH}=-20\ \mu A$	1.9	2.0		V
		$V_{CC}=4.5$ V	$I_{OH}=-20\ \mu A$	4.4	4.5		V
		$V_{CC}=6$ V	$I_{OH}=-20\ \mu A$	5.9	6.0		V
		$V_{CC}=4.5$ V	$I_{OH}=-4$ mA	4.18	4.31		V
		$V_{CC}=6$ V	$I_{OH}=-5.2$ mA	5.68	5.8		V
V_{OL}	输出低电平	$V_{CC}=2$ V	$I_{OH}=-20\ \mu A$		0.0	0.1	V
		$V_{CC}=4.5$ V	$I_{OH}=-20\ \mu A$		0.0	0.1	V
		$V_{CC}=6$ V	$I_{OH}=-20\ \mu A$		0.0	0.1	V
		$V_{CC}=4.5$ V	$I_{OH}=-4$ mA		0.17	0.26	V
		$V_{CC}=6$ V	$I_{OH}=-5.2$ mA		0.18	0.26	V
I_{IH}	输入高电平电流	$V_{CC}=6$ V	$V_I=V_{CC}$，$T=25$℃			0.1	μA
I_{IL}	输入低电平电流	$V_{CC}=6$ V	$V_I=0$V，T=25℃			−0.1	μA
I_{CC}	静态电源电流	$V_{CC}=6$ V	V_{IN}=GND 或 V_{CC}，$I_O=0$，$T=25$℃			1	μA

1)输入端的两个逻辑电平参数

(1)V_{IHmin}：输入高电平时的最小电压值，输入端能够辨认的最小高电平输入电压。若输入电压比这个电压低，则不认为输入电压是高电平。

(2)V_{ILmax}：输入低电平时的最大电压值，输入端能够辨认的最大低电平输入电压，若输入电压比这个电压高，则不认为输入电压是低电平。

输入电平的大小由两个 MOS 管(PMOS 和 NMOS 管)的导电沟道导通与截止阈值决定，取决于设计参数、材料、制造工艺和环境等因素。

2)输出端的两个逻辑电平参数

(1)V_{OLmax}:低电平输出时的最大输出电压。

(2)V_{OHmin}:高电平输出时的最小输出电压。

这里,输出电压的大小由两个 MOS 管的导通电阻,以及负载电流决定。

芯片数据说明书给出的输入、输出电平参数通常可以在一定温度范围、输出负载,以及电源电压 V_{CC}变化 10%时,保证 74HC 系列电路正常工作。

当 CMOS 门的输出仅与同类型的门连接,则输出电流 I_{OL}和 I_{OH}很小,所以 MOS 管上的电压降很小,这种情况称为纯 CMOS 应用。电源电压 V_{CC}与地线像两根轨道,通常称为电源轨道。在纯 CMOS 应用中,其输入与输出逻辑电平是电源轨道的函数,即

(1)$V_{IHmin}=70\%V_{CC}$;

(2)$V_{ILmax}=30\%V_{CC}$;

(3)$V_{OHmin}=V_{CC}-0.1\ V$;

(4)V_{OLmax}=地线电平$+0.1\ V$。

由于在最坏情况下电源电压 V_{CC}降落 10%,为 4.5 V,所以 V_{OHmin}最小为 4.4 V。5 V 电源电压时 74HC04 的输出、输入高低电平如图 3-12 所示。

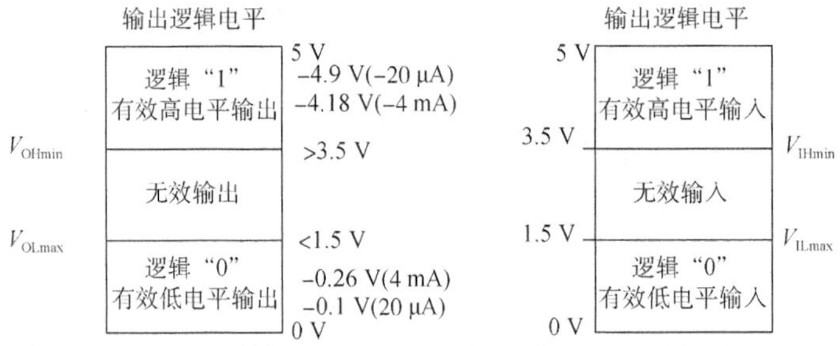

图 3-12　74HC04 的输出、输入逻辑电平

3)输入高电平电流 I_{IH}与输入低电平电流 I_{IL}

这两个电流参数是描述 CMOS 门作为前级电路负载时前级电路应该提供的电流,通常前级电路输出为高电平时,电流流入 CMOS 门;当前级电路为低电平时,电流流出 CMOS 门。

CMOS 门电路的静态输入电流非常小,该电流的数值由制造厂提供。

I_{IH}为输入在高电平状态(简称高态)时流入输入端的电流。

I_{IL}为输入在低电平状态(简称低态)时流入输入端的电流。

这两个电流的数值都只有 1 μA 左右,通常可以忽略。在 25℃时,74HC04 的输入端电流为 ±0.1 μA。

4)静态电源电流 I_{CC}

静态电源电流 I_{CC}是在输入信号接地或是接电源时的电源电流。在温度为 25℃时,74HC04 的静态电源电流 I_{CC}为 1 μA。

2. 传输特性

1)输入-输出电压传输特性

电压传输特性是逻辑门的输入电压与输出电压之间的关系曲线。5 V 电源电压下工作的 CMOS 非门输入-输出之间的电压传输特性如图 3-13(b)所示。

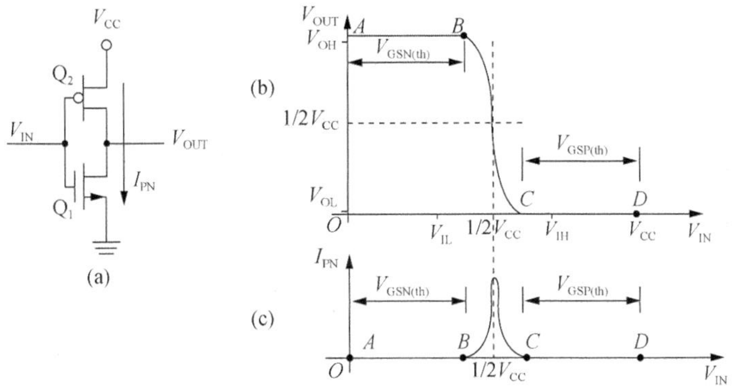

图 3-13　74HC04 的传输特性

由电压传输特性曲线可知，在 *AB* 段，非门上侧 PMOS 管导通，下侧的 NMOS 管截止，因此输出电压 V_{OUT} 接近 V_{CC}，输出高电平 V_{OH}；在 *BC* 段，两个 MOS 管都导通，输出电压 V_{OUT} 取决于两个 MOS 管等效电阻对 V_{CC} 的分压结果；在 *CD* 段，PMOS 管截止，NMOS 管导通，输出电压 V_{OUT} 接近 0 V，输出低电平 V_{OL}。

如果把横轴低于 2.4 V 电压的部分看成输入低电平电压，把横轴高于 2.6 V 电压部分看成输入高电平电压，当输入电压在 2.4～2.6 V 之间时，非门输出不确定的非逻辑电平电压。

典型电压传输特性曲线转折点的输入电压是 $V_{CC}/2$，因此 $V_{CC}/2$ 电压称为阈值电压 V_{TH}。

对于如图 3-13(b)所示的一条典型曲线，如果环境温度、电源电压、输出负载等条件发生改变则其形状也随之改变。CMOS 门的制作工艺对这条曲线的影响也很大，如即使生产条件一样，每批次生产的 CMOS 门的传输特性曲线仍然不相同。如果按照典型特性曲线进行数字电路设计，会使很多装置不能正确工作。如果给如图 3-13(b)所示传输特性曲线中给定的输入高低电平加一些余量，则会使设计的数字电路工作更可靠。例如，在电源为 5 V 时，使输入低电平远小于 2.4 V，通常取 1.5 V 以下；使输入高电平远大于 2.6 V，通常取 3.5 V 以上，这样就可以保证非门工作在曲线的 *AB* 段和 *CD* 段；输入电压在 1.5～3.5 V 之间时，则认为非门工作在曲线的 *BC* 段。

2)输入电压-MOS 管电流特性

图 3-13(c)显示的是在输入电压与流过非门中两 MOS 管电流特性曲线。由此可知，电流 I_{PN} 随输入电压的变化而变化。在曲线 *BC* 段，有电流流过两 MOS 管，而在输出电压 V_{OUT} 为 $1/2V_{CC}$ 时，由于两管均呈现低电阻，流过两管的电流最大。在实际应用中，应避免工作在曲线的 *BC* 段。

3)不满足输入高低电平参数时的 CMOS 门特性

当非门的输入电压满足高电平或低电平电压参数时，MOS 管中总有一个处于截止状态，使流过两 MOS 管的电流近乎为零。若输入电压不很接近电源轨道，则导通的 MOS 管不能充分导通，截止的 MOS 管不能充分截止，使 CMOS 非门输出电压远离电源轨道。

例如，对于输入大于 1.5 V 和小于 3.5 V 时的 CMOS 非门电路，假设在导通管不完全导通、截止管不完全截止，在输入为 1.5 V 和 3.5 V 两种情况下的两管等效电阻值分别如图 3-14(a)和图 3-14(b)所示。

如图 3-14(a)所示，当输入电压为 1.5 V 时，可以计算出流过两个 MOS 管的电流为 1.72 mA，输出电压为 4.31 V。由于流过两个 MOS 管的电流太大，不仅增大功耗，也降低拉电流负载能力。

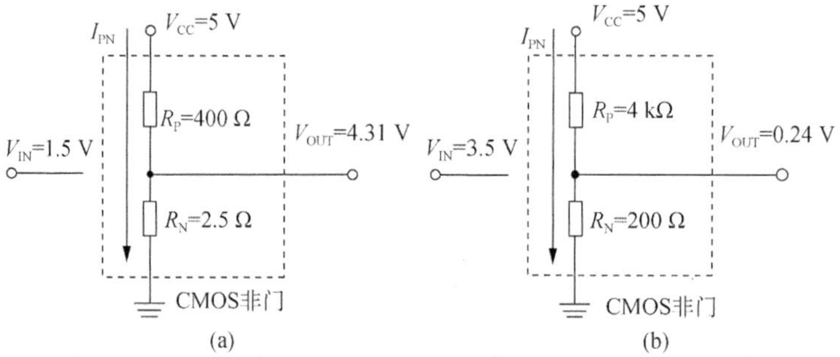

图 3-14　输入非理想电压的 CMOS 非门

如图 3-14(b)所示，当输入电压为 3.5 V 时，可以计算出输出电压为 0.24 V。这时，流过两个 MOS 管的电流为 1.19 mA。由于流过两个 MOS 管的电流太大，因此降低灌电流能力，并增加功耗。

3. 噪声容限

噪声容限就是对噪声的容忍程度，或者可以在前级输出信号上叠加的噪声电压幅度。噪声容限定义为：

(1)最小高电平噪声容限 $V_{NH}=V_{OHmin}-V_{IHmin}$；

(2)最小低电平噪声容限 $V_{NL}=V_{ILmax}-V_{OLmax}$。

由于输出高电平是最小电压，输出低电平是最大电压，所以这里给出的是最小噪声容限，也就是电源电压波动 10%，负载最大时的噪声容限。图 3-15 是噪声容限示意图，图 3-15(a)是高电平噪声容限示意图，图 3-15(b)是低电平噪声容限示意图。

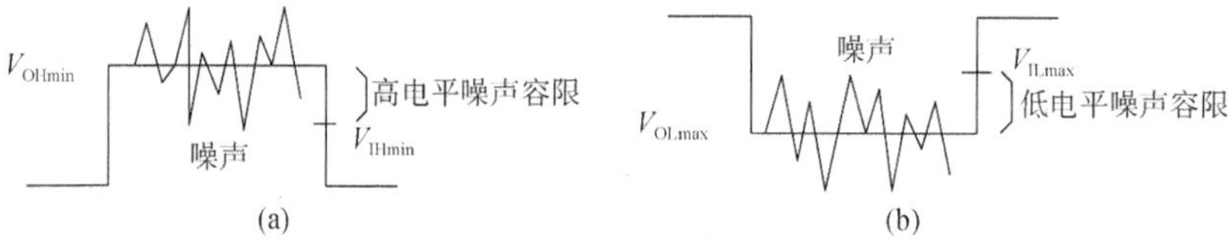

图 3-15　噪声容限示意图

74HC04 连接同类电路的噪声容限等于(电源电压取最坏情况 4.5 V，环境温度 25℃)：

(1)高电平噪声容限 $V_{NH}=V_{OHmin}-V_{IHmin}=4.4\ \text{V}-3.15\ \text{V}=1.25\ \text{V}$

(2)低电平噪声容限 $V_{NL}=V_{ILmax}-V_{OLmax}=1.35\ \text{V}-0.1\ \text{V}=1.25\ \text{V}$

与 74TTL 系列器件相比，74HC 系列器件具有较好的噪声容限。

4. 输出特性

1)电阻负载

实际应用中往往需要 CMOS 门推动其他类的负载，如分立元件电阻，或是一个电阻网络(TTL 或其他系列逻辑电路)，或是其他耗电的电阻(发光二极管、继电器等)。当推动这些负载时，CMOS 门的特性变化很大，之所以如此，是因为 MOS 管导通时有电阻，当负载电流流过 MOS 管时，产生电压降。

CMOS 门与电阻负载相连的等效电路如图 3-16 所示，其中图 3-16(a)是灌电流负载情况，图 3-16(b)是拉电流负载情况。

由于 CMOS 门的制造商很少给出 R_P 和 R_N 电阻值，所以实际上不能精确计算具有电阻性负载

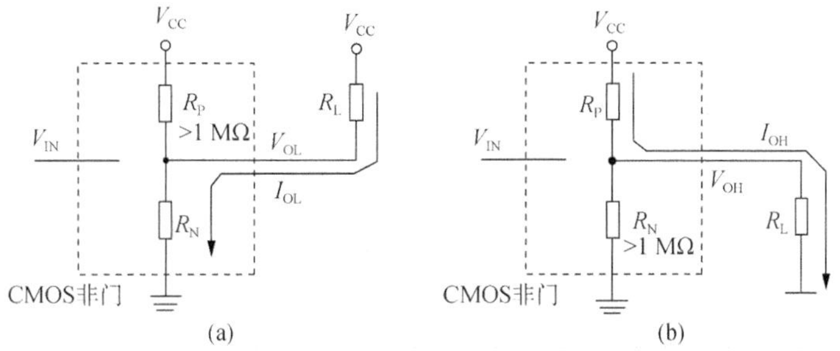

图 3-16 灌电流和拉电流负载

情况下的输出电压 V_{OUT}。制造商给出的是在保证输出高电平或低电平情况下的最大负载电流：

(1) I_{OLmax}：保证输出电压小于 V_{OLmax} 的最大灌入电流。若电流大于 I_{OLmax}，则输出低电平电压可能大于 V_{OLmax}，主要是灌入电流在电阻 R_N 上压降的影响。

(2) I_{OHmax}：保证输出电压大于 V_{OHmin} 的最大拉出电流。若电流大于 I_{OHmax}，则输出高电平电压可能小于 V_{OHmin}，主要是拉出电流在电阻 R_P 上压降的影响。

在驱动须保证逻辑电平的负载时，应限制电流，优先保证逻辑电平；在驱动对逻辑电平要求不严格的负载时，如发光二极管，则应优先保证驱动电流。

2)输出电压与电流之间的关系

实际上，由于 MOS 管导通电阻的影响，CMOS 门输出的电压随电流的变化而变化，输出电压随电流的变化曲线为输出特性曲线。

74HC04 非门的典型输出特性曲线如图 3-17 所示，其中图 3-17(a)是低电平输出特性，随着流入 Q_1 管的电流 I_{OL} 增加，V_{OL} 也增加，原因是 Q_1 管具有导通电阻，随着流过 Q_1 管电流增加，Q_1 管的管压降增加，因为 V_{OL} 就是管压降，所以 V_{OL} 增加。对于同样的 V_{OL}，电源电压 V_{CC} 越高，则允许 I_{OL} 越大。

图 3-17(b)是高电平输出特性。随着流出 Q_2 管的电流增加，V_{OH} 不断下降，原因是 Q_2 管具有导通电阻，随着流过 Q_2 管的电流增加，Q_2 管的压降也增加，因为 V_{OH} 等于电源电压 V_{CC} 减去 Q_2 管压降，因此 V_{OH} 减小。对于同样的 V_{OH}，电源电压 V_{CC} 越高，允许的 I_{OH} 越大。

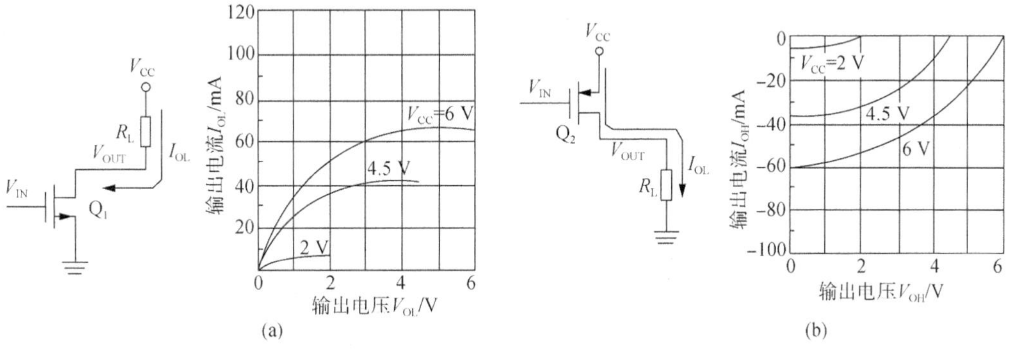

图 3-17 74HC04 非门的典型输出特性曲线

3)CMOS 门驱动逻辑门电路

CMOS 门驱动逻辑门电路的一种情况是 CMOS 门驱动 CMOS 门电路，由于 CMOS 门电路的输入电阻很大，因此驱动电流很小；另一种情况是 CMOS 门驱动 TTL 电路，由于 TTL 电路的输入电流较大，因此类似驱动电阻负载。

74HC04 在 4.5 V 电源时驱动这两种负载的情况如表 3-7 所示。表给出保证输出电压条件下的最大输出电流值。

4)扇出

门电路能够带动同类门输入端的数量称为扇出。扇出不仅和门的输出特性有关,而且依赖于门的输入特性。

表 3-7　74HC04 芯片输出负载能力表(25℃,V_{CC}=4.5V)

参　数	CMOS 负载		TTL 负载	
	名　称	数　值	名　称	数　值
最大低电平输出电流	I_{OLmaxC}	0.02 mA	I_{OLmaxT}	4 mA
最大低电平输出电压	V_{OLmaxC}	0.1 V	V_{OLmaxT}	0.26 V
最大高电平输出电流	I_{OHmaxC}	−0.02 mA	I_{OHmaxT}	−4 mA
最小高电平输出电压	V_{OHminC}	4.4 V	V_{OHminT}	4.18 V

例如,74HC 系列门的低电平输出电流 I_{OLmax}是 0.02 mA,而同类门的低电平输入电流 I_{ILmax}是−1 μA,所以低电平扇出是 20。74HC 系列门的高电平输出电流 I_{OHmax}是−0.02 mA,而同类门的高电平输入电流 I_{IHmax}是 1 μA,所以高电平扇出也是 20。

在有些情况下,门电路的高低电平扇出能力不一定相等,所以全面看待一个门的扇出能力,应该取输出高低电平中较小的扇出能力作为门的扇出能力。

若使低电平输出电压 V_{OLmax}的数值增大一些,例如,V_{OLmax}从 0.1 V 变为 0.33 V,则 74HC 系列门电路的输出低电平电流 I_{OLmax}等于 4 mA,这时可以驱动 4000 个同类门的输入。

若使高电平输出电压 V_{OHmax}的数值减小一些,例如,V_{OHmax}从 4.4 V 变为 4.18 V,则 74HC 系列门电路的输出高电平电流 I_{OHmax}等于−4 mA,也可以驱动 4000 个同类门的输入。

当负载门的输入端数超出前级门的扇出能力,则有如下影响:

(1)在低电平,前级门输出电压 V_{OL}可能增加并超过 V_{OLmax}。

(2)在高电平,前级门输出电压 V_{OH}可能减小并低于 V_{OHmin}。

(3)传播延迟时间可能增加。

(4)输出上升时间和下降时间增加。

(5)器件的工作温度上升,减小器件的可靠性并逐渐损坏器件。

3.3.4　74HC 系列门电路的动态特性

74HC04 的数据说明书给出该芯片的动态特性,如表 3-8 所示。

表 3-8　74HC04 的动态特性

符　号	参　数	实验条件(环境温度为 25℃)		最小	典型	最大	单位
t_{TLH} · t_{THL}	输出瞬态时间	V_{CC}=2 V	输出端连接负载电容 C_L=50 pF,输入信号的上升、下降沿 t_r=t_f=6 ns		38	75	ns
		V_{CC}=4.5 V			8	15	ns
		V_{CC}=6 V			6	13	ns
t_{PLH} · t_{PHL}	传播延迟时间	V_{CC}=2 V			45	95	ns
		V_{CC}=4.5 V			9	19	ns
		V_{CC}=6 V			8	16	ns

描述 CMOS 器件动态特性的参数是输出瞬变时间和传播延迟时间。74HC 系列门电路的速度和功率损耗很大程度上与其动态特性有关。

1. 输出瞬变时间

门电路的输出从一个状态转换成另外一个状态所需的时间称为输出瞬变时间。理想的转换不需要时间，如图 3-18(a)所示。实际上，转换需要时间，这是因为须向导线和元件等电路形成的等效电容充电。图 3-18(b)是转换曲线，其中从低态向高态转换需要上升时间 t_r，而从高态向低态转换需要下降时间 t_f。

实际上，由于曲线上升和下降段的开始和结束的界限不容易分清楚，所以瞬态上升和下降时间的定义如图 3-18(c)所示。这样定义的好处是能够知道需要多长时间才能通过不定的逻辑区域。

输出瞬变时间与两个因数有关，一个是 MOS 管的导通电阻，另一个是负载电容。电容越大，瞬变时间越长。设计者千方百计减少负载电容，但是有些电容是无法减少，例如：

(1)在门电路的输出电路中，输出晶体管、内部连线、封装等可能有 2～10 pF 的电容量。

(2)门电路的输出与其他门输入端的连线一般具有 0.4 pF/cm 左右的电容量，这取决于导线连接的技术。

(3)在门电路的输入电路中，每个输入端的晶体管、内部连线、封装等也有 2～15 pF 的电容量。

所有这些电容通称为电容负载。

门电路数据说明一般都有瞬变时间参数，例如 74HC04 的瞬变时间在 4.5 V 电压、环境温度为 25℃时的典型值是 8 ns。

2. 传输延迟时间

在信号通道上，从输入信号的变化到输出信号的变化所需的时间称为传输延迟时间 t_P。多输入输出器件可能有多个传输延迟时间。传输延迟时间的定义如图 3-19 所示。

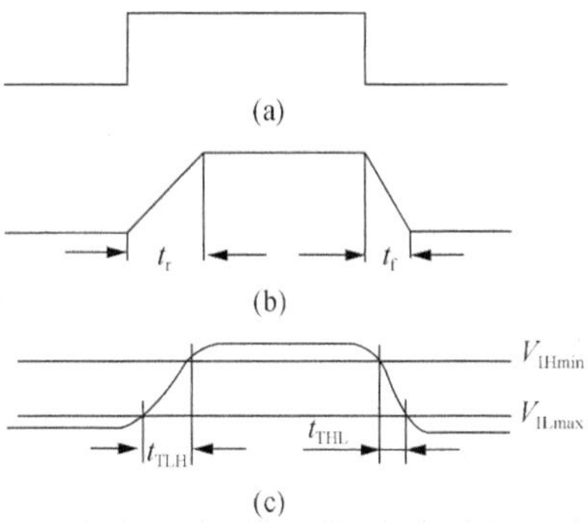

图 3-18 输出瞬变时间的定义

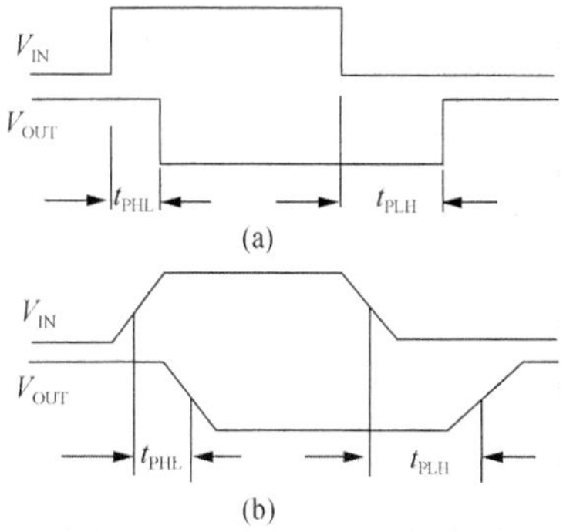

图 3-19 传输延迟时间的示意图

在图 3-19 中：

(1)t_{PHL}为当输出从高电平向低电平变化时，从门电路的输入变化到引起门电路的输出变化所需要的时间。

(2)t_{PLH}为当输出从低电平向高电平变化时，从门电路输入变化到引起门电路输出变化所需要的时间。

传输延迟由门电路中的晶体管、输入电容、输出电容等因素引起。在电源电压为 4.5 V、环境温度为 25℃时，74HC04 动态特性说明给出典型的传输延迟时间是 9 ns。

3. 功率耗散

如果 CMOS 器件的输出不变化，则这时的功耗为静态功耗。CMOS 器件的静态功耗很小，原因是两个 MOS 管中总有一个管处于不导通状态。如果 CMOS 器件的输出状态发生变化，则由状态变化引起的功耗称为动态功耗。

动态功耗的一个原因是当输入信号变化时，总有一段时间 CMOS 器件输入电压既不是高态，也不是低态，因而 MOS 管似通非通，引起由于电源与地线之间的等效电阻减小形成的内部功耗。内部功耗与 V_{CC}的大小及输出状态的变化率有关，输出状态变化引起的内部功耗 P_T可以由下式决定，即

$$P_T = C_{PD} V_{CC}^2 f$$

式中，V_{CC}是电源电压；f 是输出信号的瞬变频率；C_{PD}是每个门的内部功耗电容，是器件制造商给出的参数，74HC 系列的典型值是 20～24 pF。当输出瞬变（高电平到低电平和低电平到高电平）发生时，该电容具体说明流过 MOS 管导通电阻电流的动态过程。

P_T公式只有在输入信号变化很快的情况下有效，如果输入信号很慢，使 MOS 管在半导通状态停留很长时间，就会引起过量损耗。因此只有在制造商给定的最大上升与下降时间之内时，C_{PD}的数值才有效。

电容 C_{PD}由下式计算，即

$$P_{T1} = C_{PD}(V_{CC})^2 f_1 = I_{CC1} V_{CC}$$

$$P_{T2} = C_{PD}(V_{CC})^2 f_2 = I_{CC2} V_{CC}$$

所以有

$$C_{PD} = \frac{P_{T2} - P_{T1}}{V_{CC}^2 (f_2 - f_1)}$$

这里，I_{CC1}是频率为 f_1时的电源电流，I_{CC2}是频率为 f_2时的电源电流。

动态功耗的另一个原因由负载电容引起。当负载电容充电或放电时，都有功率耗散在导通的 MOS 管上。由负载电容充放电引起的功耗 P_L为

$$P_L = C_L V_{CC}^2 f$$

这里，C_L是负载电容。

全部动态功耗等于

$$P_D = P_T + P_L = C_{PD} V_{CC}^2 f + C_L V_{CC}^2 f = (C_{PD} + C_L) V_{CC}^2 f$$

因此，减小 CMOS 器件的电源电压和频率，就可以减少功耗。在 74HC04 的数据说明给出功耗电容值，由表 3-9 所示。

表 3-9　74HC04 的功耗电容值

符　号	参　数	实验条件（环境温度为 25℃）		最小	典型	最大	单位
C_{IN}	输入电容	$V_{CC}=5$ V			5	10	pF
C_{PD}	功耗电容	$V_{CC}=5$ V			22		pF

3.4　其他类型的 CMOS 电路

1. 传输门

将 N 沟道和 P 沟道 MOS 管按照如图 3-20 所示的电路连接，即可逻辑控制开关，习惯称为

CMOS 传输门或模拟开关。

CMOS 传输门具有微功耗、大开关电阻值比、小残余电压和双向传输信号等特点，不仅用于组成各种逻辑芯片内部电路，而且也作为单独的器件使用。

传输门由控制端 EN_L 和 EN 控制，EN_L 和 EN 是互补信号。当 EN_L＝L、EN＝H 时，传输门导通，A、B 两端之间呈现很小的电阻（几欧到几十欧之间），相当于导通；当 EN_L＝H、EN＝L 时，传输门不导通，A、B 两端之间呈现很大的电阻。

图 3-21 是由 CMOS 传输门组成的四双向模拟开关 74AHC4066。该开关的控制电路由 G_1、G_2 和 G_3 三个非门、Q_1 和 Q_2 组成的传输门和一个 NMOS 管 Q_3 组成，开关由一个 Q_4、Q_5 管组成的传输门组成。

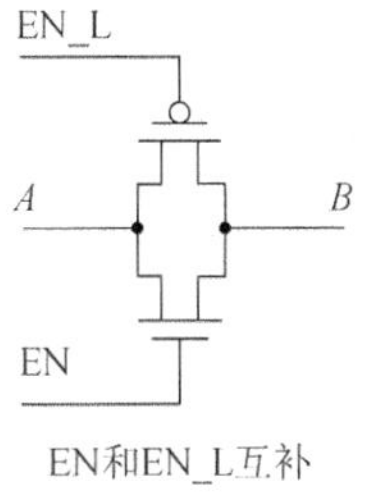

图 3-20　CMOS 传输门

当控制端 C 为高电平时，Q_4、Q_5 管组成的开关接通，端口 A 和 B 之间呈现小电阻值，同时 Q_3 管截止，Q_1、Q_2 组成的传输门接通，Q_5 的衬底电压与 A 端相同，开关传输信号的线性度提高；反之，当控制端 C 为低电平时，Q_4、Q_5 管组成的开关断开，端口 A 和 B 之间呈现大的电阻，同时 Q_3 管导通，Q_1、Q_2 组成的传输门断开，Q_5 管衬底电位与地电平相连，尽可能增加开关断开电阻。

该开关工作电压范围为 2～5.5 V，控制电压范围和输入电压范围都是 0～V_{CC}。在电源电压为 4.5 V 时，导通电阻不超过 100 Ω，允许流过开关的最大电流在±25 mA 以内。

在数据采集系统中，常用模拟开关切换模拟信号，实现多通道数据采集。

在 CMOS 技术中，常使用传输门组成更复杂的数字电路，如图 3-22 所示的二选一电路使用传输门组成。当控制端 S 为低电平时，X 与 Z 相连；当控制端 S 为高电平时，Y 与 Z 相连。

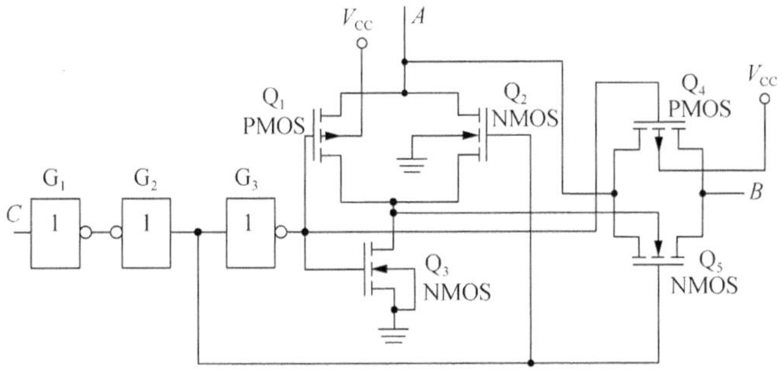

图 3-21　74AHC4066 双向模拟开关

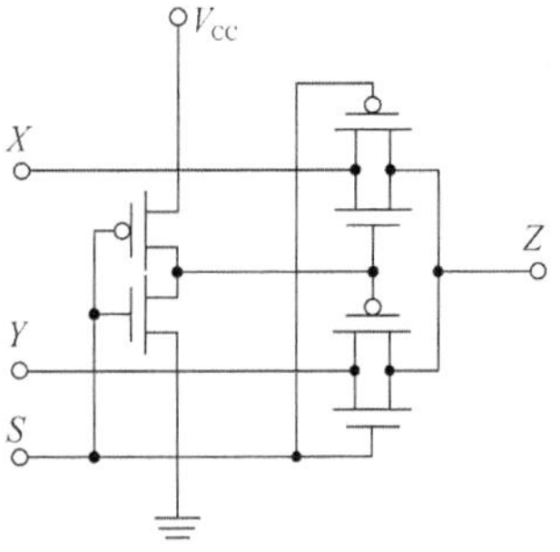

图 3-22　用传输门组成的二选一选择器

2. 三态门

普通的逻辑门只输出“0”或“1”两种状态。三态门输出有称为高阻状态（High impedance，Hi-Z 或 floating）的第三种非逻辑状态。在这种状态下，若忽略流入或流出门电路的极小泄漏电流，门电路的输出如同与其他电路没有连接。这样的输出具有三种输出状态，逻辑“0”、逻辑“1”和高阻状态“Z”。

三态门具有一个额外的控制端，该控制端可以控制输出端出现（Disable）高阻态或不出现（Enable）高阻态。三态总线利用三态门电路的第三态，将多个具有高阻输出能力的门输出端直接连接在一起。在控制信号的控制下，在任何时间，只有一个三态门不在高阻态，也只有这个三态门输出的高电平或低电平可以反映到总线上，即在这个时间，总线允许这个三态门电路使用。

图 3-23 是一个 CMOS 三态缓冲器结构，使用逻辑符号代替 MOS 管非门、与非门和或非门。该三态 CMOS 缓冲器的动作如表 3-10 所示。

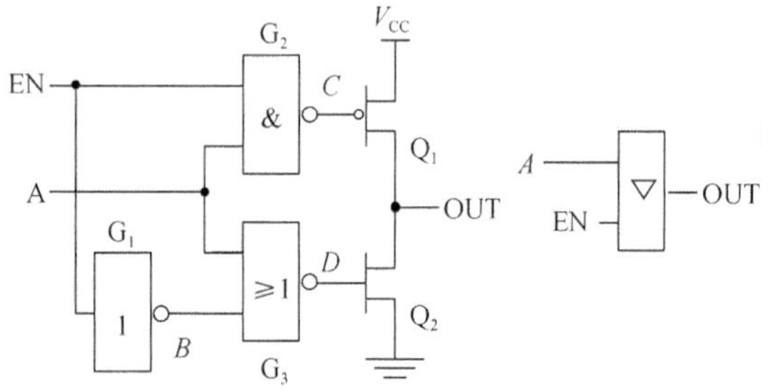

图 3-23　三态门结构与符号

表 3-10　三态 CMOS 缓冲器的动作表

EN	A	B	C	D	Q_1	Q_2	OUT
L	L	H	H	L	断	断	高阻
L	H	H	H	L	断	断	高阻
H	L	L	H	H	断	通	L
H	H	L	L	L	通	断	H

由动作表可以看到当使能端 EN 为低电平时，MOS 管 Q_1 和 Q_2 都处于截止状态，输出呈高阻态，在高阻态，输出端电压由输出端外接电路决定；当使能端 EN 为高电平时，输出与输入信号 A 相同的逻辑电平。

为使三态电路能够正确使用，实际电路从高阻态到非高阻态的时间长于从非高阻态进入高阻态的时间。控制电路使一个三态门进入高阻态，同时又使另一个三态门退出高阻态，由于退出高阻态的速度慢，而进入高阻态的三态门的速度快，这样在三态总线中所有连接的三态门全部进入高阻态后才有一个门进入正常的逻辑状态。

如果连接到三态总线上的两个三态门使能并输出相对的逻辑状态，相当于两个源上拉输出结构的门电路输出端连接，这时就会有电流从输出高电平的三态门输出并流入输出低电平的三态门，三态总线出现非逻辑电压。如果这种情况维持短时间，则不至于损坏器件，但是可以产生影响系统的噪声。

在高阻态，从 CMOS 三态门的输出端流出或流入的电流可达 10 μA。在考虑输出门的灌电流或拉电流能力时，必须考虑这个电流的负载效应。

图 3-24 是三态输出的八总线缓冲/驱动器 74HC244，该芯片内部电路分为两组，每组有 4 个三态门，并有单独的低电平有效使能信号 $\overline{EN}$。

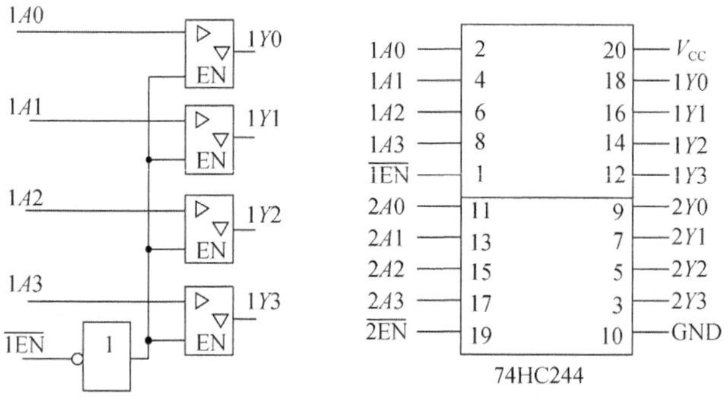

图 3-24　三态输出的八总线缓冲/驱动器 74HC244

3. **开漏输出门**

1）开漏门工作原理

CMOS 非门输出结构中的 PMOS 管具有有源上拉作用，在输出电压从低电平向高电平跃变时，输出处于高电平电压。如果去掉这个具有有源上拉作用的 MOS 管，则称这种输出结构为开漏输出（又称为漏极开路，OD 门）。74HC09 是漏极开路的四 2 输入与门。

如图 3-25 所示的是具有开漏输出的与非门电路及其符号。该电路 Q_1 管的漏极悬空，哪儿也没有连接，只要两个 MOS 管不同时导通，则输出端 OUT 处于高阻状态。该电路的功能表如表 3-11 所示。

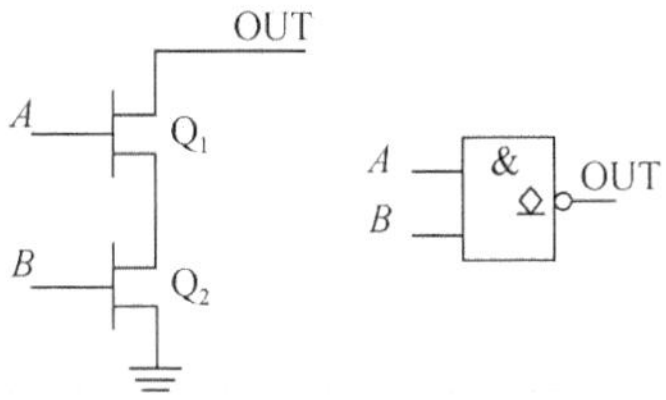

图 3-25　开漏输出的与非门

表 3-11　漏极开路门电路动作表

A	B	Q1	Q2	OUT
L	L	断	断	开路
L	H	断	通	开路
H	L	通	断	开路
H	H	通	通	L

通常，开漏输出须外接上拉电阻，将开漏输出无源上拉到高电平才能正常工作。图 3-26 是具有无源上拉电阻推动负载的开漏与非门电路。

为使开漏输出与非门的开关速度高，则应减小上拉电阻，这样可减小从低态向高态变化的 RC 时间常数（上升时间），但是上拉电阻也不能任意小，太小则增加向 MOS 管漏极灌电流，可以在满足最大灌电流 I_{OLmax} 的情况下，使上拉电阻尽可能小。例如，如果 HC 或 HCT 系列门电路的 I_{OLmax} 是 4 mA，则上拉电阻不能小于 5 V/4 mA＝1.25 kΩ。由于这个电阻比 PMOS 管的导通电阻大得多，所以，开漏输出门的低态到高态的瞬变时间比一般具有有源上拉门的瞬变时间长得多。例如，在如图 3-26 所示的电路中，上拉电阻为 1.5 kΩ，负载电容 100 pF，如果假设 NMOS 管的导通电阻为 80 Ω，该电路输出从高态到低态的下降时间约为 80 Ω×100 pF＝8 ns，而该电路的输出从低态到高态的上升时间为 1.5 kΩ×100 pF＝150 ns，比下降时间慢很多。

2）开漏输出驱动发光二极管

开漏输出驱动发光二极管的电路如图 3-27 所示。如果与非门的输入 A 和 B 都是高电平，则两个 NMOS 管都导通，输出低电平。只要适当选择限流电阻 R 的值，就可以使发光二极管发光。通常，发光二极管的工作电流小于 30 mA，一般取 10 mA 就有相当的亮度，而在保证输出最大低电平的情况下，HC 和 HCT 系列门电路输出灌电流负载能力为 4 mA，所以为推动发光二极管，不能保证最大的输出低电平 V_{OLmax}。

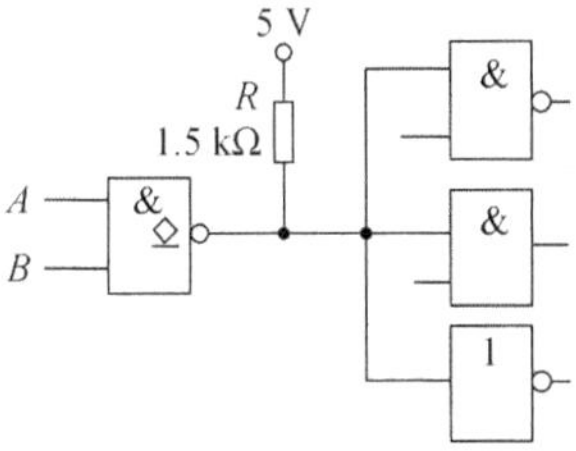

图 3-26　具有上拉电阻推动负载的开漏与非门电路

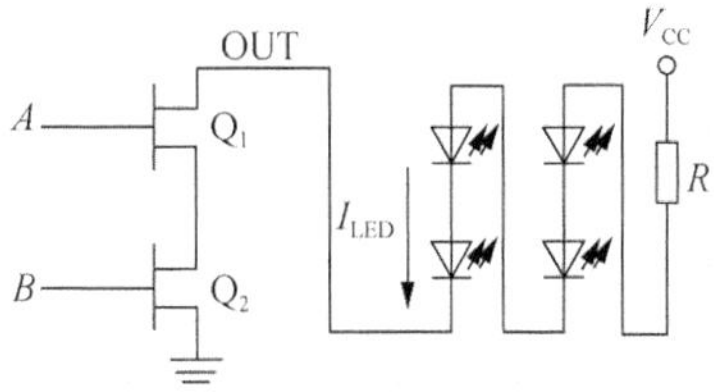

图 3-27　开漏输出与非门驱动发光二极管

计算发光二极管串联的限流电阻：若取发光二极管的工作电流 I_{LED} 为 10 mA，发光二极管的正向压降 V_{LED} 为 1.8 V，电源电压为 12 V。根据图 3-27 有

$$V_{OL}+4V_{LED}+(I_{LED}\times R_R)=V_{CC}$$

若忽略输出低电平 V_{OL}，则限流电阻 R 的阻值为

$$R=\frac{V_{CC}-4V_{LED}}{I_{LED}}=\frac{12-7.2}{10}=480\ \Omega$$

3)"线与"逻辑

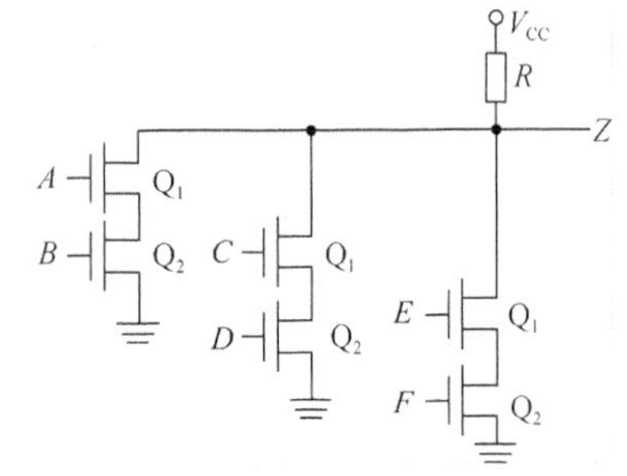

图 3-28　三个开漏门组成的"线与"逻辑

将几个具有开漏输出与门的输出端连接在一起，形成线与逻辑，如果所有与门的输出都开路，则输出为高电平；如果有一个与门输出低电平，则输出低电平，显然这是"与"逻辑。这样的"线与"逻辑如图 3-28 所示。

注意，两个具有有源上拉门的输出端不能直接连在一起实现"线与"，如图 3-29 所示的电路就是这种情况。

如图 3-29 所示一个与非门输出高电平，另一个与非门输出低电平，这时输出高电平的门有电流流向输出低电平的门（高电平门拉出电流，输出低电平的门灌入电流），电流很大，若时间稍微长，因发热而损坏芯片。因此有源输出门的输出端不能直接连接。

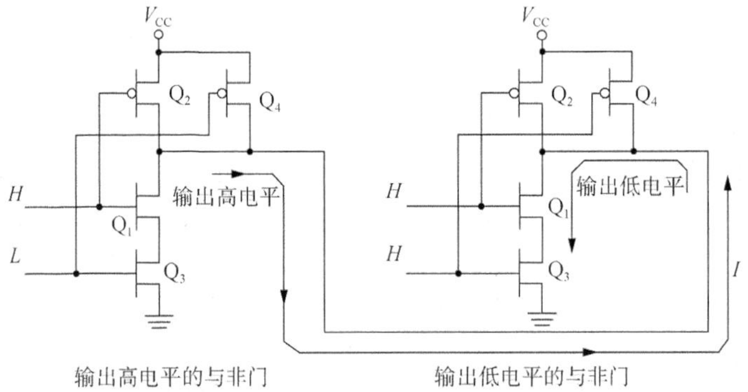

图 3-29　连在一起的两个有源上拉与非门输出端

在如图 3-30 所示的电路中，74HCT 系列是逻辑电平兼容 TTL 门电路的 CMOS 系列电路，而 74LS 门是低功耗肖特基 TTL 系列门电路。

在图示的电路中 HCT 开漏输出门组成"线与"逻辑推动 74LS 门，这里取 HCT 开漏输出门的典型数据：低电平的最大灌电流 I_{OLmax}是4 mA，输出 MOS 管截止时的漏电流 I_{OHmax}为5 μA，输出最大低电平 V_{OLmax}为 0.26 V，输出最小高电平为 V_{OHmin}为 2.4 V。74LS 门的高电平输入电流 I_{IHmax}为 20 μA，低电平输入电流 $I_{ILmax}=0.4$ mA。

"线与"逻辑的最小上拉电阻值计算：流过电阻 R 的电流 I_R和"线与"逻辑低态时所驱动门输入端的电流 I_{IL}之和不能超过最大低电平灌入电流 I_{OLmax}，即

$$I_{Rmax}=I_{OLmax}-(2\times I_{IL})=4-(2\times 0.4)=3.2\ \text{mA}$$

因此，最小上拉电阻 R_{min}为

$$R_{min}=(V_{CC}-V_{OLmax})/I_{Rmax}=(5.0\ \text{V}-0.26\ \text{V})/3.2\ \text{mA}=1.48\ \text{k}\Omega$$

"线与"逻辑的最大上拉电阻值计算：在图 3-3 中，电阻 R 两端的电压降应小于 5 V−2.4 V =2.6 V（保证 V_{OHmin}值），该电压降由"线与"逻辑输出高态时的漏电流和"线与"逻辑所驱动门的输入电流引起。

最大电阻 R_{max}计算：

$I_R=(4\times I_{OHmax})+(2\times I_{IHmax})=(4\times 5\ \mu\text{A})+(2\times 20\ \mu\text{A})=60\ \mu\text{A}$；$R_{max}=(V_{CC}-V_{OHmin})/I_R=(5.0-2.4)/I_R=43.3\ \text{k}\Omega$。

最后得到上拉电阻 R 的取值范围为 $1.48\ \text{k}\Omega<R<43.3\ \text{k}\Omega$。

(1)若 R 值大，可以减小功耗，但也减少高态噪声容限。

(2)若 R 值小，增加功耗，但可改善高态噪声容限，减小低态向高态瞬变的时间。

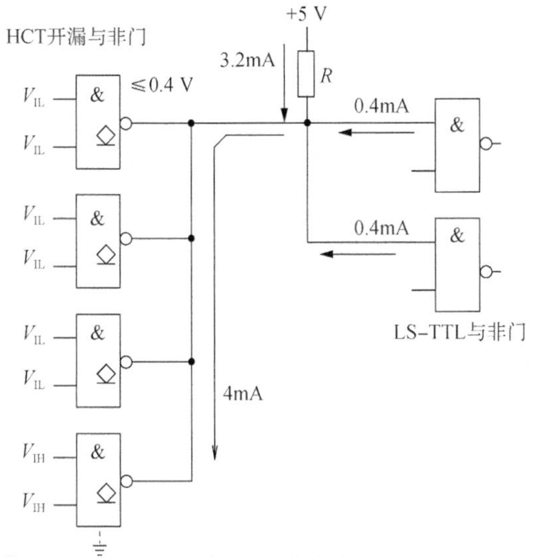

图 3-30 输出低态的"线与"逻辑

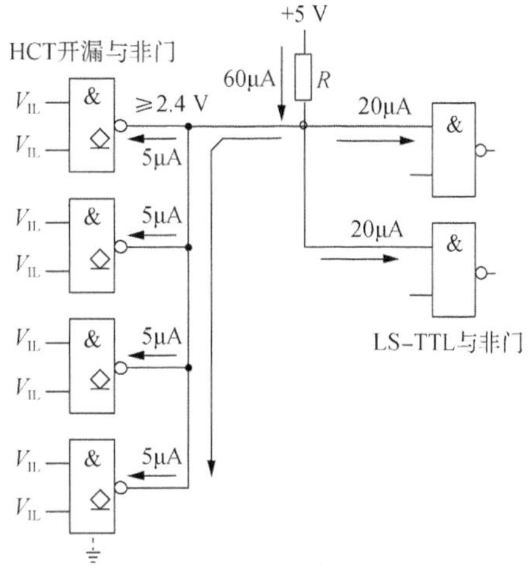

图 3-31 输出高态的"线与"逻辑

3.5 常用的 CMOS 门电路系列

1. CMOS 4000 系列

第一种商业上成功的 CMOS 系列是 4000 系列(包括 4500 系列)。虽然 4000 系列的功耗低，但是具有速度慢和与 TTL(有关 TTL 系列的内容在后面介绍)系列不容易接口的缺点。4000 系列具有以下优点：

(1)电源电压范围宽(3～18 V)；

(2)功耗低；

(3)高噪声容限。

但是也有如下缺点：

(1)传输延迟时间长(在 100 ns 左右)；

(2)输出驱动能力小，只能达到 1 个 74LS 门的驱动能力，一个 74LS 门的驱动能力是 0.4 mA；

(3)容易出现芯片自锁；

(4)对静电敏感，易受静电损坏。

2. 74 系列中的 CMOS 芯片

74 系列器件的命名格式是 74FAM*nn*，FAM 表示器件所属的系列，而数字 *nn* 表示器件的功能。*nn* 相同，说明这些器件的功能相同，如 74HC30、74HCT30、74AC30、74ACT31、74AHC30 都是八输入端与非门。

前缀 74 是一个简单的数，是由 Texas Instruments 公司给定的器件前缀，而前缀 54 表示器件具有更宽的使用温度范围和电源电压范围。它们的制造过程相同，54 系列是一些技术指标比较高的产品。

1)HC 和 HCT 系列

早期 74 系列中的 CMOS 芯片是 HC(High speed CMOS)和 HCT(High speed CMOS，TTL compatible)。与 4000 系列比较,它们具有更高的灌电流、拉电流能力和速度;HCT 系列使用 5 V 电源,与使用 5 V 电源的 TTL 器件完全兼容,可以混合使用。

74HC 系列主要用于 74HC 系列的系统设计,电源电压范围为 2~6 V,电源电压越高允许使用的速度越高,而低电源电压可以减小功耗。

即使在 74HC 系列上施加 5 V 电源,它与 TTL 系列仍然不完全兼容。74HC 系列只可以辨认 74HC 电平,而不能辨认 TTL 输出电平。在电源电压 5 V 的情况下,74HC 和 74HCT 系列的输入输出电平如图 3-32 所示:参数 V_{OHminT} 和 V_{OLmaxT} 是驱动 TTL 负载时的输出高低电平,其值在电源电压减小 10%时给出。74HCT 的输入端可以辨认的电平和 74HC 不同,低于 0.8 V 为低电平,而高于 2 V 是高电平,这正是 TTL 系列的电平标准,所以它完全兼容于 TTL 系列。

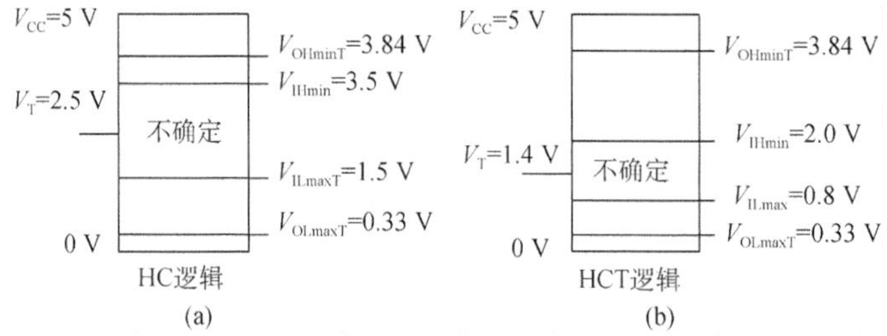

图 3-32　74HC 和 74HCT 系列的输入输出电平

2)VHC 和 VHCT 系列

20 世纪 80 年代开发出 VHC(Very High speed CMOS)和 VHCT(Very High speed CMOS, TTL)系列的 CMOS 芯片。这两个系列的速度是 HC 和 HCT 系列的两倍。像 HC 和 HCT 系列一样,VHC 和 VHCT 的区别是它们能够辨认的输入电平不同,而输出特性完全相同。该系列具有肖特基 TTL 逻辑电路的速度、CMOS 电路的功耗,以及灌电流和拉电流能力相同的特点。

3)AHC、AHCT 系列

以上叙述的 VHC 和 VHCT 系列器件由 Motorola、Fairchild 和 TOSHIBA 公司制作,而 AHC 和 AHCT 系列是 Texas Instruments 和 Philips 公司生产的兼容产品,技术指标与 VHC 和 VHCT 系列器件基本相同。

4)AC、ACT 系列

该系列除具有以上各系列的优点外,还具有 24 mA 的灌电流和拉电流负载能力。

3. CMOS 各系列芯片的电特性

如下给出 CMOS 各系列芯片的主要电特性列表,目的是给读者完整的 CMOS 系列芯片电特性概念,因为各个芯片制造厂的数据不一致,所以如下给出的电特性仅供参考,详细数据以芯片数据说明书为准。各表给出的都是各 CMOS 系列中四 2 输入与非门数据说明书中的数据。

1)电源电压范围

不同 CMOS 系列芯片的工作电源电压如表 3-12 所示。

表 3-12　CMOS 各系列的电源电压范围表

	HC	HCT	VHC	VHCT	AC	ACT	AHC	AHCT	4000B
电源电压范围/V	2~6	4.5~5.5	2~5.5	4.5~5.5	2~6	4.5~5.5	2~5.5	4.5~5.5	3~18

2)输入特性

CMOS 各系列芯片的输入特性如表 3-13 所示。由表 3-13 可知这些系列芯片可以辨认的输入电平。

表 3-13　CMOS 各系列的输入特性表(25℃，V_{CC}=5 V±10%)

说　明	符号	条　件	HC	HCT	VHC	VHCT	AC	ACT	AHC	AHCT	4000B
输入漏电流/A	I_{Imax}	输入电压为任何值	±1	±1	±1	±1	±1	±1	±1	±1	±0.1
典型的输入电容/pF	C_{INmax}		3.5	3.5	4	4	4.5	4.5	3	3	5
低电平输入电压/V	V_{ILmax}	电源电压为 5 V	1.5	0.8	1.5	0.8	1.5	0.8	1.5	0.8	1.5
高电平输入电压/V	V_{IHmin}	电源电压为 5 V	3.5	2.0	3.5	2.0	3.5	2.0	3.5	2	3.5

3)输出特性

CMOS 各系列芯片的输出特性如表 3-14 所示。由表 3-14 可知，这些芯片的输出电压与负载电流之间的关系。

表 3-14　CMOS 各系列的输出特性表(25℃，V_{CC}=5 V±10%)

说　明	符号	条　件	HC	HCT	VHC	VHCT	AC	ACT	AHC	AHCT	4000B
低电平输出电流/mA	I_{OLmaxC}	CMOS 负载	0.02	0.02	0.05	0.05	0.05	0.05	0.05	0.05	0.5
	I_{OLmaxT}	TTL 负载	4.0	4.0	8.0	8.0	24.0	24.0	8.0	8.0	1
低电平输出电压/V	V_{OLmaxC}	$I_O \leqslant I_{OLmaxC}$	0.1	0.1	0.1	0.1	0.1	0.1	0.1	0.1	0.05
	V_{OLmaxT}	$I_O \leqslant I_{OLmaxT}$	0.26	0.26	0.36	0.36	0.36	0.36	0.36	0.36	0.4
高电平输出电流/mA	I_{OHmaxC}	CMOS 负载	−0.02	−0.02	−0.05	−0.05	0.05	0.05	−0.05	−0.05	−0.16
	I_{OHmaxT}	TTL 负载	−4.0	−4.0	−8.0	−8.0	24.0	24.0	−8.0	−8.0	−3.2
高电平输出电压/V	V_{OHmaxC}	$\lvert I_O \rvert \leqslant \lvert I_{OHmaxC} \rvert$	4.4	4.4	4.4	3.15	4.4	4.4	4.4	4.4	4.6
	V_{OHmaxT}	$\lvert I_O \rvert \leqslant \lvert I_{OLmaxT} \rvert$	3.98	3.98	3.94	2.5	3.86	3.86	3.94	3.94	2.5

4)传输延迟时间

CMOS 各系列四 2 输入与非门的传输延迟时间如表 3-15 所示。

表 3-15　CMOS 各系列四 2 输入与非门的传输延迟时间表

系　列	HC	HCT	VHC	VHCT	AC	ACT	AHC	AHCT	4000B
典型的传输延迟时间 t_{PHL}/t_{PLH}	7	10	3.7	5.5	6.0	5.5	3.2	3.3	125
测试条件:负载电容 C_L	15	15	15	15	50	50	15	15	50

5)功耗电容

CMOS 各系列四 2 输入与非门典型的功耗电容如表 3-16 所示。

表 3-16　CMOS 各系列四 2 输入与非门典型的功耗电容表

系　列	HC	HCT	VHC	VHCT	AC	ACT	AHC	AHCT
典型的功耗电容 C_{PD}	22	22	19	17	30	30	7	7

*3.6　低电压 CMOS 器件

两个原因使 CMOS 器件的电压越来越小:

(1)由 CMOS 器件功耗的计算公式 CV^2f 可知，只有减小电源电压，才能减小功耗。

(2)因为 MOS 管的体积越来越小，绝缘层越来越薄，绝缘强度不能支持 5 V 电压。

所以 IC 工业标准委员会(JEDEC)选择 3.3±0.3 V、2.5±0.2 V 和 1.8±0.15 V 三个电源电压标准，同时还给出在这些电压下的输入和输出逻辑电平。

1. 低压器件中的新电路结构

低压器件使用一些新的电路结构，下面分别介绍。

1)支持 5 V 电压的输入端

在 5 V 和 3.3 V 电源电压混合系统中，5 V 器件的输出与 3.3 V 器件的输入连接时，有 3.3 V器件输入端是否能够支持 5 V 电压的问题。例如，5 V 电压的 CMOS 器件在轻负载时，输出很容易达到 4.9 V；在中等负载情况下，CMOS 和 TTL 器件也很容易产生 4.0 V 电压的输出。

器件能够支持的输入电压大小在器件极限参数中给出，HC 系列器件最大输入电压 $V_{\mathrm{Imax}}=V_{\mathrm{CC}}+0.5$ V。当 HC 系列器件的电源电压是 3.3 V 时，不能由 5 V 电源的 CMOS 或 TTL 器件驱动。VHC 器件的 $V_{\mathrm{Imax}}=7.0$ V，所以该器件在 3.3 V 电源时，可以与 5 V 电源的 CMOS 和 TTL 器件的输出连接，因为最大输入电压与电源电压无关。

为什么 HC 电路不能，而 VHC 电路可以？主要的原因是电路结构不同。图 3-33 显示的就是 HC、HCT 与 VHC、VHCT 系列的输入电路。

由图 3-33(a)所示的 HC、HCT 系列输入电路可知，在该电路的输入端与电源和地线之间有一个二极管，当输入电压大于电源电压或是低于地线电平时，该二极管正向导通，这样可以减小传输线反射形成的低于地线和高于电源的振荡电压。

当然，二极管 D_2 不能区分高于电源的反射电压和正常高于电源电压的输入电压。所以，在高于 $V_{\mathrm{CC}}+0.5$ V 的输入信号到达输入端后，电路中的二极管导通，产生比较大的正向电流。

对于如图 3-33(b)所示的 VHC、VHCT 系列输入电路，由于没有钳位二极管 D_2，所以不会在输入信号过高时出现经过二极管流入电源的电流。

2)支持 5 V 电压的输出端

如果 3.3 V 和 5 V 器件的输出连在一条总线上，当 5 V 器件输出而 3.3 V 器件处于高阻态时，须有 3.3 V 器件的输出端能够支持 5 V 器件的输出电压。如图 3-34 所示的电路解释为什么有的 3.3 V 器件输出端可以支持 5 V 电压，而有的输出不能支持。

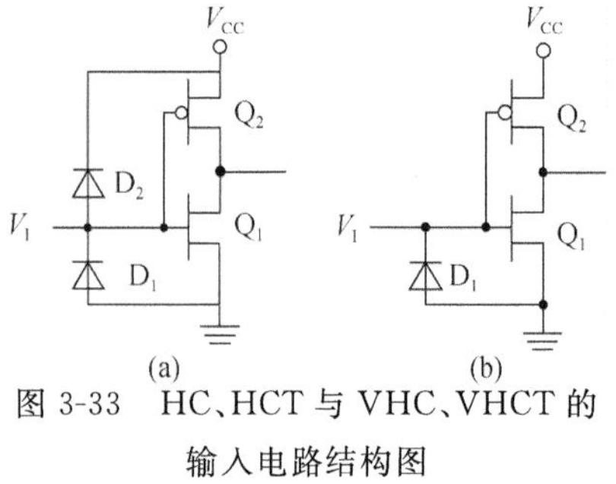

图 3-33　HC、HCT 与 VHC、VHCT 的输入电路结构图

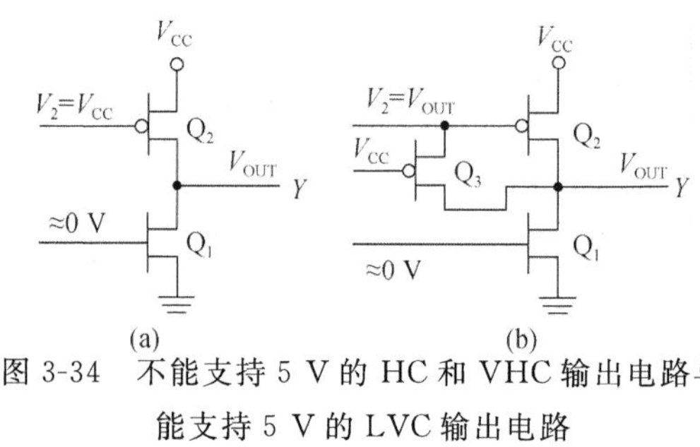

图 3-34　不能支持 5 V 的 HC 和 VHC 输出电路与能支持 5 V 的 LVC 输出电路

如图 3-34(a)所示的是一般的 CMOS 器件输出电路，在 NMOS 管 Q_1 的栅极电压为 0V、PMOS 管 Q_2 的栅极电压为 V_{CC} 时，两个 MOS 管处于截止状态，输出端 Y 处于高阻态。如果 V_{CC} 为 3.3 V，而 5 V 器件的信号电压加在高阻输出端 Y，PMOS 管 Q_2 的漏极电位高于栅极，使 Q_2 管导通，有大的电流从 Q_2 的漏极流向源极。

如图 3-34(b)所示的是能够支持 5 V 电压的输出结构。该结构增加一个能够阻止 Q_2 管导通的 PMOS 管 Q_3，当输出端 Y 的电压高于 V_{CC} 时，Q_3 导通，Q_2 的栅极电位与输出端 Y 的电位相同，这样不会有大的电流通过 Q_2 流向电源 V_{CC}。

2. 常用的低压 CMOS 系列

下面介绍几种低压系列芯片，由于各个公司的低压系列产品型号不同，参数也不同，所以所给的数据仅供参考。

1)LVC 系列

LVC(Low_Voltage_CMOS Logic)是低压 CMOS 系列产品，该系列主要用于 3.3 V、2.5 V 和 1.8 V 电源电压的逻辑系统。该系列具有对称负载能力、总线保持，I/O 引脚能够忍受 5 V 电压，支持部分电源断电和可选串联阻尼电阻等功能。

2)LV 与 LV-A 系列

LV(Low_Voltage_CMOS Logic)系列可用于 3.3 V 或 5 V 逻辑系统设计中，而 LV-A 是改进产品，主要用于 3.3 V、2.5 V 和 2.5 V 电源电压的逻辑系统。该系列具有忍受 5 V 的 I/O 引脚、对称驱动能力，并支持部分电路断电。

3)ALVC 系列

ALVC(Advanced Low_Voltage_CMOS Logic)是先进低电压 CMOS 逻辑，主要用于电源电压为 3.3 V、2.5 V 和 1.8 V 的逻辑系统。该系列具有总线保持功能和灌电流拉电流负载能力相同的特点。

4)LVT 系列

LVT(Low_ Voltage Technology)，该系列主要用于 3.3V 系统设计，极限灌电流负载 64 mA、拉电流负载 32 mA，传输延迟最快达到 4 ns，而且输入端兼容 TTL 逻辑电平，并能忍受 5.5 V 的输入信号。

3.7 分立元件门电路

3.7.1 二极管与二极管逻辑门

1. 半导体二极管工作原理

半导体二极管由 P 型(空穴，具有正极性)和 N 型(电子，具有负极性)半导体互相接触形成的 PN 结构成，其结构如图 3-35(a)所示。

PN 结单向导电，当 P 区加正电压、N 区加负电压时，PN 结导通；P 区加负电压，N 区加正电压时，PN 结截止。二极管阳极加正电压，阴极加负电压时，二极管导通，否则二极管截止。PN 结正向导通时，其两端的压降 V_D 通常在 0.6～0.7 V 之间。

按照图 3-36(a)连接电路，可以画出如图 3-36(b)所示的二极管两端电压 V_D 与电流 I_D 之间的伏安特性曲线。二极管正向连接，曲线为正向伏安特性；二极管反向连接，曲线为反向伏安特性。

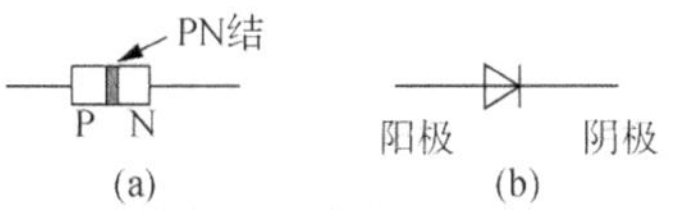

图 3-35　PN 结的结构与半导体二极管的符号

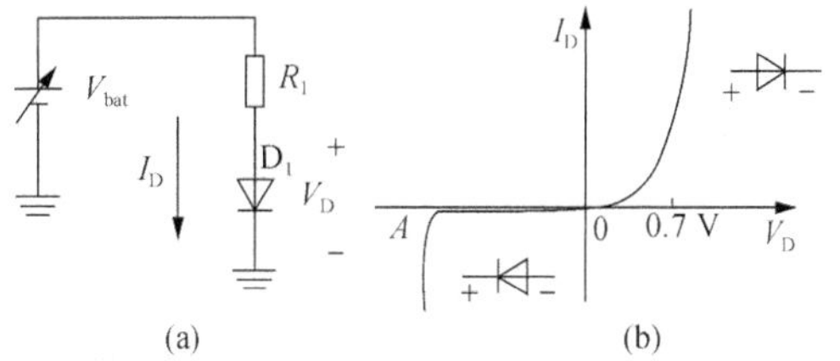

图 3-36　二极管电路与二极管伏安特性曲线

伏安曲线的第一象限为正向特性，在二极管压降 V_D 大于 0.7 V 后，二极管电流 I_D 与 V_D 之间呈指数关系；第三象限的反向部分分为两段，A 点右侧部分为反向特性，其特点是反偏电流很小，基本保持常数，且不随反向电压变化；A 点左侧部分称为击穿特性，其特点是反向电流变化很大，反向电压变化很小。

为方便研究二极管电路，经常使用如图 3-37 所示的二极管等效电路与等效伏安特性。

图 3-37(a)显示的是在二极管两端正向电压(又称为管压降)小于 0.7 V 时的等效电路，这时二极管如同开关断开，不导通；图 3-37(b)显示的是当二极管两端正向电压大于 0.7 V 时，可看成一个正向导通电阻 r_D 与 0.7 V 的电压源串联，此时正向导通电阻 r_D 为 $\Delta V_D/\Delta I_D$。

图 3-37(c)所示的等效伏安特性表明若二极管正向端电压小于 0.7 V，二极管不导通；若二极管正向端电压大于 0.7 V，二极管导通，但由于电阻 r_D 的影响，流经二极管的电流与电压呈正比例关系。如果二极管逻辑电路中串联的其他电阻比电阻 r_D 的阻值(典型值为 25 Ω)大很多，则可以忽略电阻 r_D，使二极管电路分析起来更简单，这时的等效伏安特性如图 3-37(d)所示。

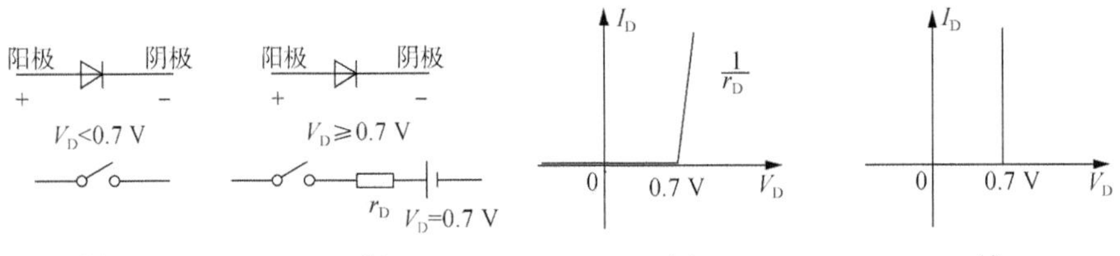

图 3-37 二极管等效电路与等效伏安特性

2. 用二极管实现简单门电路

1)二极管或门

二极管或门如图 3-38 所示。其中，A、B 是输入信号，Y 是输出信号。基于二极管的钳位作用，A 或 B 信号中任何一个信号为高电平 5 V 时，输出 Y 为高电平 4.3 V；若 A 或 B 都是低电平 0 V，输出 Y 为低电平 0 V。

二极管或门简单，常用在一些需要简单逻辑的电路中，缺点是当多级或门连接在一起时，高电平因为二极管压降的影响逐级降低。

2)二极管与门

二极管与门如图 3-39 所示。其中，A、B 是输入信号，Y 是输出信号。基于二极管的钳位作用，A 和 B 信号同为高电平 5 V 时，输出 Y 为高电平 5 V；若 A 或 B 信号中有一个为低电平 0 V，输出 Y 为低电平 0.7 V。

二极管与门在多级联接使用时，低电平因为二极管压降的影响逐级升高。

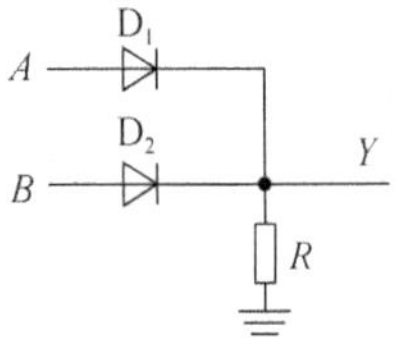

图 3-38 二极管或门

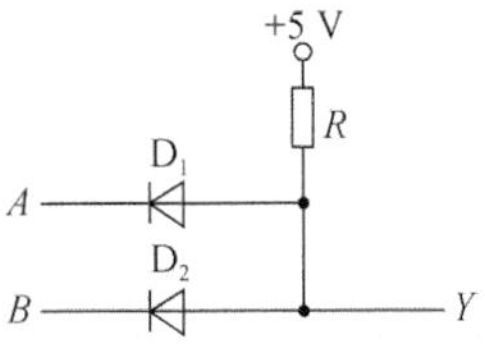

图 3-39 二极管与门

3.7.2 双极性三极管

所有的 TTL 逻辑电路都使用双极性晶体三极管(由于采用空穴与电子两种极性的载流子

工作，所以称为双极性晶体管，简称三极管）。如图 3-40(a)所示，三极管实际上是两个背靠背的 PN 结连接在一起，NPN 三个区引出三个电极：基极 B、集电极 C 和发射极 E。两个 PN 结分别称为基极-发射极之间的发射结和基极-集电极之间的集电结。这样排列的三极管称为 NPN 型三极管，符号如图 3-40(b)所示，箭头表示电流流动的方向是从基极和集电极流入，从发射极流出。

如果电流 I_B穿过基极-发射极间的 PN 结，则与 I_B成比例的电流 I_C从集电极流入，这时流出发射极的电流 $I_E=I_B+I_C$。基极电流 I_B与集电极电流 I_C之间的关系为 $I_C=\beta I_B$，β 称为电流放大倍数，典型值为 200。

三极管像一个电流控制开关，如果从它的基极流入一个小电流 I_B，它的发射极和集电极之间有电流 I_C流动，开关被接通；若基极上没有流入电流 I_B，则它的发射极与集电极之间没有电流 I_C，开关被断开。因此，三极管是电流 I_B控制电流 I_C的电流开关。

若三极管电路中的输入输出信号回路共用发射极作为公共端，则称为共发射极电路，共发射极电路如图 3-41 所示。

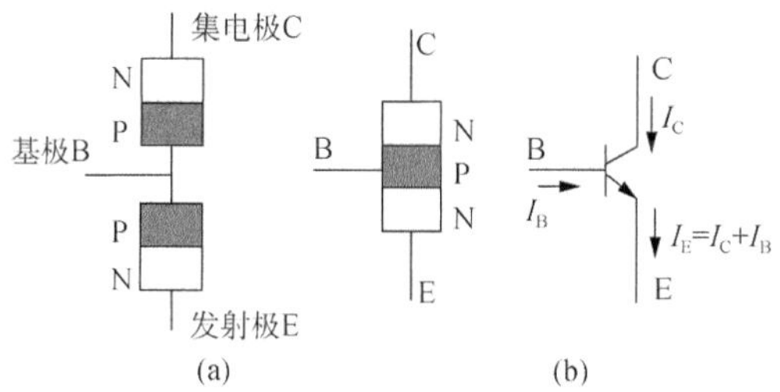

图 3-40　NPN 晶体管及其符号

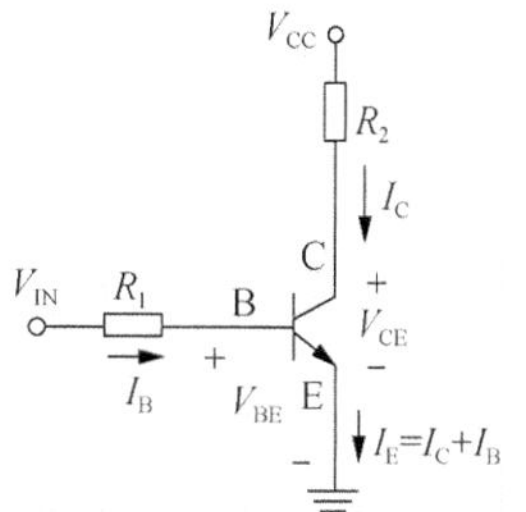

图 3-41　NPN 三极管的共发射极电路

三极管的工作状态分为放大、截止和饱和三种，以下详细说明。

(1)放大状态：集电极电流 I_C与基极电流 I_B之间的关系为 $I_C=\beta I_B$，由于 β 为常数，所以 I_B与 I_C之间呈线性关系，弱电流信号 I_B线性放大，得到集电极电流 I_C。

(2)截止状态：如果输入信号 V_{IN}小于 0.7 V，则发射结电压 V_{BE}(基极-发射极间的 PN 结)太低，因此基极电流 $I_B=0$，由 $I_C=\beta I_B$可知集电极电流 I_C为零，R_2上压降为零，V_{CE}等于 V_{CC}，这时的晶体管处于截止状态，集电极与发射极之间没有电流，如同开关断开一样。

(3)饱和状态：如果 V_{IN}超过 0.7 V，则发射结电压 V_{BE}为正向电压，形成 I_B电流，这时 $I_B=\dfrac{V_{IN}-0.7}{R_1}$，而集电极与发射极之间的电压 V_{CE}为 $V_{CE}=V_{CC}-I_CR_2$。

该方程成立的条件是 V_{CE}不能小于零。在 V_{CE}为零时，$I_{Cmax}=V_{CC}/R_2$，只要基极电流 I_B足够大，使 $\beta I_B>I_{Cmax}$，就可以使 V_{CE}足够小，达到饱和 $V_{CE(sat)}$，$V_{CE(sat)}$的典型值是 0.1～0.3V。

如果 V_{CE}等于 $V_{CE(sat)}$，则说明三极管处于饱和状态，这时集电极电流 I_C由于串联电阻 R_2不能再增大，而 V_{CE}的值不能再减小。在饱和状态，I_B与 I_C之间没有 β 倍的线性关系。

因此，三极管如同一个开关，当三极管饱和时，I_C等于 V_{CC}/R_2，开关接通；当三极管截止时，开关断开，$I_C=0$。逻辑门电路使用三极管的这两种状态。

3.7.3　三极管非门

三极管非门(反相器)如图 3-42(a)所示。

根据三极管工作原理，当输入端电压 V_{IN}足够高时，三极管饱和，输出端电压 V_{OUT}为 $V_{CE(sat)}$；当输入端电压 V_{IN}足够低时，三极管截止，输出端电压 V_{OUT}为 V_{CC}。

该非门的 V_{OUT} 与 V_{IN} 之间的传输特性如图 3-42(b)所示。

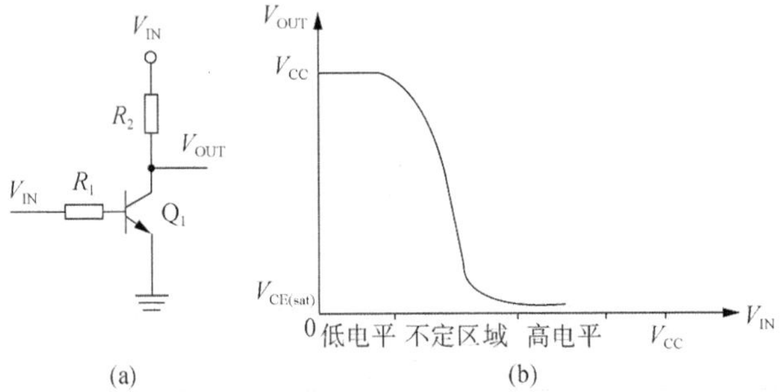

图 3-42　晶体管非门电路及其传输特性

若 V_{IN} 足够高，超过逻辑高电平(2 V)，则三极管饱和，V_{OUT} 电压小于逻辑低电平(0.4 V)；

若 V_{IN} 足够低，低于逻辑低电平(0.4 V)，则三极管截止，V_{OUT} 电压大于逻辑高电平(2.4 V)。因此三极管非门具有逻辑“非”功能。

由于二极管与门和或门具有级联时逐级提高输出低电平、降低高电平的缺点，因此实际时常用二极管与门后接三极管非门组成与非门，二极管或门后接三极管非门组成或非门，由于非门的输出低电平在 0.4 V 以下，高电平接近 V_{CC}，因此即使多级互连，也不会改变低电平或是高电平值。由二极管门电路与三极管非门组成的数字电路又称为 DTL 电路。

3.8　标准 TTL 门电路

1. 标准 TTL 非门 7404

1)非门 7404 的工作原理

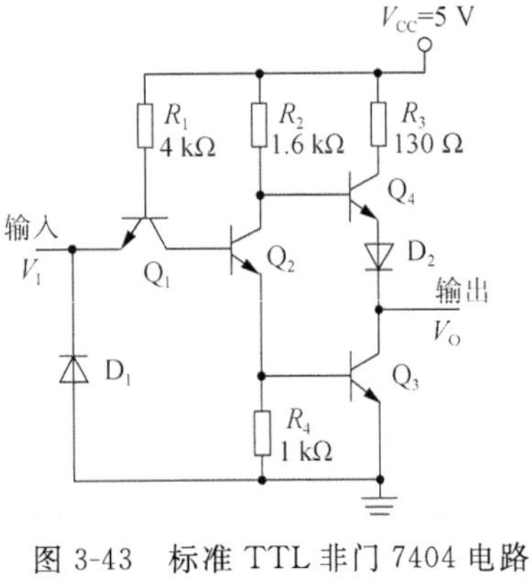

图 3-43　标准 TTL 非门 7404 电路

标准 TTL 非门电路如图 3-43 所示。所谓“标准 TTL”，是以 74 开头的型号命名中没有系列符号说明的系列，如 7404 是标准的 TTL 非门。其中，Q_1 是输入耦合三极管，D_1 是输入钳位二极管，Q_2 是裂相三极管，三极管 Q_3 和 Q_4 组成的输出形式称为图腾柱输出或是推挽输出。

输入端是高电平的情况如图 3-44(a)所示，若输入端电平高于 2 V，则 Q_1 的基极电位足够高，则 Q_2 导通和 Q_3 导通，并将 Q_1 基极电位钳位 2.1 V；Q_2 导通，一方面使 Q_4 截止，另一方面使 Q_3 导通，从而使输出端与地线之间形成低阻通道，输出端呈现低电平(典型值为 0.2 V)。

输入端是低电平的情况如图 3-44(b)所示，若输入端电平低于 0.8 V，Q_1 的基极电位只有 1.5 V，Q_2 与 Q_3 的发射结不导通，由于不能形成 I_{C1} 电流，因此使 Q_1 处于深饱和状态；Q_2 处于截止状态，一方面使 Q_3 截止，另一方面使 Q_4 导通，输出端与电源 V_{CC} 之间形成低阻通道，输出端呈现高电平(典型值为 3.4 V)。

输入端的二极管 D_1 可以保护输入端不受负尖峰电压破坏。二极管 D_2 的作用是在 Q_2 导通时，使 Q_4 可靠截止。

电路中电阻 R_3(130 Ω)的作用是当 Q_4 和 Q_3 两管在通断状态交换过程中，限制流过它们的电流，这是因为在这个交换过程中，有一个极短的时间使这两个晶体管都处于导通状态。

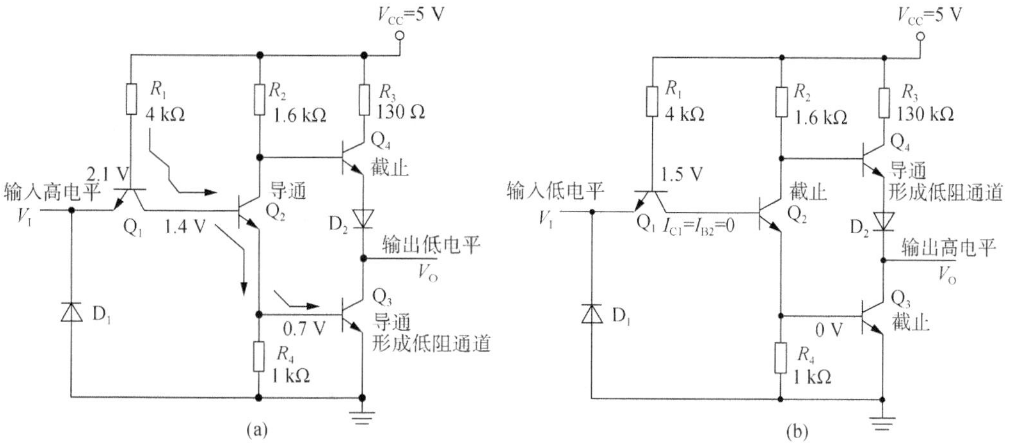

图 3-44 非门 7404 电路在输入高电平和低电平时的动作图

2)非门 7404 传输特性

非门 7404 的传输特性如图 3-45 所示。

AB 段:这时输入电压低于 0.6V,所以 Q_1 基极电位低于1.4 V,Q_2 与 Q_3 截止,而 Q_4 导通。若假设 Q_4 基极电流很小,可以忽略电阻 R_2 上的压降,则输出高电平 V_{OH} 为 $V_{CC}-V_{D2}-V_{BE4}\approx3.6$ V。

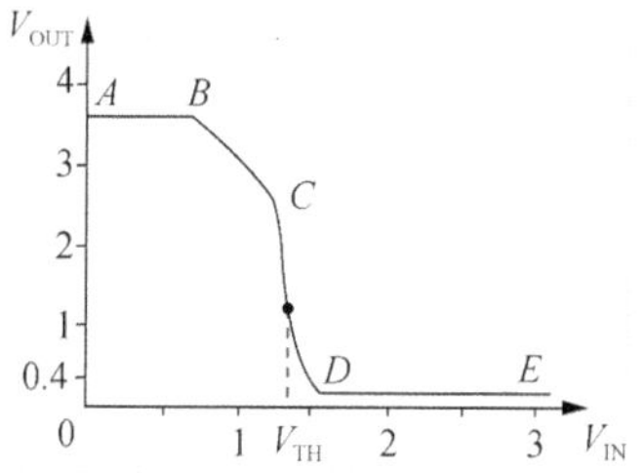

图 3-45 非门 7404 的电压传输特性

BC 段:这段的输入电压范围为 0.7～1.3 V,这时 Q_2 工作在放大区,随着输入电压的增加,Q_4 的集电极-发射极之间的压降增加,Q_3 集电极-发射极之间的压降减少,输出电压 V_{OUT} 线性减少。

CD 段:输入电压在 1.3～1.5 V,Q_1 基极电位逼近 2.1 V,Q_2 和 Q_3 快速饱和导通,Q4 截止,输出低电平 $V_{OL}\approx0.2$ V。通常,*CD* 段中点对应的输入电压称为阈值电压 V_{TH},7404 的 V_{TH} 约为 1.4 V。

DE 段:输出 V_{OUT} 保持低电平。

2. TTL 与非门 7400

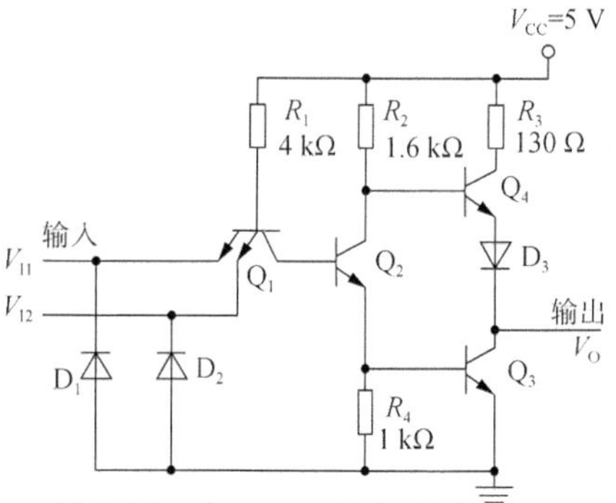

图 3-46 非 2 输入 TTL 与非门 7400 电路结构图

2 输入 TTL 与非门 7400 电路结构如图 3-46 所示,电路结构与 TTL 非门基本相同,只是输入管 Q_1 改成多发射极三极管。

1)输入 V_{I1} 与 V_{I2} 中有一个或都是低电平的情况

若多发射极三极管 Q_1 的任何一个或两个发射极为低电平(低于 0.8 V),则 Q_1 的基极产生的电位不够高,因此 Q_2 和 Q_3 截止,Q_4 导通,输出端与电源之间形成低阻通道,输出端输出高电平。

2)输入 V_{I1} 与 V_{I2} 都是高电平的情况

若 Q_1 的两个发射极都是高电平(高于 2.0 V),则 Q_1 的基极电位足够高,Q_2 和 Q_3 导通,Q_4 截止,在输出端与地线之间形成低阻通道,输出端输出低电平。

由以上分析可知,该电路在输入端都是高电平时,输出低电平,只要有一个输入为低电平就输出高电平,所以对于高电平有效的信号来说是与非门。

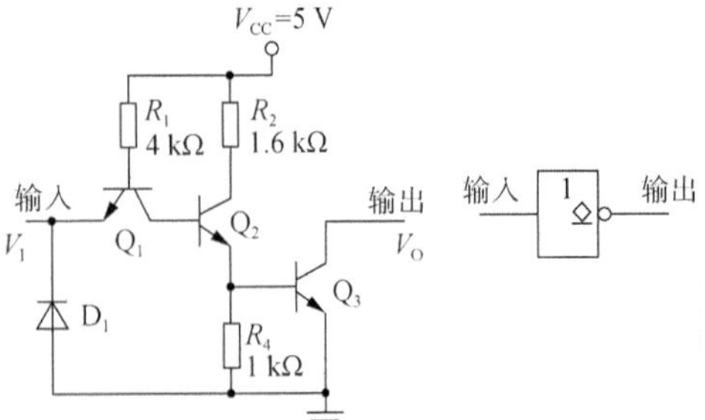

图 3-47　标准 74TTL 集电极开路门电路及其符号

3. 集电极开路门

集电极开路门(OC 门)电路如同漏极开路门，是常用的一类门电路，图 3-47 是标准的 TTL 集电极开路门电路及其符号。

电路中三极管 Q_3 的集电极是开路状态，没有任何连接。当输入为高电平时，Q_3 呈现低阻，输出端与地线相连；当输入为低电平时，Q_3 截止，呈现高阻，输出端对外只有微安级的集电极-发射极间漏电流，如同断开。

集电极开路门可以实现“线与”逻辑，电阻的计算原则是：

(1)流过最小上拉电阻 R_{min} 的电流与被驱动门输入端的电流之和不能大于 OC 门的低电平灌入电流 I_{OL}。

(2)流过最大上拉电阻 R_{max} 电流产生的压降应保证输出高电平 V_{OH}。

例如，OC 门 7405 的参数为 $V_{OL}=0.35$ V，$I_{OL}=16$ mA；74LS04 的参数为 $I_{IL}=400$ μA，$V_{IH}=2$ V，$I_{IH}=20$ μA。若 7405 驱动 10 个 74LS04，上拉电阻 R 的电源电压为 5 V，最小上拉电阻 R_{min} 计算如下：

$$I_R=I_{OL}-(10\times I_{IL})=16\text{ mA}-(10\times 0.4\text{ mA})=12\text{ mA}$$

$$R_{min}=(5\text{ V}-V_{OL})/I_R=(5\text{ V}-0.35\text{ V})/12\text{ mA}=387.5\ \Omega$$

最大上拉电阻 R_{max} 计算如下：

$$I_R=10\times I_{IH}=10\times 20\ \mu\text{A}=0.2\text{ mA}$$

$$R_{max}=(5\text{ V}-V_{OH})/I_R=(5\text{ V}-2.4\text{ V})/0.2\text{ mA}=13\text{ k}\Omega$$

这里，V_{OH} 取标准 74 TTL 系列的最小输出高电平。

7406、7407 是输出端可以驱动高电压负载的集电极开路门，虽然各自的电源电压是 5 V，但是开路的集电极输出端可以外接 30 V。7406 的输入与输出之间是反相关系，而 7407 是同相关系。它们具有 40 mA 的灌电流负载能力，这个能力足以驱动小型继电器。由于它们的电源电压与输出电压可以不相等，所以经常用于 TTL 与 CMOS 电路之间的电平变换芯片。

4. 或非门

典型的两输入端或非门电路如图 3-48 所示。其中，R'_1、Q'_1、Q'_2 组成电路与 R_1、Q_1、Q_2 组成的电路相同，当输入 A 为高电平时，Q_2、Q_3 导通，Q_4 截止，输出 Y 为低电平；当输入 B 为高电平

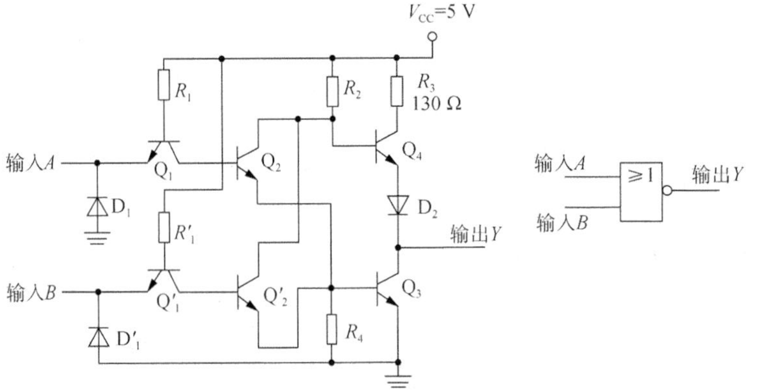

图 3-48　典型的或非门电路图

时，Q'_2、Q_3导通，Q_4截止，输出Y为低电平；输入A和B同时为低电平时，Q_2、Q'_2截止，Q_3截止，Q_4导通，输出Y为高电平。因此，输出$Y=\overline{A+B}$。

5. 三态非门

TTL 三态非门及其符号如图 3-49 所示，该电路有两个输入，一个是正常的非门输入端，另外一个是低电平有效的三态使能输入端 EN。

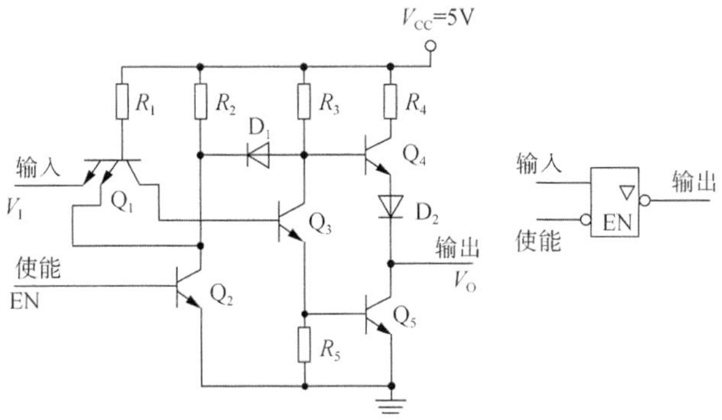

图 3-49　TTL 三态非门及其符号

当使能端 EN 为低电平时，Q_2截止，其集电极电位约等于V_{CC}，使与多发射极晶体管Q_1相连的发射极呈现高电平，所以多发射极晶体管完全在输入信号的控制之下。另外，二极管D_1反偏截止，因此对晶体管Q_4的基极电位没有影响。这时的电路是正常的非门。

使能端为高电平，Q_2导通，其集电极电位约等于零，使与多发射极晶体管Q_1相连的发射极呈现低电平，所以多发射极晶体管Q_1的基极电位太低，致使Q_3和Q_5截止；同时，二极管D_1正偏导通，使晶体管Q_4的基极呈现低电位，Q_4截止。Q_4和Q_5同时截止，呈现很大的电阻，因此输出端处于高阻状态。在高阻状态下即使输出端外加电压，也只有微安级的漏电流流入输出端，因此如同断开，这时输出端的电压由外电路决定。

因此，三态非门使能端在有效电平时，三态非门是普通门电路；当使能端不是有效电平时，三态非门输出为高阻态。

标准 TTL 系列门电路种类很全很多，但由于功耗大、速度慢，已被 74LS 系列门电路替代。

3.9　74LS 系列门电路

3.9.1　74LS 系列门电路基本工作原理

1. 肖特基三极管

当一个工作在饱和状态的三极管输入发生变化，使其进入截止状态时，须延迟一段时间才能进入截止状态，原因是在饱和状态下三极管 PN 结中存储的载流子消散需要时间，这个延迟时间称为存储时间，是门电路传输延迟时间的重要组成部分。要减小存储时间，就不能让三极管在正常工作时进入饱和状态，方法是在三极管的基极和集电极之间并联一个肖特基二极管，如图 3-50(a)所示。

这种并联肖特基势垒二极管的三极管称为肖特基钳位三极管，简称肖特基三极管，如图 3-50(b)所示。

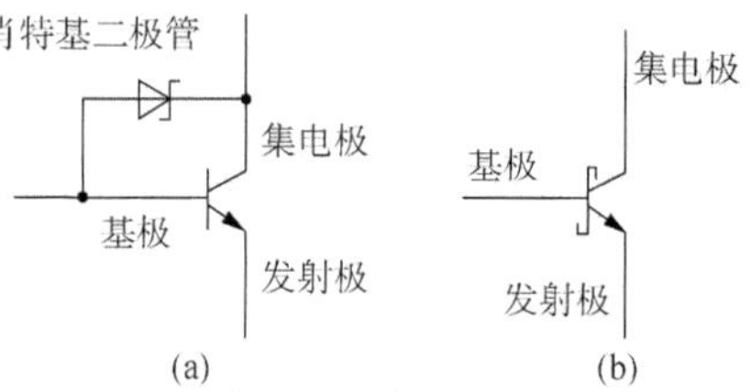

图 3-50　并联肖特基势垒二极管的三极管及其等效肖特基三极管符号

肖特基二极管是利用金属和半导体接触形成势垒的二极管，它和 PN 结一样单向导电，如铝-硅势垒二极管的导电方向从铝到硅。

正向偏置时，肖特基二极管的压降比一般的二极管的压降 0.6 V 小得多，为 0.25 V 左右。如图 3-51(a)所示的是一般的三极管在饱和时各个极间的电位差，它的基极与集电极之间的电位差为 0.4 V；如图 3-51(b)所示的肖特基二极管钳位的三极管基极与集电极之间的电位差是0.25 V。

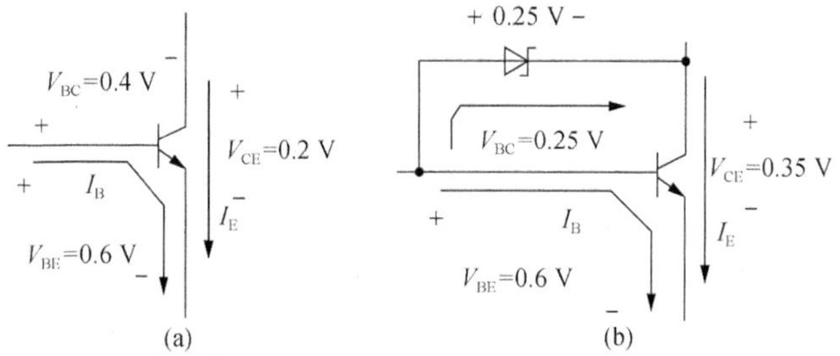

图 3-51　一般的晶体管与肖特基钳位三极管各个电极之间的电位差

由于在基极与集电极之间并联肖特基二极管，所以集电结不能深度饱和，因此减小门电路的传输延迟时间，提高门的速度。

2. 74LS 系列门电路

下面以 74LS00 为例介绍常用的 74LS 低功耗肖特基系列(或 LS－TTL)门电路。

四 2 输入与非门 74LS00 芯片中一个门的电路如图 3-52 所示，该电路由二极管与门和输入保护电路、裂相电路、输出电路、有源泄放电路四部分组成。

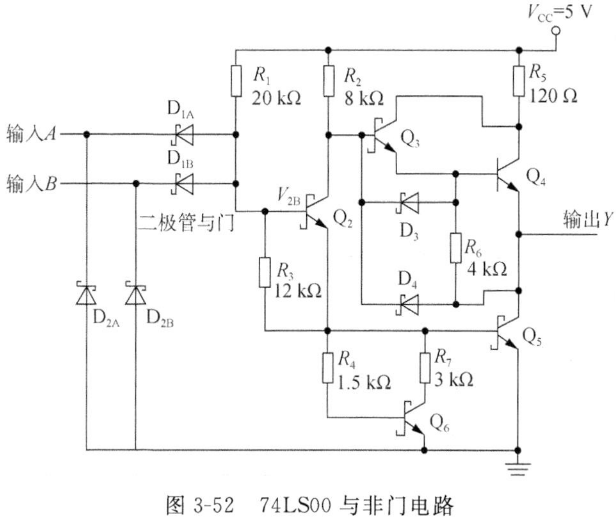

图 3-52　74LS00 与非门电路

1)二极管与门保护电路

二极管 D_{1A}、D_{1B}和电阻 R_1 组成二极管与门。在正常情况下，D_{2A}和 D_{2B}没有任何作用，但是当输入信号为负值时，这两个二极管可以将输入电压限制在一个二极管压降的范围内。

2)裂相电路

三极管 Q_2 和有关的电阻用于产生两个互补相位(裂相)的电压以控制输出级工作。Q_2 在其基极电压 V_{2B}的控制下导通或截止。

3)输出级

输出级采用推挽输出结构，在任何时候两个晶体管 Q_4 和 Q_5 中只有一个导通，其中 Q_4 导通将输出电压拉向高电平，Q_5 导通时输出电压拉向低电平。

4)有源泄放电路

有源泄放电路由三极管 Q_6 组成，作用是使 Q_5 管从饱和状态快速进入截止状态。

在 LS-TTL 中使用二极管实现与门功能，所以 LS-TTL 应称为二极管-三极管逻辑更确切一些。

(1)输入端有一个或两个信号是低电平情况。

由于输入端有一个或两个信号是低电平(0.8 V)，则 V_{2B}点的电位等于输入低电平的最大值 0.8 V 加肖特基二极管的正向压降 0.25 V 等于 1.05 V。由于 V_{2B}电位低，所以 Q_2 截止，Q_5、Q_6 截止，Q_3 和 Q_4 导通，电源与输出端之间形成低阻通道，输出端输出高电平。

(2)输入端两个信号都是高电平情况。

两个输入端都是高电平，Q_2 和 Q_5 导通，V_{2B} 电位为两个 PN 结压降。由于 Q_2 导通，Q_3 基极电位太低，Q_3 和 Q_4 处于截止状态。Q_5 导通，地线和输出端之间呈现低阻通道，输出端输出低电平；Q_2 导通，使 Q_6 导通，为 Q_5 从饱和状态向截止状态转换做好准备。

在输出端 Y 从低电平转换为高电平时，Q_2 由导通转为截止瞬间，Q_6 仍然处于导通状态，Q_5 的基极与地线之间有低阻通道，Q_5 基极电位瞬时为低，Q_5 快速由导通转为截止。

在输出端 Y 从高电平转换为低电平时，肖特基势垒二极管 D_3 用于消散 Q_4 的基极存储电荷，D_4 用于消散负载电容存储的电荷。

该电路采用肖特基势垒二极管构成与门，目的也是消除多发射极三极管的电荷存储效应。

(3)输出高电平电压的估算。

在 0.4 mA 负载时，若忽略 R_2 电阻上的电压降，则输出高电平应等于电源电压 5 V 减去两个发射结压降，为 3.8 V 左右；考虑电源电压为最低(4.5 V)，同时还有 0.4 mA 拉电流负载的情况，则输出电压比 3.8 V 低很多，但无论如何比 2.7 V 高。所以，LS-TTL 数据说明书给出的最小输出高电平电压是 2.7 V。

(4)输出低电平电压的估算。

由于 Q_5 脱离深饱和状态，导致输出低电平电压升高，最大值可达 0.5 V。

由于二极管与门的输入端数和二极管的个数有关，只要增加二极管的个数，就可以增加输入端数，所以实际器件的最多输入端数为 13 个。

电路中电阻 R_5(120 Ω)的作用是当 Q_4 和 Q_5 在通断状态交换过程中限制流过它们的电流，这是因为在这个交换过程中有一个极短的时间，这两个三极管都是导通状态。

即使有 R_5，仍然有较大的电流流过 Q_4 和 Q_5，这个电流可以像噪声一样干扰其他电路，所以需要在芯片附近的电源和地线上并联一个去耦电容(通常为 0.1 μF)，去耦电容可以提供 Q_4 和 Q_5 交替导通中需要的电流，将噪声减至最小。

该电路的电阻阻值虽然比标准 74 系列大很多，但是传输延迟时间仍然与标准 74 系列基本相同，但延迟时间-功耗积只有标准 74 系列的 1/5。

3. 传输特性

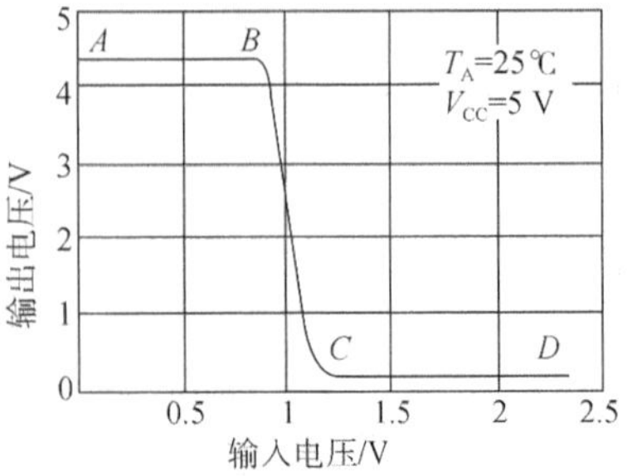

图 3-53 74LS00 的电压传输特性

74LS00 典型的传输特性如图 3-53 所示。在传输特性曲线段 AB，输入电压 V_{IN} 小于 0.8 V，Q_2、Q_5 和 Q_6 截止，Q_3 和 Q_4 导通，输出高电平；输入电压 V_{IN} 在 0.8～1.2 V 时，Q_2、Q_5 快速导通，Q_3、Q_4 快速截止，因此曲线 BC 段是传输特性的过渡段，该段中点的输入电压为阈值电压 $V_{TH}=1.0$ V；在曲线 CD 段，Q_5 导通、Q_4 截止，输出低电平。

3.9.2 74LS 系列门电路电特性

74LS 系列门电路是大量使用的数字集成电路芯片，下面介绍 74LS00 的电特性，给出该门的主要极限值、推荐工作条件和静态电特性。

1. 74LS00 与非门电路的电特性

1）主要极限值

主要极限值如表 3-17 所示。

电源电压 V_{CC} 与输入电压 V_I 的最高极限值为 7 V，实际使用时应不超出极限值 7 V。

2）推荐工作条件

推荐工作条件如表 3-18 所示。

表 3-17 74LS00 门的极限值

符号	参　数	数值	单位
V_{CC}	电源电压	7	V
V_I	直流输入电压	7	V

表 3-18 74LS00 门的推荐工作条件

符号	参　数	最小数值	典型数值	最大数值	单位
V_{CC}	电源电压	4.75	5	5.25	V
V_{IH}	直流输入高电平	2			V
V_{IL}	直流输入低电平			0.8	V
I_{OH}	高电平输出电流			−0.4	mA
I_{OL}	低电平输出电流			8	mA
T_A	环境温度	0		70	℃

电源电压范围为 4.75～5.25 V，表明该芯片属于商业级，电源电压为 5 V±5%。

由于逻辑门电路内阻与负载电流的大小影响其输出电压和电流值，因此逻辑 0 和逻辑 1 对应的是一个电压范围，而不是一个确定的值，如表 3-18 中输入高电平 V_{IH} 的范围为 2 V 以上，输入低电平 V_{IL} 的范围为 0.8 V 以下。高电平输出电流 I_{OH} 的最大值小于 0.4 mA 可以保证输出高电平的逻辑范围；低电平输出电流 I_{OL} 的最大值小于 8 mA 可以保证输出低电平的逻辑范围。最小输入高电平 $V_{IH}=2$ V，最大输入低电平 V_{IL} 为 0.8 V，在 0.8～2 V 之间的输入电压为不确定逻辑电平电压。

3）静态电特性

静态电特性如表 3-19 所示。

在表 3-19 中，V_{IK}（最大为−1.5 V）是输入电流 I_I 为 18 mA 时的输入钳位二极管电压。

表 3-19 74LS00 门的静态电特性

符号	参　数	实验条件(环境温度为 25℃)	最小	典型	最大	单　位
V_{Ik}	输入钳位电压	V_{CC}最小,$I_I=-18$ mA			−1.5	V
V_{OH}	高电平输出电压	V_{CC}最小,I_{OH}最大(−0.4 mA),V_{IL}最大	2.7	3.4		V
V_{OL}	低电平输出电压	V_{CC}最小,I_{OL}最大(8 mA),V_{IH}最小		0.35	0.5	V
		V_{CC}最小,$I_{OL}=4$ mA		0.25	0.4	V
I_I	输入电流	V_{CC}最大,$V_I=7$ V			0.1	mA
I_{IH}	高电平输入电流	V_{CC}最大,$V_I=2.7$ V			20	μA
I_{IL}	低电平输入电流	V_{CC}最大,$V_I=0.4$ V			−0.4	mA
I_{OS}	短路电流	V_{CC}最大,短路时间 1 s	−20		−100	mA
I_{CCH}	高电平电源电流	V_{CC}最大,$V_I=0$ V		0.8	1.6	mA
I_{CCL}	低电平电源电流	V_{CC}最大,$V_I=4.5$ V		2.4	4.4	mA

在 $I_{OH}=0.4$ mA 时,最小输出高电平 V_{OH}保证在 2.7 V 以上,典型值为 3.4 V;在 $I_{OL}=8$ mA 时,最大输出低电平 V_{OL}保证在 0.5 V 以下,典型值为 0.35 V。

因为门电路输出高低电平时的电源电流不同,因此具有两个电源电流参数,I_{CCH}是芯片输出为高电平时的输出电流,I_{CCL}是芯片输出为低电平时的电源电流。

V_{CC}为最大值,输出端对地短路时间为 1 s 时,允许短路电流 I_{OS}在 20~100 mA 之间。

输入电压 V_I为 7 V 时的最大输入电流 $I_I=0.1$ mA;输入电压为 $V_I=2.7$ V 时的高电平输入电流 $I_{IH}=20$ μA;输入电压为 $V_I=0.4$ V 时的低电平输入电流 $I_{IL}=-0.4$ mA。

4)开关特性

74LS00 的开关特性如表 3-20 所示。

表 3-20 74LS00 门的开关特性

符　号	参　数	$C_L=15$ pF,$R_L=2$ kΩ		单　位
		典　型	最　大	
t_{PLH}	输出端低电平到高电平转换的传输延迟时间	9	15	ns
t_{PHL}	输出端高电平到低电平转换的传输延迟时间	10	15	ns

t_{PHL}是输出电压由高电平跳变为低电平时的传输延迟时间,t_{PLH}是输出电压由低电平跳变为高电平时的传输延迟时间,而平均传输延迟时间 $t_{PD}=(t_{PHL}+t_{PLH})$。

2. 74LS 系列的逻辑电平和噪声容限

如图 3-54 所示的是 74LS 系列门的噪声容限示意图。其中,V_{OHmin}是输出高电平时的最小输出电压:对于 74LS 系列门,V_{OHmin}大于等于 2.7 V;对于标准 TTL 系列门,该电压为 2.4 V。

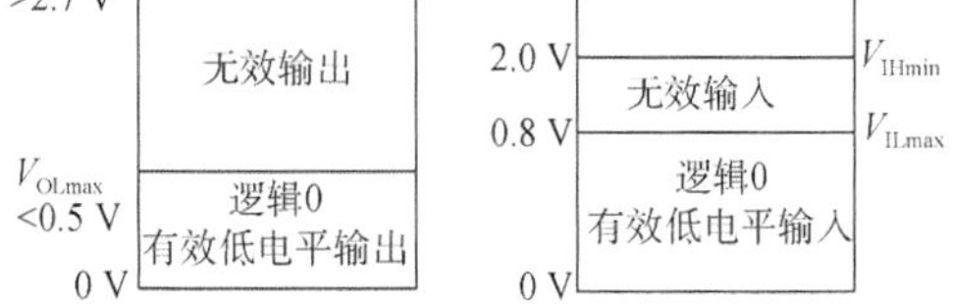

图 3-54 74LS 系列门的输出与输入逻辑电平

V_{OLmax}是输出低电平时的最大输出电压:对于 74LS 系列门,V_{OLmax}小于等于 0.5 V;对于标准 TTL 系列门,该电压为 0.4 V。

V_{IHmin}是输入端能够辨认的最小高电平电压,对所有 TTL 电路等于 2.0 V。

V_{ILmax}是输入端能够辨认的最大低电平电压，对所有 TTL 电路等于 0.8 V。

由图 3-49 可知，高电平噪声容限 $V_{NH}=2.7-2=0.7$ V，低电平噪声容限 $V_{NL}=0.8-0.5=0.3$ V。由于低电平噪声容限小，所以在低电平情况下很容易受到噪声的干扰。

3. 74LS 系列门的扇出

扇出是连接到一个门输出端的同类门输入端个数。对于 CMOS 门，其扇出数量几乎无限，这是因为 CMOS 门几乎没有输入电流。对于 74LS 门输入端，按照不同的高低态电平，74LS 门的输入电流参数是 I_{ILmax}和 I_{IHmax}。

(1) I_{ILmax}是将输入端拉向低电平的最大电流，该电流从芯片内流出，所以是负值，74LS 系列门的输入电流 $I_{ILmax}=-0.4$ mA，这也称为 74LS 系列门的低态单位负载。该电流流动的路线从后级门的输入端流出，流入前级门的输出端，通过前级门的晶体管 Q_5管接地。

(2) I_{IHmax}是将输入端拉向高电平的最大电流，该电流流入芯片，所以是正值，74LS 系列门的输入电流 $I_{IHmax}=20$ μA，这也称为 74LS 系列门的高态单位负载。该电流流动的路线是从前级门的输出端流出，流入后级门的输入端，通过后级门输入端的反向连接二极管（泄漏电流）流向地线。

TTL 门的输出电流分为低电平灌电流和高电平拉电流两个参数：

(1) I_{OLmax}是保证输出电压小于 V_{OLmax}，可以从输出端灌入的最大电流，因为从输出端流入，所以为正值，对于 74LS 系列门电路，该电流值为 8 mA。

(2) I_{OHmax}是保证输出电压大于 V_{OHmin}，可以从输出端拉出的最大电流，因为从输出端流出，所以为负值，对于 74LS 系列门电路，该电流值为 -0.4 mA。

由此可计算出低电平扇出等于 8 mA/0.4 mA=20，高电平扇出等于 0.4 mA/ 20 μA=20。

4. 74LS 系列门的输入特性曲线

1) 输入特性曲线

如图 3-55 所示，输入端外接接地电阻 R_S，分析如下。

(1) 当 V_1小于 1 V，Q_2与 Q_5发射结都截止时，D_1导通，电流 $I_{R_S}=\dfrac{V_{CC}-V_{D1}}{R_1+R_S}$，若 $R_S=0$，则电流为最大值 $I_{R_S}=\dfrac{V_{CC}-V_{D1}}{R_1}$，该电流称为输入短路电流。随着 R_S的增加，电流 I_{R_S}不断减小。

(2) 当 V_1大于 1.2 V 时，Q_2与 Q_5发射结都导通，D_1不导通，电流 I_{R_S}为二极管 D_1的反向饱和电流，因此很小。

(3) 当 V_1从 1 V 向 1.2 V 变化时，Q_2与 Q_5发射结从截止向导通变化，D_1从导通向截止变化，所以电流 I_{R_S}从大向小变化，且变化快。

经实际测量，74LS 系列门典型的输入特性如图 3-56 所示。

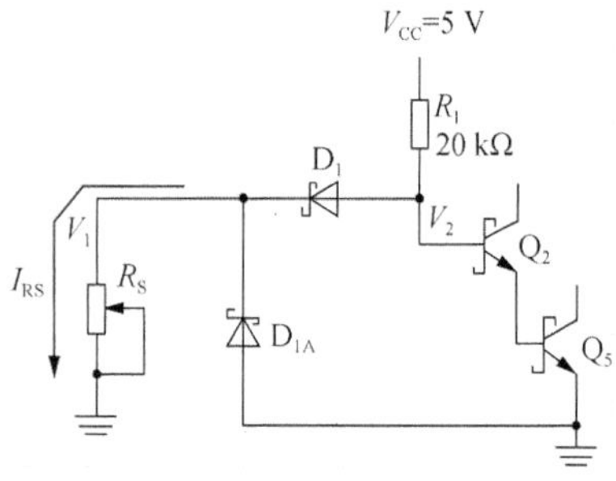

图 3-55 输入端外接接地电阻 R_S电路图

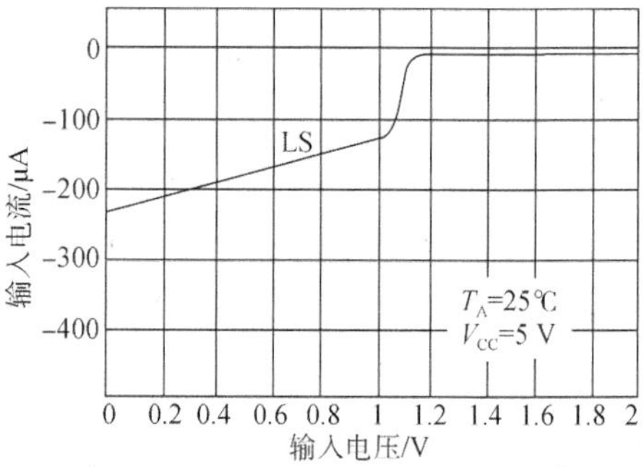

图 3-56 74LS 门典型的输入特性曲线

在输入电压 1.1 V 附近，随着输入电压减少，输入电流增加很快，因为输入与门二极管正从截止转向导通，随后输入电流随输入电压的减少线性减少。

例如，对于图 3-55，在输入 V_1 为低电平时，流经电阻 R_1 的电流与流经 R_S 的电流相等，因此

$$\frac{V_{CC}-V_{D1}-V_{ILmax}}{R_1}=\frac{V_{ILmax}}{R_S}$$

取 $V_{CC}=5$ V，$V_{D1}=0.25$ V，$V_{ILmax}=0.8$ V，则

$$R_S=\frac{V_{ILmax}}{V_{CC}-V_{D1}-V_{ILmax}}R_1=\frac{0.8}{5-0.25-0.8}\times 20\approx\frac{0.8}{4}\times 20=4\ \text{k}\Omega$$

由此，为保持 V_1 不超过 V_{ILmax}，则 R_S 小于 4 kΩ。

2)拉电流负载曲线

如图 3-57 所示的是 74LS00 门输出高电平 V_{OH} 与输出电流 I_{OH} 之间的关系曲线。

当 I_{OH} 为 0 mA 时，V_{OH} 为电源电压减去电阻 R_5 压降与三极管 Q_4 压降；由于三极管 Q_4 工作在射极跟随状态，因此 I_{OH} 在 10 mA 范围内 V_{OH} 变化不大；随着 I_{OH} 增大，三极管 Q_4 饱和，这时 V_{OH} 随 I_{OH} 的增大线性减小。

3)灌电流负载曲线

如图 3-58 所示的是 74LS00 门的灌电流负载曲线，该曲线给出低电平输出电压 V_{OL} 与电流 I_{OL} 之间的关系。由于三极管 Q_5 饱和，所以 V_{OL} 随 I_{OL} 的增加而线性增加。当 I_{OL} 达到某值后，Q_5 脱离饱和，这时 V_{OL} 急剧增大。

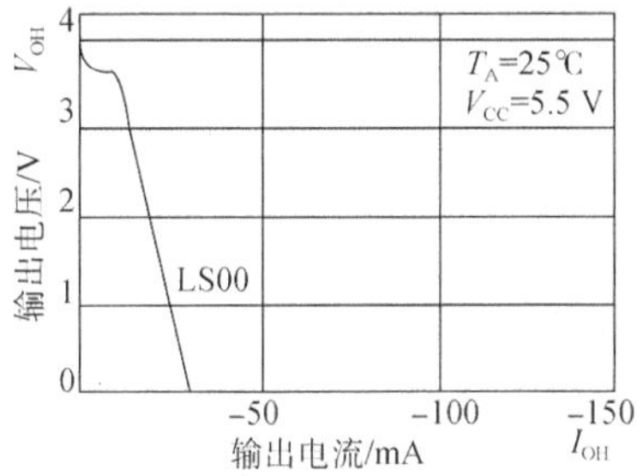

图 3-57　74LS00 门的拉电流负载曲线

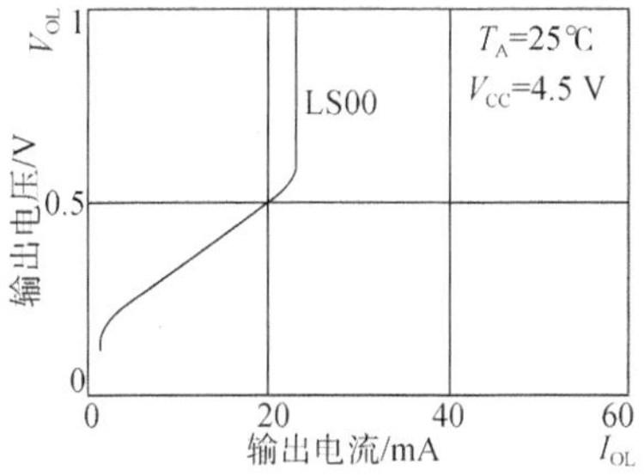

图 3-58　74LS00 门的灌电流负载曲线

5. 74LS 系列芯片的静态功率损耗

输出高电平与输出低电平时的门电路电源电流不同，如图 3-59 所示的是静态电源电流测量连接图。

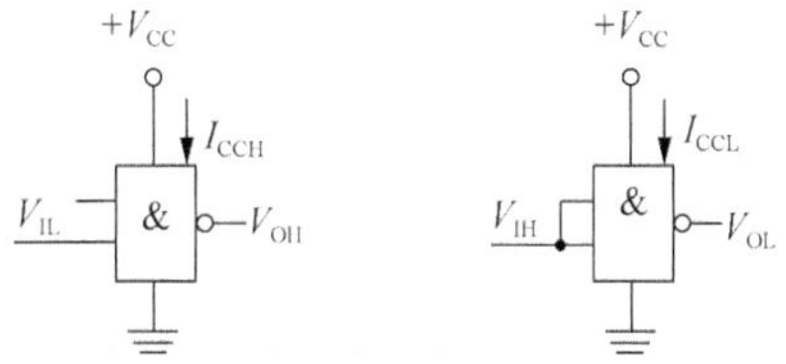

图 3-59　门电路的电源电流

实际数据手册给出空载静态电源电流，例如，在所有的输入端接低电平时，74LS00 芯片的 I_{CCH} 电流的典型值为 0.8 mA；所有的输入端接高电平时，74LS00 芯片的 I_{CCL} 电流的典型值为 2.4 mA。由 I_{CCH} 电流可以得到电源电压为 5V 时输出高电平下的功率损耗为 $P_{DH}=V_{CC}I_{CCH}=5\ \text{V}\cdot 0.8\ \text{mA}=4\ \text{mW}$；由 I_{CCL} 电流可以得到输出低电平下的功率损耗为 $P_{DL}=V_{CC}I_{CCH}=5\ \text{V}\cdot 2.4\ \text{mA}=12\ \text{mW}$。

当 74LS 系列门的输入为脉冲电压时，输出在高电平与低电平之间转换，因此电源电流也在 I_{CCH} 与 I_{CCL} 之间变化，平均功率与脉冲占空比有关，假设占空比为 50%，则平均电源电流为

$$I_{CC}=\frac{I_{CCH}+I_{CCL}}{2}$$

静态平均功耗为 $P_D = V_{CC} I_{CC}$，与器件的工作频率无关。其实，TTL 门电路在输出状态发生变化时，也会在电源电流中产生尖峰脉冲，该尖峰脉冲增加功率损耗，但静态功耗是 TTL 电路的主要功耗。

3.10 常用的 74TTL 系列门电路

1963 年，TTL 系列芯片成功开发，早期的 TTL 系列没有表示系列的英文符号，称为标准 74TTL 系列。

如果把标准 74TTL 系列的电阻值减小，就是 74H 系列，系列符号 H 表示高速。该系列具有短的传输延迟，是以增加功率损耗为代价。如果把标准 74 系列的电阻值增大，就是 74L 系列，系列符号 L 表示低功耗，虽然该系列具有低的功耗，但是具有大的传输延迟。

上述三个 TTL 系列在 1970 年批量投产，在肖特基晶体管出现之后，这三种 TTL 系列中的大部分产品就很少使用了。

首先出现的是 74S 系列，S 表示肖特基，该系列具有肖特基三极管和低阻值的电阻，所以具有很高的速度，而且功耗也比标准 74TTL 系列高。随后出现 74LS 系列，LS 表示低功耗肖特基。它是肖特基三极管和高阻值电阻的结合系列，具有与标准 74TTL 系列相同的速度，但是它的功耗只有标准 74TTL 系列的 1/5。

之后出现先进肖特基 74AS 系列，该系列的功耗比 74S 系列小，速度比 74S 系列快两倍。先进低功耗肖特基 74ALS 系列比 74LS 系列的速度更快，功耗更低，是 74LS 的替代芯片。在高速产品设计中，可以选择快速 74F 系列的产品，它的特性在 74AS 与 74ALS 之间。

74TTL 系列的主要特性如表 3-21 所示。其中，传输时间和功率耗散对于典型的四 2 输入与非门而言。

表 3-21　74TTL 各系列门主要的参数对比表

参数分类	说　明	符号	74S	74LS	74AS	74ALS	74F	74 标准
可辨认的输入电压	低电平输入电压/V	V_{ILmax}	0.8	0.8	0.8	0.8	0.8	0.8
	高电平输入电压/V	V_{IHmin}	2.0	2.0	2.0	2.0	2.0	2.0
输出电压	低电平输出电压/V	V_{OLmax}	0.5	0.5	0.5	0.5	0.5	0.4
	高电平输出电压/V	V_{OHmin}	2.7	2.7	2.7	2.7	2.7	2.4
输入电流	低电平输入电流/mA	I_{ILmax}	−2.0	−0.4	−0.5	−0.2	−0.6	−1.6
	高电平输入电流/μA	I_{IHmax}	50	20	20	20	20	40
输出电流	高电平输出电流/μA	I_{OHmax}	−1000	−400	−2000	−400	−1000	−400
	低电平输出电流/mA	I_{OLmax}	20	8	20	8	20	16
传输延迟时间	输出低电平到高电平的传输延迟时间/ns	t_{PLHmax}	7	15	4.5	11	5	22
	输出高电平到低电平的传输延迟时间/ns	t_{PHLmax}	8	15	4	8	4.3	15
	每门功耗/mW		19	2	8	1.2	4	10

标准 TTL 高态单位负载(Unit Load，UL)为 40 μA；标准 TTL 低态单位负载为 1.6 mA。

所有 TTL 电路的输入输出负载能力，都可以折算成标准单位负载。例如，74LS00 的高电平输入电流为 20 μA，则称为 20 μA/40 μA＝0.5 UL；低电平输入电流为 0.4 mA，则称为

0.4 mA/1.6 mA=0.25 UL。

又如,74LS00的高电平输出电流为400 μA,则称为400 μA/40 μA=10 UL;低电平输出电流为8 mA,则称为8 mA/1.6 mA=5 UL。

3.11 在数字电路设计中使用不同系列的芯片

1. 常用数字电路的逻辑电平

常用门电路的逻辑电平分为5类:5 V TTL、5 V CMOS、3.3 V LVTTL、2.5 V CMOS和1.8 V CMOS。每个分类的逻辑电平参数如图3-60所示。这里给出的是标准逻辑电平,即在最大I_{OH}和I_{OL}条件下满足的逻辑电平值。由图3-60可知,各类门的低电平输入电压都大于低电平输出电压,所以在逻辑互连时,低电平侧总能够满足连接关系,究竟是否可以互连,取决于驱动侧的高电平输出电压是否大于被驱动侧的高电平输入电压。

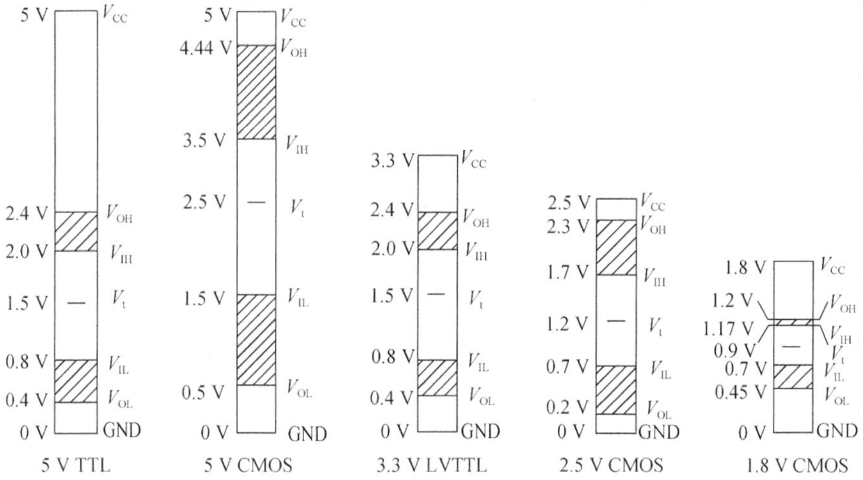

图3-60 5类门逻辑电平的电平值

2. 各电压系列连接表

在各个系列门进行连接时,除须考虑高电平是否满足驱动或被驱动的关系外,还须考虑被驱动侧输入端能否支持驱动端的高电平。表3-22是各类逻辑门之间的连接表。

表3-22 各类逻辑门之间的连接表

		被驱动侧的逻辑电平分类				
		5 V TTL	5 V COMS	3.3 V TTL	2.5 V CMOS	1.8 V CMOS
驱动门的逻辑电平分类	5 V TTL	可以	不可以	可以*	可以*	可以*
	5 V COMS	可以	可以	可以*	可以*	可以*
	3.3 V TTL	可以	不可以	可以	可以*	可以*
	2.5 V CMOS	可以	不可以	可以	可以	可以*
	1.8 V CMOS	不可以	不可以	不可以	不可以	可以

注:*表示被驱动电路的输入端必须支持驱动端的V_{OH}信号

3. 硬件互连应考虑的问题

不同系列门之间的连接主要考虑噪声容限、输入端支持输入电压的程度、输出端高阻态时支持电压程度及驱动能力。若考虑动作时序，还应考虑传输延迟时间、负载电容等问题。

1)噪声容限

各系列之间互连的原则是保证噪声容限不是负值，即：$V_{NL}=V_{ILmax}-V_{OLmax}>0$ 和 $V_{NH}=V_{OHmin}-V_{IHmin}>0$。

2)驱动问题

驱动逻辑门时，应保证在最大驱动电流情况下的输出逻辑电平，否则不能保证噪声容限为正值。驱动其他负载，如数码管或是发光二极管等，则保证门电路不因驱动电流过大而损坏。

在 CMOS 门推动 TTL 门负载时，特别注意扇出问题。TTL 门推动 CMOS 门则没有扇出问题，原因是 CMOS 门的输入电流很小。

3)能支持驱动侧输出电压的输入端

当驱动侧的电源电压高于被驱动侧的电源电压时，则应注意被驱动侧的输入端是否支持驱动侧的高电平。

4. 使用电平移动芯片互连不同的逻辑电平芯片

当驱动侧与被驱动侧的逻辑电平不兼容时，可以使用具有开漏(OD)输出或集电极开路(OC)输出功能的电平转换门。

电平转换的原理如图 3-61 所示，电平转换门可以是 7405、7406、7407 等 OC 门。其中，上拉电阻阻值的最小值应考虑前级门的低电平驱动能力，最大值应考虑后级门的输入高电平驱动能力。

5. 使用上拉电阻提升 TTL 电路高电平

当 TTL 门驱动 5 V 电压 CMOS 门时，由于 TTL 门的输出高电平不能满足 CMOS 门高电平的需求，使噪声容限为负值，因此须提升 TTL 门的输出高电平。采用图 3-62，直接使用上拉电阻提升 TTL 门输出高电平，以满足 CMOS 输入高电平电压的需求。上拉电阻的阻值不能太小，应考虑前级门的低电平驱动能力。

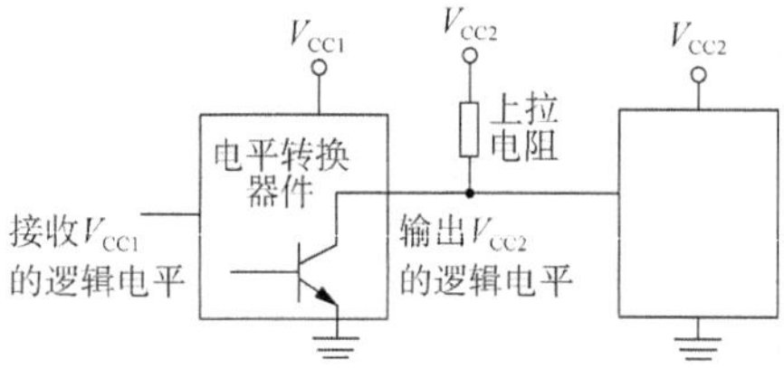

图 3-61 逻辑电平转换原理图

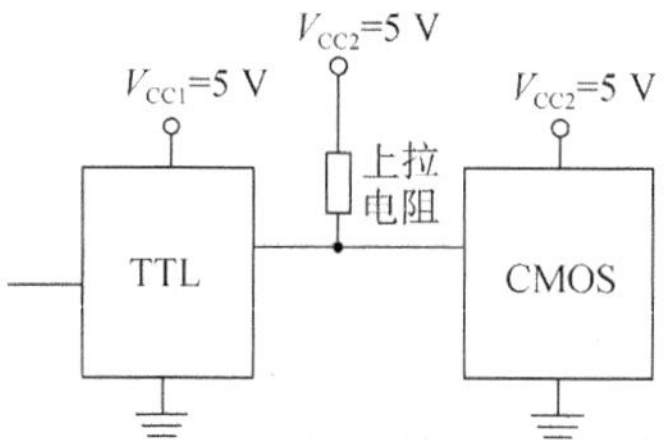

图3-62 上拉电阻提升输出高电平的方法图

6. 采用电阻分压的方法连接不同逻辑电平的门电路

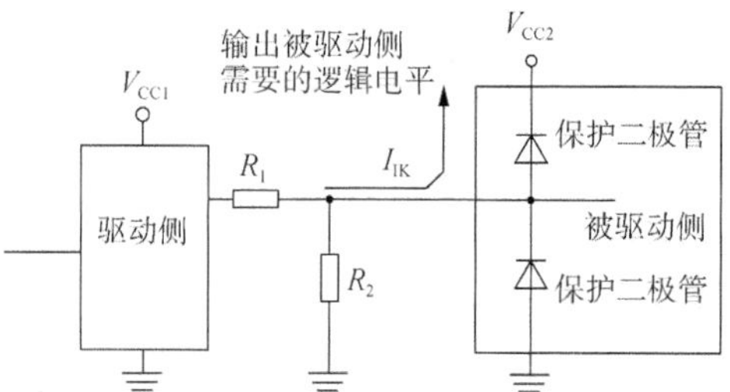

图 3-63 采用电阻分压方法连接不同电平门电路的原理图

采用电阻分压方法连接不同电平门电路的原理如图 3-63 所示。当驱动侧输出高电平太高，使被驱动侧输入端保护二极管电流超过极限值时，须降低驱动侧的输出高电平。

采用电阻分压方法的目的是降低被驱动侧的输入电压，使流过被驱动侧输入端保护二极管的电流 I_{IK}不超过极限值，还应满足被驱动侧的高低电平要求。如果 R_1 电阻值合适，不用 R_2 电阻也可以，保证电流 I_{IK}不超过极限值即可。该方法适用于被驱动侧是 CMOS 门的情况。

为满足被驱动侧输入端高低电平，则

$$\frac{V_{DOHmin}}{R_1+R_2}R_2>V_{RIHmin}$$

式中，V_{DOHmin}是驱动侧最小输出高电平，V_{RIHmin}是被驱动侧最小输入高电平。

由于 R_1 和 R_2 是驱动侧的拉电流负载，因此 R_1、R_2 的阻值不能太小。

若只用 R_1 电阻，为使流过保护二极管的电流不超过极限值，则

$$\frac{V_{DOHmax}-(V_{CC2}+V_{DK})}{R_1}<I_{IKmax}$$

式中，V_{CC2}是被驱动侧的电源电压，V_{DK}是输入保护二极管的管压降，I_{IKmax}为输入保护二极管的极限电流，V_{DOHmax}是驱动侧最大输出高电平。

3.12 正确使用门电路

1. 直流电源

通常，TTL 门的电源是＋5 V，而 74HC 系列门的电源可为＋5 V 或＋3.3 V。在很多情况下，为使图简洁，门电路的逻辑图不画电源，但应知每个封装都具有电源和地线引脚。例如，74LS00 芯片的封装如图 3-64 所示，芯片内部的 4 个与非门的电源与地线分别与封装的电源与地线引脚连接。即使只使用该芯片内部的一个门，其他 3 个门也耗电，所以应将不用门的输入端接确定的逻辑电平，避免门电路在干扰信号的作用下不停地反转，以减少功耗。

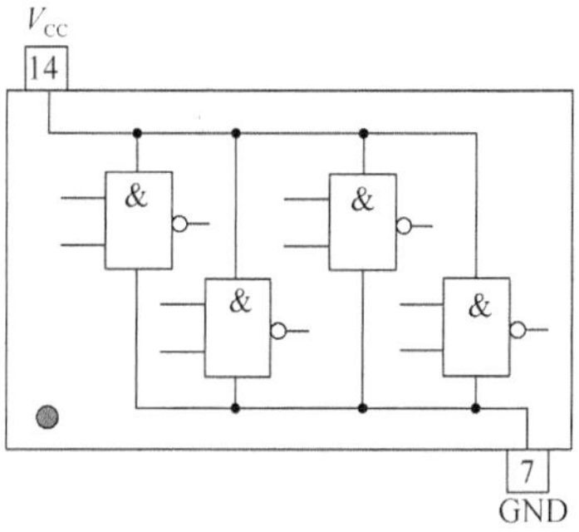

图 3-64　74LS00 的电源地线引脚

在实际使用时，应特别注意不能将电源接反，否则很容易损坏芯片。在安装电路、改变电路连接、插拔 CMOS 门时，必须切断电源，否则 CMOS 门很容易受到瞬间电冲击而损坏。

CMOS4000B 系列门的工作电源电压可在 3～18 V 之间，在模拟应用(如脉冲振荡、线性放大)时，最低工作电压则不应低于 4.5 V。由于工作电压范围宽，因此用不稳压的电源也可以工作。

2. 功率损耗

TTL 系列门的功耗受工作频率的影响较小，只要从器件手册上获取输出高低电平电源电流，假设输出高低电平的时间各为一半，则可以计算出平均电源电流，进而计算出平均功耗，例如，74LS00 芯片的 I_{CCH}的典型值为 0.8 mA；所有的输入端接高电平时，74LS00 芯片 I_{CCL}的典型值为 2.4 mA，则平均电源电流为 1.6 mA。常用输出高低电平时的电源电流最大值计算最恶劣情况下的最大功耗。

与 TTL 门不同的是，CMOS 器件的静态电流 I_{CC}很小，如在输入端接 V_{CC}或地线时，74HC00 的静态电源电流为 2.5 μA，因此静态功耗为 12.5 μW。但是，动态功耗是频率的函数，无负载情

况下的动态功耗只与功耗电容值 C_{PD} 有关，如 74HC00 的典型功耗电容 C_{PD} 为 22 pF，若是电源电压为 5 V，工作频率为 1 MHz，则内部功耗 $P_T = C_{PD}V_{CC}^2 f = 22\times5^2\times1 = 550\ \mu W$。

在负载情况下，则还应该考虑负载电容的影响。若 CMOS 门驱动 CMOS 门，则被驱动 CMOS 器件的输入电容是驱动 CMOS 器件的负载电容，通常器件数据手册给出每个输入端的输入电容值。例如，每个 74HC00 引脚的典型输入电容 C_L 为 3.5 pF。若电源电压为 5 V，工作频率为 1 MHz，则负载功耗 $P_L = C_L V_{CC}^2 f = 3.5\times5^2\times1 = 87.5\ \mu W$。

CMOS 门的功耗是内部功耗 P_T、所有负载功耗 P_L 与静态功耗之和。

3. 引脚互连问题

有源输出引脚不能直接连接在一起。有源输出引脚是能够输出高电平、驱动拉电流负载的输出引脚。因为若一个输出引脚输出高电平，另外一个输出引脚输出低电平，则在电源与地线之间形成低阻通道，产生大电流，烧毁输出管。

OC 与 OD 门的输出可以直接连接在一起，因为这些门不能输出高电平，也不能驱动拉电流负载。

三态门的输出可以在使能端分时控制之下连接在一起。所谓“分时”，是在任何时间只能有一个三态门不是高阻态。

提高 CMOS 门的驱动能力，除选用驱动能力较强的缓冲器之外，还可以将同一个芯片几个同类电路输出并联，若 N 为并联门电路的数量，则驱动能力可提高 N 倍。

前级门输出电压不能过高，否则输入保护二极管因正向偏置而引起大电流。通常，保证后级门的输入端电流不大于 1 mA，若大于 1 mA 则串联电阻，以避免后级门的输入保护二极管损坏。

若门电路输入端连线过长，也应串联保护电阻，避免感应电势损坏门电路输入端的保护二极管。

4. 不使用输入端的处理

1)CMOS 门电路

因为 CMOS 电路的输入端具有高的输入阻抗，非常容易受到各种噪声的干扰，所以不需要的输入端不能悬空，而应根据门电路的逻辑功能连接到适当的电平。

若前级门电路的扇出能力足够大，可以将不使用的输入端与其他使用的输入端连接在一起使用，如图 3-65(a)所示。当然，两个或多个输入连接在一起，会增加前级门的负载电容量，使瞬态时间特性变差，而且增加功耗。

若是与门、与非门，可以将不使用的输入端连接高电平，即将不使用的输入端通过电阻接电源。这种情况如图 3-65(b)所示。

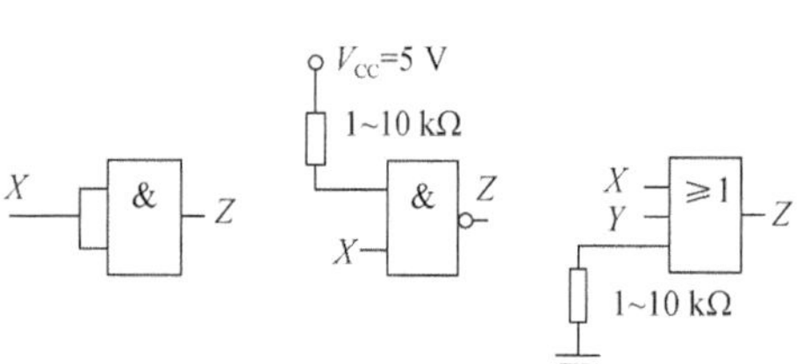

图 3-65　处理不使用输入端的示意图

若是或门、或非门，可以将不使用的输入端连接低电平，方法是将不使用的输入端通过电阻接地线。这种情况如图 3-65(c)所示。

在通过上拉电阻连接电源，或通过下拉电阻连接地线的方法中，电阻的阻值在 1～10 kΩ，而且一个电阻可以将多个不使用的输入端连接到适当的电平。

若输入端能够耐受的电压超过电源电压，则不使用的输入端可直接接电源或是地线也是可取的。

2)TTL 电路

对于 TTL 电路，不使用的输入端可以根据需要拉向高电平或低电平。

由于 TTL 电路的输入电流较大，所以在选择上拉或下拉电阻时，须注意电阻阻值的计算。特别是在低电平时，电阻阻值不能太大，否则不能将输入端拉向低电平。

例如，如果 10 个 74LS 门的输入端须拉向低电平(小于 0.5 V)，则

$n \times 0.4\ \text{mA} \times R_{PD} < 0.5\ \text{V}$

有

$$R_{PD} < 0.5/(10 \times 0.4\ \text{mA}) = 0.125\ \text{k}\Omega$$

式中，n 是须拉向低电平 74LS 门输入的个数，R_{PD} 是下拉电阻。

例如，如果 10 个 74LS 门的输入端需要拉向高态电平（大于 2.7 V），则根据

$$n \times 20\ \mu\text{A} \times R_{pu} < (5-2.7)\ \text{V}$$

有

$$R_{PU} < 2.3/(10 \times 0.02\ \text{mA}) = 11.5\ \text{k}\Omega$$

式中，n 是须拉向高态电平 74LS 门输入的个数，R_{PU} 是上拉电阻。

74LS 门不用的输入引脚也可以直接连接 V_{CC}，因为输入引脚的极限电压为 7 V。

TTL 电路中不使用的输入端与使用的输入端连接在一起使用，会增加附加电容与功耗。

5. 电流尖峰和去耦电容

当 CMOS 门的输出由高变低或由低变高时，电流从 V_{CC} 通过似通非通的 MOS 管向地线流动，产生很大的电流尖峰，特别是当多个门电路同时工作时尖峰脉冲尤其大。该尖峰电流可以引起电源电压出现噪声。

为去掉尖峰的脉冲，须在电路板上安装去耦电容，每平方英寸或每个芯片一个电容，安装位置离芯片的电源和地线越近越好。

只有电源上的大容量滤波电容不能去掉尖峰脉冲，因为电路板上铜膜线电感的影响使电源不能在尖峰脉冲期间快速提供电流。因此，必须在电路板上安装去耦电容。去耦电容的数值一般在 0.01～0.1 μF。

6. 使用 CMOS 门的注意事项

1）防止静电的影响

静电放电（ESD，electrostatic discharge）可以损坏 CMOS 电路，因为 MOS 管具有非常高的输入阻抗。静电放电可以使栅极和源极或漏极之间击穿导通，使 MOS 管失效。为避免静电放电作用损坏 MOS 管，须时时注意静电。例如，使用专用的防静电袋保存 CMOS 电路板；在手指上连接地线，防止手触摸 CMOS 器件时损坏器件；焊接 CMOS 电路板时断开电路板电源，同时使用专用电烙铁。

2）自锁

自锁现象源于由 CMOS 门电路中的寄生三极管产生的晶闸管效应，自锁使 CMOS 门电路中流过相当的电流，以致损坏 CMOS 门。

正常情况下不会出现自锁现象，但当输入电压高于电源电压 V_{CC} 或低于地线电平时，就会触发寄生三极管形成的晶闸管，晶闸管导通时使电源和地线短路，产生大的电流流过 CMOS 门电路。一旦发生自锁，只有一个方法解除自锁，即断开电源。

自锁经常出现在两个系统的 CMOS 门电路连接中，当两个电源在上电过程中由于电压上升的速度不一致，容易引起自锁。

高速电路中出现的负向超调也可以引起自锁。虽然现代 CMOS 门制造技术可以使大部分自锁现象不出现，但有时还会发生自锁。

3.13 数字电路的封装

双列直插（DIP）形式的数字电路封装如图 3-66 所示。

双列直插封装可以直接焊接到电路板上或是插在专门的 DIP 插座上，因此这样的封装使用非常方便，DIP 封装的引脚间距通常是 2.54 mm。这种封装的缺点是须在电路板上焊盘孔，因此占用电路板面积大。

采用表面焊接技术的数字电路封装是表面贴封装(SMD)，如图 3-67 所示。

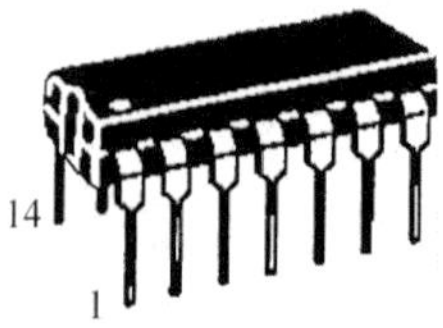

图 3-66　双列直插(DIP-14)封装

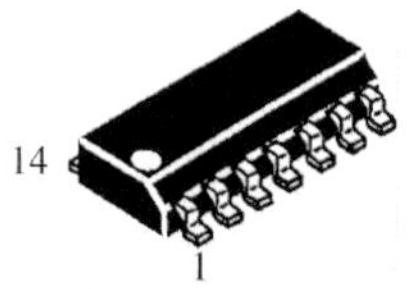

图 3-67　表面贴封装 SOIC14

表面贴封装技术是广泛使用的新封装技术，特点是不需要焊盘孔，可有效减少电路板面积。通常，SOIC 型表面贴封装的引脚间距为 1.25 mm，而 TSSOP 型表面贴封装比 SOIC 封装尺寸更小，引脚间距仅为 0.63 mm。

小　结

本章内容主要为：

(1)CMOS 门电路，包括 MOS 管工作原理，以及 CMOS 非门、与非门和或非门工作原理。

(2)74HC 系列门电路的电特性，包括极限参数、推荐工作条件、静态电特性与动态电特性；详细描述输入和输出逻辑电平、传输特性，噪声容限、负载能力。

(3)CMOS 传输门、三态门和开漏门工作原理。

(4)CMOS 门电路的分类与低压 CMOS 器件。

(5)二极管工作原理和二极管“与”电路、“或”电路；三极管工作原理与三极管非门工作原理。

(6)标准 TTL 非门、与门、或门、集电极开路与三态门电路工作原理。

(7)74LS 系列门电路工作原理与其电特性，包括极限参数、推荐工作条件和静态电特性、动态电特性与输出特性，以及 TTL 系列门电路。

(8)在数字系统中使用不同系列门电路须注意的问题，正确使用门电路与数字电路的封装。

思 考 题

1. 叙述数字逻辑值与数字逻辑信号电平之间的关系。

2. 什么是正逻辑？什么是负逻辑？

3. NMOS 管与 PMOS 管有什么区别？增强型与耗尽型有什么区别？

4. 什么是极限电参数？什么是推荐工作条件？什么是静态电特性？什么是动态电特性？

5. 74HC 系列电路的电源电压是多少？输入逻辑电平是多少？输出逻辑电平是多少？输出电流是多少？

6. 什么是噪声容限？74HC 系列的噪声容限是多少？

7. 什么是扇出系数？

8. 74HC 系列有哪几个动态电参数？其功耗与哪些因素有关？

9. 试叙述传输门、三态门与开漏门的工作原理；解释什么是“线与”；如何计算“线与”电路的上拉电阻值?

10. CMOS 门电路有哪些分类? 各有哪些特点?

11. 简单解释二极管与门和或门的工作原理、三极管工作原理和三极管非门工作原理。

12. 解释为什么 74LS 系列具有速度快、功耗低的优点?

13. 标准 74 系列与 74LS 系列有什么区别?

14. 74LS 系列电特性与 74HC 系列电特性之间有什么区别?

15. 74LS 系列的电源电压是多少? 输入电平与输出电平各是多少? 灌电流与拉电流能力是多少?

16. 为什么有源输出端不能连接在一起?

17. TTL 系列有哪些分类?

18. 不同系列芯片之间连接主要考虑哪些因素?

19. 应该注意哪些事项才能正确使用门电路?

20. 门电路常用哪两种封装?

习　　题

【题 3-1】 试画出 74HC 与 74LS 系列逻辑门电路的输出逻辑电平与输入逻辑电平示意图。

【题 3-2】 某逻辑门的输入低电平信号范围为$-3\sim-12$ V,输入高电平范围为 $3\sim12$ V,若该逻辑门的输入电压值为-5 V、-8 V、$+5$ V、$+8$ V。对于正逻辑约定,这些电压值各代表什么逻辑值? 若采用负逻辑约定,这些电压值各代表什么逻辑值?

【题 3-3】 CMOS 非门电路采用什么类型的 MOS 管?

【题 3-4】 试确定图题 3-4 的 MOS 管中,哪些导通? 哪些截止?

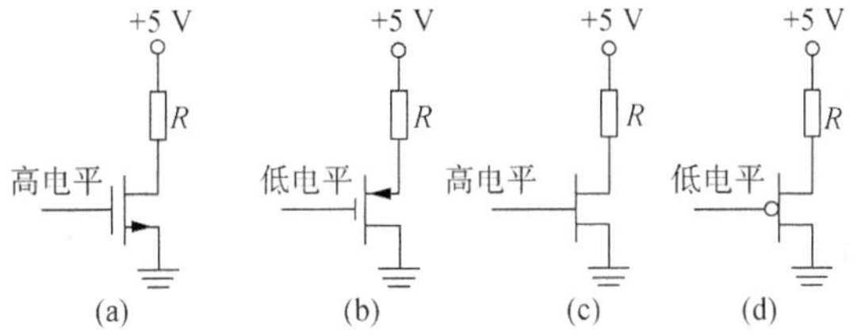

图题 3-4

【题 3-5】 试分析图题 3-5 中 MOS 电路的逻辑功能,写出 Y 端的逻辑函数式,并画出逻辑图。

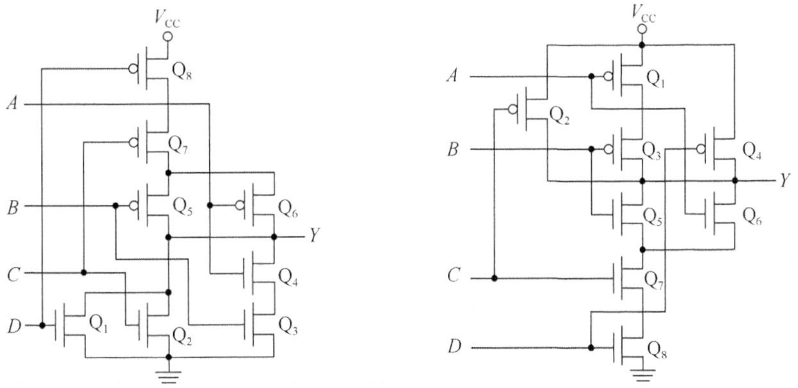

图题 3-5

【题 3-6】 试查阅 74HC04 手册,确定该器件在 4.5 V 电源时的高电平与低电平噪声容限。

【题 3-7】 某门电路的输出电流值为负数,试确定该电流是拉电流,还是灌电流。

【题 3-8】 试查阅 74HC04 手册,确定该器件在拉电流 4 mA 负载时,可否保持 $V_{OHmin}>4$ V ($V_{CC}=4.5$ V)?

【题 3-9】 试查阅 74HC04 手册,确定该器件在灌电流 4 mA 负载时,可否保持 $V_{OLmax}<$ 0.4 V($V_{CC}=4.5$ V)?

【题 3-10】 试查阅 74HC04 手册,确定该器件在驱动 74HC00 时的高电平与低电平扇出系数。

【题 3-11】 查阅商业温度范围的 74HC00 芯片手册,回答如下问题:

(1)电源电压范围;

(2)输出高电平电压范围;

(3)输出低电平电压范围;

(4)输入高电平电压范围

(5)输入低电平电压范围;

(6)该芯片的静态电源电流;

(7)典型的传输延迟时间;

(8)扇出系数。

【题 3-12】 试叙述 CMOS 数字电路输入端不能悬空的原因。

【题 3-13】 去耦电容的安装位置与芯片电源引脚之间的距离有何关系?

【题 3-14】 门电路有哪两个重要时间参数? 各有何意义?

【题 3-15】 某 CMOS 开漏输出门驱动发光二极管,若电源电压为 5 V,发光二极管电流为 5 mA,发光管压降为 1.8 V,试计算上拉电阻值。

【题 3-16】 试判断图题 3-16 中哪个三极管导通,或截止?

【题 3-17】 试查阅 74LS00 手册,确定该门的高电平与低电平噪声容限。

【题 3-18】 试回答 TTL 电路的灌电流能力强,还是拉电流能力强?

【题 3-19】 试计算 74LS 系列门驱动 74LS 系列门时的扇出系数。

【题 3-20】 当 74LS 系列门电路采用拉电流方式驱动流过 5 mA 电流的发光二极管时,出现什么情况? 若采用 74HC 系列电路驱动,有什么不同?

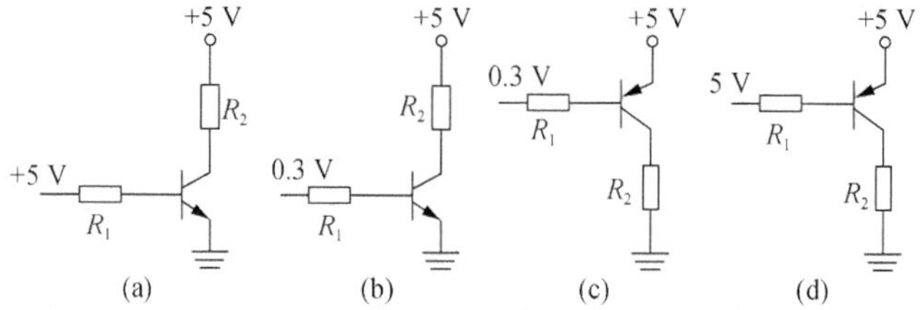

图题 3-16

【题 3-21】 连接 5 V 电压的上拉电阻为保持 15 个 74LS00 输入为高电平,上拉电阻的最大阻值是多少? 若按照计算的最大阻值,高电平噪声容限为多少?

【题 3-22】 有源输出(图腾柱)与集电极开路(OC)输出之间有什么区别?

【题 3-23】 查阅商业温度范围的 74LS00 芯片手册,回答如下问题:

(1)电源电压范围;

(2)输出高电平电压范围；
(3)输出低电平电压范围；
(4)输入高电平电压范围；
(5)输入低电平电压范围；
(6)该芯片的电源电流；
(7)典型的传输延迟时间；
(8)扇出系数。

【题 3-24】 试确定图题 3-24 中 74LS 门电路的输出状态(设电源 V_{CC}为 5 V)。

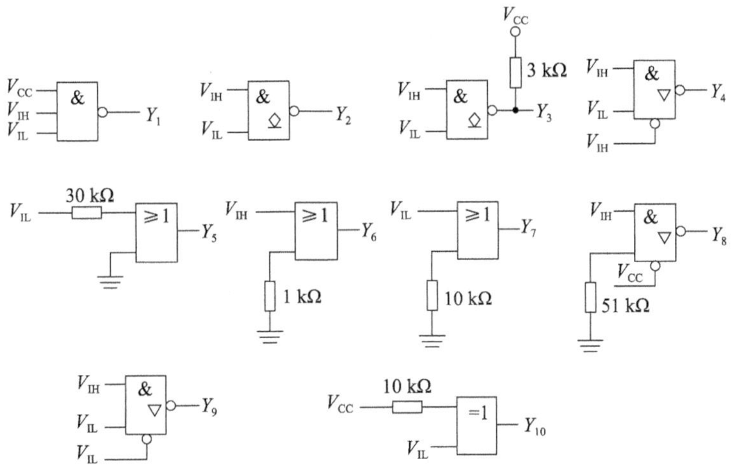

图题 3-24

【题 3-25】 试确定图题 3-25 中 74HC 门电路的输出状态(设电源 V_{CC}为 5 V)。

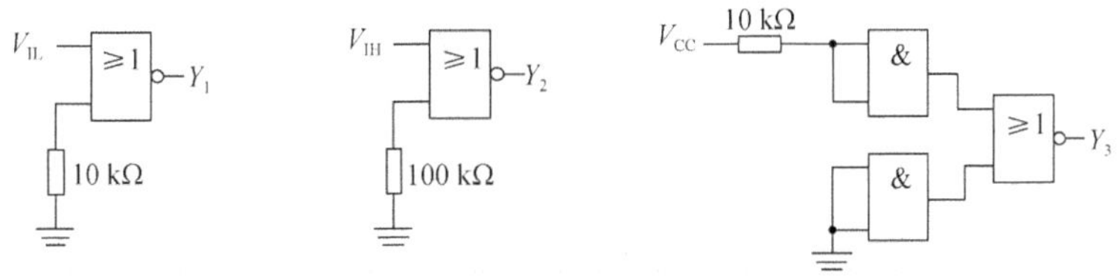

图题 3-25

【题 3-26】 试确定图题 3-26 中 74LS 门电路的输出负载是灌电流，还是拉电流，并确定最大电流值。

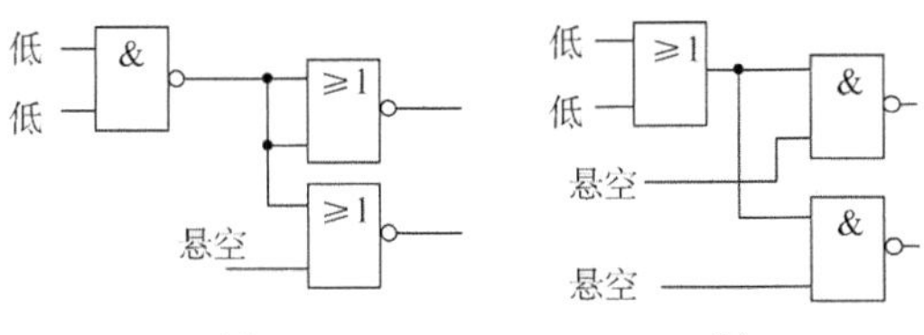

(a) (b)

图题 3-26

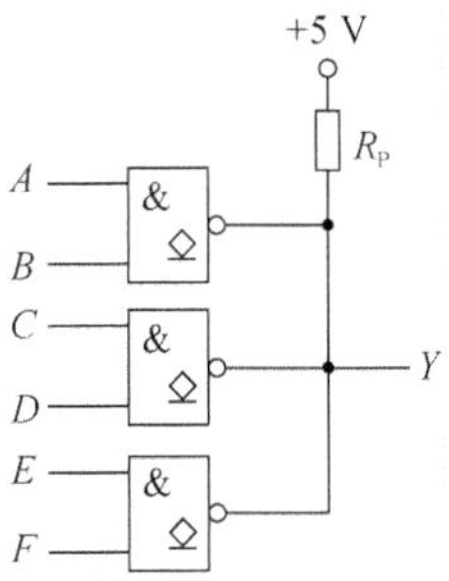

图题 3-27

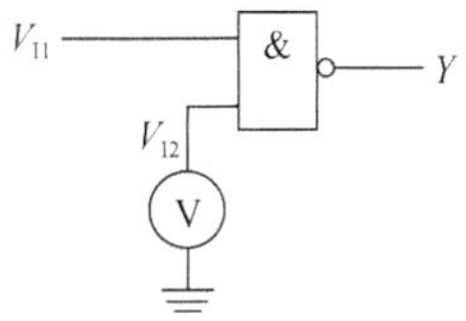

图题 3-28

【题 3-27】 写出图题 3-27 中电路的逻辑函数式。若每个门的 $I_{OLmax}=20$ mA，$V_{OLmax}=0.25$ V，假设 Y 端连接 10 个标准 TTL 负载。试求电源电压是 5V 情况下的最小上拉电阻值。

【题 3-28】 在如图题 3-28 所示的 74LS 电路中，V_{I1} 为下列情况时，V_{I2} 为多少？（假设电压表内阻为 50 kΩ）。

(1)V_{I1} 悬空。

(2)V_{I1} 接低电平(0.3 V)。

(3)V_{I1} 接高电平(3.6 V)。

(4)V_{I1} 经过 68 Ω 电阻接地。

(5)V_{I1} 经过 10 kΩ 电阻接地。

【题 3-29】 试说明如下各种门电路中哪些输出端可以直接并联使用？

(1)具有推拉输出(图腾柱)的 TTL 电路。

(2)TTL 电路 OC 门。

(3)TTL 电路三态门。

(4)具有互补输出(非门)结构的 CMOS 电路。

(5)CMOS 电路 OD 门。

(6)CMOS 电路三态门。

第 4 章　组合逻辑电路

逻辑电路分为组合逻辑电路与时序逻辑电路两类。本章介绍组合逻辑电路，内容包括组合电路分析、各种集成组合电路部件和组合电路设计。

4.1　组合逻辑电路的一般问题

组合逻辑电路是一些逻辑门电路的组合，目的是根据输入信号产生所需的输出信号，其特点是其任意时刻的输出仅是该时刻输入信号的逻辑函数，或者组合逻辑电路的输出信号是与时间无关的输入信号组合。组合逻辑电路可以有任意个与逻辑门、或逻辑门、非逻辑门等，这些逻辑门电路之间的连线只能是前级逻辑门的输出与后级逻辑门的输入相连接，不出现后级逻辑门电路的输出与前级逻辑门的输入连接的情况。

组合电路有许多应用，如可以实现二进制编码、译码、运算、比较、数据选择与分配等功能。

组合电路框图如图 4-1 所示，组合电路的一般形式具有多个输入与输出。其中，$a_1, a_2, \cdots\cdots, a_n$ 表示输入变量，$y_1, y_2, \cdots, y_m$ 表示输出变量，输出与输入间的逻辑关系可以用一组逻辑函数表示，即

图 4-1　组合电路框图

$$
\begin{cases}
y_1 = f_1(a_1, a_2, \cdots, a_n) \\
y_2 = f_2(a_1, a_2, \cdots, a_n) \\
\vdots \\
y_m = f_m(a_1, a_2, \cdots, a_n)
\end{cases}
$$

或者写成向量函数的形式，即

$$Y = F(A)$$

可以使用真值表、卡诺图、逻辑图或逻辑函数式描述组合电路。由组合电路的逻辑图推导出描述其逻辑功能的真值表或表达式称为组合电路分析；由实际问题得到逻辑电路图称为组合电路设计。

为满足逻辑设计需要，人们将常用的组合逻辑电路制作成集成电路，称为组合逻辑部件，使用这些逻辑部件可以简化逻辑电路设计。

4.2　组合电路分析

组合电路分析的目的是看懂组合电路，须分析的内容包括：

(1)研究组合电路的逻辑功能；

(2)研究组合电路输入输出波形之间的关系，以及组合电路的电特性。

4.2.1　组合电路的逻辑功能分析

【例 4-1】　试分析图 4-2 组合电路的逻辑功能。

解：由图 4-2 得到逻辑函数式：$Y = \overline{\overline{\overline{A}\,\overline{B}} \cdot \overline{\overline{A}\,\overline{C}}}$；由摩根定理有：$Y = \overline{\overline{\overline{A}\,\overline{B}}} \cdot \overline{\overline{\overline{A}\,\overline{C}}} = \overline{A}\,\overline{B} + \overline{A}\,\overline{C}$；

转换成标准“与或式”：$Y=\bar{A}\,\bar{B}+\bar{A}\,\bar{C}=\bar{A}\,\bar{B}\,\bar{C}+\bar{A}\,\bar{B}C+\bar{A}\,\bar{B}\,\bar{C}+\bar{A}B\,\bar{C}=\bar{A}\,\bar{B}\,\bar{C}+\bar{A}\,\bar{B}C+\bar{A}B\,\bar{C}$。真值表如表 4-1 所示。

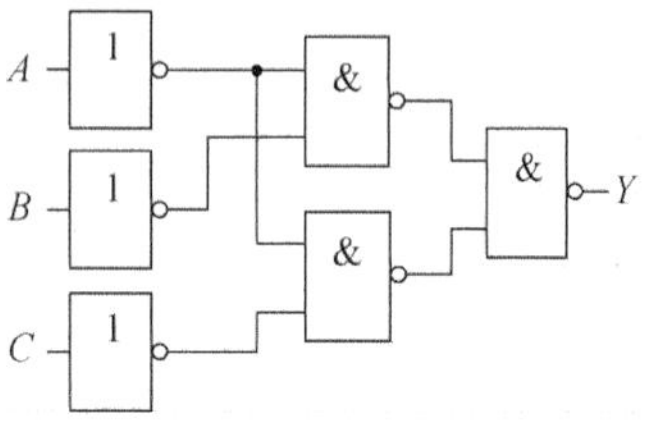

图 4-2　例 4-1 的图

表 4-1　例 4-1 的真值表

A	B	C	Y
0	0	0	1
0	0	1	1
0	1	0	1
0	1	1	0
1	0	0	0
1	0	1	0
1	1	0	0
1	1	1	0

由真值表可知，该电路是数值检测电路，如果数值小于 3，该电路输出 1，否则输出 0。

【例 4-2】　试分析图 4-3 组合电路的逻辑功能。

解：首先从输入开始逐级写出各级逻辑函数式，最后写出输出 Y 的逻辑函数式：

$$Y=B\bar{C}D+\bar{B}CD+\bar{A}\,\bar{B}C+\bar{A}D$$

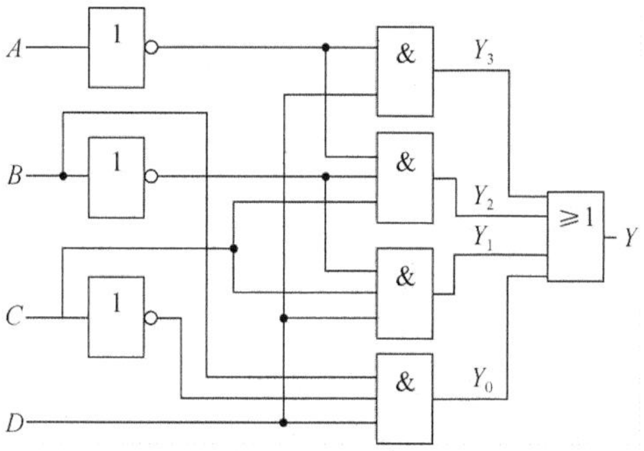

图 4-3　例 4-2 逻辑电路图

转换成标准“与或”形式：

$$\begin{aligned}Y&=AB\bar{C}D+\bar{A}B\bar{C}D+A\bar{B}CD+\bar{A}\,\bar{B}CD+\bar{A}\,\bar{B}CD+\bar{A}\,\bar{B}C\bar{D}+\bar{A}\bar{B}\,\bar{C}D+\bar{A}\,\bar{B}CD+\bar{A}B\,\bar{C}D+\bar{A}BCD\\&=AB\bar{C}D+\bar{A}B\bar{C}D+A\bar{B}CD+\bar{A}\,\bar{B}CD+\bar{A}\,\bar{B}C\,\bar{D}+\bar{A}\,\bar{B}\,\bar{C}D+\bar{A}BCD\end{aligned}$$

再写成最小项形式为：

$$Y=\sum m(1,2,3,5,7,11,13)$$

由以上分析可知，这是一个素数判别电路，当素数出现在电路输入端时，该电路输出 $Y=1$。

4.2.2　组合电路的波形分析

如果组合电路的输入是脉冲信号，则须分析组合电路输出的波形，即画出对应输入信号的输出信号波形。无论是静态电平信号，还是动态脉冲信号，组合电路都遵循它的真值表或逻辑函数式，所以借助真值表或是逻辑函数式，即可画出组合电路的输出波形。

【例 4-3】　对于图 4-4(a)与图 4-4(b)，试画出该电路的输出波形。

解：首先由电路图得到输出 Y 的函数式为：

$$
\begin{aligned}
Y &= \overline{A(B+C)} = \overline{AB+AC} = \overline{AB}\,\overline{AC} = (\overline{A}+\overline{B})(\overline{A}+\overline{C}) \\
&= \overline{A}\,\overline{A}+\overline{A}\,\overline{C}+\overline{A}\,\overline{B}+\overline{B}\,\overline{C} = \overline{A}+\overline{B}\,\overline{C} \\
&= \overline{A}\,\overline{B}\,\overline{C}+\overline{A}\,\overline{B}C+\overline{A}B\,\overline{C}+\overline{A}BC+A\,\overline{B}\,\overline{C} \\
&= \sum m(0,1,2,3,4)
\end{aligned}
$$

由输出 Y 的函数式可以得到真值表，如表 4-2 所示。

表 4-2　例 4-3 的真值表

A	B	C	Y
0	0	0	1
0	0	1	1
0	1	0	1
0	1	1	1
1	0	0	1
1	0	1	0
1	1	0	0
1	1	1	0

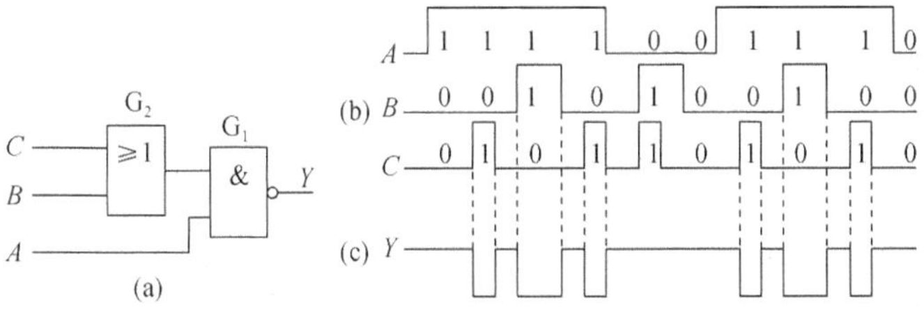

图 4-4　输入脉冲信号的组合电路与输入、输出波形图

在输入 A、B、C 的波形上标记电平值，然后由真值表得如图 4-3(c)所示的输出 Y 的波形。

4.2.3　组合电路的延迟时间分析

组合电路中输入变量变化与由其引起输出变量变化之间的时间差称为传输延迟时间，传输延迟时间与电路复杂程度、门电路的驱动能力、温度、芯片电压有关。

由第 3 章可知，t_{PLH}是门电路低电平到高电平的传输延迟时间，t_{PHL}是高电平到低电平的传输延迟时间，它们都是从输入变化到引起输出变化的时间。还可以定义一个平均传输延迟时间 t_{PD}，即

$$t_{PD}=\frac{t_{PLH}+t_{PHL}}{2}$$

如图 4-5(a)所示，若不考虑门电路的延迟时间，则输出波形如图 4-5(b)所示；若认为平均传输延迟时间 t_{PD}可以近似代替 t_{PLH}和 t_{PHL}，则有如图 4-5(c)所示的传输延迟时间；图 4-5(d)显示的是分别采用 t_{PLH}和 t_{PHL}参数的传输延迟时间。

表 4-3 是不同系列与非门的延迟时间与功耗表。

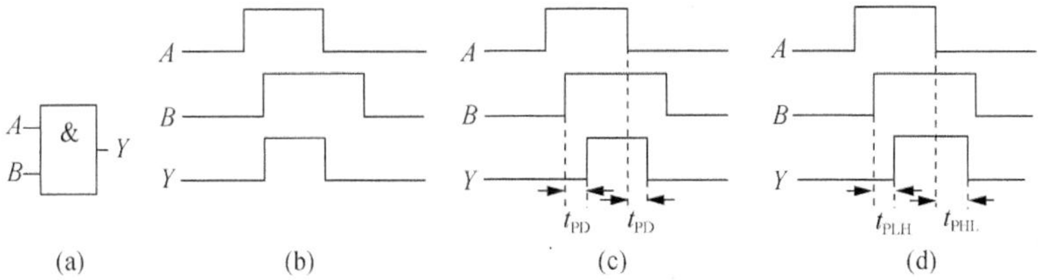

图 4-5　与门的传输延迟时间

表 4-3　不同系列与非门的延迟时间与功耗表

逻辑系列	t_{PD}/ns	每门功耗/mW	说　　明
7400	10	10	标准 TTL

续表

逻辑系列	t_{PD}/ns	每门功耗/mW	说　　明
74H00	6	22	高速 TTL
74L00	33	1	低功耗 TTL
74LS00	9.5	2	低功耗肖特基 TTL
74S00	3	19	肖特基 TTL
74ALS00	3.5	1.3	先进低功耗肖特基 TTL
74AS00	3	8	先进肖特基 TTL
74HC00	8	0.17	高速 CMOS

由表可知，不同系列与非门的传输延迟时间与功耗不同，实际应用时常用延迟时间-功耗积衡量一个门电路的优劣，延迟时间-功耗积越小越好。在实际应用中，由于功耗限制，常须牺牲传输延迟时间换取低功耗。

不仅各系列门的传输延迟时间不同，一个系列门的传输延迟时间也不同，表 4-4 显示的是 74LS 系列部分门电路的传输延迟时间。

实际上，不仅每个门典型的传输延迟时间都不相同，而且和门的负载有关，但都不超过最大传输延迟时间，因此常用最大传输延迟时间作为最严重负载情况下的传输延迟时间。

【例 4-4】 试推导如图 4-6 所示组合电路的传输延迟时间。其中，非门为 74LS04，与非门为 74LS00。

表 4-4　74LS 系列部分门电路的传输延迟时间表

芯片	功能	t_{PLH}/ns		t_{PHL}	
		典型	最大	典型	最大
74LS04	非门	9	15	10	15
74LS00	与非门	9	15	10	15
74LS02	或非门	10	15	10	15
74LS08	与门	8	15	10	20
74LS32	或门	14	22	14	22

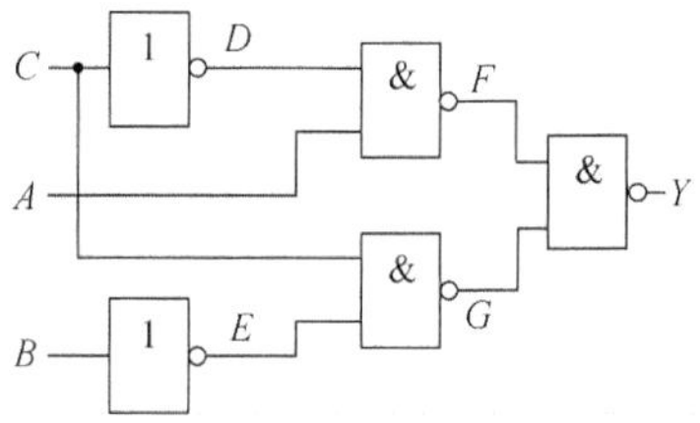

图 4-6　例 4-4 的组合电路图

解：逻辑函数式为：

$$D=\overline{C}\quad E=\overline{B}\quad F=\overline{AD}=\overline{A\overline{C}}\quad G=\overline{EC}=\overline{\overline{B}C}$$

$$\begin{aligned}Y&=\overline{FG}=\overline{\overline{A\overline{C}}\,\overline{\overline{B}C}}=A\overline{C}+\overline{B}C\\&=A\overline{B}\,\overline{C}+AB\overline{C}+\overline{A}\,\overline{B}C+A\overline{B}C\\&=\sum m(1,4,5,6)\end{aligned}$$

由逻辑函数式可得知表 4-5 所示的真值表。

如图 4-7 所示，在时间 t_0，输入变量 C 从 0 向 1 变化，引起与非门输出 G 变化，随后引起输出 Y 从 0 到 1 变化，因此 C 变量经过两级门的传输延迟时间后，引起输出变化；在时间 t_1，A、B 和 C 三个变量都变化，变量 C 从 1 到 0 变化，引起 D 从 0 到 1 变化；由于变量 A 为 1，所以与非门输出 F 点从 1 到 0 变化，引起输出 Y 从 0 到 1 变化，共经过 3 级门的传输延迟时间。第 1 级为非门 74LS04，最大延迟时间 $t_{PD}=15$ ns；第 2～3 级为与非门 74LS00，最大延迟时间 $t_{PD}=15$ ns，因此该门电路的最大延迟时间为 45 ns。

由此可知，组合电路的最大延迟时间是级数最多路径上各级门最大延迟时间之和。

表 4-5 例 4-4 的真值表

A	B	C	Y
0	0	0	0
0	0	1	1
0	1	0	0
0	1	1	0
1	0	0	1
1	0	1	1
1	1	0	1
1	1	1	0

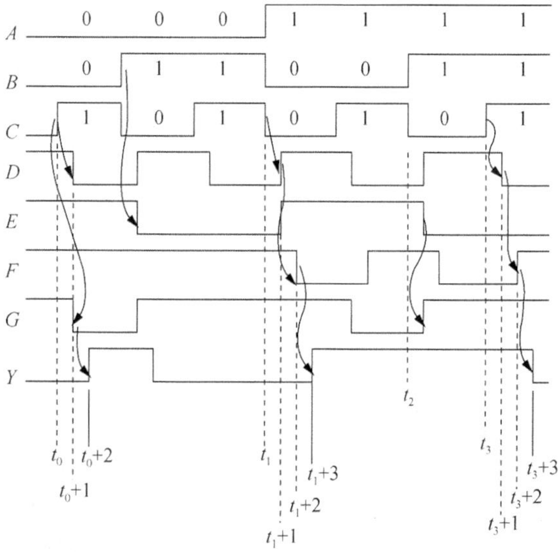

图 4-7 例 4-4 的波形图

4.2.4 组合电路的电特性分析

组合电路的电特性分析内容如下。

1)各个门之间的噪声容限

噪声容限与芯片系列有关，不同系列的芯片噪声容限不同。为方便使用，常用系列在 5 V 电源电压下的噪声容限与最大输入输出电流总结如表 4-6 所示。

表 4-6 常用系列数字门噪声容限与最大输入输出电流总结

参　数	74TTL	74LS	74HC	74HCT	4000B
V_{IHmin}/V	2.0	2.0	3.5	2.0	3.33
V_{OHmin}/V	2.4	2.7	4.9	4.9	4.95
V_{NH}/V	0.4	0.7	1.4	2.9	1.62
V_{ILmax}/V	0.8	0.8	1.5	0.8	1.67
V_{OLmax}/V	0.4	0.5	0.1	0.1	0.05
V_{NL}/V	0.4	0.3	1.4	0.7	1.62
I_{IHmax}/μA	40	20	1	1	1
I_{ILmax}/μA	−1600	−400	−1	−1	−1
I_{OHmax}/mA	−0.4	−0.4	−4	−4	−0.51
I_{OLmax}/mA	16	8	4	4	0.51

2)电源电流与功耗

不同系列、不同门电路的电源电流都不同，74LS 系列门电路的最大电源电流如表 4-7 所示，假设门电路输出高电平与低电平的时间各占一半。

表 4-7　74LS 系列门电路的最大电源电流(每芯片)

芯　片	功　能	最大电源电流/mA		最大平均电源电流/mA
		I_{CCH}	I_{CCL}	I_{CCmax}
74LS00	2 输入与非门	1.6	4.4	3
74LS02	2 输入或非门	3.2	5.4	4.3
74LS04	非门	2.4	6.6	4.5
74LS08	四 3 输入与门	4.8	8.8	6.8
74LS10	三 3 输入与非门	1.2	3.3	2.25
74LS32	四 2 输入或门	6.2	9.8	8

分析组合电路的电源电流,可以推导组合电路的功耗,从而为组合电路的电源功率计算提供依据。对于 TTL 门,每个门的功耗为最大平均电源电流乘以门的电源电压,即

$$P_{Dmax}=I_{CCmax}V_{CC}$$

对于 CMOS 器件,静态电流很小,都在微安级,主要功耗为动态功耗,动态功耗由内部功耗 P_T 与负载功耗 P_L 两部分组成。由于手册给出功耗电容 C_{PD} 值,因此只要知道电源电压和工作频率,则可以估算内部功耗 P_T。负载功耗须知道负载电容值,因此估算困难一些。

【例 4-5】 图 4-8 所示的是单片机引脚经过 74LS04 与 74LS10 门电路组成的二线-四线译码器驱动发光二极管的电路。由单片机数据手册可知 $V_{IHmin}=0.6V_{CC}$, $V_{ILmax}=0.2V_{CC}$, $V_{OLmax}=0.7\ V(I_{OL}=20\ mA)$, $V_{OHmin}=4.2\ V(I_{OH}=20\ mA)$。发光二极管管压降 $V_D=1.6\ V$,工作电流 $I_D=5\ mA$, $V_{CC}=+5\ V$。试分析各个芯片的噪声容限、驱动能力。

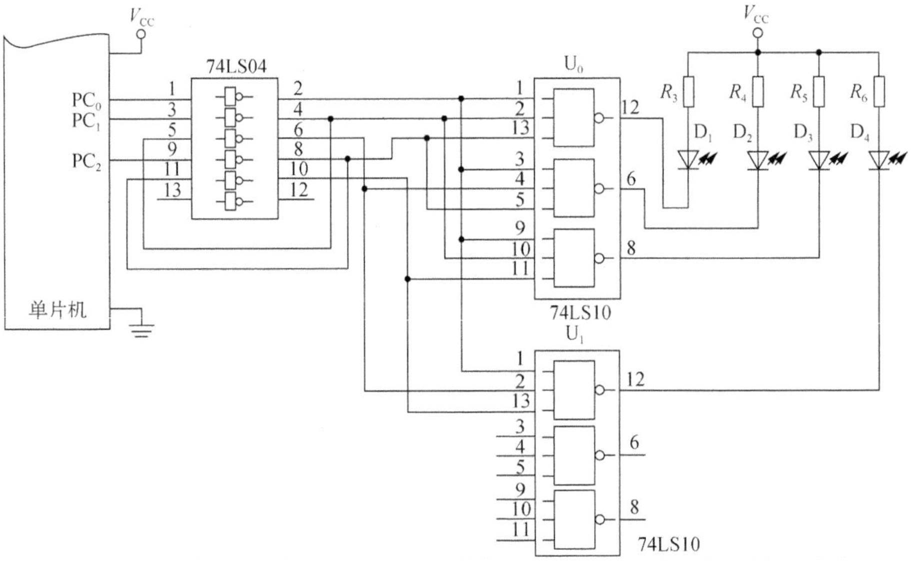

图 4-8　例 4-5 的电路图

解:

(1)单片机输出引脚 PC_0、PC_1 和 PC_2 与 74LS04 芯片的输入引脚 1、3、9 连接,它们之间的噪声容限与驱动能力如下。

①高电平噪声容限:$V_{NH}=4.2-2=2.2\ V$。

74LS04 输入引脚的高电平输入电流 $I_{IH}=20\ \mu A$,单片机的驱动能力为 20 mA,因此高电平

驱动能力足够。

②低电平噪声容限：$V_{NL}=0.8-0.7=0.1$ V。

74LS04 输入引脚的低电平输入电流 $I_{IL}=400$ μA，单片机的低电平驱动能力为 20 mA，因此低电平驱动能力足够。低电平噪声容限 V_{NL} 有些小，但是由于单片机的输出低电平在 20 mA 下给出，对于 400 μA 的驱动电流，单片机最大低电平输出电压 V_{OLmax} 应比 0.7 V 低，因此低电平噪声容限能够满足要求。

(2)74LS04 与 74LS10 都属于 74LS 系列芯片，因此噪声容限能够满足要求。74LS 系列门的高电平驱动能力为 400 μA，可以驱动 20 个 74LS 门的输入端；低电平驱动能力为 8 mA，也可以驱动 20 个 74LS 芯片的输入端。由于 74LS04 各输出引脚驱动的输入端数最大为 4 个，远小于 74LS 系列芯片的 20 个扇出能力，所以能够满足驱动要求。

(3)74LS10 输出驱动发光二极管，由图 4-8 可知，当 74LS10 输出为低电平时，发光二极管亮。当 74LS10 输出为高电平时，发光二极管灭。由于题目要求发光二极管电流 $I_D=5$ mA，而 74LS10 低电平驱动能力为 8 mA，因此可以满足驱动需求。二极管限流电阻 R 由下式计算：

$$R=(V_{CC}-V_D-V_{OL})/I_D=(5\ \text{V}-1.6\ \text{V}-0.5\ \text{V})/5\ \text{mA}=580\ \Omega$$

可以实际取值 560 Ω。

【例 4-6】 试分析如图 4-8 所示电路的最大电源电流与静态功耗。

由表 4-7 可知，74LS04 每个芯片的平均电源电流为 $I_{CCmax}=4.5$ mA，74LS10 的为 $I_{CCmax}=2.25$ mA。所以，该组合电路中门电路部分的最大电源电流 I_g 为

$$I_g=1\times(4.5\ \text{mA})+2\times(2.25\ \text{mA})=4.5\ \text{mA}+4.5\ \text{mA}=9\ \text{mA}$$

假设发光二极管都亮，则发光二极管部分的最大电流 I_d 为 $4\times(5\ \text{mA})=20$ mA。

若不包括单片机功耗的最大电源电流为 $I_{max}=I_g+I_d=9\ \text{mA}+20\ \text{mA}=29$ mA，因此该电路的最大静态功耗为 $P_{Dmax}=I_{max}V_{CC}=29\ \text{mA}\times5\ \text{V}=145$ mW。

4.3 组合电路部件

4.3.1 编码器

不同事物用不同的二进制码表示称为编码。对每一个输入信号都有一个相对应二进制数码输出的器件称为编码器(Encoder)，若编码器有 2^n 个输入，则应有 n 个输出。编码器的框图如图 4-9 所示，$I_0\sim I_{2^n-1}$ 是输入，$Y_0\sim Y_{n-1}$ 是输出。

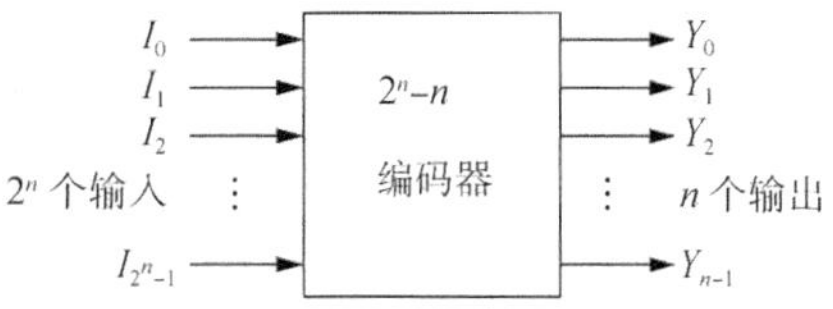

图 4-9 编码器的框图

常用的编码器有普通编码器和优先编码器两类，普通编码器要求任何时刻只能有一个输入信号，否则编码器不知道该如何编码。优先编码器可以避免这个缺点，可以同时输入多个信号，但只输出优先级别最高输入信号的编码。

1. 十进制数-BCD 编码器

十进制数-BCD 编码器又称为十线-四线编码器，其编码表如表 4-8 所示。

由真值表可以确定输入十进制数与 BCD 编码输出之间的逻辑函数式为：

$$A_3 = 8 + 9$$

$$A_2 = 4 + 5 + 6 + 7$$

$$A_1 = 2 + 3 + 6 + 7$$

$$A_0 = 1 + 3 + 5 + 7 + 9$$

注意，数字 0 未出现在表达式中，因为不是数字 1～9 输入，则一定是数字 0。

由函数式可以得到如图 4-10 所示的逻辑图。

表 4-8　十进制数-BCD 编码表

十进制数	4 位编码输出(BCD) A_3	A_2	A_1	A_0
0	0	0	0	0
1	0	0	0	1
2	0	0	1	0
3	0	0	1	1
4	0	1	0	0
5	0	1	0	1
6	0	1	1	0
7	0	1	1	1
8	1	0	0	0
9	1	0	0	1

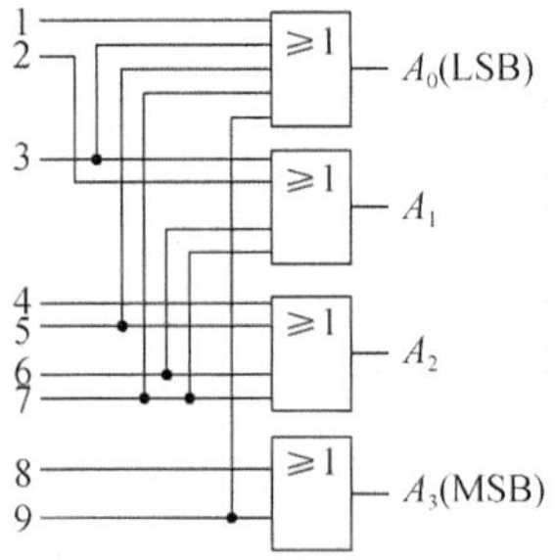

图 4-10　十进制数-BCD 编码器逻辑图

由图 4-10 可知，当输入的十进制数中如果只有一个数字具有高电平，则输出对应数字的 BCD 编码。若同时输入两个或两个以上的十进制数字，则输出非 BCD 编码，因此该编码器的输入只允许有一个输入为高电平，不允许两个或多个输入为高电平的情况。

2. 十进制数-BCD 优先编码器 74LS147

十进制数-BCD 优先编码器 74LS147 除具有上述编码器相同的功能外，还具有优先编码功能，即在同时输入多个数字时，只对最大数字进行编码。

十进制数-BCD 优先编码器如图 4-11 所示，出该编码器具有 9 个低电平有效的输入端，没有 0 输入端，这说明当所有 9 个输入都无效时即对 0 进行编码；具有 4 个低电平有效的输出端。

十进制数-BCD 优先编码器 74LS147 的真值表如表 4-9 所示。

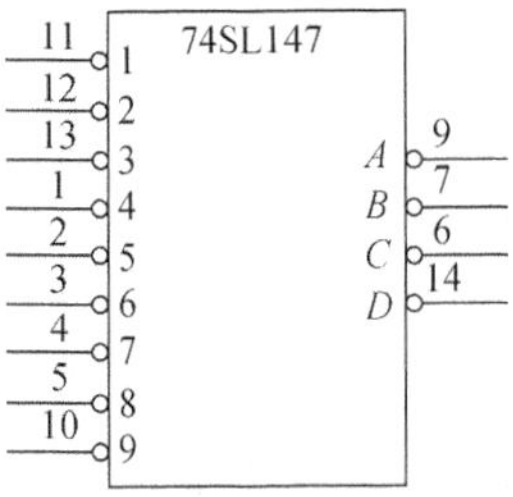

图 4-11　十进制数-BCD 优先编码器 74LS147

表 4-9　十进制数-BCD 优先编码器 74LS147 的真值表

输入									输出			
1	2	3	4	5	6	7	8	9	$\overline{D}$	$\overline{C}$	$\overline{B}$	$\overline{A}$
1	1	1	1	1	1	1	1	1	1	1	1	1
×	×	×	×	×	×	×	×	0	0	1	1	0
×	×	×	×	×	×	×	0	1	0	1	1	1
×	×	×	×	×	×	0	1	1	1	0	0	0
×	×	×	×	×	0	1	1	1	1	0	0	1
×	×	×	×	0	1	1	1	1	1	0	1	0
×	×	×	0	1	1	1	1	1	1	0	1	1
×	×	0	1	1	1	1	1	1	1	1	0	0
×	0	1	1	1	1	1	1	1	1	1	0	1
0	1	1	1	1	1	1	1	1	1	1	1	0

由真值表可知,74LS147 的输出是低电平有效的 BCD 码。

如图 4-12 所示的电路是 74LS147 典型的应用电路,该电路不仅可以将 0～9 十个按键信号转换成低电平有效的 BCD 编码输出,而且可以输出检测任何按键按下的信号 Y。

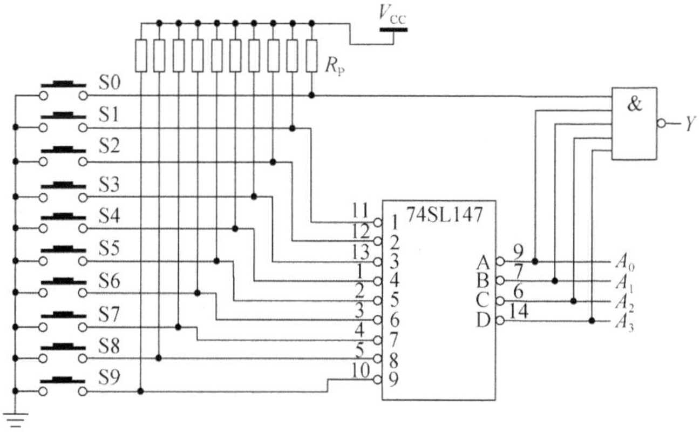

图 4-12　将 0～9 数字按键信号转换成 BCD 码的编码电路图

按键按下时,信号 $Y=1$,否则信号 $Y=0$。虽然按键 0 的信号未进入 74LS147,但是当按键 0 按下时,按键按下信号 $Y=1$,同时编码输出 1111,0 的编码相当于 1111。

该编码器的信号经常输入到单片机等电路,作为十进制数输入电路使用。按键按下时,Y 信号向单片机提出中断请求,单片机响应中断,将按键的编码信号取入单片机。

3. 八线-三线优先编码器 74LS148

八线-三线优先编码器 74LS148 的符号如图 4-13 所示,真值表如表 4-10 所示。该编码器的输入与输出都是低电平有效。

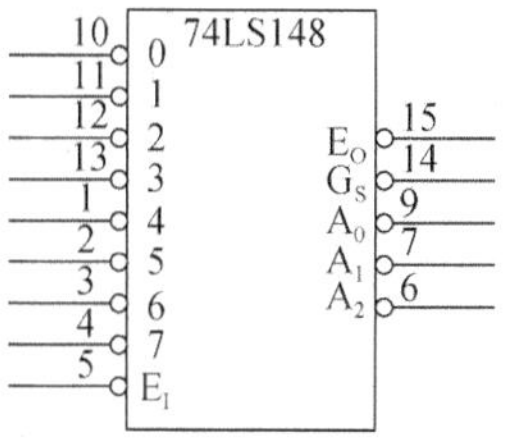

图 4-13　优先编码器 74LS148

表 4-10　74LS148 优先编码器功能表

输入									输出				
$\overline{E_I}$	$\overline{0}$	$\overline{1}$	$\overline{2}$	$\overline{3}$	$\overline{4}$	$\overline{5}$	$\overline{6}$	$\overline{7}$	$\overline{A_2}$	$\overline{A_1}$	$\overline{A_0}$	$\overline{G_S}$	$\overline{E_O}$
1	×	×	×	×	×	×	×	×	1	1	1	1	1
0	1	1	1	1	1	1	1	1	1	1	1	1	0
0	×	×	×	×	×	×	×	0	0	0	0	0	1
0	×	×	×	×	×	×	0	1	0	0	1	0	1
0	×	×	×	×	×	0	1	1	0	1	0	0	1
0	×	×	×	×	0	1	1	1	0	1	1	0	1
0	×	×	×	0	1	1	1	1	1	0	0	0	1
0	×	×	0	1	1	1	1	1	1	0	1	0	1
0	×	0	1	1	1	1	1	1	1	1	0	0	1
0	0	1	1	1	1	1	1	1	1	1	1	0	1

由功能表 4-5 可知:

(1)输入信号低电平有效,当多个输入有效时,对最大输入数字进行优先编码。

(2)输出信号为低电平有效的 3 位二进制编码。

(3)输入端 E_I 是片选端,当 $E_I=0$ 时,编码器输出编码,否则编码器输出全为高电平。

(4)输出信号 $G_S=0$ 表示编码器工作正常,而且有编码输出,这表明编码器正在输出编码信号。

(5)输出信号 $E_O=0$ 表示编码器正常工作但是没有编码输出；$E_O=1$ 表示有编码输出，常用于编码器级联。

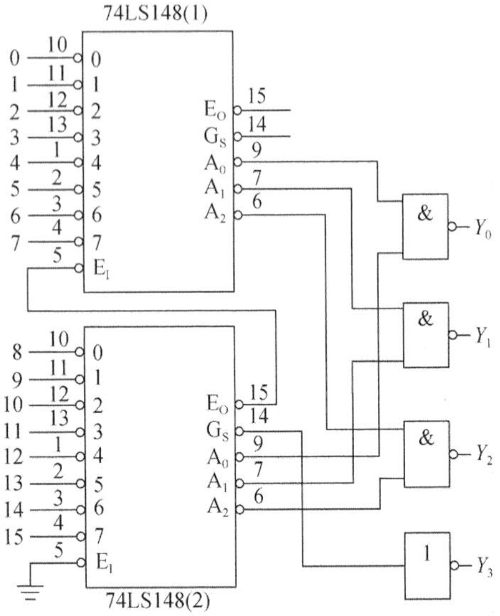

图 4-14　两个 74LS148 组成十六线-四线编码器

由于 74LS148 具有级联功能，所以可以用两片 74LS148 组成十六线-四线编码电路。图 4-14 就是十线-四线编码电路的连线图。其中，高 8 位编码器 74LS148(2)的输出信号 E_O 与低 8 位编码器 74LS148(1)的输入信号 E_I 相连，表示只有高 8 位没有编码输出时，低 8 位才能输出编码；由于两个编码器在编码时输出的编码相同，所以两个编码器各对应的位输出经与非门相“或”后输出，形成该电路编码输出的低 3 位；输出编码的最高位取自高 8 位编码器 74LS148(2)输出信号 G_S 的“非”，因为高 8 位编码器编码输出时 $G_S=0$，$Y_3=1$，而低 8 位编码器 74LS148(1)编码时，74LS148(2)的 $G_S=1$，$Y_3=0$。

4.3.2　译码器

1. 译码器原理

将输入二进制代码转换成与代码对应的高低电平或另外一种代码的电路称为译码器(Decoder)，译码器的功能与编码器相反。译码器是多输入多输出信号的逻辑电路，一个 n-2^n 译码器具有 n 个输入和 2^n 个输出信号。对于每一个可能的输入，只有一个输出为 1，换言之，每一个输出对应一个输入信号的最小项。图 4-15 是一般的译码器电路框图，$I_0, I_1, \cdots, I_{n-1}$ 是输入信号，$Y_0, Y_1, \cdots, Y_{2^n-1}$ 是输出信号。

二线-四线译码器的逻辑电路如图 4-16 所示。

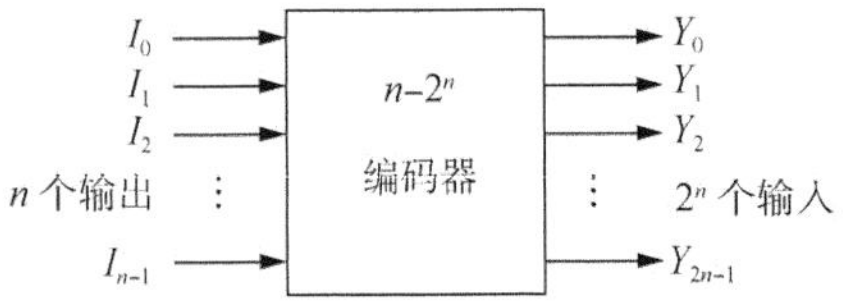

图 4-15　译码器的逻辑电路框图

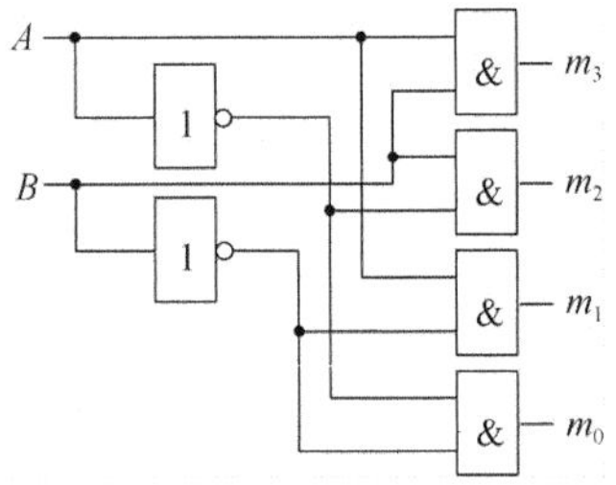

图 4-16　二线-四线译码器的逻辑电路

由图 4-16 可以得到其输出为：

$$m_0=\overline{BA}$$

$$m_1=\overline{B}A$$

$$m_2=B\,\overline{A}$$

$$m_3=BA$$

所以输出包含输入变量的全部最小项。因此可以译码器称为最小项产生器。译码器的输出根据不同的器件类型，可以是高电平有效或低电平有效。

2. 三线-八线译码器 74LS138

74LS138 是三线-八线译码器，逻辑符号见图 4-17，功能表如表 4-11 所示。

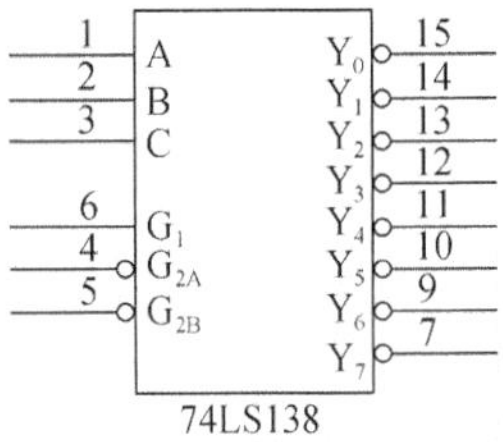

图 4-17　三线-八线译码器的逻辑符号

表 4-11　74LS138 功能表

输入 使能端		输入端			输出							
G_1	$\overline{G_{2A}}+\overline{G_{2B}}$	C	B	A	$\overline{Y_7}$	$\overline{Y_6}$	$\overline{Y_5}$	$\overline{Y_4}$	$\overline{Y_3}$	$\overline{Y_2}$	$\overline{Y_1}$	$\overline{Y_0}$
×	1	×	×	×	1	1	1	1	1	1	1	1
0	×	×	×	×	1	1	1	1	1	1	1	1
1	0	0	0	0	1	1	1	1	1	1	1	0
1	0	0	0	1	1	1	1	1	1	1	0	1
1	0	0	1	0	1	1	1	1	1	0	1	1
1	0	0	1	1	1	1	1	1	0	1	1	1
1	0	1	0	0	1	1	1	0	1	1	1	1
1	0	1	0	1	1	1	0	1	1	1	1	1
1	0	1	1	0	1	0	1	1	1	1	1	1
1	0	1	1	0	0	1	1	1	1	1	1	1

其中，C、B 和 A 是译码数据输入端；Y_0，Y_1，…，Y_7 是输出端，是输入端 C、B、A 的各个最小项 G_1、$\overline{G_{2A}}$、$\overline{G_{2B}}$ 是控制端。

当 $G_1=1$，同时 $\overline{G_{2A}}+\overline{G_{2B}}=0$ 时，每一个输出端的输出函数为 $Y_i=\overline{m_i}$。这里，m_i 为输入 C、B、A 的最小项。

当 $G_1=1$，同时 $\overline{G_{2A}}+\overline{G_{2B}}=0$ 的条件不满足时，不进行译码，所有的输出都是高电平。

控制端 G_1、$\overline{G_{2A}}$、$\overline{G_{2B}}$ 又称为片选端，利用它们可以扩展译码器的功能。如图 4-18(a)所示，数据分配器的功能是在选择信号的控制下，单端输入的数据向多个输出端传送。具有使能控制端的译码器可以实现数据分配器功能，如使用 74LS138 构成的数据分配器电路，如图 4-18(b)所示：G_1 作为数据输入端（同时使 $\overline{G_{2A}}+\overline{G_{2B}}=0$），输入 C、B、A 作为选择端，则可以把 G_1 端输入的信号 I 送到一个由选择端指定的输出端，如 $CBA=001$，则 D_1 等于 I 的反码，即当 $I=1$ 时，译码器正常译码，输出低电平；当 $I=0$ 时，译码器不工作，D_1 输出 1。如果须输出 I 的原码，输入信号可以连接到 $\overline{G_{2A}}$ 端（$\overline{G_{2B}}=0$，$G_1=1$）。所以，74LS138 实现数据分配器的功能。类似于 74LS138 集成译码器的芯片还有低电平有效使能端的双二线-四线译码器 74LS139 等。

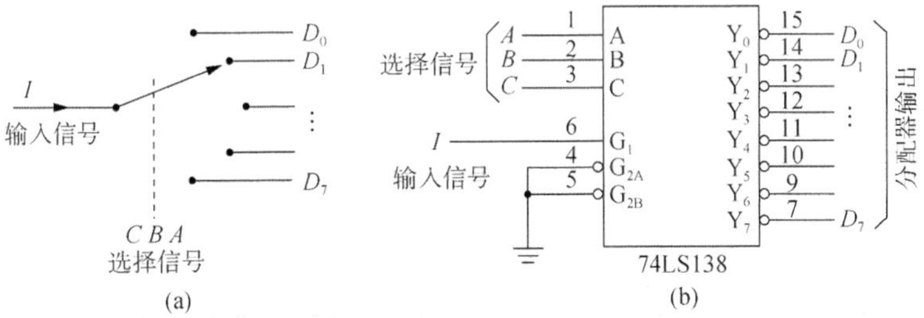

图 4-18　由 74LS138 构成的数据分配器

【例 4-7】 用两个三线-八线译码器组成四线-十六线译码器，要求把输入信号 A_3、A_2、A_1、A_0 译成 16 个低电平信号 $D_0\sim D_{15}$，并使该译码器具有片选使能信号 EN。

解： 由于 74LS138 只有 3 个地址输入端，若对 4 位二进制信号进行译码，只能利用一个控制端作为第 4 个地址输入端。

如图 4-19 所示，将 A_2、A_1、A_0 信号连接到 U_1 和 U_2 的 C、B、A 端。将 U_2 的控制端 G_1 和 U_1 的

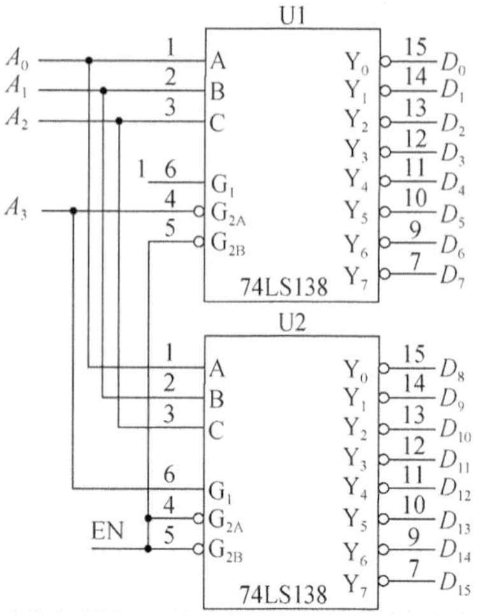

图 4-19　用 74LS138 实现四线-十六线译码器

$\overline{G_{2A}}$端连接到 A_3，当 $A_3=0$ 时，选中 U_1，否则选中 U_2。将 U_1 的$\overline{G_{2B}}$和 U_2 的$\overline{G_{2A}}$、$\overline{G_{2B}}$端连接到使能信号 EN，当 EN＝0 时，译码器正常工作；当 EN＝1 时，译码器禁止。

3．七段数码显示译码器

显示译码器是对 4 位二进制数译码并驱动数码显示器的电路，该电路有电流输出能力。

1）采用发光二极管的七段数码管

七段数码管由发光二极管组成，小尺寸数码管的显示笔画常用一个发光二极管组成，而大尺寸的数码管由二个或多个发光二极管串联组成。在一般情况下，单个发光二极管的管压降在 1.6～1.8 V 之间，最大电流不超过 30 mA，响应时间约为 0.1 μs；在室内光线情况下，10 mA 电流可以获得足够的亮度。

数码管又根据发光二极管的连接方式分为共阳数码管和共阴数码管。发光二极管的阳极连接到电源正极称为共阳数码管。发光二极管的阴极连接到电源负极称为共阴数码管。

图 4-20(a)～(c)分别是共阳与共阴数码管外形、内部连线与显示字形图，在使用实际数码管时，须查阅手册或通过万用表测量以确定引脚与显示笔画之间的关系。

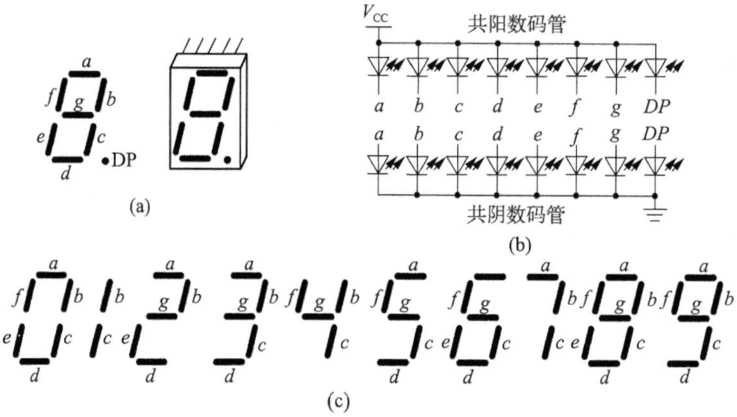

图 4-20　共阳共阴数码管外形、内部连线与显示字形图

LED 数码管按亮度分为一般亮、超亮等不同的亮度，按尺寸分为 0.36 寸、0.5 寸、1 寸等不同的尺寸。常用 LED 数码管可以显示的数字和字符是 0、1、2、3、4、5、6、7、8、9、A、b、C、d、E、F。

2）用于共阳数码管的译码电路 7446/LS47

该电路采用集电极开路输出，用于试灯输入、前/后灭灯控制和有效低电平输出，最大输出驱动电压：7446 为 30 V，LS47、LS247 为 15 V；吸收电流 7446 为 40 mA，LS47 为 24 mA。74LS247 与 74LS47 电特性相同，差别是显示 6 时，LS247 的 a 段亮；显示 9 时，LS247 的 d 段亮。注意，该译码电路对应 BCD 输入，输出数字 0～9；对于大于数值 9 的输入，输出该译码器功能表确定的图形。

共阳数码管译码电路 7446/LS47 的符号与译码输出显示字形如图 4-21 所示，功能表如表 4-12 所示。

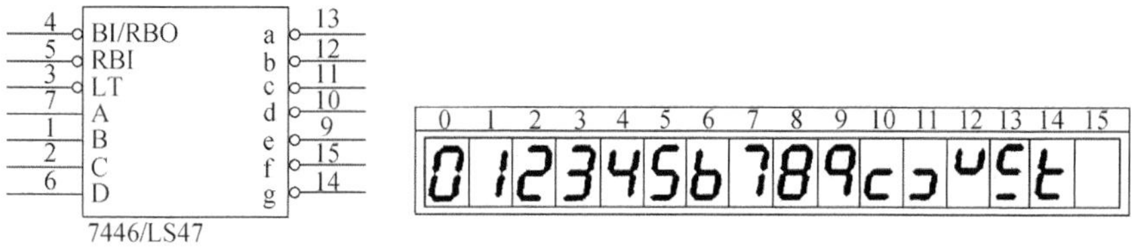

(a) (b)

图 4-21　7446/LS47 的符号图与译码输出显示字形图

表 4-12　共阳数码管的译码电路 7446/ LS47 的功能表

十进制或功能	输　入						输入/输出	输　出							
	$\overline{LT}$	$\overline{RBI}$	D	C	B	A	$\overline{BI}/\overline{RBO}$	a	b	c	d	e	f	g	显　示
0	1	1	0	0	0	0	1	on	on	on	on	on	on	off	0
1	1	×	0	0	0	1	1	off	on	on	off	off	off	off	1
2	1	×	0	0	1	0	1	on	on	off	on	on	off	on	2
3	1	×	0	0	1	1	1	on	on	on	on	off	off	on	3
4	1	×	0	1	0	0	1	off	on	on	off	off	on	on	4
5	1	×	0	1	0	1	1	on	off	on	on	off	on	on	5
6	1	×	0	1	1	0	1	on	off	on	on	on	on	on	6
7	1	×	0	1	1	1	1	on	on	on	off	off	off	off	7
8	1	×	1	0	0	0	1	on	on	on	on	on	on	on	8
9	1	×	1	0	0	1	1	on	on	on	on	off	on	on	9
10	1	×	1	0	1	0	1	off	off	off	on	on	off	on	输出特定符号(见图 4-21(b))
11	1	×	1	0	1	1	1	off	off	on	on	off	off	on	
12	1	×	1	1	0	0	1	off	on	off	off	off	on	on	
13	1	×	1	1	0	1	1	off	off	off	on	off	on	on	
14	1	×	1	1	1	0	1	off	off	off	on	on	on	on	
15	1	×	1	1	1	1	1	off	off	off	off	off	off	off	
$\overline{BI}$	×	×	×	×	×	×	0	off	off	off	off	off	off	off	灭灯
$\overline{RBI}$	1	0	0	0	0	0	0	off	off	off	off	off	off	off	
$\overline{LT}$	0	×	×	×	×	×	1	on	on	on	on	on	on	on	8(亮灯)

由于该译码器的输入为 TTL 兼容信号，在规定 1 代表高电平且 0 代表低电平的正逻辑约定后，可以使用 0、1 代表输入电平，而输出采用 OC 门结构，工作状态只能用通(on)、断(off)表示。

该译码器有 4 个控制信号：灯测试端$\overline{LT}$，动态灭灯输入$\overline{RBI}$，灭灯输入/动态灭灯输出$\overline{BI}/\overline{RBO}$，它们功能如下所述。

(1)所有各段都灭功能：当$\overline{BI}/\overline{RBO}$作为输入端使用时，若$\overline{BI}=0$，则不管其他输入信号，输出各段都灭。

(2)各段都灭检测功能：当$\overline{BI}/\overline{RBO}$作为输出端使用时，若$\overline{RBO}$输出 0，表示各段已经熄灭。

(3)所有各段都亮功能：当$\overline{BI}=1$ 或开路而$\overline{LT}=0$ 时，所有各段都亮，该功能用于测试各段的工作情况。

(4)灭 0 功能：当$\overline{RBI}=0$，且 A、B、C、D 信号为 0，而$\overline{LT}=1$ 时，所有各段都灭，同时$\overline{RBO}$输

出 0，该功能是灭 0。

(5)显示功能：$\overline{BI}$=1 或开路，$\overline{RBI}$=1 或开路，$\overline{LT}$=1 时，按照功能表显示输入数字为 0～15 对应的图形，并且不灭 0。

该译码器可以按灭 0 方式连接，所谓“灭 0 连接”是灭掉不需要的 0，例如，若 205.06 显示为 00205.060 在视觉上不习惯，这时须灭掉最左边的两个 0 和最右边的一个 0，但不能灭掉 205.06 中的 0。对于整数，只要高位为 0，次高位才能灭 0，所以将高位的$\overline{RBO}$与次高位的$\overline{RBI}$连接。对于小数，将次高位的$\overline{RBO}$与高位的$\overline{RBI}$连接。

7446 与共阳数码管的连接见图 4-22。

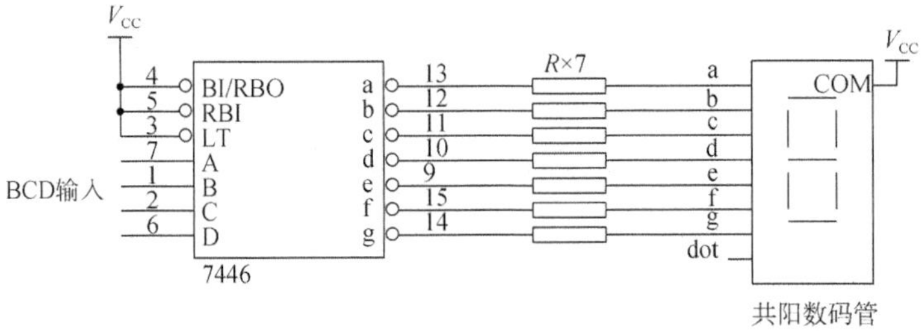

图 4-22 共阳数码管与 7446 连接图

其中，电阻 R 为限流电阻，具体阻值视数码管的电流大小而定，电流一般取 5～10 mA。

由于 7446 是 OC 输出，电源电压可以达到 30 V，吸收电流 40 mA，对于一般的驱动可以满足需求，但是若数码管太大，就需要更高的电压和更大的电流，此时须在译码器与数码管之间增加高电压、高电流驱动器，如达林顿驱动电路 DS2001/2/3/4，该驱动电路由 7 个高增益的达林顿管组成，该芯片的集电极-发射极间电压可达到 50 V，集电极电流 350 mA，输入与 TTL/CMOS 电路兼容。

3)用于共阴数码管的电路 74LS48

74LS48 采用高电平有效输出，用于试灯输入、前/后沿灭灯控制，灌电流负载能力为 6.4 mA。74LS248 与 74LS48 的电特性基本相同，只是显示 6 时，LS248 的 a 段亮；显示 9 时，LS248 的 d 段亮。

74LS48 的电路符号见图 4-23。

74LS48 的输出结构为有源输出(一般的 TTL 输出结构)，所以可以输出高低电平；由于推动的是共阴极数码管，所以输出高电平有效译码输出。74LS48 的功能表与 7446 的功能表相同。

74LS48 的使用方法：由于 74LS48 输出拉电流能力小(0.4 mA)，灌电流能力大(6.4 mA)，所以一般都外接上拉电阻 R_1 推动数码管，LS48 译码器典型的使用电路见图 4-24。

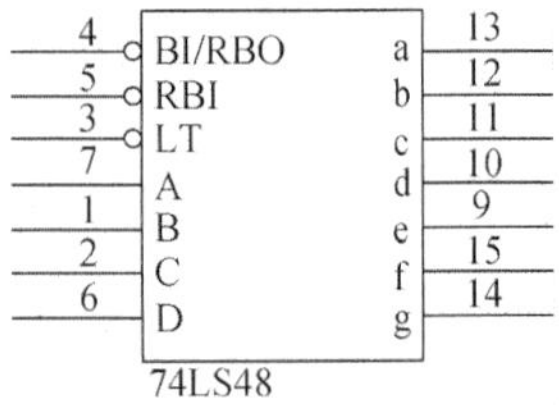

图 4-23 74LS48 的电路符号图

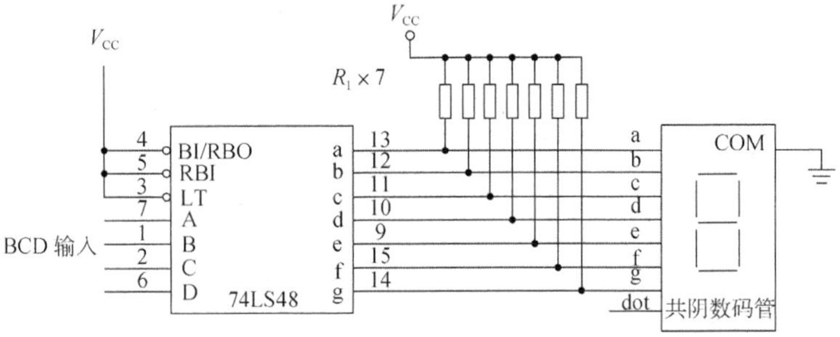

图 4-24 74LS48 与共阴极数码管连接

当 74LS48 输出端为低电平时，上拉电阻的电流流入 74LS48，这时应使最大流入 74LS48 的电流不大于 74LS48 的允许灌电流 6.4 mA；当 74LS48 输出高电平时，上拉电阻的电流和 74LS48 的输出电流共同流入数码管。

4. 液晶显示器

分段式液晶显示器也是常用的显示器件，在如图 4-25(a)所示的七段液晶显示器中，前玻璃板上镀有导电的字段形电极，后背板为镀有导电层的玻璃板。在正常情况下前玻璃板与背板之间充满液晶的段透明，但是当 3～15 V 的交流电压加在前玻璃板段电极与背板电极之间时，液晶分子紊乱成不透明，呈现黑色。缺点是在没有外部光线的情况下，不能看清显示字形，因此常需要外部光源增加可视度。

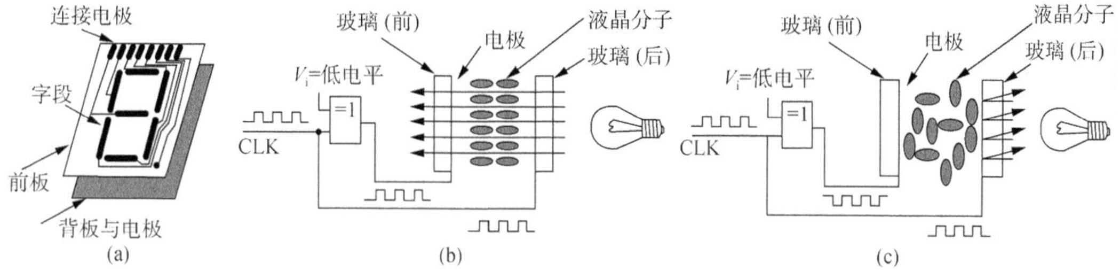

图 4-25　液晶显示器工作原理

直流电压会使液晶永久损坏，所以液晶工作时需要加 40～60 Hz 的交流信号。当输入信号 V_i 为低电平时，异或门输入时钟信号 CLK 与其输出信号同相位，所以液晶电极之间没有电压，这时液晶分子排列整齐，液晶呈现透明状态，不能看到字段，这种情况如图 4-25(b)所示；当输入信号 V_i 为高电平时，输入异或门的时钟信号 CLK 与其输出信号之间相位差 180°，形成交流电压，液晶分子受电场作用排列混乱，呈不透明状态，在外界光线照射下可以看到字段，这种情况如图 4-25(c)所示。

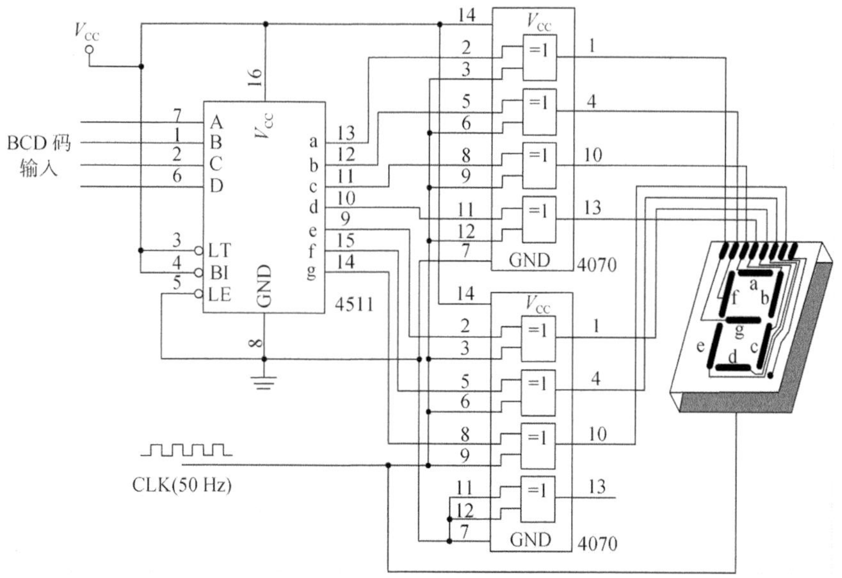

图 4-26　使用 4511 芯片的液晶七段显示电路

如图 4-26 所示的是使用 4511 芯片的液晶七段显示电路。其中，4511 是具有锁存器(第 5 章介绍锁存器工作原理)的 BCD-七段锁存/译码/驱动器，输出高电平有效。该芯片的 LT 引脚为灯测试端，当 LT 为 0 时，输出都为高电平，可显示字形 8。BI 引脚为消隐输入，当该引脚为 0 时，输出都为低电平，所有数码管段都灭。当 LE 引脚从 0 向 1 跳变时，4511 锁存输入 BCD 信号；若 LE 信号为 0 时，输入数据直接通过锁存器。若输入为非 BCD 信号时，所有输出为低电平。4511 电源电压的范围为 3～15 V，在 5 V 电源时，输出高电平 V_{OH} 为 3.54 V，驱动电流为 I_{OH} 为 25 mA。

异或门采用四 2 输入异或门 4070，时钟频率取 50 Hz。输入 BCD 码信号时，经过译码器输出七段信号，对应段的驱动器输出高电平，经过异或门，交流电压加在对应段上，使其液晶排列混乱，呈现不透明状态。

5. 译码器实现逻辑函数

由于译码器输出所有输入信号的最小项，若输入变量为 n，则有 2^n 个最小项，因此可以用附加的或门选择需要的最小项组成输入变量不大于 n 的逻辑函数。

【例 4-8】 试用 74LS138 实现多输出逻辑函数式：

$$Y_1 = A\overline{C} + \overline{A}BC + A\overline{B}C$$

$$Y_2 = BC + \overline{A}\,\overline{B}C$$

解：函数式可以变换为

$$Y_1 = A\overline{C} + \overline{A}BC + A\overline{B}C = AB\overline{C} + A\overline{B}\,\overline{C} + \overline{A}BC + A\overline{B}C = \overline{\overline{m6+m5+m4+m3}} = \overline{\overline{m6}\,\overline{m5}\,\overline{m4}\,\overline{m3}}$$

$$Y_2 = BC + \overline{A}\,\overline{B}C = ABC + \overline{A}BC + \overline{A}\,\overline{B}C = \overline{\overline{m7+m3+m1}} = \overline{\overline{m7}\,\overline{m3}\,\overline{m1}}$$

实现上述函数式的电路如图 4-27 所示。

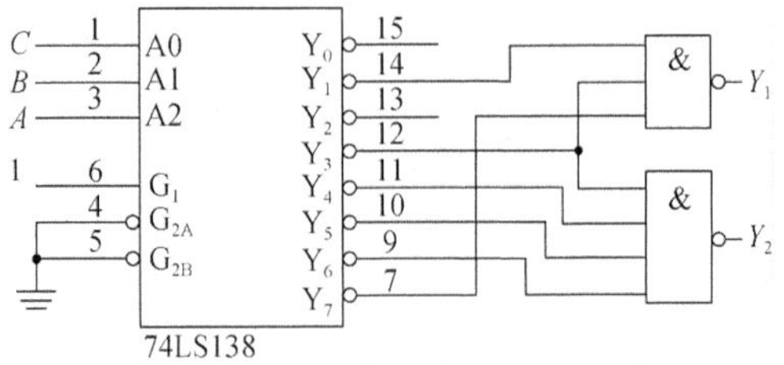

图 4-27　例 4-8 的电路图

4.3.3　数据选择器

从多个输入信号中选择一个作为输出，称为数据选择器(Multiplexer/Data Selector)，常用于把信息从多个数据源点传送到一个终点的逻辑电路。图 4-28 是多路数据选择器示意图。其中，D_{n-1}、D_{n-2}、…、D_0 是输入信号，Y 是输出信号，S_{k-1}、…、S_0 是选择信号，n 和 k 之间的关系为 $n=2^k$。

数据选择器的输出为

$$Y = \sum_{i=0}^{n-1} m_i D_i$$

式中，m_i 是选择信号 S_{k-1}，…，S_0 的最小项，D_i 是输入信号，n 为输入信号数。对于数据选择器，每一个选择信号的最小项，选择一个输入信号与输出端 Y 相连接。输入信号是 1，输出是 1；输入信号是 0，输出是 0。

四选一数据选择器逻辑电路如图 4-29 所示。

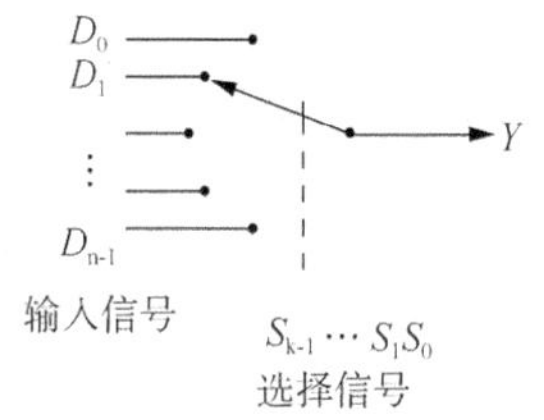

图 4-28　多路数据选择器示意图

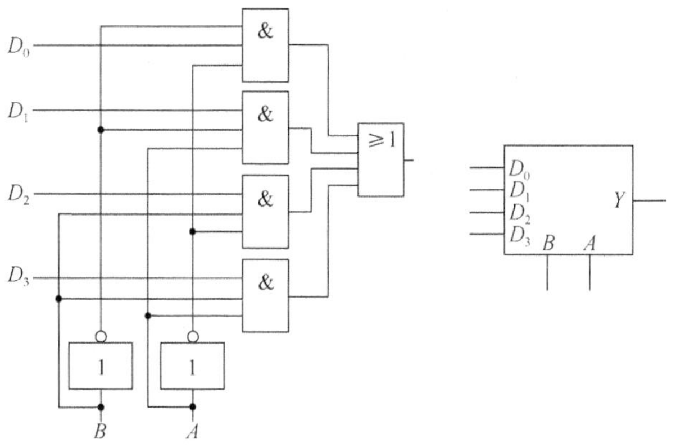

图 4-29　四选一数据选择器逻辑电路与逻辑符号

由四选一数据选择器逻辑电路可以得到输出 Y 的函数式为

$$Y=(\overline{B}\,\overline{A})D_0+(\overline{B}A)D_1+(B\overline{A})D_2+(BA)D_3$$

可写成 $Y=\sum_{i=0}^{3} m_iD_i$。

由表达式可知，选择信号 $B=0$、$A=0$ 时 $Y=D_0$，即相当于将输入信号 D_0 连接到输出端 Y。

选择信号 $B=0$、$A=1$ 时，$Y=D_1$，即相当于将输入信号 D_1 连接到输出端 Y。

选择信号 $B=1$、$A=0$ 时，$Y=D_2$，即相当于将输入信号 D_2 连接到输出端 Y。

选择信号 $B=1$、$A=1$ 时，$Y=D_3$，即相当于将输入信号 D_3 连接到输出端 Y。

1. 八输入选择器 74LS151

集成多路选择器 74LS151 具有 8 个输入信号 $D_0\sim D_7$、一对互补输出信号 Y 和 W、三个数据选择信号 C、B、A 和使能信号 $\overline{G}$。符号如图 4-26 所示，功能如表 4-30 所示。

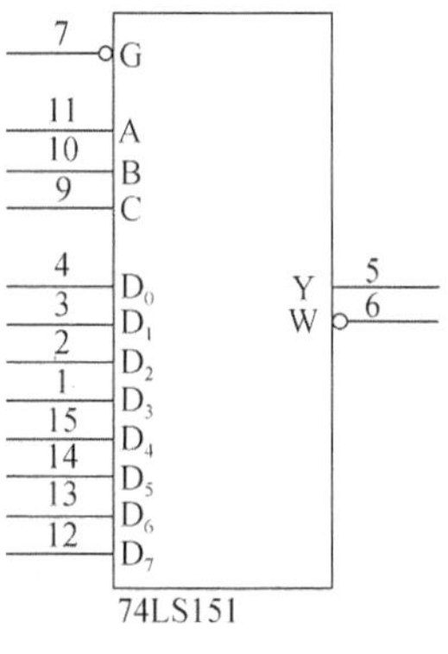

图 4-30　多路选择器 74LS151 的逻辑符号

表 4-13　74LS151 数据选择器功能表

输入				输出	
选择			选通	Y	$\overline{W}$
C	B	A	$\overline{G}$		
×	×	×	1	0	1
0	0	0	0	D_0	$\overline{D_0}$
0	0	1	0	D_1	$\overline{D_1}$
0	1	0	0	D_2	$\overline{D_2}$
0	1	1	0	D_3	$\overline{D_3}$
1	0	0	0	D_4	$\overline{D_4}$
1	0	1	0	D_5	$\overline{D_5}$
1	1	0	0	D_6	$\overline{D_6}$
1	1	1	0	D_7	$\overline{D_7}$

由功能表可得该选择器的输出信号为

$$Y=\left(\sum_{i=0}^{7} m_iD_i\right)\overline{G}$$

式中，Y 是输出信号，W 是 Y 的互补信号，D_i 是输入信号，m_i 是选择信号的最小项，$\overline{G}$ 是使能信号。若 $\overline{G}=0$，多路选择器正常工作，否则多路选择器输出低电平。

实际的多路选择器芯片种类很多，如 74LS153 是双四选一多路选择器，74LS157 是四 2 选 1

数据选择器，它们都具有低电平有效的使能信号$\overline{G}$。

如图 4-31 显示的是采用两个 74LS151 组成十六选一数据选择器的例子。选择信号的高位 A_3控制两个 74LS151 的使能端$\overline{G}$。当 $A_3=0$ 时，U_1芯片工作，对输入信号 $I_0 \sim I_7$进行选择；当 $A_3=1$ 时，U_2芯片工作，对输入信号 $I_8 \sim I_{15}$进行选择。

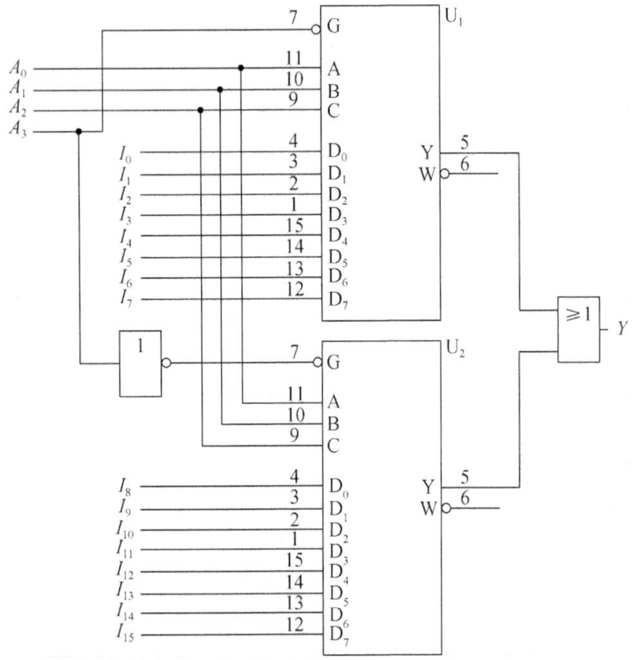

图 4-31　两个八选一数据选择器组成的十六选一数据选择器电路

如图 4-32 所示的电路是四 2 选 1 选择器 74LS157 应用的一个例子，该电路使用 74LS157 将 2 位 BCD 数据（A_0、A_1、A_2、A_3和 B_0、B_1、B_2、B_3）分时输入到 BCD-七段译码器 74LS48，经过译码后送入数码管显示。一定频率脉冲信号 S 加在 74LS157 的选择端选择 BCD 信号，同时还通过

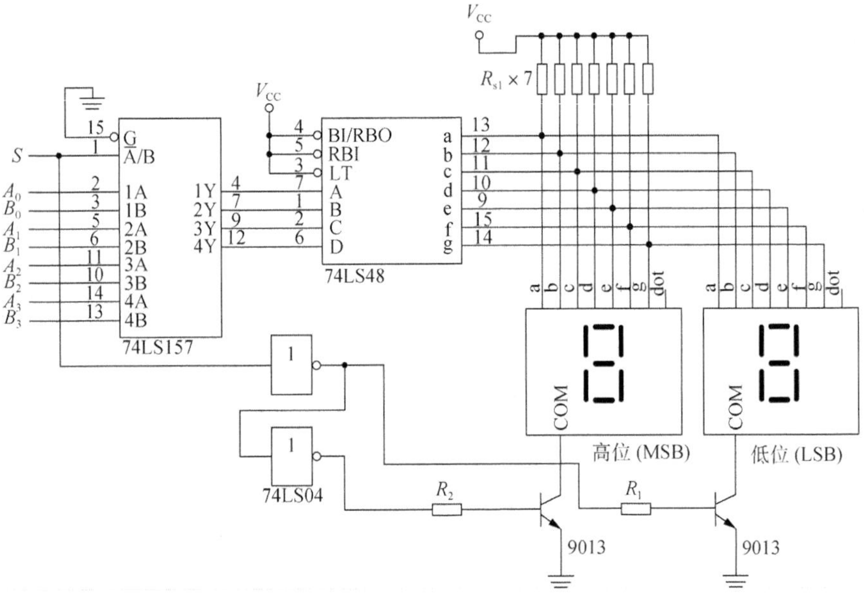

图 4-32　数据选择器用于数码管扫描显示

非门控制数码管的公共阴极以决定数码管亮灭，这样可以使数码管交替显示 BCD 数据，当脉冲频率足够高时，两个数码管都显示数据。S 端信号为低电平时，显示十进制数的个位（A_0、A_1、A_2、A_3）。当 S 端信号高电平时，显示十进制数十位（B_0、B_1、B_2、B_3）。

2. 用数据选择器实现逻辑函数

由数据选择器的功能可知，输出实际是选择信号与输入信号组成的最小项之和，或者选择信号的最小项与对应输入信号之间是相“与”的关系。在实现逻辑函数时，常采用输入信号选择信号最小项的方法（用于逻辑函数的变量数与选择信号的变量数相同的情况）；选择信号与对应的输入信号组成最小项的方法（用于逻辑函数的变量数比选择信号的变量数多一个的情况）。

【例 4-9】 用多路选择器 74LS151 实现函数 $Y(c,b,a)=\sum m(0,2,3,5)$。

解：由于 74LS151 具有 3 个选择信号输入端，与待实现的逻辑函数变量数相同，所以使用输入信号选择信号最小项的方法，即使输入信号 $D_0=D_2=D_3=D_5=1$，其余为 0，可将选择信号的最小项 m_0、m_2、m_3、m_5 保留。实现该例的逻辑电路如图 4-33 所示。

【例 4-10】 用多路选择器 74LS151 实现函数：

$$Y(A,B,C,D)=A\overline{C}D+\overline{A}\,\overline{B}CD+B\overline{C}\,\overline{D}$$

解：这是数据选择器的数据选择信号数小于逻辑函数变量数的情况，若输入变量 A、B 和 C 顺序连接 74LS151 的 3 个选择信号端，则

$$\begin{aligned}Y(A,B,C,D)&=A\overline{B}\,\overline{C}D+AB\overline{C}D+\overline{A}\,\overline{B}CD+\overline{A}B\overline{C}\,\overline{D}+AB\overline{C}\,\overline{D}\\&=A\overline{B}\,\overline{C}(D)+AB\overline{C}(D+\overline{D})+\overline{A}\,\overline{B}C(D)+\overline{A}B\overline{C}(\overline{D})\\&=\overline{A}\,\overline{B}C(D)+\overline{A}B\overline{C}(\overline{D})+A\overline{B}\,\overline{C}(D)+AB\overline{C}(D+\overline{D})\end{aligned}$$

可写成最小项形式，即

$$Y=m_1(D)+m_2(\overline{D})+m_4(D)+m_6(1)$$

选择信号为 m_1 和 m_4 时，对应的数据端信号为 D；选择信号为 m_2 时，对应的数据信号为 $\overline{D}$；选择信号为 m_6 时，对应的输入信号为 1；其他未出现的最小项 m_0、m_3、m_5 和 m_7 未出现在函数式中，所以对应的数据端应该连接 0。由此有如图 4-34 所示的逻辑电路。

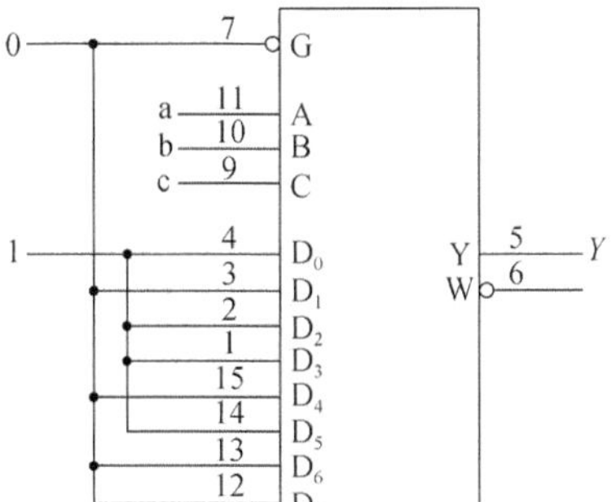

图 4-33　例 4-9 的逻辑电路图

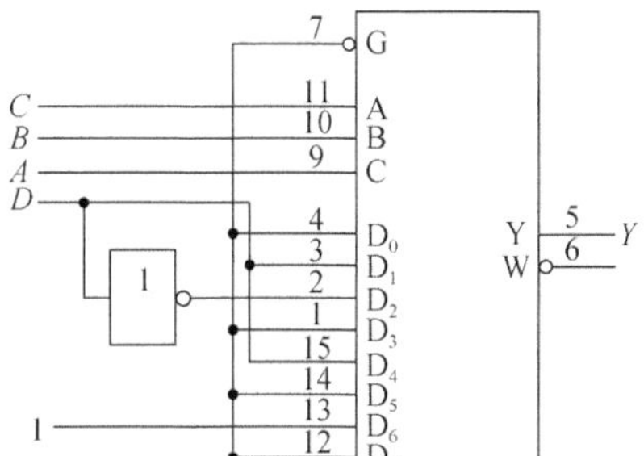

图 4-34　例 4-10 的逻辑电路图

4.3.4　数值比较器

用于比较两个二进制数值大小的逻辑电路称为数值比较器。如图 4-35 所示，对两个二进制数 A 和 B 进行数值比较有三种比较结果：$A>B$、$A=B$ 和 $A<B$。其中，$A=(A_{n-1}A_{n-2}\cdots A_0)$；$B=(B_{n-1}B_{n-2}\cdots B_0)$。

1 位数值比较器用于比较两个 1 位二进制数，比较结果见表 4-14。

由真值表得到输出逻辑函数式：

$$(A=B)=AB+\overline{A}\overline{B}$$
$$(A>B)=A\overline{B}$$
$$(A<B)=\overline{A}B$$

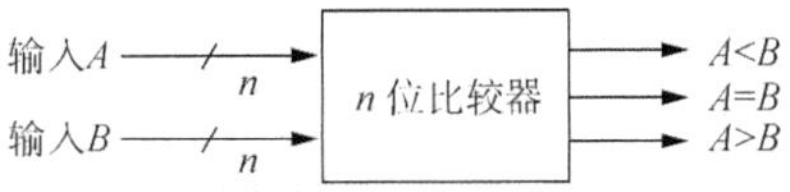

图 4-35　比较器框图

将以上的逻辑关系画成逻辑图，得到如图 4-36 所示的 1 位数值比较器电路。

表 4-14　1 位比较器真值表

输　入	输　出		
A　B	$A=B$	$A<B$	$A>B$
0　0	1	0	0
0　1	0	1	0
1　0	0	0	1
1　1	1	0	0

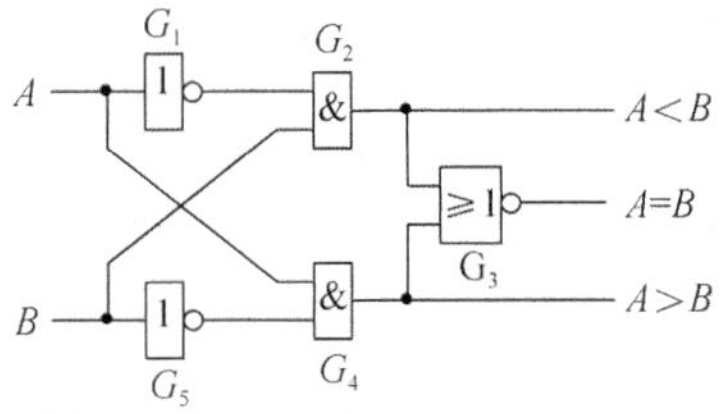

图 4-36　1 位数值比较器

对于两个多位二进制数比较的情况，应首先比较高位，若高位不相同，不必进行比较；若高位相同再进行次高位比较，如此进行，直到分别出两个数的大小。

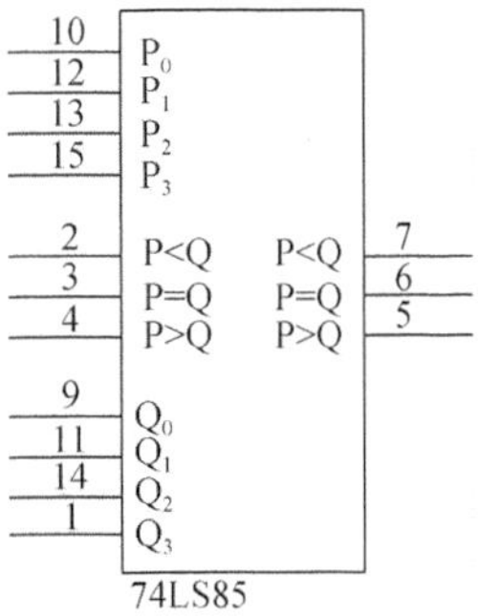

图 4-37　74LS85 的逻辑符号图

74LS85 是集成 4 位比较器，用于比较 $A=(A_3A_2A_1A_0)$、$B=(B_3B_2B_1B_0)$两个数的大小；还有级联输入端，通过级联输入端可以连接成 8 位、16 位或更高位数的比较器。74LS85 的逻辑符号见图 4-37。

由 74LS85 的功能表 4-15 可知，该比较器首先判断 A_3 和 B_3，再比较 A_2 和 B_2，然后比较 A_1 和 B_1 及 A_0 和 B_0，若它们都相等，则判断级联信号。所以，即使是使用单片 74LS85 组成比较器，也须按逻辑电平连接级联信号。

表 4-15　74LS85 功能表

比　较　输　入				级　联　输　入			输　出		
$A_3\ B_3$	$A_2\ B_2$	A_1B_1	A_0B_0	$A>B$	$A<B$	$A=B$	$A>B$	$A<B$	$A=B$
$A_3>B_3$	×	×	×	×	×	×	1	0	0
$A_3<B_3$	×	×	×	×	×	×	0	1	0
$A_3=B_3$	$A_2>B_2$	×	×	×	×	×	1	0	0
$A_3=B_3$	$A_2<B_2$	×	×	×	×	×	0	1	0
$A_3=B_3$	$A_2=B_2$	$A_1>B_1$	×	×	×	×	1	0	0
$A_3=B_3$	$A_2=B_2$	$A_1<B_1$	×	×	×	×	0	1	0
$A_3=B_3$	$A_2=B_2$	$A_1=B_1$	$A_0>B_0$	×	×	×	1	0	0
$A_3=B_3$	$A_2=B_2$	$A_1=B_1$	$A_0<B_0$	×	×	×	0	1	0
$A_3=B_3$	$A_2=B_2$	$A_1=B_1$	$A_0=B_0$	1	0	0	1	0	0
$A_3=B_3$	$A_2=B_2$	$A_1=B_1$	$A_0=B_0$	0	1	0	0	1	0
$A_3=B_3$	$A_2=B_2$	$A_1=B_1$	$A_0=B_0$	×	×	1	0	0	1
$A_3=B_3$	$A_2=B_2$	$A_1=B_1$	$A_0=B_0$	1	1	0	0	0	0
$A_3=B_3$	$A_2=B_2$	$A_1=B_1$	$A_0=B_0$	0	0	0	1	1	0

使用 74LS85 比较器组成大于 4 位数值比较器时，须将 74LS85 比较器级联，若本级比较输入 $A=B$，则比较器的输出取决于级联输入信号。级联输入信号等于$(A>B)=0$、$(A=B)=1$、

($A<B$)=0 时表示前级比较器输出为 $A=B$。使用 74LS85 组成 8 位数值比较器见图 4-38。

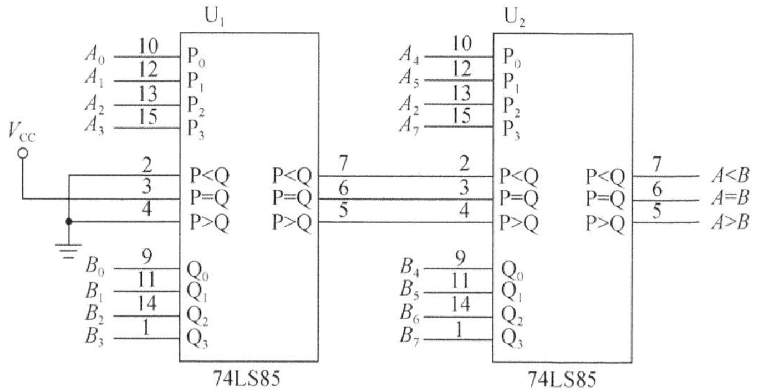

图 4-38　8 位数值比较器级联图

4.3.5　加法器

经常对二进制数进行加、减、乘、除运算，这些运算在计算机中都转化成加法运算完成，所以加法运算是构成算术运算电路的基本单元。

1. 加法器工作原理

1)半加器

能对两个 1 位二进制数进行相加得到和及进位的电路称为半加器。按照二进制运算规则可以得到表 4-16，其中 A、B 是两个加数，S 是和，C 是进位。

由真值表可以得到如下的逻辑函数式：

$$S=\overline{A}B+A\overline{B}=A\oplus B$$

$$C=AB$$

由函数式可以得到半加器逻辑电路，如图 4-39 所示。

表 4-16　半加器真值表

输　入		输　出	
A	B	S	C
0	0	0	0
0	1	1	0
1	0	1	0
1	1	0	1

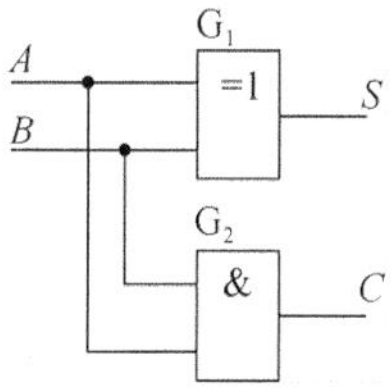

图 4-39　半加器逻辑电路

表 4-17　全加器真值表

A	B	C_I	全加和 S	进位输出 C_O
0	0	0	0	0
0	0	1	1	0
0	1	0	1	0
0	1	1	0	1
1	0	0	1	0
1	0	1	0	1
1	1	0	0	1
1	1	1	1	1

2)全加器

能对两个 1 位二进制数相加并考虑低位来的进位，得到和及进位的逻辑电路称为全加器。全加器真值表如表 4-17 所示，表中 C_I 为低位来的进位，A、B 是两个加数，S 是全加和，C_O 是进位。

真值表可得到逻辑函数式，即

$$S=\sum m(1,2,4,7)$$

可写成

$$S=A\oplus B\oplus C_I$$

$$C_O=\sum m(3,5,6,7)$$

化简后

$$C_O=AB+AC_I+BC_I$$

由逻辑函数式可画出图 4-40。

3)串行进位的多位加法器

n 个全加器的串联可构成 n 位加法器，每个全加器实现 1 位二进制数据全加和，方法是依次将低位全加器的进位 C_{n+1} 输出端连接到高位全加器的进位输入端 C_n。使用 4 个全加器 74LS183 构成的 4 位加法器如图 4-41 所示。

由 4 位全加器电路图可知，每一位的相加结果都必须等到低一位的进位产生之后才能形成，即进位在各级之间是串联关系，所以称为串行进位加法器。由于必须等待前级进位才能形成本级的进位和全加和，所以当位数很多时，运算速度很慢。该种形式的加法器由于结构简单，在不要求运算速度的设备中可以使用。

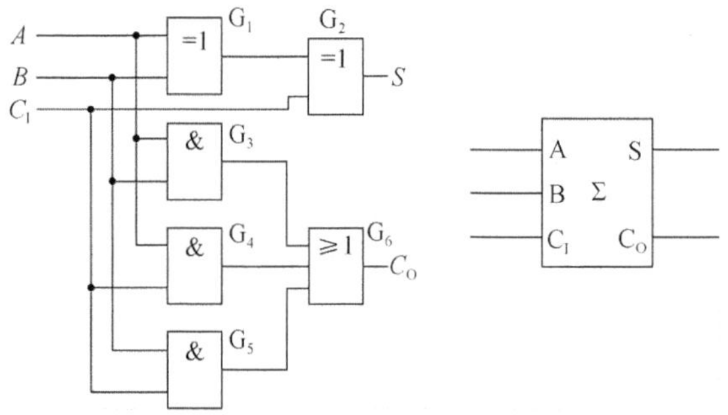

图 4-40　全加器逻辑电路与符号

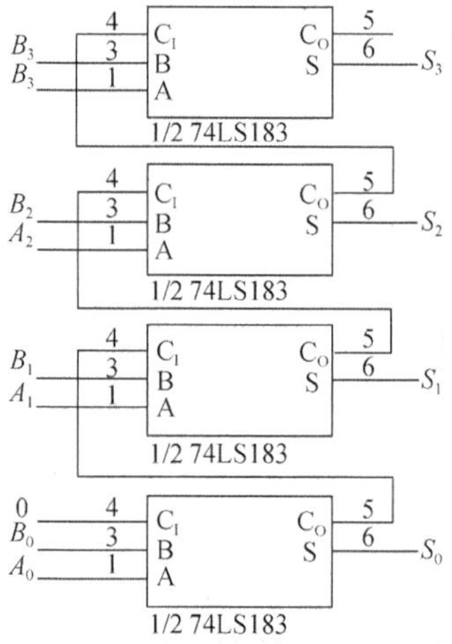

图 4-41　由 74LS183 组成的 4 位全加器电路图

4)先行进位的多位加法器

为提高运算速度，必须设法减小由于进位引起的延迟时间，方法是事先由两个加数构成各级加法器所需的进位。

由加法器的真值表可知，两种情况可以产生进位，第一种情况是两个加数 A 和 B 都是 1，则产生进位。第二种情况是两个加数中有一个是 1，同时进位信号 C_I 是 1，则产生进位，这相当于把低位来的进位直接送到输出端。因此，两个多位数中第 i 位相加产生的进位 $(C_O)_i$ 的逻辑函数式如下：

$$(C_O)_i=A_iB_i+(A_i+B_i)(C_I)_i$$

其中，$i=n$ 是加法器的位数。

令进位生成函数 $G_i=A_iB_i$，进位传送函数 $P_i=(A_i+B_i)$，则上式可写为

$$(C_O)_i=G_i+P_i(C_I)_i$$

令$(C_{\mathrm{I}})_1 = G_0 + P_0(C_{\mathrm{I}})_0$

$(C_{\mathrm{I}})_2 = G_1 + P_1(C_{\mathrm{I}})_1$

$\vdots$

$(C_{\mathrm{I}})_i = G_{i-1} + P_{i-1}(C_{\mathrm{I}})_{i-1}$

则进位$(C_O)_i$的函数式可写为

$$\begin{aligned}(C_O)_i &= G_i + P_i(C_{\mathrm{I}})_i \\ &= G_i + P_i[G_{i-1} + P_{i-1}(C_{\mathrm{I}})_{i-1}] \\ &= G_i + P_iG_{i-1} + P_iP_{i-1}[G_{i-2} + P_{i-2}(C_{\mathrm{I}})_{i-2}] \\ &\vdots \\ &= G_i + P_iG_{i-1} + P_iP_{i-1}G_{i-2} + \cdots + P_iP_{i-1}\cdots P_1G_0 + P_iP_{i-1}\cdots P_0(C_{\mathrm{I}})_0\end{aligned}$$

由于进位$(C_O)_i$函数式中的乘积项变量G_i与P_i由两个加数组成，因此只要两个加数呈现，可以形成进位。

由全加器的真值表有如下全加和的逻辑函数式：

$$S_i = A_i\overline{B}_i(\overline{C_{\mathrm{I}}})_i + \overline{A}_iB_i(\overline{C_{\mathrm{I}}})_i + \overline{A}_i\overline{B}_i(C_{\mathrm{I}})_i + A_iB_i(C_{\mathrm{I}})_i$$

5)集成加法器 74LS283

集成加法器 74LS283 是 4 位二进制超前进位加法器，符号如图 4-42 所示。其中，74LS283 执行两个 4 位二进制数加法，每位输出全加和，产生进位的时间一般为 11 ns，加法时间为 15 ns。

*2. 使用加法器实现减法操作

二进制减法操作可以通过先求出减数的补码再加上被减数求得。补码的求法为反码加 1。例如，求 1101 的补码，首先求 1101 的反码，为 0010，然后再加 1，得到 0011。

图 4-43 是由 74LS283 组成的减法器电路，首先将减数$B_3 \sim B_0$用非门求反，再在加法器最低位进位C_{I}端输入 1，完成求补码运算。然后与被减数$A_3 \sim A_0$相加，得到差$S_3 \sim S_0$。如果不够减，加法器进位端输出借位信号C_{O}。

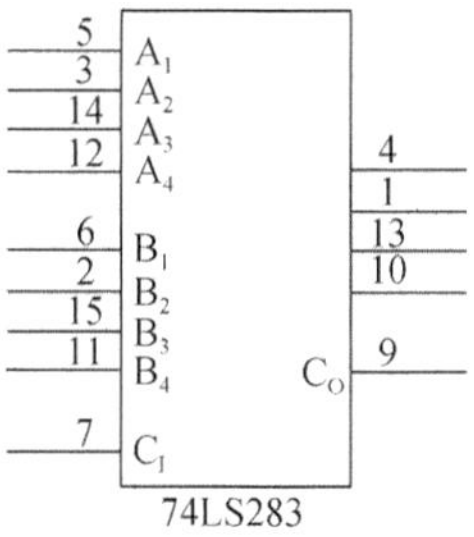

图 4-42　4 位二进制超前进位加法器

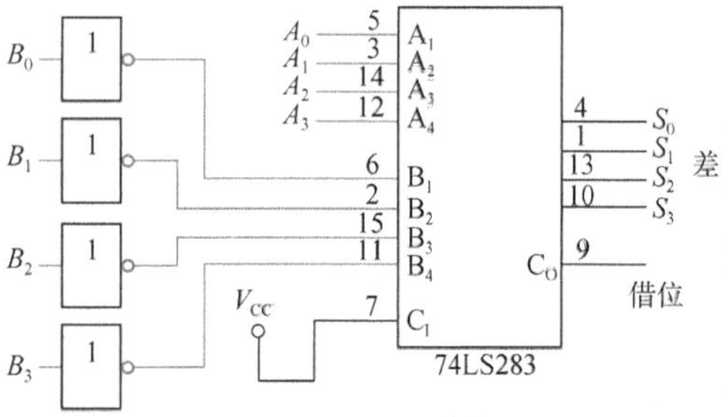

图 4-43　由 74LS283 组成的减法电路

*3. BCD 加法器

BCD 码只用 4 位二进制的 10 个状态，还有 6 个无关状态没有使用，所以 BCD 码相加后还应去掉无关状态，还原成 BCD 码。两个 BCD 码相加的结果可分为三种情况：

(1)结果小于 9，还是 BCD 码，如 0011＋0101＝1000，而 BCD 码应为 1000。

(2)结果大于 9，不是 BCD 码，如 0110＋0101＝1011，而 BCD 码应为 10001。

(3)结果有进位，不是 BCD 码，如 1000＋1001＝10001，而 BCD 码应为 10111。

为使相加结果是 BCD 码，须对(2)～(3)两种情况进行修正。

对于情况(2)，须将二进制的和减去 1010，就是说当和为 1010、1011、1100、1101、1111 时减去 1010；或者是给和加一个进位，然后再加上 0110，结果相同。因为 BCD 码比和大 0110。为判断何时须加 0110 修正，须对和进行判断，当和为 1010、1011、1100、1101、1111 时进行加 0110 操作，所以判断电路的函数式为 $S_3S_2+S_3S_1$，S_3、S_2、S_1 和 S_0 是加法器输出和。

对于情况(3)，保留进位并将和加 0110，得到 BCD 码。

BCD 码加法器电路如图 4-44 所示，其中第一个加法器用于两个 BCD 数相加，第二个加法器用于加 0110 修正。

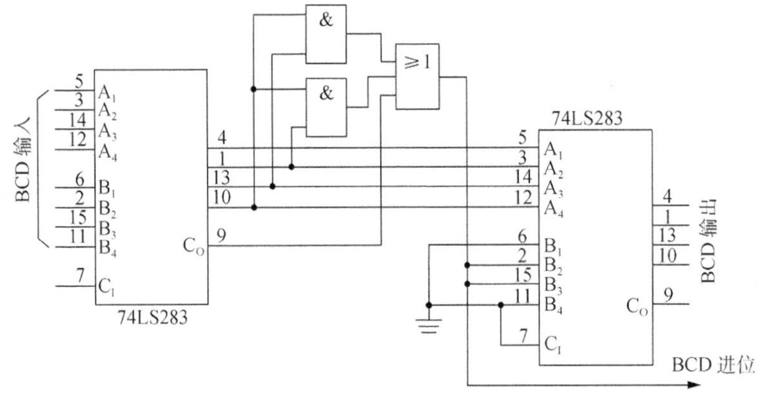

图 4-44　一位 BCD 码加法器

*4.3.6　奇偶校验电路

数字信号在传输过程中不可避免地出现错误。奇偶检验电路是用于检查数字信号传输正确的电路。

1. 校验原理

数字信号在发送过程中，在待传输的数字信号中增加校验位，使数字信号中 1 的个数是偶数或是奇数；数字信号在接收过程中，按照约定检查数字信号中 1 的个数是偶数还是奇数就可以知道数字信号传输是否正确，当然这只是在某种程度上检查数字信号传输是否正确。

使用异或门可以检测数字信号中 1 的个数，如单个异或门可以检测 2 位数字信号中 1 的个数，当信号中 1 的个数是偶数时，异或门输出 0，否则异或门输出 1。同理，三个异或门可以检测 4 位信号中 1 的个数。所以，多个异或门可以实现多位数字信号中 1 的个数的奇偶判断。

2. 集成 9 位奇偶校验产生/检查电路 74LS280

74LS280 的符号如图 4-45 所示，功能如表 4-18 所示。

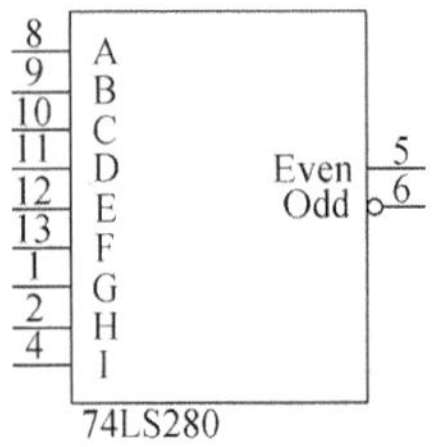

图 4-45　奇偶校验产生/检查电路 74LS280 的符号图

表 4-18　74LS280 功能表

输入信号中 1 的个数	输出	
	Even	Odd
0、2、4、6、8	1	0
1、3、5、7、9	0	1

该芯片的奇偶校验功能如下所述。

(1)校验检查：当该芯片作为偶校验检查器时，若输入为偶数个 1，Even 引脚输出 1；输入为奇数个 1,Even 引脚输出 0。当该芯片作为奇校验检查器时,若输入为奇数个 1 时,Odd 引脚输出 1,否则输出 0。

(2)校验产生:当该芯片作为偶校验产生器时,检验位取自 Odd 引脚,因为该引脚在输入为奇数个 1 时,输出为 1,否则输出 0;同理,作为奇校验产生器时,校验位取自 Even 引脚。

图 4-46 显示的是使用 74LS280 芯片 9 根传输线的 8 位数据偶校验电路。在键盘端 8 位数据输入 74LS280,若 8 位数据中有偶数个 1,则奇校验输出引脚 Odd 输出为 0;若 8 位数据中有奇数个 1,则奇校验 Odd 引脚输出为 1。换言之,在 9 根线传输的数据中,总有偶数个 1。9 根线传输到计算机侧的 74LS280 芯片,若没有偶校验错误,则偶校验引脚输出 1,发光二极管不亮;若有校验错误,则偶校验引脚输出 0,发光二极管亮表示传输错误。

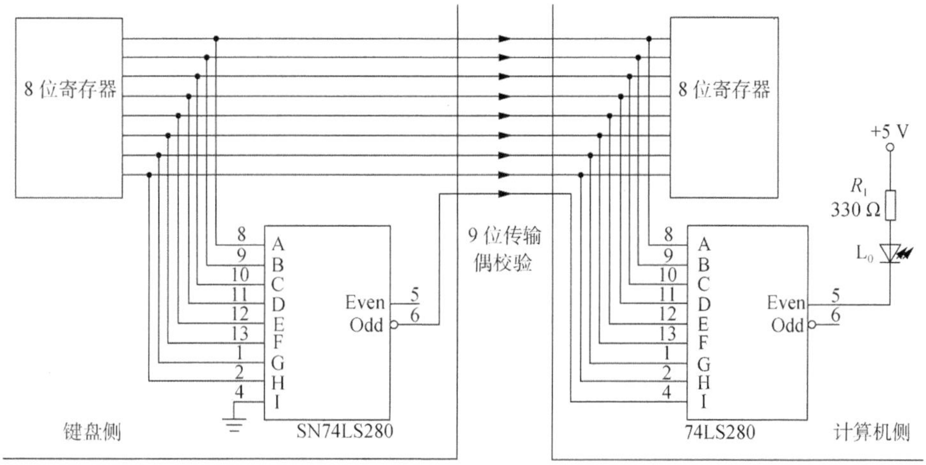

图 4-46 使用 74LS280 芯片 9 根传输线的 8 位数据偶校验电路

4.4 组合电路设计

组合电路设计是由实际的组合逻辑电路问题得到组合逻辑电路,组合电路设计方法有两种,一种是逻辑设计法,另一种是直接设计法。逻辑设计法是根据实际问题,列出真值表,然后得到逻辑电路图的方法,特点是设计者只能根据逻辑函数式画出所设计电路的逻辑电路图;直接设计法是直接根据集成组合逻辑电路模块的功能,按照实际的问题,直接连接电路,特点是设计者知道所设计电路中每一根连线的作用。

4.4.1 组合电路的逻辑设计法

1. 逻辑设计法步骤

组合电路的设计是用电路图描述实际组合逻辑问题。组合电路的逻辑设计法步骤如下所述。

(1)将实际逻辑问题抽象成真值表。首先分析实际问题,确定输入输出变量及它们之间的逻辑关系;定义变量逻辑状态含义(确定逻辑状态 0 和 1 有何实际意义);列真值表(将所有原因和结果列表)。

(2)根据真值表写逻辑函数式,并化简成最简"与或"逻辑函数式。

(3)选定门电路类型和型号。

(4)按照门电路类型和型号变换逻辑函数式。

(5)根据函数式画逻辑图。

在上述步骤中,列真值表最重要,须将问题分析清楚,将所有情况都列在真值表上。

【例 4-11】 设有甲、乙、丙三台电动机,它们运转时必须满足在任何时间必须有且仅有一台电动机运行,如不满足该条件,就输出报警信号。试设计此报警电路。

解:取甲、乙、丙三台电动机的状态为输入变量,分别用 A、B 和 C 表示,并且规定电动机运转为 1,停转为 0,取报警信号为输出变量,以 Y 表示,$Y=0$ 表示正常状态,否则为报警状态。

根据题意列出表 4-19。

写逻辑函数式,即

$$Y=\overline{A}\,\overline{B}\,\overline{C}+\overline{A}BC+A\,\overline{B}C+AB\,\overline{C}+ABC$$

选定 74 系列小规模门电路,各种门电路都可以使用。化简得到

$$Y=\overline{A}\,\overline{B}\,\overline{C}+AC+AB+BC$$

由逻辑函数式可画出如图 4-47 所示的逻辑电路图。

表 4-19 例 4-11 的真值表

A	B	C	Y
0	0	0	1
0	0	1	0
0	1	0	0
0	1	1	1
1	0	0	0
1	0	1	1
1	1	0	1
1	1	1	1

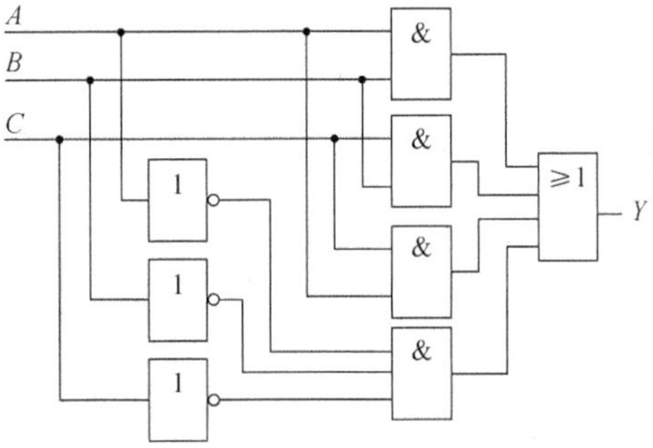

图 4-47 例 4-11 的逻辑图

【例 4-12】 某木工机械用圆锯将圆木按照所需尺寸切断,再用带锯将传送台上移动的圆木锯成板材。电动机运行规律为:润滑泵电动机 M_1 运转后,传送台电动机 M_2 才能运转;带锯电动机 M_3 运转与传送台电动机 M_2 运行无关;传送台电动机 M_2 停止运转后,用于切断的圆锯电动机 M_4 才能运转;带锯电动机 M_3 与圆锯电动机 M_4 不能同时运转。现要求设计一个组合逻辑,保证各个电动机的误动作不会发生。开关 S_1、S_2、S_3、S_4 分别控制电动机 M_1、M_2、M_3、M_4,开关接通为 1,电动机运转为 1。开关断开为 0,电动机停止运转为 0。

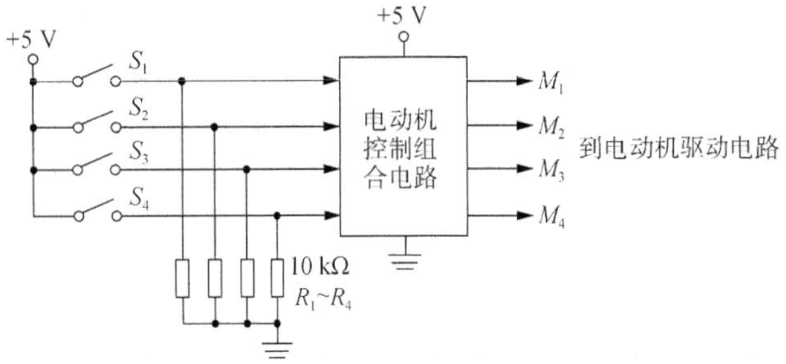

图 4-48 木工机械电动机控制框图

解:根据题意,可知该控制器框图如图 4-48 所示。

根据题意,可以列出表 4-20。

表 4-20　例 4-12 的真值表

开关				M_1	M_2	M_3	M_4	说明
S_1	S_2	S_3	S_4	润滑泵	传送台	带锯	圆锯	
0	0	0	0	0	0	0	0	电动机都不运行
0	0	0	1	0	0	0	1	允许
0	0	1	0	0	0	1	0	允许
0	0	1	1	0	0	0	0	不允许，带锯与圆锯不能同时运行
0	1	0	0	0	0	0	0	不允许，润滑泵不开，传送台不能运行
0	1	0	1	0	0	0	0	不允许，润滑泵不开，传送台不能运行
0	1	1	0	0	0	0	0	不允许，润滑泵不开，传送台不能运行
0	1	1	1	0	0	0	0	不允许，润滑泵不开，传送台不能运行
1	0	0	0	1	0	0	0	允许
1	0	0	1	1	0	0	1	允许
1	0	1	0	1	0	1	0	允许
1	0	1	1	0	0	0	0	不允许，带锯与圆锯不能同时开
1	1	0	0	1	1	0	0	允许
1	1	0	1	0	0	0	0	不允许，传送台与圆锯不能同时开
1	1	1	0	1	1	1	0	允许
1	1	1	1	0	0	0	0	不允许

由真值表可以得到控制各个电动机的卡诺图，如图 4-49 所示。

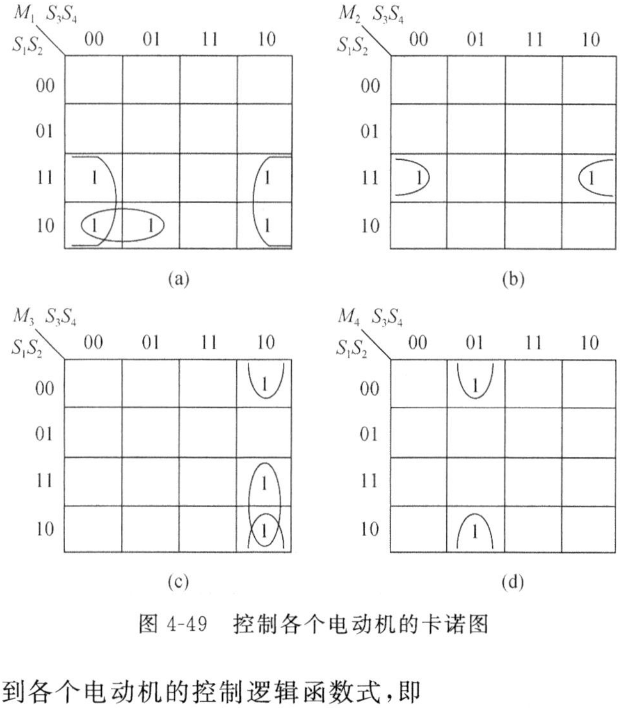

图 4-49　控制各个电动机的卡诺图

由卡诺图可以得到各个电动机的控制逻辑函数式，即

$$M_1 = S_1\overline{S_4} + S_1\overline{S_2}\,\overline{S_3}$$

$$M_2 = S_1 S_2\overline{S_4}$$

$$M_3 = \overline{S_2}S_3\overline{S_4} + S_1 S_3\overline{S_4}$$

$$M_4 = \overline{S_2}\,\overline{S_3}S_4$$

上述函数式需要 3 输入与门、2 输入或门和非门实现。若采用与非门实现，还应用摩根定理变换电动机控制函数式，变换结果如下：

$$M_1 = S_1\overline{S_4} + S_1 S_2\overline{S_3} = \overline{\overline{S_1\overline{S_4}} \cdot \overline{S_1 S_2\overline{S_3}}}$$

$$M_2 = S_1 S_2\overline{S_4} = \overline{\overline{S_1 S_2\overline{S_4}}}$$

$$M_3 = \overline{S_2} S_3\overline{S_4} + S_1 S_3\overline{S_4} = \overline{\overline{\overline{S_2} S_3\overline{S_4}} \cdot \overline{S_1 S_3\overline{S_4}}}$$

$$M_4 = \overline{S_2}\,\overline{S_3} S_4 = \overline{\overline{\overline{S_2}\,\overline{S_3} S_4}}$$

图 4-50 是采用三-3 输入与非门电路 74HC10 和非门 74HC04 构成的电动机控制组合电路图，共采用 3 片 74HC10 和 1 片 74HC04。

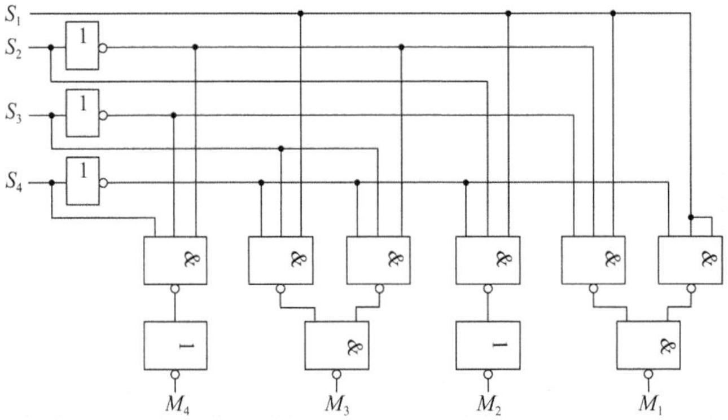

图 4-50　采用 74HC10 与 74HC04 构成的电动机控制组合电路图

该电路由人工控制开关操作，基本处于静态，所采用 74HC 系列器件的静态电源电流极小，只需微安级的电源电流。

2. 组合电路逻辑设计中应注意的问题

1)输入引脚数的限制

对于集成电路，器件型号选定，输入引脚数随即确定。当然，根据逻辑函数式选用不同输入引脚的门很简单，但增加电路的制造成本，因为集成门电路中往往将若干门印制在一个集成电路块内，如 7400 是四 2 输入与非门，表明它有四个 2 输入引脚的与非门，若只用两个，显然浪费其余两个与非门。所以，在逻辑函数化简时坚持集成电路块数最少、集成电路种类最少的原则。按照这个原则，并逻辑函数式不一定越简越好，而应化简到集成电路块数最少、集成电路种类。

若输入引脚多余，则引脚按需接高电平或低电平即可；若输入引脚数不够用，可以接专用输入引脚扩展器，或将逻辑函数式分组实现。

2)输出能力不够

输出能力不够，一般是负载太大，即灌电流负载或拉电流负载的电流过大，这时应增加缓冲器或选用驱动能力大的门电路。

3)选择单门集成电路

新型集成电路具有单门集成电路，即一个集成电路块只有一个门电路，由于封装很小，可以减少电路板的面积，对于用这样的集成电路实现组合逻辑电路，则要求函数式尽量化简。

4)采用可编程逻辑器件实现

可编程逻辑器件可以方便地实现组合和时序电路，由于其内部具有大量的逻辑门资源，所以实现组合逻辑电路时，应重点注意组合逻辑电路的功能与性能，而不是使函数式最简。

4.4.2　组合电路的直接设计法

直接设计法步骤如下所述。

(1)知道所设计组合逻辑电路的功能。

(2)熟悉各种集成组合电路部件的工作原理。

(3)读懂集成组合电路部件功能表,知道其每个引脚的功能。

(4)通过思考(可以查阅资料),直接连接电路,实现组合逻辑电路。

须指出的是,有些组合逻辑电路比较复杂,其中部分电路须进行逻辑设计,即采用直接设计与逻辑设计共同设计的方法,才能实现完整的设计。

若采用不同系列的数字电路设计,还应分析引脚之间的噪声容限、驱动能力与时序,或者引脚之间互连时应注意:引脚功能、噪声容限、驱动能力与时序。

【例 4-13】　设计一个 8 位数码管扫描显示电路,该电路数据源为 8 位 BCD 码。

解:8 位数码管扫描显示电路需 8 位数据源选择电路、七段译码电路、位扫描电路和数码管。

根据题目要求,选择共阳数码管,使用七段译码器 7446 作为译码器,用数据选择器 74151 选择数据源,用三线-八线译码器 74138 作为位扫描译码器。电路如图 4-51 所示。

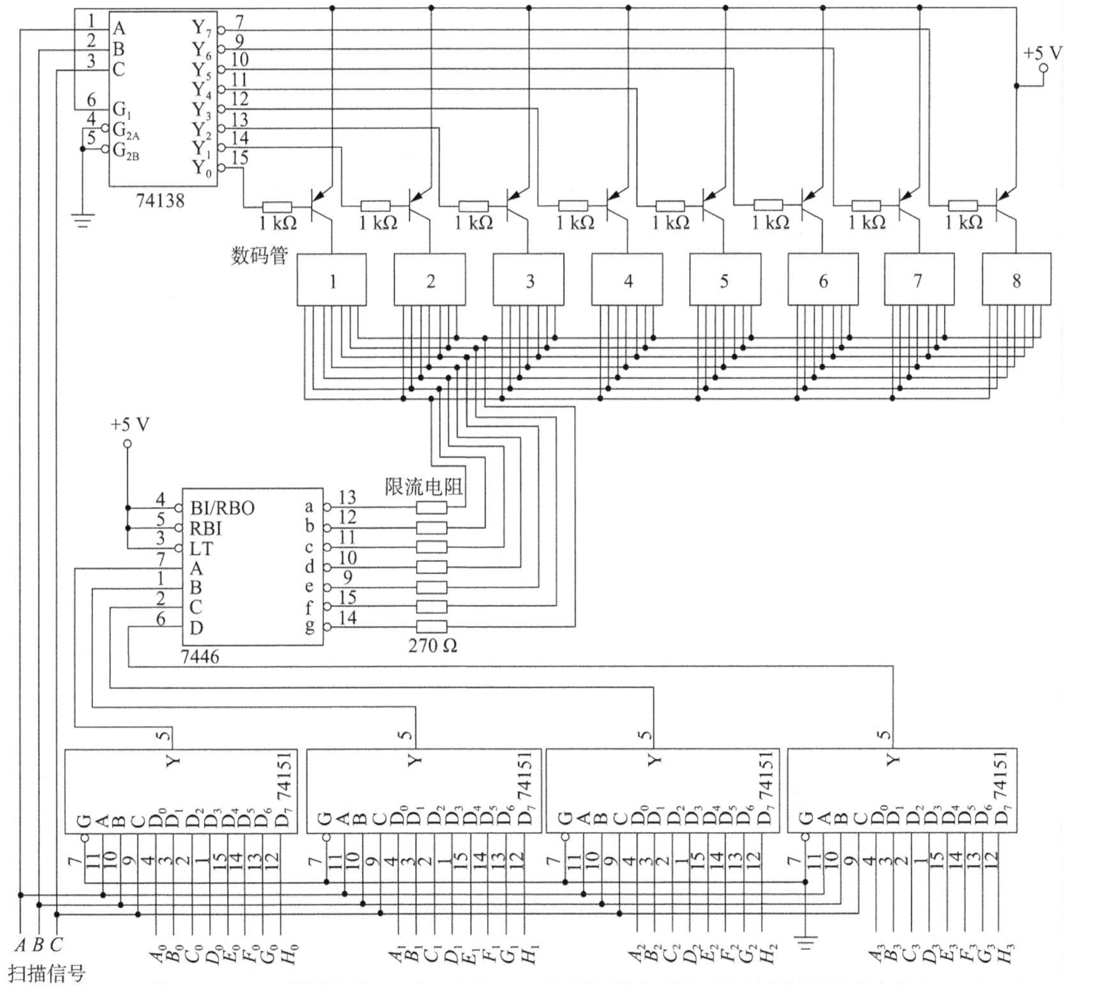

图 4-51　8 位数码管扫描电路

在图 4-51 中 C、B、A 是数码管扫描信号，它们既通过数据选择器 74151 选择数据源，还通过译码器 74138 对数码管进行位选择，C、B、A 与数据源、数码管之间的关系如表 4-21 所示。

表 4-21　扫描信号、数据源与数码管显示之间的关系

C	B	A	74151	74138
0	0	0	选择数据源 A	Y_0输出，数码管 1 显示
0	0	1	选择数据源 B	Y_1输出，数码管 2 显示
0	1	0	选择数据源 C	Y_2输出，数码管 3 显示
0	1	1	选择数据源 D	Y_3输出，数码管 4 显示
1	0	0	选择数据源 E	Y_4输出，数码管 5 显示
1	0	1	选择数据源 F	Y_5输出，数码管 6 显示
1	1	0	选择数据源 G	Y_6输出，数码管 7 显示
1	1	1	选择数据源 H	Y_7输出，数码管 8 显示

在实际应用中，数码管位选择信号与八进制计数器的输出相连接，在一定脉冲频率信号的作用下，C、B、A 周期变化，则数码管周期显示各自对应数据源的数据，频率足够高时，由于视觉暂留现象，感觉数码管显示的数字稳定不变。

译码器 74138 的输出通过 PNP 三极管控制＋5 V 电源与数码管的连接，PNP 三极管扩展 74138 的驱动能力（数码管每段电流为 10 mA，各段全亮时，流过 PNP 三极管的电流为 70 mA）。

扫描显示的特点是节省能源。例如，采用静态显示（一个数码管对应一个七段译码器 7446），当数码管每段电流为 10 mA，且各段全亮时，每个数码管耗电流 70 mA，8 个数码管耗电流 560 mA；扫描显示时，在任何时间只有一个数码管工作，所以消耗电流是 70 mA，可节省 490 mA的电流。由于扫描显示各个数码管分时工作，所以对比静态显示，数码管亮度有所降低。

8 位数码管扫描电路是采用直接设计方法设计的电路。设计该电路时，须了解数码管扫描显示的工作原理，以及各个元器件的工作原理与引脚功能。

【例 4-14】 试使用优先编码器 74148 实现 32 位输入优先编码器。

解：该例须知道优先编码器工作原理，还须知道优先编码芯片 74148 的工作原理，以及其各个引脚的功能。例如，多片 74148 级联时，各片之间如何保持优先编码，如何输出 5 位编码中的高两位等。

表 4-22　例 4-14 的真值表

各片编码器正在编码时，输出信号 G_S				编码输出高两位	
G_{S1}	G_{S2}	G_{S3}	G_{S4}	Y_4	Y_3
1	0	0	0	0	0
0	1	0	0	0	1
0	0	1	0	1	0
0	0	0	1	1	1

由优先编码器 74148 功能表可知，高位芯片不编码时，E_O输出低电平，次高位才能进行编码，所以 E_O应该与低位 74148 的编码使能端 E_I相连；由于编码器 74148 只能输出 3 位编码 Y_2、Y_1、Y_0，所以对于 32 位输入时的高两位编码 Y_4、Y_3，须使用各片正在编码的信号 G_S组成，为形成有效的编码高两位输出，得表 4-22。

由真值表得编码输出高两位的逻辑函数式为

$$Y_4=G_{S3}+G_{S4}=\overline{\overline{G_{S3}+G_{S4}}}=\overline{\overline{G_{S3}}\cdot\overline{G_{S4}}}$$

$$Y_3=G_{S2}+G_{S4}=\overline{\overline{G_{S2}+G_{S4}}}=\overline{\overline{G_{S2}}\cdot\overline{G_{S4}}}$$

对于编码输出的低 3 位，则各个编码芯片的编码输出各位相“或”，由于是低电平有效输出，所以采用与非门实现。

由此，最后可以画出 32 位输入优先编码器电路，如图 4-52 所示。

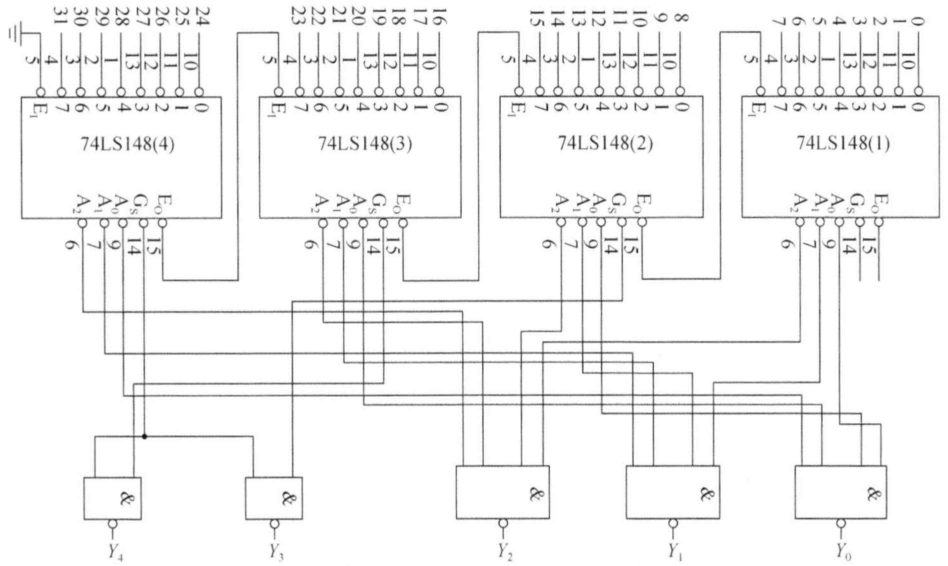

图 4-52　32 位输入优先编码器电路图

【例 4-15】 试设计能够实现 4 位二进制加减法的电路。

解：(1)使用异或门实现原变量或反变量。为实现减法运算，须求减数的补码，通常采用反码加 1 的方法，但为实现加法运算，又要使用原码，所以设计一个电路。该电路在加减法控制信号 A/S 的控制之下，能够在减法时对输入原码求反，而在加法时保持输入的原码，如图 4-53 所示，采用异或门实现。当加减控制信号 $A/S=1$ 时，异或门对 $A_4 \sim A_1$ 求反；当 $A/S=0$ 时，保持 $A_4 \sim A_1$ 为原码。

(2)将第 1 级 74LS283 的进位输入端与加减控制信号 A/S 相连，进行减法运算时，$A/S=1$，实现反码加 1；在实现加法运算时，$A/S=0$，加法不受影响。

(3)实现加法运算时，由于 $A/S=0$，第 1 级 74LS283 实现 $A_4 \sim A_1$ 和 $B_4 \sim B_1$ 相加，无论进位 C_O 是否为 1，与门 G_Y 输出都是 0，所以其相加和直接通过其后的异或门和第 2 级 74LS283 输出。

(4)实现减法运算时，由于 $A/S=1$，第 1 级 74LS283 实现 $B_4 \sim B_1$ 与 $A_4 \sim A_1$ 补码相加，其结果为：

①若是进位 $C_O=1$，则表示相加和为原码，不

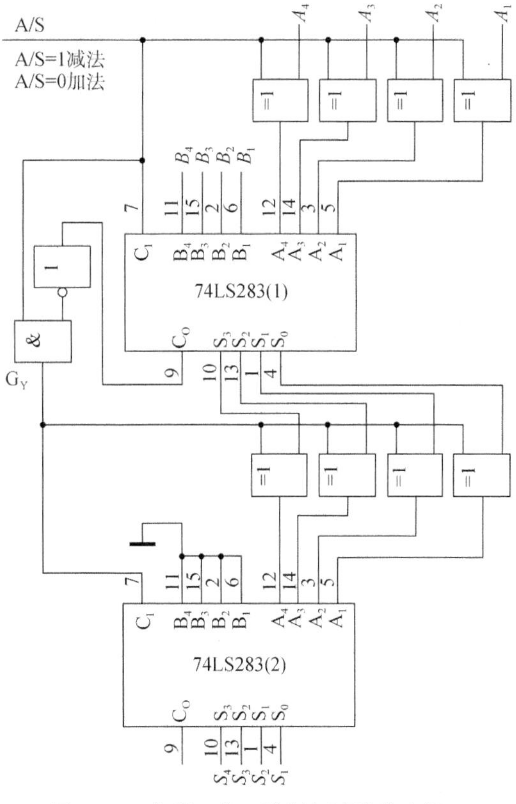

图 4-53　实现 4 位二进制加减法的电路

再进行求补运算，由于 $C_O=1$，所以与门 G_Y 输出 0，第 1 级 74LS283 的输出直通异或门和第 2 级 74LS283 输出；

②若是进位 $C_O=0$，表示相加和为负数，必须求补运算才能得到原码，由于控制信号 $A/S=1$，而且 $C_O=0$，所以与门 G_Y 输出 1，异或门对第 1 级 74LS283 输出实现求反，第 2 级 74LS283 实现反码加 1，最后输出原码。

设计验证如下所述。

(1)1001＋0101。

第 1 级 74LS283 输出与第 2 级 74LS283 相同，输出 1110。

(2)1001－0101。

1001＋0101 的补码 1011＝10101，第 1 级 74LS283 输出 0100，且 $C_O=1$，所以直通异或门和第 2 级 74LS283，输出 0100。

(3)0101－1001。

0101＋1001 的补码 0111＝1100，第 1 级 74LS283 输出 1100，由于 $C_O=0$，所以与门 G_Y 输出为 1，异或门输出 1100 的反码 0011，第 2 级 74LS283 实现反码加 1，最后输出 0100。

【例 4-16】 设计一个用 5 根导线分时传输 8 路开关信号的电路。要求在发送端发送开关信号，在接收端用发光二极管显示开关闭合与断开。

解：根据题意，若以 5 根导线传输 8 路信号，须在发送端将并行 8 路信号转成串行信号输出，再在接收端将串行信号转换为并行信号。在前面所学的器件中，可以使用八选一数据选择器实现并/串转换，使用三线-八线译码器实现串/并转换，八选一数据选择器的数据选择信号与三线-八线译码器的译码输入信号相连，并周期输入数据选择信号，实现 8 位开关数据的 5 线传输。连线如图 4-54 所示。

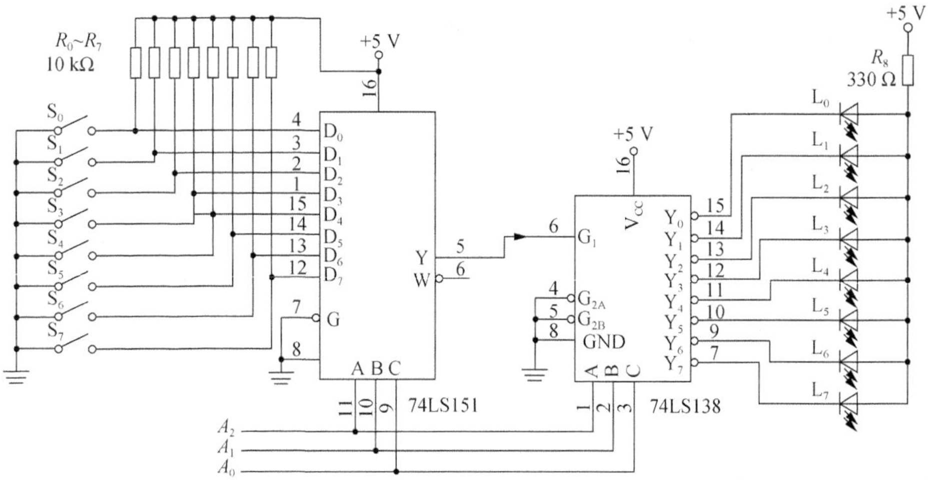

图 4-54　用 5 根导线分时传输 8 路开关信号的电路

当开关 S_0 闭合，数据选择端信号 A_2、A_1、A_0 为 000 时，由于数据端 $D_0=0$，则数据选择器输出 Y 为 0，由于 G_1 端为 0，因此三线-八线译码器的输出 Y_0 为 1，发光二极管 L_0 灭；若 S_0 开关断开，在上拉电阻的作用下，数据选择器输入信号 D_0 为 1，则数据选择器输出 Y 为 1，由于 $G_1=1$、$\overline{G_{2A}}=\overline{G_{2B}}=0$，则三线-八线译码器输出 Y_0 为 0，发光二极管亮。由于数据选择信号周期选择数据选择器输入数据端，并从三线-八线译码器对应引脚输出，因此实现 5 根导线（1 根数据线、3 根数据选择线和 1 根地线）传输 8 个开关量的功能。

发送端的开关信号用单刀单掷开关与上拉电阻构成，当开关断开时，上拉电阻向 74LS151 提供高电平信号；当开关闭合时，向 74LS151 提供低电平信号。由于 74LS151 的高电平输入电流为 $I_{IH}=20\ \mu A(V_{IH}=2.7\ V)$，可以计算出上拉电阻的最大阻值为

$$R_{max}=(5\ V-2.7\ V)/20\ \mu A=115\ k\Omega$$

实际中，可以选择小于 115 kΩ 阻值的电阻，在此选择 10 kΩ。

74LS138 的输出低电平电流 $I_{OL}=8\ mA(V_{OL}=0.5\ V)$，若选发光二极管电流为 8 mA、压降 V_{LED} 为 1.8 V，则接收端的发光二极管限流电阻阻值为

$$R_8=(5\ V-V_{OL}-V_{LED})/I_{OL}=(5\ V-0.5\ V-1.8\ V)/8\ mA=337\ \Omega$$

实际可以取值 330 Ω。由于三线-八线译码器在正常译码情况下仅有一个输出为 0，或者只有一个发光二极管亮，因此只需一个限流电阻。

4.5 组合电路的竞争与冒险

前面的逻辑电路分析与设计没有考虑逻辑门电路传输延迟时间对逻辑状态的影响，因此输入与输出之间是静态关系。在实际应用中，由于门电路传输延迟时间的影响导致一些不希望的时间很短的尖锋脉冲。

通常把一个门电路出现互补输入信号的现象定义为竞争，因为这种情况下输入信号的 0 和 1 争先恐后地对输出信号产生作用。使输出信号产生尖锋脉冲的现象称为冒险。

4.5.1 竞争-冒险现象

在图 4-55(a)中，无论 $A=1$ 或 $A=0$，输出 Y 都应是 0。若 A 信号由于非门传输延迟时间 t_{PD} 的影响，在 $A=1$ 后经过时间 $t_{PD}\overline{A}$才变为 0，因此与门两个输入端暂短同时为高电平，引起与门输出端产生如图 4-55(b)所示的短暂尖锋脉冲。

在图 4-55(c)中，无论 $A=1$ 或 $A=0$，输出 Y 都应是 1，若 A 信号由于非门传输延迟时间 t_{PD} 的影响，在 $A=0$ 后经过时间 $t_{PD}\overline{A}$才变为 1，因此或门两个输入端暂短同时为低电平，引起或门输出端产生如图 4-55(d)所示的短暂尖锋脉冲（又称为毛刺）。

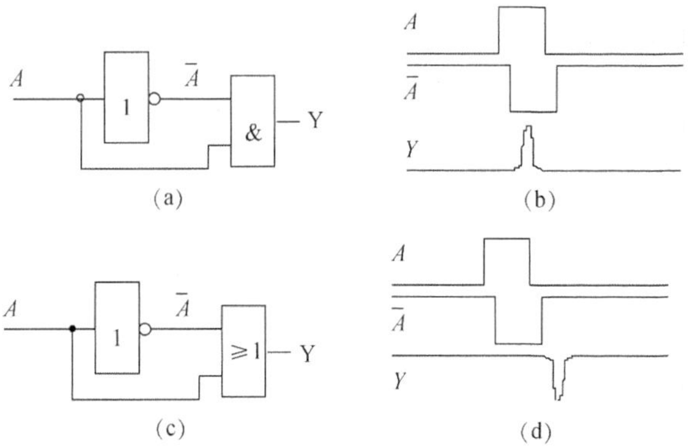

图 4-55　竞争-冒险现象

由以上分析可知，出现竞争-冒险现象的原因首先是在一个门电路中出现互补输入信号，然后由于互补信号的时间延迟使输出端出现尖锋脉冲。

判断一个电路是否出现竞争-冒险现象的简单方法是判断一个门电路是否存在互补输入信

号，只要输出函数出现互补信号，就可能存在竞争-冒险。

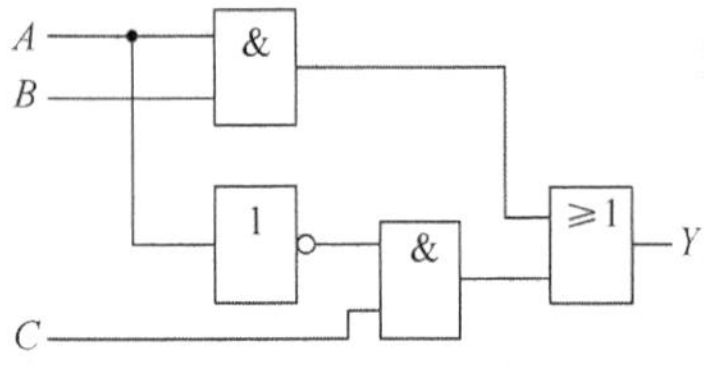

图 4-56　例 4-17 的逻辑图

【例 4-17】 若只有一个变量变化的情况下，试判断如图 4-56 所示的逻辑电路是否有竞争-冒险现象。

解：由图可以得到输出函数式为 $Y=AB+\overline{A}C$，当变量 $B=C=1$ 时，$Y=A+\overline{A}$，则可以认定有竞争，并可能有冒险现象。

【例 4-18】 在如图 4-57 所示的二线-四线译码器电路中，输入信号 A 从 1 变为 0，在 A 变化后，信号 B 延迟一段时间从 0 变为 1，试分析该电路输出 Y_0 是否具有竞争-冒险现象。

解：按照题意画出变量 A 与 B 的波形，再画出$\overline{A}$、$\overline{B}$的波形。由图 4-58 可知二线-四线译码器电路在 $BA=10(Y_2)$ 变为 $BA=01(Y_1)$ 的过程中，译码输出端 $Y_0=\overline{A}\ \overline{B}$可能同时出现高电平，因此存在竞争-冒险现象。

在实际应用中，译码器经常存在竞争-冒险现象，若译码器采用格雷编码输入，则可以消除竞争-冒险现象。

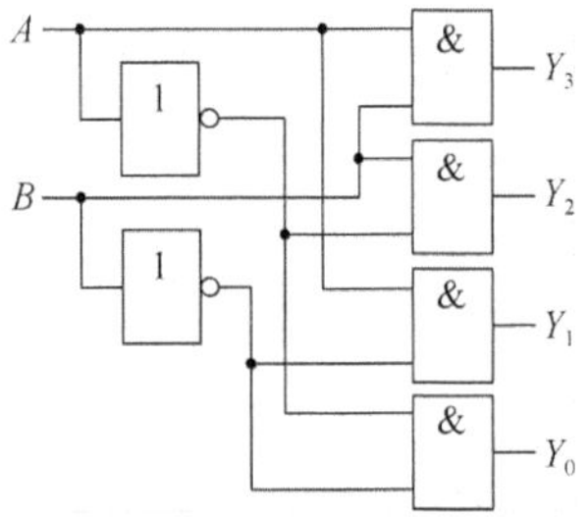

图 4-57　二线-四线译码器逻辑图

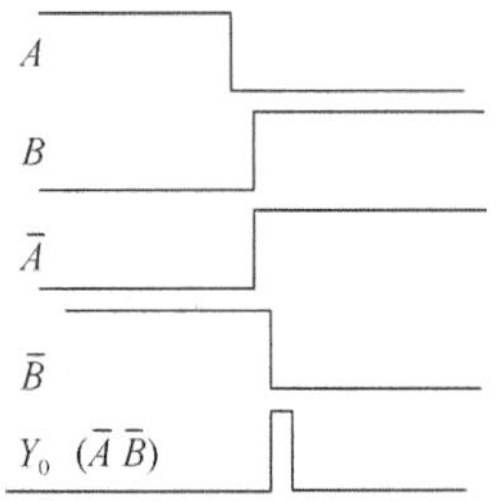

图 4-58　例 4-18 的波形图

若逻辑电路级数多、输入变量多，则判断竞争-冒险现象非常复杂。由于计算机仿真技术和测量技术的发展，目前广泛采用的方法是仿真研究，并结合具有存储能力的示波器实际测量逻辑电路，观察是否出现冒险现象。

须指出的是，由组合逻辑电路输出的冒险现象并不一定对下一级电路产生影响，只有易受影响的电路，如触发器、计数器等时序电路才对冒险现象敏感。

4.5.2　竞争-冒险现象的消除

1. 接入 RC 低通电路

由于竞争-冒险产生的尖锋脉冲时间都很短，所以在具有竞争-冒险现象的逻辑电路输出端串联 RC 低通电路，就可以在一定程度上抑制尖锋脉冲。

该方法虽然简单，但使输出电压波形的边沿变坏，故只能用于对波形和延迟时间要求不严格的情况。

2. 引入选通信号

在输入信号变化并有可能出现竞争-冒险现象时，用一个选通信号将输出门封锁，等到所有的输入信号都变为稳态后，再去掉选通信号。该方法的难度是如何得到所需的选通信号。

3. 更改逻辑设计

在逻辑表达式中适当增加一些冗余项，冗余项不改变逻辑功能，但可以消除互补信号产生的竞争-冒险现象。例如，表达式 $Y=AB+\overline{A}C$ 在 $B=C=1$ 时有竞争-冒险现象，增加冗余项 BC，$Y=AB+\overline{A}C+BC$，可以消除竞争-冒险现象，因为当 $B=C=1$ 时无论 A 如何变化，输出都是 1。

小　　结

本章主要内容为：

(1)组合电路分析，包括逻辑功能分析、波形分析、延迟时间分析和电特性分析。

(2)组合电路部件，包括编码器、译码器、数据选择器、数值比较器、加法器和奇偶校验电路的工作原理，以及如何使用译码器与数据选择器实现逻辑函数。

(3)组合电路设计，包括逻辑设计和直接设计。

(4)组合电路的竞争-冒险。

思 考 题

1. 组合电路电特性分析包括哪些内容？
2. 编码器的输入端数与输出端数之间是什么关系？优先编码器有什么优点？
3. 译码器的输入端数与输出端数之间是什么关系？每个输出端是输入变量的最小项吗？
4. 数码管分为哪两种？发光二极管管压降是多少？电流通常选多少？
5. 74LS138 译码器实现逻辑函数时，为什么使用与非门实现或门？
6. 数据选择器如何实现逻辑函数？两个选择端的数据选择器可否实现三变量逻辑函数？
7. 试叙述组合电路逻辑设计法步骤与应注意的问题。
8. 试叙述组合电路直接设计法步骤。若使用不同系列门电路设计，还应考虑哪些事项？
9. 叙述出现竞争的条件。

习　　题

【题 4-1】 写出图题 4-1 的输出逻辑函数式。

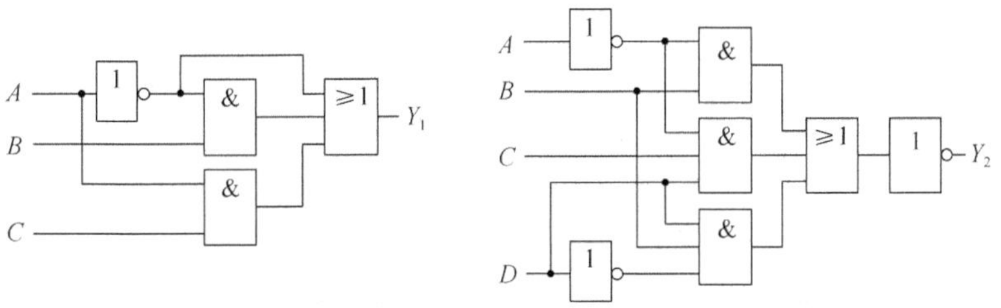

图题 4-1

【题 4-2】 使用与门、或门实现如下的逻辑函数式。

(1)$Y_1=ABC+D$；(2)$Y_2=A(CD+B)$；(3)$Y_3=AB+C$。

【题 4-3】 使用与门、或门和非门，或者与门、或门和非门的组合实现如下的逻辑函数式。

(1)$Y_1=AB+\overline{B}C$；(2)$Y_2=A(\overline{C}+B)$；(3)$Y_3=\overline{ABC}+B(EF+\overline{G})$。

【题 4-4】 试写出图题 4-4 电路的逻辑函数式，列出真值表，并分析该电路的逻辑功能。

【题 4-5】 逻辑电路与其输入端的波形如图题 4-5 所示，试画出逻辑电路输出端 Y 的波形。

【题 4-6】 在图题 4-6 的逻辑电路中，与非门为 74LS00，或非门是 74LS02，非门是 74LS04。试分析该电路的最大传输延迟时间。

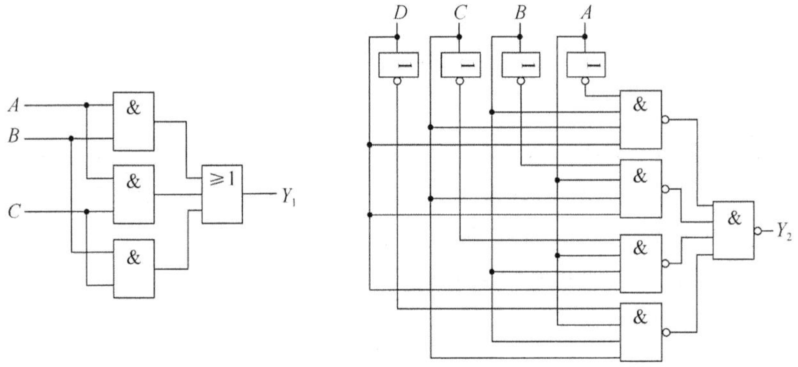

图题 4-4

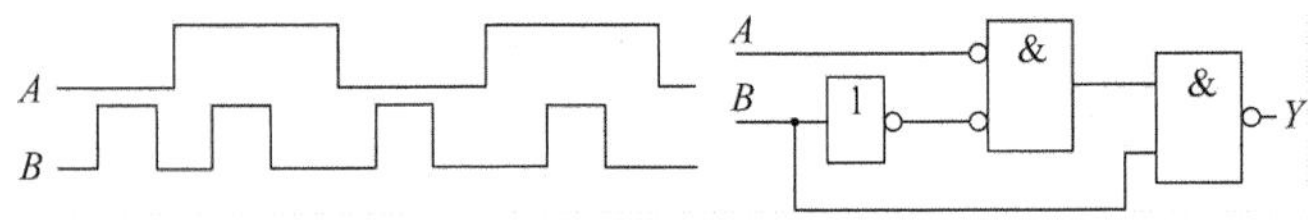

图题 4-5

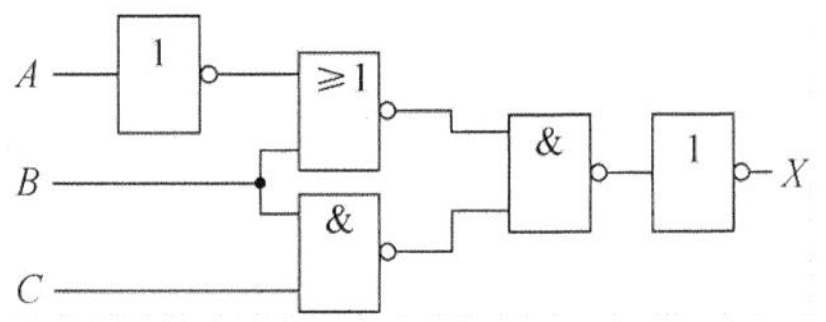

图题 4-6

【题 4-7】 如图题 4-7 所示的是家用报警器装置，该装置具有 6 个开关，各开关动作如下：

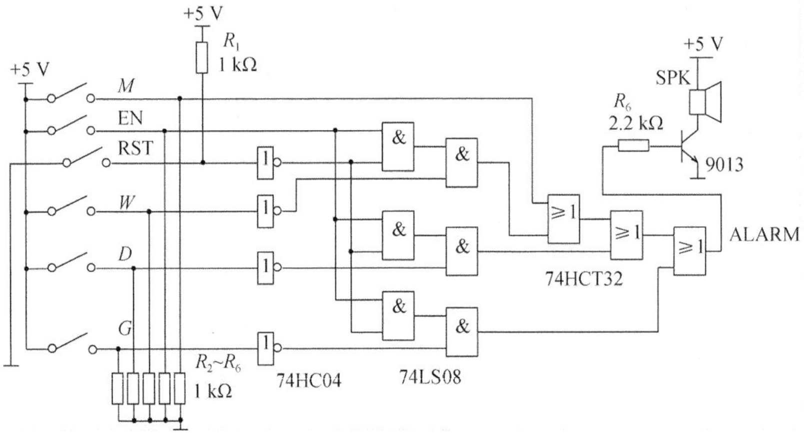

图题 4-7

(1)人工报警开关 M，该开关闭合时，报警信号 ALARM＝1，开始报警。

(2)报警使能开关 EN，该开关闭合时，窗户、门和车库信号使 ALARM＝1。

(3)复位开关 RST，该开关断开时，取消报警。

(4)窗户开关 W，该开关平常处于闭合状态，一旦断开，ALARM＝1，开始报警。

(5)门开关 D，该开关平常处于闭合状态，一旦断开，ALARM＝1，开始报警。

(6)车库开关 G，该开关平常处于闭合状态，一旦断开，ALARM＝1，开始报警。

(1)试写出电路的逻辑函数式。

(2)该报警装置采用 HC、LS 和 HCT 系列的门电路，试计算电路接口之间的噪声容限。

(3)确定开关与 74HC04 之间、74HCT32 与 9013 晶体管之间的接口电路是否可以正确动作。

(4)试计算该电路的最大静态功耗，若用 5 V 电压、800 mA·h 的电池供电，可以工作多长时间？各芯片静态电源电流如下所述：四 2 输入或门 74HCT32 的静态电源电流 $I_{CC}=20\ \mu A$，每个引脚附加电源电流 $\Delta I_{CC}=0.5$ mA；六非门 74HC04 的电源电流 $I_{CC}=2\ \mu A$；四 2 输入与门 74LS08 的电源电流 $I_{CCH}=4.8$ mA，$I_{CCL}=8.8$ mA。

【题 4-8】 试用 74LS147 和 74LS04 组成一个 0～9 按键编码器，要求输出任一按键按下信号 EN，并输出高电平有效的编码 $A_3 \sim A_0$。

【题 4-9】 试用门电路设计四线-二线优先编码器，输入、输出信号都是高电平有效，要求任一按键按下时，G_S 为 1，否则 $G_S=0$；要求没有按键按下时，E_O 信号为 1，否则为 0。

【题 4-10】 用三线-八线译码器 74LS138 和与非门实现如下多输出函数。

$$F_1(A,B,C)=AB+BC+AC$$

$$F_2(A,B,C)=\sum m(2,5,7,9)$$

【题 4-11】 试用三线-八线译码器 74LS138 和门电路实现一位二进制全减器(输入为被减数、减数与来自低位的借位；输出为差和向高位的借位)。要求用按键输入减数、被减数和进位，发光二极管显示减法结果。

【题 4-12】 试用 74LS147、74LS46、74LS04 与共阳数码管等设计一个 0～9 按键输入，数码管显示按键数字值的电路。

【题 4-13】 试用门电路设计一个二选一数据选择器。

【题 4-14】 试用八选一数据选择器 74LS151 实现如下函数。

$$F_1(C,B,A)=AB+BC$$

$$F_2(D,C,B,A)=\overline{A}BD+\overline{A}B\,\overline{C}$$

$$F_3(D,C,B,A)=A\,\overline{C}D+\overline{A}\,\overline{B}CD+BC+B\,\overline{C}\,\overline{D}$$

$$F_4(D,C,B,A)=\sum m(0,2,3,5,7)$$

【题 4-15】 试用八选一数据选择器 74LS151 实现一个代码转换电路，输入为 3 位二进制代码，输出为 3 位格雷码。

【题 4-16】 试用八选一数据选择器 74LS151 实现 4 个开关控制一个灯的逻辑电路，要求改变任何一个开关的状态都能控制灯的状态(由灭到亮，或反之)。

【题 4-17】 试分析图题 4-17 电路在 S_1、S_0 信号控制下，输入 A、B 与输出 Y 之间的关系。

【题 4-18】 试采用门电路设计一个六线-一线数据选择器，要求电路最简单。

【题 4-19】 试写出图题 4-19 加法器的输出。

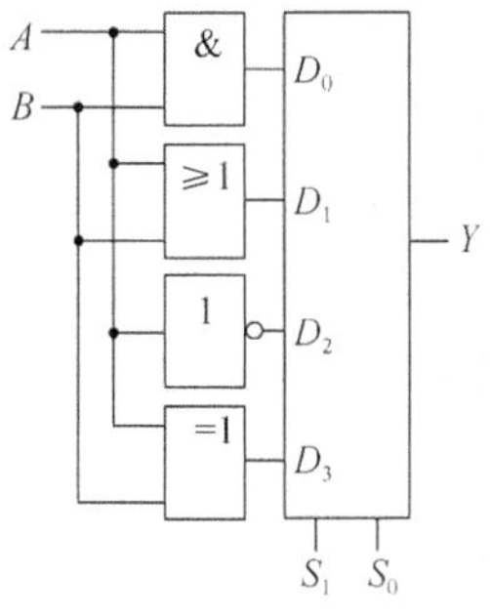

图题 4-17

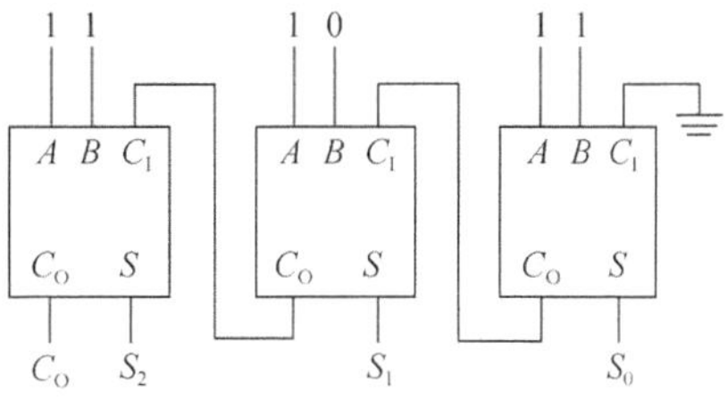

图题 4-19

【题 4-20】 对于如图题 4-20 所示波形作为输入的 74LS85 电路，试画出其输出端的波形。

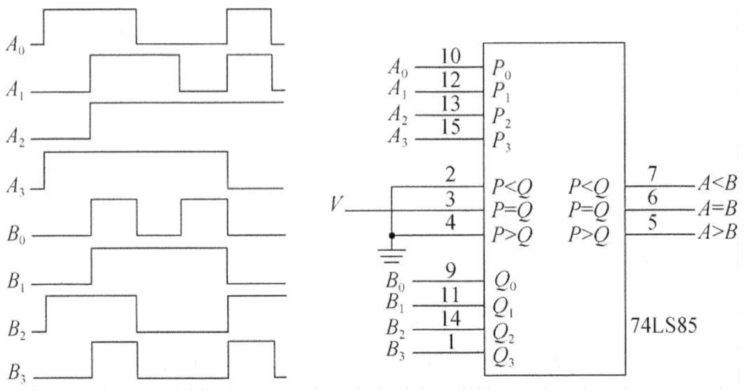

图题 4-20

【题 4-21】 对于如图题 4-21 所示波形作为输入的电路，试画出其输出端的波形。

【题 4-22】 试设计一个 BCD 代码转换成格雷码的代码转换器。

【题 4-23】 试设计一个检测电路，当 4 位二进制数为 0、2、4、6、8、10、12、14 时，检测电路输出为 1。

【题 4-24】 某公司 3 条装配线各需要 100 kW 电力，采用两台发电机供电，一台 100 kW，另外一台是 200 kW，3 条装配线不同时开工。试设计一个发电机控制器，可以按照需启动发电机以达到节电的目的。

【题 4-25】 某单片机控制外部设备的电路如图题 4-25 所示，S_1、S_2是受控外部设备，单片机输出地址为 $A_7 \sim A_0$，试求出设备 S_1与 S_2的地址码。

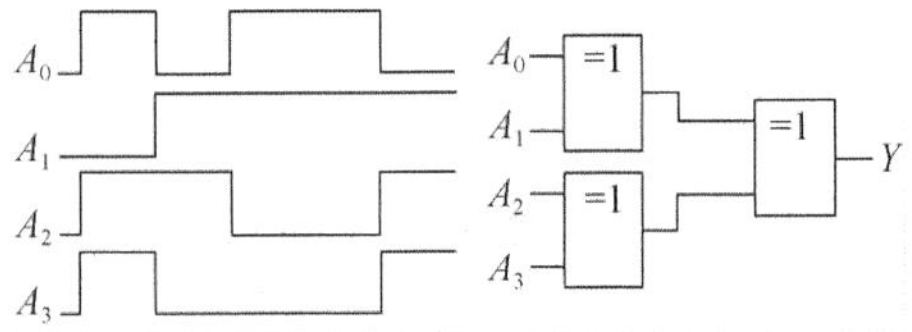

图题 4-21

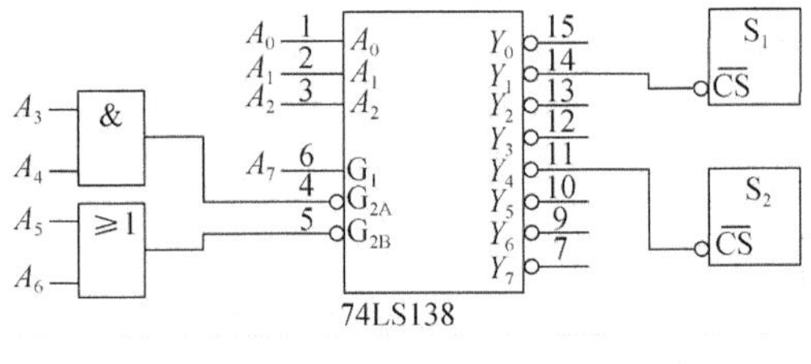

图题 4-25

【题 4-26】 试用四线十六线译码器 74154、十六选一数据选择器 74150，以及非门 7404 设计一个用 6 根线传输 16 线信号的电路(查阅 74154 和 74150 数据手册，了解这两种芯片的功能)。

【题 4-27】 试设计一个 BCD 输入的 4 位数码管扫描显示电路，输入信号为 4 位 BCD 码与 4 位低电平有效的扫描信号(使用共阳数码管、BCD-七段译码器 74LS247、双四选一数据选择器 74LS153 与三极管)。

【题 4-28】 某医院有 4 间病房，各个房间按患者病情严重程度分类，1 号房间患者病情最重，4 号房间病情最轻。试用 74LS148 设计一个患者呼叫装置，该装置按患者的病情严重程度呼叫大夫(按下按钮相当于呼叫)，若两个或两个以上的患者同时呼叫大夫，则只显示病情重患者的呼叫。要求采用数码管显示房间号，并用蜂鸣器提示。

第 5 章　锁存器与触发器

锁存器与触发器是具有数据记忆功能的数字电路单元，是时序电路的基本部件。本章首先介绍锁存器，然后依次介绍 SR 触发器、D 触发器、JK 触发器、T 触发器的电特性和触发器的应用。

5.1　概　　述

锁存器与触发器都是具有记忆功能的数字电路单元，锁存器和触发器都有 0 和 1 两个输出状态，都有控制输出状态的输入端，但只有触发器有使能输出状态变化的触发端。

(1)驱动信号：加在锁存器或触发器输入端，使其输出状态改变的信号，系激励信号。为叙述方便，有时也简称输入信号。

(2)初态：常用 Q^n 或 Q 表示，指触发器原有的状态，又称为现态。

(3)新状态：常用 Q^{n+1} 或 $Q*$ 表示，指由驱动信号与现态 Q^n 共同决定的触发器的新状态，又称为次态。

若通过输入端加入驱动信号，使锁存器或触发器的新状态为 1，则即为存储 1；若通过输入端加入驱动信号，使锁存器或触发器的新状态为 0，则即为存储 0。

锁存器和触发器有时可以互换使用，因为它们都可以存储二进制信号，但二者有区别，主要表现在锁存器的输入信号直接影响输出；触发器具有触发端，利用电平、脉冲或脉冲边沿控制输入信号，进而影响输出。

锁存器主要有 SR 型。

触发器主要有四种类型：SR 型触发器、D 型触发器、JK 型触发器和 T 型触发器。

触发器按触发方式又可分为电平、脉冲和边沿三种。

(1)电平触发方式的特点是在整个触发电平有效期间，输入信号可以控制触发器的输出状态。

(2)脉冲触发方式的触发器采用主从结构，特点是主触发器的触发电平有效时，接收输入信号；从触发器的触发电平有效时，改变输出状态。

(3)边沿触发器触发的特点是触发器状态在触发脉冲的上升沿或下降沿改变，输入信号只要保持很短时间即可。

5.2　锁　存　器

在组合电路中，输入信号一旦消失，输出信号也就随之消失，而锁存器的输入信号一旦出现，输出信号不仅出现，而且在输入信号消失之后仍然存在。

5.2.1　由三极管组成的 SR 双稳态电路

由三极管组成的 SR 双稳态电路如图 5-1 所示。由图可知，这是互连的两个三极管非门电路，T_1 的输出 $\overline{Q}$ 通过电阻 R_{F1} 组成的反馈电路连接到 T_2 的基极，T_2 的输出 Q 通过电阻 R_{F2} 组成的

反馈电路连接到 T_1 的基极。输入信号 S 通过电阻 R_{B1} 连接到 T_1 的基极，输入信号 R 通过电阻 R_{B2} 连接到 T_2 的基极。

(1)初始状态：在电路上电后，由于两个非门电路参数不对称，例如，如果 T_1 的 β_1 大于 T_2 的 β_2，则 T_1 较 T_2 饱和，使 $\overline{Q}$ 点电位低于 Q 点电位，经过反馈电阻 R_{F1} 使 T_2 基极电位变低，集电极电位 Q 变高；经过反馈电阻 R_{F2}，使 T_1 基极电位更高，集电极电位 $\overline{Q}$ 变低。如此反复，在极短时间内，T_2 截止，使输出 Q 点电位接近 5 V；T_1 饱和，使 $\overline{Q}$ 点的电位接近 0.3 V。这时，双稳态电路进入稳态，$\overline{Q}=0$，$Q=1$。

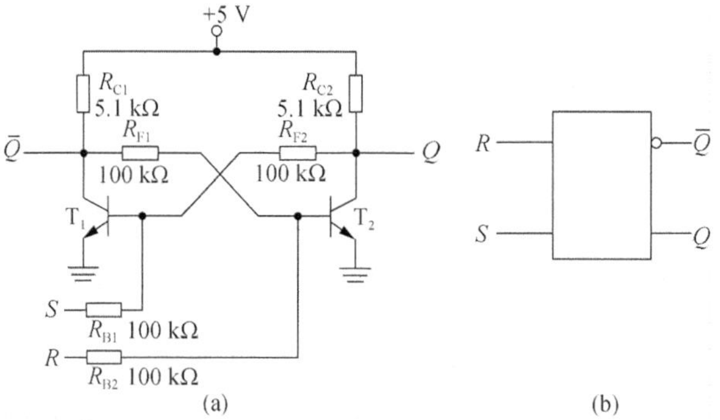

图 5-1　由三极管组成的 SR 双稳态电路与其符号

(2)双稳态电路置零：若这时在 R 端加高电平，并使 S 端电位为低电平，则使 T_2 饱和，$Q=0$，连接 T_1 基极的反馈电路使 T_1 截止，$\overline{Q}=1$；由于连接 T_2 基极的反馈电路维持 T_2 饱和，所以在 R 端脉冲返回低电平后，仍能维持 $Q=0$。

(3)双稳态电路置 1：若这时在 S 端加高电平，R 端电位为低电平，则使 T_1 饱和，使 $\overline{Q}=0$，连接 T_2 的反馈电路使 T_2 截止，$Q=1$。由于连接 T_1 基极的反馈电路维持 T_1 饱和，所以在 S 端脉冲返回低电平后，仍能维持 $\overline{Q}=0$。

由上述工作原理可以总结该双稳态电路的功能，如表 5-1 所示。

表 5-1　SR 双稳态电路的功能表

S	R	Q	$\overline{Q}$	说　明
0	0	Q_0	$\overline{Q}_0$	保持状态
0	1	0	1	置零
1	0	1	0	置 1
1	1	0	0	非正常输入状态，当输入信号 S、R 同时为 1 时，输出端都为低电平；若是输入端再同时变为 0，则不能确定输出状态

给定 S、R 时序波形时 SR 双稳态电路的动作时序如图 5-2 所示。

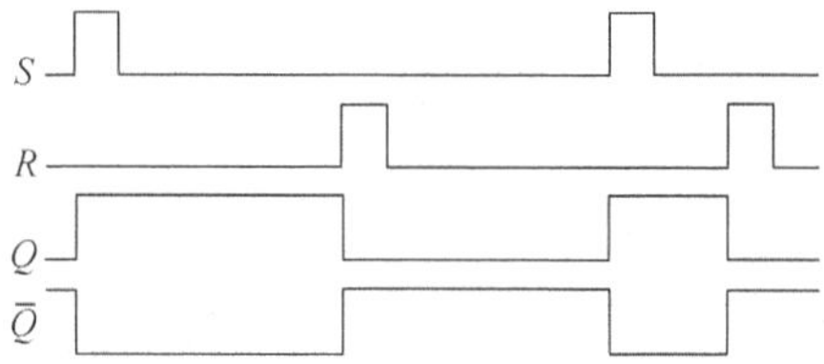

图 5-2　给定 S、R 时序波形时 SR 双稳态电路的动作时序

5.2.2 由或非门组成的SR锁存器

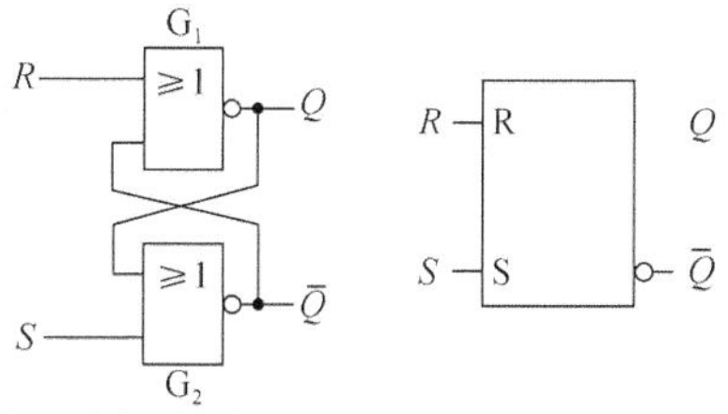

图 5-3 由或非门组成的 SR 锁存器逻辑电路图及图形符号

图 5-3 是由或非门组成的 SR 锁存器逻辑电路图与图形符号。

(1)上电初始状态：若输入信号 $R=S=0$ 时锁存器上电，由于两个或非门电路参数不同，通过竞争，总有一个或非门输出为 1，另外一个或非门输出为 0。例如，如果 G_1 输出 $Q=0$，因此 G_2 输出 $\overline{Q}=\overline{Q+S}=1$；$\overline{Q}=1$ 又保持 G_1 输出 $Q=\overline{R+\overline{Q}}=0$。由于两个门之间反馈连线，所以两个门的输出状态保持不变。若输入信号不变，就一直维持 Q 的状态保持零态。这里，$Q=0$ 称为零态，$Q=1$ 称为 1 态。

(2)置 1：若输入信号 $S=1$、$R=0$，G_2 输出 $\overline{Q}$ 无论为 1 还是 0，均有 $\overline{Q}=\overline{Q+S}=0$，并使 $Q=\overline{R+\overline{Q}}=1$。由于 $Q=1$，所以称为 1 态，而输入信号 $S=1$、$R=0$ 称为置位或置 1 信号。

(3)置零：若输入信号 $S=0$、$R=1$，G_1 输出 Q 无论为 1 还是 0，均有 G_1 输出端 $Q=\overline{R+\overline{Q}}=0$，使 $\overline{Q}=\overline{Q+S}=1$，由于 $Q=0$，所以称为零态，而输入信号 $S=0$、$R=1$ 称为复位或置零信号。

(4)不允许输入情况：若是输入信号 $R=S=1$，则有 $Q=\overline{Q}=0$，虽然两个输出端有确定的低电平，但触发器不是 1 态，也不是零态；此情况下若使输入信号 $R=S=0$，则输出状态不能确定。因此应避免使输入信号 R、S 同时为 1，为使这种情况不出现，特给该锁存器加一个约束条件 $RS=0$。

由于 S 信号与 R 信号都是高电平起作用，因此或非门 SR 锁存器的输入信号高电平有效。

前面的分析用表格表示，得到或非门结构 SR 锁存器的特性表，见表 5-2。

根据特性表，考虑约束条件 $RS=0$，可得如图 5-4 所示的 Q 端次态卡诺图。

表 5-2 或非门 SR 锁存器的特性表

S	R	Q^n	Q^{n+1}	说明
0	0	0	0	保持
0	0	1	1	
0	1	0	0	复位
0	1	1	0	
1	0	0	1	置位
1	0	1	1	
1	1	0	×	不允许输入情况
1	1	1	×	

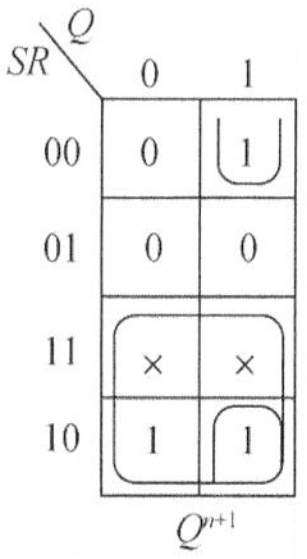

图 5-4 或非门 SR 锁存器的次态卡诺图

由卡诺图可得或非门 SR 锁存器特性方程为

$$Q^{n+1}=S+\overline{R}Q \quad \text{具有约束条件 } RS=0$$

由特性方程可得出如图 5-5 所示的状态图。状态图是用图形方式描述锁存器状态转换规律的一种方法，两圆圈内是锁存器的两个状态，具有箭头的弧线表示状态转移方向，弧线旁的数字是状态转移的条件，如当 $SR=10$ 时，从 0 状态转移到 1 状态；当 SR 为 0× 时，状态从 0 转移到 0。这里，× 表示“任意”，可以是 1 或是 0。

给定 S、R 时序波形时或非门 SR 锁存器 Q 端动作时序如图 5-6 所示。

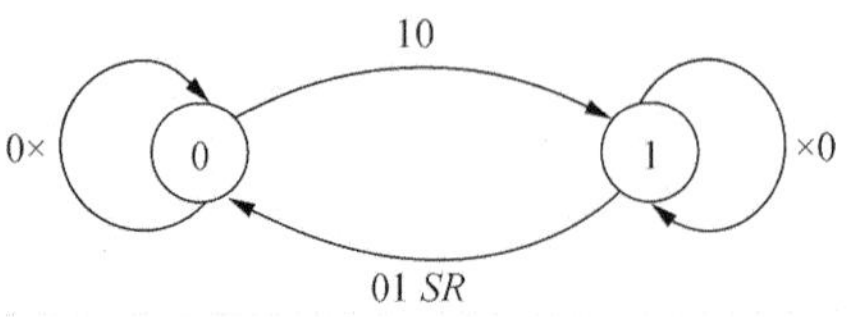

图 5-5　或非门 SR 锁存器的状态图

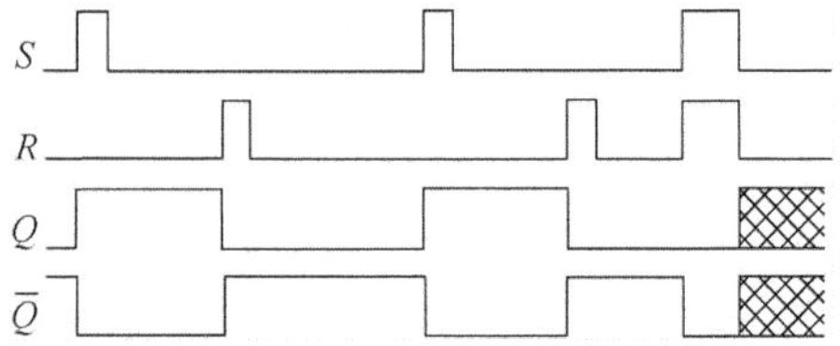

图 5-6　或非门 SR 锁存器 Q 端动作时序图

5.2.3　由与非门组成的 SR 锁存器

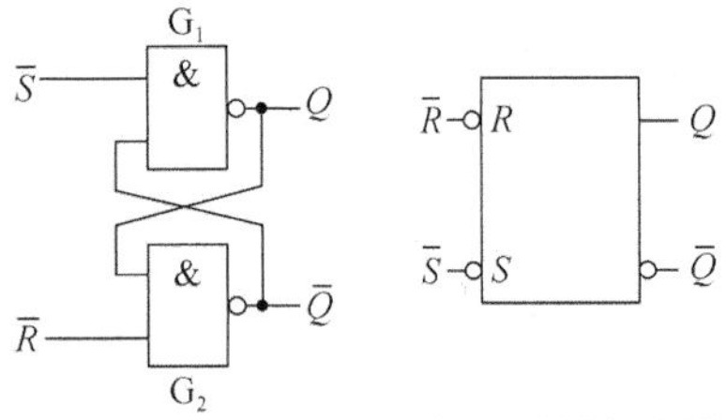

图 5-7　由与非门组成的 RS 锁存器结构

由与非门组成的 SR 锁存器见图 5-7。与前述由或非门组成的 SR 锁存器的差别是由与非门组成的锁存器的输入信号低电平有效。

$\overline{S}$、$\overline{R}$分别表示置 1 和置零输入端，在图形符号上以小圆圈表示低电平输入有效。

(1)上电状态：若$\overline{S}=1$、$\overline{R}=1$，则两个与非门通过竞争，锁存器输出一个稳定状态。

(2)当$\overline{S}=1$、$\overline{R}=1$ 时，两个与非门解除封锁，各自的输出由反馈线确定，锁存器输出状态不变。

(3)当$\overline{S}=0$、$\overline{R}=1$ 时，$Q=1$，由于$\overline{R}=1$，所以$\overline{Q}=0$。

(4)当$\overline{S}=1$、$\overline{R}=0$ 时，$\overline{Q}=1$，由于$\overline{S}=1$，所以 $Q=0$。

(5)当$\overline{S}=0$、$\overline{R}=0$ 时，$\overline{Q}=0$，$Q=0$。不是状态 1，也不是状态 0，因此$\overline{S}=0$、$\overline{R}=0$ 的输入情况不允许出现。

由上所述，可知与非门 RS 锁存器的特性表如表 5-3 所示。

由特性表可得与非门 SR 锁存器次态卡诺图，如图 5-8 所示。

表 5-3　与非门 RS 锁存器的特性表

$\overline{S}$	$\overline{R}$	Q^n	Q^{n+1}	说　明
1	1	0	0	保持
1	1	1	1	
1	0	0	0	复位
1	0	1	0	
0	1	0	1	置位
0	1	1	1	
0	0	0	×	不允许输入情况
0	0	1	×	

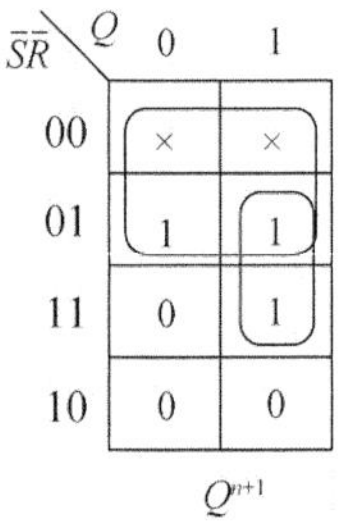

图 5-8　与非门 SR 锁存器的次态卡诺图

由次态卡诺图得到如下的特性方程：

$$Q^{n+1}=\overline{\overline{S}}+\overline{R}Q^n \quad \text{具有约束条件 } \overline{R}+\overline{S}=1$$

由特性方程可得如图 5-9 所示的状态图。

由以上分析，给定 S、R 端输入时序波形时与非门 SR 锁存器动作时序如图 5-10 所示。

74LS279 是四与非门 SR 锁存器，其中的两个锁存器具有 2 个置位输入端。置位和复位输入都是低电平有效。该锁存器只输出 Q 端信号。74LS279 的符号如图 5-11 所示。表 5-4 是

74LS279 的特性表。

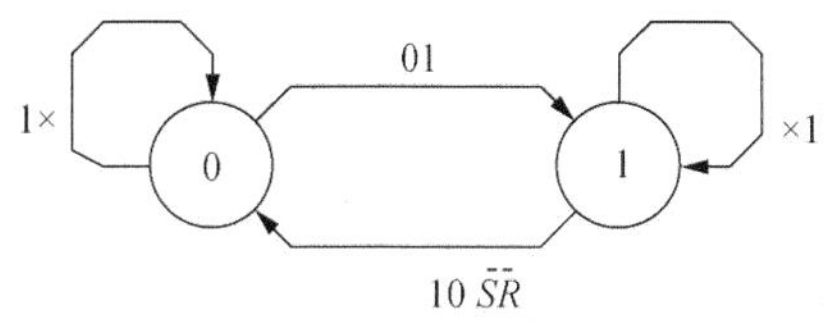

图 5-9　与非门结构 SR 锁存器的状态图

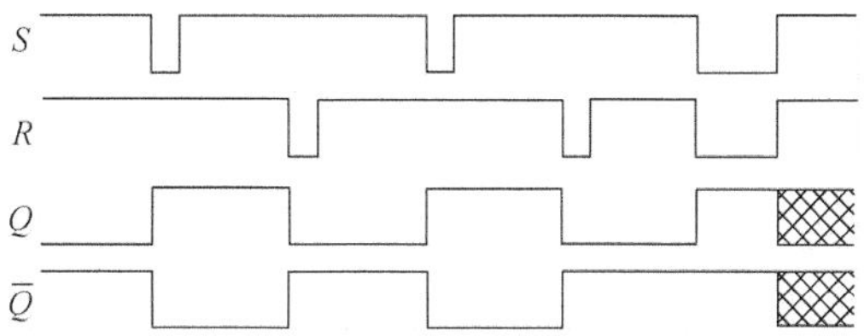

图 5-10　由与非门组成的 SR 锁存器动作时序图

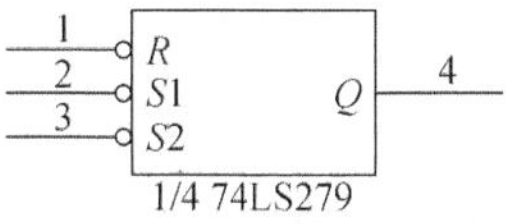

图 5-11　74LS279(1/4)符号图

表 5-4　四与非门 RS 锁存器 74LS279 特性表

输入		输出	说明
$\overline{S1}$&$\overline{S2}$	$\bar{R}$	Q	
1	1	Q	保持
0	1	1	置 1
1	0	0	置零
0	0	×	不允许

【例 5-1】　试使用 SR 锁存器设计消除机械开关弹跳影响的电路。

解:图 5-12 是常用来消除机械开关弹跳影响的电路。机械开关在接点紧密接触前,会多次弹跳,虽然弹跳的时间很短,但会产生断续的电压信号。例如,开关闭合时接点输出稳定的高电平,但由于接点弹跳,实际输出如图 5-12(a)所示多次交错的高低电平。这样的交错高低电平很容易使数字电路出现误动作。如图 5-12(b)所示的电路可以有效消除接点弹跳的影响。

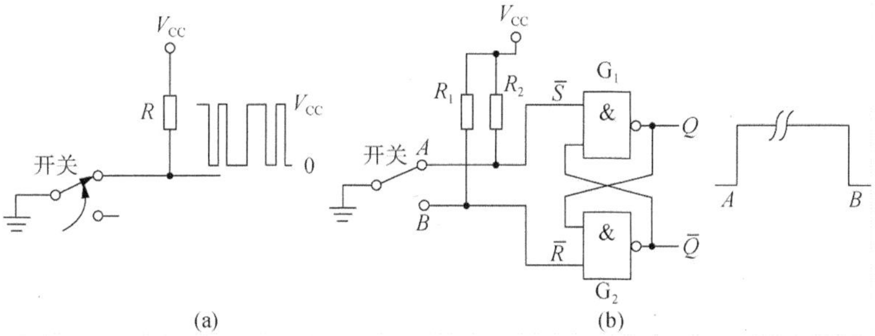

图 5-12　消除开关弹跳影响的原理与电路

当开关动触点从 B 位置向 A 位置移动,在未到达 A 位置时,A 点处于高电平,输出 Q 保持原状态 $Q=0$;当动触点与 A 点接触后,A 点瞬间处于低电平,输出 $Q=1$;随后,动触点从 A 点弹开,A 点电位为高电平,输出 Q 保持高电平不变,直到开关动触点与 A 点紧密接触为止。

5.3　SR 触发器

SR 锁存器的输入端信号能直接对输出产生影响,而实际的工作常要求锁存器按一定的时间节拍进行工作,这就需要用一个控制端进行同步控制,这个控制端一般被称为触发端或门控端。具有触发端的锁存器称为触发器,当触发信号有效时触发器的输入才影响输出。

带触发端的 SR 锁存器电路如图 5-13 所示,其中图 5-13(a)是原理图;图 5-13(b)是符号图;

图 5-13(c)用于区别触发端:具有圆圈的触发端低电平触发有效,没有圆圈的触发端高电平触发有效。触发端 C1 可以控制输入端 1S 和 1R。

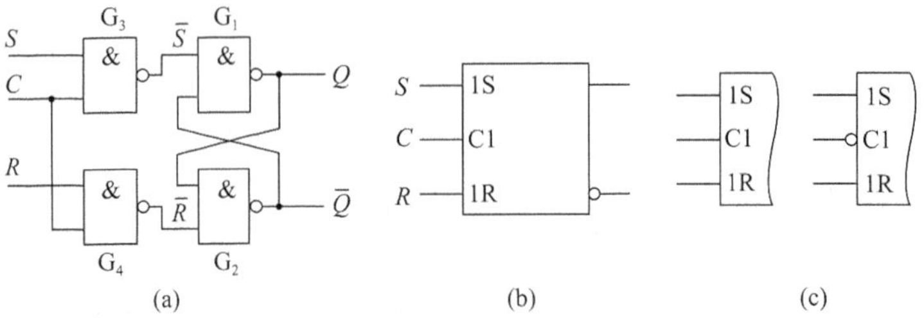

图 5-13　电平触发 SR 触发器

当触发信号 C 为 1 时,S、R 信号可以通过 G_3、G_4,这时 SR 触发器的功能同或非门结构的 SR 锁存器;触发信号 C 为 0 时,S、R 信号被封锁。

由图可知,当触发信号 C 为低电平时,由与非门 G_3 和 G_4 的输出为 1,由与非门 G_1 和 G_2 组成的锁存器处于保持状态;当触发信号 C 为高电平时,与非门 G_3 输出为$\overline{S}$,与非门 G_4 输出为$\overline{R}$,这时由与非门 G_1 和 G_2 组成的锁存器输出由$\overline{S}$和$\overline{R}$信号确定。

综合上述,当触发信号 $C=0$ 时,触发器状态保持不变。当触发信号 $C=1$ 时,触发器的功能同或非门结构的基本 SR 锁存器。表 5-5 是根据以上分析得到的电平触发 SR 触发器的特性表。

由特性表可得如图 5-14 所示的电平触发 SR 触发器次态卡诺图。

表 5-5　电平触发 SR 触发器的特性表

C S R	Q^n	Q^{n+1}	说明
0 × ×	0	0	保持
0 × ×	1	1	
1 0 0	0	0	不变
1 0 0	1	1	
1 0 1	0	0	复位
1 0 1	1	0	
1 1 0	0	1	置位
1 1 0	1	1	
1 1 1	0	×	不允许
1 1 1	1	×	

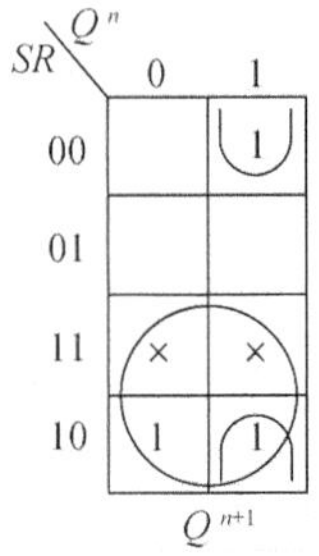

图 5-14　电平触发 SR 触发器的次态卡诺图

由次态卡诺图可得电平触发 SR 触发器的特性方程为

$$Q^{n+1}=S+\overline{R}Q^n \quad 约束条件\ RS=0$$

电平触发 SR 触发器的状态图如图 5-15 所示。

给定 S、R 信号的电平触发 SR 触发器动作时序如图 5-16 所示。由图可知,只须考虑触发信号 $C=1$ 期间时的 S、R 输入信号,就可以画出输出端 Q 的时序波形。

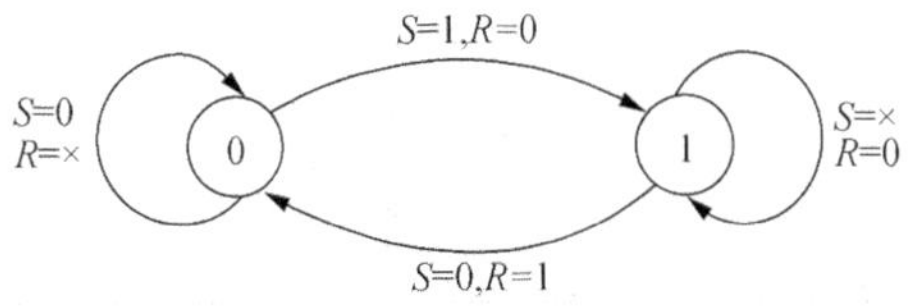

图 5-15　电平触发 SR 触发器的状态图

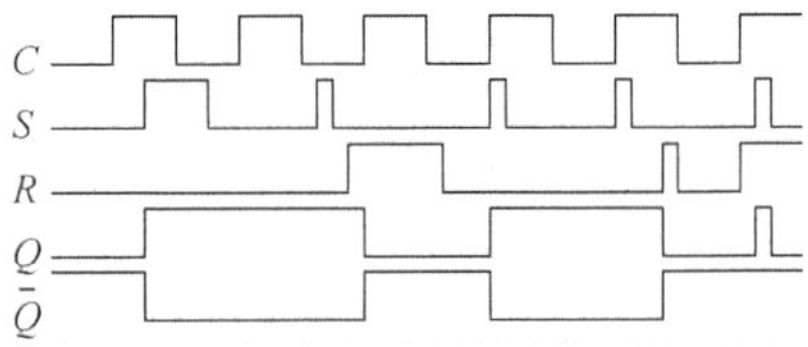

图 5-16　电平触发 SR 触发器动作时序图

5.4 D触发器

5.4.1 电平触发D触发器

对电平触发SR触发器稍加改动，就形成如图5-17所示的电平触发D触发器，其中图5-17(a)是电路图；图5-17(b)是符号图；图5-17(c)是不同触发引脚的符号，具有圆圈的是低电平有效，无圆圈的是高电平有效。

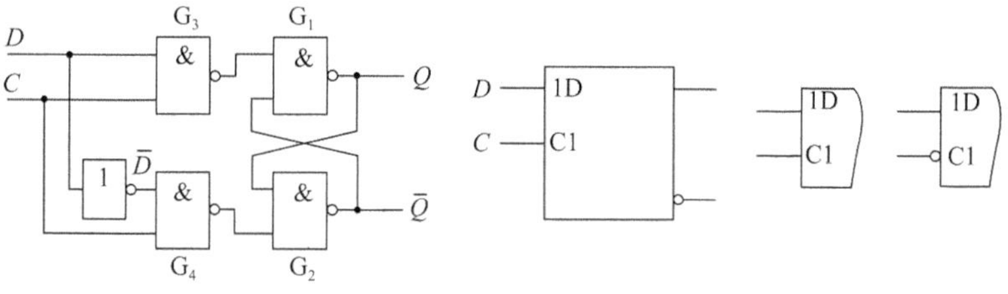

图5-17　电平触发D触发器

由图可知，触发信号C为低电平时，G_3与G_4封锁输出高电平，触发器输出保持不变。当触发信号C为高电平时，D信号控制触发器输出：当$D=0$时，G_3输出1，G_4输出0，触发器输出$\bar{Q}=1$，$Q=0$；当$D=1$时，G_3输出0，G_4输出1，触发器输出$Q=1$，$\bar{Q}=0$。

电平触发D触发器的特性表如表5-6所示。

给定D信号时序波形时电平触发D触发器动作时序如图5-18所示。画图时，只须考虑触发信号$C=1$期间的情况。

表5-6　电平触发D触发器的特性表

C	D	Q^{n+1}	说　明
0	×	Q^n	保持
1	0	0	置零
1	1	1	置1

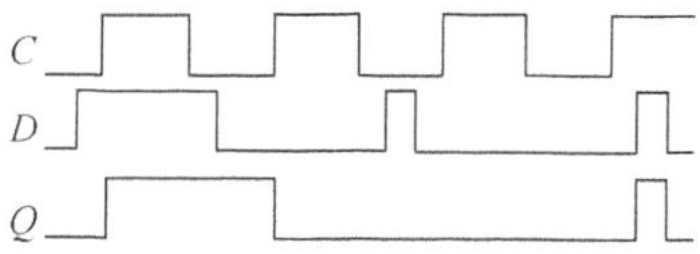

图5-18　给定D信号时序波形时电平触发D触发器动作时序

74LS75是电平触发D触发器。该器件内部具有4个D触发器，每两个D触发器共用一个电平触发信号，该电路的符号如图5-19所示，功能如表5-7所示。

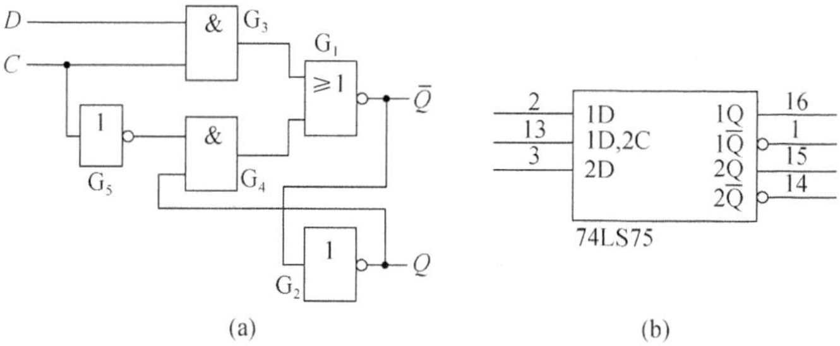

图5-19　D触发器74LS75的电路图与符号图

表 5-7　电平触发 D 触发器 74LS75 功能表

输入		输出	说明
D	C	Q	
0	1	0	置 0
1	1	1	置 1
×	0	Q	保持

由 74LS75 的电路图可知，当触发信号 $C=1$ 时，G_3 解除封锁，D 端信号可以随时控制输出 Q 的状态；当触发信号 $C=1$ 时，封锁 G_4，使 G_2 输出到 G_4 输入的反馈线失效。当 $C=0$ 时，封锁 G_3，使 D 信号失去作用；同时，使 G_4 门解除封锁，G_2 输出到 G_4 输入的反馈线起作用，使触发器保持 Q 的状态。

【例 5-2】 试设计一个输入 0～9 数字的按键电路，要求对按键信号锁存并显示。

解：按照题目要求，使用 74LS147 进行 0～9 数字按键编码，使用四个 D 锁存器 74LS75 锁存按键信号，并使用 BCD-七段译码器 74LS247 译码，推动共阳极数码管显示。设计电路如图 5-20 所示。其中按键按下信号 Y，作为 74LS75 的锁存使能信号，任何一个按键按下时，Y 信号呈现高电平，74LS75 的 1C，2C 引脚处于使能状态，按键编码信号进入 D 锁存器；按键抬起后，Y 信号为低电平，按键编码锁存在 74LS75 内。由于 74LS147 编码低电平有效，所以锁存在 74LS75 后，从各触发器 $\overline{Q}$ 端输出，满足 74LS247 输入高电平的需求。

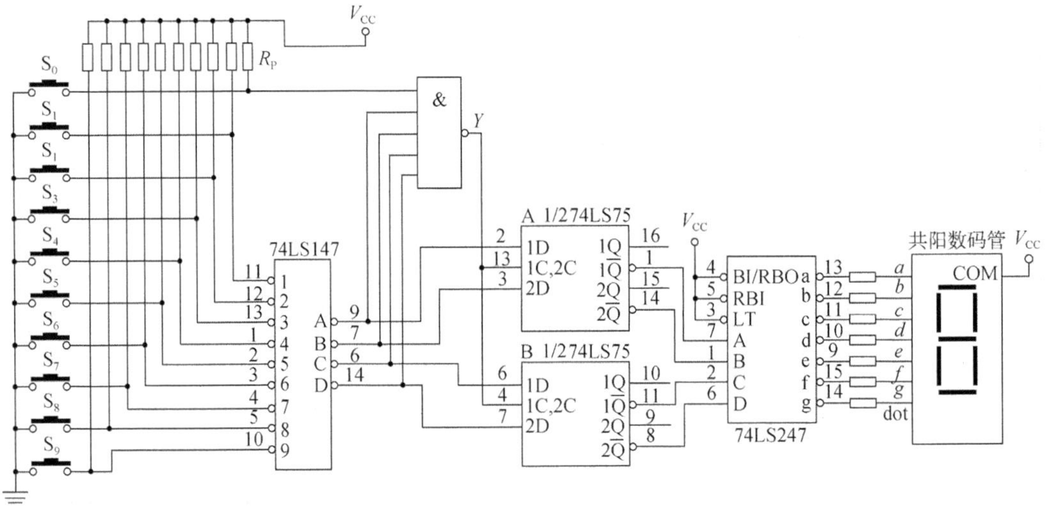

图 5-20　按键锁存译码显示电路

5.4.2　边沿触发的维阻结构 D 触发器

1. 边沿触发的维阻结构 D 触发器工作原理

边沿触发的维阻结构 D 触发器原理图与符号图如图 5-21 所示。其中，图 5-21(a)是电路图，

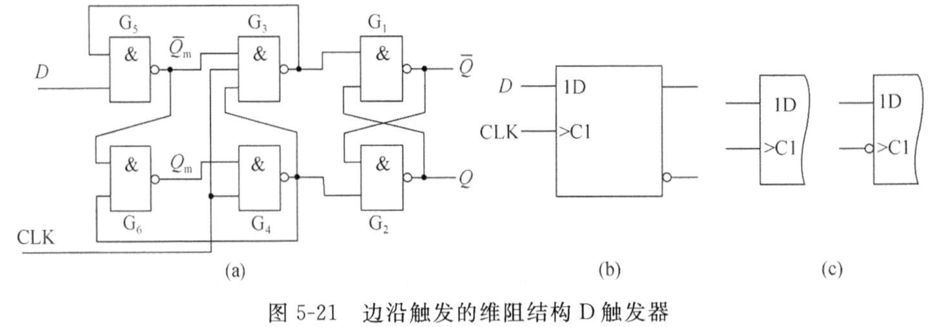

图 5-21　边沿触发的维阻结构 D 触发器

图 5-21(b)是符号图。图 5-21(c)用于区别触发引脚符号：下降沿触发引脚具有圆圈，上升沿触发引脚没有圆圈；和电平触发引脚的区别是用"＞"符号表明该引脚为边沿触发引脚。

该触发器的触发引脚连接时钟信号 CLK(Clock)，CLK 的上升沿触发该触发器，使触发器输出状态变化。时钟信号也常用 CP(Clock Pulse)表示。

在时钟信号 CLK 为低电平时，该触发器 G_3、G_4 输出高电平，G_3 反馈到 G_5，G_4 反馈到 G_6 的两根反馈线解除 G_5 和 G_6 的封锁，使 $Q_m=D$，$\overline{Q_m}=\overline{D}$。

若 $D=1$，则 $Q_m=1$，$\overline{Q_m}=0$。当 CLK 为高电平时，G_4 输出为 0，随后具有如下动作：

(1)G_4 到 G_6 的反馈线(置 1 维持线)使 $Q_m=1$，G_4 到 G_3 的反馈线(置零阻塞线)使 G_3 输出为 1，这时即使 D 信号发生改变，G_3、G_4 的输出保持时钟为高电平前时刻的 D 信号值。

(2)G_3 为 1，G_4 为 0，使触发器 $Q=1$，$\overline{Q}=0$。

若 $D=0$，则 $Q_m=0$，$\overline{Q_m}=1$。当 CLK 为高电平时，G_3 输出为 0，随后具有如下动作：

(1)G_3 到 G_5 的反馈线(置零维持线)使$\overline{Q_m}=1$；$Q_m=0$ 使 Q_4 输出为 1，G_5 到 G_6 的反馈线(置 1 阻塞线)使 G_6 输出为 0，这时即使 D 信号发生改变，G_3、G_4 的输出保持时钟为高电平前时刻的 D 信号值。

(2)G_3 输出为 0，G_4 输出为 1，使触发器 $Q=0$，$\overline{Q}=1$。

2. 触发器的异步置位、复位端

前面所述的触发器输入端 D 称为同步输入信号，因为它们在 CLK 的有效时钟沿才能起作用，传输到输出端。除此之外，触发器还有异步输入端，异步输入端直接影响触发器输出而与 CLK 脉冲没有关系，异步输入端通常是置位端(标记为 PRE、$\overline{S_D}$或 SET)和复位端(标记为 CLR、$\overline{R_D}$或 RESET)，在电平有效时，触发器异步置位或复位。

图 5-22 是具有异步置位和复位端的边沿触发双 D 触发器 74LS74 逻辑图与引脚排列图。

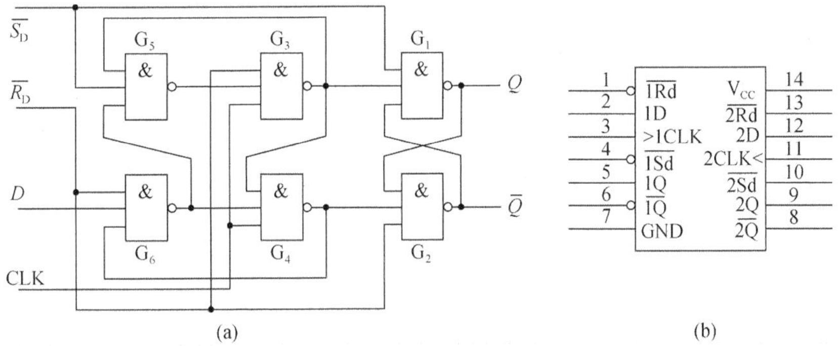

图 5-22　具有异步置位和复位端的边沿触发双 D 触发器 74LS74 逻辑图与引脚排列图

由图可知，异步置位和复位信号不仅直接触发从触发器，而且封锁同步输入端 D 和时钟端 CLK，所以异步置位和复位在有效电平时，能够使同步输入端的作用失效。

表 5-8 是 74LS74 的特性表。由表可知，异步输入端$\overline{S_D}$、$\overline{R_D}$电平有效时，同步输入端 D 与时钟端 CLK 的作用无效。注意，在触发器的同步输入端工作时，异步置位和复位端失去作用(处于非有效电平)，同时注意异步置位和复位时$\overline{S_D}$、$\overline{R_D}$信号还应满足约束条件。

表 5-8 74LS74 触发器的特性表

输入				输出	说明
$\overline{S_D}$	$\overline{R_D}$	CLK	D	Q^{n+1}	
0	1	×	×	1	预置 1
1	0	×	×	0	预置零
0	0	×	×	1	不允许
1	1	↑	0	0	置零
1	1	↑	1	1	置 1
1	1	0	×	Q_0	保持

图 5-23(a)是触发器 74LS74 组成的二分频电路，对于给定的 CP、$\overline{S_D}$、$\overline{R_D}$信号波形，Q 端波形如图 5-23(b)所示。由于异步置位和复位信号$\overline{S_D}$、$\overline{R_D}$具有优先控制权，所以只有它们失效，同步输入信号 D 才能起作用。由于输出信号频率是输入时钟 CP 频率的$\frac{1}{2}$，所以称为二分频。

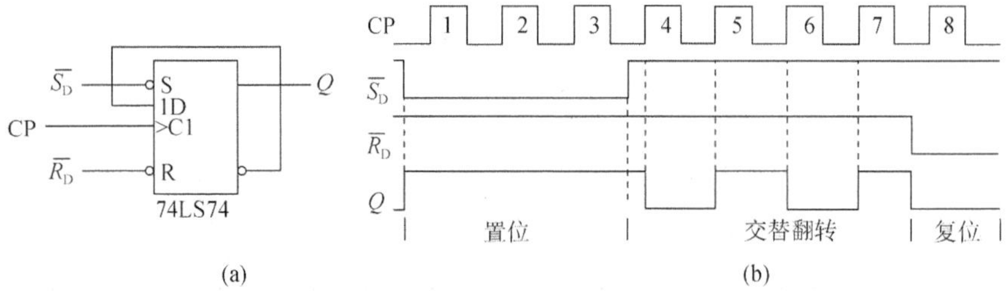

图 5-23 74LS74 电路与动作时序图

*5.4.3 基于 CMOS 传输门的 D 触发器

如图 5-24 所示的是基于 CMOS 传输门的 D 触发器。

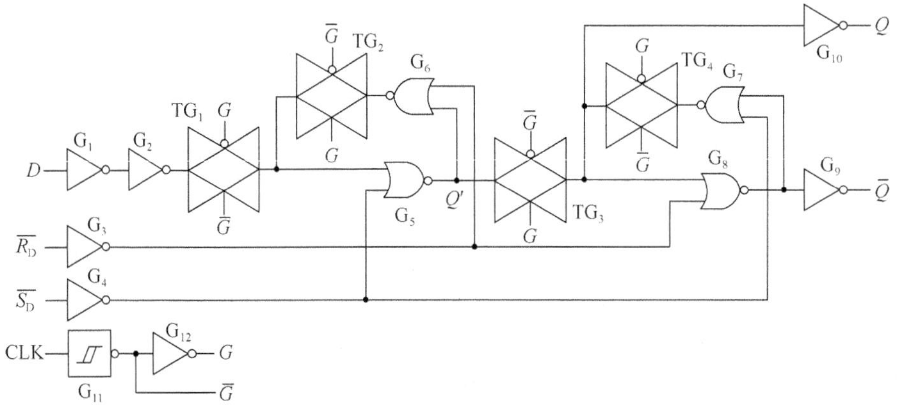

图 5-24 基于 CMOS 传输门的 D 触发器

若$\overline{R_D}=1$，$\overline{S_D}=1$，则 G_5、G_7、G_6、G_8解除封锁。

当 CLK 为低电平时，$\overline{G}=1$，$G=0$，TG_1导通，TG_2截止，D 端信号经过 TG_1到达 TG_3，使 $Q'=\overline{D}$。由于 TG_3截止，TG_4导通，使 G_7、G_8组成的触发器保持原数据不变。

当 CLK 由低电平变为高电平时，$\overline{G}=0$，$G=1$，TG_1截止，TG_2导通，由 G_5、G_6组成的触发器锁存 D 信号。同时，TG_3导通，TG_4截止，使 $Q=D$，$\overline{Q}=\overline{D}$。

由以上分析可知，基于 CMOS 传输门的 D 触发器是主从触发器，其中 G_5、G_6 组成主触发器，G_7、G_8 组成从触发器。

(1)异步置 1：$\overline{S_D}=0$ 时实现异步置 1 功能。若 $\overline{R_D}=1$、$\overline{S_D}=0$，则 G_6、G_8 解除封锁，G_5、G_7 被封锁。若 CLK 为低电平，则 TG_1 导通，TG_2、TG_3 截止，TG_4 导通，G_7 输出的低电平经过 TG_4、非门 G_{10} 输出使 $Q=1$；若 CLK 为高电平，则 TG_1 截止，TG_2、TG_3 导通，TG_4 截止，G_5 输出的低电平经过 TG_3、非门 G_{10} 输出使 $Q=1$。

(2)异步置零：$\overline{R_D}$=零时实现异步置零功能。若 $\overline{R_D}=0$、$\overline{S_D}=1$，则 G_6、G_8 被封锁，G_5、G_7 解除封锁。若 CLK 为低电平，则 TG_1 导通，TG_2、TG_3 截止，TG_4 导通，G_8 输出的低电平，经过 G_7 反相输出的高电平经过 TG_4、非门 G_{10} 输出使 $Q=0$；若 CLK 为高电平，则 TG_1 截止，TG_2、TG_3 导通，TG_4 截止，G_6 输出低电平，经过 TG_2、G_5 反相输出的高电平经过非门 G_{10} 输出使 $Q=0$。

5.4.4 D 触发器的特性方程与状态图

由前面所述的 D 触发器特性表可得如图 5-25 所示的 D 触发器次态卡诺图。

由 D 触发器的次态卡诺图可得如下的 D 触发器特性方程，即

$$Q^{n+1}=D$$

如图 5-26 所示的是 D 触发器的状态图。

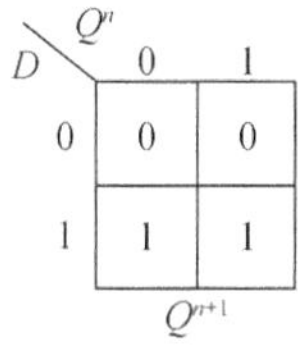

图 5-25　D 触发器次态卡诺图

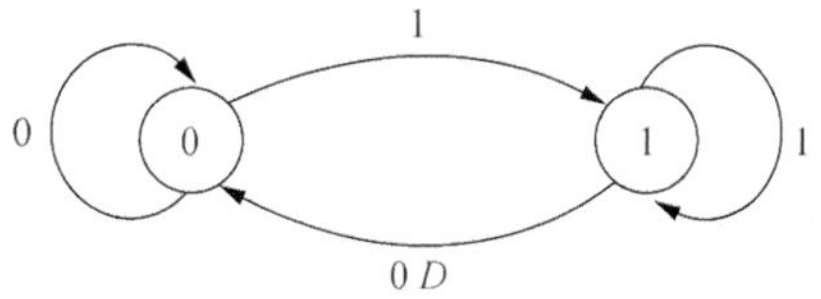

图 5-26　D 触发器的状态图

5.5 JK 触发器

5.5.1 脉冲触发 JK 触发器

脉冲触发 JK 触发器如图 5-27 所示。其中，图 5-27(a)是原理图，图 5-27(b)符号中的"¬"符号表示该触发器为脉冲信号触发，在 CLK 高电平时主触发器动作，低电平时从触发器动作。

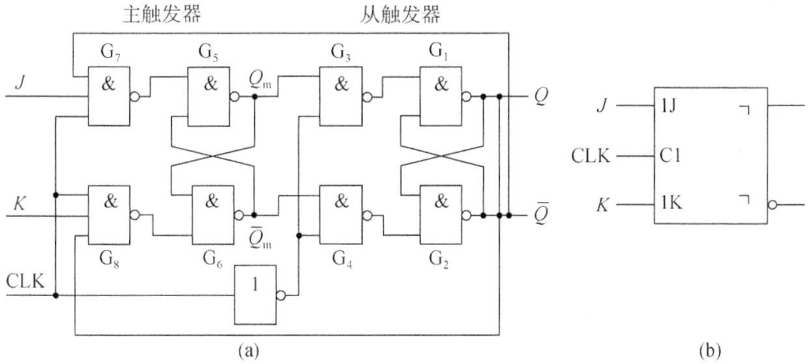

图 5-27　脉冲触发 JK 触发器结构与符号图

由图可知，该触发器具有 Q 到 G_8 和 $\overline{Q}$ 到 G_7 的反馈线，这两条反馈线使 JK 触发器消除关于 J、K 输入信号的约束条件。例如，若没有反馈线，则 J、K 信号不能同时为高电平，因为这样使主触发器处于不允许情况，因此需要约束条件 $JK=0$；若有反馈线，因为 Q 与 $\overline{Q}$ 中必有一个 0，因此 G_7、G_8 中总有一个门被封锁，因此允许 J、K 信号都是 1 的情况。

由图可知，J 端起作用的条件是 $\overline{Q}=1$，K 端起作用的条件是 $Q=1$。

当 CLK=0 时，G_7 与 G_8 被封锁，因此触发器保持原状态。

当 CLK=1 时，G_7 与 G_8 解除封锁，则有以下 4 种情形。

1）$J=0$、$K=0$ 时保持

这时 G_7 与 G_8 输出 1，主触发器输出保持不变；当 CLK=0 时，从触发器输出 Q 保持原状态。

2）$J=0$、$K=1$ 时置零

若从触发器 $Q=1$、$\overline{Q}=0$，则 G_7 输出 1，G_8 输出 0，主触发器 $Q_m=0$，$\overline{Q_m}=1$；当 CLK=0 时，从触发器输出 $Q=0$。

若从触发器 $Q=0$、$\overline{Q}=1$，则 G_7 输出 1，G_8 输出 1，主触发器输出保持不变；当 CLK=0 时，从触发器输出 Q 保持。

3）$J=1$、$K=0$ 时置 1

若从触发器 $Q=1$、$\overline{Q}=0$，则 G_7 输出 1，G_8 输出 1，主触发器输出保持不变；当 CLK=0 时，从触发器输出 Q 保持。

若从触发器 $Q=0$、$\overline{Q}=1$，则 G_7 输出 0，G_8 输出 1，主触发器输出 $Q_m=1$，$\overline{Q_m}=0$；当 CLK=0 时，从触发器输出 $Q=1$。

4）$J=1$、$K=1$ 时翻转

若 $Q=1$、$\overline{Q}=0$，则 G_7 输出 1，G_8 输出 0，主触发器输出 $Q_m=0$，$\overline{Q_m}=1$；当 CLK=0 时，从触发器输出 $Q=0$。

若 $Q=0$、$\overline{Q}=1$，则 G_7 输出 0，G_8 输出 1，主触发器输出 $Q_m=1$，$\overline{Q_m}=0$；当 CLK=0 时，从触发器输出 $Q=1$。

表 5-9　脉冲触发 JK 触发器的特性表

J	K	CLK	Q_m^n	Q^{n+1}	说　明
0	0	⎍	0	0	保持
0	0	⎍	1	1	
0	1	⎍	0	0	置零
0	1	⎍	1	0	
1	0	⎍	0	1	置 1
1	0	⎍	1	1	
1	1	⎍	0	1	翻转
1	1	⎍	1	0	

由以上分析得脉冲触发 JK 触发器的特性表，如表 5-9 所示。

给定 J、K 信号时序波形下脉冲触发 JK 触发器时序如图 5-28 所示。画图时应考虑 CLK 高电平期间 J、K 信号引起主触发器的动作，不能简单地只判断 CLK 下降沿时的 J、K 状态就确定触发器输出状态。

主从触发器要求在 CLK 高电平期间保持 J、K 信号不变化，因为变化的 J、K 信号常引起误动作。例如，当主触发器 $Q_m=1$，从触发器 $Q=1$ 时，若 $J=K=0$，应保持 $Q=1$ 不变化。

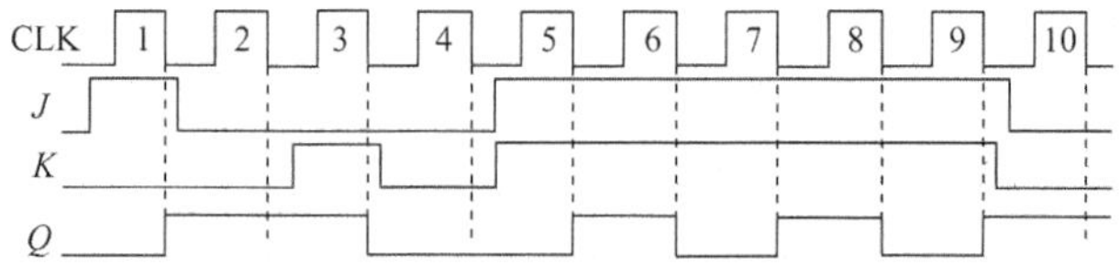

图 5-28　给定 JK 信号时序波形下脉冲触发 JK 触发器时序图

在 CLK 高电平期间，若 K 信号受到干扰变为 $K=1$，则主触发器 $Q_m=0$；随后扰动消失，$K=0$，但是主触发器仍然保持 $Q_m=0$，不能返回 $Q_m=1$ 的状态。当 CLK 变为低电平时，$Q=0$，没有实现保持触发器状态 $Q=1$ 不变的功能。这是主触发器状态不能随时跟随 J、K 信号变化，只翻转 1 次的情况，因此又称为主从触发器的 1 次翻转。

5.5.2 边沿触发 JK 触发器

1. 基于时钟边沿检测的边沿触发 JK 触发器

1)工作原理

基于时钟边沿检测的 JK 边沿触发器如图 5-29 所示。图 5-29(a)是电路图，图 5-29(b)是符号图。JK 触发器一般由时钟边沿检测触发电路和“与非”结构的 SR 锁存器组成。

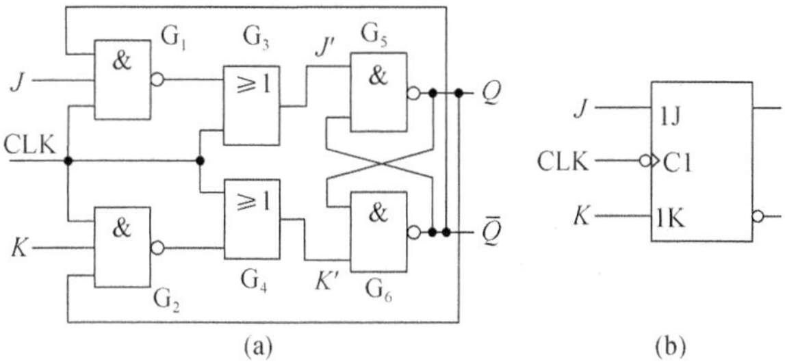

图 5-29 基于 CLK 边沿检测的 JK 边沿触发器

G_1、G_3 组成 J 端时钟边沿触发电路，G_2、G_4 组成 K 端时钟边沿触发电路。如果不考虑 Q 端和 $\overline{Q}$ 端的反馈线，则有如图 5-30(a)所示的 J 端时钟边沿检测电路，下面分析该电路的工作原理。

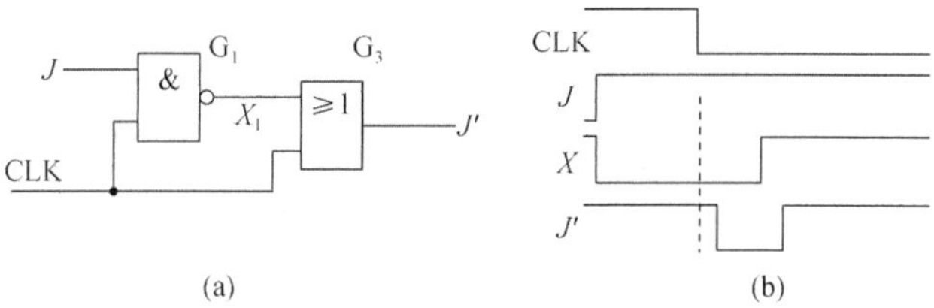

图 5-30 边沿触发电路与动作波形

CLK 为高电平时，与非门 G_1 解除封锁，X 点的逻辑电平随 J 端变化：

① 若 J 端为低电平，使 X 为高电平，J' 为高电平。

② 若 J 端为高电平，使 X 为低电平；由于 CLK 为高电平，G_3 被封锁，输出 J' 为高电平。在此情况下，CLK 从高电平跳变到低电平，G_3 解除封锁，由于 G_1 传输延迟时间的影响使 X 暂时为低电平，所以 J' 为低电平；经过 G_1 的传输延迟时间，X 为高电平，G_3 被封锁，J' 返回高电平。J' 的低电平维持时间与 G_1 的传输延迟时间有关；上述动作波形如图 5-30(b)所示。J' 的短时间低电平使其后的 SR 锁存器触发。通常，通过芯片设计使 G_1 的传输延迟时间较长，所以 J' 的低电平持续时间足可以使其后的与非门 SR 锁存器翻转。

K 端触发电路与 J 端相同，所以可以实现 JK 触发器的触发功能。

当 $K=0$、$J=0$ 时，无论 CLK 是 0 还是 1，G_3、G_4 均输出高电平，与非门 SR 锁存器处于保持状态。

* 2)集成触发器 74LS73

如图 5-31 所示的是集成 JK 触发器 74LS73 的逻辑电路与逻辑符号图，该触发器是具有时钟边沿检测电路的下降沿触发 JK 触发器，触发电路与如图 5-30 所示的时钟边沿触发电路基本相同（只是增加了两对受触发器输出端控制的 G_3、G_4 和 G_5、G_6）。

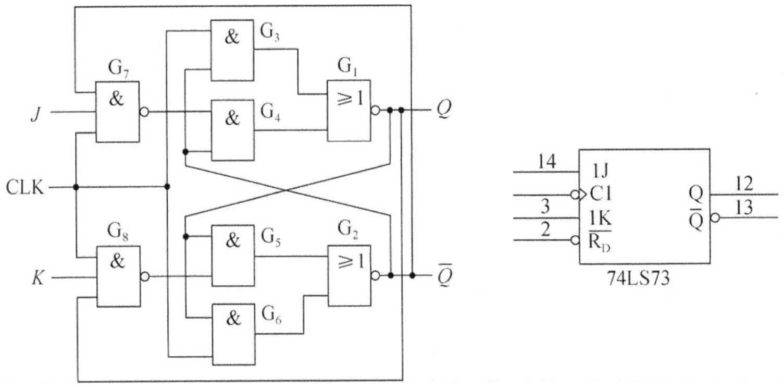

图 5-31　利用传输延迟时间的 JK 边沿触发器

由图可知，G_1、G_3、G_4 和 G_2、G_5、G_6 组成 SR 锁存器，G_7 和 G_8 组成输入控制门，而且 G_7 和 G_8 的传输延迟时间比 SR 锁存器的传输延迟时间长。

触发器置 1 过程：

（1）设触发器初始状态 $Q=0,\overline{Q}=1,J=1,K=0$。

（2）当 CLK=0 时，$Q_3=0$、$Q_6=0$，$Q_7=1$、$Q_8=1$。$\overline{Q}=1$ 使 $Q_4=1$，保证 $Q=0$；$Q=0$ 使 $Q_5=0$，保证 $\overline{Q}=1$，这时输出保持不变。

（3）当 CLK=1 时，G_3 与 G_6 解除封锁，接替 G_4 与 G_5 工作，保持 SR 锁存器输出不变，经过一段延迟后 G_7 输出 $Q_7=\overline{J\cdot\overline{Q}\cdot \text{CLK}}=0$ 和 G_8 输出 $Q_8=\overline{K\cdot Q\cdot \text{CLK}}=1$。

（4）当 CLK 下降沿到来时，G_3 输出 $Q_3=\text{CLK}\cdot\overline{Q}=0$，$G_4$ 输出 $Q_4=Q_7\cdot\overline{Q}=0$，$G_5$ 输出 $Q_5=Q_8\cdot Q=0$，G_6 输出 $Q_6=\text{CLK}\cdot Q=0$。虽然 CLK 下降沿出现，但由于 G_7 和 G_8 存在延迟时间，所以 $Q_7=0$ 和 $Q_8=1$ 的状态暂时不会改变，这时出现暂短的 $Q_3=0$ 和 $Q_4=0$ 的状态，使 $Q=1$。由于 $Q=1$ 和 $Q_8=1$ 使 $Q_5=1$，$\overline{Q}=0$，触发器置 1。

表 5-10　74LS73 特性表

输入				输出	说明
$\overline{R_D}$	CLK	J	K	Q^{n+1}	
0	×	×	×	0	清零
1	0	×	×	Q_0	保持
1	↓	0	0	Q_0	保持
1	↓	0	1	0	置零
1	↓	1	0	1	置 1
1	↓	1	1	$\overline{Q^n}$	翻转

经过暂短的延迟之后，CLK=0 使 $Q_7=1$ 和 $Q_8=1$，但是对 RS 锁存器的状态已无任何影响；同时由于 CLK=0 将 G_7 和 G_8 封锁，即使 J 端和 K 端发生变化，对触发器也不会有任何影响。

触发器置零过程：

由于触发器电路对称，所以触发器置零的过程与置 1 的过程基本相同。

74LS73 的特性表见表 5-10。

*2. 边沿触发的维阻结构 JK 触发器

边沿触发的维阻结构 JK 触发器如图 5-32 所示。

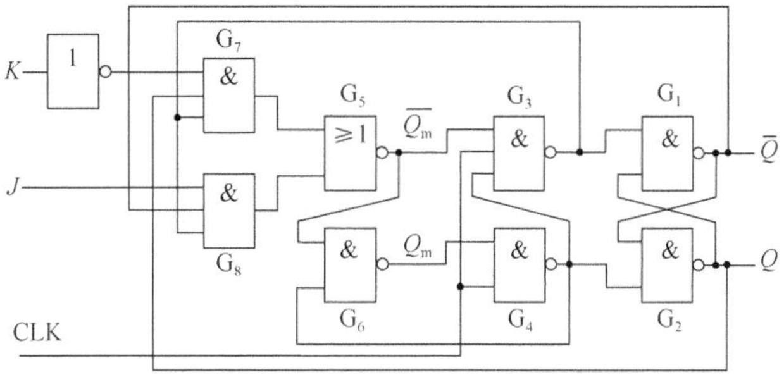

图 5-32　边沿触发的维阻结构 JK 触发器

在 CLK=0 时，G_3、G_4 输出为 1，解除 G_6、G_7、G_8 的封锁，使 Q_m 按照表达式 $Q_m = J\overline{Q} + \overline{K}Q$ 变化。

在 CLK=1 时，触发器输出 $Q = Q_m$。

当 $J=0, K=0$ 时，$Q_m = Q$，则触发器保持原状态。

当 $J=0, K=1$ 时，$Q_m = 0$，则触发器置零。

当 $J=1, K=0$ 时，$Q_m = 1$，则触发器置 1。

当 $J=1, K=1$ 时，$Q_m = \overline{Q}$，则触发器翻转。

由以上叙述可得该触发器的特性表如表 5-11 所示。

给定 J、K 信号时序波形下边沿触发 JK 触发器时序如图 5-33 所示。画图时只须考虑 CLK 上升沿时的 J、K 信号的状态。

表 5-11　上升边沿触发的维阻结构 JK 触发器特性表

输入			现态	次态	说明
CLK	J	K	Q	Q^{n+1}	
↑	0	0	Q_0	Q_0	保持
↑	0	1	×	0	置零
↑	1	0	×	1	置 1
↑	1	1	Q^n	$\overline{Q^n}$	翻转

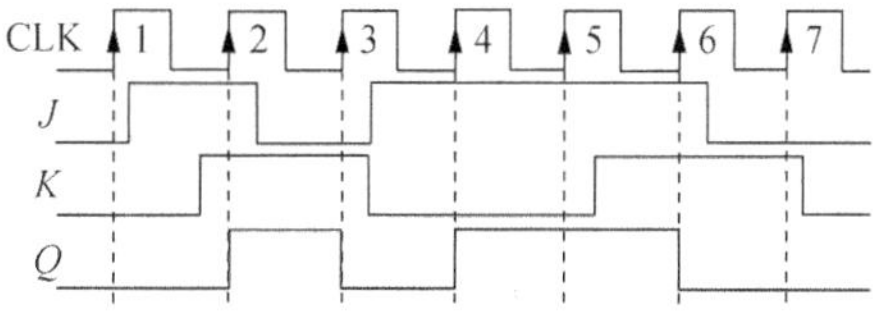

图 5-33　给定 J、K 信号时序波形下边沿触发 JK 触发器时序图

5.5.3　JK 触发器的特性方程与状态图

由前面所述的 JK 触发器特性表可得如图 5-34 所示的 JK 触发器次态卡诺图。

由 JK 触发器的次态卡诺图可得如下的 JK 触发器特性方程，即

$$Q^{n+1} = J\overline{Q^n} + \overline{K}Q^n$$

图 5-35 是 JK 触发器的状态图。

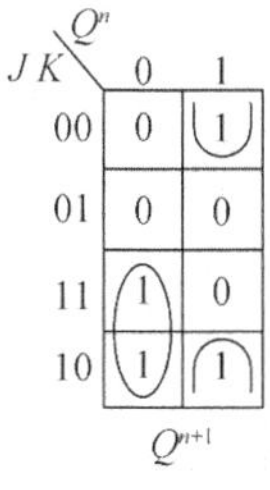

图 5-34　JK 触发器次态卡诺图

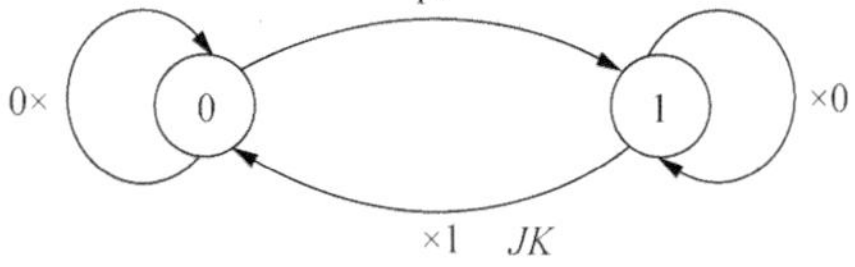

图 5-35　JK 触发器的状态图

5.6 T 触 发 器

实际上，TTL 数据手册找不到 T 触发器产品，但是使用 JK 触发器可以很容易组成 T 触发器。T 触发器有一个控制信号 T，当 T 信号为 1 时，触发器在时钟脉冲的作用下不断地翻转，而当 T 信号为 0 时，触发器状态保持不变，设计计数器时利用 T 触发器使设计更容易。

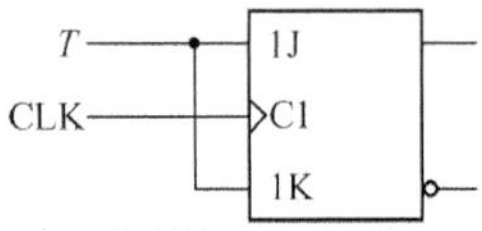

图 5-36　JK 触发器改为 T 触发器

如图 5-36 所示，将 JK 触发器的 J、K 端连接在一起作为 T 端，就是 T 触发器。

(1)T 触发器特性表。表 5-12 是 T 触发器特性表。

(2)T 触发器特性方程。由特性表得 T 触发器特性方程：

$$Q^{n+1}=T\overline{Q^n}+\overline{T}Q^n$$

(3)T 触发器状态图。T 触发器的状态图如图 5-37 所示。

表 5-12　T 触发器特性表

T	Q^n	Q^{n+1}	注释
0	0	0	保持
0	1	1	
1	0	1	翻转
1	1	0	

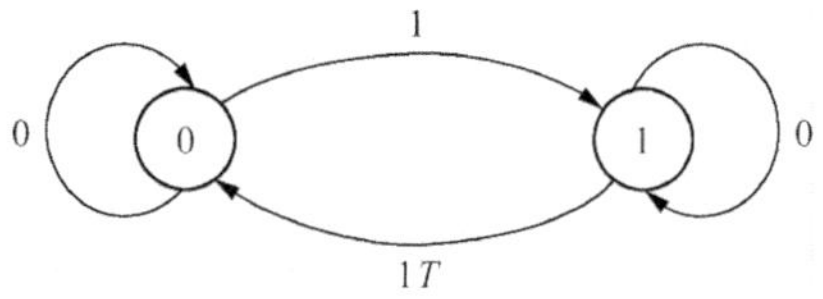

图 5-37　T 触发器的状态图

5.7　触发器的电特性

使用触发器过程时不仅要掌握其功能特性，还要注意其电气特性，如电路的供电电压要求、高低电平的范围、带负载能力、扇出系数等。控制信号、触发信号或数据变化较快时，还应关注电路的开关特性，如数据的建立时间、传输时间、保持时间、最大时钟频率等。对于集成锁存器、触发器，生产厂商给出的产品资料均提供这些参数。这些电气参数主要有四个方面：器件所能承受的极限值、推荐的正常工作条件、在正常工作条件下器件的电气静态特性(直流特性)、在正常工作条件下器件的电气开关特性(动态特性或交流特性)。对于 TTL 型器件，由于工作电压范围窄，每个特定意义的参数只给出一个值。对于 CMOS 型器件，由于工作电压范围宽，每个特定意义的参数给出三个值，分别对应器件电源在 2 V、4.5 V、6 V 的工作情况。

5.7.1　74LS74 的电特性

本节以具有异步置位复位的上升沿触发双 D 触发器 74LS74 系列为例，对上述电参数的四个方面的主要内容及含义给予介绍。

1. 极限工作条件

半导体器件均有其工作的极限条件，超过这些条件，可能使器件永久损坏。74LS74 触发器极限条件如表 5-13 所示。

表 5-13　74LS74 触发器的极限条件表

参　数	数　值
供电电压 V_{CC}	7 V
输入电压 V_I	7 V
空气冷却下工作温度范围	0℃～70℃
存储温度范围	−65℃～150℃

由上述描述可知，74LS74 的电源电压极限值为 7 V，74LS74 的输入信号电压最大可达 7 V。

2. 推荐工作条件

74LS74 的推荐工作条件如表 5-14 所示。

表 5-14　74LS74 的推荐工作条件(T=25℃)

参数		74LS74 最小	74LS74 典型	74LS74 最大	单位
供电电压 V_{CC}		4.75	5	5.25	V
高电平输入电压 V_{IH}		2			V
低电平输入电压 V_{IL}				0.8	V
高电平输出电流 I_{OH}				−0.4	mA
低电平输出电流 I_{OL}				8	mA
时钟频率 $f_{clock(C_L=50\ pF, R_L=2\ k\Omega)}$		0		20	MHz
脉冲宽度 t_w　$C_L=50$ pF，$R_L=2$ kΩ	CLK(高电平)	25			ns
	$\overline{S_D}$或$\overline{R_D}$(低电平)	20			ns
CLK 上升沿之前 D 端输入数据建立时间 t_{su} $C_L=50$ pF，$R_L=2$ kΩ	高电平数据	20			ns
	低电平数据	25			ns
CLK 上升沿之后 D 端输入数据数据保持时间 t_h		0			ns
工作温度范围 T_A		0		70	℃

表 5-14 中的推荐工作参数是此器件工作时由外部电路提供或决定的参数，只有外部电路的设计符合表 5-14 中的要求才能保证此器件正常工作且不受损害，表 5-15、表 5-16 中提供的电气与开关参数才有意义。注意，表 5-14 中对输入电平电压的要求不仅针对 D 端，同样适用于 CLK、$\overline{S_D}$和$\overline{R_D}$信号。

3. 静态电特性

表 5-15 中的静态电特性是在推荐工作温度范围内的测试值。V_{CC}的“最大”(MAX)和“最小”(MIN)是指表 5-14 中的对应值。静态电特性又称为直流电特性。

表 5-15　74LS74 的静态电特性

参数		测试条件	74LS74 最小	74LS74 最大	单位
输入端电压为负值时的钳位电压 V_{IK}		V_{CC}=MIN，I_I= −18 mA		−1.5	V
高电平输出电压 V_{OH}		V_{CC}=MIN，V_{IH}=2 V，V_{IL}=MAX，I_{OH}=−0.4 mA	2.7		V
低电平输出电压 V_{OL}		V_{CC}=MIN，V_{IH}=2 V，V_{IL}=MAX，I_{OL}=4 mA		0.4	V
		V_{CC}=MIN，V_{IH}=2 V，V_{IL}=MAX，I_{OL}=8 mA		0.5	
输入电流 I_I	D 或 CLK	V_{CC}=MAX，V_I=7 V		0.1	mA
	$\overline{S_D}$或$\overline{R_D}$			0.2	

续表

参数		测试条件	74LS74		单位
			最小	最大	
输入高电平电流 I_{IH}	D 或 CLK	V_{CC}=MAX, V_I=2.7 V		20	μA
	$\overline{S_D}$或$\overline{R_D}$			40	
输入低电平电流 I_{IL}	D 或 CLK	V_{CC}=MAX, V_I=0.4 V		−0.4	mA
	$\overline{S_D}$或$\overline{R_D}$			−0.8	
只有一个输出端短路且时间不超过 1 s 时的输出端短路电流 I_{OS}		V_{CC}=MAX	−20	−100	mA
电源供电电流 I_{CC}		V_{CC}=MAX		8	mAS

如表 5-15 所示的静态电器特性是 74LS74 自身的静态电气参数，这些参数为设计外部电路提供依据。

4. 开关特性

上升沿触发双 D 触发器 74LS74 的开关特性如表 5-16 所示。开关特性又称为交流特性。

表 5-16　74LS74 的开关特性

参数	从输入端	到输出端	测试条件	最小	最大	单位
最大时钟频率 f_{max}			V_{CC}=5 V R_L=2 kΩ C_L=50 pF	20		MHz
高到低的传输延迟时间 t_{PHL}	CLK、$\overline{S_D}$、$\overline{R_D}$	Q、$\overline{Q}$			35	ns
低到高的传输延迟时间 t_{PLH}					40/25	ns

关于开关特性参数的一些说明如下所述。

(1) f_{max}：时钟 CLK 的最高频率。由于测试中的最小值为 25 MHz，因此表 5-14 中推荐值最大为 25 MHz，即在使用中的最大值为测试中的最小值时，因此这个值有保障。

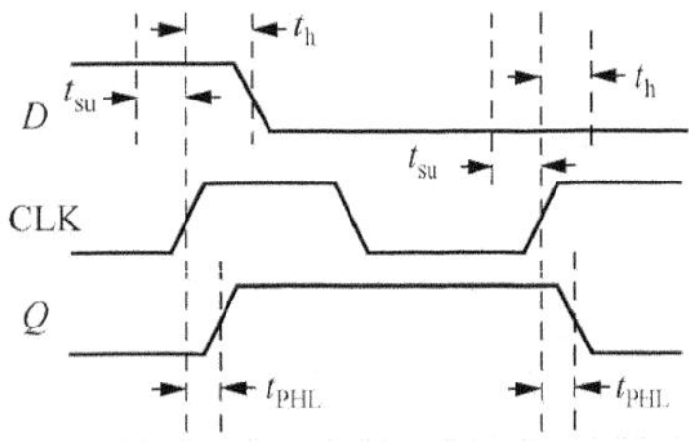

图 5-38　74LS74 时间特性示意图

(2) t_{PLH}：以信号$\overline{S_D}$、$\overline{R_D}$或 CLK 从低电平到高电平变化沿作为参考点，输出 Q 或 $\overline{Q}$ 受其影响发生变化的延迟时间。下标 PLH 表示从低电平到高电平的传输延迟。

(3) t_{PHL}：以信号$\overline{S_D}$、$\overline{R_D}$或 CLK 从高电平到低电平变化沿作为参考点，输出 Q 或 $\overline{Q}$ 受其影响发生变化的延迟时间。下标 PHL 表示从高电平到低电平的传输延迟。

有关 D 信号建立时间、保持时间参数的含义还可参见图 5-38，实际要求 D 信号在建立时间与保持时间范围内保持不变。

5.7.2　74HC74 的电特性

74HC74 是基于 CMOS 传输门的双 D 触发器，下面介绍该触发器的电特性。

1. 极限参数

该触发器的极限工作条件如表 5-17 所示。由表可知，74HC74 的灌拉电流的极限值可达到 ±25 mA，因此可以直接驱动发光二极管等对逻辑电平要求不严格的负载。极限输入电压 V_I、输出电压 V_O与电源电压 V_{CC}有关。

2. 推荐工作条件

推荐工作条件如表 5-18 所示。

表 5-17　74HC74 的极限工作条件表

参　数	数　值
供电电压 V_{CC}	−0.5～7 V
直流输入电压 V_I	−0.5 V～V_{CC}+0.5 V
直流输出电压 V_O	−0.5 V～V_{CC}+0.5 V
最大输入保护二极管电流 I_{IK}	±20 mA
最大输出保护二极管电流 I_{OK}	±20 mA
每引脚最大输出灌拉电流	±25 mA
最大电源电流 I_{CC}与地电流 I_{GND}	±50 mA

表 5-18　74HC74 的推荐工作条件

参　数		74HC74			单位
		最小	典型	最大	
电源电压 V_{CC}		2	5	6	V
输入电压 V_I		0		V_{CC}	V
输出电压 V_O		0		V_{CC}	V
输入上升时间 t_r与下降时间 t_f	V_{CC}=2 V			1000	ns
	V_{CC}=4.5 V		6	500	ns
	V_{CC}=6 V			400	ns
工作温度范围 T_A		−40	+25	+80	℃

与 74LS74 相比，74HC74 的电源电压范围为 2～6 V，因此可以用于电源电压不太稳定的系统设计中。另外，对输入信号的上升时间与下降时间也有要求，实际使用时不应超出最大值。

3. 直流电特性

74HC74 的直流电特性如表 5-19 所示。

表 5-19　74HC74 的直流电特性(T=25℃)

参　数	测试条件		74HC74			单　位
	V_{CC}/V	说明	最　小	典　型	最　大	
输入高电平 V_{IH}	2		1.5			V
	4.5		3.15			
	6		4.2			
输入低电平 V_{IL}	2				0.5	V
	4.5				1.35	
	6				1.8	
高电平输出电压 V_{OH}	2	V_I=V_{IH}或 V_{IL} I_{OH}=−20 μA	1.9	2.0		V
	4.5		4.4	4.5		
	6		5.9	6.0		
	4.5	I_O=−4 mA	4.18	4.31		
	6	I_O=−5.2 mA	5.68	5.8		
低电平输出电压 V_{OL}	2	V_I=V_{IH}或 V_{IL} I_{OH}=20 μA		0	0.1	V
	4.5			0	0.1	
	6			0	0.1	
	4.5	I_O=4 mA		0.17	0.26	
	6	I_O=5.2 mA		0.17	0.26	
输入泄漏电流 I_I	6	V_I=V_{CC}或 GND			±0.1	μA
静态电源电流 I_{CC}	6	V_I=V_{CC}或 GND			2	μA

由表可知 74HC74 的输入逻辑电平与 74LS74 不同，其输入高电平 V_{IH} 为 $0.7V_{CC}$，输入低电平 V_{IL} 为 $0.3V_{CC}$。74HC74 的灌电流与拉电流能力相同，输入泄漏电流与静态电源电流都很小。

4. 交流电特性

交流电特性如表 5-20 所示，表中交流参数的意义如图 5-39 所示。

表 5-20　74HC74 的交流电气特性(C_L=50pF，输入信号 t_r=t_f=6ns)

参数	测试条件		74HC74(T=25℃)			单位
	V_{CC}/V		最小	典型	最大	
输出过渡时间 t_{TLH} 和 t_{THL}	2			30	75	ns
	4.5			8	15	
	6			7	13	
传输延迟时间 t_{PLH} 和 t_{PHL} (CLK−Q)	2			48	150	ns
	4.5			16	30	
	6			13	26	
传输延迟时间 t_{PLH} 和 t_{PHL} ($\overline{R_D}$,$\overline{S_D}$−Q)	2			51	150	ns
	4.5			17	30	
	6			15	26	
最大时钟频率 f_{MAX}	2		6.21	21		MHz
	4.5		31	63		
	6		37	67		
最小脉冲宽度 $t_{W(H)}$ 和 $t_{W(L)}$(CLK)	2			18	75	ns
	4.5			6	15	
	6			6	13	
最小脉冲宽度 $t_{W(L)}$($\overline{R_D}$,$\overline{S_D}$)	2			21	75	ns
	4.5			7	15	
	6			6	13	
最小建立时间 t_{su}	2			15	75	ns
	4.5			4	15	
	6			3	13	
最小保持时间 t_h	2				0	ns
	4.5				0	
	6				0	
最小 $\overline{R_D}$,$\overline{S_D}$ 移除时间 t_{REM}	2		0	25	0	ns
	4.5		0	5	0	
	6		0	4	0	
输入电容 C_{IN}				5	10	pF
功耗电容 C_{PD}				34		pF

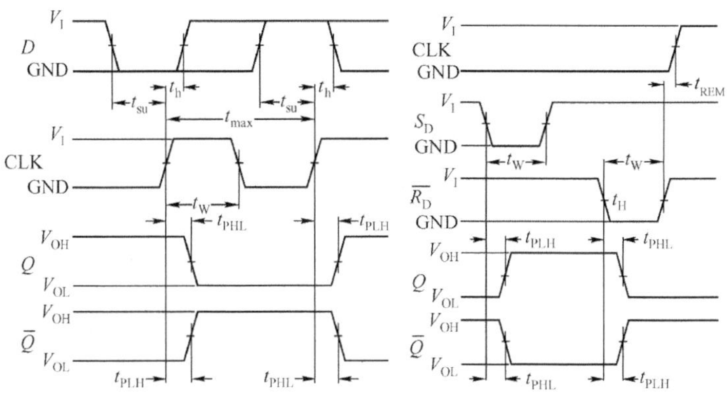

（a）　　　　　　　　　　　　（b）

图 5-39　74HC74 的交流参数示意图

如图 5-39(a)所示的是输入信号 D 在时钟 CLK 作用下控制输出 Q 变化的相关时间参数。其中，D 信号从高电平变为低电平的时间应超前时钟上升沿一段时间 t_{su}，而且在时钟上升沿之后，D 信号还应保持一段时间 t_h。从时钟上升沿开始再延迟时间 t_{PHL}，Q 变为低电平；D 信号由低电平变为高电平的时间应超前时钟上升沿一段时间 t_{su}，而且在时钟上升沿之后，D 信号还应保持一段时间 t_h。从时钟上升沿开始再延迟时间 t_{PLH}，Q 变为高电平；时钟 CLK 的周期不应小于 $1/f_{MAX}$，脉冲宽度 t_W 也应该大于表 5-20 中给出的数值。如图 5-39(b)所示的是在输入信号 $\overline{S_D}$、$\overline{R_D}$ 作用下控制输出 Q 变化的相关时间参数。

5.8　锁存器与触发器电路分析

锁存器与触发器电路分析是按照锁存器或触发器电路的输入端信号波形画出其输出端信号的波形图。

分析步骤如下所述。

(1)确认锁存器、触发器的类型、动作特点。

(2)写出锁存器、触发器电路输出端的逻辑函数式。

(3)写出锁存器、触发器输入端(R-S、D、J-K)的逻辑函数式。

(4)写出触发器异步输入端(S_D、R_D)的逻辑函数式。

(5)将第(3)步写出的逻辑函数式代入锁存器、触发器特性方程，得到锁存器、触发器次态函数式。

(6)按照异步输入端(S_D、R_D)的逻辑函数式确定锁存器、触发器状态。

(7)对于锁存器，按照输入信号的电平变化划分区间，并将锁存器输入信号电平代入锁存器的次态函数式，得到锁存器次态，并画出该区间锁存器输出端的电平。

(8)对于触发器，按照时钟的有效边沿或有效电平变化划分区间，将触发器时钟有效边沿或有效电平时的触发器输入信号电平代入触发器的次态函数式，得到触发器的次态，并画出该区间触发器输出端的电平。

(9)由电路输出端的逻辑函数式得到电路输出端状态，并画在时序图上。

注意：有些触发器电路中触发器的输出就是电路的输出，所以没有第(2)步和第(9)步；有些电路中没有用到异步输入端，则没有第(4)步和第(6)步；锁存器没有时钟，但注意每个输入端电平变化时的锁存器输出状态；主从触发器须考虑主触发器在有效时钟电平时的全部输入影响。

下面举例说明。

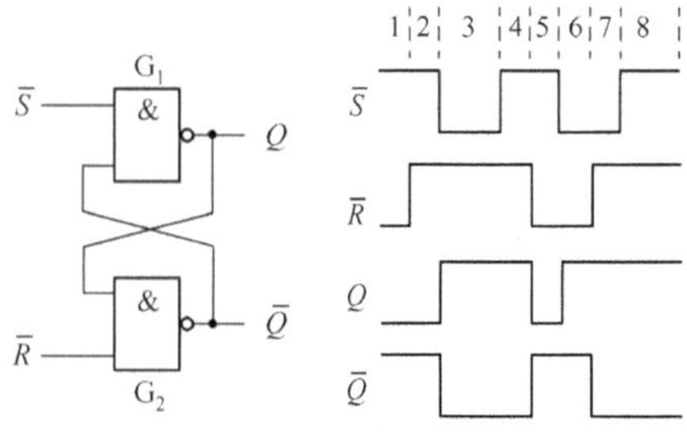

图 5-40 例 5-3 的原理图与时序图

【例 5-3】 如图 5-40 所示的是与非门结构的 RS 锁存器，试按照$\overline{S}$、$\overline{R}$信号波形画出 Q 端和$\overline{Q}$端的波形。

解：由图可知，这是一个与非门结构的基本 SR 锁存器，特性方程为 $Q^{n+1}=\overline{\overline{S}}+\overline{R}Q^n$，约束条件为 $\overline{R}+\overline{S}=1$。

由于应考虑每一次$\overline{S}$、$\overline{R}$信号电平变化的输出，所以可以将$\overline{S}$、$\overline{R}$信号变化划分为 8 个区间，然后逐一将每个区间的输入电平代入特性方程，得到输出 Q 端和$\overline{Q}$端的电平。

区间 1：$\overline{S}=1$、$\overline{R}=0$，$Q^{n+1}=\overline{\overline{S}}+\overline{R}Q^n=0$，置零。

区间 2：$\overline{S}=1$、$\overline{R}=1$，$Q^{n+1}=\overline{\overline{S}}+\overline{R}Q^n=0+1Q^n=Q^n$，保持状态零。

区间 3：$\overline{S}=0$、$\overline{R}=1$，$Q^{n+1}=\overline{\overline{S}}+\overline{R}Q^n=1+1Q^n=1$，置 1。

区间 4：$\overline{S}=1$、$\overline{R}=1$，$Q^{n+1}=\overline{\overline{S}}+\overline{R}Q^n=0+1Q^n=Q^n$，保持状态 1。

区间 5：$\overline{S}=1$、$\overline{R}=0$，$Q^{n+1}=\overline{\overline{S}}+\overline{R}Q^n=0$，置 0。

区间 6：$\overline{S}=0$、$\overline{R}=0$，$Q^{n+1}=\overline{\overline{S}}+\overline{R}Q^n=1$，属于不允许输入，应考虑$\overline{Q}$端，按照与非门结构锁存器工作原理，$\overline{Q}=1$。

区间 7：$\overline{S}=0$、$\overline{R}=1$，$Q^{n+1}=\overline{\overline{S}}+\overline{R}Q^n=1+1Q^n=1$。

区间 8：$\overline{S}=1$、$\overline{R}=1$，$Q^{n+1}=\overline{\overline{S}}+\overline{R}Q^n=0+1Q^n=Q^n$，保持状态 1。

在输入信号满足约束方程的情况下，$\overline{Q}$端信号与 Q 端互补，但是对于不满足约束方程的输入，则应单独考虑$\overline{Q}$端的电平。

按照以上分析，$\overline{Q}$端与 Q 端波形如图 5-40 所示。

【例 5-4】 同步锁存器电路如图 5-41(a)所示，试按照如图 5-41(b)所示的 CP、S 和 R 端波形，画出输出 Q 和$\overline{Q}$端的波形。

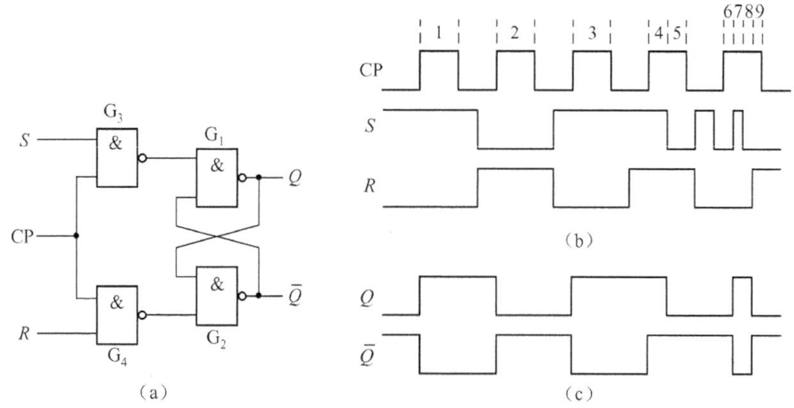

图 5-41 同步锁存器电路与时序图

解：首先确认该电路为同步 SR 锁存器，其动作特点是在 CP 脉冲的高电平期间，输入端的 S、R 信号直接控制锁存器的输出。随后按照 CP 脉冲高电平期间的输入端 S、R 变化分区，并给分区顺序编号，再分别用特性方程 $Q^{n+1}=S+\overline{R}Q^n$ 分析各个分区的$\overline{Q}$端与 Q 端输出电平，分析时注意 S、R 是否满足约束方程 $RS=0$。

区间 1：$S=1$、$R=0$，$Q^{n+1}=S+\overline{R}Q^n=1$。

区间 2：$S=0$、$R=1$，$Q^{n+1}=S+\overline{R}Q^n=0$。

区间 3：$S=1$、$R=0$，$Q^{n+1}=S+\overline{R}Q^n=1$。

区间 4：$S=1$、$R=1$，$Q^{n+1}=S+\overline{R}Q^n=1$，不满足约束方程 $RS=0$，根据该锁存器特点，$\overline{Q^{n+1}}=1$。

区间 5：$S=0$、$R=1$，$Q^{n+1}=S+\overline{R}Q^n=0$。

区间 6：$S=0$、$R=0$，$Q^{n+1}=S+\overline{R}Q^n=Q^n$。

区间 7：$S=1$、$R=0$，$Q^{n+1}=S+\overline{R}Q^n=1$。

区间 8：$S=0$、$R=0$，$Q^{n+1}=S+\overline{R}Q^n=Q^n$。

区间 9：$S=0$、$R=1$，$Q^{n+1}=S+\overline{R}Q^n=0$。

根据各个区间的 Q 端与$\overline{Q}$端电平，可以画出如图 5-41(c)所示的 Q 端与$\overline{Q}$端波形。

【例 5-5】 JK 触发器如图 5-42(a)所示，试根据图 5-42(b)给出的输入端 CP、J、K、R_D的波形，画出该触发器输出端 Q 的波形。

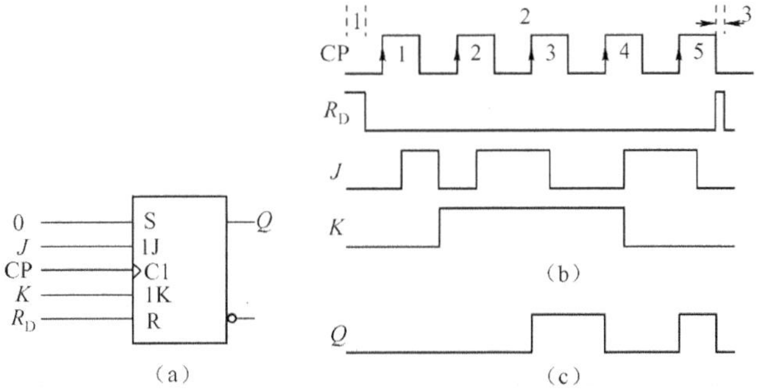

图 5-42　JK 触发器与其时序图

解：该 JK 触发器具有高电平置位、复位异步输入端 S、R；触发器在 CP 上升沿动作；异步输入端 $S=0$，所以异步置位功能失效。

首先根据 R_D波形，将画波形分为 3 个区间，在第 1 和第 3 个区间，由于 $R_D=1$，触发器复位，输出 $Q=0$；在第 2 区间，由于 $R_D=0$，触发器同步输入端处于正常工作状态，在 CP 上升沿触发器动作，根据 JK 触发器的特性方程 $Q^{n+1}=J\,\overline{Q^n}+\overline{K}Q^n$，可以获得 CP 上升沿时的输出 Q 端电平。对应各个时钟上升沿的 Q 端电平如下。

第 1 脉冲的上升沿：$J=0$，$K=0$，$Q^{n+1}=J\,\overline{Q^n}+\overline{K}Q^n=Q^n$。

第 2 脉冲的上升沿：$J=0$，$K=1$，$Q^{n+1}=J\,\overline{Q^n}+\overline{K}Q^n=0$。

第 3 脉冲的上升沿：$J=1$，$K=1$，$Q^{n+1}=J\,\overline{Q^n}+\overline{K}Q^n=\overline{Q^n}$。

第 4 脉冲的上升沿：$J=0$，$K=1$，$Q^{n+1}=J\,\overline{Q^n}+\overline{K}Q^n=0$。

第 5 脉冲的上升沿：$J=1$，$K=0$，$Q^{n+1}=J\,\overline{Q^n}+\overline{K}Q^n=\overline{Q^n}+Q^n=1$。

由以上分析可画出如图 5-42(c)所示的触发器 Q 端波形。

【例 5-6】 图 5-43(a)显示的是一个双 D 触发器组成的分频电路，试画出在如图 5-43(b)所示 CP 脉冲的作用下，该电路 Q_1、Q_2和输出端 Z 的波形。设各个触发器初始状态为 0。

解：构成该电路的触发器是上升沿动作的 D 触发器，下面分析在各个时钟上升沿时各个触发器 Q_1、Q_2与输出 Z。

首先写出各个触发器 D 端逻辑函数式，即

$$D_1=\overline{Q_2},D_2=Q_1$$

由 D 触发器特性方程 $Q^{n+1}=D$，得触发器输出端 Q 端和$\overline{Q}$端的次态函数式，即

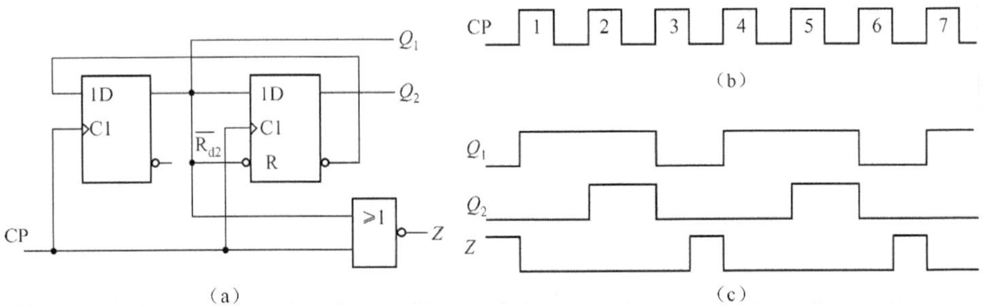

图 5-43 双 D 触发器分频电路及其时序图

$$Q_1{}^{n+1}=D_1=\overline{Q_2},Q_2{}^{n+1}=D_2=Q_1$$

考虑异步复位端的影响，有$\overline{R_{D2}}=Q_1$。

该电路输出 Z 的逻辑函数式为

$$Z=\overline{Q_1+CP}$$

由上述函数式可以依次得时钟各个上升沿时的电路输出。分析时注意异步复位端$\overline{R_{D2}}$为 0 时，Q_2为 0；$\overline{R_{D2}}$为 1 时，Q_2按照次态函数式求取。

第 1 时钟沿时：由于 $Q_2=0$，所以 $Q_1{}^{n+1}=\overline{Q_2}=1$；由于$\overline{R_{D2}}=Q_1=0$，所以 $Q_2{}^{n+1}=0$。

第 2 时钟沿时：由于 $Q_2=0$，所以 $Q_1{}^{n+1}=\overline{Q_2}=1$；由于$\overline{R_{D2}}=Q_1=1$ 及 $Q_1=1$，所以 $Q_2{}^{n+1}=Q_1=1$。

第 3 时钟沿时：由于 $Q_2=1$，所以 $Q_1{}^{n+1}=\overline{Q_2}=0$；由于$\overline{R_{D2}}=Q_1=0$，则有 $Q_2{}^{n+1}=0$。

第 4 时钟沿时：由于 $Q_2=0$，所以 $Q_1{}^{n+1}=\overline{Q_2}=1$；由于$\overline{R_{D2}}=Q_1=0$，则有 $Q_2{}^{n+1}=0$。

第 5 时钟沿时：由于 $Q_2=0$，所以 $Q_1{}^{n+1}=\overline{Q_2}=1$；由于$\overline{R_{D2}}=Q_1=1$，所以 $Q_2{}^{n+1}=Q_1=1$。

第 6 时钟沿时：由于 $Q_2=1$，所以 $Q_1{}^{n+1}=\overline{Q_2}=0$；由于$\overline{R_{D2}}=Q_1=0$，则有 $Q_2{}^{n+1}=0$。

第 7 时钟沿时：由于 $Q_2=0$，所以 $Q_1{}^{n+1}=\overline{Q_2}=1$；由于$\overline{R_{D2}}=Q_1=0$，所以 $Q_2{}^{n+1}=0$。

根据输出 Z 的方程 $Z=\overline{Q_1+CP}$可知，只有 Q_1和 CP 都是 0 时，Z 才等于 1，所以可知在第 1、4、7 时钟沿前，输出 $Z=1$。

由以上分析得如图 5-43(c)所示的波形图。

5.9 锁存器与触发器的应用

【例 5-7】 数字电路组成的脉冲下降沿微分电路。

解：图 5-44(a)是数字电路组成的脉冲下降沿微分电路，该电路在按钮按下产生下降沿后，输出一个时钟周期的负脉冲；图 5-44(b)是该电路的时序图。

【例 5-8】 消除按钮触点抖动影响的电路。

解：图 5-45(a)是消除抖动电路。该电路在按钮按下期间，输出 Y 为高电平，当触点跳动周期小于 CLK 时钟周期时，可以有效消除按钮触点抖动的影响。图 5-45(b)是该电路的时序图。该电路在上电瞬间节点 B 的电平不能确定：若节点 B 为高电平，则在时钟上升沿后，D 触发器输出 $Q=1$，$\overline{Q}=0$，触发 SR 锁存器，则使 B 点为低电平；若 B 点为低电平，则在时钟上升沿后，Q 为低电平，$\overline{Q}$为高电平，不能触发 SR 锁存器，使 B 点保持低电平。

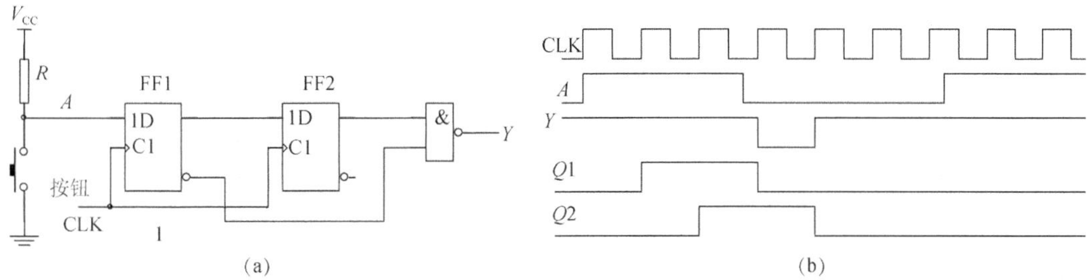

图 5-44 数字微分电路

按钮按下后，A 点电位从高电平变为低电平，SR 锁存器使 B 点电平为高电平，在时钟 CLK 上升沿到来后，$Y=Q$ 输出高电平，$\overline{Q}=0$；

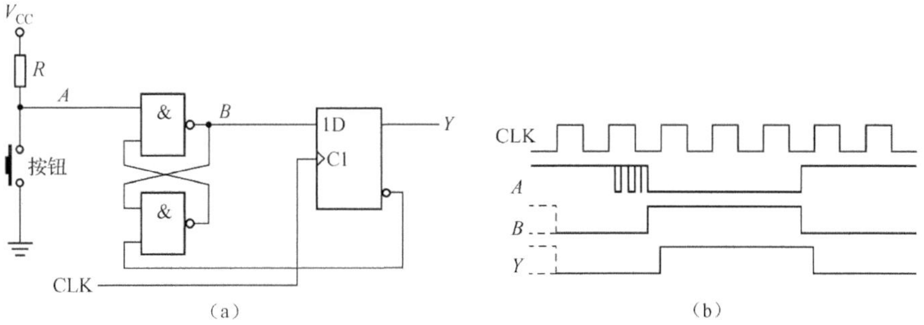

图 5-45 消除按钮触点抖动影响的电路

按钮抬起后，A 点恢复为高电平，由于 D 触发器的$\overline{Q}=0$，因此 SR 锁存器复位，使 B 点电位为低电平，在 CLK 上升沿 $Y=Q=0$，$\overline{Q}=1$。

【例 5-9】 用时钟下降沿触发的 JK 触发器构成的分频电路。

解：图 5-46(a)是用 JK 触发器 74LS73 构成的分频电路，其中每个 JK 触发器的 JK 端连接 V_{CC}，因此从 JK 触发器的特性方程

$$Q^{n+1}=J\,\overline{Q}+\overline{K}Q=1\,\overline{Q}+\overline{1}Q=\overline{Q}$$

可知 JK 触发器连接成了翻转模式。

图中 FF_1 的时钟为 CLK，FF_2 的时钟来自 FF_1，而 FF_3 的时钟来自 FF_2，由于 3 个触发器采用不同的时钟源，时钟不同步，因此是异步时钟电路。

由图 5-46(b)可知，该电路可以对输入时钟进行分频：每个 Q_1 周期包含两个时钟脉冲，因此 Q_1 是二分频；每个 Q_2 周期包含 4 个时钟脉冲，因此 Q_2 是四分频；以此类推，Q_3 是八分频。

该电路还具有计数能力，对于 CLK 的每一个脉冲，该电路有一个状态($Q_3Q_2Q_1$)相对应，因此该电路可以对 CLK 时钟周期的数量进行加法计数。

为实现芯片的翻转功能，还须将$\overline{R_D}$引脚接高电平。

【例 5-10】 D 触发器 74HC74 组成的分频电路。

解：图 5-47(a)是由 D 触发器 74HC74 组成的分频电路，为使 D 触发器能实现翻转功能，须将 D 触发器连接成 $Q^{n+1}=\overline{Q^n}$ 的翻转模式($D=\overline{Q^n}$)，则 D 触发器同样可以组成与 JK 触发器相同的分频电路。将 D 触发器的$\overline{R_D}$、$\overline{S_D}$端接 V_{CC} 使异步置位与复位功能失效。

图 5-47(b)是该例的分频时序图。在时钟上升沿，Q_0 翻转，在 Q_0 的上升沿，Q_1 翻转，以此类推，该电路形成十六分频电路。该电路还是加法计数器，每经过一个 CLK 时钟，计数器加 1 计

数，计数范围为 $Q_3Q_2Q_1Q_0=0000$ 到 $Q_3Q_2Q_1Q_0=1111$。

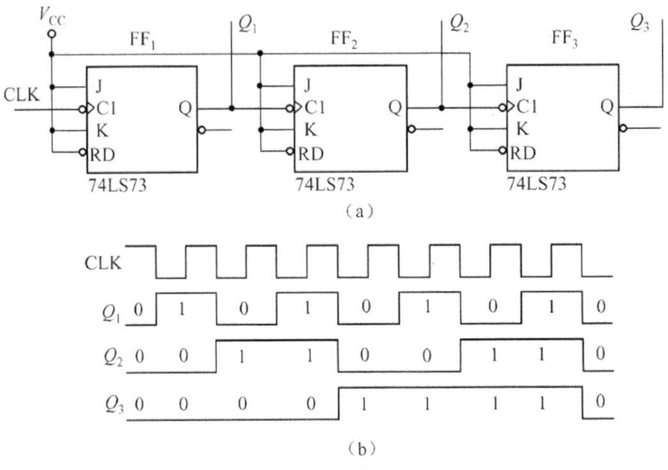

图 5-46　由 JK 触发器 74LS73 构成的分频电路

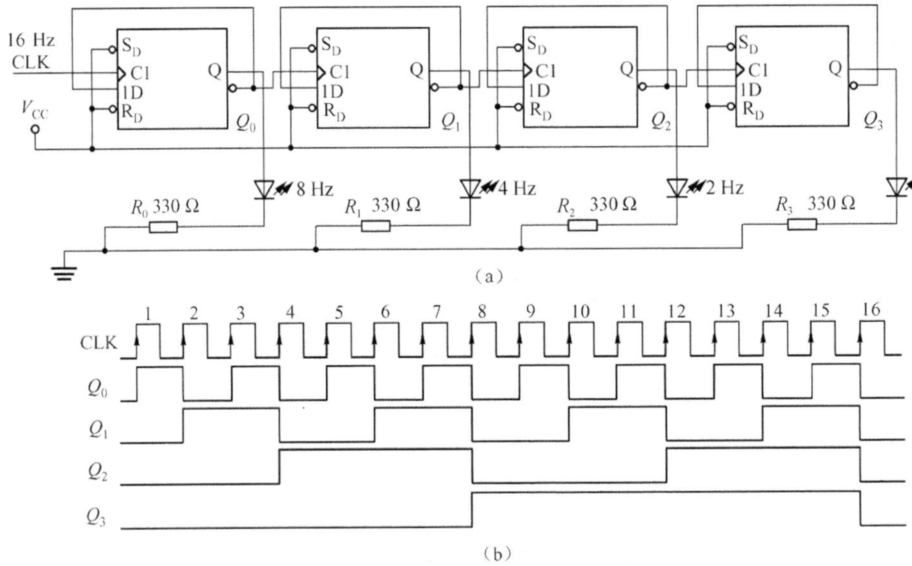

图 5-47　由 D 触发器 74HC74 组成的分频电路

【例 5-11】　按钮控制发光二极管闪烁频率的电路。

解：如图 5-48 所示的是一个由按钮控制发光二极管闪烁频率的电路，G_1 和 G_2 组成锁存器，用于保存按钮信号，该锁存器的输出通过 G_3 和 G_4 选择频率信号从 G_5 输出。当低频率按钮按下时，锁存器输出 $Q=1$，与非门 G_3 解除封锁，2 Hz 信号通过 G_5 输出；当高频率按钮按下时，锁存器输出 $\overline{Q}=1$，与非门 G_4 解除封锁，10 Hz 信号通过 G_5 输出。

R_1 和 R_2 是上拉电阻，按钮未按下时，保持锁存器输入为高电平；电阻 R_3 是发光二极管限流电阻。

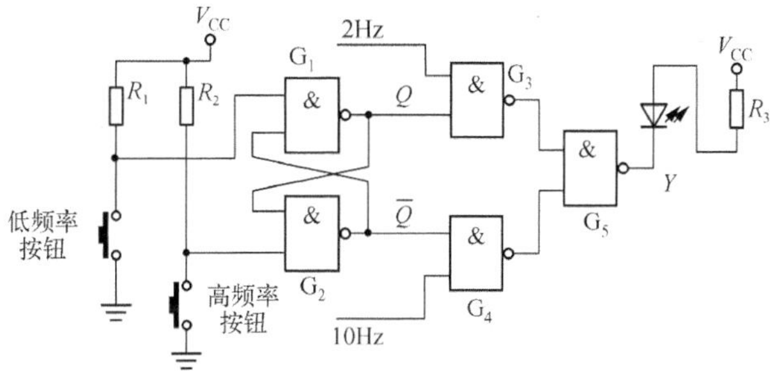

图 5-48　按钮控制发光二极管闪烁频率的电路

【例 5-12】 具有上拉电阻的准双向引脚电路。

解:具有上拉电阻的准双向引脚电路如图 5-49(a)所示。该电路常用于单片机引脚,可实现二进制数据的输入或输出。

当 WD 信号为高电平时,触发器 Q_1 可锁存来自数据总线的 DATA 信号。

当引脚作为输出时,若 DATA=0,$\overline{Q}$=1,MOS 管 T_1 导通,引脚输出低电平;若 DATA=1,则$\overline{Q}$=0,MOS 管 T_1 截止,在上拉电阻的上拉作用下引脚输出高电平。由于电阻的影响,高电平的输出能力很弱。

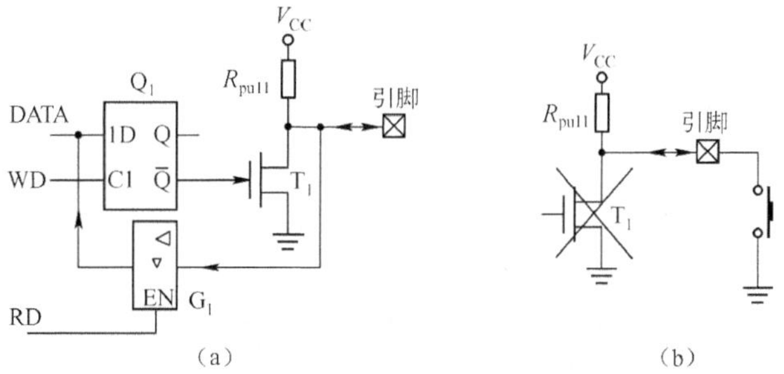

图 5-49　具有上拉电阻的准双向引脚电路

当 RD 信号为高电平时,可读入引脚电平到数据总线。

当引脚作为输入时,为消除 MOS 管 T_1 的影响,须使触发器 Q_1 锁存数据 1,这时 MOS 管 T_1 截止,对于引脚,只相当于连接上拉电阻,若引脚外电路为接地按钮,则有如图 5-39(b)所示的电路。当按钮按下时,引脚为低电平,DATA=0;当按钮抬起时,在上拉电阻的上拉作用下,引脚为高电平,DATA=1。

【例 5-13】 具有方向触发器的双向引脚电路。

解:具有方向触发器的双向引脚电路如图 5-50 所示。

由图可知,方向信号 WR 用于控制触发器 Q_1,锁存方向 DIR 信号。

若 DIR=1,引脚为输出方向,这时三态门 G_1 输出触发器 Q_2 保存的数据。WD 信号锁存来自数据总线的 DATA 信号,当 DATA=1 时,引脚输出高电平;当 DATA=0 时,引脚输出低电平。

若 DIR=0,引脚为输入方向,这时三态门 G_1 输出为高阻态。RD 信号控制三态门 G_2 输出引脚信号到数据总线。若引脚为高电平,DATA=1;当引脚为低电平,DATA=0。

如图 5-51 所示的是另外一种双向引脚电路。

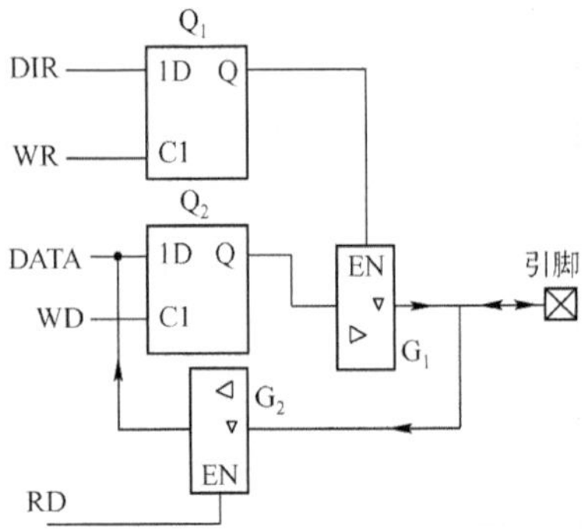

图 5-50　具有方向触发器的双向引脚电路

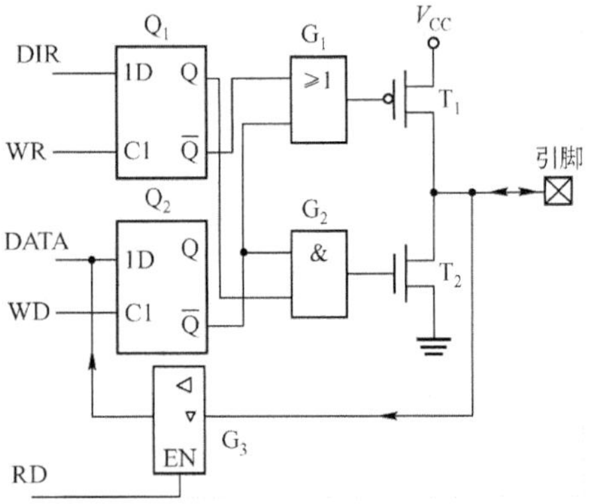

图 5-51　另外一种双向引脚电路

当 DIR＝0 时，$\overline{Q}_1=1$，封锁或门 G_1，使 G_1 输出高电平，PMOS 管 T_1 截止；同时，$Q_1=0$，使与门 G_2 也封锁，G_2 输出低电平，NMOS 管 T_2 也截止。由于 MOS 管 T_1 与 T_2 都截止，对于引脚相当于高阻状态。

当 DIR＝1 时，$\overline{Q}_1=0$，或门 G_1 解除封锁，使 G_1 输出受 DATA 信号控制；同时，$Q_1=1$，使与门 G_2 解除封锁，G_2 输出也受 DATA 信号控制。

如果 DATA＝1，则 G_1 输出 0，T_1 管导通；同时，G_2 输出 0，T_2 管截止，引脚输出高电平。

如果 DATA＝0，则 G_1 输出 1，T_1 管截止；同时，G_2 输出 1，T_2 管导通，引脚输出低电平。

小　　结

本章主要内容为：

(1)SR 锁存器与触发器，包括三极管组成的 SR 双稳态电路、由或非门和与非门组成的锁存器、电平触发的 SR 触发器，以及 SR 锁存器和 SR 触发器的特性表、特性方程、状态图。

(2)D 触发器，包括电平触发的 D 触发器、边沿触发的维持阻塞结构 D 触发器、基于 CMOS 传输门的 D 触发器，以及 D 触发器的特性表、特性方程与状态图。

(3)JK 触发器，包括主从 JK 触发器、边沿触发的 JK 触发器，以及 JK 触发器的特性表、特性方程与状态图。

(4)T 触发器的特性表、特性方程与状态图。

(5)以 74LS74 和 74HC74 为例介绍触发器的电特性，包括极限工作条件、推荐工作条件、静态与开关(交流)特性。

(6)锁存器与触发器电路分析与应用。

思　考　题

1. 什么是输入信号？什么是触发器的状态？现态与次态之间有什么关系？
2. 或非门和与非门锁存器之间的有什么区别？为什么需要约束条件？
3. 电平触发 SR 触发器的触发特点是什么？试写出其特性方程与约束条件。
4. 当输入不满足约束条件时，SR 触发器的输出端电平是什么？
5. D 触发器与 SR 触发器相比有什么优点？
6. 异步复位、置位端的作用是什么？为什么称为“异步”？

7. 试写出 D 触发器的特性方程，画出状态图。

8. 脉冲 JK 触发器的动作特点是什么？与边沿触发的 JK 触发器相比有什么区别？

9. 试写出 JK 触发器的特性方程，画出状态图。

10. 试写出 T 触发器的特性方程。

11. 试叙述 74LS74 与 74HC74 电特性之间的区别。

12. 试叙述锁存器与触发器电路的分析步骤。

13. 试画出各种触发方式的 SR、D 和 JK 触发器的符号图。

习　　题

【题 5-1】 画出如图题 5-1(a)所示的 SR 锁存器输出端 Q、$\overline{Q}$端的波形，输入端$\overline{S}$与$\overline{R}$的波形如图题 5-1(b)所示(设 Q 初始状态为 0)。

【题 5-2】 画出如图题 5-2(a)所示的 SR 锁存器输出端 Q、$\overline{Q}$端的波形，输入端 S 与 R 的波形如图题 5-2(b)所示(设 Q 初始状态为 0)。

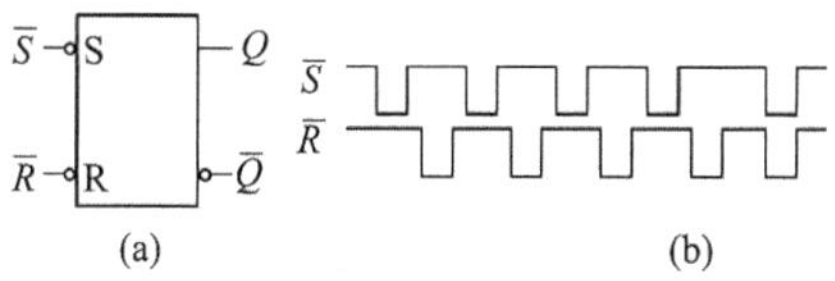

图题 5-1

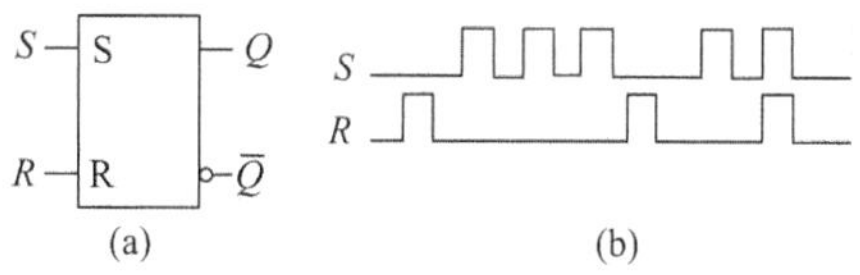

图题 5-2

【题 5-3】 画出如图题 5-3(a)所示的电平触发 SR 触发器输出端 Q、$\overline{Q}$端的波形，输入端 S、R 与 CLK 的波形如图题 5-3(b)所示(设 Q 初始状态为 0)。

【题 5-4】 画出如图题 5-4(a)所示的电平触发 D 触发器输出 Q 端的波形，输入端 D 与 CLK 的波形如图题 5-4(b)所示(设 Q 初始状态为 0)。

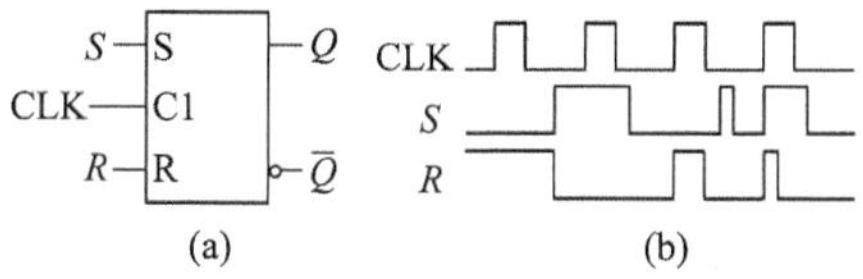

图题 5-3

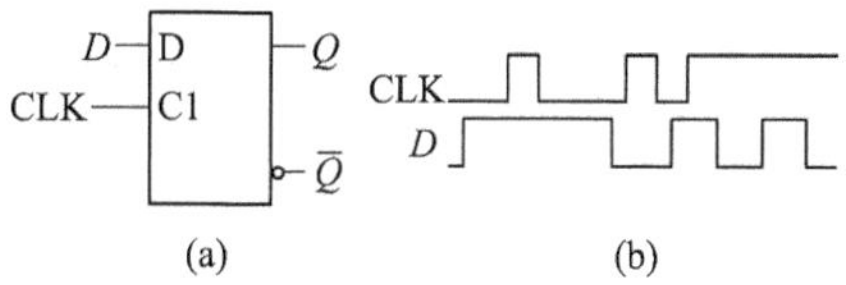

图题 5-4

【题 5-5】 画出如图题 5-5(b)所示的边沿触发 D 触发器输出端 Q 端的波形，输入端 D 与 CLK 的波形如图题 5-5(a)所示(设 Q 初始状态为 0)。

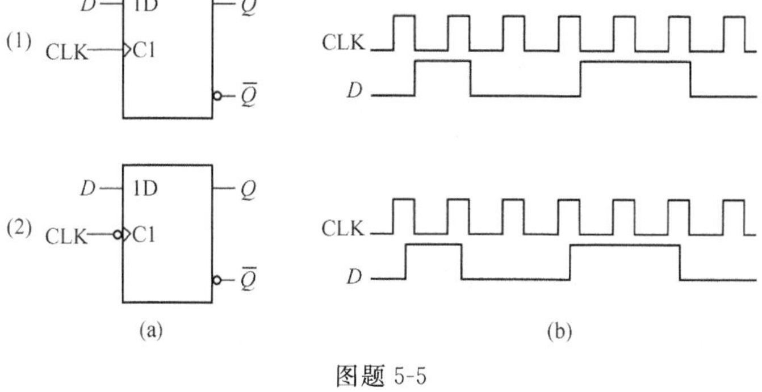

图题 5-5

【题 5-6】 画出如图题 5-6(a)所示的边沿 D 触发器输出 Q 端的波形，CLK 的波形如图题 5-6(b)所示(设 Q 初始状态为 0)。

【题 5-7】 试画出如图题 5-7(a)所示电路输出端 Q_1、Q_0 端的波形，CLK 的波形如图题 5-7(b)所示(设 Q 初始状态为 0)。

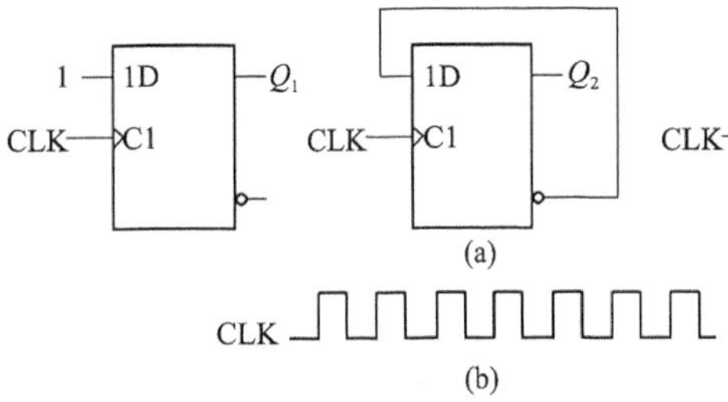

图题 5-6

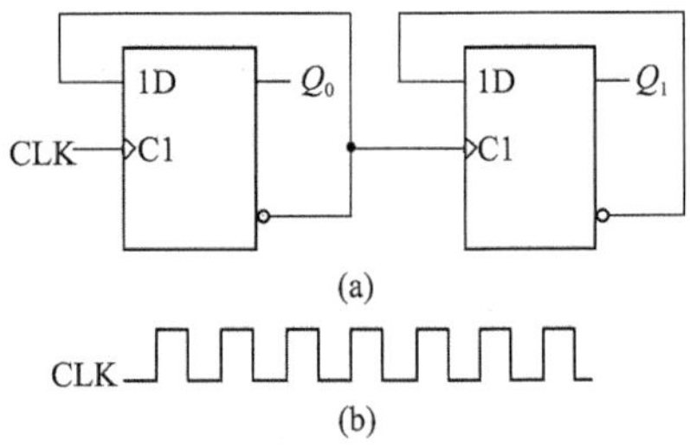

图题 5-7

【题 5-8】 画出如图题 5-8(a)所示的 JK 触发器输出 Q 端的波形，输入端 J、K 与 CLK 的波形如图题 5-8(b)所示(设 Q 初始状态为 0)。

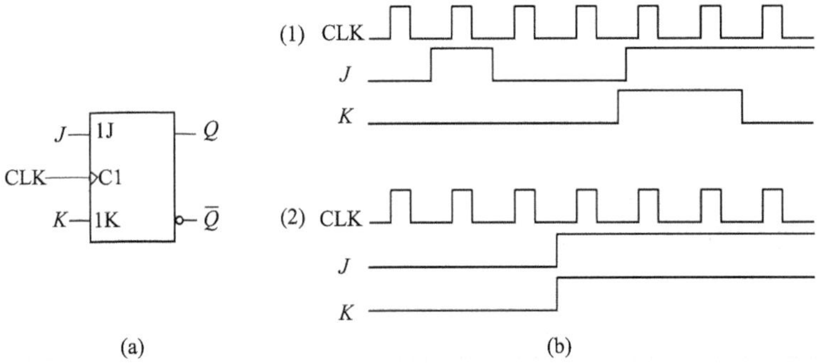

图题 5-8

【题 5-9】 画出如图题 5-9(a)所示的上边沿触发 JK 触发器输出 Q 端的波形，输入端 J、K 与 CLK 的波形如图题 5-9(b)所示(设 Q 初始状态为 0)。

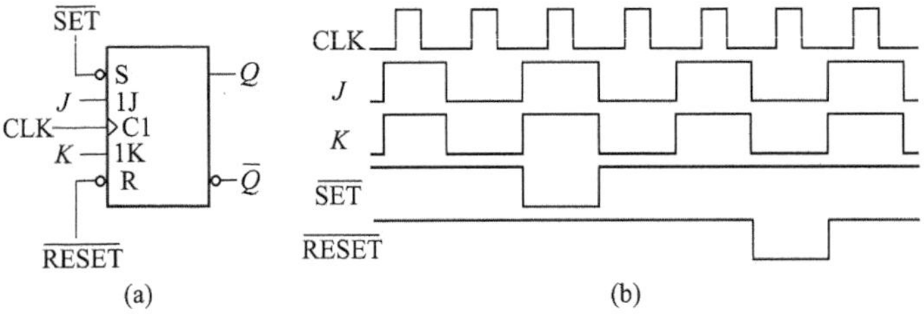

图题 5-9

【题 5-10】 画出如图题 5-10(a)所示的 JK 触发器输出端 Q 端的波形，CLK 的波形如图题 5-10(b)所示(设 Q 初始状态为 0)。

【题 5-11】 画出如图题 5-11(a)所示的脉冲 JK 触发器输出 Q 端的波形，输入端 J、K 与 CLK 的波形如图题 5-11(b)所示(设 Q 初始状态为 0)。

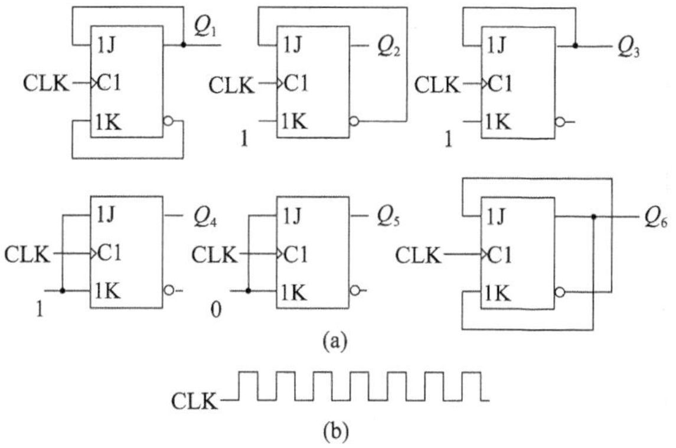

图题 5-10

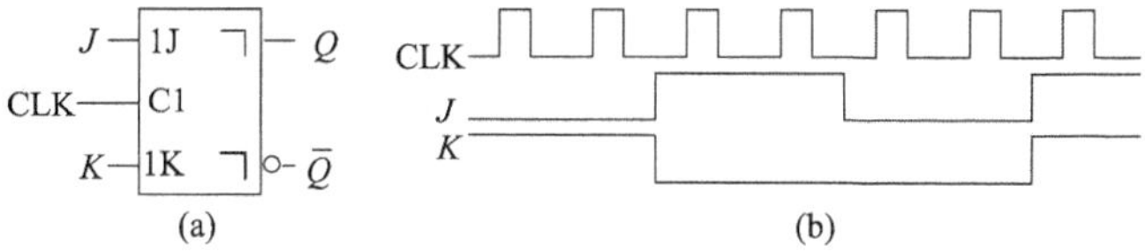

图题 5-11

【题 5-12】 试画出如图题 5-12(a)所示电路输出端 Q_1、Q_0 端的波形，CLK 的波形如图题 5-12(b)所示(设 Q 初始状态为 0)。

【题 5-13】 试画出如图题 5-13(a)所示 T 触发器输出 Q 端的波形，输入端 CLK 的波形如图题 5-13(b)所示(设 Q 初始状态为 0)。

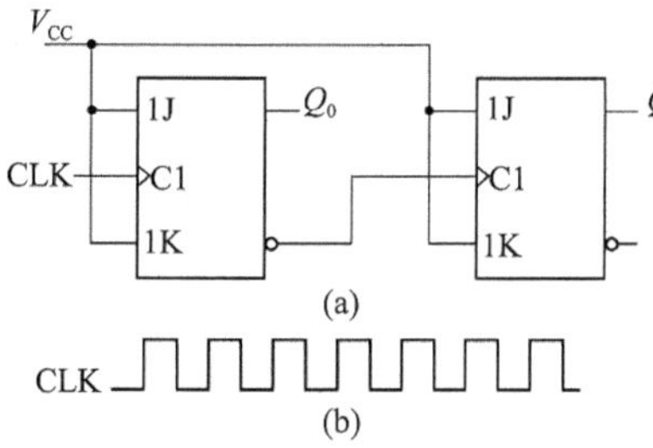

图题 5-12

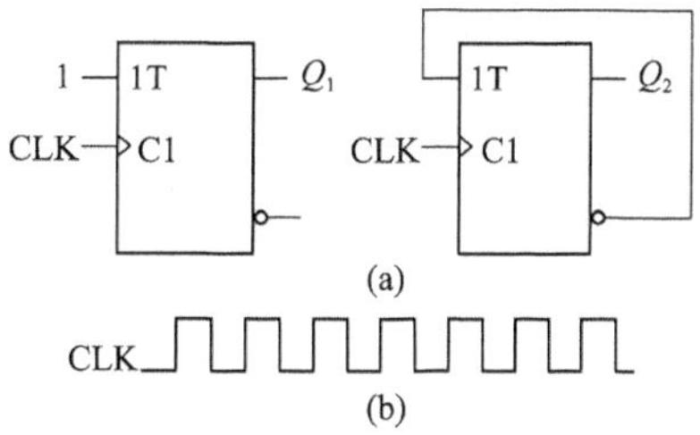

图题 5-13

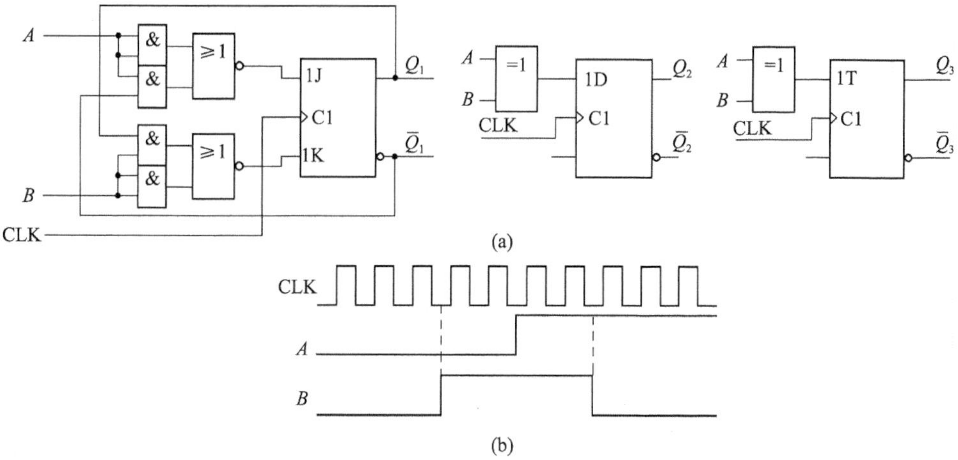

图题 5-14

【题 5-14】 试画出如图题 5-14(a)所示各触发器输出 Q 端的波形，CLK、A 和 B 的波形如图题 5-14(b)所示(设 Q 初始状态为 0)。

【题 5-15】 试画出如图题 5-15(a)所示电路输出 Y 端的波形，CLK 的波形如图题 5-15(b)所示(设 Q 初始状态为 0)。

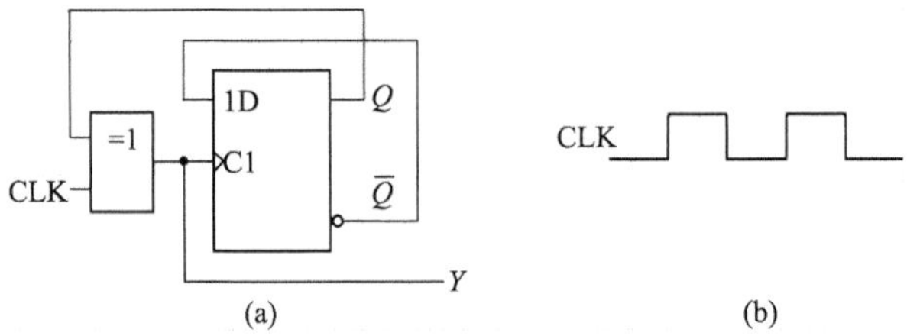

图题 5-15

【题 5-16】 试画出如图题 5-16(a)所示触发器输出 Q 端的波形，CLK 的波形如图题 5-16(b)所示(设 Q 初始状态为 0)。

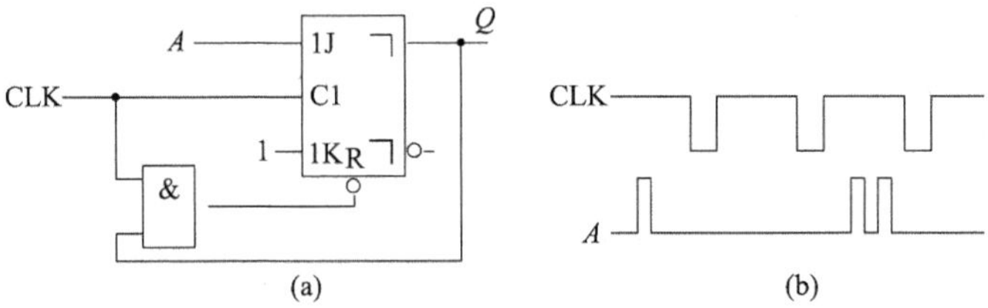

图题 5-16

【题 5-17】 试画出如图题 5-17(a)所示电路中触发器输出 Q_1、Q_2 端的波形，CLK 的波形如图题 5-17(b)所示(设 Q 初始状态为 0)。

【题 5-18】 试画出如图题 5-18(a)所示电路中触发器输出 Q_1、Q_2 端的波形，CLK 的波形如图题 5-18(b)所示(设 Q 初始状态为 0)。

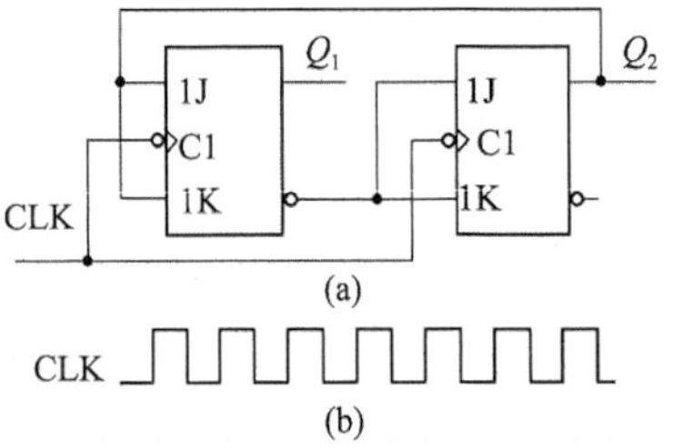

图题 5-17

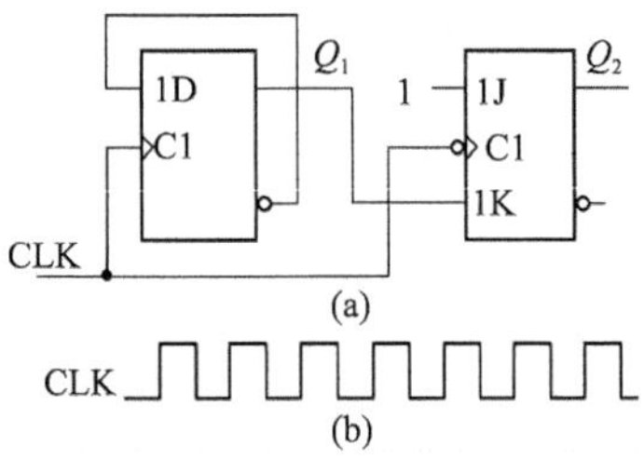

图题 5-18

【题 5-19】 试画出如图题 5-19(a)所示电路中触发器输出 Q_1、Q_2 端的波形，输入端 CLK 的波形如图题 5-19(b)所示(设 Q 初始状态为 0)。

【题 5-20】 试画出如图题 5-20(a)所示电路中触发器输出 Q_1、Q_2 端的波形，CLK 的波形如图题 5-20(b)所示(设 Q 初始状态为 0)。

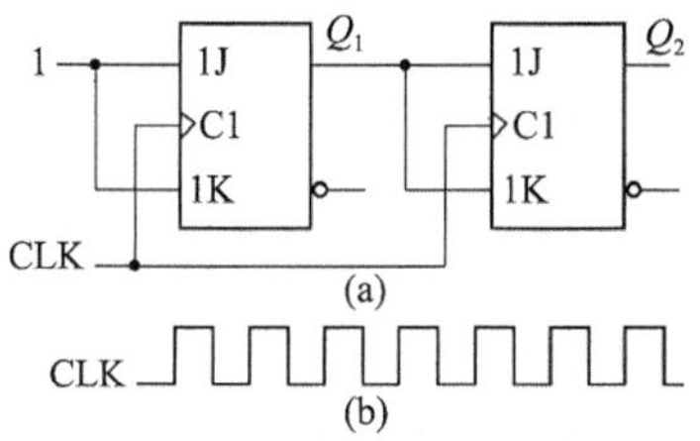

图题 5-19

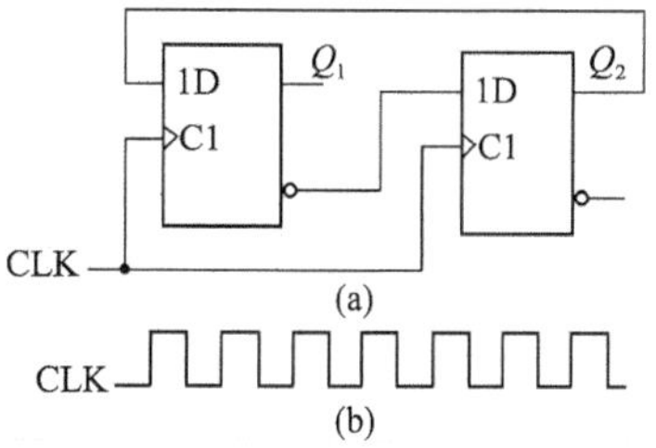

图题 5-20

【题 5-21】 试将 D 触发器转换成 JK 触发器。

【题 5-22】 试将 JK 触发器转换成 D 触发器。

第 6 章　时序电路分析与设计

本章的重点是同步时序电路的工作原理、分析与设计方法，首先介绍时序电路的基本概念和分析时序电路的方法、步骤，然后介绍寄存器、计数器等常用集成时序电路，最后给出同步时序电路的设计方法。

6.1　概　　述

6.1.1　时序电路的组成

时序电路一般可以画成如图 6-1 所示的框图。由图可知，时序电路由组合逻辑电路部分和存储电路(触发器)部分组成，通常存储电路在时钟 CP 的有效边沿动作。

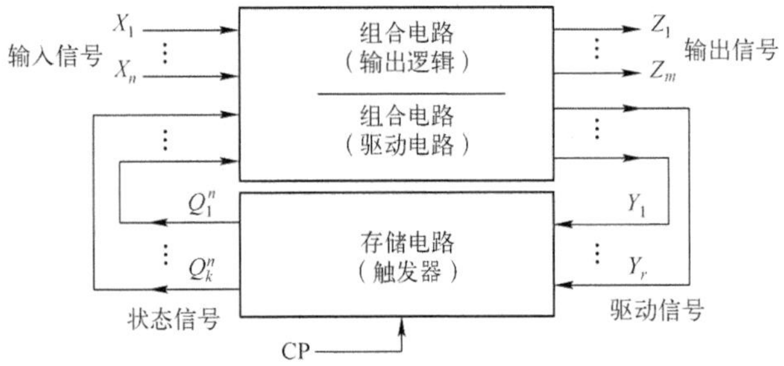

图 6-1　时序电路的框图

$(X_1,\cdots,X_n)$是输入信号，$(Z_1,\cdots,Z_m)$是输出信号；$(Q_1,\cdots,Q_k)$是触发器的输出信号，又称为状态信号；$(Y_1,\cdots,Y_r)$是触发器的输入信号，又称为驱动信号。它们都是二进制信号，且之间的关系如下：

$$Z_i=g_i(X_1,\cdots,X_n,Q_1{}^n,\cdots,Q_k^n)\qquad i=1,\cdots,m$$

$$Y_i=h_i(X_1,\cdots,X_n,Q_1{}^n,\cdots,Q_k^n)\qquad i=1,\cdots,r$$

$$Q_i^{n+1}=f_i(Y_1,\cdots,Y_r,Q_1^n,\cdots Q_k^n)\qquad i=1,\cdots,k$$

其中，$Q_1^n,\cdots,Q_k^n$为触发器的现在状态(现态)，$Q_1^{n+1},\cdots,Q_k^{n+1}$为触发器的将来状态(次态)。现态与次态的分界线是时钟 CP 的有效边沿，若时钟沿之前为现态，则时钟沿之后为次态，或者触发器的输出状态称为现态，而在有效时钟沿后，触发器的输出进入次态。

这三个关系式完全描述时序电路的功能。其中，Z_i称为输出方程，Y_i称为驱动方程、输入方程或激励方程，Q_i^{n+1}式称为状态方程或次态方程。三个方程式的特点是它们都与触发器的现在状态有关。

在时序电路中，组合电路用于形成驱动方程和输出方程，而触发器用于保存电路的状态。时序电路可以缺少输入信号，但是不能缺少驱动信号和状态信号。

6.1.2 时序电路中的基本概念

1. 时序逻辑和时序机、状态机

实际上很多事物不仅与当前情况有关，还与过去情况有关，即与时间的顺序有关，它们可以是复杂的计算机或简单的计数器，也可以是顺序控制器，处理与时间先后顺序有关的逻辑称为时序逻辑。任何一个时序逻辑电路都可以看成一个处理时序问题的机器，通常称为时序机，时序机用驱动方程、状态方程和输出方程描述实际问题。而状态机是突出时序机状态的一种称法。

2. 同步时序与异步时序

在时序电路中，所有触发器的状态都是在同一时钟信号有效边沿作用下变化，称为同步时序电路。若时序电路中触发器的状态不在同一时钟信号作用下变化，称为异步时序电路。

3. 摩尔型与梅里型时序电路

在如图 6-2 所示的框图中，输出信号不仅取决于触发器的状态，而且取决于输入信号的时序电路称为梅里型(Mealy)时序电路，又称为梅里状态机。在如图 6-3 所示的框图中，输出信号仅取决于触发器状态的时序电路称为摩尔型(Moore)时序电路，又称为摩尔状态机。

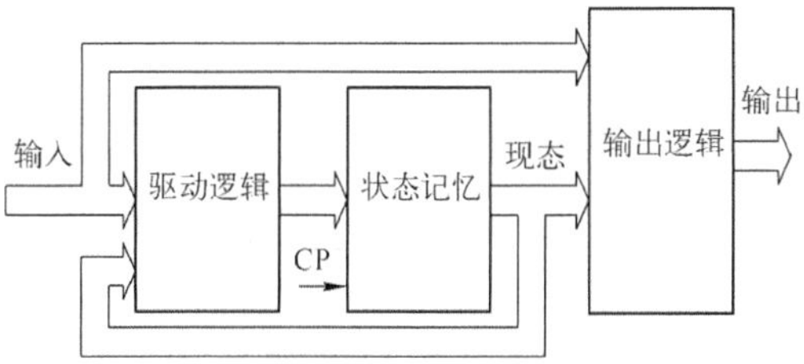

图 6-2 梅里型时序电路

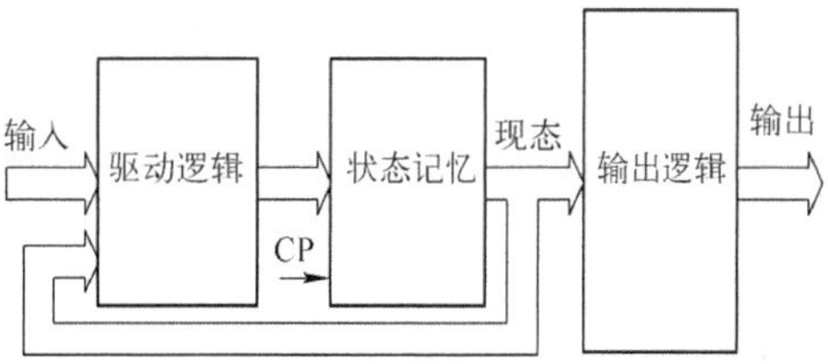

图 6-3 摩尔型时序电路

4. 时序电路中的变量与状态

输入变量是源于时序电路的所有变量。

输出变量是离开时序电路的所有变量。

状态变量是各个触发器的输出信号，状态变量数有限的时序电路称为有限状态机。

驱动变量是触发器的驱动(输入)信号(如 RS，JK，D，T)。

状态由触发器的输出定义，时序电路的每一个状态都唯一，状态变量 N(触发器个数)与状态 S 之间的关系是 $2^N=S$。时序电路的状态是状态变量的唯一组合，每一个状态必须区别于所有的其他状态。

5. 现态与次态

对于同步时序电路，现态与次态的划分取决于时钟脉冲：时钟有效边沿到来之前，电路的状态是现态；时钟有效边沿到来之后，电路的状态是次态。

异步时序电路现态与次态划分取决于异步电路的形式，若是脉冲异步时序电路则由输入脉冲确定，这和同步时序电路相同；对于电平异步电路则由输入电平的变化划分现态和次态。

6. 时序电路的时钟

时序电路的时钟常用 CP 或 CLK 表示。时钟有效沿区分现态和次态。

6.1.3 描述时序电路的逻辑工具

1. 状态(转换)图

状态图又称为状态转换图，图形的方式描述现态、次态、输入和输出之间的关系。梅里型时序电路与摩尔型时序电路画法不同，梅里型时序电路的画法是使用圆圈中的数字或字母表示时序电路的状态，使用箭头表示状态变化并且在箭头旁标记输入变量 x 和输出变量 z，标记时将输入变量 x 与输出变量 z 用斜杠隔开。

梅里型时序电路的输入、输出和状态之间的关系如图 6-4(a)的时序图所示。由状态图可知，当 x 从 1 变为 0 时，引起状态和输出变化，由于状态的变化发生在时钟的上升沿，而输出 z 的变化出现在输入 x 发生变化时，因此输出 z 的变化提前于状态变化，这正是输出标示在箭头旁的原因。

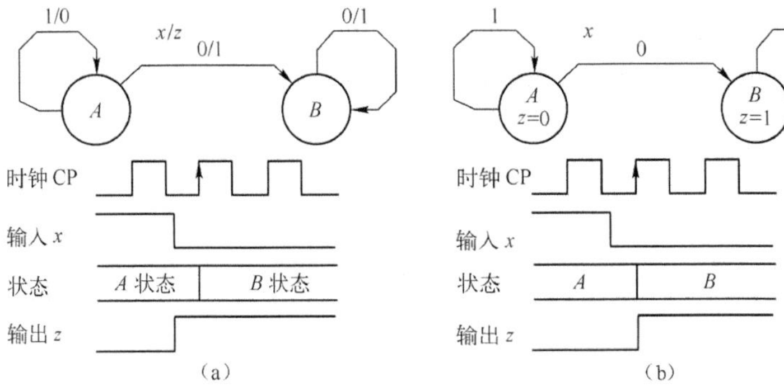

图 6-4　状态图与时序图

摩尔型时序电路的画法是使用圆圈中的数字或字母表示时序电路的状态与输出，使用箭头表示状态变化，并且在箭头旁标记输入变量 x。摩尔型时序电路的输入、输出和状态之间的关系如图 6-4(b)的时序图所示。由状态图可知状态的变化发生在时钟的上升沿，而输出 z 的变化也出现在时钟的上升沿，即输出 z 的变化与状态变化发生在同一时刻，这正是输出标示圆圈内的原因。

状态图以图的形式表示状态之间的关系，既显示输入与输出之间的关系，又显示一个状态到另一个状态的转换，所以使用起来非常直观、方便。

2. 状态表

该表类似于组合电路中的真值表，以表格的形式描述时序电路中输入变量、现态变量与次态变量、输出变量之间的关系。该表格以输入变量、现态变量作为自变量，以次态变量和输出变量为因变量。该表格可以是一维或二维，可以清楚地表达所有输入、现态与次态、输出之间的关系。

3. 时间图

时间图或时序图是按照时序电路的时钟脉冲顺序、输入信号与现在状态，将时序电路的输出与次态变化画成的图。在实际应用中，常使用逻辑分析仪测量时序电路的时序，并以时序图形的方式显示在仪器屏幕上，以研究时序的正确程度。

6.2　同步时序电路的逻辑分析步骤与举例

同步时序电路分析由时序电路逻辑图得出状态图，并由此得知该时序电路的功能。分析步骤如下：

(1)观察时序电路的输入、输出和状态变量。

(2)写各个触发器的驱动方程和输出方程。

(3)把驱动方程代入触发器的特性方程，得到时序电路的状态(次态)方程。

(4)由时序电路的状态方程组和输出方程构造状态表，列出每一个现态与输入组合对应的次态与输出的表格。

(5)画状态图和/或时序图。

在一个分析过程中，上述步骤并不是每一步都需要，而应按照题目情况，灵活处理。

【例 6-1】 试写出图 6-5 所示电路的驱动方程、状态方程、输出方程，并画出状态表、状态图。

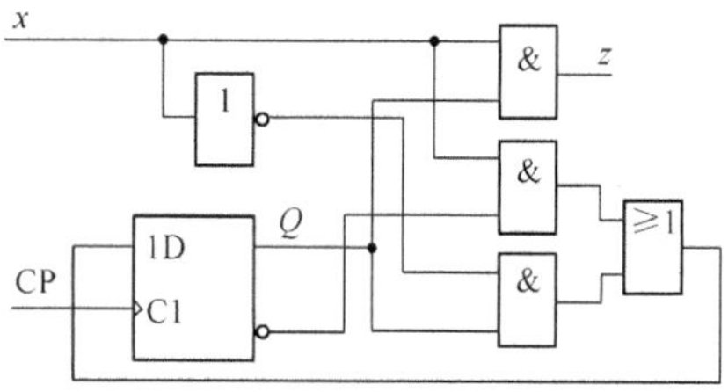

图 6-5 例 6-1 的电路

解：

(1)观察变量，即输入变量 x，输出变量 z，状态变量 Q，状态 Q 和$\overline{Q}$。

(2)驱动方程 $D=\overline{x}Q+x\overline{Q}$。

(3)状态方程 $Q^{n+1}=D=\overline{x}Q+x\overline{Q}$。

(4)输出方程 $z=xQ$。由于输出 z 与输入 x 有关，所以该电路为梅里型时序电路。

(5)状态表。首先制表，如表 6-1 所示，然后根据状态方程和输出方程，把对应每组输入和现态的次态和输出分别填入表中，见表 6-2。

表 6-1 空状态表

输入	现态	次态	输出
x	Q	Q^{n+1}	z
0	0		
0	1		
1	0		
1	1		

表 6-2 填入数据的状态表

输入	现态	次态	输出
x	Q	Q^{n+1}	z
0	0	0	0
0	1	1	0
1	0	1	0
1	1	0	1

(6)由于只有一个触发器，因此只有两个状态 0 和 1。根据状态表，将状态转移的条件、输出、转移方向标记在图上，形成如图 6-6 所示的状态图。

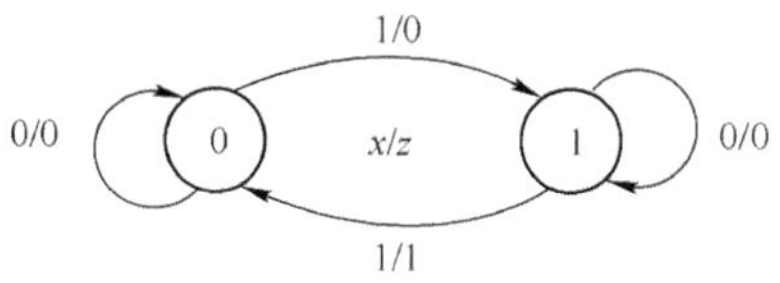

图 6-6 例 6-1 的状态图

【例 6-2】 试写出如图 6-7 所示电路的驱动方程、状态方程、输出方程，并画出状态表、状态图。

解：

(1)观察变量，即输入变量 x，输出变量 w，状态变量 Q_1 和 Q_0。由于有两个状态变量，所以状态是$\overline{Q}_1\overline{Q}_0$，$\overline{Q}_1 Q_0$，$Q_1\overline{Q}_0$，$Q_1 Q_0$。

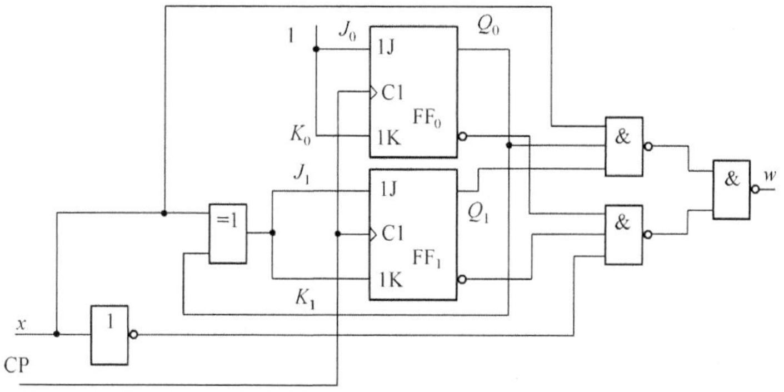

图 6-7 例 6-2 的时序电路

(2)驱动方程，即

$$J_0=1 \quad K_0=1$$
$$J_1=K_1=x\oplus Q_0$$

(3)状态方程，即

$$Q_0^{n+1}=J_0\overline{Q}_0+\overline{K}_0Q_0=\overline{Q}_0$$
$$Q_1^{n+1}=J_1\overline{Q}_1+\overline{K}_1Q_1=(x\oplus Q_0)\overline{Q}_1+(\overline{x\oplus Q_0})Q_1=x\oplus Q_0\oplus Q_1$$

(4)输出方程，即

$$w=\overline{\overline{xQ_1Q_0}\cdot\overline{\overline{x}\,\overline{Q_1}\,\overline{Q_0}}}=xQ_1Q_0+\overline{x}\,\overline{Q_1}\,\overline{Q_0}$$

由于输出 w 与输入 x 有关，所以该电路为梅里型时序电路。

(5)状态表。将输入 x 和现态的每个组合，按照自然二进制顺序代入状态方程和输出方程，则有如表 6-3 所示的状态表。

(6)状态图。由于有两个状态变量，因此有 4 个状态，可以画出 4 个标记状态编码 00、01、10、11 的圆圈，然后根据状态表中的输入 x、现态、次态与输出完成状态图。例如，在现态 $Q_1Q_0=00$，若输入 $x=0$，则次态 $Q_1^{n+1}Q_0^{n+1}=01$，输出 $w=1$，则可以画出从状态 00 圆圈到状态 01 的箭头，并在箭头旁标记 0/1。最后得到图 6-8。

表 6-3　例 6-2 中的状态表

输入	现态	次态	输出
x	Q_1Q_0	$Q_1^{n+1}Q_0^{n+1}$	w
0	00	01	1
0	01	10	0
0	10	11	0
0	11	00	0
1	00	11	0
1	01	00	0
1	10	01	0
1	11	10	1

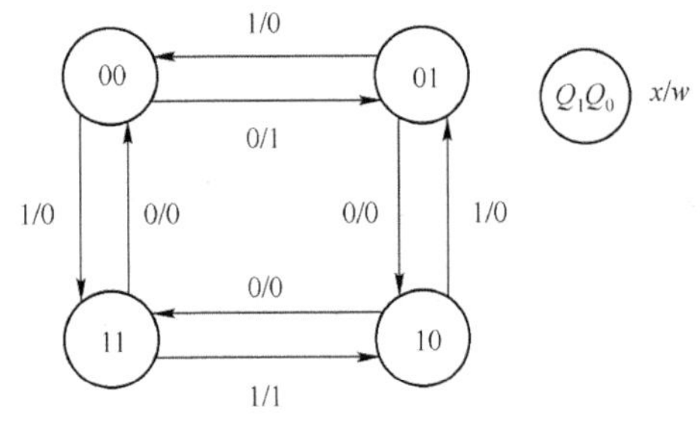

图 6-8　例 6-2 的状态图

【例 6-3】　试写出如图 6-9 所示电路的驱动方程、状态方程、输出方程，并画出状态表、状态图。

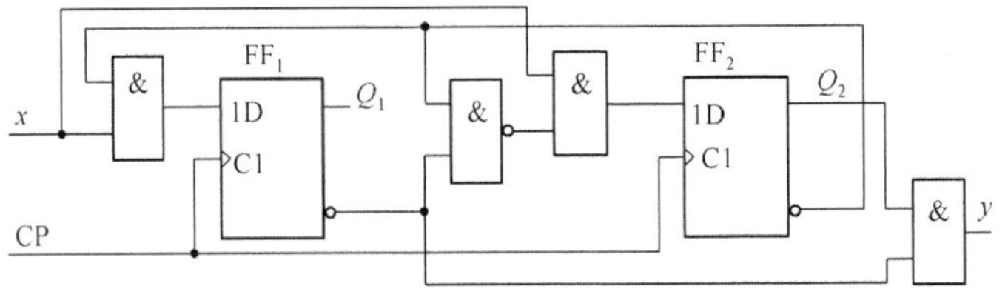

图 6-9　例 6-3 的逻辑图

解：(1)观察变量，即输入变量 x，输出变量 y，状态变量 Q_1 和 Q_2。

由于有两个状态变量，所以状态是 $\overline{Q}_2\overline{Q}_1$，$\overline{Q}_2Q_1$，$Q_2\overline{Q}_1$，$Q_2Q_1$。

表 6-4　例 6-3 中的状态表

输入	现态	次态	输出
x	Q_2Q_1	$Q_2^{n+1}Q_1^{n+1}$	y
0	00	00	0
0	01	00	0
0	10	00	1
0	11	00	0
1	00	01	0
1	01	11	0
1	10	10	1
1	11	10	0

(2)驱动方程，即

$$D_1 = x\overline{Q}_2 \quad D_2 = x\,\overline{\overline{Q_1}\,\overline{Q_2}} = x(Q_1 + Q_2)$$

(3)状态方程，即

$$Q_1^{n+1} = x\overline{Q}_2 \quad Q_2^{n+1} = x(Q_1 + Q_2)$$

(4)输出方程，即

$$y = Q_2\overline{Q_1}$$

由于输出 y 与输入 x 无关，所以该电路是摩尔型时序电路。

(5)列状态表。状态表如表 6-4 所示。

(6)画状态图。状态图如图 6-10 所示。

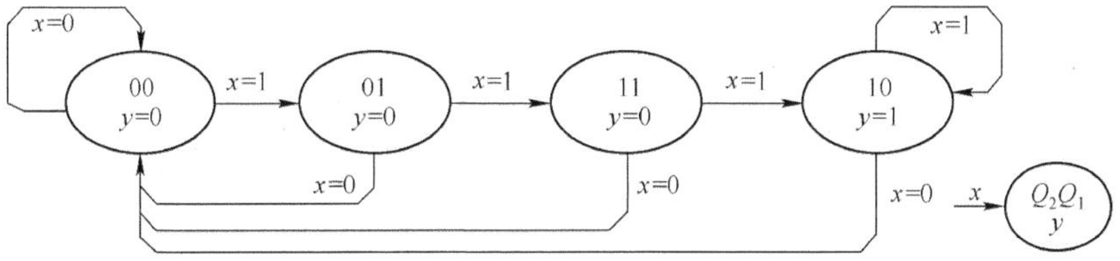

图 6-10　例 6-3 的状态图

(7)时序图。若已知 x 的波形，可以画出时序图，如图 6-11 所示。

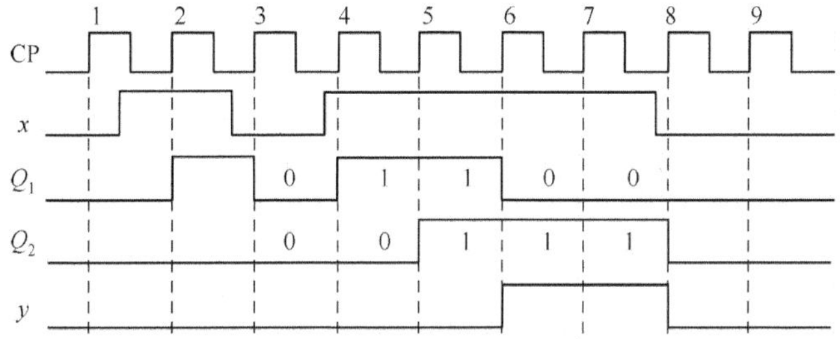

图 6-11　例 6-3 的时序图

作图前，应已知 x 的变化，并给定现态的初始状态。首先将时钟脉冲和 x 画在图上，然后由 x 和现态 Q_2Q_1 推导出次态，再由现态确定输出 y，直至画完时序图。值得注意的是，现态和次态的划分是以触发器动作的时钟边沿为分界线，上升边沿前为现态，上升边沿后为次态。

6.3　寄　存　器

6.3.1　寄存器

1. 数据寄存器

数据寄存器用于存储一组二进制信号，是数字系统中常用的器件，常用多个锁存器或触发器组成，只寄存数字 0 或 1，所以无论是锁存器还是触发器都可以满足要求。

1)锁存器结构的寄存器

锁存器结构的寄存器具有如下输入、输出端：

① 数据端 D,用来输入被寄存的二进制信号。

② 使能端(门控端),当为 1 时,Q 端状态随 D 端状态变化;当为 0 时,Q 端状态保持。

2)触发器结构的寄存器

触发器结构的寄存器具有如下输入、输出端:

① 数据端,用来输入被寄存的二进制信号。

② 脉冲端,在脉冲的上升边沿或下降边沿触发器触发,使 Q 端的状态与 D 端的状态一致。

③ 清除端,使 Q 端的状态为零。

有的寄存器三态输出,故还有三态控制端(输出使能端)。

2. 集成寄存器

如图 6-12 所示的是两种常用的 8 位寄存器,图 6-12(a)显示的 74LS273 是边沿 D 触发器结构的寄存器,在时钟 CP 的上升沿,该寄存器寄存 D 端数据;在$\overline{\text{CLR}}$信号为低电平时,可对所有寄存器异步复位。

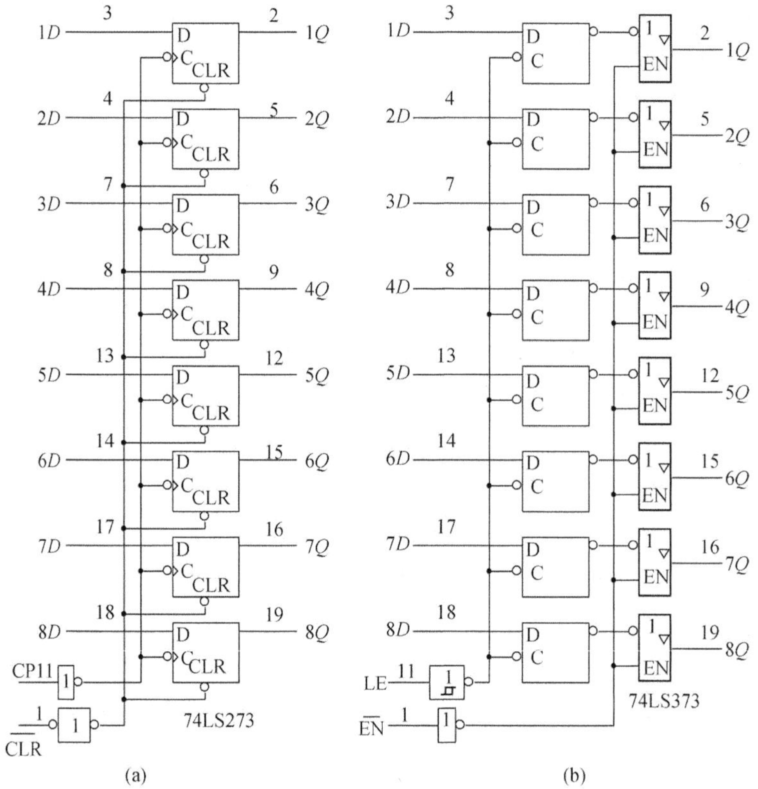

图 6-12　两种常用的数据寄存器内部逻辑图

图 6-12(b)显示的 74LS373 是属于 D 锁存器结构的寄存器,在锁存信号 LE 为高电平信号时 D 端数据进入锁存器;在三态输出使能信号 EN 为高电平时,输出处于高阻态。

3. 数据寄存器的应用

图 6-13(a)是分时寄存数码管显示数据的电路图,两位数码管数据来自数据总线 $D_7 \sim D_0$,分别与寄存器 74LS273 数据输入端相连,寄存器 74LS273 的输出驱动共阳极数码管。信号 P1.0 和 P1.1 分别控制 74LS273 寄存数据。

图 6-13(b)显示的是分时寄存数码管显示数据电路的动作时序,$D_7 \sim D_0$ 分时送出两位数码

管显示数据，当数码管 sm1 的显示数据呈现在 $D_7 \sim D_0$ 总线上时，P1.0 信号的上升沿将该数据寄存在 74LS273(1)中，数码管 sm1 显示该数据；当数码管 sm2 的显示数据呈现在 $D_7 \sim D_0$ 总线上时，P1.1 信号的上升沿将数据寄存在 74LS273(2)中，数码管 sm2 显示该数据。这样即实现一条 8 位数据总线分时提供两位数码管数据的功能。

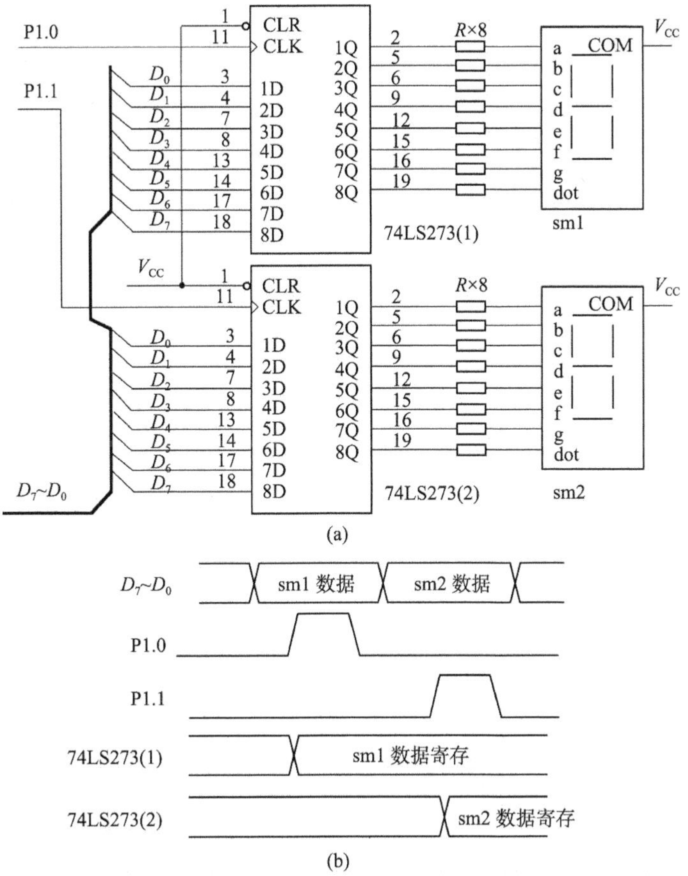

图 6-13　分时寄存数码管显示数据电路与动作时序图

6.3.2　移位寄存器

1. 基本概念

除具有二进制代码寄存功能外还具有二进制移位功能的寄存器称为移位寄存器，所谓移位功能，是寄存的数据在移位脉冲的作用下左移或右移。由于具有移位功能，数据既可以并行输入、输出，也可以在移位脉冲的作用下，串行输入寄存器及从寄存器串行输出。移位寄存器分类如图 6-14 所示。

由图可知，移位寄存器分为串入串出、串入并出和并入串出 3 类。

2. 各类移位寄存器工作原理

1)串入串出移位寄存器

图 6-15(a)显示的是由 D 触发器组成的右移寄存器，数据从左侧输入端输入，从右侧输出端输出。由于时钟端与每个触发器的时钟端相连，所以在时钟上升沿每个触发器都接收左侧输入端的数据。

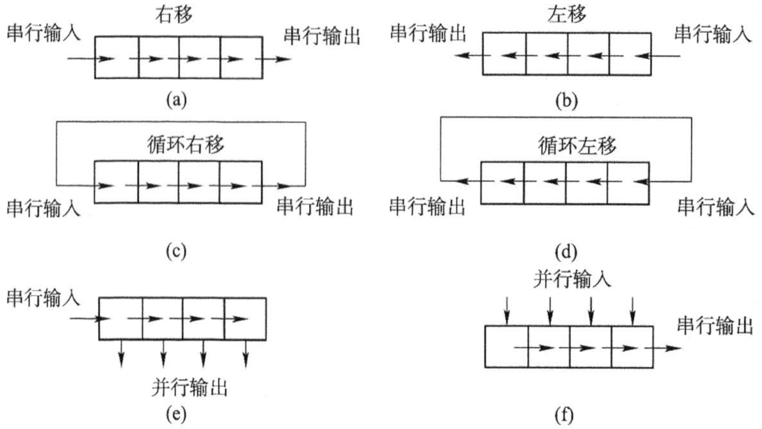

图 6-14　移位寄存器分类

图 6-15(b)显示的是串入串出移位寄存器的工作过程。

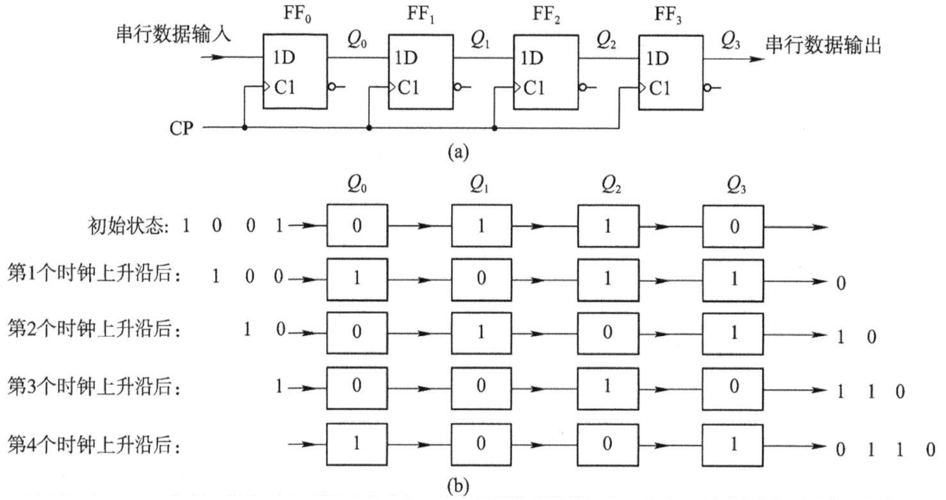

图 6-15　串入串出移位寄存器及其工作过程

初始状态时,寄存器内寄存数据 0110,寄存器输入端有数据 1001;在时钟上升沿,寄存器内的数据向右移动,同时最左侧的 D 触发器接收输入端的数据,经过 4 个上升沿,输入端的数据 1001 完全移入寄存器,而寄存器内部寄存的数据 0110 全部从输出端移出寄存器。

图 6-16(a)是上述移位过程的时序图,串行输入数据为 1001,寄存器内初始数据为 0110。首先输入数据的最高位先放在移位寄存器的串入数据端,在 4 个时钟沿后,寄存器内数据为 1001,而初始数据全部从输出端移出寄存器。

由于数据是从左向右移动,所以该操作是右移移位操作,输入数据的高位最先移入寄存器。

图 6-16(b)是寄存器初始数据全为 1 时的时序图,输入数据最高位 0 首先放在移位寄存器的串入数据端,经过 4 个时钟沿后,输入数据 0011 全部移入寄存器。

左移移位操作由左移移位寄存器实现,图 6-17 是左移移位寄存器的原理图。

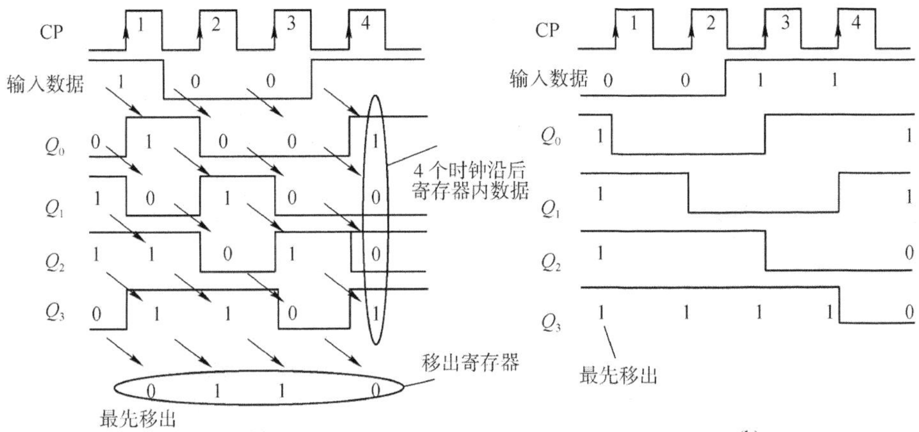

图 6-16　串入串出移位寄存器时序图

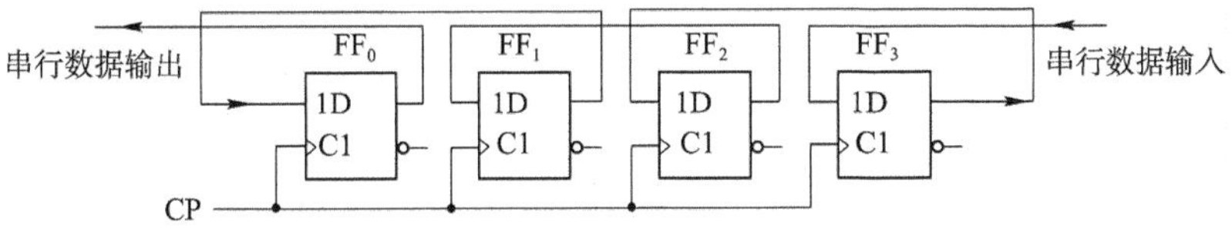

图 6-17　左移移位寄存器原理图

2)串入并出移位寄存器

如果数据串行输入寄存器,从寄存器中各个触发器 Q 端并行输出,则为串入并出寄存器。图 6-18 是用 D 触发器组成的串入并出寄存器原理图。

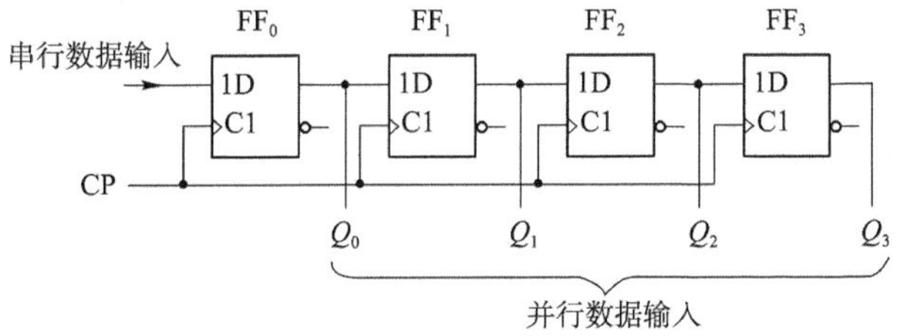

图 6-18　串入并出移位寄存器

串入并出寄存器可以实现串行数据向并行数据的转换功能,在通信接口电路中非常有用。

3)并入串出移位寄存器

如图 6-19 所示的是数据并行输入,串行输出的 4 位移位寄存器。

由图可知,当移位/$\overline{置数}$信号为低电平并且在时钟边沿时,4 位并行输入数据 D_3、D_2、D_1、D_0 存储在触发器中;当移位/$\overline{置数}$信号为高电平并且在时钟边沿时,数据串行右移。由于该寄存器置数动作与时钟同步,所以是同步置数移位寄存器。

如图 6-20 所示,JK 触发器组成并入串出寄存器电路,由于并行数据是从 JK 触发器的异步置位、复位端输入,所以,若置数控制信号为 1,并行数据则存储到 JK 触发器,因此是异步并入串出移位寄存器。

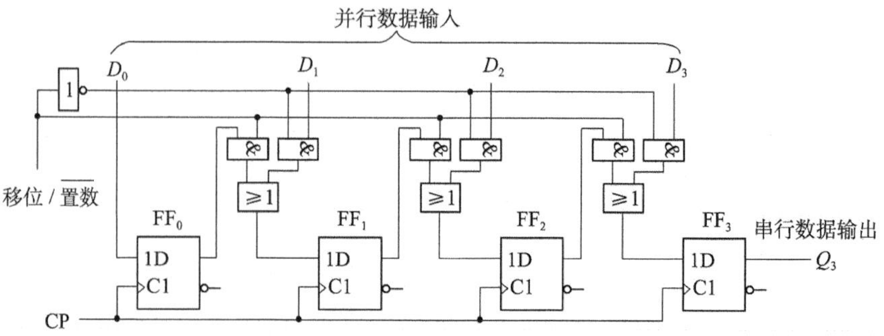

图 6-19　由 D 触发器组成的 4 位同步并入串出移位寄存器

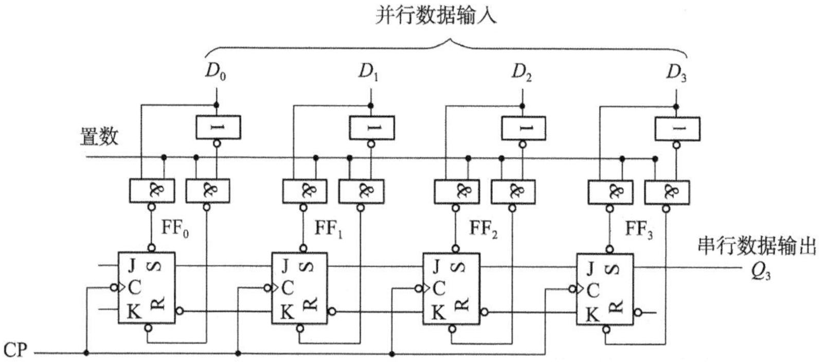

图 6-20　由 JK 触发器组成的异步并入串出移位寄存器

4)双向移位寄存器

既可以左移,又可以右移的寄存器为双向移位寄存器。4 位双向移位寄存器如图 6-21 所示,由图可知,当右移/$\overline{\text{左移}}$控制信号为高电平时,寄存器具有右移功能,数据从触发器 FF_0 移向 FF_3;当右移/$\overline{\text{左移}}$控制信号为低电平时,寄存器具有左移功能,数据从触发器 FF_3 移向 FF_0。

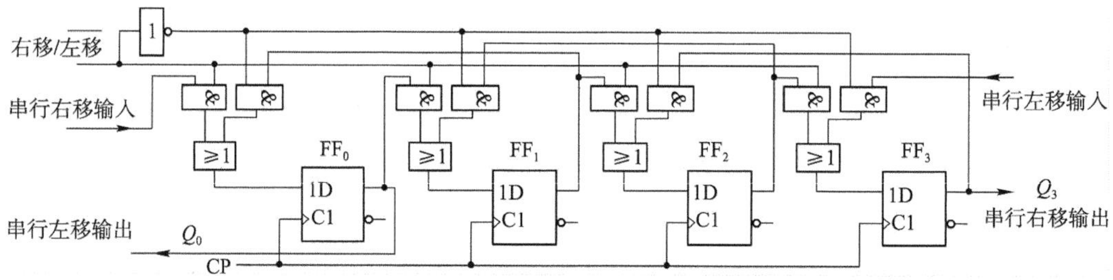

图 6-21　4 位双向移位寄存器

3. 集成移位寄存器

1)串入并出移位寄存器 74LS164

74LS164 是 8 位串入并出的移位寄存器,图 6-22 显示它的内部结构与引脚排列。74LS164 由 8 个具有异步清除端的 SR 触发器组成,具有时钟端 CP、清除端$\overline{CLR}$、串行输入端 A 和 B、8 个输出端。

输入端 A 和 B 之间是与逻辑关系,当 A 和 B 都是高电平时,相当于串行数据端接高电平,而其中若有一个是低电平则相当于串行数据端接低电平;一般将 A 和 B 端并接在一起使用。74LS164 的功能见表 6-5。

2)并入串出移位寄存器 74LS165

74LS165 是 8 位并入串出,且具有异步预置、时钟禁止和互补输出的移位寄存器,图 6-23 是

74LS165 的内部结构图与动作波形图。

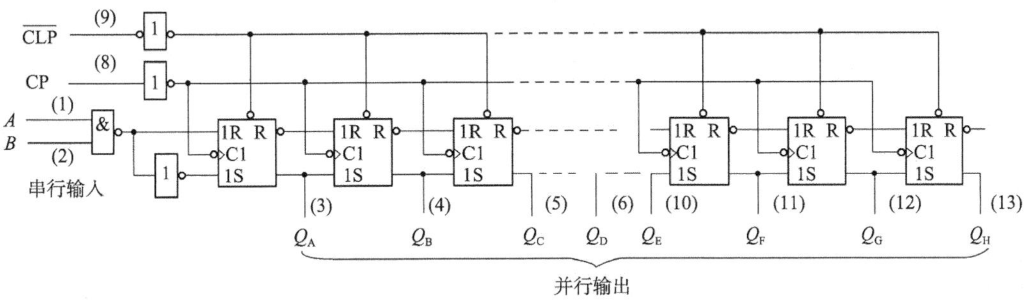

图 6-22　74LS164 的内部结构与引脚排列

表 6-5　74LS164 功能表

输　入				输　出		说　明
CP	$\overline{CLR}$	A	B	Q_A	$Q_B \cdots Q_H$	
×	0	×	×	0	0…0	清零
0	1	×	×	Q_{A0}	$Q_{B0} \cdots Q_{H0}$	保持
↑	1	1	1	1	$Q_{An} \cdots Q_{Gn}$	移入 1
↑	1	0	×	0	$Q_{An} \cdots Q_{Gn}$	移入 0
↑	1	×	0	0	$Q_{An} \cdots Q_{Gn}$	移入 0

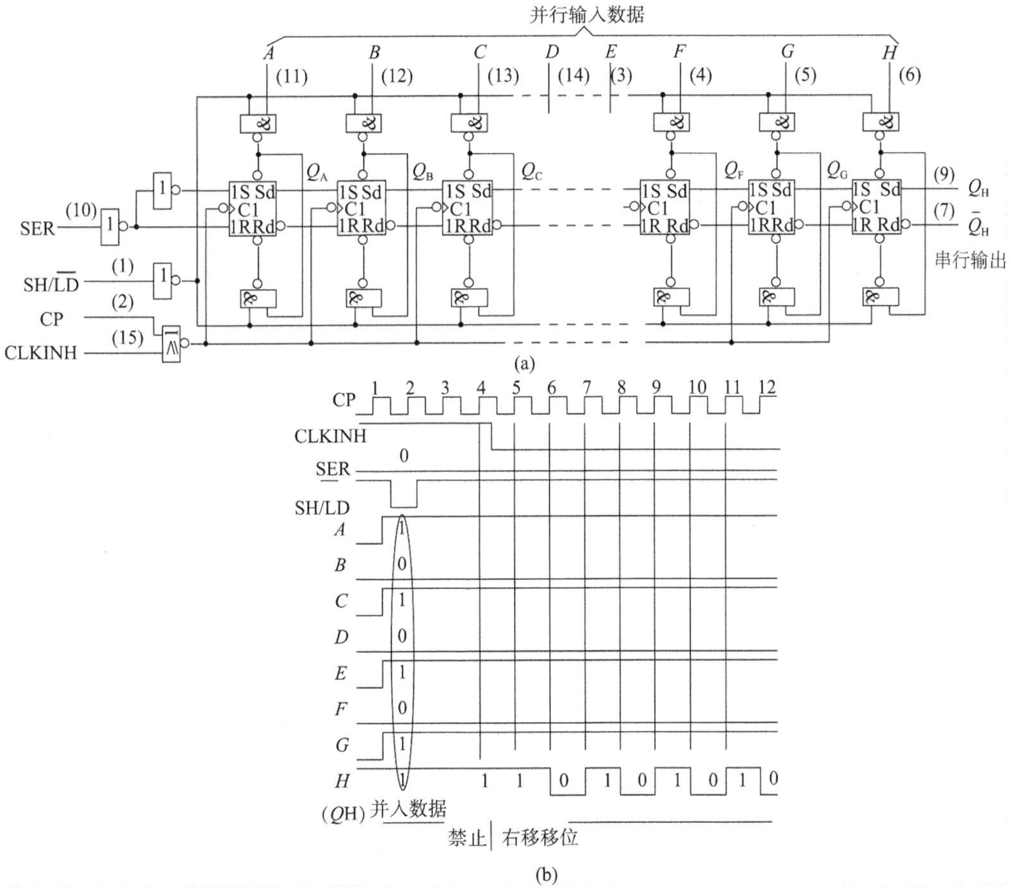

图 6-23　74LS165 的内部结构图与动作波形图

在图 6-23 中，触发器是具有预置和清除端、负边沿触发的 RS 触发器，每个触发器的异步置位复位端 Sd 和 Rd 由并行输入信号和移位/预置控制端 SH/$\overline{\mathrm{LD}}$控制，此处的移位和预置共用一根信号线，即移位和不能同时进行。当 SH/$\overline{\mathrm{LD}}$=1 时，寄存器工作在移位状态；当 SH/$\overline{\mathrm{LD}}$=0 时，寄存器工作在并行置数状态。

由于时钟 CLK 和时钟禁止 CLK INH 端是“或”逻辑关系，所以当时钟禁止端为 1 时，寄存器工作在数据保持状态。以上功能总结在功能表 6-6 中。

74LS165 的动作时序如图 6-23(b)所示。首先使时钟禁止信号 CLKINH=1，再在数据端输入数据 $H \sim A = 11010101$，移位/置数信号 SH/$\overline{\mathrm{LD}}$=0 时，数据端数据置入寄存器。随后 CLKINH=0，在时钟上沿的作用下，寄存器中的数据开始右移，8 个脉冲后，置入寄存器的数据从串行输出端 Q_H 全部移出。

表 6-6　74LS165 功能表

输　入					内部输出		输　出	说　明
CLK	CLKINH	SH/$\overline{\mathrm{LD}}$	SER	$A \sim H$	Q_A	Q_B	Q_H	
×	×	0	×	$a \sim h$	a	b	h	预置
0	0	1	×	×	Q_{A_0}	Q_{B_0}	Q_{H_0}	保持
↑	0	1	1	×	1	Q_{A_n}	Q_{G_n}	移入 1
↑	0	1	0	×	0	Q_{A_n}	Q_{G_n}	移入 0
×	1	1	×	×	Q_{A_0}	Q_{B_0}	Q_{H_0}	保持

3）双向移位寄存器 74LS194

图 6-24 显示的是双向移位寄存器 74LS194 的内部结构图。该寄存器具有模式控制端 S_1、S_0，当 $S_1=1$、$S_0=1$ 时，同步并行输入；当 $S_1=0$、$S_0=1$ 时，右移；当 $S_1=1$、$S_0=0$ 时，左移；当 $S_1=0$、$S_0=0$ 时，时钟禁止。由图可知，时钟 CP 的有效边沿为上升沿。

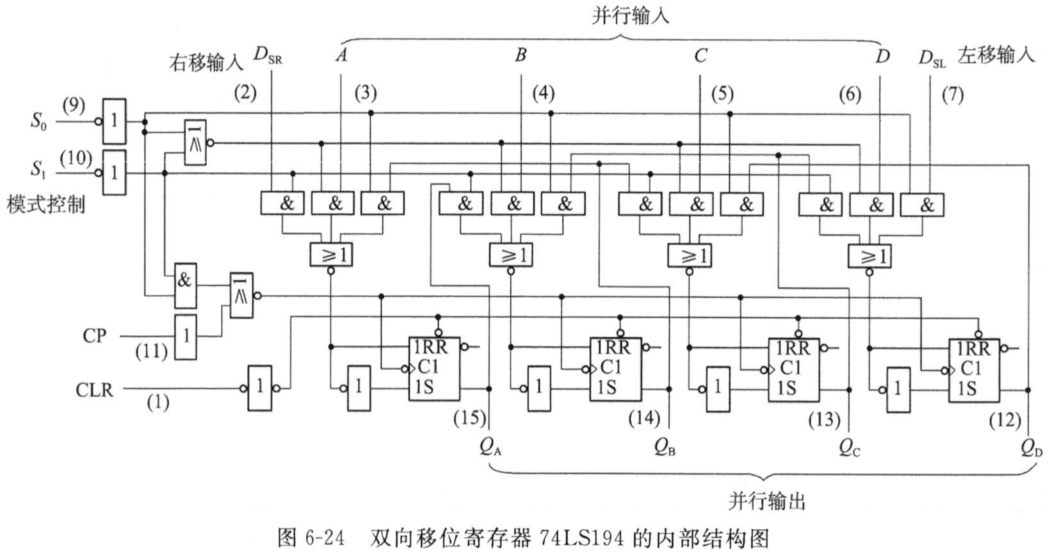

图 6-24　双向移位寄存器 74LS194 的内部结构图

4. 移位寄存器应用举例

【例 6-4】　使用 74LS164 驱动共阳数码管的电路。

解：图 6-25 是使用 74LS164 的数码管驱动电路，U_1 的串行数据输入端 DATA 用于接收待显示的数据，而时钟端 CLK 用于将数据移到 74LS164 中。

该电路可以与单片机、微机和可编程控制器等装置连接，用于输出显示数据。若几百个这样的电路串连，可以节约大量的输入/输出(I/O)接口。若使用单片机的串行接口与该电路连接，使用起来更加方便。

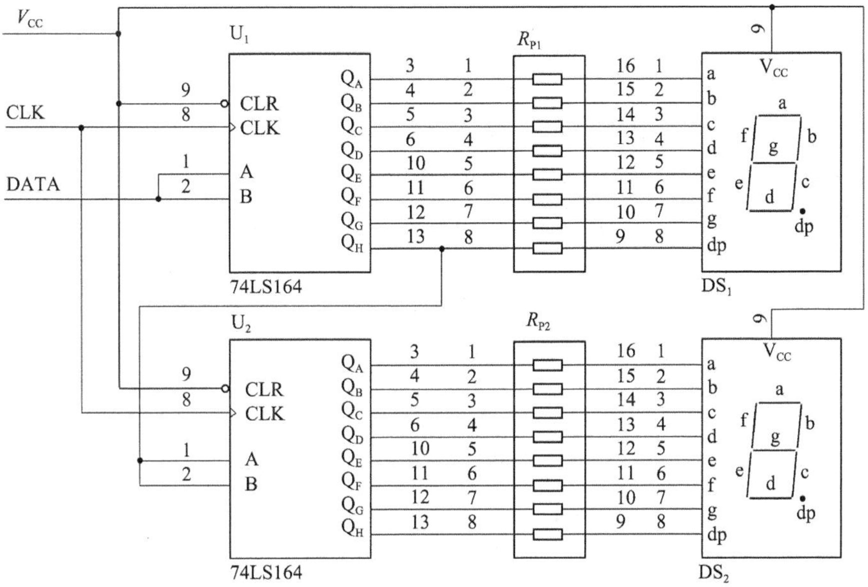

图 6-25　用 74LS164 驱动共阳数码管的电路

使用共阳极数码管显示数据，首先将数据编码，如显示数字 3，则移入 74LS164 的数据应为 00001101(先移入低位，0 所对应的数码管段亮)，各位数据对应数码管的各段笔画 a、b、c、d、e、f、g 和小数点。

【例 6-5】 用 74LS165 扩展单片机输入端。

解：利用 74LS165 将并行信号转换成串行信号的电路如图 6-26(a)所示，74LS165 的并行数据端连接钮子开关，当 SH/$\overline{\text{LD}}$=0 时，开关的状态异步并行输入 74LS165，这时 S_7 的状态呈现在 Q_H 端；当 SH/$\overline{\text{LD}}$=1 时，74LS165 处于移位状态，在 CP 脉冲的上升沿，数据 $S_6 \sim S_0$ 顺序呈现在 Q_H 端。图 6-26(b)是该电路的动作时序图。

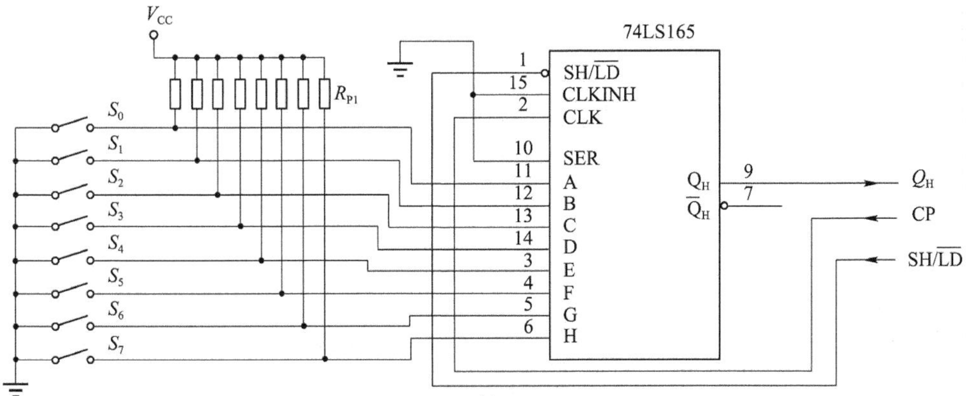

(a)

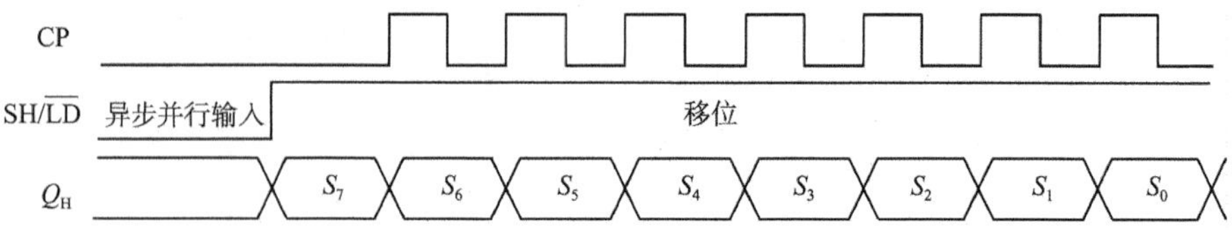

(b)

图 6-26　并行信号转换成串行信号的电路及动作时序图

【例 6-6】　双向移位寄存器 74LS194 构成时序产生器。

解:如图 6-27 所示的是使用双向移位寄存器 74LS194 构成的时序产生器。图中两个 74*LS*194 构成循环右移连接,并行输入端与时序选择开关 $K_0 \sim K_7$ 相连,开关 K_8 与 S_1 相连,控制并行数据输入或移位操作,由于 S_0 与 V_{CC} 相连,所以 $S_0=1$;当开关 K_8 断开时(设引脚悬空相当于高电平),$S_1=1$,则时序开关 $K_0 \sim K_7$ 的状态输入 74LS194;当开关 K_8 闭合时,$S_1=0$,74LS194 执行右移操作,由于连接成循环右移方式,所以开关 $K_0 \sim K_7$ 状态在时钟脉冲的作用下依次出现在 74LS194 的并行输出端,二极管按照输出端的电平亮灭。例如,如果 K_0、K_1、K_2 断开,K_3、K_4、K_5、K_6、K_7 闭合,则并行输入信号为 11100000,在时钟脉冲的作用下,该并行信号依次右移,是 01110000、00111000 等。

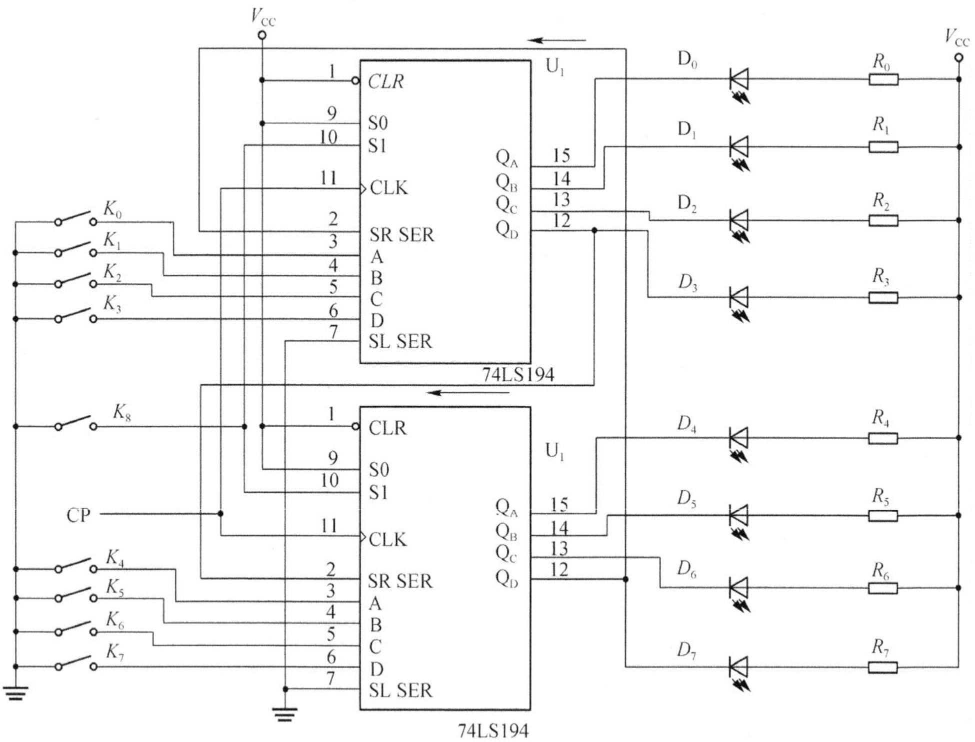

图 6-27　双向移位寄存器 74LS194 构成的时序产生器

6.4　计　数　器

计数器是由触发器组成的时序电路,功能是用触发器的状态记录输入端的时钟脉冲个数。它常用于计数、分频、定时及产生数字系统的节拍脉冲等,种类非常多,具体分类如下:

(1)按照触发器是否具有同一时钟可分为同步计数器或异步计数器。具有同一时钟的计数器为同步计数器,否则为异步计数器。

(2)按照计数顺序的增减分为加减计数器,计数顺序增加称为加计数器,计数顺序减少称为减计数器,计数顺序可增可减称为可逆计数器。

(3)按照计数器的数字编码形式分为二进制、二－十进制计数器和循环码计数器;按计数容量可分为五进制、十进制、十二进制、六十进制、任意进制计数器。

计数器所能记忆的时钟脉冲个数(容量)称为计数器的模(M),如十进制可以称为 $M=10$ 计数器,而十六进制计数器又称为 $M=2^4$ 计数器或 4 位二进制计数器。

6.4.1 异步计数器

若没有同一时钟控制计数器的状态变化,则此计数器是异步计数器。异步计数器充分利用各个触发器输出状态的时钟沿。

1. 异步二进制加法计数器

1)基本工作原理

首先分析 3 位二进制加法计数器状态表。

表 6-7 3 位二进制加法计数器状态表

Q_2	Q_1	Q_0
0	0	0
0	0	1
0	1	0
0	1	1
1	0	0
1	0	1
1	1	0
1	1	1

从表中可以看出,当 Q_0 从 1 变 0 时,Q_1 发生变化,而只有当 Q_1 从 1 变为 0 时,Q_2 才发生变化。由此可以得出结论,异步二进制加法计数器各位触发器的翻转发生在前一位触发器输出端 Q 从 1 变 0 的时刻。因此,对于下降沿的触发器,其时钟端应该连接在前一触发器的 Q 端;对于上升沿触发的触发器,其时钟端应该连接到前一触发器的 $\overline{Q}$ 端。

用下降沿 JK 触发器实现的 3 位异步二进制加法计数器及其时序图分别如图 6-28(a)与 6-28(b)所示。该计数器输出 Q_2,可以对时钟频率实现八分频,即 8 个 CP 周期可以获得 1 个周期 Q_2。

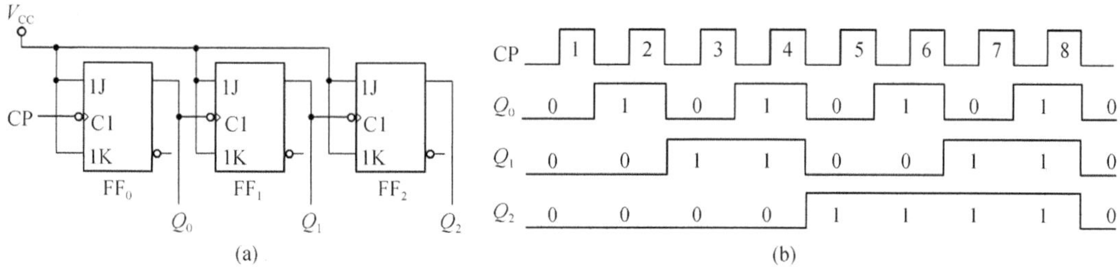

图 6-28 3 位异步二进制加法计数器电路与时序图

2)4 个基本概念

(1)计数器的最大计数值为

$$N=2^n-1$$

其中,N 为最大计数值,n 为计数器中触发器的个数,如 3 个触发器的计数器的最大计数值是 7。

(2)计数器的模。

计数器的模是计数器各个触发器输出状态的组合数,计数器的模为

$$M=2^n$$

其中,M 是计数器的模,n 是触发器的个数。例如,3 位计数器具有 3 个触发器,输出有 $2^3=8$ 种组合,所以模为 8。

(3)计数器的分频系数。

计数器可以对时钟频率分频,即每一个触发器将输入时钟频率减半。对于多个触发器的情况,分频系数为

$$分频系数=2^n$$

其中,n 为触发器的个数。

由 3 个触发器组成计数器的分频系数为 $2^3=8$。

(4)计数器的传播延迟时间。

如果考虑每个触发器的延迟时间,则如 6-28(b)所示的 3 位异步二进制计数器的动作波形如图 6-29 所示。

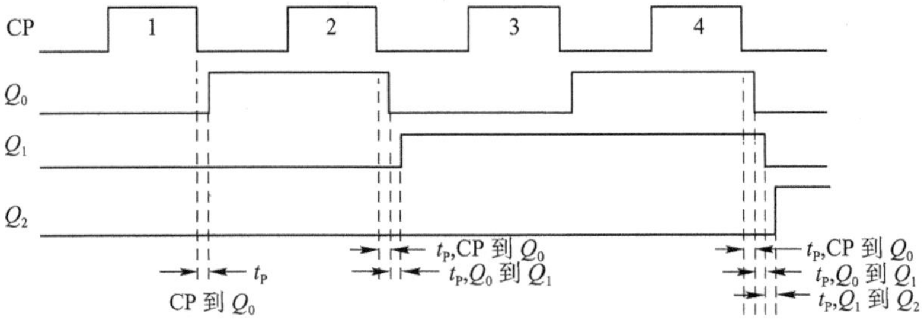

图 6-29 考虑延迟时间的 3 位异步二进制计数器时序图

由时序图可知,每个触发器传输延迟时间是 t_P,此计数器由 3 个触发器组成,则 3 个触发器的总延迟时间是 $3\times t_P$。若 $t_P=10$ ns,则该计数器的计数值从 011 到 100 变化时,需要 30 *ns* 的时间才能完成。依此类推,可知 n 个触发器组成的计数器最长的延迟时间是 $n\times t_P$,或者说时钟周期不能小于 $n\times t_P$,由此可以得到异步计数器的最大时钟频率为

$$f=\frac{1\times 10^9}{n\times t_P}$$

式中,f 是计数器的最大时钟频率,单位 Hz;n 是计数器的触发器个数;t_P是以纳秒为单位的触发器传输延迟时间。

异步计数器的优点是工作原理简单,触发器互连即可组成,但是传输延迟时间太长,从而限制异步计数器的最大工作频率。

2. 异步二进制减法计数器

表 6-8 二进制减法计数器状态表

Q_2	Q_1	Q_0
0	0	0
1	1	1
1	1	0
1	0	1
1	0	0
0	1	1
0	1	0
0	0	1

为得到异步二进制减法计数器的规律,可列出表 6-8。

由状态表可知,当 Q_0 从 0 变 1 时,Q_1 发生变化,而只有当 Q_1 从 0 变为 1 时,Q_2 才发生变化。由此可以得出结论,异步二进制减法计数器中各位触发器的翻转发生在前一位触发器输出从 0 变 1 的时刻。因此,对于上升沿触发的触发器,其时钟端应该连接到前一触发器的 Q 端;对于下降沿的触发器,其时钟端应该连接在前一触发器的$\overline{Q}$端。

用下降沿 JK 触发器实现的 3 位异步二进制减法计数器见图 6-30。

3. 异步十进制加法计数器

模为 10 的计数器为十进制计数器,需要 4 个触发器实现,因为 4 个触发器输出端状态组合

数为 16，只要使触发器输出端状态组合数为 10，则是十进制计数器。去掉 6 个状态的方法是修改触发器驱动方程、控制触发器次态，或用异步清零法实现，下面分别介绍。

为得到异步十进制加法计数器的规律，首先列出表 6-9 所示状态表。

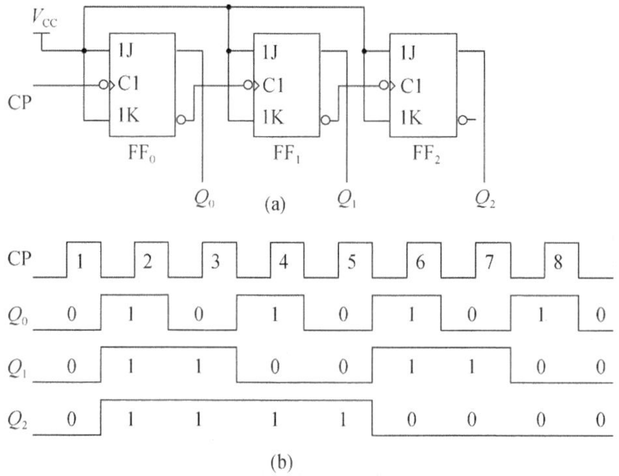

图 6-30　3 位异步二进制减法计数器

表 6-9　异步十进制加法计数器状态表

Q_3	Q_2	Q_1	Q_0
0	0	0	0
0	0	0	1
0	0	1	0
0	0	1	1
0	1	0	0
0	1	0	1
0	1	1	0
0	1	1	1
1	0	0	0
1	0	0	1
0	0	0	0

根据十进制加法计数的规律，为组成十进制加法计数器，关键是从 1001 状态跳过 6 个状态进入 0000 态，则须解决如下问题。

第一问题：Q_3 的时钟。

当 Q_1 和 Q_2 都从 0 变 0 时，Q_3 须从 1 变为 0，由此可知，Q_3 的时钟脉冲不能来自 Q_2 与 Q_1，只能来自 Q_0，因为 Q_0 有下降沿。

第二问题：保持 Q_1 和 Q_2 为 0。

当 1001 变为 0000 时，要求 Q_1 和 Q_2 保持 0 不变，保持信号来自 $\overline{Q}_3$，因为 Q_3 为 1 时，保持 Q_1 和 Q_2 为 0 不变；Q_3 为 0 时，Q_1 正常翻转。实际上，只要 Q_1 不翻转，Q_2 就不会翻转，因为 Q_2 的时钟来自 Q_1。

若用 JK 触发器实现 4 位异步十进制计数器，由以上讨论可以得到如下的驱动信号。

Q_0 是自由翻转的触发器，所以根据 JK 触发器的特性方程有 $J_0=K_0=1$。

$\overline{Q}_3$ 保持 Q_1 为 0，即 $\overline{Q}_3$ 为 0 时，Q_1 为 0；$\overline{Q}_3$ 为 1 时，Q_1 自由翻转，所以根据 JK 触发器的特性方程有 $J_1=\overline{Q}_3$，$K_1=1$。

只要 Q_1 保持为 0，Q_2 就保持不变，因为 Q_2 的时钟端连接 Q_1 的输出，所以 Q_2 是自由翻转的触发器的特性方程有 $J_2=K_2=1$。

在 Q_1 和 Q_2 为 1 时，Q_3 从 0 变为 1；当 Q_1 和 Q_2 为 0 时，Q_3 从 1 变为 0，根据 JK 触发器的特性方程有 $J_3=Q_1Q_2$，$K_3=1$。

由驱动方程如图 6-31 所示的逻辑图与时序图。

另一个实现异步十进制计数器的方法是异步清零法，即在计数值为 1010 时，使所有的触发器清零，具体的电路结构与时序如图 6-32 所示。

由电路结构图与时序图可知，当计数值为 1010 时，与非门输出端 $\overline{\text{CLR}}$ 为低电平，触发器清零，随后计数值为 0000，$\overline{\text{CLR}}$ 返回高电平，即计数值 1010 只能存在瞬间，大约为与非门延迟时间与触发器的异步置零时间之和。

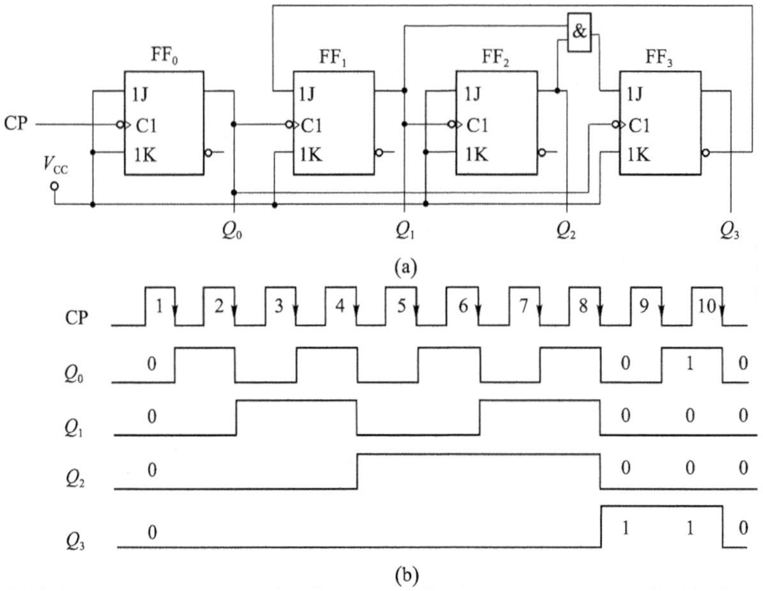

图 6-31　异步十进制加法计数器与其时序图

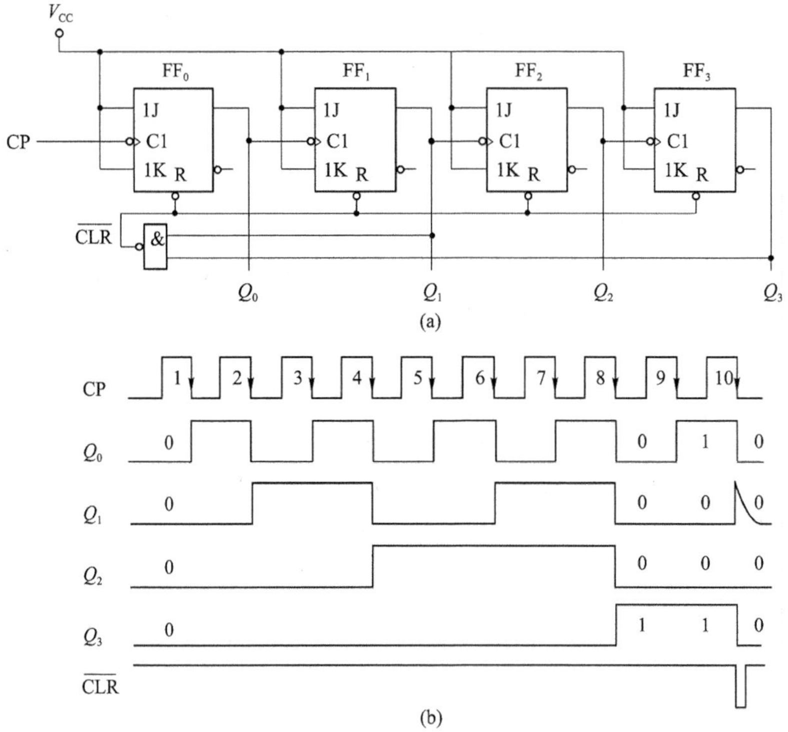

图 6-32　清零法构成十进制计数器的结构与时序图

由于 4 个触发器组成的计数器有 16 种状态，通过异步清零法，跳过 6 个状态，所以计数器的工作状态只有 10 个，所以是十进制计数器。该计数器的状态图如图 6-33 所示。

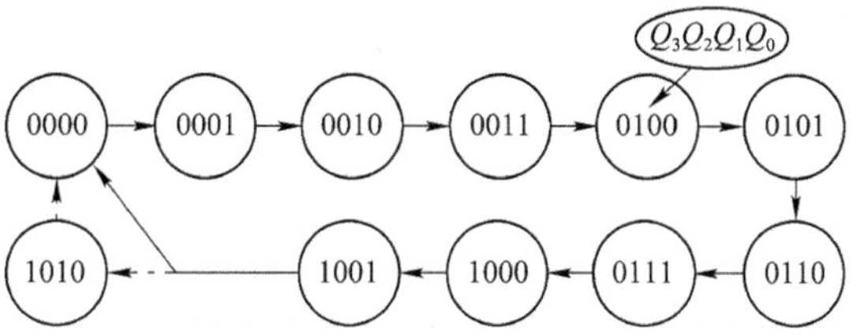

图 6-33　由异步清零法构成的异步十进制计数器状态图

4. 集成异步计数器

1)4 位异步二进制加法计数器 74293

74293 是 4 位异步二进制加法计数器，具有二分频和八分频能力，内部逻辑图如图 6-34(a)所示。由逻辑图可知，它由一个二进制和一个八进制计数器组成，两个计数器各具有下降沿有效的时钟端 CK_A、CK_B，两个计数器具有相同的高电平使能清除端 $R0(1)$ 和 $R0(2)$。图 6-34(b)显示的是 74293 的简单应用，即计数器内部的二进制和八进制级联，或异步清零法分别构成十六进制、十进制、六进制和二进制计数器。

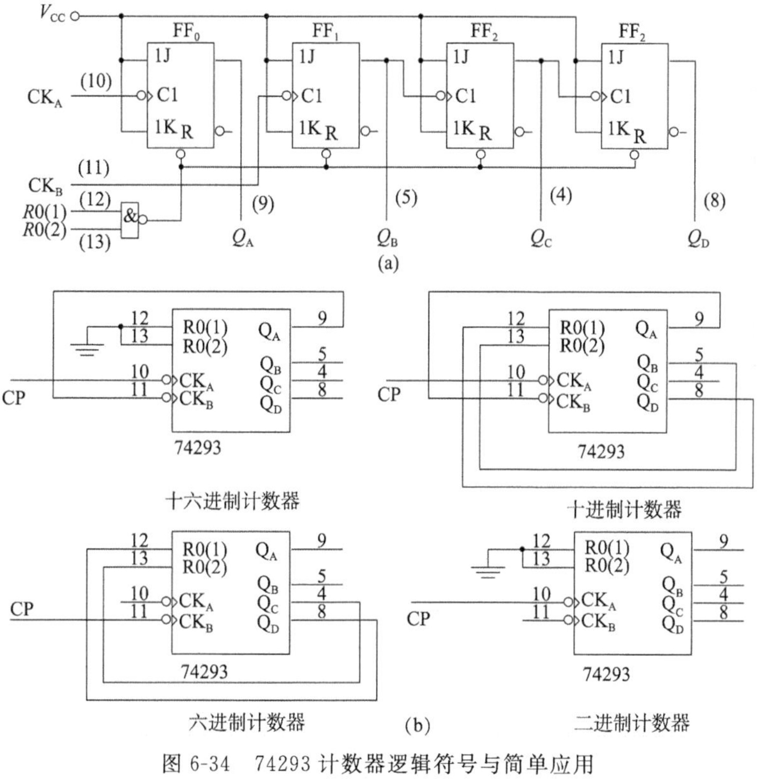

图 6-34　74293 计数器逻辑符号与简单应用

2)异步二-五进制计数器 74LS290

74LS290 是按上述原理制成的异步十进制计数器，符号如图 6-35 所示。该计数器由一个二进制计数器和一个五进制计数器组成，其中时钟 CK_A 和输出 Q_A 组成二进制计数器，时钟 CK_B 和输出端 Q_B、Q_C、Q_D 组成五进制计数器。另外，这两个计数器还有异步公共置零端 $R0(1)$ 和 $R0(2)$ 和异步公共置位端 $R9(1)$ 和 $R9(2)$。该计数器之所以分成二-五进制两个计数器，目的是使用灵活，例如它本身就是二-五进制计数器，若 Q_A 连接到 CK_B，就得到十进制计数器。该计数器功能见表 6-10。

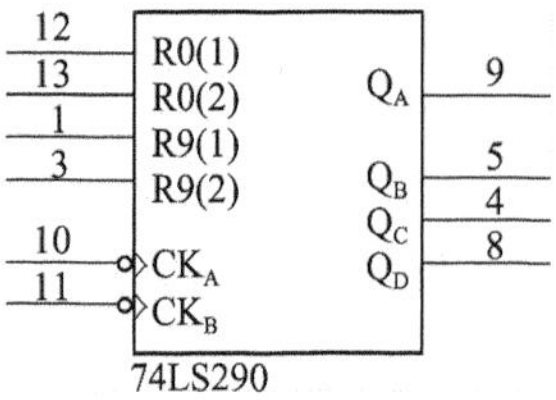

图 6-35　74LS290 的逻辑符号

表 6-10　74LS290 功能表

输入				输出			
$R0(1)$	$R0(2)$	$R9(1)$	$R9(2)$	Q_D	Q_C	Q_B	Q_A
1	1	0	×	0	0	0	0
1	1	×	0	0	0	0	0
×	×	1	1	1	0	0	1
×	0	×	0	计数			
0	×	0	×	计数			
0	×	×	0	计数			
×	0	0	×	计数			

6.4.2　同步计数器

由于异步计数器中各个触发器不是同一时钟，因此它们翻转的时刻不相同，状态不能同时更换，因而限制了时钟频率；同步计数器是所有的触发器同时被时钟触发的计数器，可以克服异步计数器的缺点。

表 6-11　4 位二进制加法计数器状态表

计数值	Q_3	Q_2	Q_1	Q_0
0	0	0	0	0
1	0	0	0	1
2	0	0	1	0
3	0	0	1	1
4	0	1	0	0
5	0	1	0	1
6	0	1	1	0
7	0	1	1	1
8	1	0	0	0
9	1	0	0	1
10	1	0	1	0
11	1	0	1	1
12	1	1	0	0
13	1	1	0	1
14	1	1	1	0
15	1	1	1	1

1. 同步 4 位二进制加法计数器

同步 4 位二进制计数器又称为模 16 计数器，因为 4 个触发器的输出状态组合有 16 种。同步 4 位二进制加法计数器的状态表见表 6-11。

由表 6-11 中可知，触发器 Q_0 只要有时钟脉冲就翻转，而 Q_1 在 Q_0 为 1 时翻转，Q_2 在 Q_1 和 Q_0 都是 1 时翻转，Q_3 在 Q_2、Q_1 和 Q_0 都为 1 时翻转，依此类推。

若用 JK 触发器组成同步二进制加法计数器，则每一个触发器的翻转条件是

$$J_n = K_n = Q_{n-1}Q_{n-2}\cdots Q_2Q_1Q_0$$

根据这个规律可以画出如图 6-36 所示的同步 4 位二进制加法计数器的逻辑图。

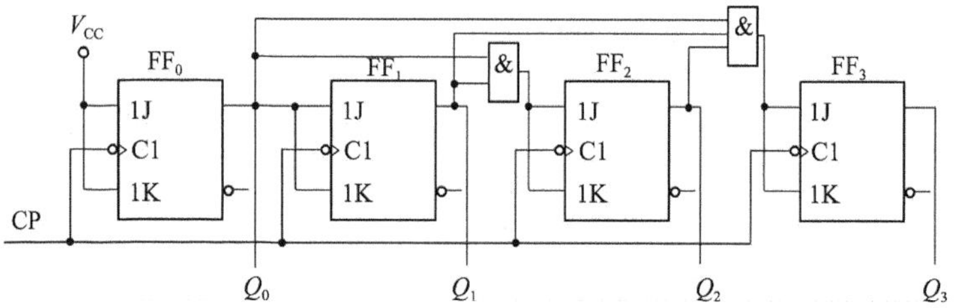

图 6-36　同步 4 位二进制加法计数器的逻辑图

正是由于每个触发器同时被同一时钟触发，因此同步计数器的传输延迟时间 t_P 等于与门延迟时间与一个触发器的延迟时间之和，换言之，经过 t_P，计数器中各个触发器的输出状态才能确定。因此 t_P 决定同步计数器时钟的最小周期。

同步计数器的使用频率比异步计数器高很多，例如，JK 触发器的延迟时间是 30 ns，与门延迟时间是 10 ns，则

$$异步计数器延迟时间\ t_P=4\times 30\ ns=120\ ns$$

$$同步计数器延迟时间\ t_P=30\ ns+10\ ns=40\ ns$$

由于同步计数器的触发器在同一时钟触发下翻转，因此输出状态同时更换，不会出现异步计数器中输出状态稳定前的误状态，例如，异步 4 位二进制计数器的 0111 状态向 1000 状态转换时，经过 0110、0100、0000 状态，才能到达 1000 状态。虽然 0110、0100 和 0000 状态出现的时间非常短，但仍然是误状态。

2. 同步 4 位二进制减法计数器

同步 4 位二进制减法计数器状态表如表 6-12 所示。由 6-12 可知，Q_0 只要有时钟脉冲就翻转，而 Q_1 在 Q_0 为 0 时翻转，Q_2 在 Q_1 和 Q_0 都是 0 时翻转，Q_3 在 Q_2、Q_1 和 Q_0 都是 0 时翻转，依此类推。

若使用 JK 触发器组成同步减法二进制计数器，则任何一个触发器翻转的条件是

$$J_n=K_n=\overline{Q}_{n-1}\overline{Q}_{n-2}\cdots\overline{Q}_2\overline{Q}_1\overline{Q}_0$$

根据这个规律可以画出如图 6-37 所示同步 4 位二进制减法计数器的逻辑图。

表 6-12　4 位二进制减法计数器状态表

计数值	Q_3	Q_2	Q_1	Q_0
0	0	0	0	0
15	1	1	1	1
14	1	1	1	0
13	1	1	0	1
12	1	1	0	0
11	1	0	1	1
10	1	0	1	0
9	1	0	0	1
8	1	0	0	0
7	0	1	1	1
6	0	1	1	0
5	0	1	0	1
4	0	1	0	0
3	0	0	1	1
2	0	0	1	0
1	0	0	0	1

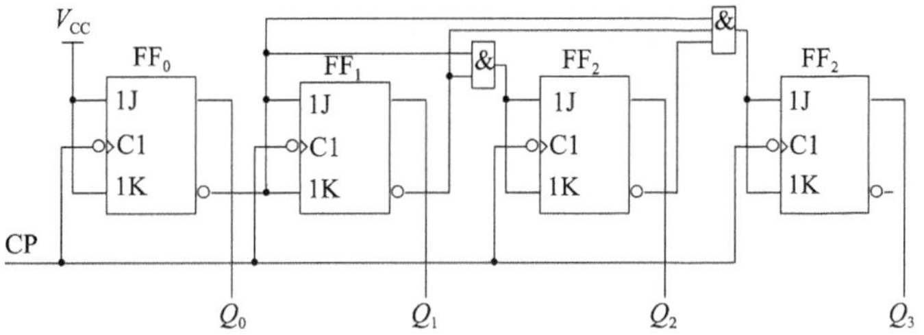

图 6-37　同步 4 位二进制减法计数器

表 6-13　十进制加法计数器状态表

计数值	Q_3	Q_2	Q_1	Q_0
0	0	0	0	0
1	0	0	0	1
2	0	0	1	0
3	0	0	1	1
4	0	1	0	0
5	0	1	0	1
6	0	1	1	0
7	0	1	1	1
8	1	0	0	0
9	1	0	0	1

3. 同步十进制加法计数器

下面以 JK 触发器为例讨论同步十进制加法计数器。

由表 6-13 可知，在计数值 9 之前的情况与同步二进制计数器相同。

①Q_0 自由翻转，即使在计数值从 9 向 0 变化时，也自由翻转，所以有 $J_0=K_0=1$。

②使 Q_1 和 Q_2 保持不变，Q_3 为 1 时，Q_1 和 Q_2 保持为 0，所以可以取 $\overline{Q}_3$ 信号保持 Q_1 为 0，即在 Q_1 正常翻转的同时，增加 $\overline{Q}_3$ 为 0 时，Q_1 保持的限制条件，所以 JK 的驱动方程为 $J_1=K_1=Q_0\overline{Q}_3$。$Q_1$ 为 0，Q_2 保持不变。

③Q_2 正常翻转，所以 $J_2=K_2=Q_1Q_0$。

④使 Q_3 翻转置零，只有当 Q_3 为 1，同时 Q_0 也为 1 时，Q_3 才置零。所以应该在 Q_3 驱动方程中增加翻转条件 Q_3Q_0，即 $J_3=K_3=Q_2Q_1Q_0+Q_3Q_0$。

由以上驱动方程可以画出如图 6-38 所示的逻辑电路图。

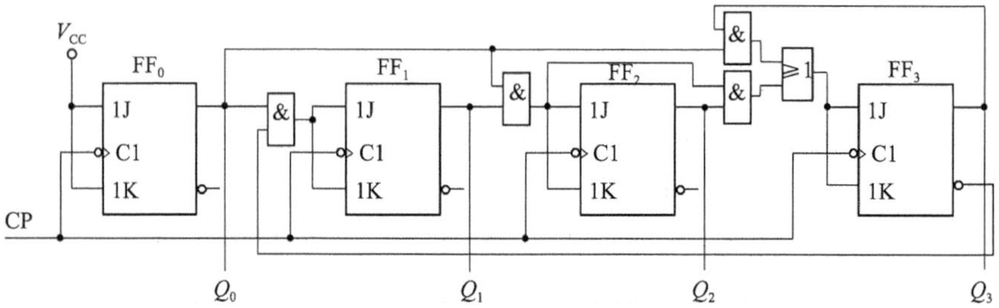

图 6-38　同步十进制加法计数器逻辑电路

4. 同步十进制减法计数器

下面以 JK 触发器为例讨论同步十进制减法计数器。

由表 6-14 可知，除 0000 变 1001 有些特殊外，其他与同步二进制减法计数器相同。在 0000 减 1 变 1001 时，为成一个信号使正常工作的 Q_1 和 Q_2 保持不变，而此信号在其他情况下不能影响计数器正常工作，则由表 6-14 知，保持 Q_1 和 Q_2 不变的信号为 baochi$=\overline{\overline{Q}_3\overline{Q}_2\overline{Q}_1}$，触发器 Q_3、Q_2、Q_1 输出都是 0 时，可保持 Q_1 和 Q_2 不变。

据此有如下的驱动方程，即

$$J_0=K_0=1$$

$$J_1=K_1=\overline{Q}_0\cdot \text{baochi}$$

$$J_2=K_2=\overline{Q}_1\overline{Q}_0\cdot \text{baochi}$$

$$J_3=K_3=\overline{Q}_2\overline{Q}_1\overline{Q}_0$$

同步十进制减法计数器逻辑图见图 6-39。

表 6-14　十进制减法计数器状态变化

计数值	Q_3	Q_2	Q_1	Q_0
0	0	0	0	0
9	1	0	0	1
8	1	0	0	0
7	0	1	1	1
6	0	1	1	0
5	0	1	0	1
4	0	1	0	0
3	0	0	1	1
2	0	0	1	0
1	0	0	0	1

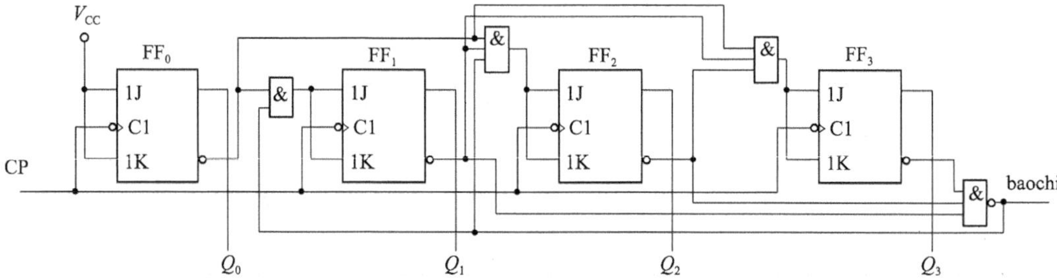

图 6-39　同步十进制减法计数器逻辑图

5. 集成同步计数器

1）同步 4 位二进制加法计数器 74LS163

计数器 74LS163 是同步 4 位二进制加法计数器，功能见表 6-15。图 6-40(a)是 74LS163 的符号图，具有同步预置端$\overline{\text{LOAD}}$、同步清除端$\overline{\text{CLR}}$、使能控制端 ENT、ENP 和进位端 RCO。计数器在时钟 CP 上升沿时进行预置、清除和计数器操作。

由时序图 6-40(b)可知，74LS163 同步清零，当$\overline{CLR}$为低电平时，在 CP 上升沿实现清零。74LS163 的预置数同步，当预置数端$\overline{LOAD}$为低电平时，在时钟 CP 上升沿，输出端 Q_D、Q_C、Q_B、Q_A 与数据输入端 D、C、B、A 一致。当计数值为 15 时，计数器进位端输出与 CP 周期相同宽度的高电平。

同步十进制计数器电路 74LS162 与 74LS163 的功能相同，也是同步清除和预置计数器。

表 6-15　74LS163 功能表

输入					输出
$\overline{CLR}$	$\overline{LOAD}$	ENT	ENP	CP	
0	×	×	×	↑	同步清零
1	0	×	×	↑	同步预置
1	1	1	1	↑	计数
1	1	0	×	×	保持
1	1	×	0	×	保持

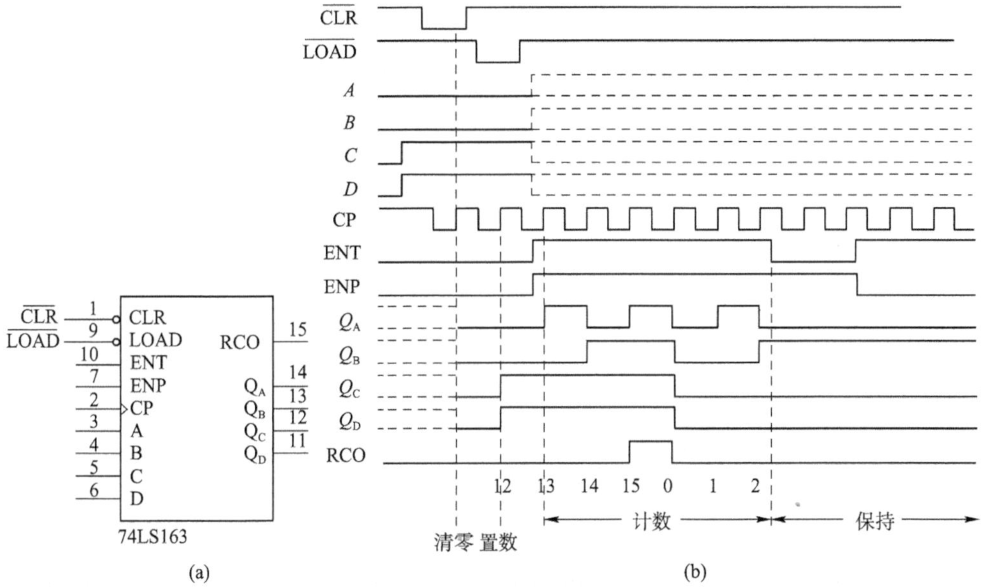

图 6-40　74LS163 的符号与动作时序图

2)同步可预置数 4 位十进制加法计数器 74LS160

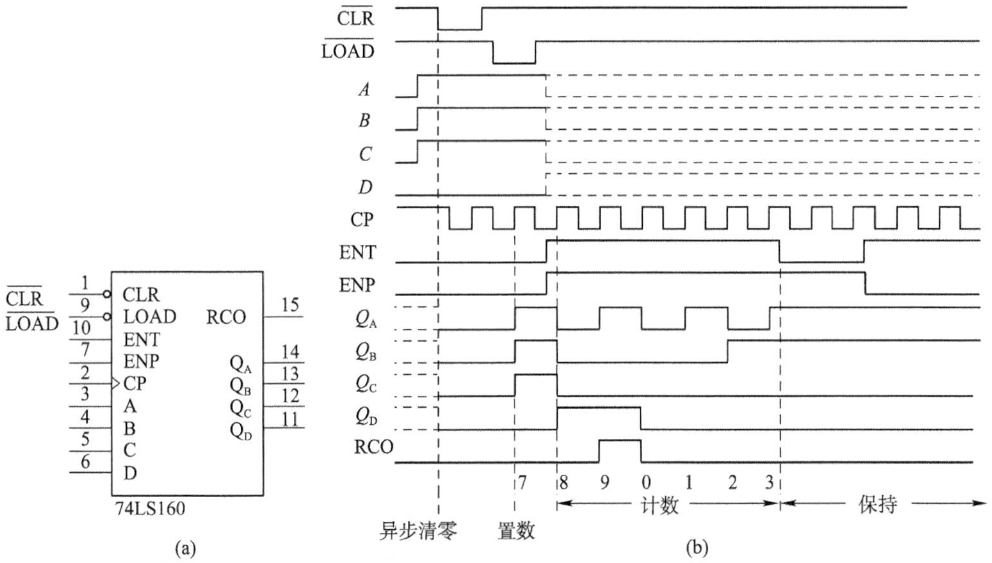

图 6-41　74LS160 的逻辑符号与动作时序图

同步可预置数 4 位十进制加法计数器 74LS160 具有异步清除端，逻辑符号与时序图如图 6-41 所示。它具有数据输入端 A、B、C 和 D，以及同步置数端$\overline{\text{LOAD}}$、异步清除端$\overline{\text{CLR}}$和计数控制端 ENT 和 ENP，为方便级联，设置进位输出端 RCO。

当$\overline{\text{CLR}}$=0 时异步清零，当$\overline{\text{LOAD}}$=0、$\overline{\text{CLR}}$=1 时，CP 脉冲上升沿时预置数。当$\overline{\text{LOAD}}$=$\overline{\text{CLR}}$=ENT=ENP=1 时，电路工作在计数状态。当计数器计数值为 9 时，RCO 输出一个与 Q_A 端高电平部分相同宽度的高电平。详细功能见功能表 6-16。

同步二进制计数器 74LS161 的功能同 74LS160，它也是异步清零的计数器。

表 6-16　74LS160 功能表

输入					输出
$\overline{\text{CLR}}$	$\overline{\text{LOAD}}$	ENT	ENP	CP	
0	×	×	×	×	同步清零
1	0	×	×	↑	同步预置
1	1	1	1	↑	计数
1	1	0	×	×	保持
1	1	×	0	×	保持

3）可预置数同步可逆（加减）十进制计数器 74LS190

74LS190 是可预置数同步可逆（加减）十进制计数器，符号与动作时序图如图 6-42 所示。它具有异步置数端$\overline{\text{LOAD}}$、加减控制端 D/$\overline{\text{U}}$和计数控制端$\overline{\text{CTEN}}$。为方便级联，设置两个级联输出端$\overline{\text{RCO}}$和 MAX/MIN。

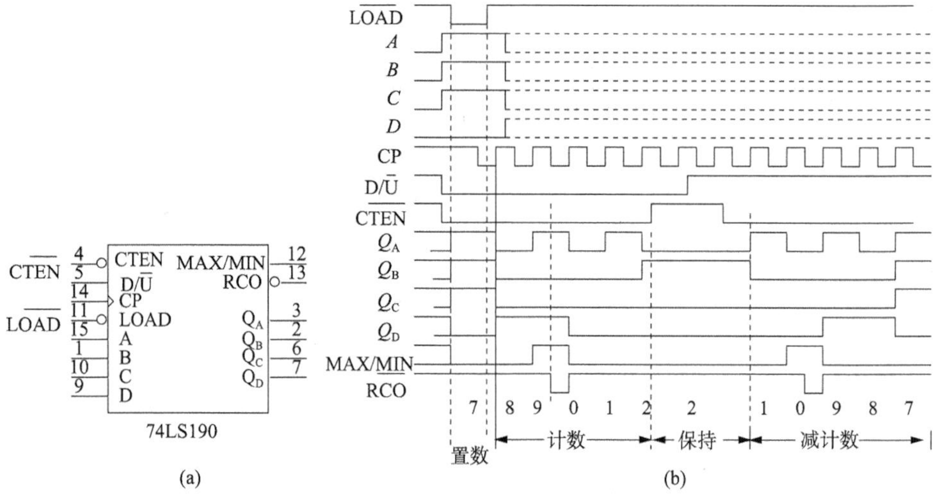

图 6-42　74LS190 的符号与动作时序图

当加减控制端 D/$\overline{\text{U}}$=1 时减计数，D/$\overline{\text{U}}$=0 时加计数；当异步置数端$\overline{\text{LOAD}}$=0 时置数；当计数控制端$\overline{\text{CTEN}}$=1 时禁止计数，$\overline{\text{CTEN}}$=0 时，4 个触发器在时钟上升沿开始计数；当计数器加计数、计数值为 9 或减计数、计数值为 0 时，MAX/MIN 端输出与时钟周期相同的正脉冲，而$\overline{\text{RCO}}$产生一个宽度为时钟低电平宽度的低电平。该计数器功能见表 6-17。

表 6-17　74LS190 功能表

输入								输出
$\overline{\text{CTEN}}$	$\overline{\text{LOAD}}$	D/$\overline{\text{U}}$	D	C	B	A	CP	
×	0	×	d	c	b	a	×	异步预置
0	1	0					↑	加计数
0	1	1					↑	减计数
1	1	×					×	保持

4 位二进制同步加减计数器 74LS191 的功能与 74LS190 相同。

4）同步十进制双时钟加减计数器 74LS192

74LS192 为可预置数的同步十进制双时钟加减计数器，具有上升沿有效的加计数时钟端

UP 和减计数时钟端 DOWN；该计数器具有异步清零端，当清零信号 CLR 为高电平时，实现清零功能；该计数器还有异步置数功能，当置数信号 $\overline{LOAD}$ 为低电平时，实现预置数；当计数器加计数，且计数值为 9 时，进位端 $\overline{CO}$ 输出宽度等于加计数脉冲 UP 的低电平脉冲；当计数器减计数，且计数值为 0 时，借位端 $\overline{BO}$ 输出宽度等于减计数脉冲 DOWN 的低电平脉冲。74LS192 的符号与动作时序如图 6-43 所示。4 位二进制同步加减计数器 74LS193 与 74LS192 功能相同。

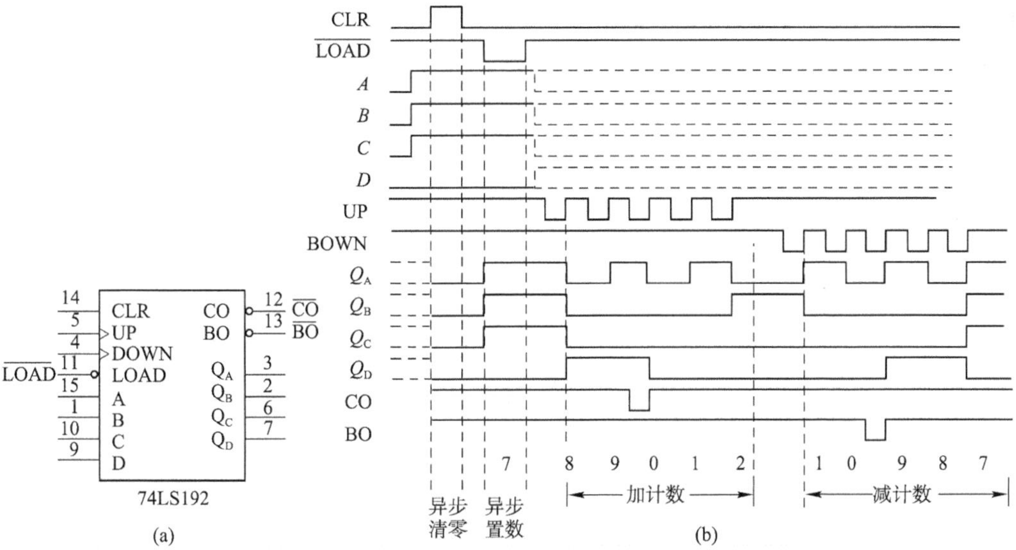

图 6-43　74LS192 的符号与动作时序图

6.4.3　使用集成计数器构成任意进制计数器

由于集成计数器一般都是 4 位二进制、8 位二进制、12 位二进制、14 位二进制、十进制等几种，若要构成任意进制计数器，方法之一是利用这些集成计数器，再增加简单门电路构成。

1. $N>M$ 的情况

假定已有 N 进制集成计数器，为得到 M 进制计数器，方法如下所述。

当 $N>M$ 时，须去掉 N-M 个状态的方法有两种：其一是计数器计数到 M 状态时，将计数器清零，此种方法称为清零法；其二是计数器计数到某状态时，将计数器预置到某数，使计数器减少 N-M 种状态，此种方法称为预置数法。第一种方法用计数器的清零功能，第二种方法用计数器的预置数功能。下面分别介绍。

1)清零法

假定已有 N 进制计数器，可用清零法得到 M 进制计数器。当计数器计数到 M 状态时，将计数器清零，清零方法与计数器的清零端功能有关，须知计数器是异步清零还是同步清零。若为异步清零，则在 M 状态将计数器清零，若为同步清零，应该在 M-1 状态使计数器清零。

【例 6-7】　试使用清零法把 4 位二进制计数器 74293 接成十三进制计数器。

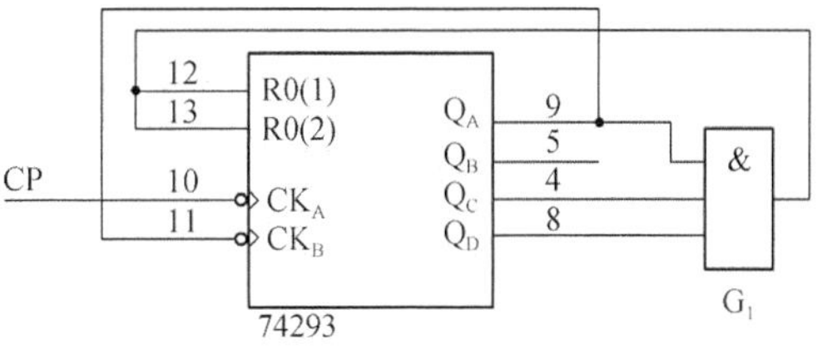

图 6-44　例 6-7 的电路图

解：首先把 74293 的输出端 Q_A 连接到时钟端 CKB，形成十六进制计数器。由于 74293 是异步清零，所以在计数值为 1101 时清零。电路原理图如图

6-44 所示，其中使用与门 G_1 对计数器输出进行部分译码，因为与门 G_1 输入信号中未包含 Q_B，所以计数值为 1101、1111 时，与门都输出 1；实际上，当计数值达到 1101 时，与门输出高电平使计数器清零，计数值 1111 不会出现。该计数器状态图如图 6-45 所示，其中 1101 状态出现一瞬间。

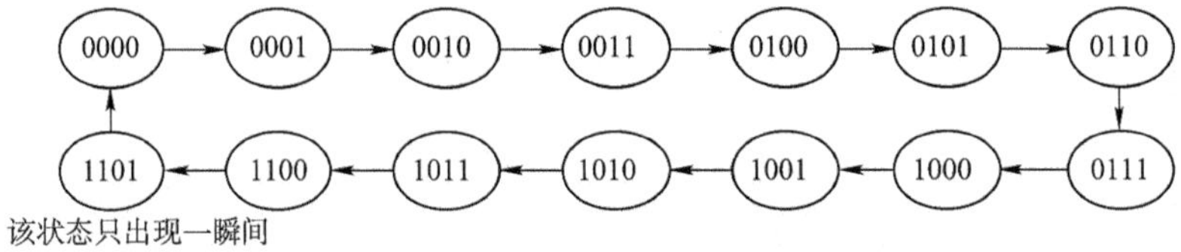

图 6-45　例 6-7 的状态图

【例 6-8】 试用同步 4 位二进制计数器 74LS163 组成 $M=13$ 计数器。

解：74LS163 是同步 4 位二进制计数器，具有同步清零端，所以应在 M-1 状态清零，因为当计数值为 1100 时，与非门 G_1 输出低电平使 $\overline{CLR}=0$，计数器准备清零，等待下一个脉冲到来时清零。该例电路如图 6-46 所示，状态图如图 6-47 所示。

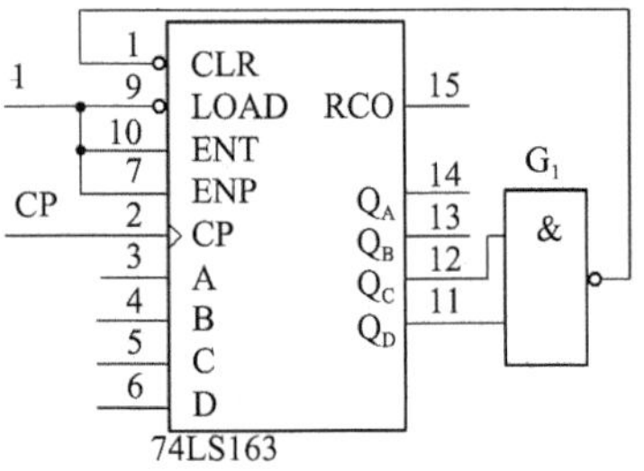

图 6-46　十三进制计数器电路

2）预置数法

假定已有 N 进制计数器，用预置数法得到 M 进制计数器，方法是当计数器到某状态时，将计数器预置到某数使计数器减少 N-M 状态。预置数的方法与计数器的预置端功能有关，分为异步预置和同步预置。若为同步预置应在 M-1 状态时预置，若为异步预置则应在 M 状态预置。

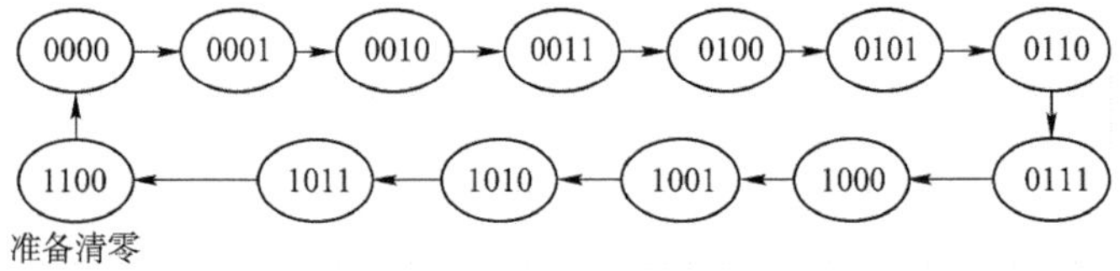

图 6-47　例 6-8 的状态图

【例 6-9】 试用同步十进制计数器 74LS160 构成六进制计数器。

解：由于 74LS160 具有同步预置数功能，所以可以采用预置数法实现。电路如图 6-48(a)所示，当计数值等于 0101 状态时，由与非门 G_1 产生 $\overline{LOAD}=0$ 信号，下一个时钟脉冲 CP 到达时将计数器预置到 0000 状态，使计数器跳过 0110～1001 这 4 个状态，得到六进制计数器。状态图如图 6-48(b)所示。

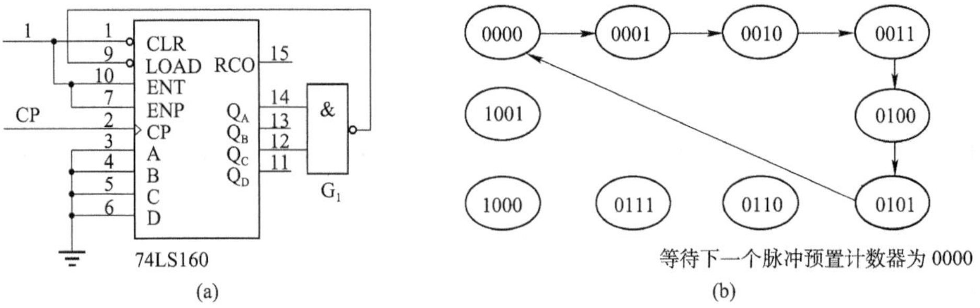

图 6-48　预置数法实现的六进制计数器电路与状态图

【例 6-10】 用同步十进制计数器 74LS160 构成六进制计数器。

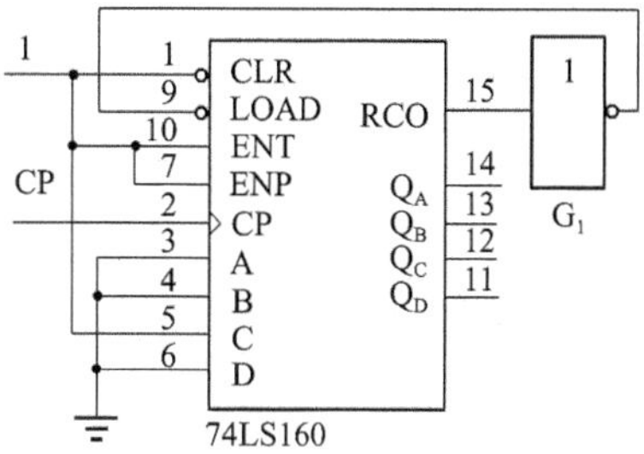

图 6-49 例 6-10 的六进制计数器电路

解:本例与例 6-9 的实现方法相同,电路如图 6-49 所示,将进位信号 RCO 取反与置数信号端 $\overline{\mathrm{LOAD}}$ 相连,当计数值为 1001 时,$\overline{\mathrm{LOAD}}=0$,下一个时钟脉冲 CP 到达时将计数器预置到 0100 状态,使计数器跳过 0000~0011 这 4 个状态,得到六进制计数器。该计数器的计数值为 0100、0101、0110、0111、1000、1001。

2. $N<M$ 的情况

由于 $N<M$,所以必须将多片 N 进制计数器组合起来才能形成 M 进制计数器。

第一种方法是用多片 N 进制计数器串联起来使 $N_1N_2\cdots N_n>M$,然后使用整体清零或置数法,形成 M 进制计数器。

第二种方法是假如 M 可分解成两个因数相乘,即 $M=N_1\times N_2$,则可采用同步或异步方式将一个 N_1 进制计数器和一个 N_2 进制计数器连接起来,构成 M 进制计数器。

计数器的级联方式分为同步级联和异步级联:

(1)同步方式级联是指两个计数器的时钟端连接到一起,低位进位控制高位的计数使能端。

(2)异步方式级联是指低位计数器的进位信号连接到高位计数器的时钟端。该级联方式应使前级计数器向后级计数器提供正确的时钟沿。

【例 6-11】 试用两片 74LS160 以异步方式组成 100 进制计数器。

解:74LS160 是十进制计数器,将两片 74LS160 串联起来就可以形成 100 进制计数器。采用异步方式级联就是使两片计数器都具有正常计数器功能,因为第一片 74LS160 的进位信号 RCO 在计数值为 1001 时跳到高电平,在下个 CP 到来时,计数值跳到 0000 时再跳回低电平,产生下降沿,所以 RCO 须通过非门连接到高位的时钟 CP,以满足第二片 74LS160 上升沿时钟的要求。连接完成的电路见图 6-50。

【例 6-12】 用两片同步十进制计数器 74LS160,以同步连接方式实现 100 进制计数器。

解:两片 74LS160 具有共同的时钟 CP,以第一片的进位 RCO 输出到第二片的 ENT 和 ENP 端,即每当第一片计数到 1001,且 RCO 变为 1 时,给第二片提供计数条件,当下一个 CP 到来后,第二片增加 1;当第一片计数到 0000 时,RCO 变为 0,第二片计数器停止计数,等待下一个 RCO =1。实现该功能的电路如图 6-51 所示。

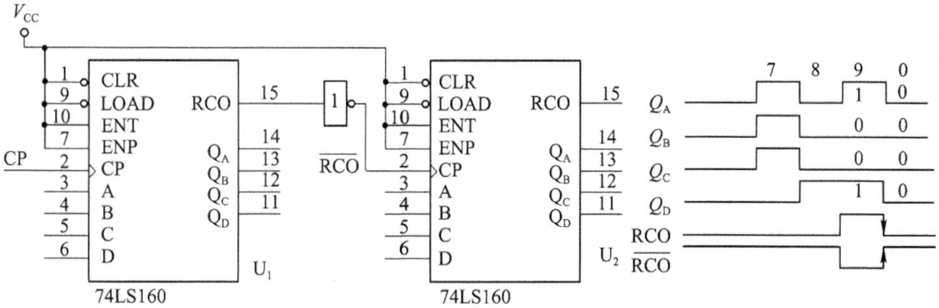

图 6-50 以异步级联方式组成的 100 进制计数器电路

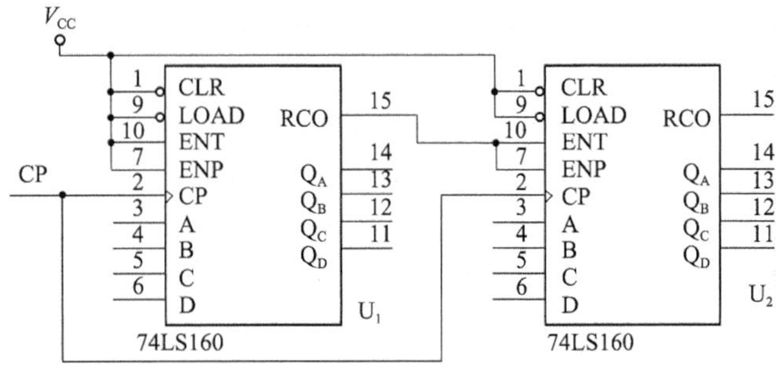

图 6-51　以同步级联方式组成的 100 进制计数器电路图

【例 6-13】 用两片同步十进制计数器 74LS160 组成六十进制计数器。

解:本例由两片 74LS160 组成,其中一片 74LS160 用预置数法接成六进制计数器,然后两片以异步方式串联连接,形成六十进制计数器,该计数器最大计数值为 59。连接好的六十进制计数器如图 6-52 所示。

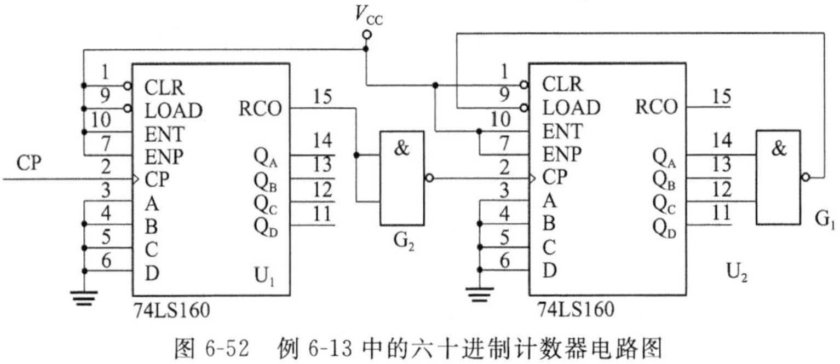

图 6-52　例 6-13 中的六十进制计数器电路图

【例 6-14】 试设计钟表用小时计数器,要求计数值为 1～12。

解:因为钟表小时需要两位数字显示,所以需要两个 74LS160 计数器,采用整体置数法实现。首先将两片 74LS160 以同步方式串联起来,形成 10×10=100 进制计数器。由于 74LS160 同步置数,所以当计数器输出计数值为 0001、0010$(12)_{10}$时,给计数器预置数 0000、0001$(1)_{10}$。十二进制计数器电路如图 6-53 所示。

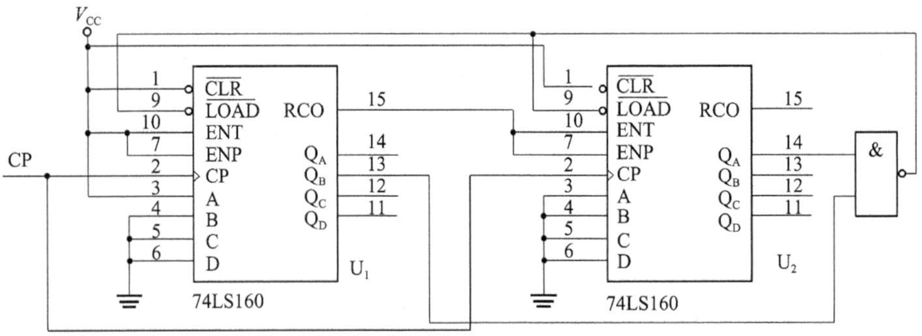

图 6-53　钟表用小时计数器电路图

6.4.4　移位寄存器型计数器

1. 环形计数器

如果把移位寄存器的串行输出信号反馈到串行输入端,那么在移位脉冲的作用下原来存入的数码将逐步由第一级触发器移到最后一级触发器，再由最后一级触发器反馈到第一级触发器，如此循环，数据不再消失，形成环形计数。若移位寄存器有 n 个触发器，则每经过 N 个移位脉冲寄存器内的数码循环一次，因此可以构成 N 进制计数器，这种移位寄存存器型的计数器称为环形计数器。

移位寄存器型计数器一般的结构形式如图 6-54 所示。其中，反馈电路输出 $D_0=F(Q_0,Q_1,Q_2,\cdots,Q_n)$。

环形计数器的触发器利用率低，对于一般的计数器，n 个触发器可以有 2^n 个状态，但是在环形计数器中 n 个触发器只可以组成 N 个状态，即组成 N 进制计数器。

计数器上电后，在时钟脉冲的作用下，能够进入有效计数循环，则称为自启动计数器；否则是不能自启动的计数器。

环形计数器有自启动问题，从计数器的自启动设计考虑，必须能从未利用的 2^n-N 个状态进入有效循环状态。

由三位 D 触发器组成的环形计数器如图 6-55 所示，在该计数器中 $D_0=Q_2$。在通电瞬间，各个触发器的初始状态不定。对于不同的触发器初始状态，状态图如图 6-56 所示。

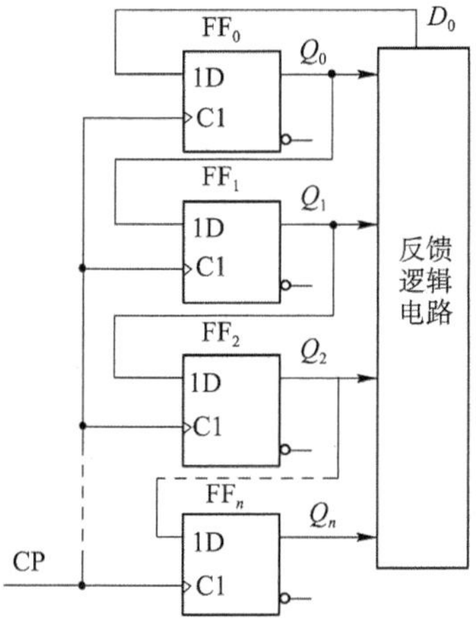

图 6-54　环形计数器框图

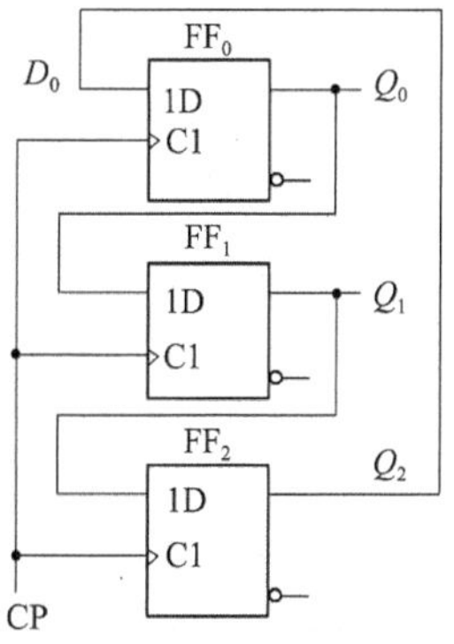

图 6-55　三位环形计数器电路

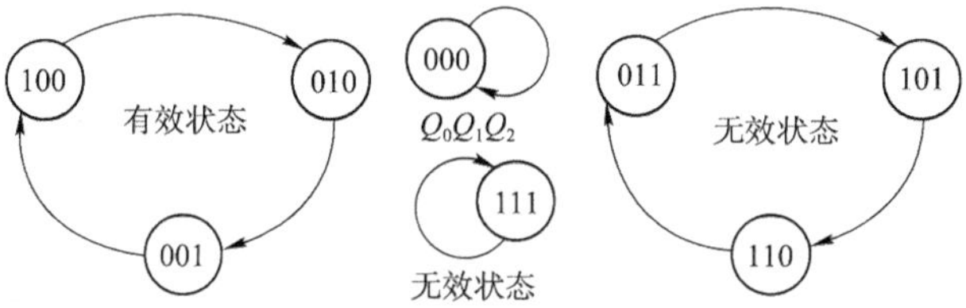

图 6-56　三进制环形计数器状态图

由状态图可知，除有效状态循环 100→010→001 之外，还有无效状态循环 000→000→000…、111→111→111…和 011→101→110。为使该计数器总能够进入有效循环而自启动，须修改反馈电路。

直接修改状态表是解决自启动问题的一个方法，首先列出状态表，然后改变无效状态，改变的结果见表 6-18。

表 6-18　三进制环形计数器状态表

Q_0	Q_1	Q_2	D_0	状态改变
1	0	0	0	
0	1	0	0	
0	0	1	1	
0	1	1	1	将 $Q_0=1$ 改为 $D_0=0$，进入 001 态
1	0	1	1	将 $D_0=1$ 改为 $D_0=0$，进入 010 态
1	1	0	0	
0	0	0	0	将 $D_0=0$ 改为 $D_0=1$，进入 100 态
1	1	1	1	将 $D_0=1$ 改为 $D_0=0$，进入 011 态

由表 6-18 所示状态表得如下的反馈函数表达式，即

$$D_0=\overline{Q}_0\overline{Q}_1\overline{Q}_2+\overline{Q}_0\overline{Q}_1Q_2=\overline{Q}_0\overline{Q}_1=\overline{Q_0+Q_1}$$

更改反馈电路后的环形计数器逻辑电路如图 6-57 所示。

更改反馈电路的计数器状态图如图 6-58 所示。

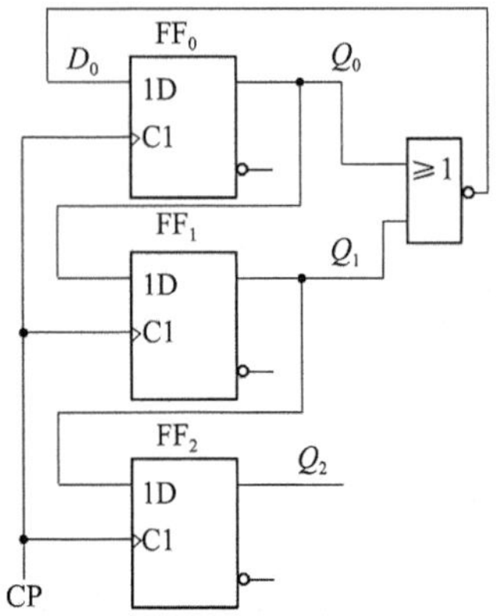

图 6-57　更改反馈电路后的三位环形计数器电路

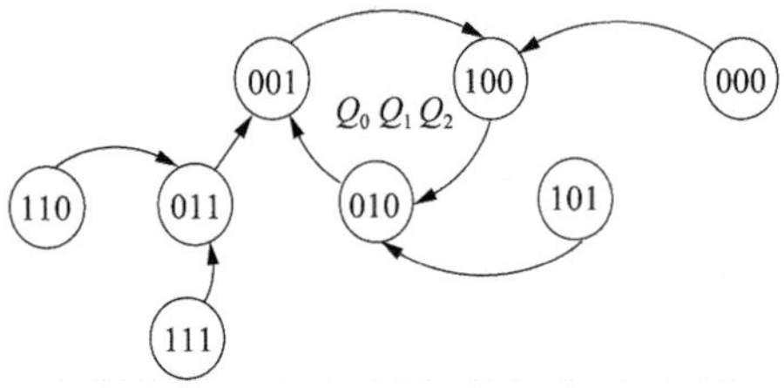

图 6-58　更改反馈电路的计数器状态图

2. 扭环计数器

若将移位寄存器最后一级触发器的输出$\overline{Q}$端反馈到它的串行输入端，则可构成另一种移位寄存器型计数器——扭环计数器。

三位扭环计数器逻辑电路见图 6-59，图 6-60 是它的状态图。由状态图可知，扭环计数器的状态利用比环形计数器高一倍。

该计数器的反馈电路输出 $D_0=\overline{Q}_2$。由该计数器状态图可知，计数器有无效循环 101→010→101，所以该计数器不能自启动，须增加电路将 010 状态引入有效循环 001，则在 010 状态 D_0 必须是 0，如状态表 6-19 所示。

由状态表 6-19 可以得到反馈函数，即
并画出修改后的逻辑图，如图 6-61 所示。

$$D_0=\overline{Q}_0\overline{Q}_1\overline{Q}_2+Q_0\overline{Q}_1\overline{Q}_2+Q_0Q_1\overline{Q}_2=\overline{Q}_2(\overline{Q}_1+Q_0)$$

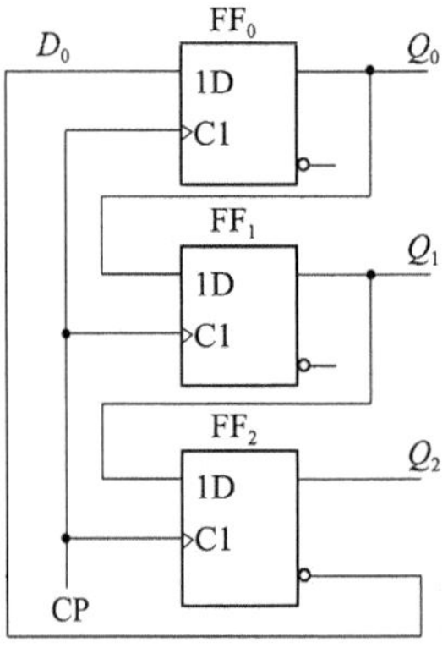

图 6-59　三位扭环计数器逻辑电路

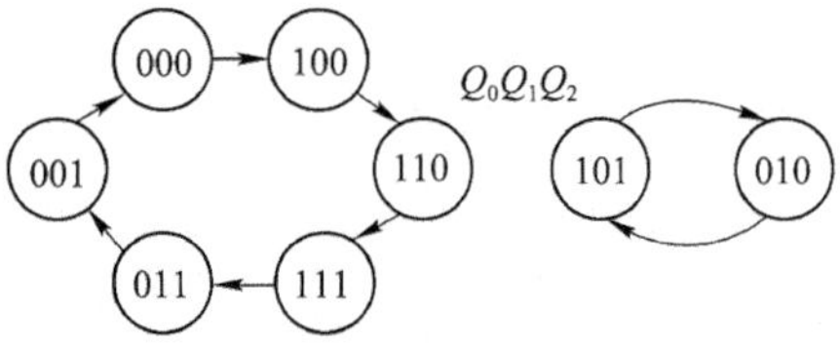

图 6-60　三位扭环计数器状态图

表 6-19　三位扭环计数器状态表

Q_0	Q_1	Q_2	D_0	
0	0	0	1	
1	0	0	1	
1	1	0	1	
1	1	1	0	
0	1	1	0	
0	0	1	0	
0	0	0	1	
1	0	1	0	
0	1	0	1	将 $D_0=1$ 改为 $D_0=0$，进入 001 态

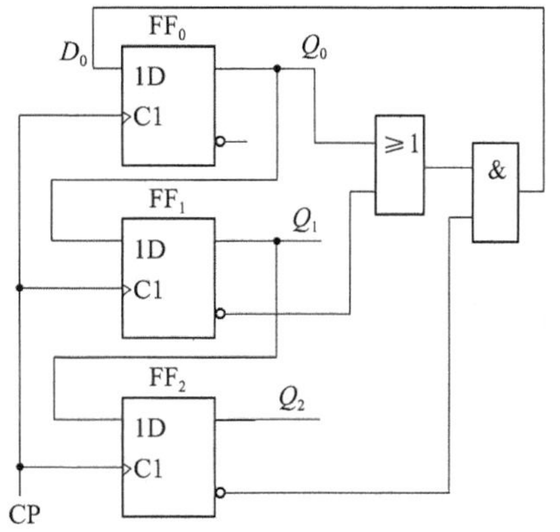

图 6-61　修改后的三位扭环计数器逻辑图

6.4.5　计数器应用

时序电路部件有很广泛的应用，下面举例说明。

【例 6-15】　来回闪烁发光二极管电路。

解：来回闪烁发光二极管电路如图 6-62 所示。其中，同步 4 位二进制加/减计数器 74LS193 计数输出到四-十六线译码器 74LS154，G_1 与 G_2 组成与非门结构的 SR 锁存器。在译码器输出 1 引脚为低电平时，G_1 输出高电平，G_2 输出低电平，G_3 解除封锁，计数脉冲通过 G_3，使计数器加计数。在译码器输出 17 引脚为低电平时，G_2 输出高电平，G_1 输出低电平，G_4 解除封锁，计数脉冲通过 G_4，使计数器减计数。译码器输出连接共阳连接的发光二极管，译码器输出低电平时，发光二极管亮。

由以上分析可知，对于每个计数值，译码器只有一个引脚输出低电平，并点亮一个发光二极管，由于计数器工作在加/减计数状态，则发光二极管按来回顺序点亮。由于一次只有一个发光二极管亮，因此可以共用一个阻值为 330 Ω 的限流电阻。

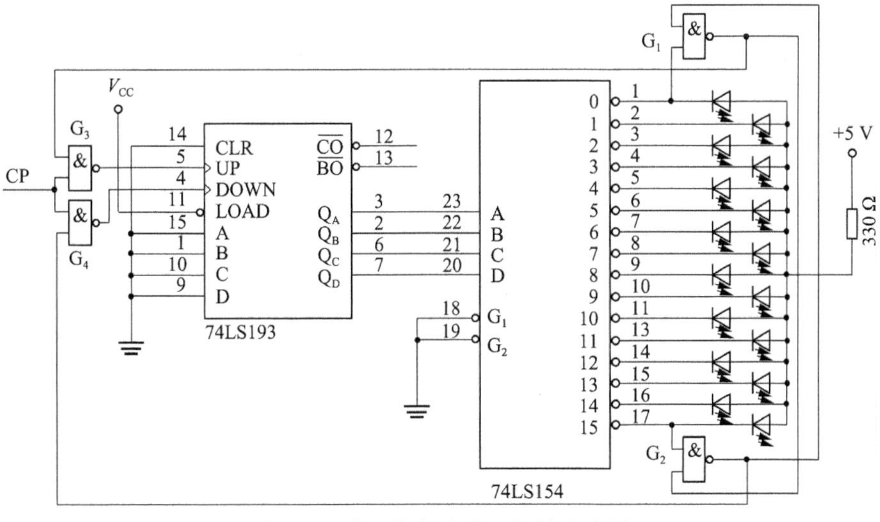

图 6-62　来回闪烁发光二极管电路图

【例 6-16】　0～99 计数显示电路。

解：0～99 计数显示电路如图 6-63 所示。其中，采用 74LS160 组成同步 100 进制计数器，采用七段译码器 74LS247 实现译码，并驱动共阳数码管显示计数值；清零按钮用于计数器归零。

【例 6-17】　4×4 扫描键盘电路。

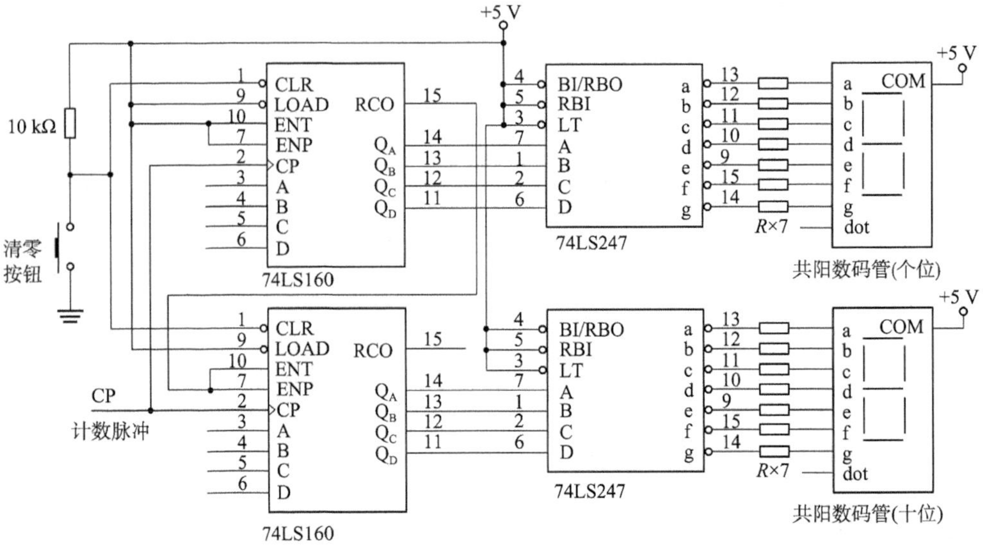

图 6-63　0～99 计数译码显示电路图

解:4×4 扫描键盘电路如图 6-64 所示。

由图可知,该电路由 4 位双向移位寄存器 74LS194 组成的环形计数器,以及 4×4 键盘、十线-四线优先编码器 74LS147 组成的编码电路和 4 位 D 寄存器 74LS173 组成。

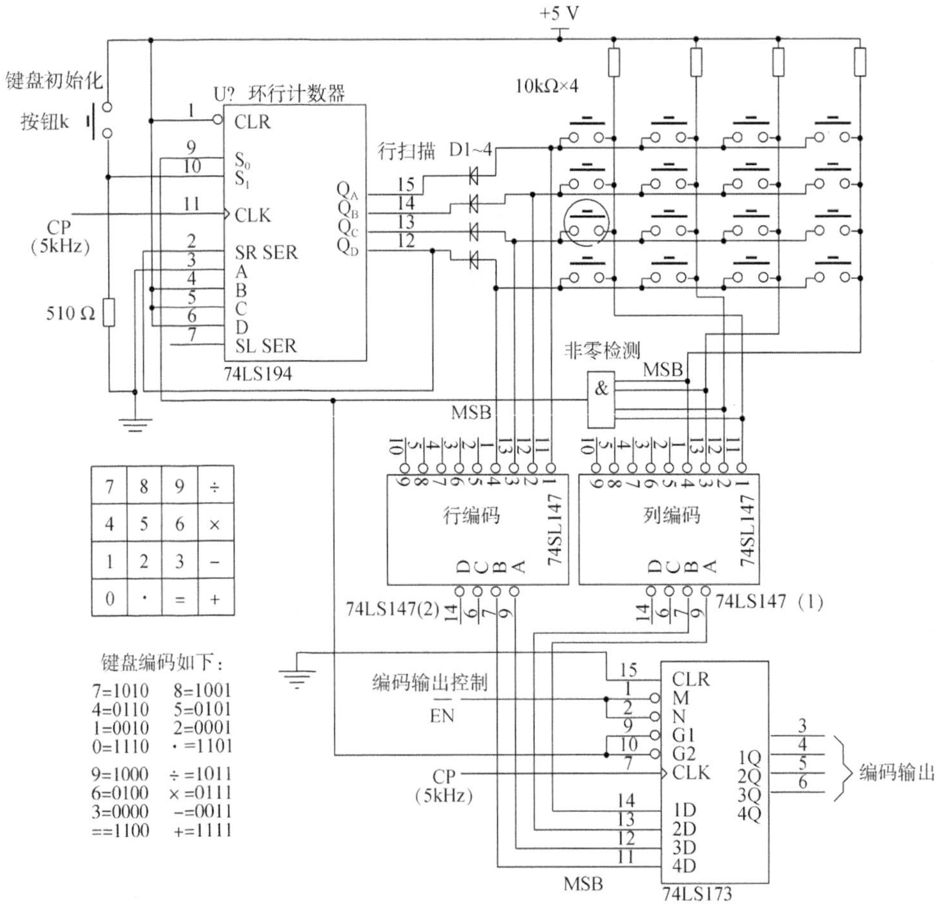

图 6-64　4×4 扫描键盘电路图

在按钮 k 按下后，由于 $S_1=1$、$S_0=1$，故 74LS194 置数 1110；在 $S_1=0$、$S_0=1$ 时，右移操作，计数器输出 1110、1101、1011、0111，任何时候 4 位输出中只有一个 0，实现循环扫描。

若按钮 1 按下，当行扫描输出为 1011 时，列输出为 1110。列输出中有 0 时，非零检测与门输出低电平，一方面使 $S_0=0$，禁止行扫描，使环形计数器停止计数。另一方面使 74LS173 数据接收控制端 $\overline{G_1}$、$\overline{G_2}$ 为 0，准备在时钟上升沿接收数据。同时，74LS147(1)对 1110 编码，低两位输出 10；74LS147(2)对 1011 编码，低两位输出 00，合并行列编码得到编码数据 0010。该编码保存在 74LS173 中。若 74LS173 的输出使能端 $\overline{EN}$ 为 0，则编码呈现在 74LS173 的输出端。

【例 6-18】 采用计数器 74LS161 构成的定时电路。

解：采用计数器构成的定时电路如图 6-65(a)所示。

如图所示，定时电路由两个串联连接的十六进制计数器 74LS161 和置数控制电路组成，其中 U_0 为低 4 位，U_1 为高 4 位，置数控制电路中 $S_7 \sim S_0$ 是 8 位预置数据信号 CT0，GATE 信号通过与门 G_1 控制计数时钟 CLK，LD 是置数控制信号。

定时电路的动作如图 6-65(b)所示，首先置数控制电路使 $\overline{LD}=0$，随后使 GATE 为高电平，与门 G_1 解除封锁，时钟 CLK 上升沿使两个 74LS161 接收 CT0 的数据值 $S_7 \sim S_0$。随着 CLK 脉冲的到来，计数器开始从 CT0 开始计数，直到计数值为 255，这时 U_1 的进位输出信号 RCO 为高电平，向置数控制电路发出信号 TF，随后置数控制电路使 $\overline{LD}=0$，再次将 CT0 置入计数器，这个过程不断循环，每隔 $N=255-CT0$ 个数循环一次。若已知时钟 CLK 周期为 t_0，则 $T=N\times t_0$ 是定时间隔。

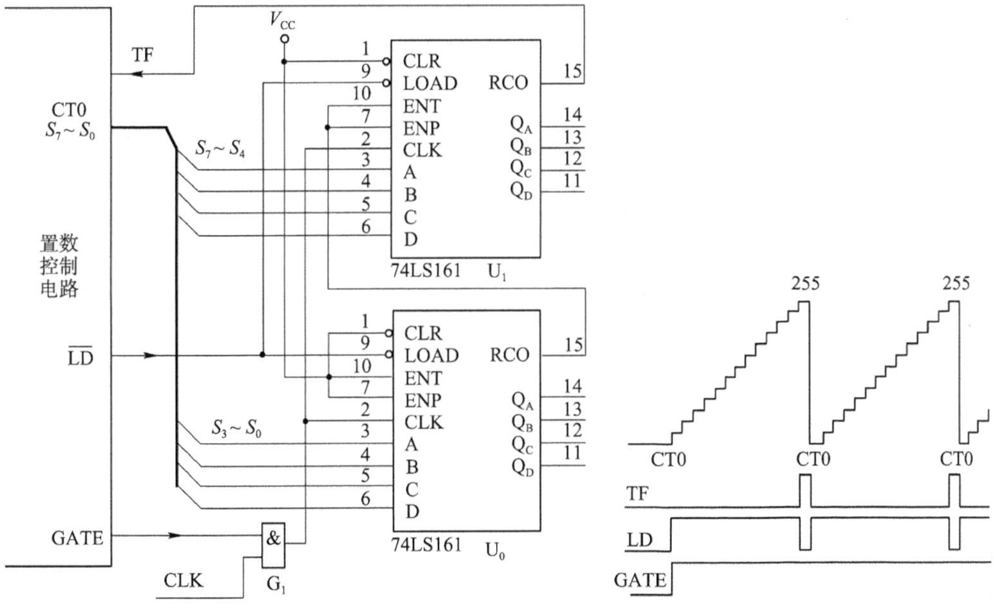

图 6-65 采用计数器构成的定时电路及动作图

【例 6-19】 自动重置预置数的定时电路。

解：自动重置预置数的定时电路如图 6-66(a)所示。

如图所示，定时电路由两个串联连接的十六进制计数器 74LS161 和置数控制电路组成，其中 U_0 为低 4 位，U_1 为高 4 位，定时控制电路中 $S_7 \sim S_0$ 是 8 位预置数据信号 CT0，GATE 信号通过与门 G_1 控制计数时钟，LD 是初始置数控制信号。

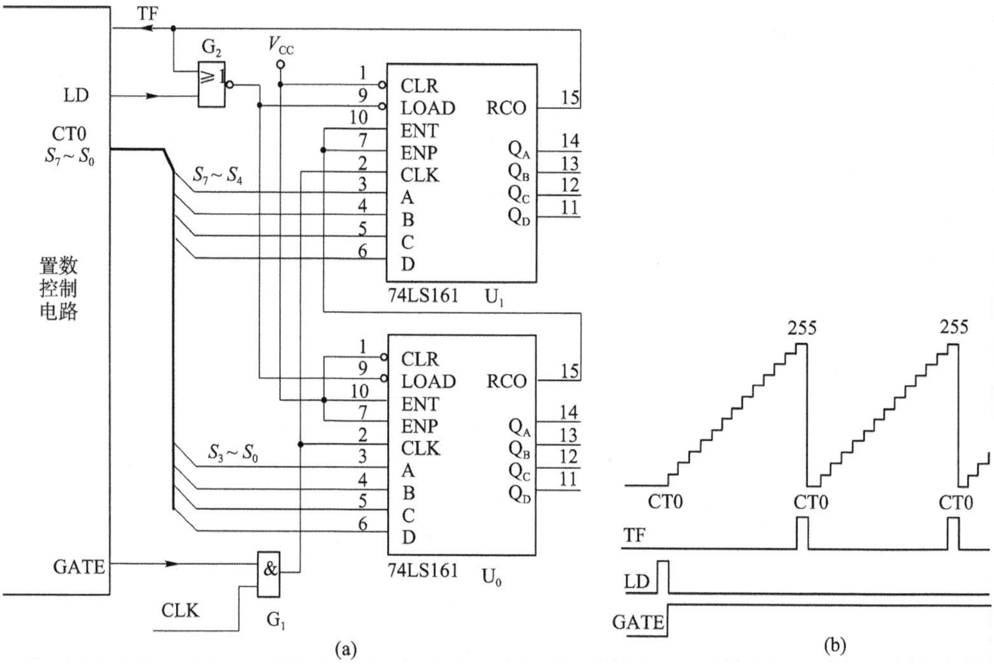

图 6-66　自动重置预置数的定时电路及动作图

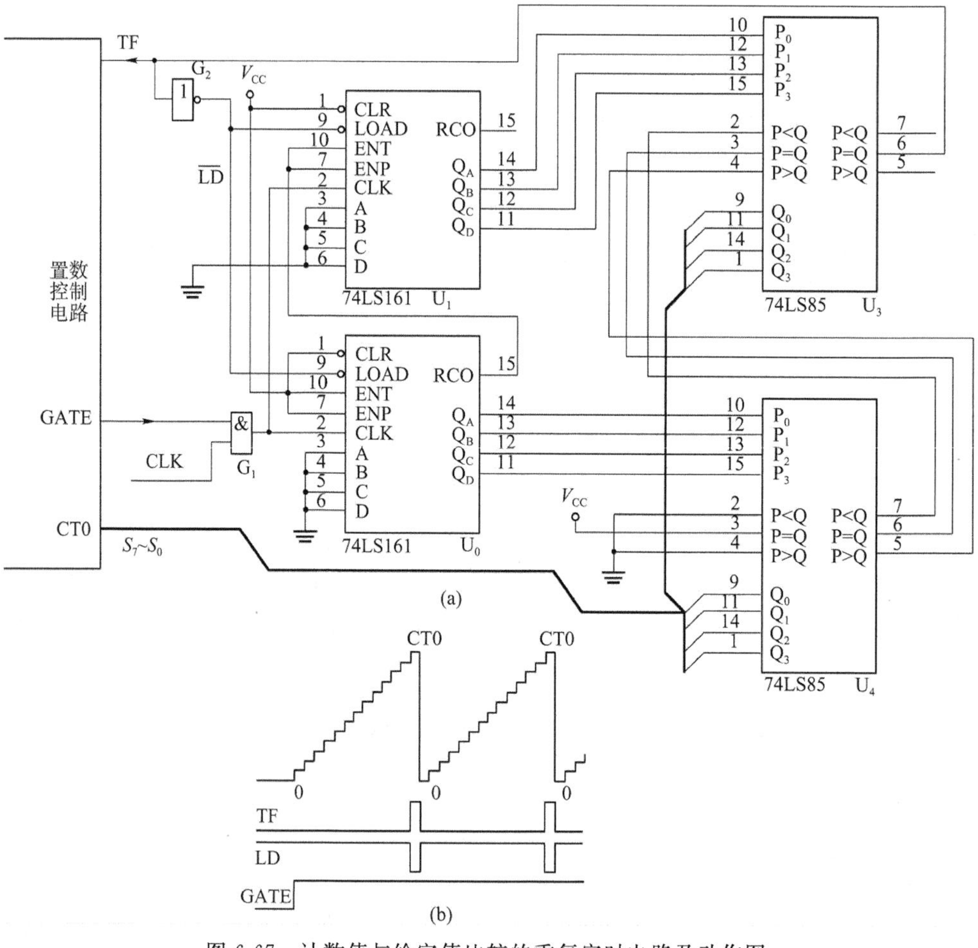

图 6-67　计数值与给定值比较的重复定时电路及动作图

定时电路的动作如图 6-66(b)所示，首先定时控制电路使 LD 为高电平，G_2门输出低电平，同时 GATE 为高电平，与门 G_1解除封锁，时钟 CLK 上升沿使两个 74LS161 接收 CT0 的数据值 $S_7 \sim S_0$。随着 CLK 脉冲的到来，计数器开始从 CT0 开始计数，直到计数值为 255，这时 U_1的进位输出信号 RCO 为高电平，发出信号 TF，经过 G_2再次将 CT0 置入计数器，这个过程不断循环，每隔 $N=255-\text{CT0}$ 个数循环一次。若时钟 CLK 周期为 t_0，则 $T=N\times t_0$是重复定时间隔。

【例 6-20】 计数值与给定数值比较的重复定时电路。

解：计数值与给定值比较的定时电路如图 6-67(a)所示。

如图所示，定时电路由两个串联连接的十六进制计数器 74LS161 和置数控制电路组成，其中 U_0为低 4 位，U_1为高 4 位；定时控制电路输出 8 位给定数值 CT0($S_7 \sim S_0$)与时钟控制信号 GATE。两个比较器 74LS85 用于实现 8 位计数器输出数值与给定数值比较。

定时电路的动作如图 6-67(b)所示，首先定时控制电路使 GATE 为高电平，与门 G_1解除封锁，时钟 CLK 使两个 74LS161 开始计数。随着计数器数值不断增加，当计数器输出数值与给定数值 CT0 相等时，比较器输出 TF=1，经过非门使 LD=0，在 CLK 上升沿的作用下向两个计数器置入数据 0，随后计数器继续计数，直到比较器输出 TF=1，这个过程不断循环，每隔 $N=\text{CT0}$ 个数循环一次。若时钟 CLK 周期为 t_0，则 $T=N\times t_0$是重复定时间隔。

6.5 同步时序电路逻辑设计

6.5.1 设计步骤

1. 同步时序电路逻辑设计的一般步骤

(1)根据实际问题建立原始状态图和状态表。

①由给定的实际问题确定输入变量、输出变量和状态，并分析输入输出变量和状态之间的关系。

②在分析输入、输出变量与状态之间关系的基础上，画出原始状态图或列出原始状态表。注意须列出所有状态和输入的组合。

(2)状态化简。

根据实际问题构造状态图或状态表，有时产生多余状态，若两个状态在相同的输入下有相同的输出和次态，则这两个状态是等价状态。状态化简即将等价状态合并，使状态数最少。时序电路的状态数直接决定电路的造价和复杂度，因此须进行状态化简。

(3)决定触发器的数目和触发器类型。

①确定触发器数目，触发器数目 n 与状态数 M 之间有如下关系，即

$$2^{n-1} < M \quad 2^n$$

②确定触发器输出的二进制编码与状态之间的对应关系，这种关系称为状态编码。n 个触发器的输出编码有 2^n种。

③根据电路中触发器种类最少和市场供货情况确定触发器类型。D 触发器的特性方程是状态方程，可使设计过程简单，但是电路不一定简单；JK 触发器使设计过程复杂，但是电路不一定复杂。

(4)根据原始状态图得到具有状态编码的状态表。

(5)根据具有状态编码的状态表中分离出次态卡诺图和输出卡诺图，然后由次态卡诺图得到状态方程，再依据触发器特性方程得到驱动方程，由输出卡诺图得到输出方程。

(6)检查时序电路能否自启动。

检查时序电路在时钟作用下能否从无效状态进入有效状态循环。

(7)画时序电路逻辑图。

并不是每一时序电路的设计都需要以上设计步骤，如题目中指定触发器类型，则无须选择触发器。

实际上，时序电路设计主要解决两个问题，第一是根据实际问题得到状态表，第二是根据状态表得到状态方程，再得到驱动方程和输出方程。

2. 状态图与状态表

由实际对象画状态图或状态表比较困难，因为到目前为止还没有一个系统的方法，仍然依赖经验和对欲建立状态表与状态图实际对象的深入了解。

一旦将实际对象了解清楚，即可画状态图或状态表。首先假定一个初态，从这个初态开始，输入变量，确定其次态(现态本身、或是已有的另一个状态、或是一个新的状态)。这个过程一直进行下去，直到每一个现态向其次态的转换都已考虑，并且不构成新的状态为止。

6.5.2 设计举例

【例 6-21】 试使用 JK 触发器设计一个四进制加减计数器，该计数器可以在控制信号 $X=0$ 时加计数，$X=1$ 时减计数。

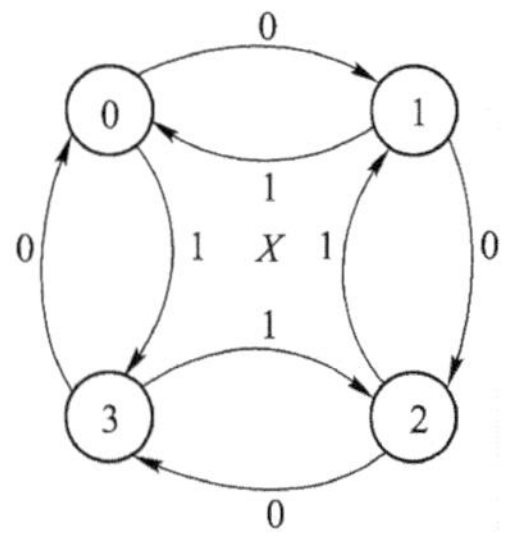

图 6-68 例 6-21 中的状态图

解:(1)该题目输入为控制信号 X，输出为计数器的计数值。由题意画状态图，如图 6-68 所示，由于是计数器，所以状态用数字表示。注意，计数器的输出是计数器的现态，显然它是摩尔电路。

由状态图得到的状态表如表 6-20 所示。状态图转换成状态表的方法是首先列出输入变量、现在状态的所有组合，然后根据状态图给出的状态转移方向逐个填入次态，直至填完所有输入变量、现在状态的组合。

(2)进行状态编码。

由于有 4 个状态，所以触发器的个数为 2，采用自然二进制编码：状态 0 的编码为 00，状态 1 的编码为 01，状态 2 的编码为 10，状态 3 的编码为 11。

(3)状态编码完成之后，形成编码状态表，如表 6-21 所示。

(4)画次态卡诺图。

将一维状态表画成二维表格就是次态卡诺图，一般横轴是输入变量，纵轴是现在状态，如图 6-69(a)所示。为方便书写状态方程，一般将如图 6-69(a)所示的次态卡诺图分解为如图 6-69(b)和图 6-69(c)所示的各个触发器的次态卡诺图。

表 6-20 例 6-21 的状态表

X	Q^n	Q^{n+1}
0	0	1
0	1	2
0	2	3
0	3	0
1	0	3
1	1	0
1	2	1
1	3	2

表 6-21 例 6-21 的编码状态表

X	Q_1Q_2	$Q_1^{n+1}Q_2^{n+1}$
0	00	01
0	01	10
0	10	11
0	11	00
1	00	11
1	01	00
1	10	01
1	11	10

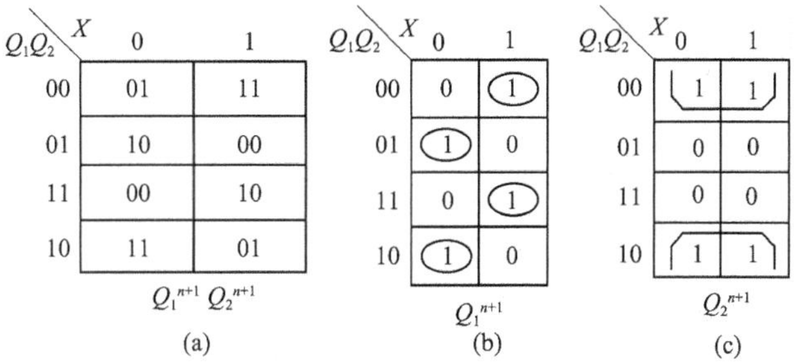

图 6-69　例 6-21 的次态卡诺图

(5)由次态卡诺图得到状态方程，即

$$Q_1^{n+1}=(X\overline{Q_2}+\overline{X}Q_2)\overline{Q_1}+(XQ_2+\overline{X}\,\overline{Q_2})Q_1 \quad Q_2^{n+1}=\overline{Q_2}$$

(6)状态方程对比 JK 触发器特性方程 $Q^{n+1}=J\overline{Q}+\overline{K}Q$，得到触发器驱动方程，即

$$J_1=K_1=X\overline{Q_2}+\overline{X}Q_2=X\oplus Q_2$$

$$J_2=K_2=1$$

(7)由驱动方程可画出如图 6-70 所示的逻辑图。

【例 6-22】　试设计一个串行数据检测器，该检测器的输入 X 为连续 4 个或 4 个以上的 1 时输出 $z=1$，其他情况输出 $z=0$。

解：(1)根据题意，需要 4 个状态记忆 X 的 4 个 1。假设状态为 A、B、C、D，则当 $X=1$ 时状态从 A 向 B、C、D 变化；若 X 继续为 1，则停在 D 状态不变。无论在哪个状态，只要 $X=0$ 就回到 A 状态。因此有状态图 6-71。

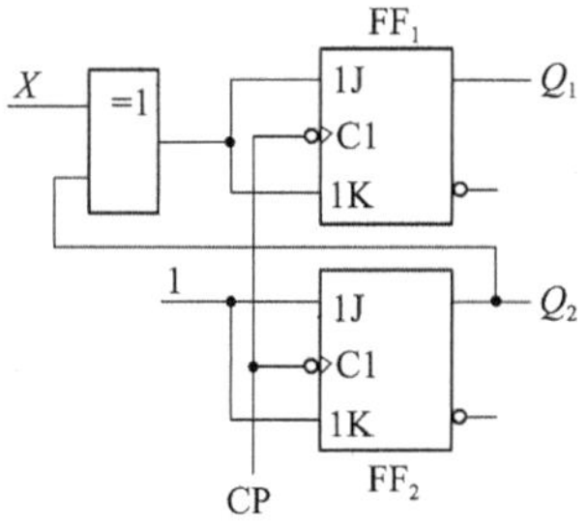

图 6-70　例 6-21 中的逻辑电路图

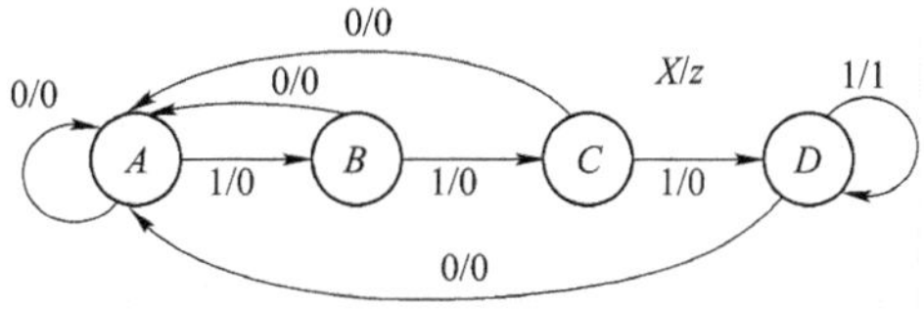

图 6-71　例 6-22 的状态图

(2)由状态图可得到表 6-22。

(3)由于有 4 个状态，所以选用两个触发器，状态变量为 Q_1 和 Q_2，状态编码为

$$A=00, B=01, C=10, D=11$$

最后得到编码化状态表 6-23。

表 6-22　由状态图得到的状态表

X	Q	Q^{n+1}	z
0	A	A	0
0	B	A	0
0	C	A	0
0	D	A	0
1	A	B	0
1	B	C	0
1	C	D	0
1	D	D	1

表 6-23　例 6-22 编码化状态表

X	Q_1Q_2	$Q_1^{n+1}Q_2^{n+1}$	z
0	00	00	0
0	01	00	0
0	10	00	0
0	11	00	0
1	00	01	0
1	01	10	0
1	10	11	0
1	11	11	1

(4)得到次态卡诺图和输出卡诺图。

由编码状态表可以得到图 6-72。

(5)用 D 触发器实现该逻辑电路。

D 触发器的驱动卡诺图是次态卡诺图，首先由次态卡诺图得到图 6-73。

(6)由驱动卡诺图得到 D 触发器驱动方程，即

$$D_1 = XQ_1 + XQ_2 D_2 = XQ_1 + X\overline{Q}_2$$

由输出卡诺图得到输出方程：$z = XQ_1Q_2$

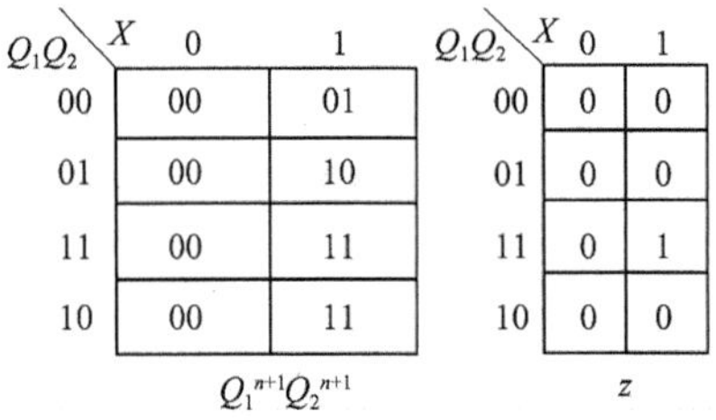

图 6-72　次态卡诺图和输出卡诺图

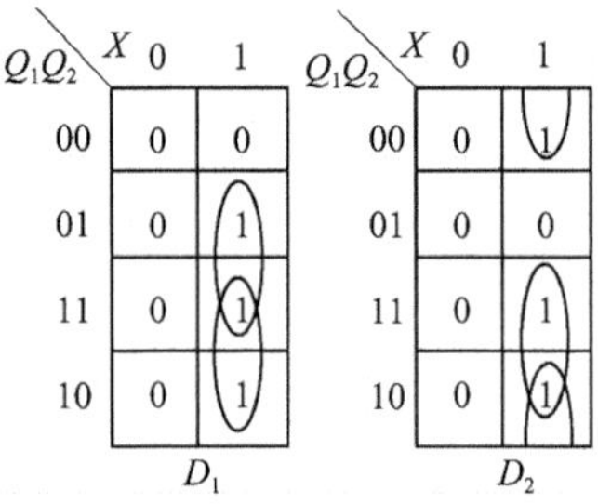

图 6-73　D 触发器驱动卡诺图

(7)画电路图。

由 D 触发器构成的电路图如图 6-74 所示。

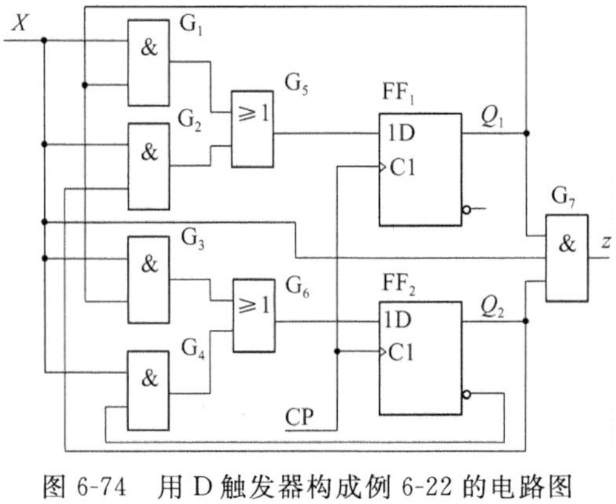

图 6-74　用 D 触发器构成例 6-22 的电路图

【例 6-23】　试使用 JK 触发器设计一个 3 位格雷码计数器。

(1)由格雷码编码可以得到 3 位格雷码计数器的状态图，如图 6-75 所示。

(2)得到状态表。由状态图得状态表，如表 6-24 所示。

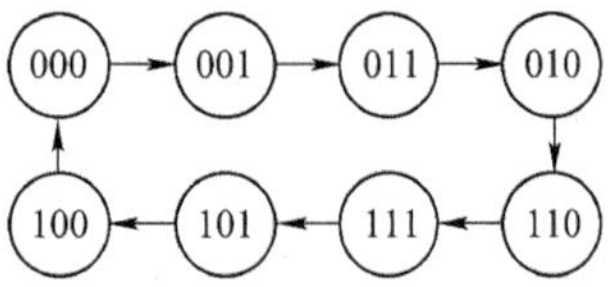

图 6-75　3 位格雷码计数器的状态图

表 6-24　例 6-23 的状态表

Q_2 Q_1 Q_0	Q_2^{n+1}	Q_1^{n+1}	Q_0^{n+1}
0 0 0	0	0	1
0 0 1	0	1	1
0 1 1	0	1	0
0 1 0	1	1	0
1 1 0	1	1	1
1 1 1	1	0	1
1 0 1	1	0	0
1 0 0	0	0	0

(3)得到次态卡诺图。

由状态表可以得到如图 6-76(a)所示的次态卡诺图；将次态卡诺图分解，可以得到各个触发器的次态卡诺图，如图 6-76(b)～(d)所示。

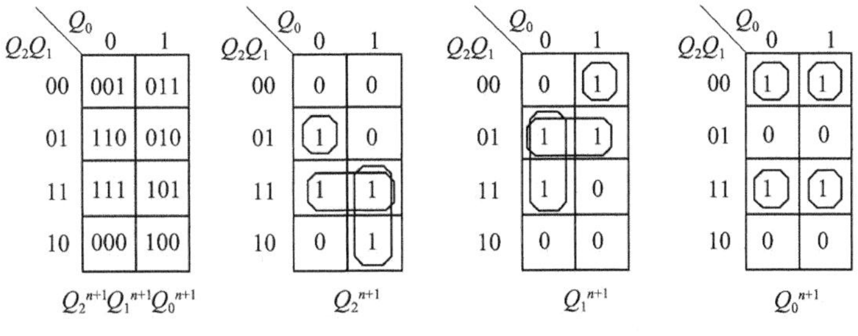

图 6-76　次态卡诺图

由图 6-76(b)～(d)所示各个触发器的次态卡诺图可以得到各个触发器的特性方程。

$$Q_0^{n+1}=(\overline{Q_2}\,\overline{Q_1}+Q_2Q_1)\overline{Q_0}+(\overline{Q_2}\,\overline{Q_1}+Q_2Q_1)Q_0$$

$$Q_1^{n+1}=\overline{Q_2}Q_0\overline{Q_1}+(\overline{Q_2}+\overline{Q_0})Q_1=\overline{Q_2}Q_0\overline{Q_1}+(\overline{Q_2Q_0})Q_1$$

$$Q_2^{n+1}=Q_1\overline{Q_0}\,\overline{Q_2}+(Q_1+Q_0)Q_2$$

将上述状态方程与 JK 触发器的特性方程 $Q^{n+1}=J\overline{Q}+\overline{K}Q$ 对比，可以得到各个 JK 触发器的驱动方程，即

$$J_0=\overline{Q_2}\,\overline{Q_1}+Q_2Q_1=\overline{Q_2\oplus Q_1}\qquad K_0=\overline{\overline{Q_2}\,\overline{Q_1}+Q_2Q_1}=Q_2\oplus Q_1$$

$$J_1=\overline{Q_2}Q_0\qquad K_1=Q_2Q_0$$

$$J_2=Q_1\overline{Q_0}\qquad K_2=\overline{Q_1}\,\overline{Q_0}$$

由驱动方程可以得到 3 位格雷码计数器的电路图，如图 6-77 所示。

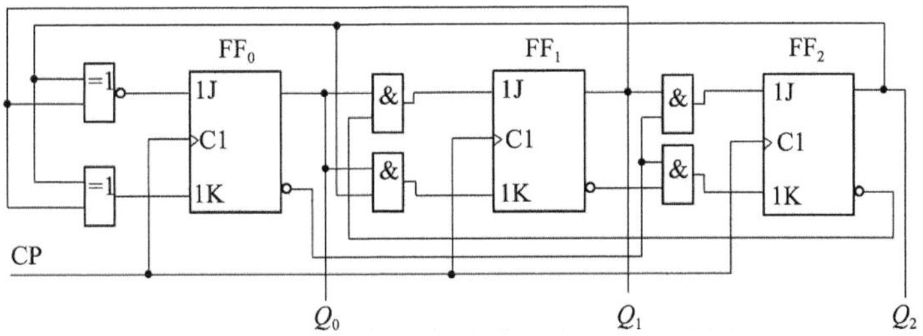

图 6-77　3 位格雷码计数器电路原理图

【例 6-24】　试设计一个延时开关控制器的状态机，该状态机在按钮信号 a 为低电平时，输出信号 x 和 y 立刻变为高电平；在第二次按钮信号 a 为低电平时，输出 x 立刻变为低电平，输出 y 在延时 90 s 后变为低电平。

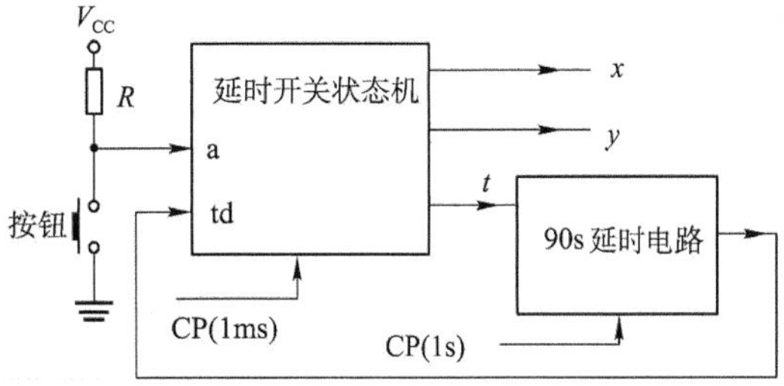

图 6-78　延时开关控制器框图

解：(1)根据开关控制器功能，状态机需要按钮信号 a，在按钮按下时 a 为低电平，按钮抬起时 a 为高电平；延时电路延时 90 s 时间到信号 td，输出为控制 90 s 延时电路的信号 t。根据延时开关

控制器功能，延时开关控制器框图如图 6-78 所示，td 高电平表示延时时间到，t 信号高电平时延时电路开始工作。

（2）画状态图。根据上述状态机功能要求，有如图 6-79 所示的状态图。

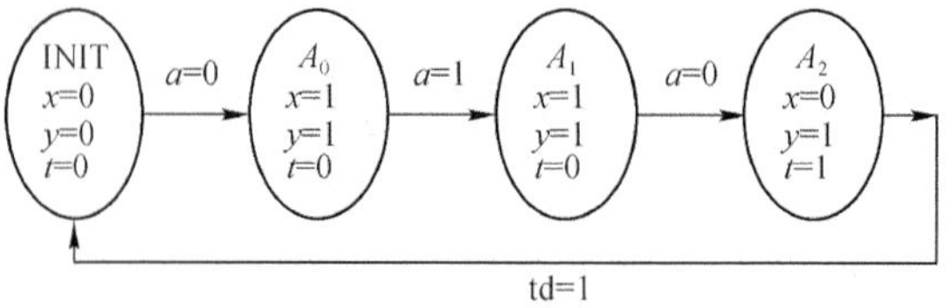

图 6-79　延时开关状态机的状态图

该状态图是不完全转移条件状态图，因为只标注了向其他状态转移的条件，而没有标注自身转移到自身的条件，这里假设不向其他状态转移，即不转移，保持原状态不变。状态图还假设状态转移条件中不出现的输入变量为任意值，因为状态转移与该输入变量无关。

另外，为避免按钮按下时间过长，使按钮信号 $a=0$ 的时间大于多个状态机时钟周期情况下连续状态变化的情况，在状态 A_0 和 A_2 之间设置中间状态 A_1，按钮按下时 $a=0$ 只能转移到 A_0，然后按钮抬起时 $a=1$，进入 A_1 状态，直到下次按钮再次按下时 $a=0$，才能转移到 A_2 状态。如果没有 A_1 状态，则在按钮信号 $a=0$ 时，很可能从 INIT 进入 A_0，然后进入 A_2。

由状态图可以得到状态表 6-25 和图 6-80。

表 6-25　状态表

输入信号		现态	次态	输　出		
a	td	Q	Q^{n+1}	t	x	y
0	×	INIT	A_0	0	0	0
1	×	A_0	A_1	0	1	1
0	×	A_1	A_2	0	1	1
×	1	A_2	INIT	1	0	1

现态 \ 输入 (a,td)	00	01	11	10
INIT	A_0	A_0	INIT	INIT
A_0	A_0	A_0	A_1	A_1
A_2	A_2	*INIT*	*INIT*	A_2
A_1	A_2	A_2	A_1	A_1

次态

图 6-80　次态卡诺图

构造次态卡诺图时，首先根据不完全状态表填写次态卡诺图（图中斜体字），然后将剩余空格填写现态到现态，相当于状态不转移的情况。例如，在$(a,\text{td})=0\times$时，INIT 态转移到 A_0，则相当于$(a,\text{td})=00$ 或$(a,\text{td})=01$ 时，从 INIT 转移到 A_0；$(a,\text{td})=11$ 或$(a,\text{td})=10$ 时，则从 INIT 转移到 INIT。

（3）触发器与状态编码。

由于有 4 个状态，故选用两个触发器 Q_1、Q_0，本例采用自然编码，INIT$=00$，$A_0=01$、$A_1=10$ 和 $A_2=11$。

采用编码的次态卡诺图如图 6-81 所示。

（4）获得次态方程。将编码次态卡诺图分解为如图 6-82 所示的 Q_1 和 Q_0 的次态卡诺图。

由 Q_1、Q_0 的次态卡诺图可以得到各个触发器的次态方程，即

$$Q_1^{n+1}=Q_1\overline{Q_0}+Q_1\overline{\text{td}}+\overline{Q_1}Q_0a$$

$$Q_0^{n+1}=\overline{a}\;\overline{\text{td}}+\overline{Q_0a}+\overline{Q_1}\;\overline{a}+Q_1Q_0\overline{\text{td}}$$

（5）得到输出方程。由于该电路是摩尔时序电路，输出只与现在状态有关，因此根据状态表可以直接写出输出方程：

t 在 A_2 状态时为 1，所以 $t=Q_1Q_0$；

Q_1Q_0 \ a,td	00	01	11	10
00	01	01	00	00
01	01	01	10	10
11	11	00	00	11
10	11	11	10	10

$Q_1^{n+1}Q_0^{n+1}$

图 6-81　编码的次态卡诺图

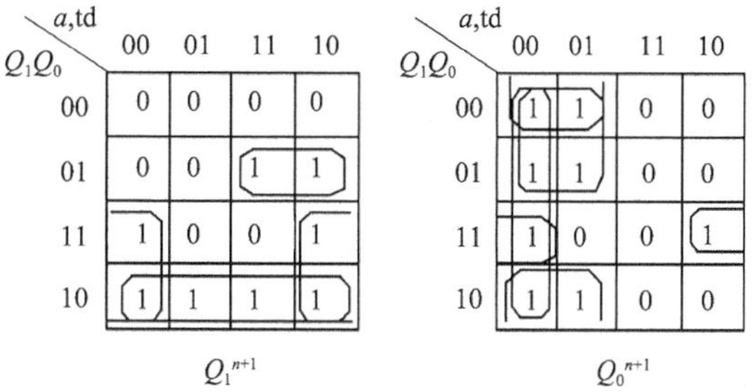

图 6-82　触发器 Q_1 和 Q_0 的次态卡诺图

x 在 A_0 和 A_1 状态时为 1，所以 $x=\overline{Q_1}Q_0+Q_1\overline{Q_0}$；

y 除在 INIT 状态外的其他状态为 1，所以 $y=\overline{\overline{Q_1}\,\overline{Q_0}}=Q_1+Q_0$。

(6)用 D 触发器实现该控制器。该控制器的电路图如图 6-83 所示，时序图如图 6-84 所示。由时序图可知，在 a 信号和 td 信号的控制下，时序按照状态图转换。

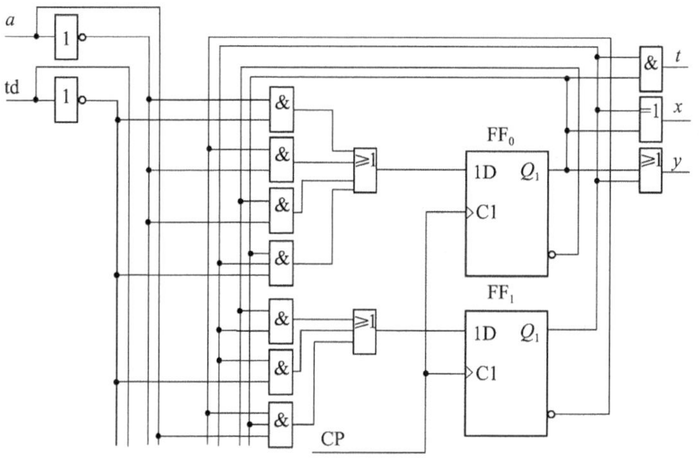

图 6-83　延时开关控制器的原理图

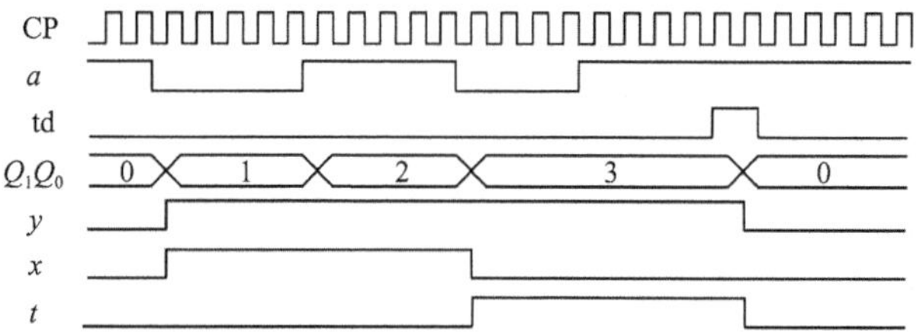

图 6-84　延时开关控制器的时序图

该状态机可以与 90 s 延时电路共同组成完整的延时控制开关。

【例 6-25】　一个电灯控制开关，该开关有一个按钮，按钮按下 1 次，则电灯亮 10 s 后灭；按钮按下两次(包括前一次)，则电灯长亮不灭；再按 1 次，则电灯灭。试设计该控制开关的状态机。

解：(1)由题意可以得到该开关的设计原理框图如图 6-85 所示，k 是低电平有效的按钮信号，kd 是按钮信号 k 的下降沿微分信号，td10 是 10 s 定时器定时时间到信号(高电平有效)，deng 是电灯控制信号(高电平有效)，t10 是 10 s 定时器启动信号(高电平有效)。

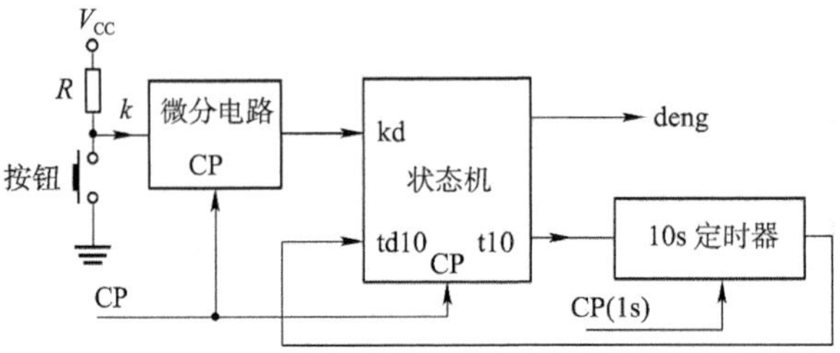

图 6-85　电灯延时开关原理框图

(2)画状态图。根据电灯控制要求,可以得到该电灯控制开关的状态图,如图 6-86 所示。

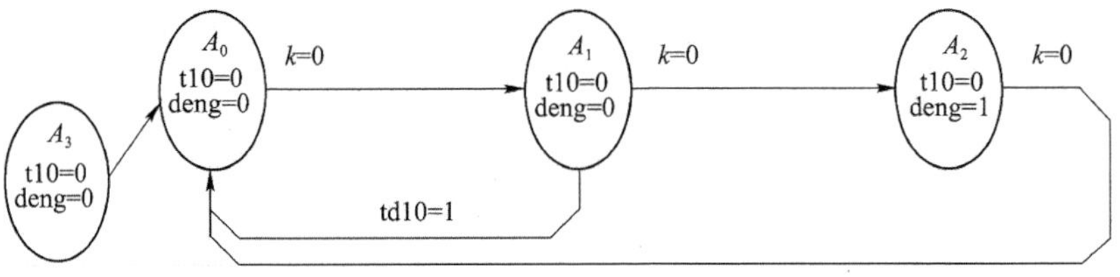

图 6-86　电灯延时开关状态图

电灯控制只需 3 个有效工作状态,使用两个触发器,而两个触发器有 4 个状态,多余一个状态,目的是在上电时状态机能进入有效工作状态实现自启动;在状态图上画出多余状态 A_3,在任何输入条件下,都可以从该状态自动进入初始工作状态 A_0。

状态机时钟周期很短,而按钮按下的时间相对于状态机时钟周期很长,按钮按下期间,有多个有效状态机时钟沿触发状态机,如果按钮满足状态机的转移条件,则发生多状态转移现象。例如,按钮按下时,持续时间 300 ms,若状态机时钟是 1 ms,则在按钮按下期间状态机的状态发生多次,即 A_0-A_1-A_2-A_0。因此,该状态机的按钮信号 k 经过微分电路再输入状态机,使其低电平持续时间小于状态机的时钟周期,保证按钮按下一次,状态机只转移一个状态。

由状态图可以获得如表 6-26 所示的状态表,状态表将状态转移条件中不出现的输入信号用任意值表示。

状态表可以转换成如图 6-87 所示的次态卡诺图。

表 6-26　例 6-25 的状态表

输入信号		现态	次态	输　出	
k	td10	Q	Q^{n+1}	$t10$	deng
0	×	A_0	A_1	0	0
1	1	A_1	A_0	1	1
0	0	A_1	A_2	1	1
0	×	A_2	A_0	0	1
×	×	A_3	A_0	0	0

现态Q \ 输入 (k,td10)	00	01	11	10
A_0	*A_1*	*A_1*	A_0	A_0
A_1	*A_2*	A_1	*A_0*	A_1
A_2	*A_0*	*A_0*	A_2	A_2
A_3	A_0	A_0	A_0	A_0

次态Q^{n+1}

图 6-87　例 6-25 的次态卡诺图

构造次态卡诺图时,首先根据状态表填写次态卡诺图(图中斜体字),然后将剩余空格填写现态到现态的转移,相当于状态不转移的情况。

(3)触发器与状态编码。由于状态有 4 个,故选用两个触发器 Q_1、Q_0,本例采用格雷编码,A_0

$=00$、$A_1=01$、$A_2=11$ 和 $A_3=10$。

采用编码的次态卡诺图如图 6-88 所示。

(4)获得状态方程。将编码次态卡诺图分解为如图 6-89 所示 Q_1 和 Q_0 的卡诺图。

Q_1Q_0 \ k,td10	00	01	11	10
00	01	01	00	00
01	11	01	00	01
11	00	00	11	11
10	00	00	00	00

$Q_1^{n+1}\ Q_0^{n+1}$

图 6-88 采用格雷编码的次态卡诺图

Q_1Q_0 \ k,td10	00	01	11	10
00	0	0	0	0
01	1	0	0	0
11	0	0	1	1
10	0	0	0	0

Q_1^{n+1}

Q_1Q_0 \ k,td10	00	01	11	10
00	1	1	0	0
01	1	1	0	1
11	0	0	1	1
10	0	0	0	0

Q_0^{n+1}

图 6-89 触发器 Q_1 和 Q_0 的次态卡诺图

由 Q_1、Q_0 的次态卡诺图可以得到各个触发器的次态方程，即

$$Q_1^{n+1}=\overline{Q_1}Q_0\overline{k}\ \overline{\text{td10}}+Q_1Q_0k$$

$$Q_0^{n+1}=\overline{Q_1}\ \overline{k}+Q_1Q_0k+Q_0k\ \overline{\text{td10}}$$

(5)得到输出方程。由于该电路是摩尔时序电路，输出只与现在状态有关，因此根据状态表可以直接写出输出方程：

(1)t10 在 A_1 状态时为 1，所以 $\text{t10}=\overline{Q_1}Q_0$；

(2)deng 在 A_1 和 A_2 状态时为 1，所以 $\text{deng}=\overline{Q_1}Q_0+Q_1Q_0=Q_0$。

(3)用 D 触发器实现该状态机。由驱动方程和输出方程可以得到状态机的电路图，如图 6-90 所示。

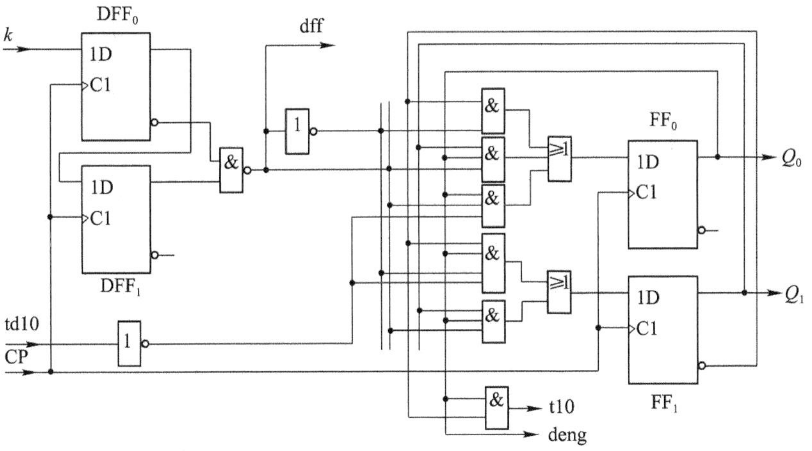

图 6-90 电灯控制开关状态机的电路图

电路图由微分电路与状态机电路两部分组成，以 D 触发器 DFF_0 和 DFF_1 组成微分电路，对 k 信号的下降沿进行微分，输出脉冲信号 dff 的低电平宽度与状态机时钟周期相同；以 D 触发器 FF_1、FF_0 组成状态机。

该状态机的时序图如图 6-91 所示。由时序图可知，在 k 信号和 td10 信号的控制下，时序按照状态图转换。由于是格雷编码，所以状态变化顺序为 0、1、3、0。该状态机可以与 10 s 延时电路共同组成完整的电灯控制开关。

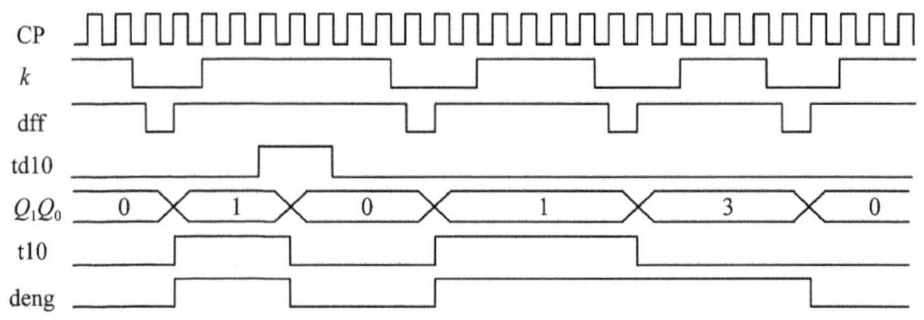

图 6-91 电灯控制开关状态机的时序图

前面以 5 例说明时序电路逻辑的设计步骤遵循上述步骤即可设计出状态机。状态机很难直接设计，因为不能确定其中任何一根连线的作用。逻辑设计法的局限性是状态机的状态与输入信号之和不能超出 4 个变量，因为超出 4 个变量，次态卡诺图由于变量太多很难使用。

硬件描述语言可以直接描述状态图，因此将实际问题变成状态图，再用硬件描述语言描述状态图，随后在计算机、EDA 软件的支持下，直接获得状态机的驱动方程和输出方程。

6.6 时序电路直接设计

很多时序电路与组合电路一样并不用前述的逻辑设计法设计出来，而根据电路功能的需求直接设计出来。时序电路直接设计法需要如下的设计知识。

(1)确定所设计时序电路的功能。

(2)熟悉各种集成时序数字电路的工作原理。

(3)能够通过集成时序数字电路功能表，确定其每个引脚功能。

(4)通过思考(可以查阅资料)，直接连接电路，实现电路功能。

(5)连接电路时，应分析引脚之间的噪声容限、驱动能力与时序。或者，引脚之间互连时应注意引脚功能、逻辑电平、引脚输入输出电流与各引脚之间的时序配合。

下面举例说明如何直接设计时序电路。

【例 6-26】 设计 100 进制以内预置数减法计数器。该计数器输入信号为计数/置数控制信号 $C/\overline{L}$、预置数数据信号 $D_7 \sim D_0$ 和秒时钟 CP，输出信号是减计数到零的信号 td，要求具有 BCD-七段译码与数码管显示，采用 74LS 系列集成电路实现。

解: 根据题目要求，采用两片单时钟十进制加减计数器 74LS190 串联作为减法计数器，采用 BCD-七段译码器 74LS247 作为译码器。

1)计数器部分

(1)两级十进制计数器采用串联连接，将个位 74LS190 的 MAX/MIN 端反相与十位 74LS190 的计数控制端 $\overline{\text{CTEN}}$ 相连，因为 MAX/MIN 端在计数器减计数到 0 时，输出正脉冲，而 $\overline{\text{CTEN}}$ 是低电平有效，所以在 MAX/MIN 端与 $\overline{\text{CTEN}}$ 端之间串联非门，可以满足减计数借位的要求。

(2)计数/置数控制信号 $C/\overline{L}$ 为低电平时计数器异步置数，高电平时计数器计数。置数时，8 位数据信号 $D_7 \sim D_0$ 预置在计数器中；减计数时，由预置数值递减，直到减计数到零。

(3)计数值为 0 时的输出信号 td，该信号在个位、十位计数器的计数值都为 0 时输出高电平，所以将两个计数器的 MAX/MIN 端相“与”得到。

2)译码器部分

译码器部分采用 74LS247 译码器，该译码器译码输出有效电平为低电平，这里只对计数器输出的十进制计数值译码，所以未用消零、试灯等功能，在连线时将$\overline{BI}/\overline{RBO}$、$\overline{RBI}$、$\overline{LT}$三个信号接高电平(5 V 电源)。

3)数码管部分

与译码器 74LS247 连接的数码管应为共阳数码管，数码管消耗电流时所考虑的因素如下所述。

(1)数码管中发光二极管的电流不能超过 30 mA，否则损坏发光二极管。实际上，数码管的电流往往由驱动电路和电源决定。

(2)查手册可知，74LS247 的灌电流能力为 24 mA，由于驱动能力很大，因此还应考虑电源因素。

(3)电源供给两个数码管的电流为 $I_{(每段)}\times 7\times 2$，每段电流为 10 mA 时，两个数码管最大需要 140 mA 的电流，如果电源电路可以提供如此大的电流，则可以选每段 10 mA 的电流；如果电源功率有限，选择每段电流为 5 mA 也可，只是亮度较低。

如果选择每段电流为 10 mA，则在采用 5 V 电源的情况下，可以计算出限流电阻为 330 Ω 左右。

由此可得图 6-92。其中，计数器部分的时序图如图 6-93 所示。

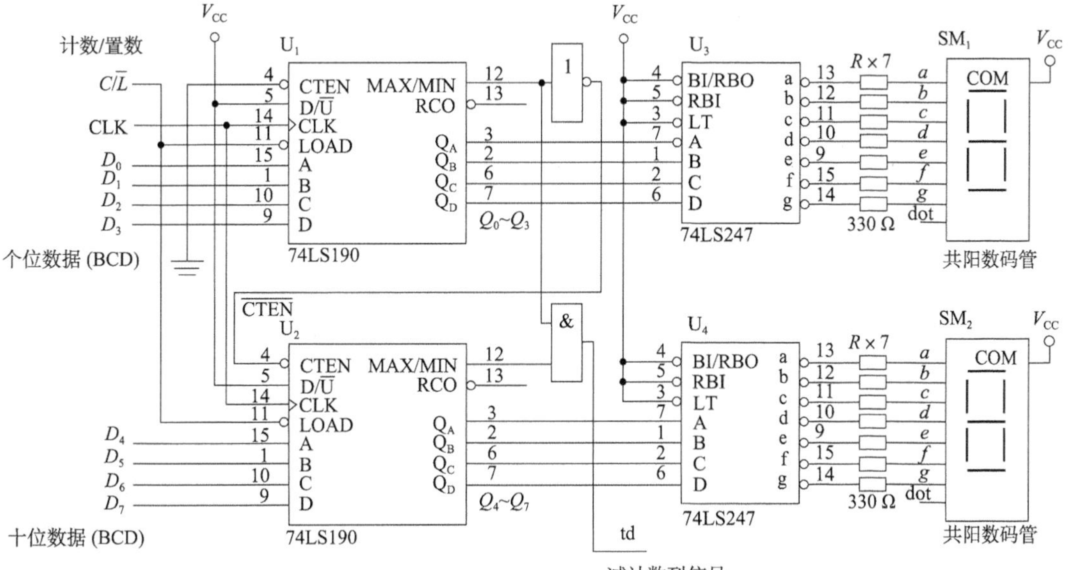

图 6-92　100 进制以内预置数减法计数器电路

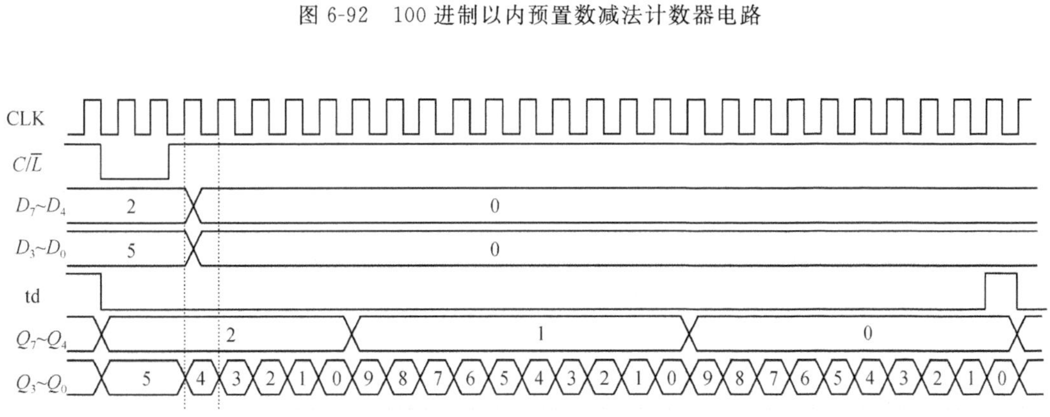

图 6-93　计数器部分的时序图

在时序图中，$Q_7 \sim Q_4$、$Q_3 \sim Q_0$ 是计数器输出信号，$D_7 \sim D_4$、$D_3 \sim D_0$ 是预置数据。首先设置预置数据 25，然后置 $C/\overline{L}=0$，数据进入计数器，$Q_7 \sim Q_4$、$Q_3 \sim Q_0$ 为 25；当 $C/\overline{L}=1$ 时，计数器开始减计数；当计数值为 00 时，输出信号 $t=1$。

该电路可以和状态机共同组成数字系统，实现顺序控制等功能。

【例 6-27】 试设计一个对 100 kHz 时钟进行分频，产生 1 Hz(1s)、10 Hz(100 ms)、100 Hz(10 ms)、1000 Hz(1 ms)时钟脉冲的电路。该电路的输入时钟信号频率为 100 kHz，电平兼容 TTL，输出为兼容 TTL 的分频信号。

解：由题可知这是一个多级分频电路，须使用计数器分频，由于分频输出的频率是 10 的倍数，所以应该选择十进制计数器实现分频，这里选择 74LS160 十进制计数器。首先将 100 kHz 的输入频率经过十分频得到 10 kHz 的频率，然后再经过 4 级十分频分别得到 1 kHz、100 Hz、10 Hz和 1 Hz 的频率。

为减少传输延迟时间，各级 74LS160 之间应同步进位，前级 RCO 与后级 ENT、ENP 端相连。

为保证计数器正常工作，各个计数器的 $\overline{\text{CLR}}$、$\overline{\text{LOAD}}$ 信号与高电平相连；数据输入端也应接固定电平，因为悬空时会受到干扰。图 6-94 是根据题意设计的分频电路原理图。

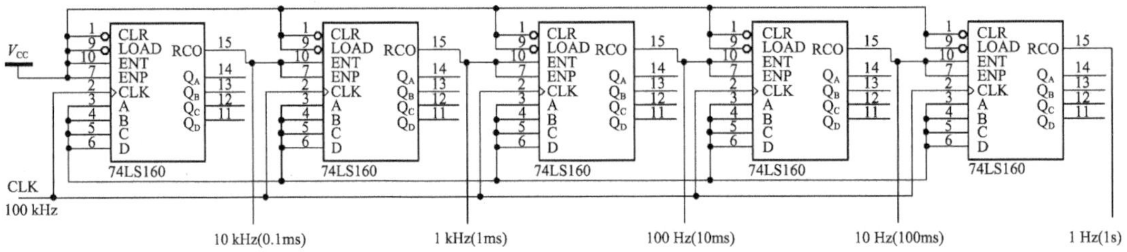

图 6-94 频率计分频电路原理图

【例 6-28】 试设计 4 位十进制数计数、锁存、译码、显示电路，该电路的输入信号为计数器计数信号 CLK、低电平有效的复位信号 $\overline{\text{RESET}}$ 和上升沿有效的寄存器寄存信号 LOAD；输出是 4 位数码管，分别显示计数值的个、十、百、千。

解：

1)计数器部分

计数部分由 4 级十进制计数器 74LS160 组成，各级之间采用同步方式连接。各级计数器的 CLR 端都与复位信号 $\overline{\text{RESET}}$ 相连，在 $\overline{\text{RESET}}$ 信号为低电平时，计数器同时清零。

2)寄存器部分

寄存器部分采用 8 位 D 寄存器 74LS273 组成，两个寄存器时钟 CLK 端与 LOAD 信号相连，在数据寄存信号 LOAD 的上升沿将计数器输出的计数值寄存。

3)译码显示部分

译码显示部分采用共阳极数码管驱动电路 74LS247，未用消零、试灯等功能，在连线时将 $\overline{\text{BI}}/\overline{\text{RBO}}$、$\overline{\text{RBI}}$、$\overline{\text{LT}}$ 三个信号接高电平(5 V 电源)。

选择数码管段电流为 10 mA，所以 74LS247 与数码管之间串联 330 Ω 的限流电阻。

4)整个电路动作步骤

(1)计数器清零，准备计数。

(2)计数器对输入脉冲计数，随着时间的推移，计数值不断增加。

(3)寄存器寄存计数值后返回第(1)步。

由此可得图 6-95。

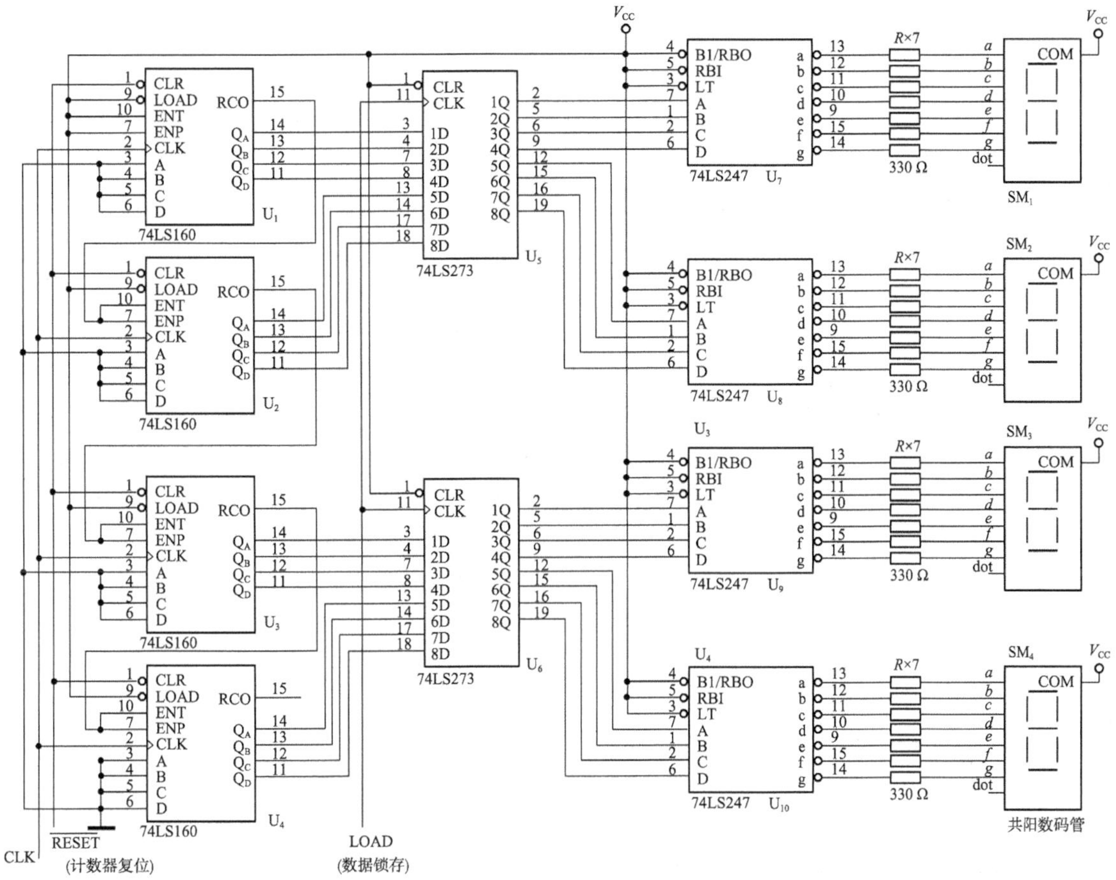

图 6-95　计数、寄存和译码显示电路

*6.7　数字系统设计

6.7.1　数字系统的概念

数字系统是数字技术的基础，掌握数字系统的设计为电子产品的设计奠定基础。数字系统设计分为两类，一类是数字部件设计，另一类是状态机设计。数字部件由数字集成电路构成，是可以通过直接设计法得到的数字电路，只要熟悉数字集成电路和数字部件原理，就可以直接设计数字部件，数字部件设计完毕后，设计者可确定数字部件中每一条信号线的作用。严格地说，数字集成电路也是数字部件，因为有的数字部件可以用一片数字集成电路实现，如十进制计数器、8位移位寄存器等。数字部件设计的基础是熟悉各种数字电路的工作原理和各类数字集成电路的功能，这些知识来自数字电路教科书与资料。

状态机是控制数字部件的控制器，在状态机的控制协调下，数字部件顺序完成不同的动作。状态机相当于一个人的大脑，而数字部件就是手臂、腿。无论是简单的秒表控制器或复杂的CPU，都由状态机和数字部件组成。状态机就是时序电路，可以在输入条件的控制之下按照预定的规律发出顺序动作。状态机的设计必须遵守状态图、状态表、状态方程、驱动方程的逻辑设计方法设计，状态机设计完成后，很难指出其电路中的任一根信号线的作用。状态机分为梅里状态机和摩尔状态机，梅里状态机的输出与输入信号有关，输入信号的变化不仅能使状态转移，也改变输出信号；摩尔状态机的输出只与现在状态有关，输入信号只改变状态机的状态。

状态机的正确动作需要合适的输入信号，有时需要不抖动的电平，有时需要与时钟同步的脉冲，因此需要数字微分电路和抖动消除电路。

6.7.2 数字系统的组成

数字系统组成框图如图 6-96 所示。这是最简单的数字系统，复杂的系统可以包含多个状态机或主从状态机。

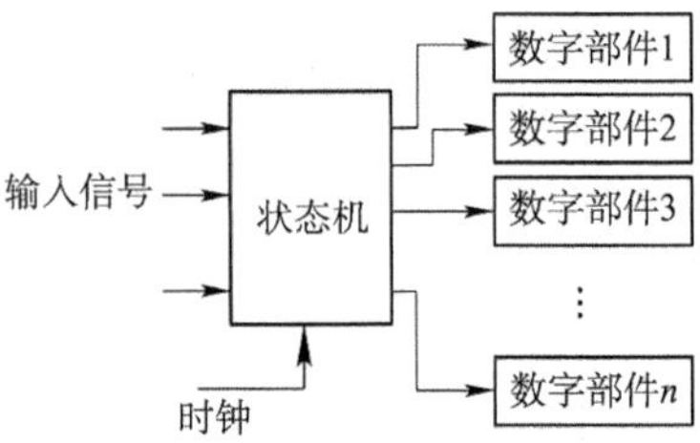

图 6-96 数字系统组成框图

数字系统设计步骤如下所述。

(1)由数字系统的要求，直接给出原理框图，该框图包含状态机、数字部件，详细标注所有输入、输出信号，以及状态机、数字部件之间的信号。

(2)用逻辑设计法设计状态机，状态机设计必须使用逻辑设计法。在逻辑设计法中，状态图最重要，只有将数字系统的动作时序了解清楚，才能画出正确的状态图。

(3)用直接设计法设计数字部件。数字部件设计一般采用直接设计法，查阅资料，熟悉芯片，了解数字部件中每一个信号的功能、电平与时序，然后直接画出电路图。

6.7.3 数字系统设计实例

【例 6-29】 串行通信电路设计。

某远距离通信为节省信号线，须用 3 根信号线和 1 根地线传输 16 个开关量信号。试用 74LS 系列集成器件设计该电路。

解：

(1)并转串、串转并电路设计。

根据题目要求，使用串行通信才能减少信号线，在信号发送端将并行开关数据 $D_{15} \sim D_0$ 转换成串行数据，经过串行数据传输，在接收端再将串行数据转换成并行数据。并串转换、串并转换需要移位寄存器；在通信过程中，需要数据信号和移位脉冲信号 CLK，经过 16 个脉冲可以串行传递 16 位开关量数据；为保证发送、接收两侧的数据一一对应，还需要一个同步置数信号 $\overline{\text{LOAD}}$，该信号在发送端用于将并行数据预置到移位寄存器，并在接收端用于将移位寄存器中的数据寄存在寄存器中。

根据上述原理，在发送端进行并串转换的移位寄存器为 74LS166，由于 74LS166 是 8 位并入串出移位寄存器，所以 16 位数据的并串转换采用两个 74LS166 串联实现。

在接收端，采用两个串入并出移位寄存器 74LS164 实现 16 位数据的串并转换，使用 74LS377 寄存 16 位数据。由此可以得到并串转换和串并转换部分的电路图，如图 6-97 所示，各芯片的功能简述如下。

74LS166 实现置数和移位功能，置数条件为：清零端 $\overline{\text{CLR}}=1$、移位/置数信号 $\text{SH}/\overline{\text{LD}}=0$、时钟禁止端 CLKINH＝0、移位脉冲 CLK 为上升沿。移位条件为：清零端 $\overline{\text{CLR}}=1$、移位/置数信号 $\text{SH}/\overline{\text{LD}}=1$、时钟禁止端 CLK INH＝0、移位脉冲 CLK 为上升沿。

74LS164 的移位条件为：清零端 $\overline{\text{CLR}}=1$ 时，脉冲 CLK 的上升沿移位。

74LS377 在使能端 $\overline{\text{G}}=0$ 时，在时钟脉冲 CLK 的上升沿寄存数据。

(2)串行通信控制器设计。

传输 16 位数据，需要 16 个移位脉冲，由于是同步置数，所以还需要一个时钟脉冲实现并行数据置入 74LS166，以及 74LS164 输出的并行数据置入 74LS377，因此 17 个脉冲实现一次数据

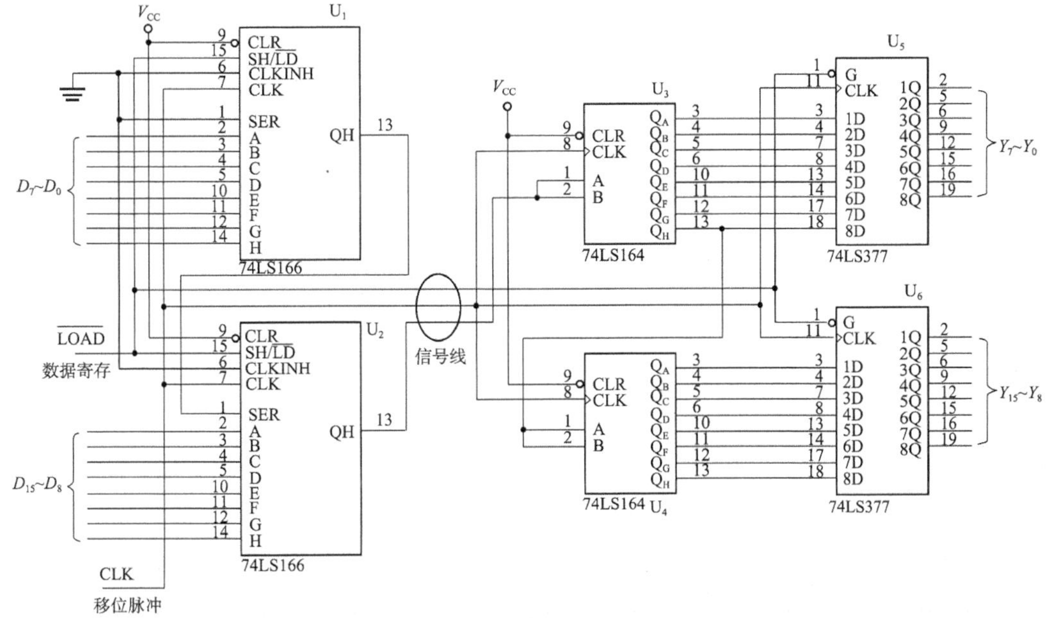

图 6-97　并串转换和串并转换部分的电路图

传递。为正确实现数据传递，需要一个控制器控制置数与移位动作。该控制器能够对移位脉冲进行计数，并能在计满 16 个移位脉冲后发出一个寄存数据信号 $\overline{LOAD}$，使 74LS166 和 74LS377 实现置数动作。串行通信控制器框图如图 6-98 所示。

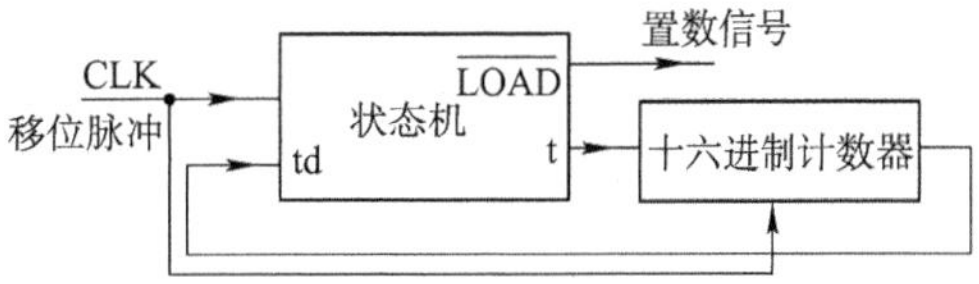

图 6-98　串行通信控制器框图

根据通信控制器动作要求，状态机状态图如图 6-99 所示。

在状态 A，16 位数据串行移位，同时计数器控制信号 $t=1$，使十六进制计数器对移位脉冲计数，计满 16 个移位脉冲后，计数器输出信号 td＝1，状态机转移到状态 B；在状态 B，寄存数据信号 $\overline{LOAD}=0$，使并串、串并电路实现置数，状态 B 只存在一个移位脉冲周期，无条件转移到状态 A。

由状态图可得到表 6-27。

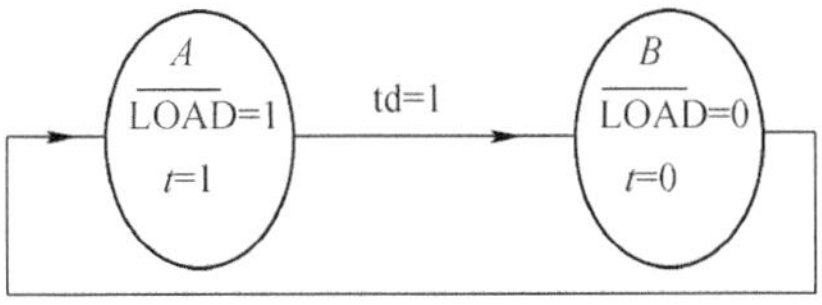

图 6-99　通信控制器状态机的状态图

表 6-27　串行通信控制器状态表

td	Q	Q^{n+1}	$\overline{LOAD}$	t
1	A	B	1	1
×	B	A	0	0

该状态表可以转换成图 6-100。状态编码：$A=0$，$B=1$。因此，得图 6-101，状态方程 $Q^{n+1}=\overline{Q}\,\mathrm{td}$，如果用 D 触发器实现，则有 $D=\overline{Q}\,\mathrm{td}$。

可由状态表得到输出方程：计数器计数控制信号，$t=\overline{Q}$；寄存数据信号；$\overline{LOAD}=\overline{Q}$。

该状态机采用D触发器74LS74实现，而十六进制计数器用74LS163实现，计数值为16时，RCO为1，所以td信号取自RCO。串行通信控制电路如图6-102所示。

Q \ td	0	1
A	A	B
B	A	A

Q^{n+1}

图 6-100　通信控制器次态卡诺图

Q \ td	0	1
0	0	1
1	0	0

Q^{n+1}

图 6-101　通信控制器编码次态卡诺图

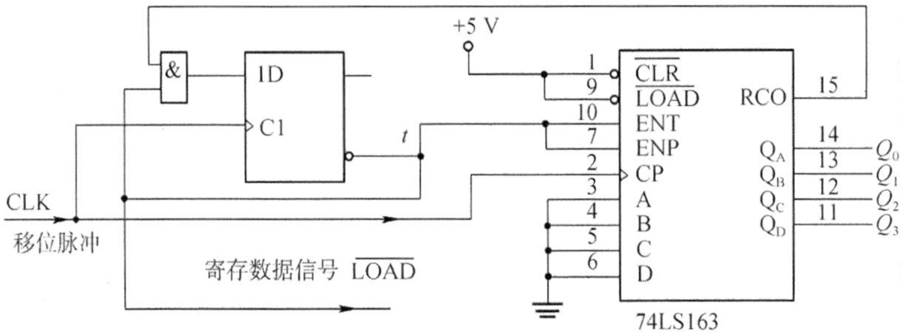

图 6-102　串行通信控制电路

将串行通信控制器与并串和串并转换电路的相应信号连接，即组成完整的串行通信电路，其动作时序如图6-103所示。

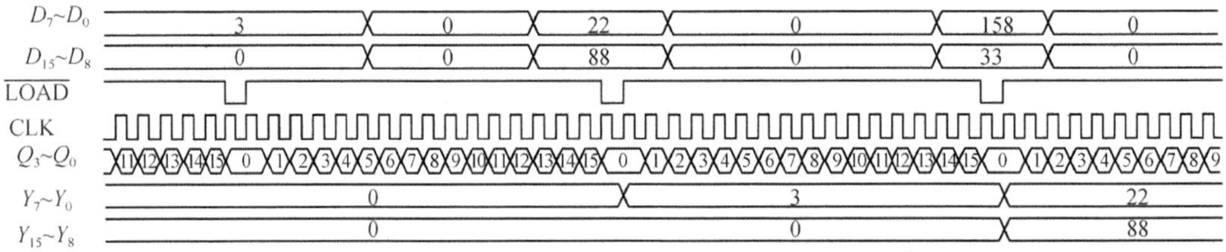

图 6-103　串行通信电路动作时序图

【例 6-30】　简易频率计设计。该频率计具有4位数码管显示，测量范围为1 Hz～9.999 MHz。

解：简易频率计的工作示意图如图6-104所示。简易频率计由时间窗口控制与门 G_1、计数器、寄存器、译码器和数码管显示部分组成。

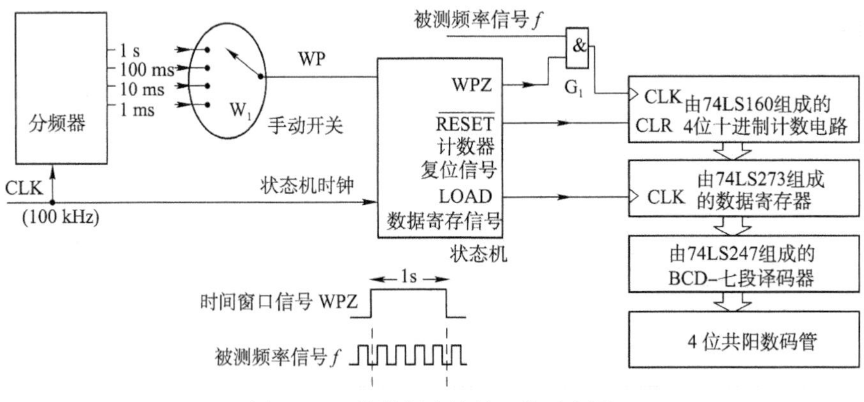

图 6-104　简易频率计的工作示意图

(1)时间窗口。

被测频率的时间窗口像闸门一样工作，若开闸时间是 1 s，则开闸期间通过与门 G_1 的被测脉冲数量是频率。开闸信号是时间窗口控制信号 WPZ，该信号由晶体振荡器经过多级分频得到，为使测试频率的范围为 1 Hz～9.999 MHz，对于 4 位数码管显示的频率计，时间基准信号 WP 的宽度为 1 s、100 ms、10 ms 和 1 ms，对应的测量范围如下所述。

时间基准信号 1 s：对于 4 位数码管的频率计，测量频率范围为 1～9999 Hz，当被测频率超过 10000 Hz 时，显示 0000。为扩大测量范围，必须减少时间窗口宽度。

时间基准信号 100 ms：由于时间窗口的宽度减小 1/10 s，所以频率测量范围扩大 10 倍，达到 99990 Hz，测量显示为 99.99 kHz。

时间基准信号 10 ms：时间窗口的宽度减小 1/100 s，所以频率测量范围扩大 100 倍，达到 999900 Hz，测量显示为 999.9 kHz。

时间基准信号 1 ms：时间窗口的宽度减小 1/1000 s，所以频率测量范围扩大 1000 倍，达到 9999000 Hz，测量频率范围为 9.999 MHz。

由以上分析可知，时间基准越窄，测量误差越大，因此这是一个简易频率计。

时间基准信号 WP 信号由例 6-27 的 5 级分频电路产生，用单刀多掷开关 W_1 切换 WP 信号的时间宽度。

(2)计数器、寄存器和译码显示电路。

计数器、寄存器和译码显示电路已经在例 6-28 介绍，计数、寄存和译码显示电路如图 6-95 所示。

(3)计数器清零、频率测量、频率值寄存和译码显示的时序控制。

按照频率计的频率测量要求，需要如下的动作：首先频率计数器清零，然后打开时间窗口进行频率测量，在时间窗口关闭后，将频率值寄存在寄存器中译码显示。各个信号介绍如下。

时间窗口信号 WPZ：高电平有效。

计数器 74LS160 的复位信号 $\overline{\text{RESET}}$，该信号低电平有效。

寄存器 74LS273 的数据寄存信号 LOAD：该信号上升沿有效。

(4)频率计动作时序状态机设计。

根据以上所述，可以画出状态机方框图，如图 6-105(a)所示，其中输入信号为时间基准信号 WP，其周期为 1 ms～1 s；输出信号为控制时间窗口的信号 WPZ、寄存器数据寄存信号 LOAD 和计数器复位信号 $\overline{\text{RESET}}$。状态机时钟频率为 100 kHz，周期为 0.01 ms。

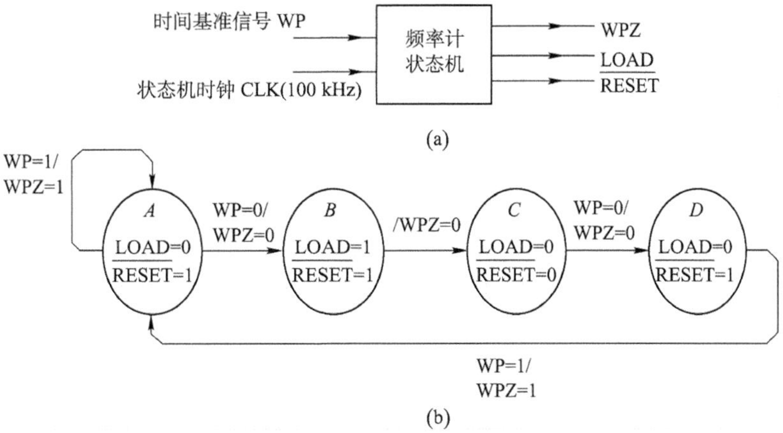

图 6-105　频率计状态机的框图和状态图

状态机的状态图如图 6-105(b)所示。根据频率计的动作要求,需要 4 个状态,其中 D 和 A 状态用于形成 WPZ 信号,B 状态用于寄存频率值,C 状态用于清零计数器;为保证 WPZ 信号的时间准确,从而不受状态转换时钟的影响,WPZ 信号采用梅里输出,LOAD 和$\overline{\text{RESET}}$信号采用摩尔输出。

由状态图可以得到状态表,如表 6-28 所示。

由频率计状态机的状态表可以得到图 6-106。填卡诺图时,首先填入状态表所列的状态转移,然后将空格填上状态到自身状态的转移。

表 6-28　频率计状态机的状态表

WP	Q	Q^{n+1}	WPZ	LOAD	$\overline{\text{RESET}}$
0	A	B	0	0	1
1	A	A	1	0	1
×	B	C	0	1	1
0	C	D	0	0	0
1	D	A	1	0	1

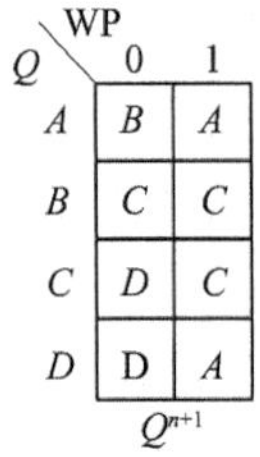

图 6-106　频率计状态机的次态卡诺图

由于有 4 个状态,所以状态编码采用格雷码:$A=00$,$B=01$,$C=11$,$D=10$。由此可以得到如图 6-107(a)所示的编码次态卡诺图和如图 6-107(b)所示的各状态变量的次态卡诺图。

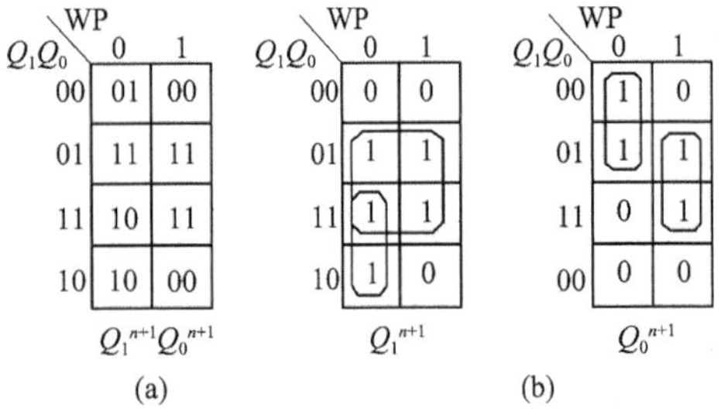

图 6-107　编码次态卡诺图和各状态变量的次态卡诺图

由图 6-107(b)得到各个状态变量的次态方程,即

$$Q_1^{n+1}=Q_0+Q_1\overline{WP}$$

$$Q_0^{n+1}=\overline{Q_1}\,\overline{WP}+Q_0WP$$

该状态机采用 D 触发器实现,所以次态方程是 D 触发器的驱动方程。

WPZ 是和输入信号 WP,以及状态有关的信号,由表 6-28 可以得到 WPZ 的卡诺图,如图 6-108 所示。由卡诺图可得到 WPZ 的输出方程:$\text{WPZ}=\overline{Q_0}\,\text{WP}$。

由表 6-28 可知,只在 B 状态,LOAD 信号为 1,因此数据寄存信号 LOAD 等于$\overline{Q_1}Q_0$;只在 C 状态,$\overline{\text{RESET}}$信号为 0,因此计数器复位信号$\overline{\text{RESET}}$等于$\overline{Q_1Q_0}$。

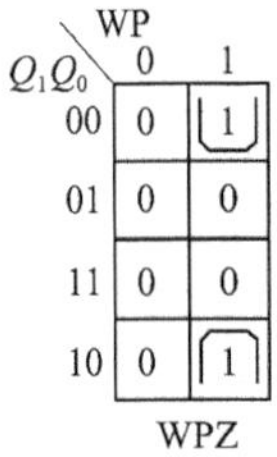

图 6-108　输出信号 WPZ 的卡诺图

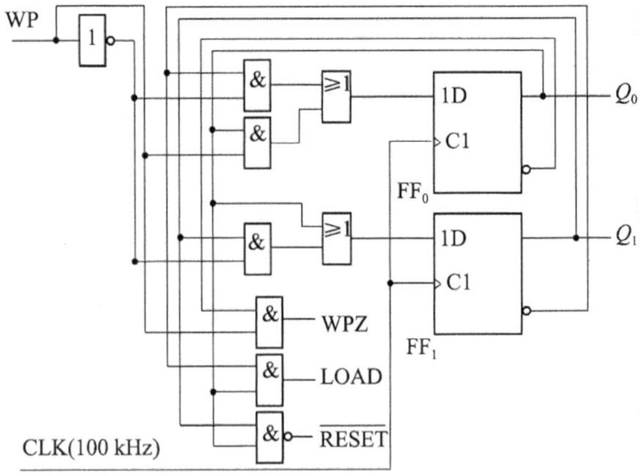

图 6-109　频率计状态机电路图

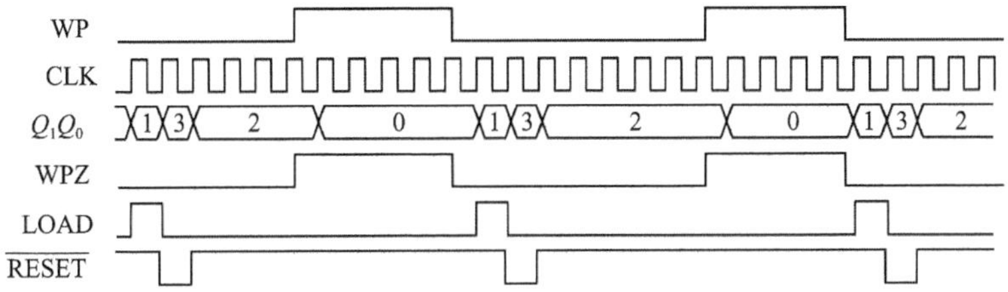

图 6-110　状态机时序图

由此得图 6-109，该状态机时序图如图 6-110 所示。

在状态机控制之下，周期地实现测量、数据寄存和计数器清零动作，无论时间窗口宽度为多少，数据寄存和计数器清零动作时间总是 0.02 ms。

【例 6-31】 试设计一个顺序开关灯控制器，要求当按钮 k 第 1 次按下时，灯 a 立刻亮，灯 b 在延时 11 s 后亮，在灯 b 亮后 15 s 后，灯 c 亮；当按钮 k 第 2 次按下时，灯 c 立刻灭，延时 17 s 后灯 b 灭，灯 b 灭后 12 s，灯 a 灭。

解：根据题意，顺序开关灯控制器框图如图 6-111 所示。

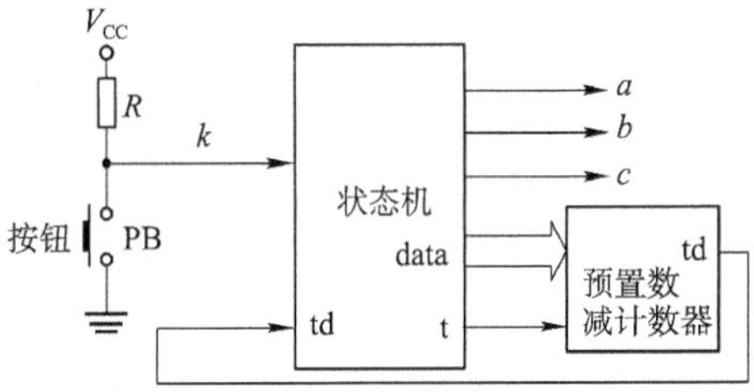

图 6-111　顺序开关灯控制器框图

可预置数计数器可以接收状态机输出的预置数信号 data，并在 t 信号的控制之下置数或是减法计数，在计数值为 0 时，输出 td 信号到状态机。该预置数计数器在例 6-26 介绍过，图 6-92 显示的是其电路图。

根据题目要求，可以画出图 6-112。由状态图可知，这是一个摩尔状态机，由状态图可以得到表 6-29。

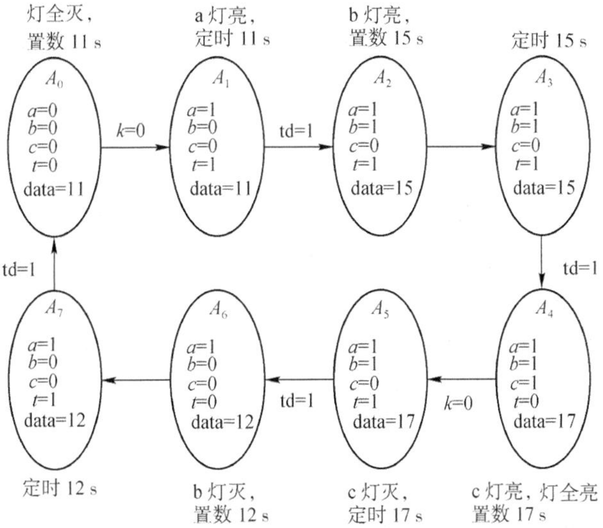

图 6-112　顺序开关灯控制器不完全状态图

状态表可以转换成图 6-113(a)，画图时首先填入状态表中已有的向其他状态的转移，然后再填入向自身状态的转移。

在次态卡诺图的基础之上，进行状态的格雷编码：$A_0=000$，$A_1=001$，$A_2=011$，$A_3=010$，$A_4=110$，$A_5=111$，$A_6=101$，$A_7=100$。编码后的次态卡诺图如图 6-113(b)所示。

将编码卡诺图分解，得图 6-114，并由此得到它们的状态方程，即

表 6-29　顺序开关灯状态机的状态表

k	td	Q	Q^{n+1}	a	b	c	t	data	说　明
0	×	A_0	A_1	0	0	0	0	11	灯全灭，置数 11 s
×	1	A_1	A_2	1	0	0	1	11	a 灯亮，定时 11 s
×	×	A_2	A_3	1	1	0	0	15	置数 15 s，b 灯亮
×	1	A_3	A_4	1	1	0	1	15	定时 15 s
0	×	A_4	A_5	1	1	1	0	17	置数 17 s，三灯全亮
×	1	A_5	A_6	1	1	0	1	17	定时 17 s，c 灯灭
×	×	A_6	A_7	1	0	0	0	12	置数 12 s，b 灯灭
×	1	A_7	A_0	1	0	0	1	12	定时 12 s

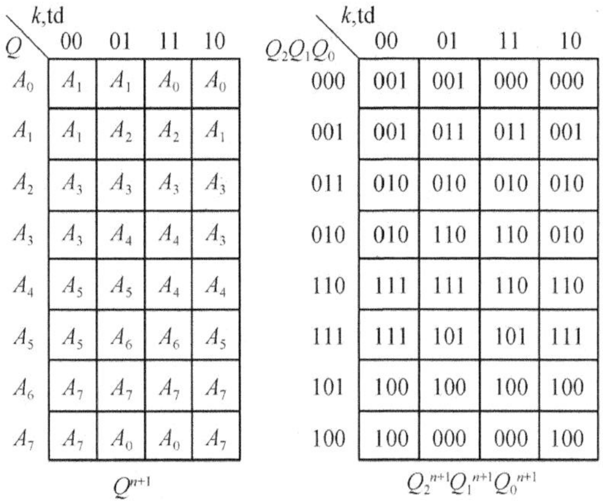

(a)　　　　(b)

图 6-113　次态卡诺图

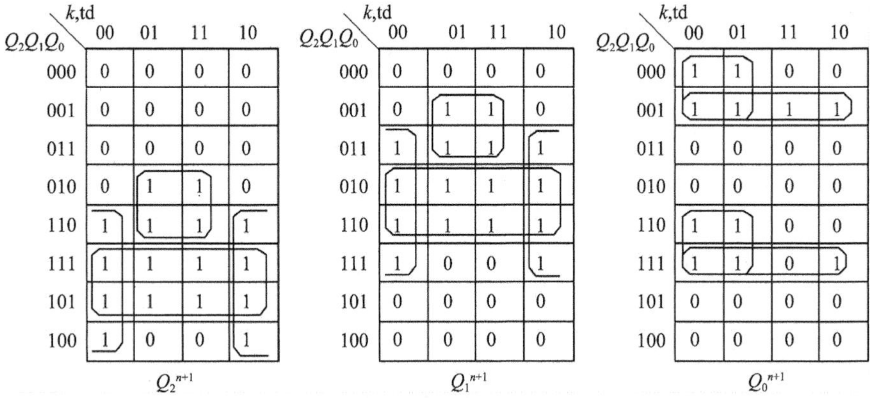

图 6-114　各个状态变量的次态卡诺图

$$Q_0^{n+1}=Q_2Q_1Q_0+Q_2Q_1\overline{k}+\overline{Q_2}\,\overline{Q_1}\,Q_0+\overline{Q_2}\,\overline{Q_1}\,\overline{k}$$

$$Q_1^{n+1}=Q_1\overline{\mathrm{td}}+Q_1\overline{Q_0}+\overline{Q_2}Q_0\,\mathrm{td}$$

$$Q_2^{n+1}=Q_2\overline{\mathrm{td}}+Q_2Q_0+Q_1\overline{Q_0}\,\mathrm{td}$$

由表 6-29 可得各个输出信号的状态编码输出表，如表 6-30 所示。由于是摩尔状态机，所以表没有输入变量。

表 6-30　状态编码输出表

现态 Q	a	b	c	t	计数器预置数据 data	说　明
Q_2,Q_1,Q_0					$D_7\sim D_4,D_3\sim D_0$	
0　0　0	0	0	0	0	0001,0001	灯全灭，置数 11 s
0　0　1	1	0	0	1	0001,0001	a 灯亮，定时 11 s
0　1　1	1	1	0	0	0001,0101	置数 15 s，b 灯亮
0　1　0	1	1	0	1	0001,0101	定时 15 s
1　1　0	1	1	1	0	0001,0111	置数 17 s，三灯全亮
1　1　1	1	1	0	1	0001,0111	定时 17 s，c 灯灭
1　0　1	1	0	0	0	0001,0010	置数 12 s，b 灯灭
1　0　0	1	0	0	1	0001,0010	定时 12 s

由状态编码输出表可以得到各个输出信号的逻辑方程，即

$a=\overline{\overline{Q_2}\ \overline{Q_1}\ \overline{Q_0}}\quad b=Q_1\quad c=Q_2Q_1\overline{Q_0}$

$t=Q_2\oplus Q_1\oplus Q_0$

$D_7=0,D_6=0,D_5=0,D_4=1,D_3=0,D_2=Q_1,D_1=Q_2,D_0=\overline{Q_2}+Q_1$

基于上述状态方程和输出方程，选择 D 触发器作为状态寄存器，则可以画出如图 6-115 所示的状态机原理图。该状态机时序图如图 6-116 所示，k 和 td 是输入信号；CLK 是状态机时钟；$Q_2Q_1Q_0$ 是状态，由于是格雷编码，所以状态顺序是 0、1、3、2、6、7、5、4；a、b、c 是状态机输出信号；$D_2D_1D_0$ 是预置计数器数据的低三位。

状态 0：三灯都灭，置数信号 $t=0$，data=11，k 低电平后，状态 0 变到状态 1。

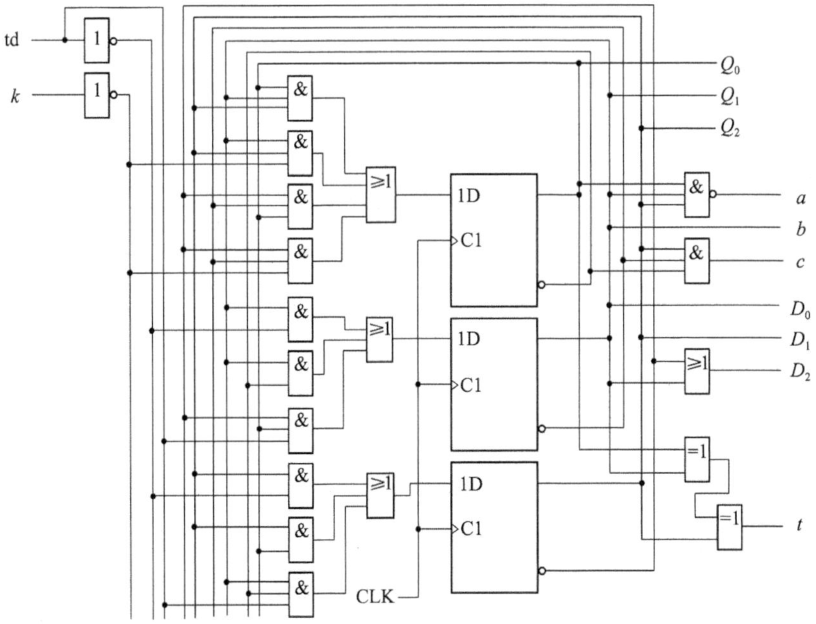

图 6-115　顺序开关灯状态机原理图

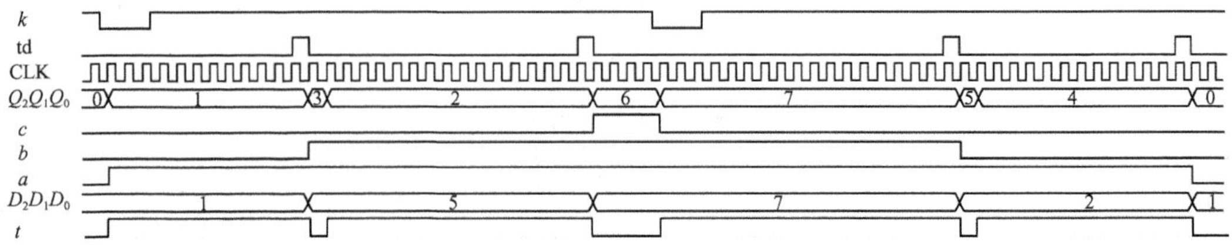

图 6-116　顺序开关灯状态机时序图

状态 1：a 灯亮，b 灯灭、c 灯灭，$t=1$，使计数开始，td=1 后进入状态 3。

状态 3：a 灯亮，b 灯亮，c 灯灭，$t=0$，data=15，然后自动转到状态 2。

状态 2：a 灯亮，b 灯亮，c 灯灭，$t=1$，使计数开始，td=1 后进入状态 6。

状态 6：a 灯亮，b 灯亮，c 灯亮，$t=0$，data=17，$k=0$ 后进入状态 7。

状态 7：a 灯亮，b 灯亮，c 灯灭，$t=1$，使计数开始，td=1 后进入状态 5。

状态 5：a 灯亮，b 灯灭，c 灯灭，$t=0$，data=12，然后自动转到状态 4。

状态 4：a 灯亮，b 灯灭，c 灯灭，$t=1$，使计数开始，td=1 后进入状态 0。

顺序开关灯状态机与预置数减法计数器（参考例 6-26）之间的连接关系如图 6-117 所示。

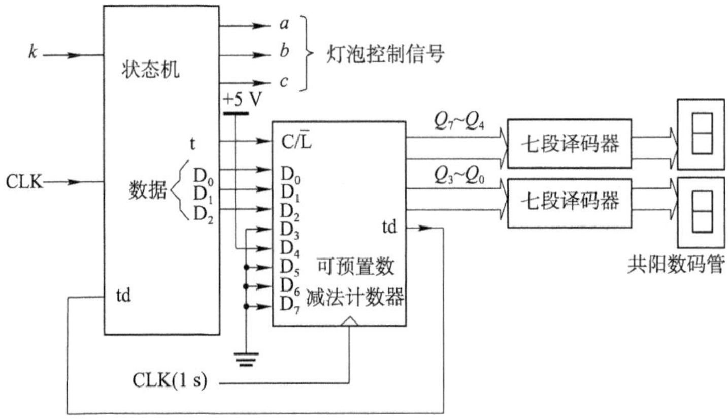

图 6-117　顺序开关灯状态机与预置数减法计数器之间的连接图

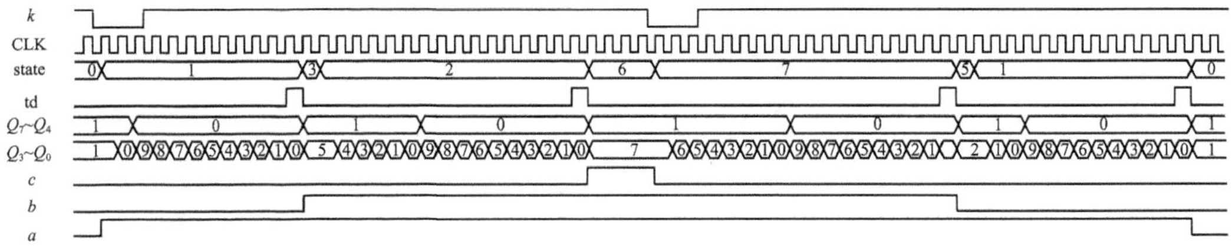

图 6-118　顺序灯控制器的时序图

图 6-118 是顺序灯控制器的时序图，只有信号 k 是输入信号。

【例 6-32】 用 4 根线传输 7 位数据信号时的奇偶校验电路设计。

如图 6-119 所示的是一个 7 位数据（$D_6\sim D_0$）传输电路，采用 74LS151 作为数据选择器，将并行数据转换成串行数据发送；采用 74LS138 作为选择信号译码器，在选择信号 $A_2\sim A_0$ 的作用下，分别将 74LS151 发送的串行数据存入对应的 D 触发器中。7 位数据在通过 74LS151 传输之前，由 74LS280 检查后，在 Odd 端输出传输数据的第 8 位 D_7。若被传输的 7 位数据具有偶数个

1 时，Odd 输出 0；若 7 位数据具有奇数个 1 时，Odd 输出 1，使传输数据的第 8 位为 1，即经过 74LS151 发送的 8 位数据中，1 的个数总是偶数。

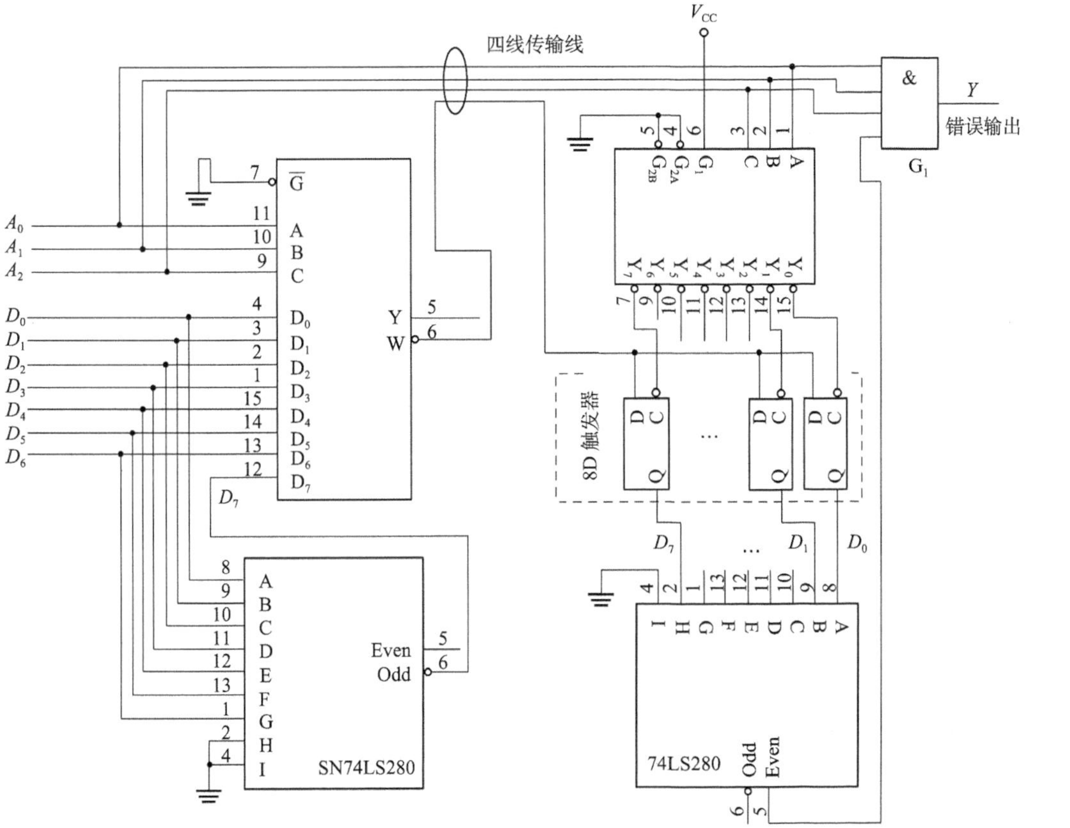

图 6-119　一个奇偶校验的 7 位数据传输电路

经过 1 根数据传输线和 3 根选择线传输，数据分别送入 8D 触发器中，在 D 触发器的输出端输出与 74LS151 对应输入端相同的数字信号。

在选择信号为 111 时，表明 8 个数据全部发送接收完毕，经过 74LS280 偶校验检查，若是偶数个 1，则 Even 引脚输出信号为 0；若是奇数个 1 时，则 Even 引脚输出 1，表示传输发生错误，同时与门 G_1 输出 $Y=1$。

【例 6-33】 试设计一个 PWM 电路，PWM 电路的输入为 8 个钮子开关，开关状态可以控制 PWM 电路的占空比；输出为占空比可调的脉动直流，用于控制直流电动机的转速。电动机最大电流为 10 A，电压为 12V。

解：PWM 电路称为脉冲宽度调制电路，该电路用控制脉冲的占空比方法控制直流电压，进而控制直流电机的转速。如图 6-120 所示，脉冲波型的占空比为 $\delta=t/T$，T 为脉冲周期，t 是脉冲高电平脉宽。由于在一个脉冲周期中高电平脉宽的平均值为脉冲电压的等效直流电压，因此改变高电平脉冲宽度即改变占空比，也即改变 PWM 电路的输出电压。直流电动机的转速与外加直流电压相关，改变电动机的外加直流电压，即改变流经电动机的直流电路，也即改变电动机转速。

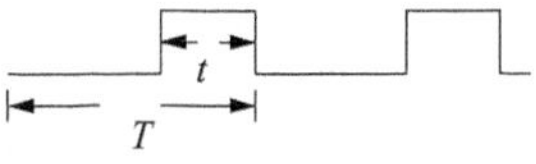

图 6-120　脉冲占空比示意图

如图 6-121(a)所示的是用 PWM 方式控制直流电动机转速的电路，IRF540 为 N 通道 MOS 功率管，其栅极需要 12V 的驱动电压，这里用反相驱动器 7406 驱动。7406 为集电极开路输出结构，当其输入为高电平时，输出为低电平（灌电流情况），流经上拉电阻 R_2 的电流流入 7406；当其输入为低电平时，7406 内部三极管截止，7406 输出端的高电平由上拉电阻 R_2 提供，12 V 电源经过上拉电阻 R_2 驱动 IRF540。

采用两片 74LS161 组成同步连接的 256 进制计数器，当计数值从 0 计数到 255，再次回到 0 后，继续从 0 重新开始计数。若计数脉冲的宽度为 TCLK，则 PWM 周期为 256TCLK。两片 74LS85 组成 8 位数值比较器，比较器的 P 组输入为计数器的输出；Q 组输入为 8 位钮子开关，钮子开关的输出状态组成 8 位二进制数字。当 $P<Q$ 时，比较器 U_3 的 7 脚输出高电平，反相驱动器 7406 输出低电平，IRF540 截止，没有电流流过电动机；当 $P>=Q$ 时，比较器 U_3 的 7 脚输出低电平，反相驱动器 7406 输出引脚被上拉为高电平，IRF540 导通，电流流过电动机。

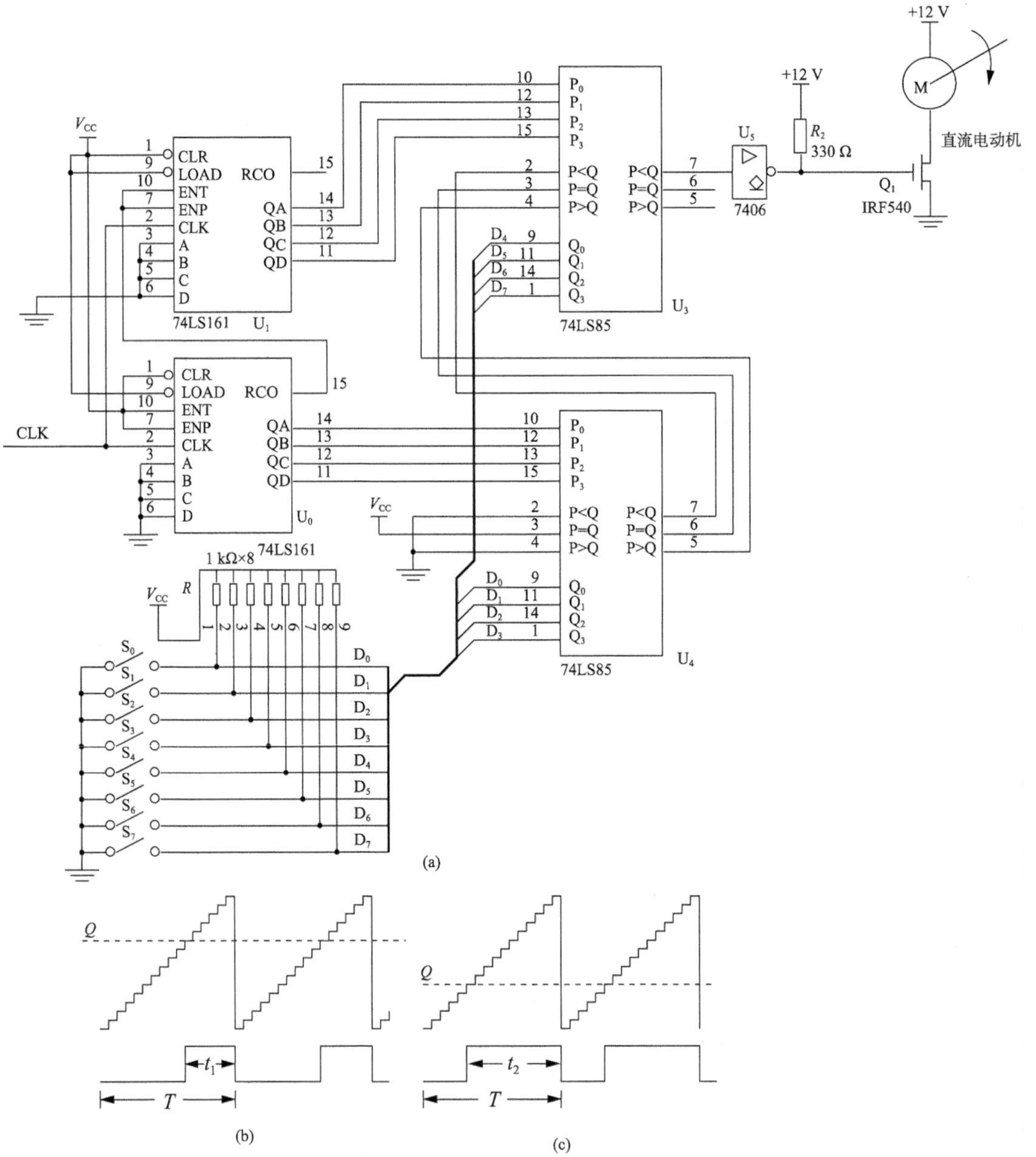

图 6-121　以 PWM 方式控制直流电动机转速的电路

改变钮子开关的状态，即改变比较器输入的 Q 组数值，也即改变占空比，如图 6-121(b)～(c)所示，当 Q 组值变小后，占空比大，则 IRF540 导通时间长，电动机端电压平均值高，流经电动机的电流大，电动机转速快。当 Q 组值变大后，占空比小，则 IRF540 导通时间短，电动机端电压平均值低，流经电动机的电流小，电动机转速慢。

由于加在电动机上的电压为 12 V，P 组最大值为 256，则最小 P 值代表的电压值为 46.875 mV。P 值控制占空比，占空比确定输出电压，因此 P 值可以决定输出电压的大小，即将数字转换成模拟电压输出，成为数模转换器。

粗线为总线，表示 8 条钮子开关的输出线与比较器的 Q 端连接，具体的接线用电路标号 D_0～D_7 表示，相同电路标号的导线连接在一起。

小　　结

本章主要内容为：

(1)时序电路组成、基本概念与描述方法。

(2)同步时序电路逻辑分析步骤与分析举例。

(3)寄存器工作原理，包括数据寄存器与移位寄存器。

(4)计数器工作原理，包括异步二进制与异步十进制加减计数器，同步二进制与十进制加减计数器；采用集成计数器构成任意进制计数器的方法；移位寄存器型计数器；各种计数器应用电路举例。

(5)同步时序电路逻辑设计，包括设计步骤与设计举例。

(6)同步时序电路直接设计，包括设计步骤与设计举例。

(7)数字系统的概念、组成与设计举例。

思　考　题

1. 时序电路与组合电路有什么不同？

2. 什么是时序逻辑、时序机与状态机？什么是同步时序与异步时序？什么是摩尔型与梅里型时序电路？

3. 什么是时序电路的输入变量、输出变量与状态变量？什么是时序电路的现态与次态？什么是时钟？现态与次态的分界线在什么时刻？

4. 梅里与摩尔状态图的区别是什么？

5. 试写出同步时序电路的逻辑分析步骤。时序电路逻辑分析的目的是什么？

6. 寄存器的功能是什么？移位寄存器分为哪几种？

7. 74LS164 属于哪种移位寄存器？具有哪些功能？

8. 异步计数器与同步计数器的区别是什么？计数器的模是什么？

9. 对于 n 个触发器组成的二进制计数器，计数器的最大计数值是多少？

10. 计数器的分频系数与触发器个数之间是什么关系？

11. 可采用哪两种方法将集成计数器改成任意进制计数器？

12. 试叙述环形计数器与扭环形计数器的工作原理，如何设计可使其自启动？

13. 试叙述时序电路逻辑设计法的设计步骤。

14. 试叙述时序电路直接设计法所需的设计知识。

15. 试叙述数字系统的概念与组成。

习　　题

【**题 6-1**】 用文字描述如图题 6-1 所示的状态图,并说明是何种类型状态机。

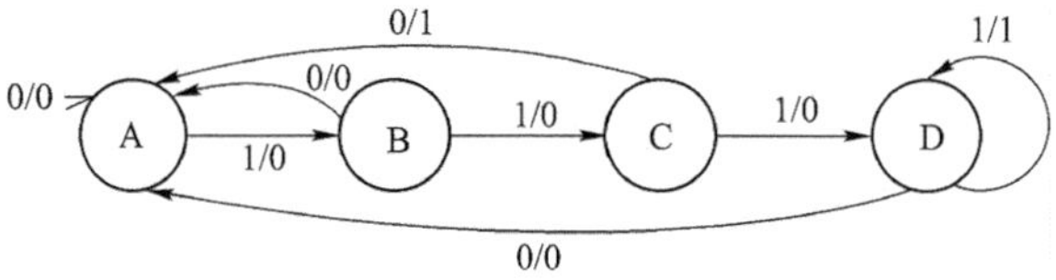

图题 6-1

【**题 6-2**】 试写出如图题 6-2 所示状态图的状态表。

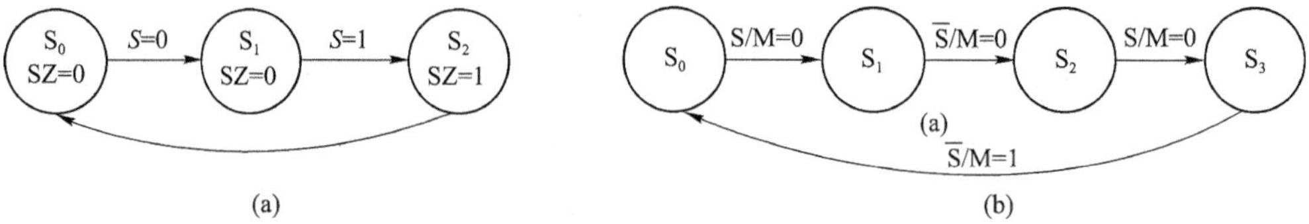

图题 6-2

【**题 6-3**】 试画出如图题 6-3 所示状态表的状态图。

Q^n \ AB	00	01	11	10	Y
S_0	S_1	S_0	S_0	S_0	0
S_1	S_1	S_2	S_1	S_1	0
S_2	S_2	S_2	S_3	S_2	1
S_3	S_3	S_3	S_3	S_0	1

Q^{n+1}

Q^n \ X	0	1
A	$D/1$	$B/0$
B	$D/1$	$C/0$
C	$D/1$	$A/0$
D	$B/1$	$C/0$

Q^{n+1}/Z

图题 6-3

【**题 6-4**】 试写出如图题 6-4 所示电路的驱动方程、状态方程、输出方程与状态图,并按照所给波形画出输出端 Y 的波形。

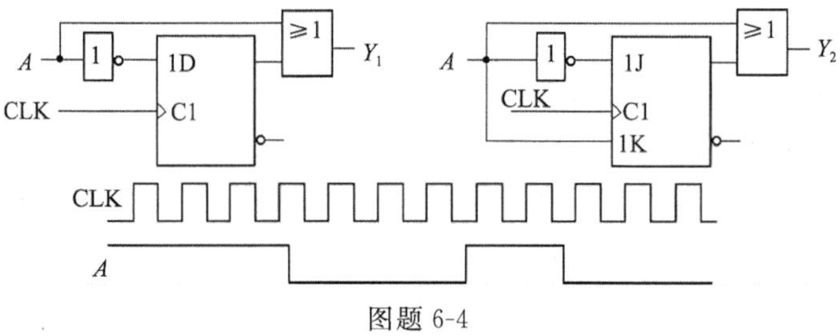

图题 6-4

【**题 6-5**】 分析如图题 6-5 所示的电路,写出驱动方程、状态方程、输出方程,画出状态表和状态图,并说明是何种状态机。

【题 6-6】 分析如图题 6-6 所示的电路。写出驱动方程、状态方程、输出方程，画出状态表和状态图，并说明是何种状态机。

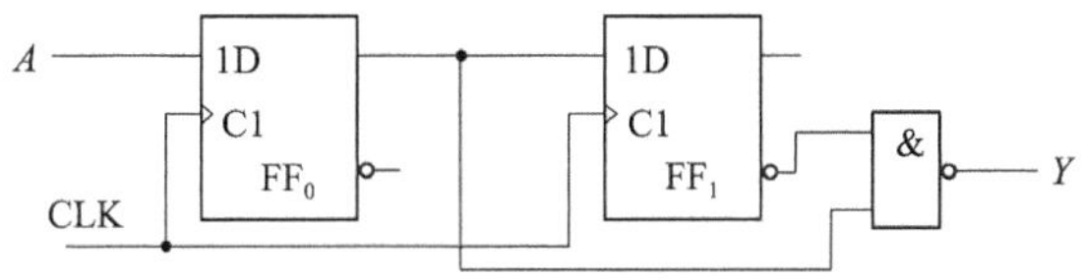

图题 6-5

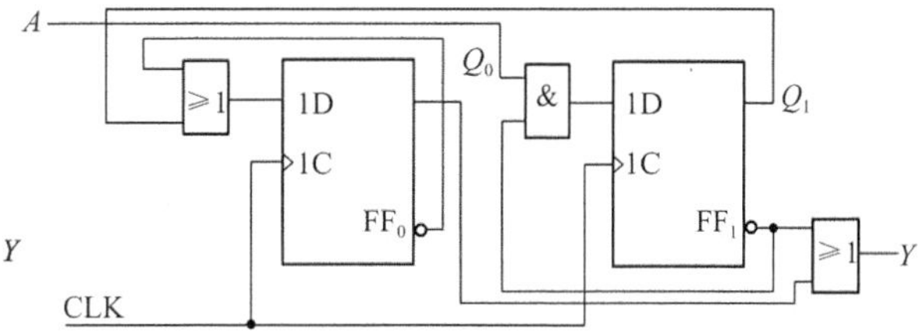

图题 6-6

【题 6-7】 分析如图题 6-7 所示的电路，写出驱动方程、状态方程、输出方程，画出状态表和状态图，并说明是何种状态机。

【题 6-8】 分析如图题 6-8 所示的电路，写出驱动方程、状态方程、输出方程，画出状态表和状态图，并说明是何种状态机。

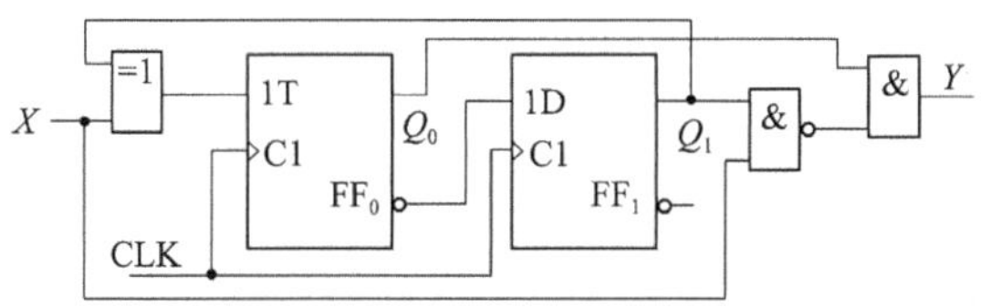

图题 6-7

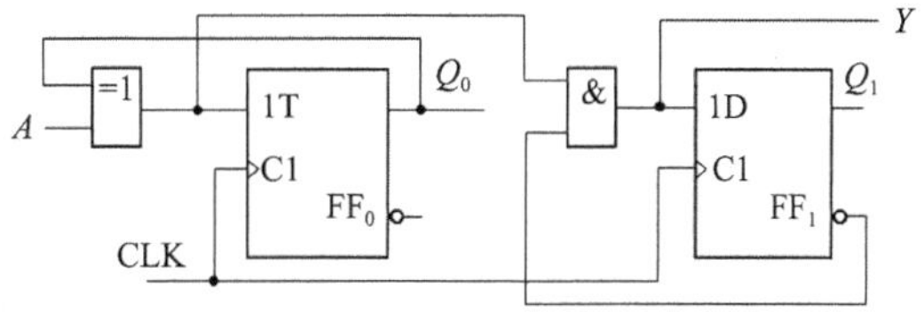

图题 6-8

【题 6-9】 分析如图题 6-9 所示的电路，写出驱动方程、状态方程、输出方程，画出状态表和状态图，并说明是何种状态机。

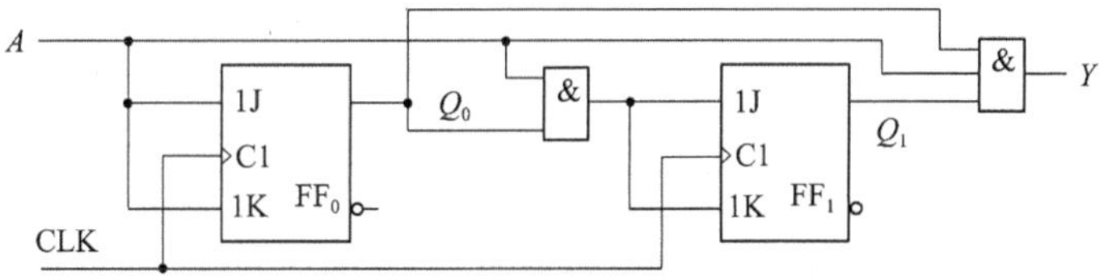

图题 6-9

【题 6-10】 如图题 6-10 所示的是 5 位右移寄存器与输入信号 DATA、时钟 CLK 的波形图。若寄存器初始状态为 00000，试画出寄存器输出 $Q_4 \sim Q_0$ 的波形图。

图题 6-10

【题 6-11】 如图题 6-11 所示的是 8 位移位寄存器 74HC164 与输入信号 DATA、时钟 CLK 的波形图。若寄存器初始状态为 00000000，试画出寄存器输出 $Q_H \sim Q_A$ 的波形图。

【题 6-12】 如图题 6-12 所示的是 8 位移位寄存器 74HC164 与共阳数码管的连接图，以及输入信号 DATA、时钟 CLK 的波形图。若寄存器初始状态为 00000000，试画出 74HC164 输出

$Q_H \sim Q_A$的波形图，并说明数码管显示的数字是多少？

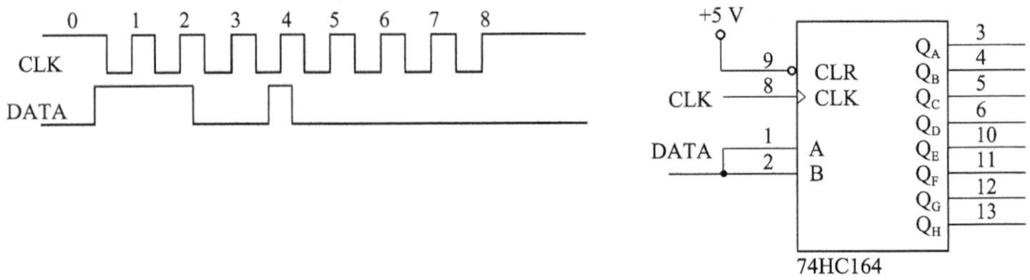

图题 6-11

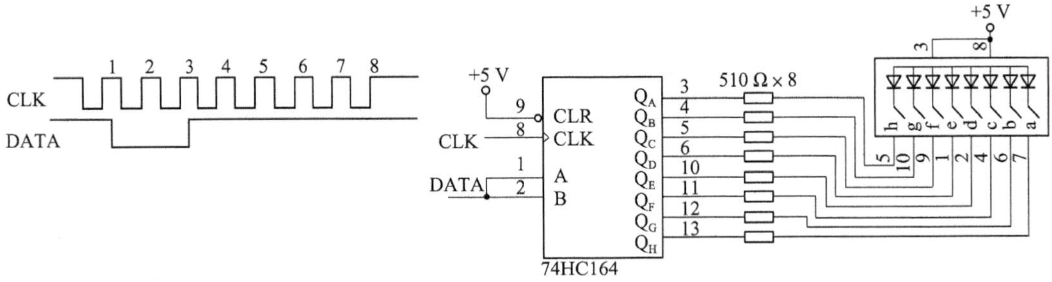

图题 6-12

【题 6-13】 如图题 6-13 所示的是并入串出 8 位右移寄存器 74HC165 的连接图，以及输入信号 CLKINH、移位/置数信号 SH/$\overline{\text{LD}}$与时钟 CLK 的波形图。若 74HC165 并入数据为 11100101，试画出 74HC165 输出 Y 的波形图。

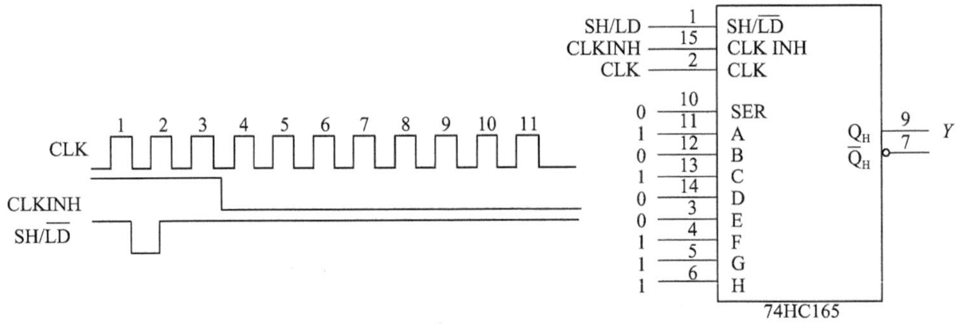

图题 6-13

【题 6-14】 试用上升沿 D 触发器构成异步 3 位二进制加法计数器，要求画出逻辑电路图，以及计数器输入时钟 CLK 与 D 触发器输出端 $Q_2 \sim Q_0$ 的波形图。

【题 6-15】 同题 6-15，将所设计计数器改为减法计数器。

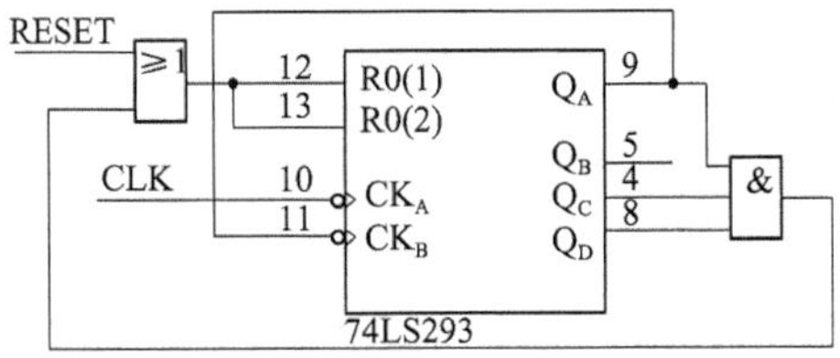

图题 6-15

【题 6-16】 试用上升沿 JK 触发器构成异步 3 位二进制加法计数器，要求画出逻辑电路图，以及计数器输入时钟 CLK 与 JK 触发器输出端 $Q_2 \sim Q_0$ 的波形图。

【题 6-17】 同题 6-17，将所设计计数器改为减法计数器。

【题 6-18】 试用上升沿 JK 触发器构成同步 3 位二进制加法计数器，要求画出逻辑电路图。

【题 6-19】 如图题 6-19 所示的为由异步 4 位二进制加法计数器 74LS293 组成的计数器电路，试说明该计数电路是多少进制计数器，并说明复位信号 RESET 的有效电平。

【题 6-20】 如图题 6-20 所示的为由具有同步清零功能的同步 4 位二进制加法计数器 74LS163 组成的计数器电路，试说明该计数电路是多少进制。

【题 6-21】 如图题 6-21 所示的为由具有异步清零功能的同步 4 位二进制加法计数器 74LS161 组成的计数电路，试说明该计数电路是多少进制。

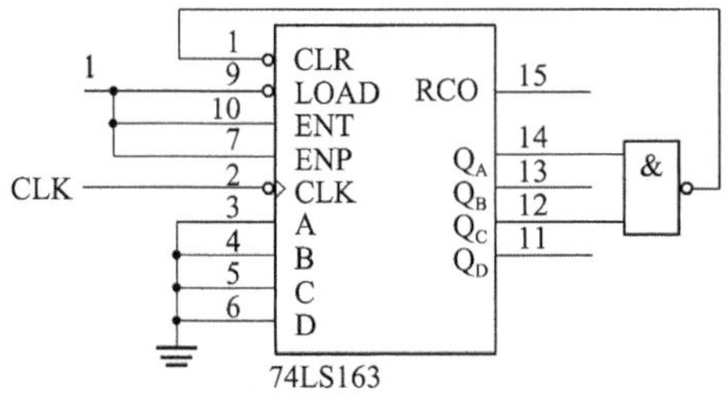

图题 6-20

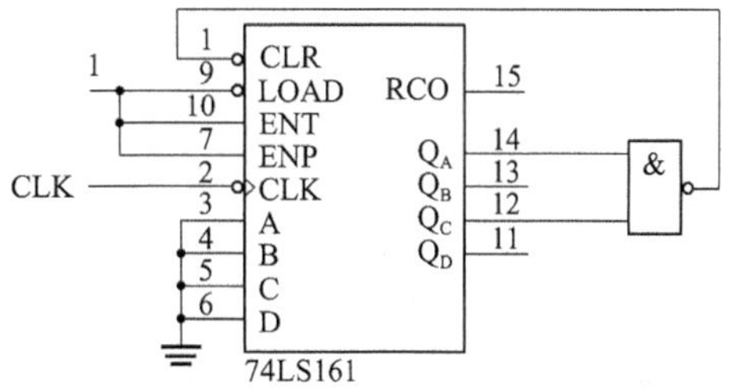

图题 6-21

【题 6-22】 如图题 6-22 所示的为由具有同步预置功能的同步 4 位二进制加法计数器 74LS161 组成的计数电路，试说明该计数电路是多少进制。

【题 6-23】 试判断如图题 6-23 所示的电路为多少进制计数器，是同步电路还是异步电路。

*【题 6-24】 试画出如图题 6-24 所示的电路的状态图，并画出时钟 CLK 作用下的 Y 端波形。

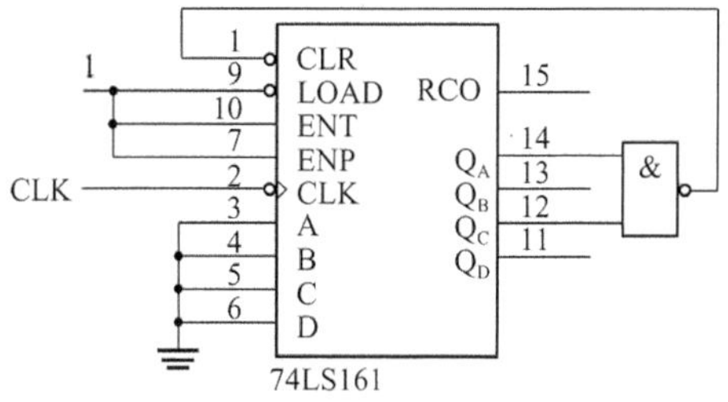

图题 6-22

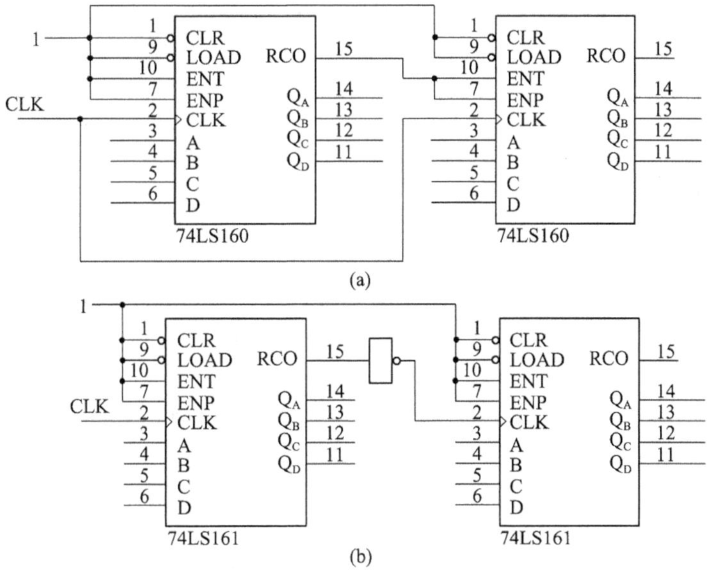

图题 6-23

*【题 6-25】 试分析如图题 6-25 所示的电路的功能。

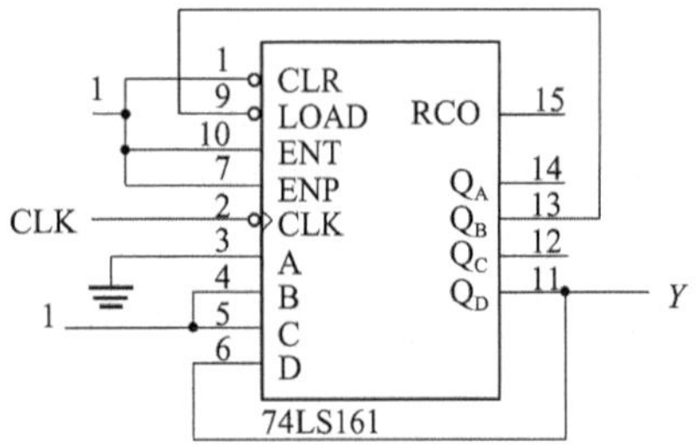

图题 6-24

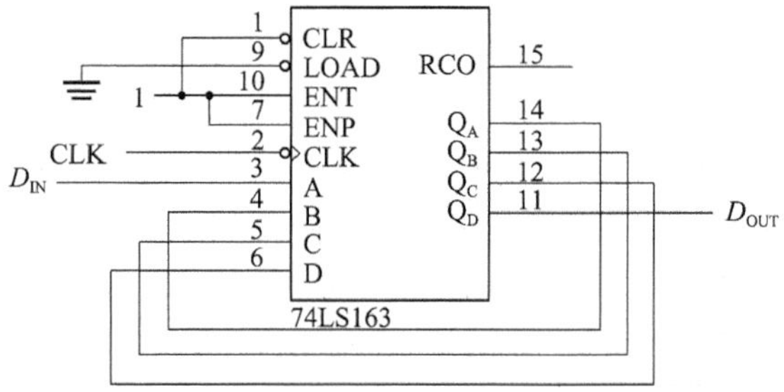

图题 6-25

【题 6-26】 试用 74LS161 采用反馈置数法组成十一进制计数器。

【题 6-27】 试用 74LS160 采用反馈清零法组成七进制计数器。

【题 6-28】 试用两片 74LS161 采用整体反馈清零法组成 128 进制计数器。

【题 6-29】 试用两片 74LS161 采用整体反馈置数法组成 128 进制计数器。

【题 6-30】 试用两片 74LS160 组成六十进制计数器。

【题 6-31】 试用两片 74LS161 组成十二进制计数器，要求计数值为 1～12。

*【题 6-32】 试用 D 触发器构成 3 位格雷码计数器。

*【题 6-33】 试用 D 触发器构成五进制计数器。

*【题 6-34】 试用 4 个 D 触发器组成自启动四进制环形计数器。

*【题 6-35】 试用 4 个 D 触发器组成自启动六进制扭环计数器。

*【题 6-36】 用 JK 触发器构成五进制计数器。

【题 6-37】 试用 74LS160 组成三十进制计数、译码、显示电路，要求采用共阳数码管。

*【题 6-38】 一个地下车库可以停放 99 辆车，在入口处和出口处分别安装有车辆传感器用于检测进入和驶出的车辆。试设计一个车库车数量显示装置，该装置可以显示车库内停放车的数量(当检测到车辆时，传感器输出幅值为＋5 V 的脉冲信号)建议采用同步十进制双时钟加减计数器 74LS192 或可预置数同步 4 位加减十进制计数器 74LS190。

*【题 6-39】 如图题 6-39 所示，车辆速度检测装置有两个距离为 10 m 的车辆传感器，当车辆经过第 1 个传感器时，该传感器输出高电平脉冲，这时计数器开始计数；当车辆经过第 2 个传感器时，该传感器输出高电平脉冲，计数器停止计数。若是计数时钟周期 T 为 0.1 s，则计数器计数个数 N 乘以时钟周期就是时间，由于两传感器之间距离已知，则车速 $V=10/(N\times T)$。试设计该装置，要求用数码管显示计数器计数值。

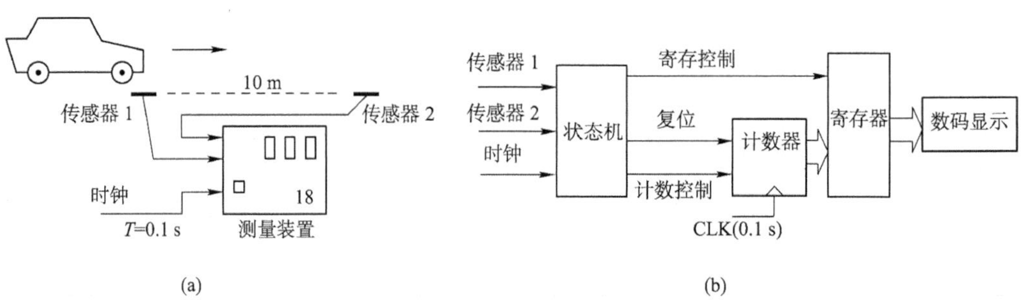

(a) (b)

图题 6-39

*【**题 6-40**】 试设计一个电灯控制器，当按钮 k 按下后(低电平有效)，电灯亮 10 s 后灭(计数到 10 s 信号高电平有效)。提示：该控制器框图可参考图题 6-40。

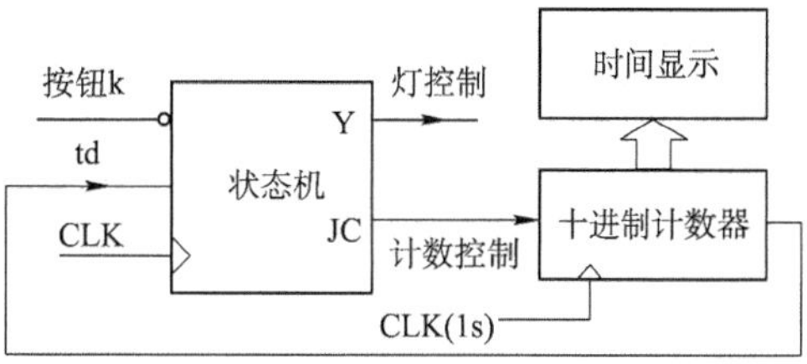

图题 6-40

第7章 存储器

存储器是一种能存储大量二进制信息的电子器件，由许多存储单元组成。每个存储单元都有唯一的地址代码加以区分，能存储 1 位（或 1 组）二进制信息。存储器大量用在嵌入式（单片机）系统中。本章主要介绍只读存储器与随机存储器的结构、工作原理与实际的存储器。

7.1 只读存储器

7.1.1 只读存储器概述

只读存储器（ROM）的特点是存储单元断电后，数据不丢失。

20 世纪 70 年代以前，为保存数据而开发掩模只读存储器（MROM）和一次编程只读存储器（PROM），这些技术现在还在使用，如厂商依然在大量生产将数据制作到存储器中的掩模只读存储器，而 PROM 产品主要使用在单片机中，具有 PROM 程序存储器的单片机称为 OTP（One Time Programming）单片机。

1971 年，开发出可用紫外光擦除数据的只读存储器（EPROM），该型存储器主要用于单片机的外部程序存储器。由于电擦除只读存储器（E^2PROM）与闪存（FLASH）大量出现，致使现在已经很少使用 EPROM。1985 年，开发出 NAND FLASH 存储器，1988 年开发出 NOR FLASH 存储器，至今 FLASH 存储器几乎占领所有使用只读存储器的电子产品市场，是目前只读存储器技术的主流。FLASH 的结构大致上可分为 NOR FLASH 结构与 NAND FLASH 结构两类。

目前，不仅单片机的片内程序存储器采用 FLASH 存储器技术，而且外扩程序存储器也几乎采用 FLASH 存储器，所以在单片机领域，FLASH 存储器有重要的作用。

在掌上电脑、数码相机、数码摄像机、音乐播放器 MP3、视频播放器 MP4、移动电话等产品中，FLASH 有广泛的使用。如今，FLASH 存储器已经替代软盘存储器，并开始替代硬盘存储器。

1. 不可写入数据的只读存储器

1）二极管 ROM

以二极管作为存储单元的存储器。

2）掩模存储器（Mask ROM，MROM）

掩模只读存储器是数据在存储器的制作过程中永久保存在存储阵列中的只读存储器。

2. 可写入数据的存储器

1）一次编程存储器（Programmable ROM，PROM）

一次编程存储器是用户使用专用编程设备可以进行一次编程的只读存储器。

2）可擦除存储器（Erasable Programmable ROM，EPROM）

常用的紫外线可擦除可编程只读存储器（UV EPROM）是可用紫外线擦除数据、用专用编程设备写入数据的只读存储器。擦除数据时，须使该存储器芯片用紫外光照射几十分钟。

3）电擦除存储器（Electrical Erasable Programmable ROM，E^2PROM）

电可擦除可写入只读存储器是电擦除、写入数据的只读存储器。数据的擦除与写入时间在毫秒数量级。

4)快闪存储器(FLASH ROM)

快闪可擦除、写入存储器,是读写速度更快、容量更大的可擦除可写入只读存储器。

7.1.2 不可写入数据的 ROM

1. 不可写入数据的 ROM

不可写入数据的 ROM 结构如图 7-1 所示。该存储器由地址译码器、存储单元矩阵和输出控制电路组成。

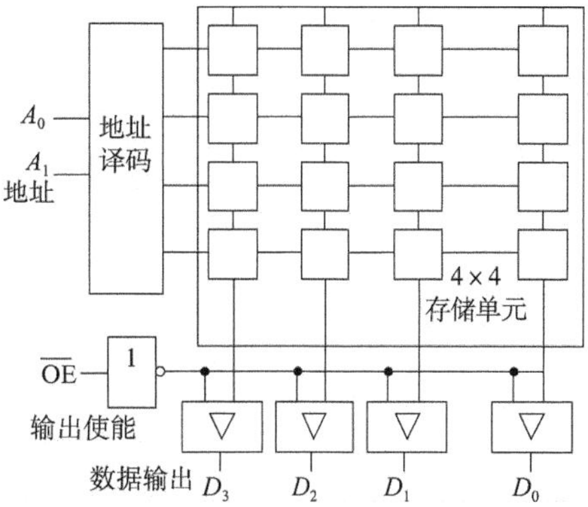

图 7-1 不可写入数据的 ROM 器结构图

地址译码器对地址信号进行译码,一个地址保存一个数据。若地址线数为 A,则地址数 N 等于 2^A,每个地址都是地址线的最小项。如图 7-1 所示,由于有两条地址线 A_0 和 A_1,因此地址数 N 为 $2^2=4$,两条地址线的 4 个最小项 $\overline{A_1}\ \overline{A_0}$、$\overline{A_1}A_0$,$A_1\overline{A_0}$ 和 A_1A_0 各选择一个地址。

输出控制电路由输出使能信号 $\overline{OE}$ 控制的三态门组成,输出数据线经过三态门输出。数据线的根数是所存储数据的二进制位数 L,常称为数据的位数,图 7-1 存储器的数据位数为 $L=4$。多位二进制数组成一个字,若每个地址内保存一个二进制字,则地址数又称为字数,而每个字的位数称为字长。

存储矩阵由大量的存储单元构成,每个存储单元存放一位二进制数据,这些存储单元排列成矩阵形式,所以称为存储矩阵。不可写入数据 ROM 存储矩阵中的存储单元常用二极管、三极管或场效应管组成,存储单元数为 $M=N\times L$,单位为 bit。

当控制信号 $\overline{OE}=1$ 时,三态门输出为高阻态,数据线与外部连接隔离;当控制信号 $\overline{OE}=0$ 时,三态门为缓冲器功能,数据线呈现存储单元内的数据。

不可写入数据 ROM 的读取时序如图 7-2 所示。由读取时序图可知,读取数据时,首先给地址 A_1A_0,再给 $\overline{OE}$ 信号使能输出,随后有效数据呈现在数据线 $D_3\sim D_0$。从地址线出现有效地址到数据线上出现有效数据的时间称为读取时间 t_{ACC}。

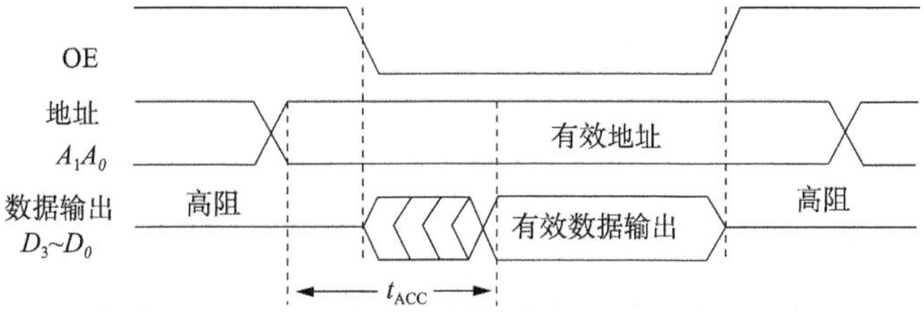

图 7-2 不可写入数据 ROM 的读取时序图

用二极管作为存储单元实现的 ROM 存储器如图 7-3 所示。

该存储器的地址线数 $A=2$,地址数 N 为 $2^2=4$,数据位数 $L=4$,存储矩阵容量 $M=N\times L=4\times 4=16$。

当地址线 $A_1A_0=00$ 时,译码器输出线 W_0 输出低电平,与该线连接的二极管都导通,因此数据线都输出 0.7V 的低电平,$D_3\sim D_0$ 输出数据 0000。

当地址线 $A_1A_0=01$ 时,译码器输出线 W_1 输出低电平,与该线连接的二极管都导通,因此三条数据线输出 0.7V 的低电平,一条数据线输出 +5V 高电平,$D_3\sim D_0$ 输出数据 0001。

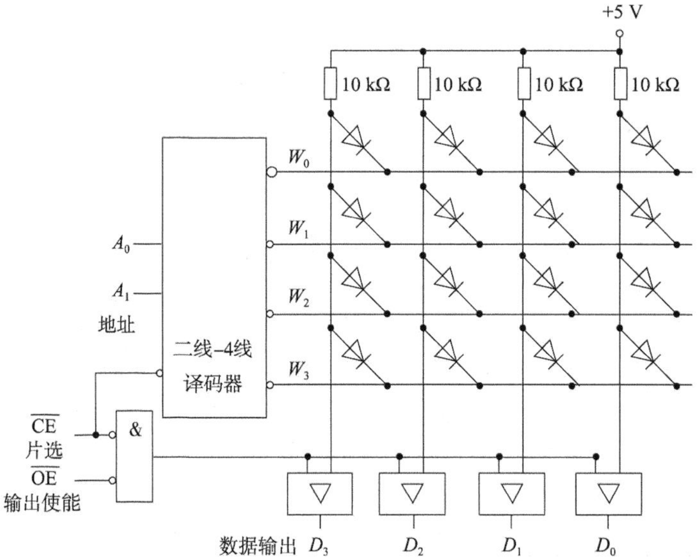

图 7-3　以二极管作为存储单元的 ROM 存储器图

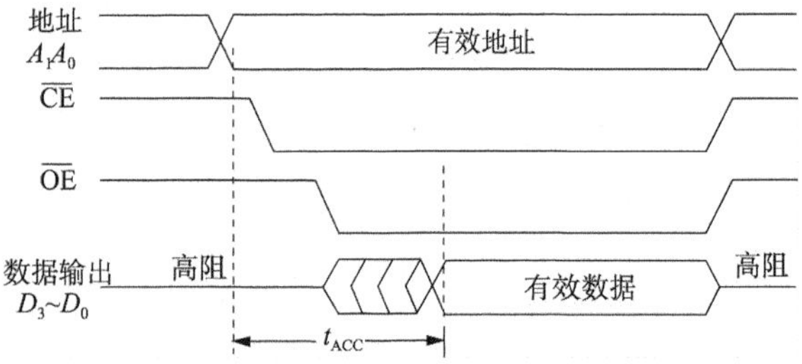

图 7-4　地址、数据、$\overline{CE}$与$\overline{OE}$之间的时序关系图

按照以上分析方法，当地址线 $A_1A_0=10$ 时，$D_3\sim D_0$ 输出数据 0010。当地址线 $A_1A_0=11$ 时，$D_3\sim D_0$ 输出数据 0011。

该存储器还有片选信号$\overline{CE}$与输出使能信号$\overline{OE}$，地址线地址、数据线数据、片选信号$\overline{CE}$与输出使能信号$\overline{OE}$之间的时序关系如图 7-4 所示。

地址有效后，应立刻给片选信号$\overline{CE}$；在输出使能信号$\overline{OE}$出现后，则有效数据很快呈现在数据数据线上。

2. 掩模存储器(MROM)

掩模存储单元结构存储器中的数据在存储器工厂生产存储器时通过工艺手段保存在存储器中，因此用户须向存储器生产工厂提供写入存储器中的数据。

1)NOR 型 MROM

由 MOS 晶体管组成的或非(NOR)结构掩模只读存储器的存储阵列如图 7-5 所示，$R_1\sim R_4$ 是上拉电阻。

在 4×4 的阵列中，行线为字线，列线为位线，行线与列线交叉点有 MOS 管表示存储 0，无 MOS 管表示存储 1，每一列中的 MOS 管之间为“或”关系。读出时，只有一条字线为 1，其他字线为 0。

例如，$W_1=1$ 时，有 MOS 管的地方位线接地；无 MOS 管的地方，位线为高电平，位线输出 0101。对于其他情况有：

只有 $W_2=1$ 时，位线输出为 0011；

只有 $W_3=1$ 时，位线输出为 1001；

只有 $W_4=1$ 时，位线输出为 0110。

实际上，在 NOR MROM 阵列中不需要 MOS 管的地方，常用漏极(或源极、栅极)不连接的 MOS 管实现。连接漏极(或源极、栅极)MOS 管表示存储 1，无连接漏极(或源极、栅极)MOS 管表示存储 0。

有时，还常用开启电压高的 MOS 管替代不需要 MOS 管的地方。开启电压高的 MOS 管表示存储 1，正常开启电压的 MOS 管表示存储 0。

2）与非（NAND）结构的 MROM

由 MOS 管组成的与非（NAND）结构掩模只读存储器的存储阵列如图 7-6 所示。

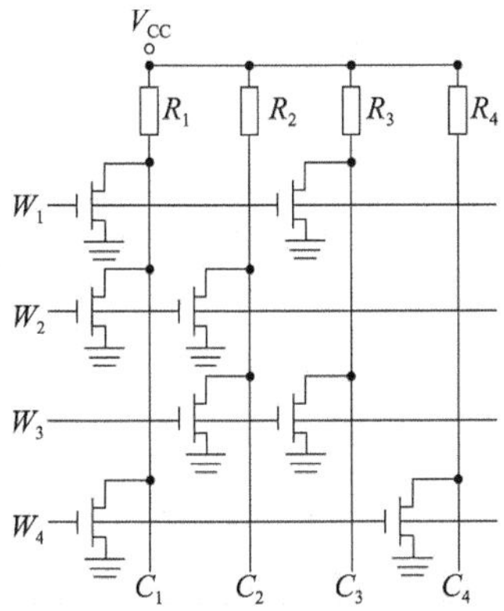

图 7-5　NOR 型 MROM 的存储阵列

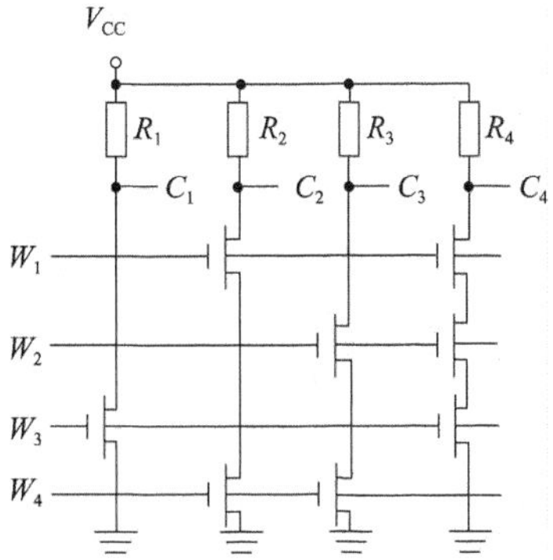

图 7-6　NAND MROM 的存储阵列

在这个 4×4 的阵列中，行线为字线，列线为位线，有 MOS 管位置表示存储 1，无 MOS 管位置表示存储 0，每一列中的 MOS 管之间为“与”关系。读出时，只有一条字线为 0，其他字线为 1。

例如，当只有字线 W_1 为 0，其他字线为 1 时，由于与 W_3 相连的 MOS 管导通，所以位线 C_1 输出 0；由于与 W_1 相连的 MOS 管不导通，位线 C_2 输出 1；由于与 W_2 和 W_4 相连的 MOS 管导通，位线 C_3 输出 0；由于与 W_1 相连的 MOS 管不导通，位线 C_4 输出 1。因此位线输出为 0101。对于其他情况有：

只有 $W_2=0$ 时，位线输出为 0011；

只有 $W_3=0$ 时，位线输出为 1001；

只有 $W_4=0$ 时，位线输出为 0110。

7.1.3　可写入数据的 ROM

1. 可写入数据 ROM 组成

如图 7-7 所示，可写入数据存储器通常由地址译码器、存储矩阵与其他逻辑组成，与地址译

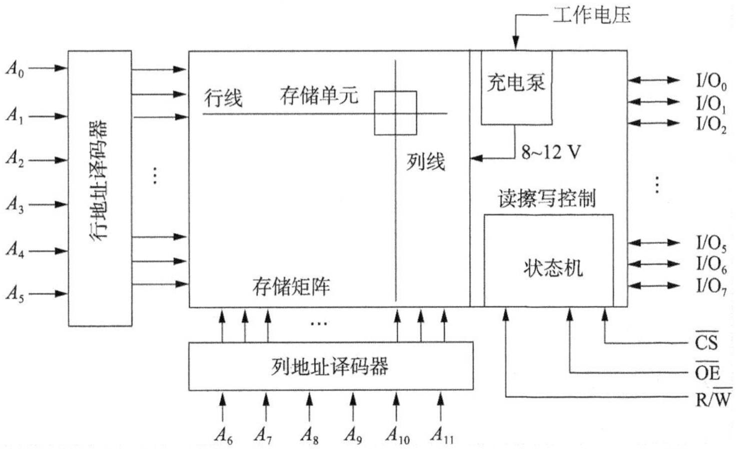

图 7-7　可写入数据存储器框图

码器相连的地址总线提供存储单元的地址，与存储阵列相连的双向数据总线提供写入或读出的数据。另外，还有控制存储器读、擦除、写操作的读写控制电路与信号。

地址译码器用于对地址线 $A_0 \sim A_{11}$ 送来的地址译码，译码器输出选择存储阵列中的存储单元，读擦写控制逻辑用于控制数据总线 $I/O_0 \sim I/O_7$ 上数据的写入、擦除或读出操作。

1)地址译码器

为减少译码器输出线的根数，采用行列双译码方式。例如，采用单译码方式，12 条地址线输入的译码器输出 4096 根线，因此实现起来很困难；采用行列双译码方式，则只需要行线 64 根、列线 64 根，共 128 根线就可以实现。

2)存储单元

由于存储矩阵中的存储单元可以写入数据，因此常用熔丝、浮置栅极场效应管等实现。

3)读擦写控制电路

除像不可写入数据的 ROM 一样实现读数据操作之外，还有写数据操作。把二进制数据写入存储器的指定位置称为写(编程)操作，而写操作前，还须进行擦除操作。这是因为写操作只能向存储器中写入 0，所以在写之前须将存储器擦除，即将所有待写入数据的单元全部写入 1。

读擦写控制电路用于控制存储器的读擦写操作，读擦写操作由主机(通常是单片机)发出片选信号$\overline{CS}$、输出使能信号$\overline{OE}$和读/写控制信号 $R/\overline{W}$，并在存储器内部的电路控制下实现。因为有些存储器在写数据前具有自动擦除功能，还具有页面写操作，因此存储器内部有状态机电路，该电路与主机信号配合，实现存储器的自动擦除，或一个页面的自动写入。

4)充电泵电路

充电泵电路用于提高存储器的擦写电压到 8～12 V，满足擦除与写入数据的需求。

2. 可写入数据 ROM 中的存储单元

1)一次编程存储器(PROM)

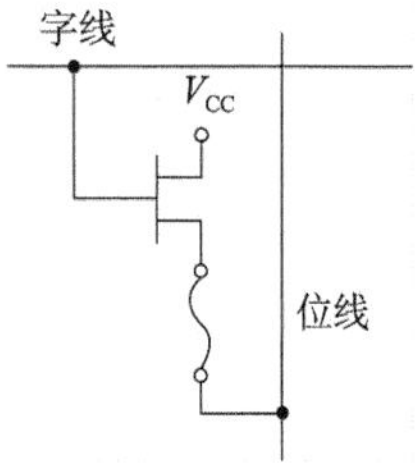

图 7-8　具有熔丝结构的存储单元

PROM 的结构与掩模只读存储器的结构相同，只是出厂时在每个存储单元中都存入 1，用户可用编程器对 PROM 实现一次编程。

熔丝存储单元结构的一次编程只读存储单元如图 7-8 所示。每个存储单元都有连接 MOS 管源极和位线的熔丝，该熔丝通表示存储 1，熔丝断表示存储 0。

熔丝可由低温合金丝或多晶硅导线制成。在编程时，写入数据 0 单元的熔丝被大电流烧断，而写入数据 1 单元的熔丝被保留。

熔丝也可以用两个背靠背连接的二极管代替。在编程时，在两个背靠背二极管上加编程电压，编程电压的大部分降在反向偏置二极管上，产生大的电流，使其 PN 结击穿导通熔断，这样就将数据 1 写入存储单元。

一次编程的存储器在单片机芯片中用于保存用户程序，如低价格的 OTP 单片机在玩具、家电等领域使用广泛。

2)紫外线擦除电编程的存储器(UVEPROM)

PROM 的缺点是只能编程一次，数据一旦写入，就不能修改。UVEPROM 是可以擦除的可编程存储器，在擦除数据之后，该存储器可以再次编程。

UVEPROM 使用浮置栅极注入 MOS 管作为存储单元。该管的结构、符号和使用浮置栅极 MOS 管的存储单元如图 7-9 所示。由结构图可知，该管除正常栅极外，还有浮置栅极，浮置栅极周围都是氧化物绝缘材料，因而与外界没有任何导电连接，所以可以长时间地保存电荷。

数据由浮置栅极中是否存有电荷表示，数据的擦除是去掉浮置栅极中的电荷，而数据的写入是向浮置栅极中注入电荷。编程过程是在浮栅注入管的漏极与控制栅极上加高电压，使源极与漏极之间出现雪崩击穿，产生热电子，在控制栅极高电压的作用下，电子进入浮置栅极，使正常的控制栅极电压不能使浮栅注入管导通。擦除过程是用紫外线通过封装表面的透明石英玻璃窗照射存储单元，使氧化层产生电子-空穴对，为栅极电荷放电提供放电通道，使电荷消失，这样正常的栅极电压可以使浮栅注入管导通。

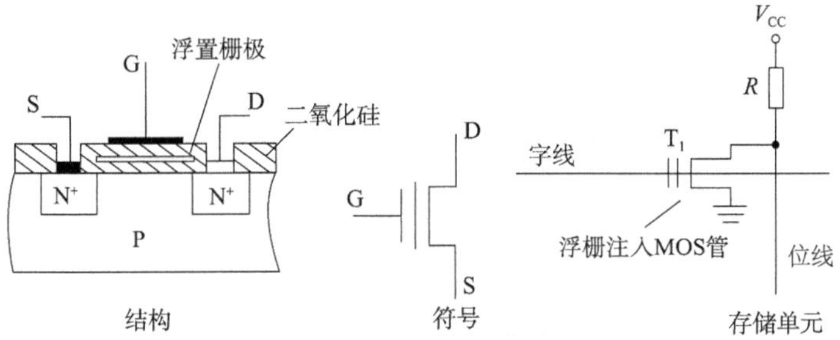

图 7-9 浮栅注入 MOS 管的结构、符号和存储单元图

UVEPROM 具有如下的特点：

(1)擦除速度很慢，而且须使存储器离开系统；

(2)编程速度在几个微秒/字的数量级；

(3)一般擦写周期最大为 1000 次；

(4)存储单元占用面积很小，因此可以制成大规模存储器。

这种存储单元需要紫外线擦除，使用不方便，因此实际上已经不再使用，但在一些老设备中还在使用。

3)电擦除的可编程只读存储器(E^2PROM)

E^2PROM 的存储单元采用一种称为浮栅隧道 MOS 管，结构和符号见图 7-10。

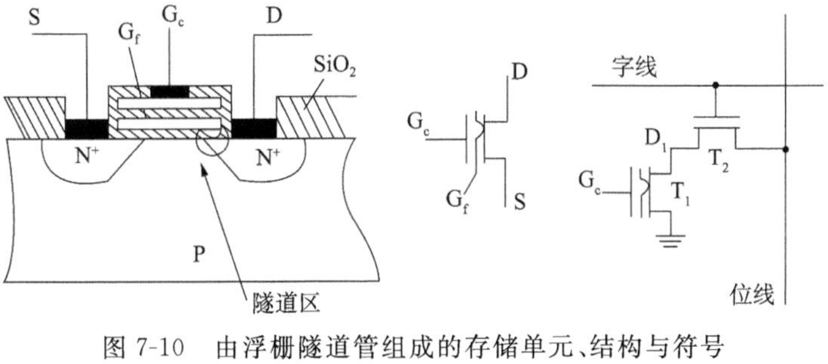

图 7-10 由浮栅隧道管组成的存储单元、结构与符号

浮栅隧道管是 N 沟道增强型 MOS 管，有两个栅极——控制栅极 G_c 和浮置栅极 G_f。该管的浮置栅与漏区之间有一个氧化层极薄的区域，这个区域称为隧道区。当隧道区的电场强度大于 10^7 V/cm 时，就形成导电隧道，电子可以双向通过，形成电流，这种现象称为隧道效应。

浮栅隧道管组成存储单元，其中 T_1 是浮栅隧道管，而普通 N 沟道增强型 MOS 管 T_2 的作用是使浮栅隧道管与位线连接。存储单元的状态可根据浮置栅上是否充有负电荷区分。

擦除时，在浮栅隧道管的控制栅极 G_c 加 20 V 电压，使浮栅隧道管漏极接地，在强电场的作用下，漏区的电子通过隧道区进入浮置栅极。擦除后的浮栅隧道管具有高的开启电压，在正常读操作栅极电压时不导通。

编程时，将待写入数据的浮栅隧道管浮置栅极中的电荷移出，在控制栅极 G_c加 0 V 电压，然后在漏极加 20 V 的电压，在强电场的作用下，使浮置栅极中的电荷通过隧道区放电。

读出数据时，在控制栅极 G_c加正常读栅极的电压(小于 5 V)，若浮置栅极中没有电荷，浮栅隧道管导通，位线通过浮栅隧道管接地，读出 0；若浮置栅极中有电荷，浮栅隧道管不导通，位线上读出 1。

E^2PROM 的特点如下所述。

(1)由于增加选择管，所以增加存储单元的面积；

(2)可以按位擦除与编程；

(3)擦写次数可达 10^5 次。

E^2PROM 的优点是可以按照位、字节或页面实现数据擦写与读出，因此可以节省控制 E^2PROM存储器的单片机时间。例如，在电源断电的瞬间，可以将须保护的数据快速写入存储器。

E^2PROM 在单片机系统中得到广泛的应用，如保存掉电数据、参数设置，查表用的数组等。

4)快闪存储器

快闪存储器按照存储矩阵不同的结构，分为 NOR FLASH 及 NAND FLASH 两类，其矩阵结构与掩模存储器基本相同。

FLASH 与 E^2PROM 的主要区别是 E^2PROM 具有位擦除能力，而 FLASH 存储器不具有这个能力，只能按块或字节擦除，因此存储单元可以使用一个浮栅 MOS 管实现，占有更小的面积，具有更大的容量。

NOR FLASH 读写速度较 NAND FLASH 快，可以块或字节为单位读写，常用于单片机中的程序存储器。NAND FLASH 的单元尺寸比 NOR FLASH 的小，因此同样大小的芯片面积，NAND FLASH 的容量比 NOR FLASH 大得多。

NOR FLASH 具有与 E^2PROM 相同的专用地址线、数据线与控制线，通过这些连线可以直接从 NOR FLASH 中存取数据，因此 NOR FLASH 常用于存储程序代码，并常用于启动一个单片机系统。

NAND FLASH 不具有专用的地址线，而是间接使用 I/O 接口，将外部命令与数据通过 8 位总线送入内部的命令寄存器与数据寄存器。例如，读操作时，首先通过 8 位总线将读命令写入命令寄存器，然后写地址到地址寄存器，这时数据将放在输出数据寄存器中等待取走。因此，NAND FLASH 的接口更像一个计算机硬盘接口，具有接口引脚固定，且接口连线简单的特点。

NOR FLASH 占据中小容量闪存市场的大部分，主要应用在程序代码存储；NAND FLASH 用在更大容量的产品中，适合大量存储数据。

(1)NOR FLASH 存储器。

NOR FLASH 存储单元结构如图 7-11 所示。

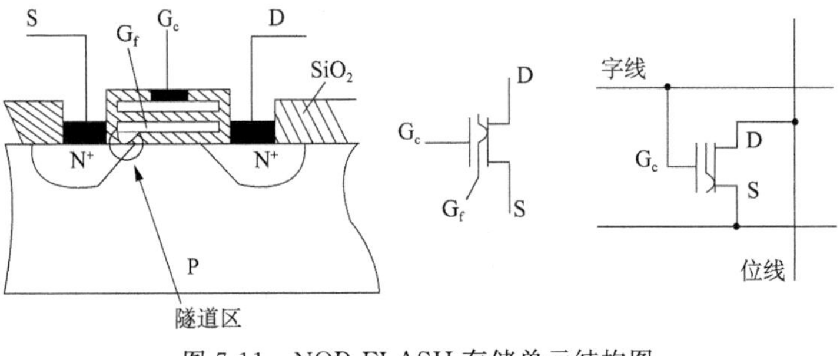

图 7-11　NOR FLASH 存储单元结构图

NOR FLASH 存储单元中的浮置栅与衬底之间的氧化层厚度很薄，而且与源极之间的区域特别薄，可形成隧道区。写入操作时，漏源之间雪崩产生的热电子更容易穿过氧化层进入浮置栅。由于浮置栅与源区之间有隧道区，所以擦除操作时，浮置栅中的电子很容易经过隧道区放掉。

NOR FLASH 的擦除是将电荷从浮置栅极中移走，为移走电荷，须在浮栅管的控制栅极上加 0 V 电压，在源极上加擦除正电压，漏极悬空，在栅源电压的作用下，电子通过隧道移出浮置栅极。在编程前，FLASH 总先进行擦除操作。

NOR FLASH 的写入是向存储单元浮栅管的浮置栅极中注入电荷，方法是在浮栅管的漏极接正电压，源极接地，在控制栅极加正电压，使漏源极之间雪崩击穿产生的热电子被吸引到浮置栅中，浮置栅中的电子使读操作时的控制栅极电压不使浮栅管导通。

NOR FLASH 的读出是在浮栅管的控制栅极上加读电压，将浮栅管的导通与否状态读出到浮栅管的漏极。

(2)NAND FLASH 存储器。

NAND FLASH 的存储单元结构与 NOR FLASH 结构基本相同，其擦除与编程都利用隧道效应实现。

3. 可写入 ROM 的主要技术指标

1)存储容量

存储容量 M 是存储矩阵的存储单元数，是能够存储的一位二进制数的数量，若一个存储器可以存储 N 个二进制数据(具有 N 个地址)，每个二进制数据为 L 位，则存储器的存储容量 M 为 $N \times L$。例如，某存储器具有 32 个地址，每个地址保存 8 位数据，则该存储器的容量为 32×8=256 bit。

存储容量单位是二进制的位(bit)，1024 个位为 1kb。有时，存储器还以字节(Byte)为单位表示存储器容量，如存储容量 8192 bit 的存储器可以表示为 1024B，还可以写为 1KB。

存储地址数 N 与地址线数 A 有关，$N=2^A$，因此存储容量 $M=2^A L$。

存储器地址数与字数不同，只有在一个地址内保存的数据位数与字长相同时，存储地址数才等于字数。计算机通常字长分为 4 位、8 位、16 位、32 位，若存储器每个地址可保存的数为 8 位，则 16 位字长相当于两个地址保存一个字。例如，某 8 位存储器具有 8 根地址线，则有地址 $N=2^8=256$，若用于保存字长为 16 位的数据，则可以保存 128 个字。

2)读写与擦除时间

早期不可写入存储器的主要操作是读操作，而编程(写入)操作和擦除操作很少，因此读时间是很重要的参数，通常按照不同的读出数据方式，读操作时间又分为随机读时间与序列读时间。

可写入存储器由于写入、擦除操作频繁，因此写入、擦除操作时间也是重要的参数。

例如，当前 NOR FLASH 存储器的随机读时间可以达到 50 ns 左右，序列读时间可以达到 10 ns 左右；擦除速度为 0.2 MB/s，编程速度达到 0.3 MB/s，容量为 1 Mb～1 Gb。NAND FLASH 存储器的随机读时间为 10000 ns 左右，序列读时间为 50 ns，擦除速度为 2.6 MB/s，编程速度达到 8.2 MB/s，容量为 64 Mb～16 Gb。

3)编程次数

现在正在使用的 NAND FLASH，存储器一般具有 100 万次以上的编程次数，E^2PROM 存储器的编程次数一般小于 10 万次，有些产品甚至少到 100 次。

4)数据保存时间

一般可达 20 年以上。

5)功耗

低功耗可以使存储器用于便携式产品设计，如移动数据采集、手机等，因此也是很重要的技术指标。超低功耗存储器的工作电流为微安级。

7.1.4 并行接口 EPROM 存储器 27256

27256 是紫外线擦除的 EPROM 存储器，存储容量为 32K×8，引脚具有 TTL 兼容逻辑电平，双列直插封装(DIP)引脚排列如图 7-12 所示，各引脚功能如下所述。

$A_0 \sim A_{14}$：15 位地址线，相当于 2^{15} 个地址。

$\overline{CE}$：芯片使能(片选)引脚。

$\overline{OE}$：输出使能引脚。

V_{PP}：编程电压引脚。

$O_0 \sim O_7$：8 位数据输入输出引脚。

V_{CC}：电源(+5V)引脚。

V_{SS}：地线引脚。

该芯片的读时序如图 7-13 所示。

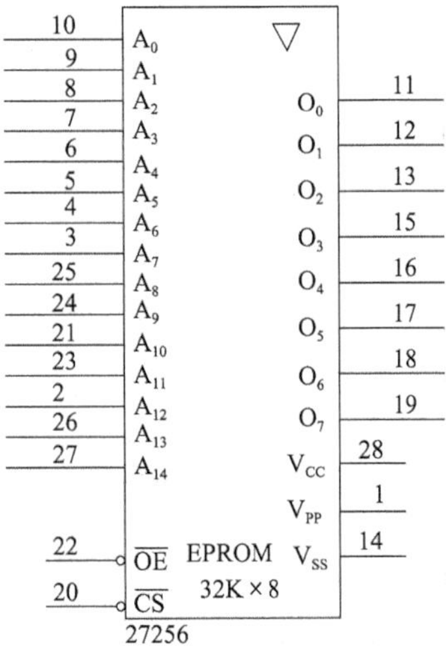

图 7-12 27256 引脚排列图

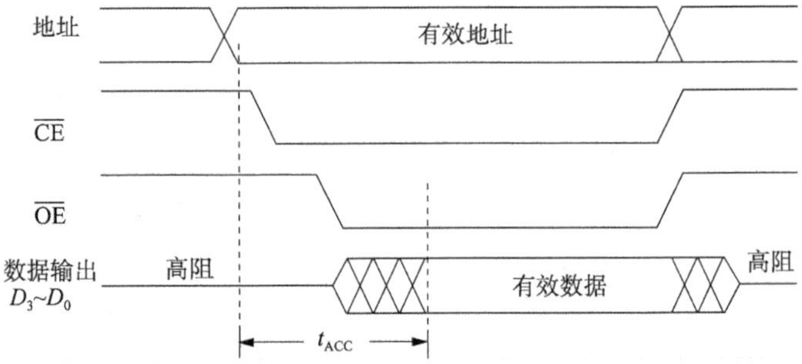

图 7-13 27256 读时序图

由时序图可知，在地址有效后，最大延迟 t_{ACC} 时间在输出引脚上呈现有效数据。该存储器分为 5 个级别，t_{ACC} 时间在 90～200 ns 之间。

该存储器采用紫外线擦除数据，用编程器写入数据，常在早期由 8031 单片机组成的电子系统中用于存储用户编制的程序。该存储器与 8031 单片机的接线如图 7-14 所示。

图 7-14 中的 8031 单片机是非常流行的一款单片机，人们采用该单片机开发了大量的电子系统。8031 单片机具有 4 个 8 位 I/O 口，其中 P0 口是数据总线与地址总线低 8 位共用端口，P2 口是地址总线高 8 位。8031 单片机与 27256 存储器连接时，需要 74LS373 先锁存 P0 口输出的地址低 8 位，与 P2 口输出的高 7 位地址共同形成 27256 的 32K 地址，随后 P0 口读入存储器以保存的用户指令。

图 7-15 显示的是单片机地址口 P0、P2、数据口 P0 与控制引脚 ALE、PSEN 的时序图。由图可知，在 P2 口准备好高 8 位地址、P0 口准备好低 8 位地址后，在 ALE 下降沿，低 8 位地址锁在 74LS373 中，随后延迟 t_{ACC} 时间后，27256 存储的指令呈现在 P0 口，在 PSEN 信号的上升沿，单片机读入呈现在 P0 口的指令。

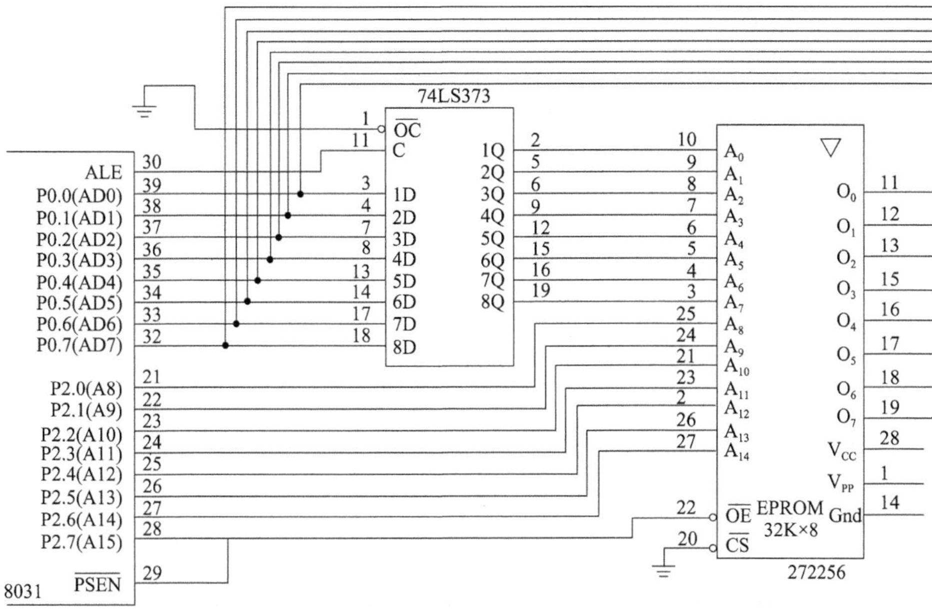

图 7-14　27256 与 8031 单片机的接线图

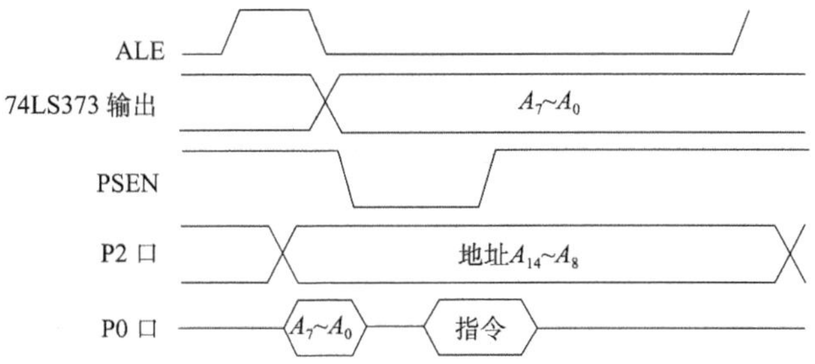

图 7-15　8031 单片机与 27256 连接时输出的时序图

7.1.5　二极管 ROM 实现数字电路

【例 7-1】 试用 74LS160、74LS138、74LS04 和二极管 ROM 矩阵组成一个四彩灯控制电路。各个彩灯(发光二极管)亮灭如表 7-1 所示。

表 7-1　彩灯亮灭表

地　址			数　据			
A_2	A_1	A_0	D_0	D_1	D_2	D_3
0	0	0	0	0	0	1
0	0	1	0	0	1	0
0	1	0	0	1	0	0
0	1	1	1	0	0	0
1	0	0	0	1	0	0
1	0	1	0	0	1	0
1	1	0	0	0	0	1
1	1	1	1	1	1	1

解:本题用二极管 ROM 阵列保存彩灯亮灭数据,用 74LS138 实现地址译码,还用 74LS160 计数器组成八进制计数器以实现 ROM 地址的扫描。

彩灯控制电路如图 7-16 所示,八进制计数器通过 74LS161、三输入与非门,采用反馈置数法实现。二极管阵列的输出数据经过非门后驱动 9013 三极管的基极,使 9013 饱和导通驱动发光二极管亮。

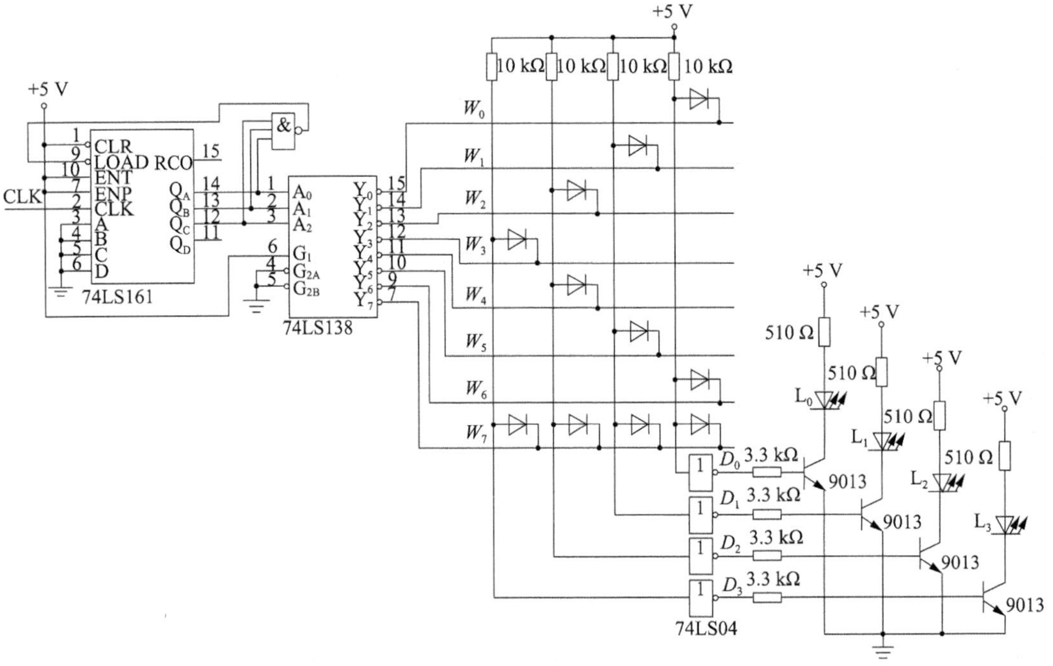

图 7-16　四彩灯控制电路

【例 7-2】　十进制数-4 位二进制数代码转换(拨码盘电路)。

解:拨码盘常用在智能仪表、工业控制等装置上,用于设置经常改动的参数。设置时须用手拨动一个具有号码的盘,盘的不同位置输出不同的 4 位二进制信号。

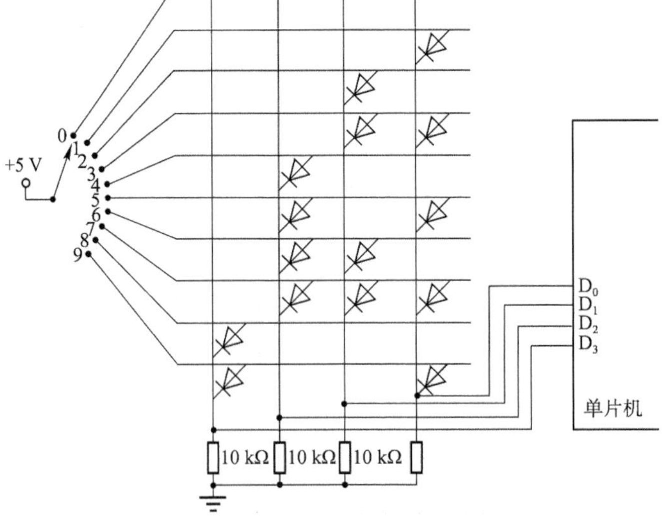

图 7-17　拨码盘电路图

拨码盘是一个十进制数编码电路，用二极管矩阵实现编码，拨码盘电路如图 7-17 所示。由图可知，对应拨码盘 0～9 位置，输出自然顺序的二进制编码。

【例 7-3】 采用 ROM 实现两位二进制数相乘。

解：两个两位二进制数相乘，可以列出表 7-2。

由表可以得到两个两位二进制数相乘的二极管 ROM 阵列，如图 7-18 所示。

表 7-2　两个两位二进制数相乘表

	00	01	10	11
00	0000	0000	0000	0000
01	0000	0001	0010	0011
10	0000	0010	0100	0110
11	0000	0011	0110	1001

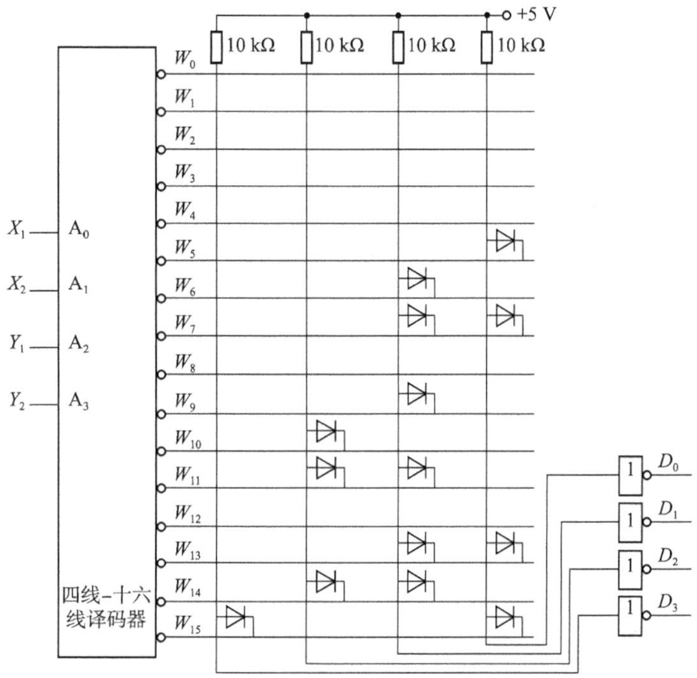

图 7-18　两个两位二进制数相乘的二极管 ROM 阵列图

【例 7-4】 用 ROM 实现如下的逻辑函数：

$$Y_1 = A\,\overline{C} + \overline{A}BC + A\,\overline{B}C$$

$$Y_2 = BC + \overline{A}\,\overline{B}C$$

$$Y_3 = \overline{A}B + A\,\overline{B}C$$

$$Y_4 = \overline{A}B\,\overline{C} + \overline{B}\,\overline{C} + ABC$$

解：将逻辑函数式转换成最小项函数式：

$$Y_1 = A\,\overline{C} + \overline{A}BC + A\,\overline{B}C = m_3 + m_4 + m_5 + m_6$$

$$Y_2 = BC + \overline{A}\,\overline{B}C = m_1 + m_3 + m_7$$

$$Y_3 = \overline{A}B + A\,\overline{B}C = m_2 + m_3 + m_5$$

$$Y_4 = \overline{A}B\,\overline{C} + \overline{B}\,\overline{C} + ABC = m_0 + m_2 + m_4 + m_7$$

由最小项表达式可以得到图 7-19(a)，74LS138 用于地址译码。

有时，画二极管比较麻烦，常用小黑点代替二极管，如图 7-19(b)所示。

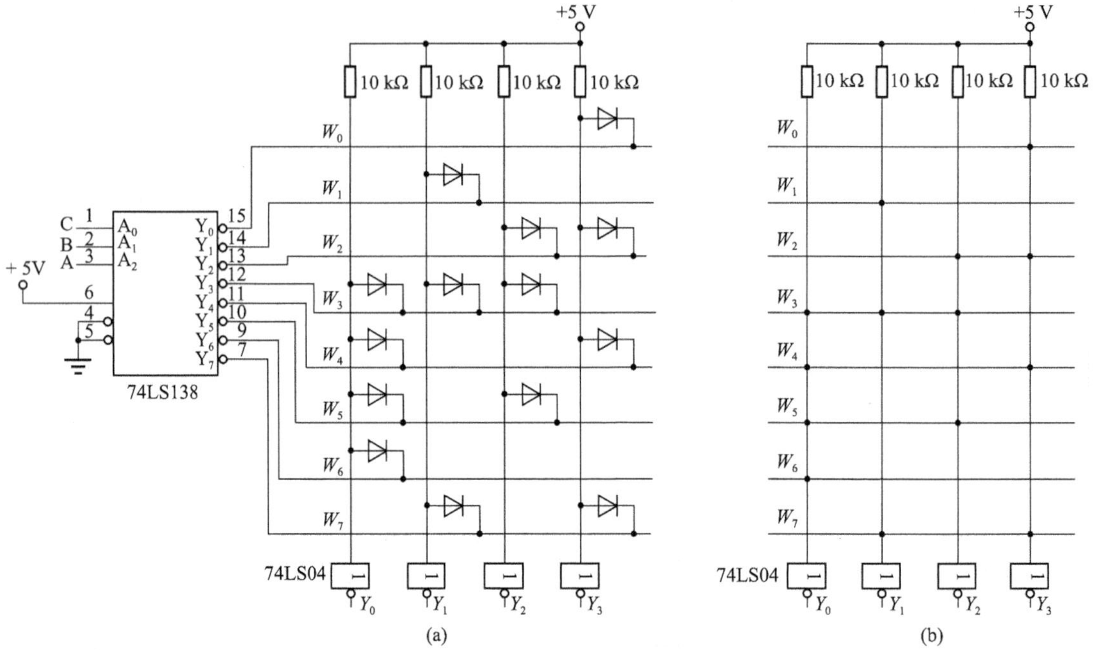

图 7-19　用二极管 ROM 实现逻辑函数图

7.2　随机存储器

随机存取存储器(RAM)用于随机向存储器的存储单元写入数据或从存储单元中读出数据，具有无限次存取、存取速度快的特点。在易失数据随机存储器中，存储单元断电后，存储器中的信息丢失。在 PC 与单片机系统中，随机存储器用于保存变量、数组、计算中间结果等。

1. 易失数据的随机存储器

1)静态随机存储器(Static Random Access Memory，SRAM)

数据保存在类似触发器的存储单元中，只要有电源，数据就存在。

2)动态随机存储器(Dynamic Random Access Memory，DRAM)

数据保存在由电容器组成的存储单元中，为使数据存在，不仅需要电源，而且须刷新电容中的电荷(充电)。

2. 非易失数据 RAM 存储器(Nonvolatile RAM，NVRAM)

1)SRAM＋后备电池(BAKBAT)

这种非易失 RAM，把低功耗 SRAM 与供电电池集成到 1 个封装中，具有 RAM 的读/写速度，又具有非易失的特点。当电源电压降低到一定值时，芯片处于写保护状态。在正常工作情况下，电池不断充电，断开外电源后，电池的电量仍然可以使数据保存几十年。

2)SRAM＋E^2PROM

这种非易失存储器不需要后备电池，可以像 SRAM 一样读/写，所以兼容现在所有的 SRAM 接口。在电压降低到一定值时，数据保存到 E^2PROM 中；当电压升到一定值时，自动将数据返回 SRAM 中。

7.2.1 静态随机存储器

1. 静态随机存储器的组成

静态随机存储器中“静态”指数据一旦写入存储器,只要存储器有电源,内部数据可一直保持;“随机”指可以随时根据需求将数据写入或读出存储器中任何地址,而不依照次序写入或读出存储器。

SRAM 由存储矩阵、地址译码电路、读写控制电路组成,图 7-20 显示的是 4096 个存储单元的静态随机存储器。

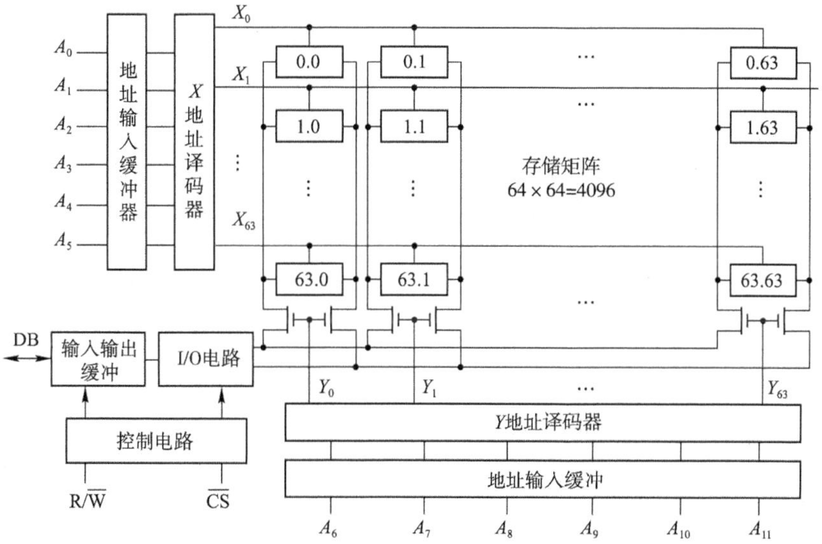

图 7-20　4096 个存储单元的静态随机存储器

存储器具有 12 根地址线 $A_0 \sim A_{11}$,所以具有 2^{12}个存储单元。地址线 $A_0 \sim A_5$经过行译码器译码,地址线 $A_6 \sim A_{11}$经过列译码器译码,产生 64 根行线 $X_0 \sim X_{63}$和 64 根列线 $Y_0 \sim Y_{63}$。行列线在存储矩阵的交叉点选中一个存储单元,即可通过读/写控制信号 R/$\overline{W}$和$\overline{CS}$,以及读/写 I/O 电路将数据写入该单元或从该单元读出。

2. SRAM 的存储器单元

静态随机存储器的存储单元工作原理与触发器类似,一般由 MOS 管组成,在小容量的静态随机存储器中也有使用双极性晶体管组成的存储单元。既然是触发器,必具备触发器的特征,电源加上时,输出状态不确定;断电时,不保留状态。存储单元电路如图 7-27 所示,存储单元由 $M_1 \sim M_4$组成,M_1与 M_2、M_3和 M_4各组成 CMOS 非门,其中一个非门输入端与另一个非门的输出端相连,连接成没有输入端的锁存器电路,因此可以保存一位二进制数据。

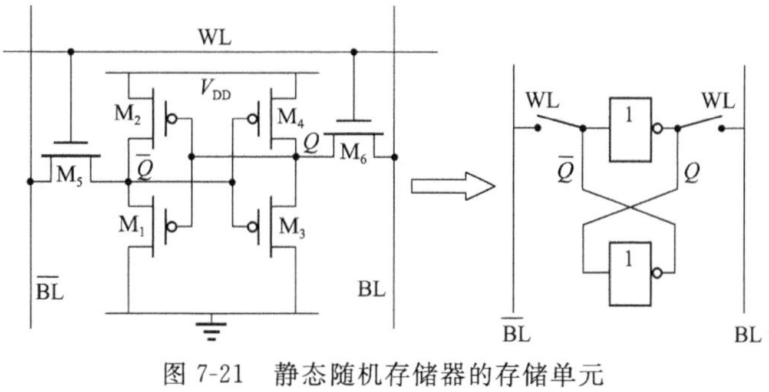

图 7-21　静态随机存储器的存储单元

由图 7-21 可知，当行线 WL 为高电平，场效应管 M_5 和 M_6 导通，存储单元的输出/输入端 Q 与 $\overline{Q}$ 与位线 BL 与 $\overline{BL}$ 相连。在列线控制之下，位线与存储器 I/O 端相连，因此可以通过位线 BL 与 $\overline{BL}$ 读出或写入数据。

3. 读/写控制电路

SRAM 的读/写电路如图 7-22 所示。若行地址线使 M_5、M_6 导通，列地址线使 M_7 和 M_8 导通，则选中读出数据的存储单元地址，存储单元保存的数据呈现在位线上。

(1)当片选信号 $\overline{CS}=0$ 时，芯片选中，这时 G_4 和 G_5 解除封锁，可以读/写操作。

(2)当片选信号 $\overline{CS}=1$ 时，G_4、G_5 输出低电平，G_1、G_2 和 G_3 输出为高阻状态，I/O 引脚与芯片无连接。

(3)读操作：当 $\overline{CS}=0$，$R/\overline{W}=1$ 时，G_4 输出为 0，G_1 和 G_2 输出高阻；G_5 输出为 1，G_3 输出数据 D 信号，输出存储单元保存的数据。

(4)写操作：当 $\overline{CS}=0$，$R/\overline{W}=0$ 时，G_5 输出为 0，G_3 输出高阻；G_4 输出为 1，G_1 输出 I/O 信号 D，G_2 输出反相的 I/O 信号 $\overline{D}$。由于位线上呈现输入的 I/O 端数据，所以存储单元保存 I/O 端数据。

4. 实际的静态随机存储器

如图 7-23 所示的是 62256 静态随机存储器的符号图。该存储器共有 32K×8 位存储单元，内部结构如图 7-24 所示。

由内部结构图可知，该存储器是由 8 个一位存储器叠加组成的 8 位存储器。存储阵列是 256 行，128 列，每列有 8 位，或每个列地址可以选中 8 个同一行的存储单元。

(1)读周期：图 7-25 显示的是读周期和写周期的时间图，如图 7-25(a)所示的读周期是有效地址持续的时间 t_{RC}。在有效地址出现后，片选信号 $\overline{CS}$ 和输出使能信号 $\overline{OE}$ 变为低电平，在 $\overline{OE}$ 变成低电平后，经过输出使能时间 t_{GQ}，有效数据呈现在 I/O 端。从有效地址出现到有效数据产生需要的时间称为地址时间 t_{AQ}，而片选信号 $\overline{CS}$ 从高变低开始到输出有效数据所用的时间称为芯片使能时间 t_{EQ}。

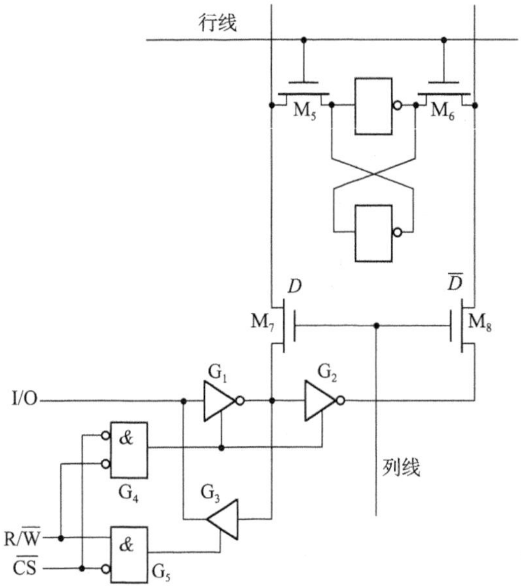

图 7-22　SRAM 存储器的简单读/写电路

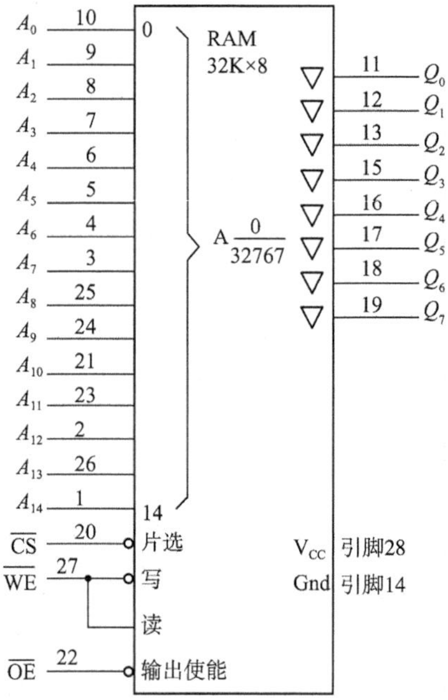

图 7-23　62256 静态随机存储器

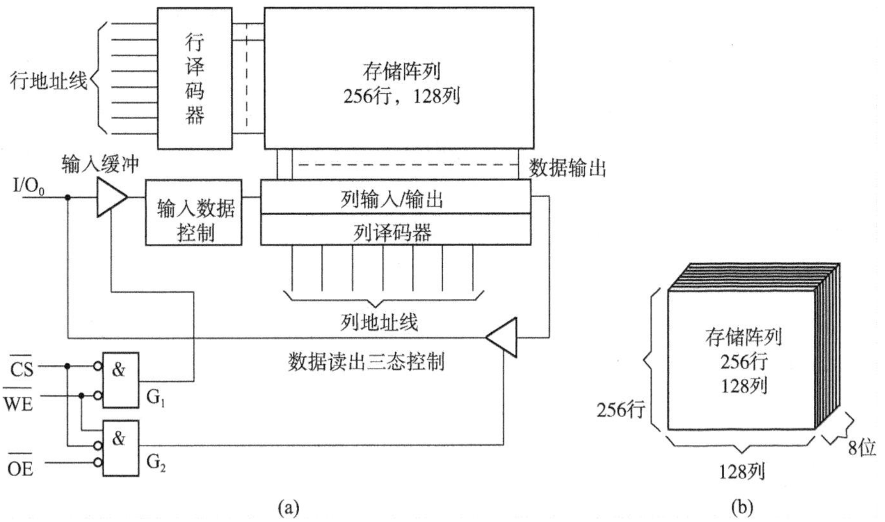

图 7-24　62256 静态随机存储器的一位结构和 8 位阵列结构示意图

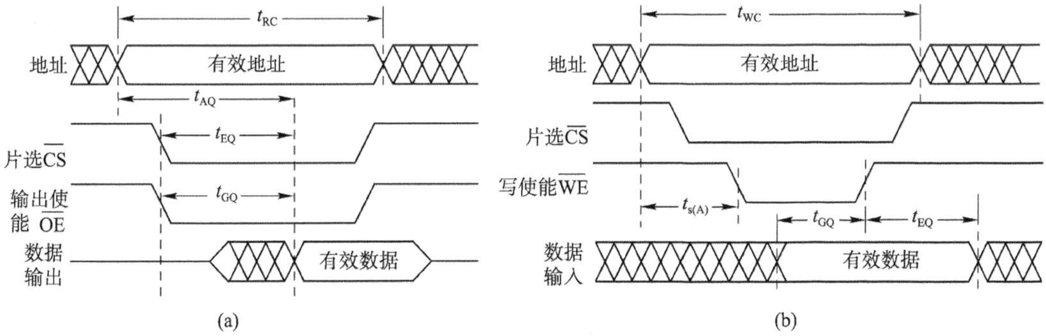

图 7-25　读周期和写周期时间图

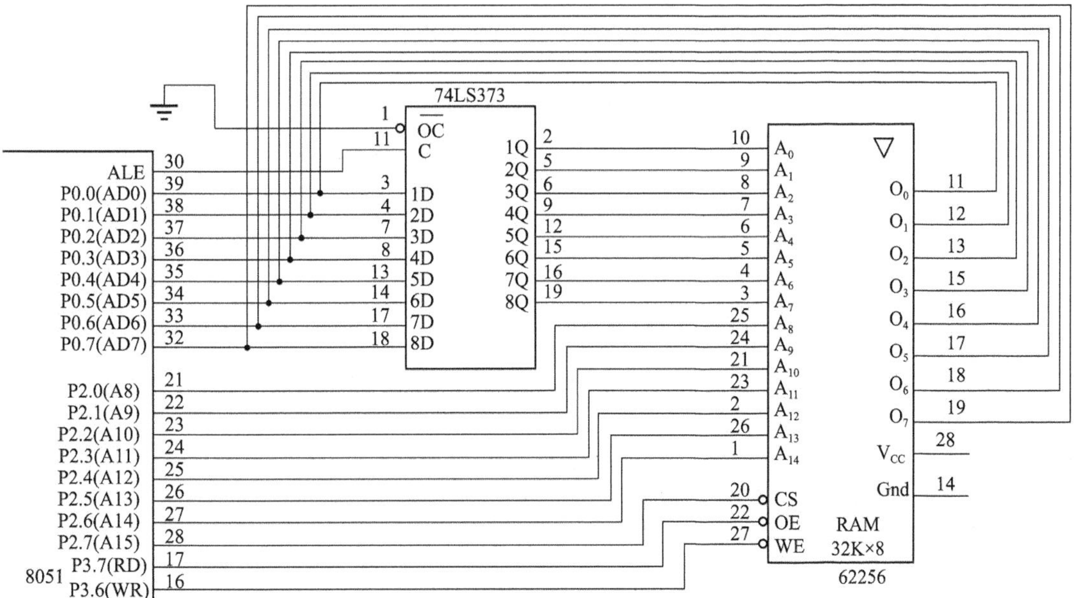

图 7-26　8051 单片机外扩随机存储器 62256 时的接线图

(2)写周期：如图 7-25(b)所示的写周期就是有效地址的持续时间 t_{WC}。写周期开始于地址有效，在片选信号$\overline{CS}$和写信号$\overline{WE}$变为低电平后，数据应有效并保持一段时间，直到$\overline{WE}$变为高电平和地址失效。从有效地址开始到$\overline{WE}$变为低电平之间的时间称为地址建立时间 $t_{s(A)}$。有效数据出现后，$\overline{WE}$还应维持一段时间 t_{GQ}，而有效数据从$\overline{WE}$由低电平变为高电平开始还必须维持一段数据保持时间 t_{EQ}。

虽然 8051 单片机内部也有随机存储器，但容量只有 128B，经常不能满足大量数据存储的要求，因此须外扩存储器。图 7-26 显示的是 8051 单片机外扩随机存储器 62256 时的接线图。

由图可知，8051 单片机的 P0 口分时输出地址与数据，P2 口输出地址高 7 位，ALE 信号控制 74LS373 锁存地址低 8 位，读信号(RD)与写信号(WR)控制读/写 62256。读/写 62256 的过程与读/写 28C64B 的过程相同。

*7.2.2 动态随机存储器

1. 动态随机存储器简介

动态随机存储器(DRAM)是指存储阵列须不断刷新以保证所保存数据不丢失的存储器，原因是使用电容保存数据，所以必须间隔一定时间对其内容进行刷新(充电)，否则保存的数据会丢失。对于 DRAM，每次读取数据实际上是一次放电，读后必须对电容进行充电，保证其保存的内容有效。即使不对它进行读取，每隔一定的时间也须对它进行一次刷新。

DRAM 的存储单元与 SRAM 存储单元相比简单得多，由晶体管和电容构成，因此占用很小的芯片面积，使 DRAM 具有高集成度和低成本的特点。

由于须刷新存储单元，所以 DRAM 有刷新电路。另外，为节省引脚，DRAM 采用复用地址引脚技术，即先接收行地址，将行地址锁存后再接收列地址的技术。

2. 存储单元

动态存储单元使用电容存储一位二进制数据，优点是比静态存储单元简单，占用芯片面积小，因而可以作成大容量、低价格的存储器。缺点是电容的电荷不能长时间保持，须周期地刷新才能使数据不丢失，刷新操作需要附加电路而且操作复杂。

如图 7-27 所示的是 MOS 管和电容组成的动态存储单元。动态存储单元中 MOS 管相当于开关，控制电容 C 是否与列线连接。读、写和刷新操作如图 7-28 所示。

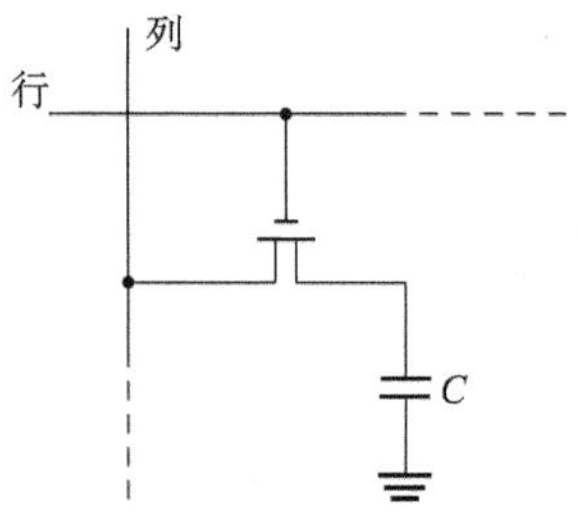

图 7-27 动态存储单元

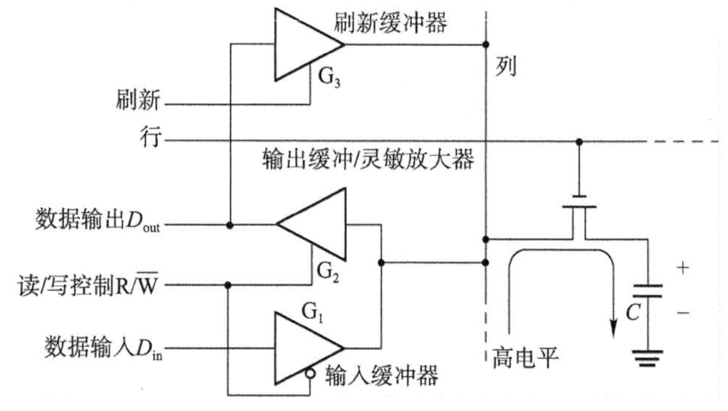

图 7-28 动态存储单元的读、写、刷新操作

在写 1 操作时，R/$\overline{W}$为低电平，三态输入缓冲器 G_1 使能，输出缓冲/灵敏放大器 G_2 呈高阻态，行线为高电平使 MOS 管 M 导通；在数据输入端 D_{in} 加的高电平经过缓冲器 G_1 到达列线上，通过 MOS 管 M 向电容充电，将 1 写入电容。

在写0操作时，$R/\overline{W}$为低电平，三态输入缓冲器 G_1 使能，输出缓冲/灵敏放大器 G_2 呈高阻态，行线为高电平使 MOS 管 M 导通。在数据输入端 D_{in} 加低电平，如果电容上无电荷，则电容不充电；如果电容上有电荷，则电容通过 MOS 管 M 向列线上放电，将0写入电容。

在读操作时，$R/\overline{W}$为高电平，三态输入缓冲器 G_1 处于高阻态，输出缓冲/灵敏放大器 G_2 使能。当行线为高电平时，MOS 管 M 导通，将电容与列线连接，经过输出缓冲/灵敏放大器 G_2 将电容上的电压放大后输出到数据输出端 D_{out}。

刷新操作：刷新操作须使 $R/\overline{W}$为高电平，行线与刷新线为高电平，MOS 管 M 导通，电容连接列线，电容上的电荷通过输出缓冲/灵敏放大器 G_2 输出，并通过刷新缓冲器 G_3 写回电容。

7.3 存储器扩展

在实际应用中，须按照应用系统的需求扩展存储器的容量，原则是尽量大容量的芯片，因为大容量的芯片可以减少芯片的数量，而减少芯片的数量可减少电路板面积，降低复杂度和成本。

7.3.1 位扩展

如果一片存储器的位宽不够用，就须位扩展，将多片存储器组合成位数更多的存储器。位扩展法也称为位并联法，采用这种方法构成存储器时，各存储芯片连接的地址、读写、片选信号相同。存储芯片的数据线则分别连接到各个存储器的数据总线上。

图7-29给出的是按位扩展法将4片1M×4存储芯片连接扩展成1M×16位存储器的连接图。

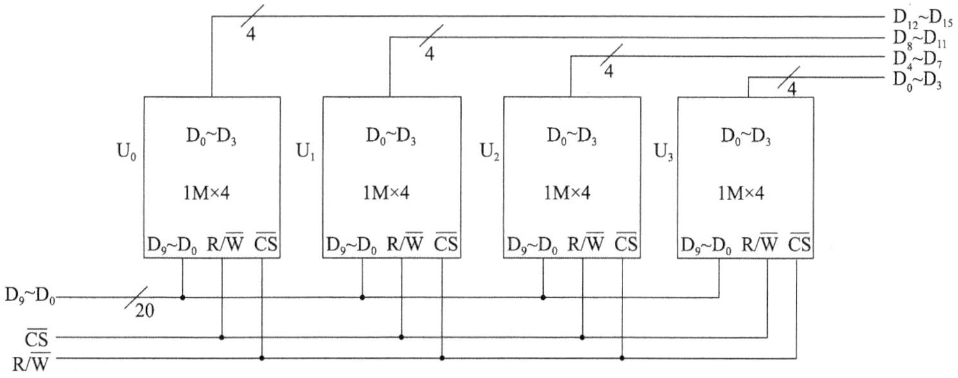

图7-29 按位扩展法示意图

各存储器芯片的地址端、片选端与读写控制端连在一起，只进行位数扩展，而整个存储器的地址数与单个存储芯片的地址数相同。

7.3.2 字容量扩展

字容量扩展是地址扩展，即将多片地址不够的存储器串联使用，使总地址数满足需求。在扩展地址时，与单片存储器地址相同的低位地址连接到每一片存储器，而高位地址经过译码输出后控制每一片存储器的片选。图7-30是将1K×8存储器扩展成4K×8存储器的连接图，使用二线-四线译码器对高位地址线 A_{10}、A_{11} 进行译码，译码器的4个输出分别与存储器的片选端相连。

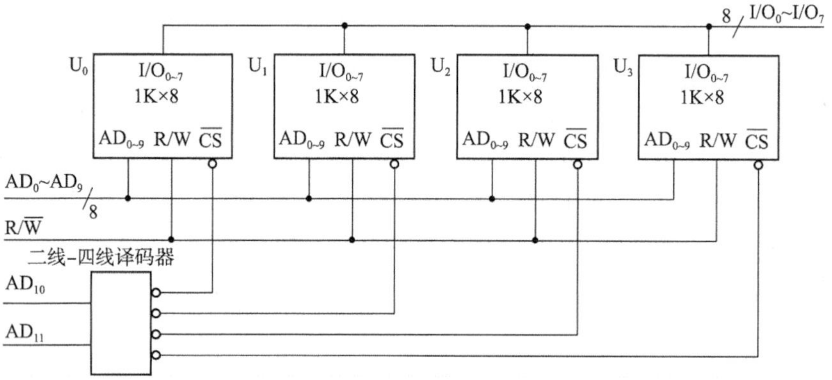

图 7-30　1K×8 存储器扩展成 4K×8 存储器的连接图

常用的译码器有三线-八线译码器 74LS138、双二线-四线译码器 74LS139、四线-十六线译码器 74LS154、四线-十线译码器 74LS42 等。

7.4　存储器使用举例

如图 7-31 所示的是一个具有存储器的电路，该电路中：

用于向数据总线输入数据的 8 个开关 $SD_0 \sim SD_7$ 具有 74LS244 缓冲器与数据总线隔离。

用于向地址总线输入地址的 14 个开关 $SA_0 \sim SA_{13}$ 的高 3 位经过 74LS138 输出。

用于保存只读数据的 EPROM 存储器 2716，该存储器容量为 2 KB。

用于保存随机数据的 RAM 存储器 6116 的存储器容量为 2 KB。

数据输出 1 与数据输出 2 各具有 74LS373 锁存器，该电路可以锁存数据总线的数据，并用 LED 灯显示。当 74LS373 输出引脚为低电平时，LED 灯亮。

用于保存临时数据的数据寄存器 74LS373 具有数据“寄存”按钮与数据“输出”按钮。

由图 7-31 可知，地址线为 14 位，其中低 11 位 $A_{10} \sim A_0$ 连接 2716 与 6116，用于选择地址。高三位 A_{13}、A_{12}，A_{11} 输入三线-八线译码器，用于在数据总线上选择连接的芯片。

地址 $A_{13} \sim A_0$ 与实际芯片之间的关系称为地址影射，表 7-3 给出高三位地址经过 74LS138 控制各个芯片的地址与地址范围。由表可知，ROM 占用地址 0000H～07FFH，RAM 占用地址 0800H～0FFFH；数据输入端口、数据输出 1 和数据输出 2 也纳入地址影射范围，虽然各自占用 1024 个地址，但可以统一由 74LS138 译码选址，减少电路的复杂度。因此，地址为 1000H 时选择数据输入端口，地址为 1800H 时选择数据输出 1，地址为 2000H 时选择数据输出 2。

表 7-3　地址影射表

十六进制地址	选　择	十进制地址	A_{13}，A_{12}，A_{11}	$A_{10} \sim A_0$
0000～07FF	ROM(2048)	0～2047	000	000 0000 0000～111 1111 1111
0800～0FFF	RAM(2048)	2048～4095	001	000 0000 0000～111 1111 1111
1000～17FF	数据输入(2048)	4096～6143	010	000 0000 0000～111 1111 1111
1800～1FFF	数据输出 1(2048)	6144～8191	011	000 0000 0000～111 1111 1111
2000～27FF	数据输出 2(2048)	8192～10239	100	000 0000 0000～111 1111 1111

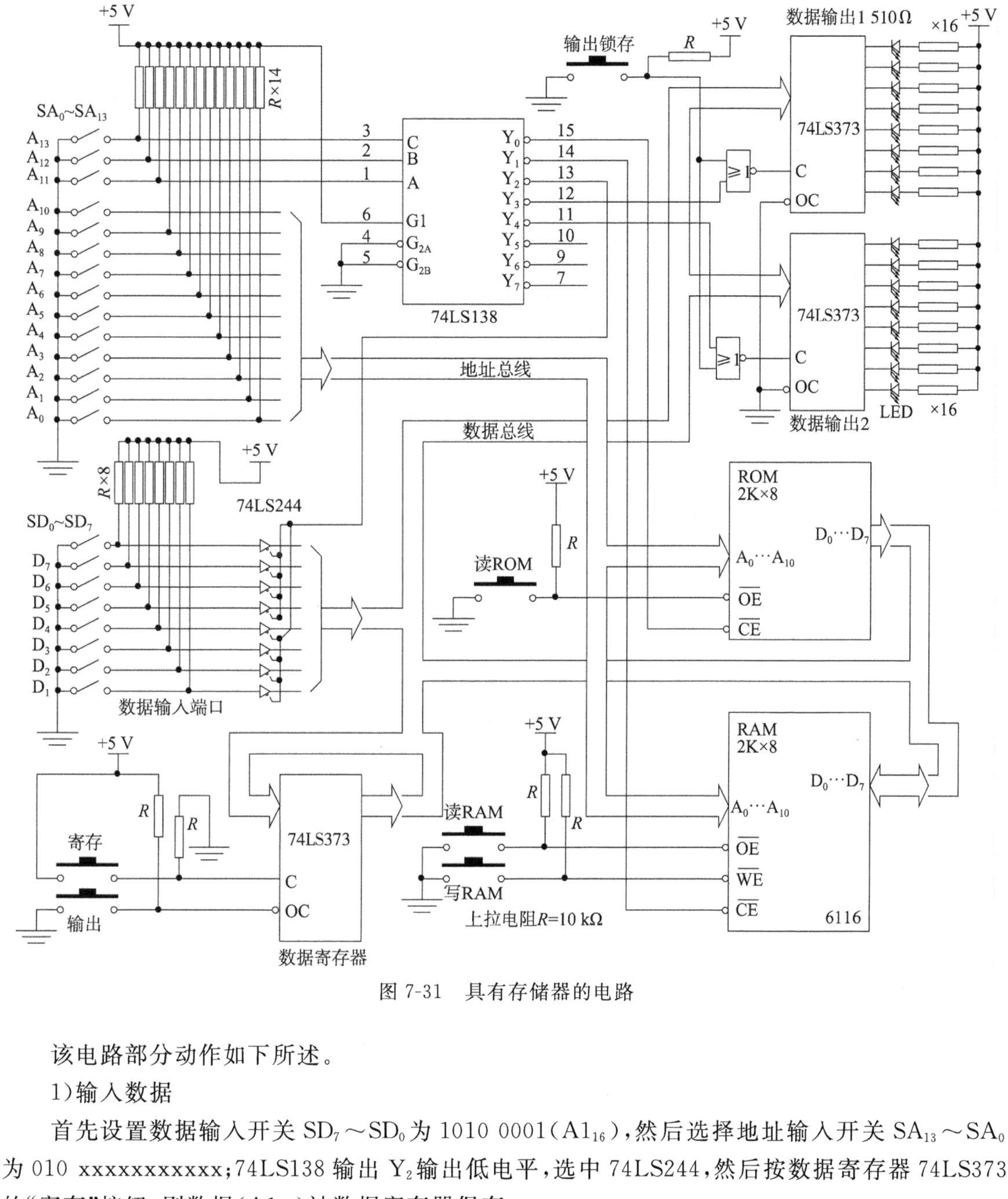

图 7-31　具有存储器的电路

该电路部分动作如下所述。

1)输入数据

首先设置数据输入开关 SD_7～SD_0 为 1010 0001($A1_{16}$),然后选择地址输入开关 SA_{13}～SA_0 为 010 xxxxxxxxxxx;74LS138 输出 Y_2 输出低电平,选中 74LS244,然后按数据寄存器 74LS373 的“寄存”按钮,则数据($A1_{16}$)被数据寄存器保存。

2)数据写入 RAM

首先选择地址输入开关 SA_{13}～S_{A0} 为 001 000 0000 0000(RAM 的第一个地址),74LS138 输出 Y_1 输出低电平;选中 RAM,按并保持数据寄存器的“输出”按钮,再按“写 RAM”按钮,数据($A1_{16}$)写入 RAM 中。

3)RAM 读出数据到数据输出 1

首先选择地址输入开关 SA_{13}～SA_0 为 001 00000000000(RAM 的第一个地址)按下并保持“读 RAM”按钮后按下数据寄存器的“寄存”按钮,将 RAM 中的数据保存在数据寄存器 74LS373 中。选择地址 011 xxxxxxxxxxx,然后按并保存数据寄存器的“输出”按钮,再按“寄存”按钮,数据锁存在数据输出1电路的74LS373中。由于LED低电平有效，则与二进制数据为0的输出引脚连接的LED灯亮。

4)从ROM中读出数据到数据输出2

首先选择地址输入开关SA_{13}～SA_0为000 00000000000(ROM的第一个地址)，按下并保持“读ROM”按钮，按数据寄存器的“寄存”按钮，将ROM中的数据保存在数据寄存器中。选择地址100 xxxxxxxxxxx，然后按下并保存数据寄存器的“输出”按钮，再按“寄存”按钮，数据锁存在数据输出2电路的74LS373中。由于LED低电平有效，则与二进制数据为0的输出引脚连接的LED灯亮。

如果在图示电路的基础上增加运算器，再设计一个控制器，在指令的控制下完成上述动作，这样的电路是简单的CPU电路。

*7.5　单片机中的存储器

7.5.1　51单片机的程序存储器

单片机中的程序存储器用于存储单片机操作的指令、数据和表格等，单片机中的中央微处理器(CPU)首先给出存储器地址，然后从选中的地址读取指令，并执行指令，单片机的工作过程是读出指令，执行指令的过程。

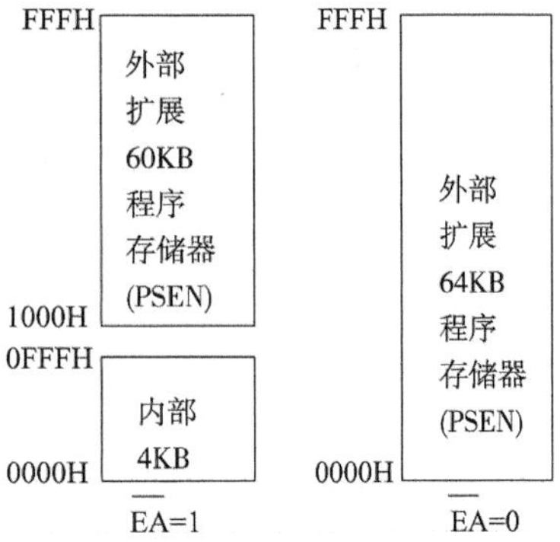

图7-32　51单片机程序存储器的示意图

51单片机的程序存储器采用Flash结构，程序存储器结构如图7-32所示，单片机内部有4KB存储空间，外部可以扩展64KB存储空间。

如果使用51单片机内部的存储器保存用户程序，须使单片机EA引脚接高电平，使CPU先从内部的程序存储器中读取程序，当PC值超过内部FLASH的容量时，转向外部的程序存储器读取程序。例如，内部存储器为4KB，当EA=1时，前面4KB(0000H～0FFFH)使用内部存储器，而其后的60KB(1000H～FFFFH)使用外部存储器。

51单片机启动复位后，CPU从0000H单元开始执行程序。

7.5.2　51单片机的数据存储器

数据存储器用于保存程序运行中的变量，以及一些断电后不丢失的数据。51单片机的数据存储器如图7-33所示，具有256B的内部数据存储器并可以扩展到64KB外部数据存储器。

256B存储单元分为两部分。一部分是地址从00H～7FH单元(共128B)为用户数据RAM。另一部分从80H～FFH地址单元(也是128B)为特殊功能寄存器(SFR)单元。

51单片机的数据存储器具有如下分区。

1)堆栈

堆栈用于保存CPU工作中的数据，先写入的数据后读出，而后写入的数据先读出，写入与读出的地址称为堆栈指针。

存储器中地址30H～7FH之间的数据存储器单元供用户自由使用，常用作堆栈，所以堆栈指针指向这块区域。

2)位寻址

位寻址能力就是每一个位都有地址,可以单独写入 1 或 0;位寻址区既可以用字节寻址,也可以位寻址。位地址分配如表 7-4 所示,CPU 能直接读写这些位,执行如置 1、清零、求反、传送等操作。地址 20H～2FH 共 16B 的数据存储器存储单元有位寻址能力,共有 128 位,位地址为 00H～7FH。

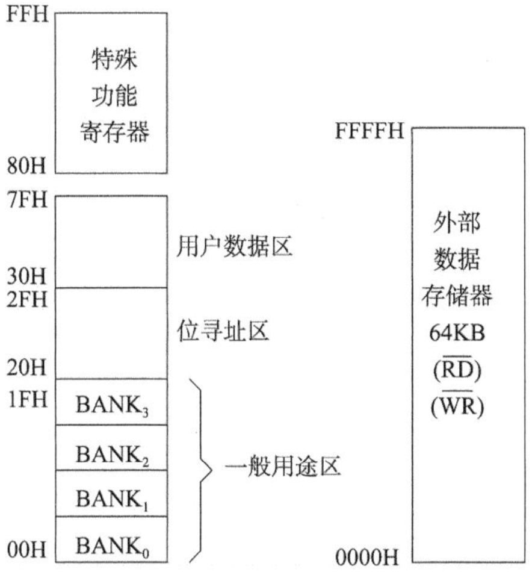

图 7-33 51 单片机的数据存储器

表 7-4 位地址分配表

单元地址	位地址	单元地址	位地址
2FH	7FH～78H	27H	3FH～38H
2EH	77H～70H	26H	37H～30H
2DH	6FH～68H	25H	2FH～28H
2CH	67H～60H	24H	27H～20H
2BH	5FH～58H	23H	1FH～18H
2AH	57H～50H	22H	17H～10H
29H	4FH～48H	21H	0FH～08H
28H	47H～40H	20H	07H～00H

3)寄存器组

数据存储器中低地址 00H～1FH 共 32 个单元均匀分为四块($BANK_0$～$BANK_4$),每块包含八个 8 位寄存器,称为通用寄存器,用于 CPU 分组保存数据。例如,主程序使用一组,中断程序使用另外一组,其好处是当 CPU 切换运行的程序时,不用特意保存运行中的数据,使 CPU 切换的速度更快。

4)特殊功能寄存器

数据存储器中的特殊功能寄存器也称为专用寄存器,设置特殊功能寄存器可以使单片机中各个模块(如定时器、通信等)实现不同的功能;读特殊功能寄存器可得到 51 单片机的运行状态。特殊功能寄存器共有 21 个,分布在内部 RAM 的 80H～FFH 地址中,这些寄存器的功能已作专门的规定,用户不能修改其结构。初学单片机就是学习如何设置特殊功能寄存器,使单片机实现用户需要的功能。

小　结

本章主要内容为:

(1)只读存储器、只读存储器分类、不可写入数据的 ROM、可写入数据的 ROM。

(2)随机存储器,包括静态随机存储器和动态随机存储器。

(3)存储器扩展,包括位扩展与字扩展。

思 考 题

1. 不可写入数据的 ROM 有哪几种?可写入数据的 ROM 有哪几种?

2. ROM 由哪些功能模块组成？地址线与地址之间有什么关系？
3. NOR FLASH 与 NAND FLASH 之间有什么区别？
4. 可写入 ROM 有哪些技术指标？如何计算 ROM 的存储容量？
5. ROM 如何实现逻辑函数？

习　题

【题 7-1】 ROM 存储器如何分类？

【题 7-2】 什么是存储器的字长？什么是存储器的字数？

【题 7-3】 ROM 存储器的地址线、数据线、$\overline{CE}$与$\overline{OE}$的作用是什么？

【题 7-4】 掩模存储器 MROM 有哪两种主要结构？

【题 7-5】 什么是地址译码器？

【题 7-6】 UVEPROM 有什么特点？E^2PROM 有什么特点？

【题 7-7】 存储器的地址线与地址数之间什么关系？

【题 7-8】 EPROM 存储器 27256 在地址有效后，经过多长时间后数据有效？

【题 7-9】 E^2PROM 存储器 AT28C64B 的软件保护功能有什么作用？

【题 7-10】 试用 74LS160、74LS138、74LS04 和二极管 ROM 矩阵组成一个四彩灯控制电路。各个彩灯（发光二极管）亮灭如表题 7-10 所示。

表题 7-10　彩灯亮灭表

地址			数据			
A_2	A_1	A_0	D_0	D_1	D_2	D_3
0	0	0	0	1	1	1
0	0	1	0	0	1	0
0	1	0	0	1	0	1
0	1	1	1	0	1	0
1	0	0	0	1	1	1
1	0	1	0	0	0	0
1	1	0	0	1	0	1
1	1	1	1	0	1	0

【题 7-11】 试用 ROM 实现如下逻辑函数（采用 74LS138 作为地址译码器）。

$$Y_1(A,B,C)=\sum m(3,6,7)$$

$$Y_2(A,B,C)=\sum m(0,1,4,5,6)$$

$$Y_3(A,B,C)=\sum m(2,3,4)$$

$$Y_4(A,B,C)=\sum m(2,3,4,7)$$

【题 7-12】 常见的随机存储器如何分类？

【题 7-13】 静态随机存储器与动态随机存储器之间的最大区别是什么？

【题 7-14】 非易失随机存储器与一般随机存储器的区别是什么？

【题 7-15】 某存储器具有 64 个地址，每个地址保存 8 位数据，则该存储器的容量是多少？

【题 7-16】 某字长为 8 的存储器容量为 512 KB，该存储器的地址线有多少根？

【题 7-17】 试用两片 2048×4 位的存储器组成 2048×8 位存储器，并画出逻辑图。

【题 7-18】 试用 4 片 1 K×8 位的存储器组成 4 K×8 位存储器，并画出逻辑图（地址译码采用 74LS138）。

【题 7-19】 试用十六进制数写出如下存储器的最高地址。

(1)2 K×4；(2)32 K×8；(3)512 K×16；(4)1 M×8。

【题 7-20】 某单片机具有 16 根地址线，该单片机的寻址范围是多少？

第8章　可编程逻辑器件工作原理

现场可编程门阵列与复杂可编程逻辑器件是广泛应用的数字电路器件。本章介绍这两类器件的工作原理、实际的器件结构，以及可编程逻辑器件的配置与编程。

8.1　现场可编程门阵列

8.1.1　现场可编程门阵列的工作原理

1. 通用系列数字电路的缺点

通用系列提供标准的逻辑元器件以供设计者设计数字系统，但是当所设计的数字系统越来越复杂时，若再使用通用系列电路设计，则有如下缺点：电路板上的数字电路元件太多；焊接点太多，可靠度降低；电路板面积大，成本高。

近年来，集成电路制造技术的快速发展可使一片集成电路实现数字系统。例如，可编程逻辑器件(PLD)和现场可编程门阵列(FPGA)等都可实现单片数字系统，这些大规模集成电路解决了 TTL/CMOS 通用系列在设计复杂数字系统中遇到的问题。

2. 现场可编程门阵列的工作原理

现场可编程门阵列(Field Programmable Gate Array，FPGA)是一种使用广泛且基于查找表原理的 PLD 器件。

查找表(LUT)是利用数据选择器实现逻辑函数，2^N 选 1 的数据选择器，可以实现 N 个输入变量的查找表，即可实现具有 N 变量的逻辑函数。

图 8-1 是利用数据选择器的查找表结构。由于是 2^4 选 1 的数据选择器，所以可以直接实现四变量逻辑函数。其中的随机存储器用于存储 2^4 选 1 数据选择器的数据信号，D、C、B、A 是输入逻辑变量，F 是输出。

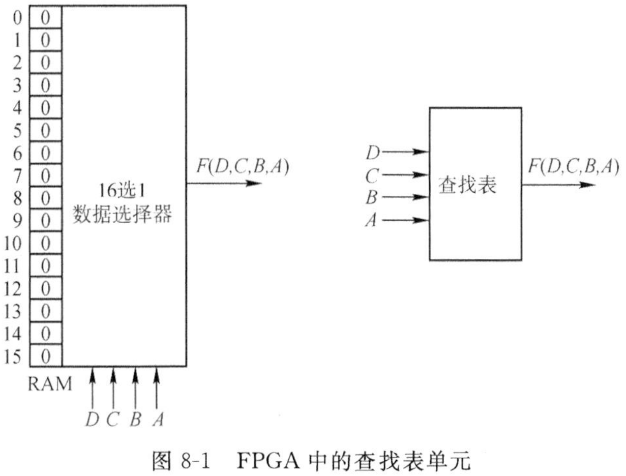

图 8-1　FPGA 中的查找表单元

如下的逻辑函数可以用如图 8-2 所示的查找表实现。

$$F(D,C,B,A) = D\overline{C}BA + DC\overline{B}A + \overline{D}CBA + \overline{D}\ \overline{C}B\overline{A} = \sum(m_2, m_7, m_{11}, m_{13})$$

由图可知，只要在对应逻辑函数式中最小项的位置使 RAM 存储单元存储 1，其他存储单元存储 0，就可以用查找表实现该逻辑函数。

N 输入查找表需要 2^N 个 RAM 存储单元实现，所以 N 不能很大，否则查找表的利用率会降低。对于输入变量大于 N 的逻辑函数，须用多个查找表实现。

查找表也可以实现“或”门，图 8-3 是实现逻辑函数 $F=D+C+B+A$ 的情况。

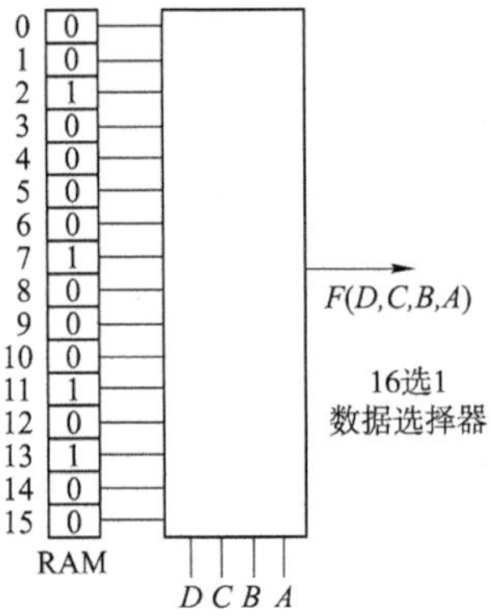

图 8-2 实现“与或”函数的查找表

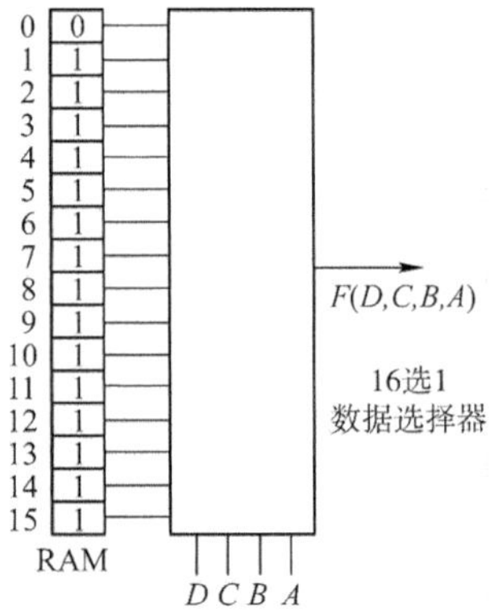

图 8-3 查找表实现“或”逻辑

8.1.2 实际应用的可编程门阵列器件

实际应用中使用多个型号的可编程门阵列，这里介绍在数字系统产品中得到广泛应用的 FLEX10k 系列器件，该系列器件使用查找表实现逻辑功能。

1. FLEX10k 系列器件 EPF10k10

基于 FPGA 工作原理的 EPF10k10 芯片是广泛使用的一类 FPGA 器件，该器件采用 CMOS SRAM 工艺，主要特点如下所述。

(1)高密度：典型的门个数为 10000，576 个逻辑单元，全部 RAM 容量为 6144 位。

(2)内部连接资源丰富：具有快速互连通道、专用进位链、级连链，可以实现快速运算和复杂逻辑。

(3)I/O 引脚：内核电压与 I/O 电压不同，I/O 引脚的电压可以选择 5V 或 3.3V，每个引脚具有独立的三态使能、开漏输出和电压摆率控制。

(4)封装：具有多种封装形式，同一封装中的引脚兼容。

(5)具有 JTAG 接口：可以使用简单的 JTAG 接口电缆进行配置。

2. 引脚排列

该系列中所有 TQFP 144 引脚封装的器件具有相同的引脚排列，目的是在不改变封装的情况下，可以调换不同资源的芯片。例如，TQFP 144 引脚封装的 EPF10k10 与 EPF10k20 的引脚排列相同，但是 EPF10k20 的资源比 EPF10k10 多，该系列器件 TQFP 144 封装的引脚排列如图 8-4 所示。144 个引脚分类如下所述。

(1)JTAG 配置接口引脚：TCK、TDO、TMS、TDI。

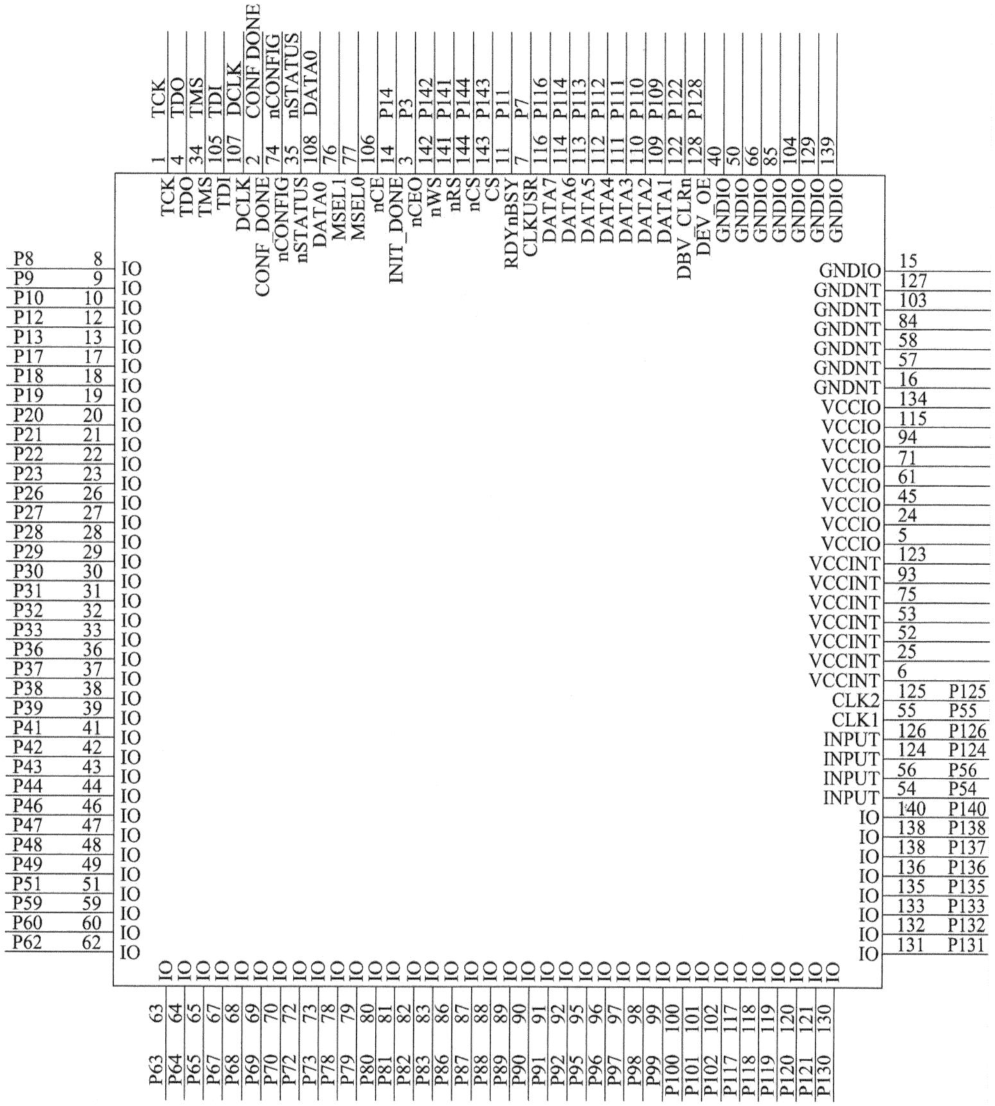

图 8-4　EPF10k10 器件的引脚排列图

(2)被动配置与器件配置接口引脚：DATA0、nSTATUS、nCONFIG、CONF_DONE、DCLK。

(3)电源引脚：内核电源引脚 VCCINT、GNDINT；I/O 电源引脚 VCCIO、GNDIO。

(4)时钟引脚：CLK1、CLK2。

(5)专用输入引脚与 I/O 引脚：INPUT、I/O。

3. FLEX10k 系列器件结构

FLEX10k 系列器件结构图如图 8-5 所示，该系列器件主要由嵌入式阵列块(EAB)、包含逻辑阵列块(LAB)的逻辑阵列、行列互连和 I/O 单元(IOE)组成。下面简单介绍其内部主要模块。

1)逻辑单元

逻辑单元(Logic Element，LE)，又称为(Logic Cell，LC)，是 FLEX10k 系列器件实现逻辑的最小单元，每个 LE 包含一个四输入查找表、一个同步触发和使能的可编程寄存器(Programmer Register)、一个级联(Cascade)链、一个进位(Carry)链和若干个可以编程的数据选择器。LE 的

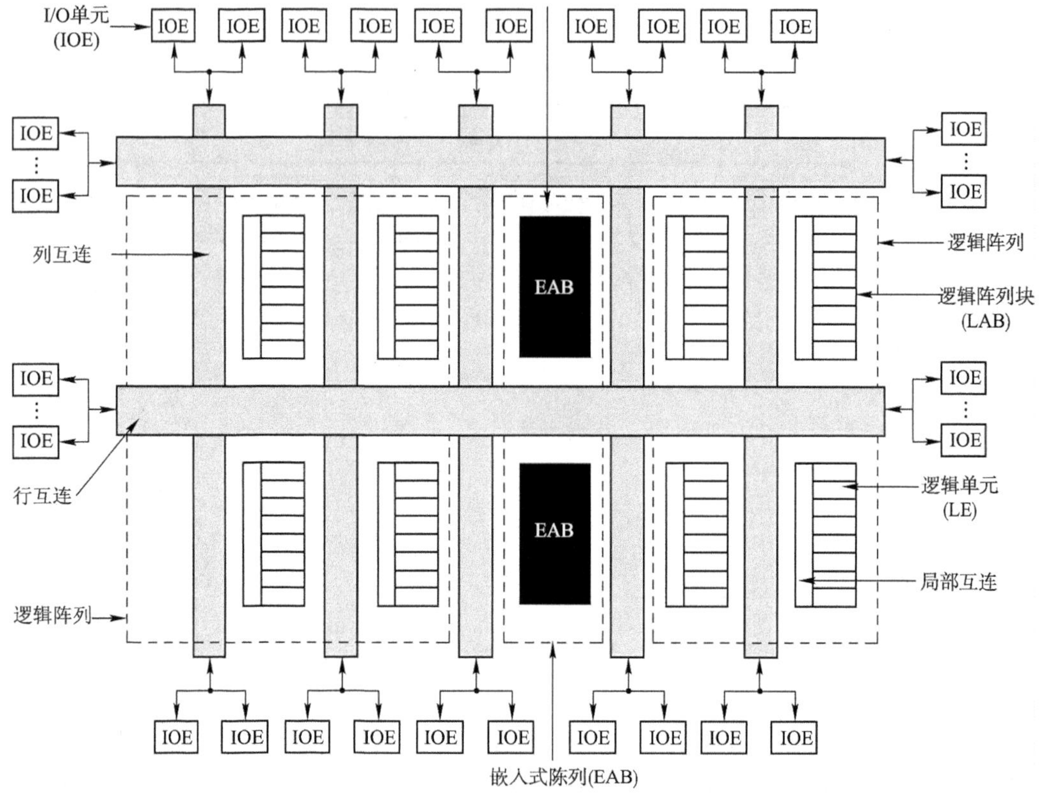

图 8-5　FLEX10k 系列器件结构图

输出可以驱动局部互连和快速通道(Fast Track)。每个 LAB 有 8 个 LE。图 8-6 显示的是 LE 内部结构,数据选择器输入端与门电路输入端的小圆圈表示可以编程的浮栅场效应管。

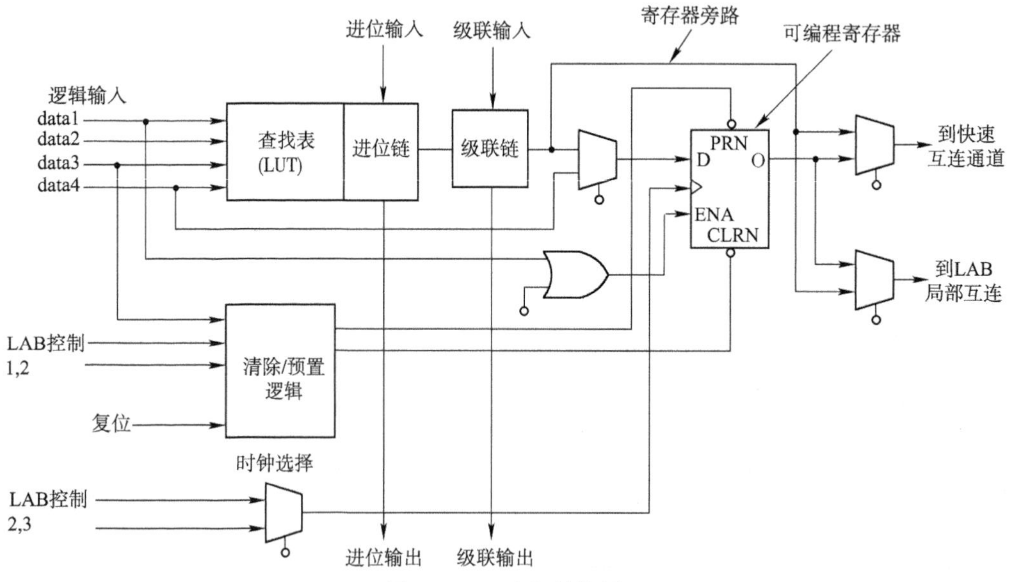

图 8-6　LE 内部结构图

查找表有 4 个输入、1 个输出,可以实现四变量逻辑函数,可编程寄存器可以在查找表的支持下实现 D、T、JK 或 RS 寄存器功能，该寄存器的时钟、置零和置位信号来自全局信号、I/O 引脚或内部逻辑。若实现组合逻辑，寄存器可以被旁路，查找表的输出直接驱动 LE 的输出。

LE 有一个输出连接 LAB 局部互连通道，还有一个输出连接快速互连通道，两个输出可以单独控制。例如，查找表可以连接一个输出，而寄存器可以连接另外一个输出，这样可以改善 LE 的可利用性，因为查找表和寄存器可以实现各自的逻辑功能。另外，还有两个快速数据通道与相邻的 LE 连接，即进位链与级联链；进位链支持高速计数器和加法器，级联链用于实现宽输入功能，级联与进位链连接 LAB 中所有的 LE。

2)逻辑阵列块(LAB)

如图 8-7 所示，每个 LAB 由 8 个 LE、互连的进位和级联链、LAB 控制信号和 LAB 局部互连组成。

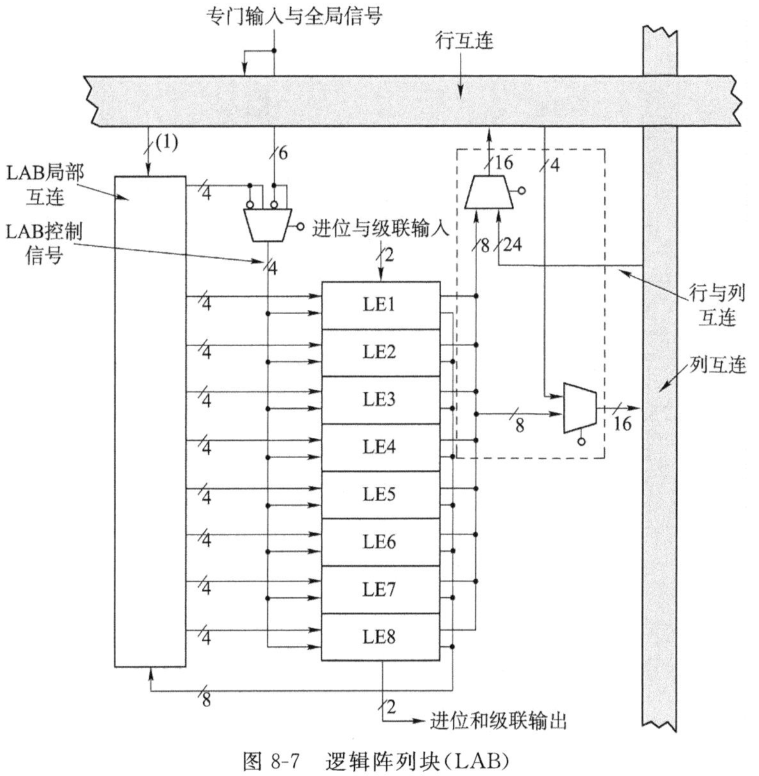

图 8-7　逻辑阵列块(LAB)

3)行互连与列互连

在 LE 与 I/O 引脚之间有快速互连通道，通道由一组横穿器件水平和垂直的走线组成；每个 LAB 有专用的行互连，行互连能够驱动 I/O 引脚，并传送给其他的 LAB；列互连可以使行之间信号互连，也能够驱动 I/O 引脚。

4)I/O 单元

每个 I/O 单元(IOE)包含一个双向 I/O 缓冲器和一个双向寄存器，可以实现输入、输出和双向引脚的功能。图 8-8 是 IOE 结构图。

外围控制总线向 IOE 提供时钟、清除、时钟使能和输出使能控制等共 12 个外围控制信号，这些信号可以形成 8 个输出使能信号、6 个时钟使能信号、两个时钟信号和两个清除信号。

另外，还有两个专用时钟、4 个专门输入信号，以及行列互连信号与 IOE 单元连接。

IOE 单元支持如下功能。

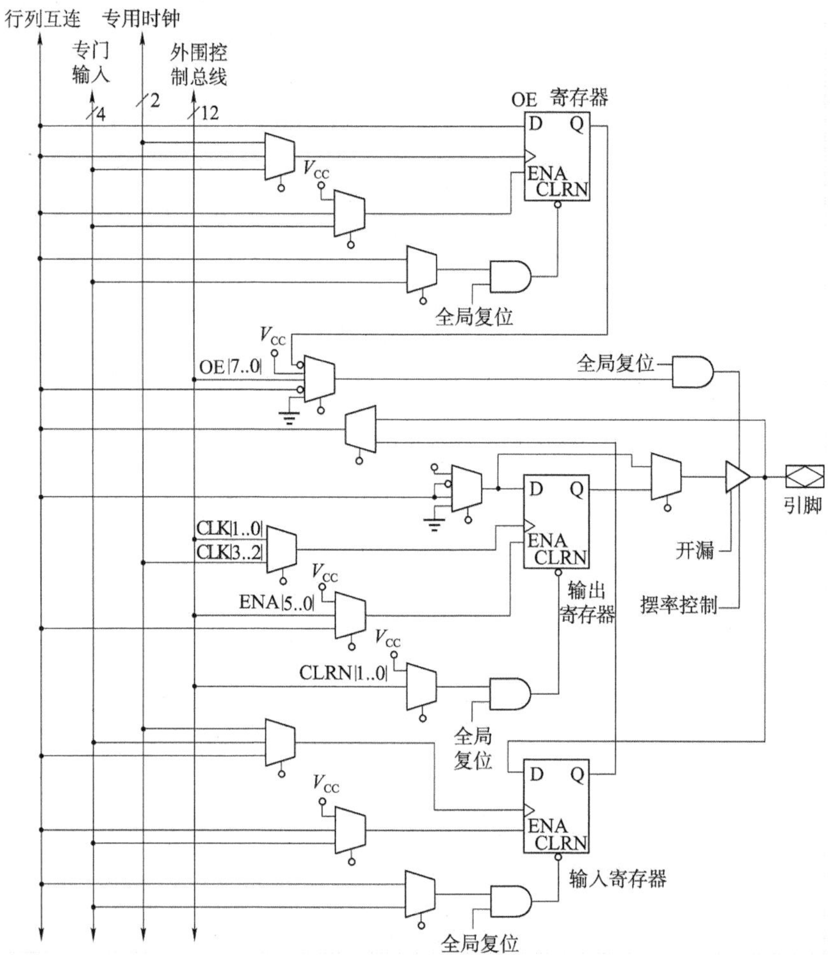

图 8-8 IOE 结构图

(1)摆率控制:为降低噪声或实现高速特性,每个 IOE 输出缓冲器的输出摆率可以调整,慢的摆率可以减少系统噪声,但增加延迟时间。可以根据实际需要选择摆率,摆率只对信号的下降沿有作用。

(2)漏极开路输出:每个 I/O 缓冲器都可以设置成漏极开路,满足外电路对漏级开路输出的需求。

(3)多电压接口:IOE 支持多电压,I/O 引脚可以在 5 V 或 3.3 V 电压下工作。

5)嵌入式阵列块

嵌入式阵列块(Embedded Array Block,EAB)是在 FPGA 芯片中嵌入的 RAM 存储单元,形成在数据输入输出口上带有寄存器的 RAM 存储器,这些 RAM 存储器可以方便地实现规模不大的 FIFO、ROM 和双端口 RAM 存储器等功能。每个 EAB 的容量为 2048 位,数据线最大宽度为 8 位,地址线最大宽度为 11 位,因此每个 EAB 可以配置成 256×8、512×4、1024×2 或 2048×1 的存储器,更大的 RAM 可由多个 EAB 组合到一起组成。EAB 还可以用来实现查找表,以实现组合逻辑。EAB 的结构如图 8-9 所示。在 FPGA 软件开发中,可以调用 RAM、ROM 宏模块配置 EAB。

4. FLEX10k 系列 5 V 器件电特性

FLEX10k 系列 5 V 电压器件是实验室常用的芯片,特别是 EPF10k10 和 EPF10k20,很多学校的实验室都使用这两个芯片完成 EDA 课程的实验。下面介绍该系列 5 V 器件的电特性。

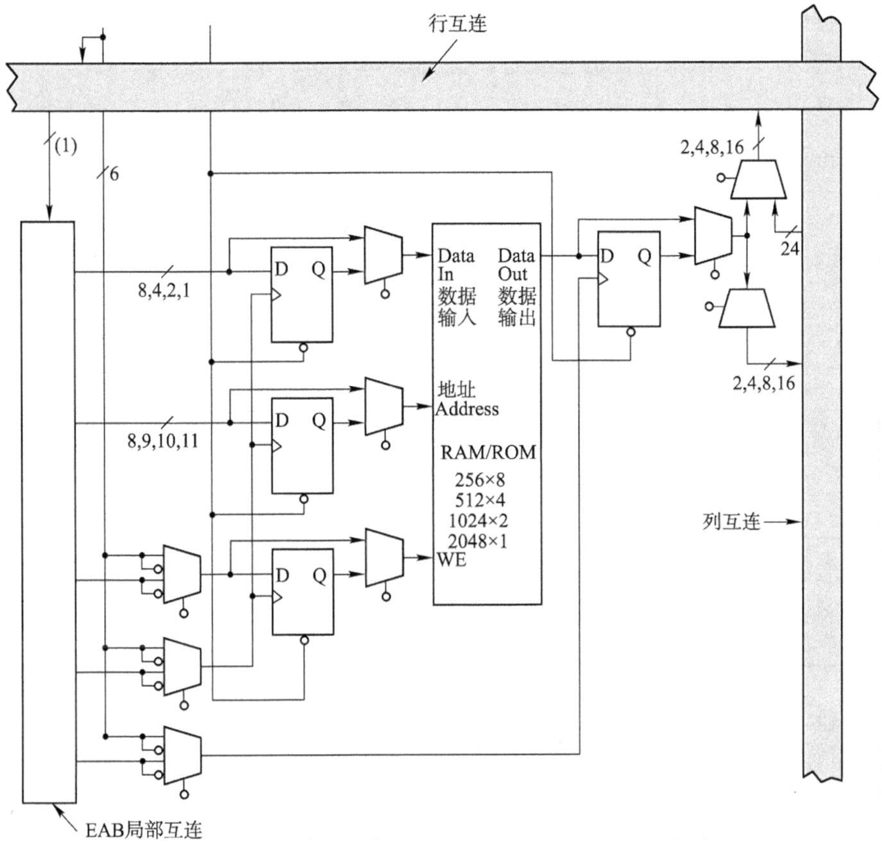

图 8-9 EAB 结构图

1)极限参数

FLEX10k 系列 5 V 电压器件的主要极限参数如表 8-1 所示。

表 8-1 5 V 电压器件的主要极限参数

符 号	参 数	测试条件	最 小	最 大	单 位
V_{CC}	电源电压	对地电压	−0.2	7.0	V
V_i	直流输入电压		−2.0	7.0	V
I_{OUT}	每引脚直流电流		−25	25	mA

2)推荐工作条件

FLEX10k 系列 5 V 电压器件的主要推荐工作条件如表 8-2 所示。

表 8-2 FLEX10k 系列 5 V 电压器件的主要推荐工作条件

符 号	参 数	测试条件	最 小	最 大	单 位
V_{CCINT}	内核逻辑和输入缓冲器电压		4.75	5.25	V
V_{CCIO}	输出缓冲器电压	5 V 电压	4.75	5.25	V
		3.3 V 电压	3.00	3.60	V
V_I	直流输入电压		−0.5 V	V_{CCINT}+0.5	V
I_{OUT}	每引脚直流电流		−25	25	mA

3)直流电特性

FLEX10k 系列 5 V 电压器件的主要直流电特性如表 8-3 所示。

表 8-3 FLEX10k 系列 5 V 电压器件的主要直流电特性

符 号	参 数	条 件	最 小	典 型	最 大	单 位
V_{IH}	高电平输入电压		2.0		$V_{CCINT}+0.5$	V
V_{IL}	低电平输入电压		−0.5		0.8	V
V_{OH}	连接 5.0 V TTL 器件	$I_{OH}=-4$ mA　$V_{CCIO}=4.75$ V	2.4			V
	连接 3.3 V TTL 器件	$I_{OH}=-4$ mA　$V_{CCIO}=3.00$ V	2.4			V
	连接 3.3 V CMOS 器件	$I_{OH}=-0.1$ mA　$V_{CCIO}=3.00$ V	$V_{CCINT}-0.2$			V
V_{OL}	连接 5.0 V TTL 器件	$I_{OL}=12$ mA　$V_{CCIO}=4.75$ V			0.45	V
	连接 3.3 V TTL 器件	$I_{OH}=12$ mA　$V_{CCIO}=3.00$ V			0.45	V
	连接 3.3 V CMOS 器件	$I_{OH}=0.1$ mA　$V_{CCIO}=3.00$ V			0.2	V
I_I	输入泄漏电流	$V_I=V_{CCIO}$或$V_I=0$	−10		10	μA
I_{OZ}	三态 I/O 泄漏电流	$V_I=V_{CCIO}$或$V_I=0$	−40		40	μA
I_{CCO}	静态电源电流	$V_I=V_{CCIO}$，无负载		0.5	10	mA

4)电容参数

FLEX10k 系列 5 V 电压器件的电容参数如表 8-4 所示。

表 8-4 FLEX10k 系列 5 V 电压器件的电容参数

符 号	参 数	条 件	最 小	最 大	单 位
C_{IN}	输入引脚电容	$V_{IN}=0$ V，$f=1.0$ MHz		8	pF
C_{INCLK}	专用时钟输入电容	$V_{IN}=0$ V，$f=1.0$ MHz		12	pF
C_{OUT}	输出引脚电容	$V_{OUT}=0$ V，$f=1.0$ MHz		10	pF

5. FLEX10k 系列器件的驱动特性

FLEX10k 系列 5 V 内核器件的引脚电压 V_{CCIO} 为 5 V 和 3.3 V 时，器件的输出驱动特性如图 8-10 所示。由图可知，输出低电平与输出高电平是输出电流的函数。对于不同的 V_{CCIO} 电压，其驱动能力几乎相同。

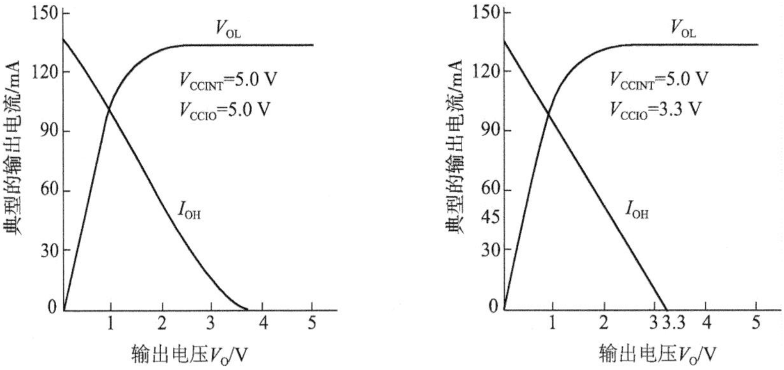

图 8-10 FLEX10k 系列 5 V 内核器件典型的 I/O 驱动特性

8.2　复杂可编程逻辑器件

8.2.1　复杂可编程逻辑器件的工作原理

复杂可编程逻辑器件(CPLD)由大量可编程的“与”门和“或”门阵列组成，是目前常用的一种 PLD 器件。

所有的 CPLD 都有可编程阵列。可编程阵列是横竖交叉的导线，在导线的交叉点有熔丝连接，熔丝可以按照需求烧断或保留连接。

1.“或”阵列

“或”阵列由“或”门和可编程阵列组成，未编程的“或”阵列如图 8-11(a)所示，阵列中的熔丝可以按照选择的输入变量在大电流下烧断，烧断熔丝的“或”阵列如图 8-11(b)所示。对于每一条“或”门的输入线，只能保留一条熔丝连接所选的变量。

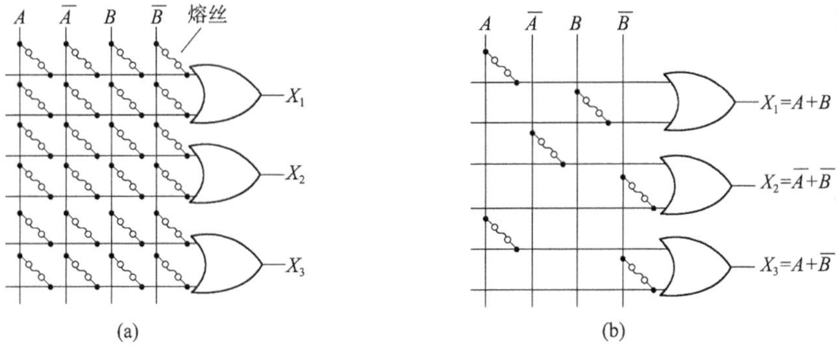

图 8-11　未编程和已编程的“或”阵列

2.“与”阵列

“与”阵列由“与”门和可编程阵列组成，未编程的“与”阵列如图 8-12(a)所示，阵列中的熔丝可以按照所选的输入变量在大电流下烧断，烧断熔丝的“与”阵列如图 8-12(b)所示。对于每一条“与”门的输入线，只能保留一个熔丝连接所选的变量。

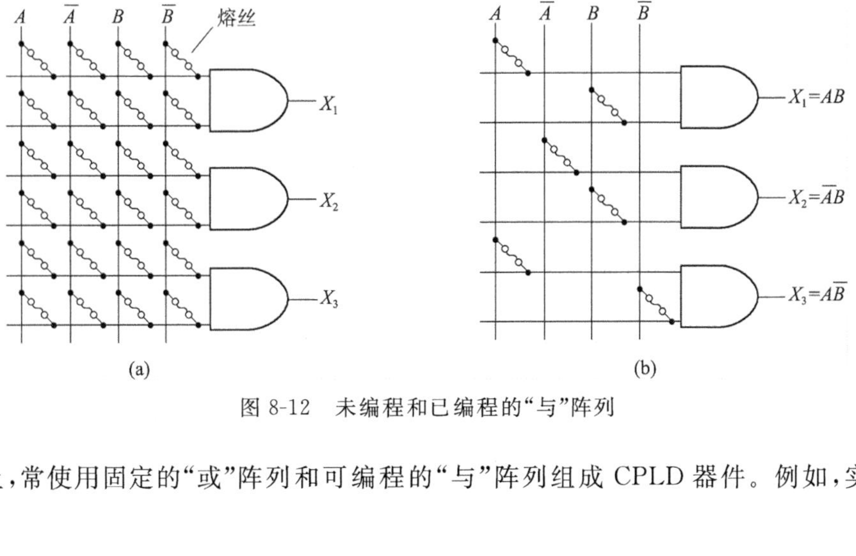

图 8-12　未编程和已编程的“与”阵列

实际上，常使用固定的“或”阵列和可编程的“与”阵列组成 CPLD 器件。例如，实现“与或”

逻辑表达式 $X=AB+A\overline{B}+\overline{A}\,\overline{B}$的电路如图 8-13 所示。

3. 简化符号

实际的“与或”阵列有很多“与”门和“或”门，可以实现很复杂的逻辑表达式，使用上述带有熔丝的画法很难画出一个用“与或”阵列实现多输入输出变量逻辑表达式的逻辑图，所以一般采用简化符号画法。简化符号的“与或”阵列如图 8-14 所示。

1)输入缓冲器

“与或”阵列中的可编程阵列需要原变量和反变量，同时为防止大量的“与”门输入信号使前级负载过重，在“与”阵列的逻辑变量输入端连接可以输出互补逻辑变量的输入缓冲器。

2)“与”门

“与或”阵列中的“与”门有大量的输入线，不可能全部画出，一种简化的画法是只画一条线，该线代表“与”门输入所有的输入线，可以在这条线上画一条短斜线并加上线条数数字的方法表示输入线数。

3)熔丝

熔丝用一个叉表示，“与”门的输入有哪个输入变量，就在该输入变量连线和“与”门输入线的交叉点画一个叉，表示该交叉点有熔丝。

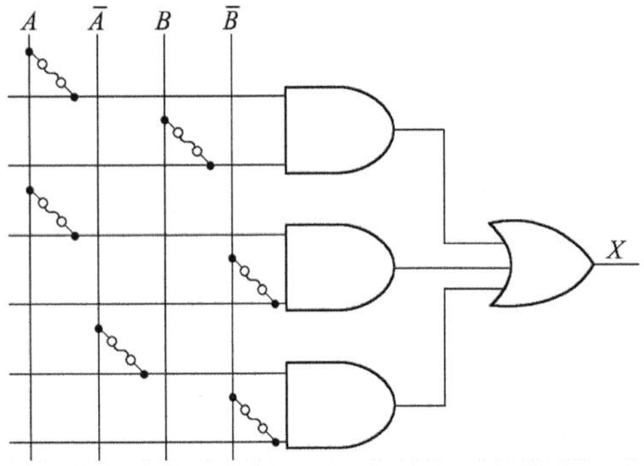

图 8-13 “与或”阵列实现“与或”表达式

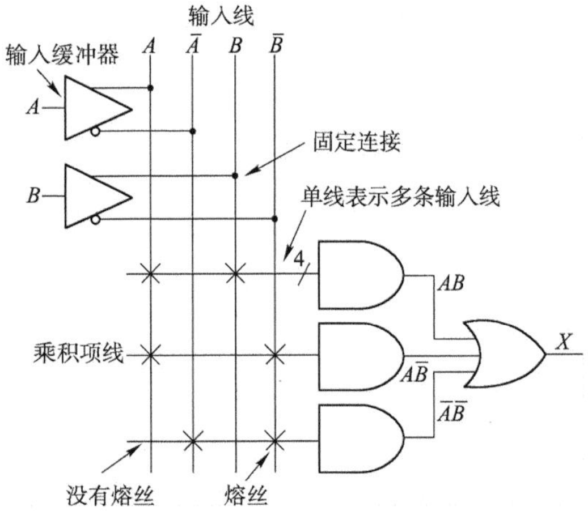

图 8-14 “与或”阵列的简化图

4)固定连接

固定连接是非编程连接，一般用圆点表示。

由于存储器技术的发展，“与”阵列中的熔丝常用带有浮置栅的 E^2CMOS 管代替。换言之，“与”阵列的每一个交叉点都有一个可以电擦除与编程的浮置栅 MOS 管，通过编程控制 MOS 管的导通与截止，如同控制熔丝的通断一样实现逻辑函数。

8.2.2 实际的复杂可编程逻辑器件

MAX7000 系列是采用 CMOS E^2PROM 工艺制造的复杂可编程逻辑器件，该系列包括三个子系列 7000A、7000E 和 7000S。该系列 5V 器件 EPM7128S 芯片具有如下特点：

(1)具有 128 个宏单元，可用门数 2500，8 个逻辑阵列块。

(2)具有 PLCC 和 TQFP 封装，最多可用 I/O 引脚数为 100，引脚具有漏极开路选择和输出摆率控制。

(3)具有 JTAG 接口，可以实现在系统编程。

下面以 EPM7128S 器件为例，介绍该系列器件的结构与工作原理。

1. 结构

EPM7128S 器件的结构如图 8-15 所示。由结构图可知，EPM7128S 器件的结构由逻辑阵列块（LAB）、宏单元（Macrocell）、可编程连线阵列（PIA）和 I/O 控制块（I/O Control Block）组成，还具有 4 个专用输入引脚。这些引脚不仅可以作为一般输入引脚，还可以作为每个宏单元的全局时钟、清除和输出使能控制信号。

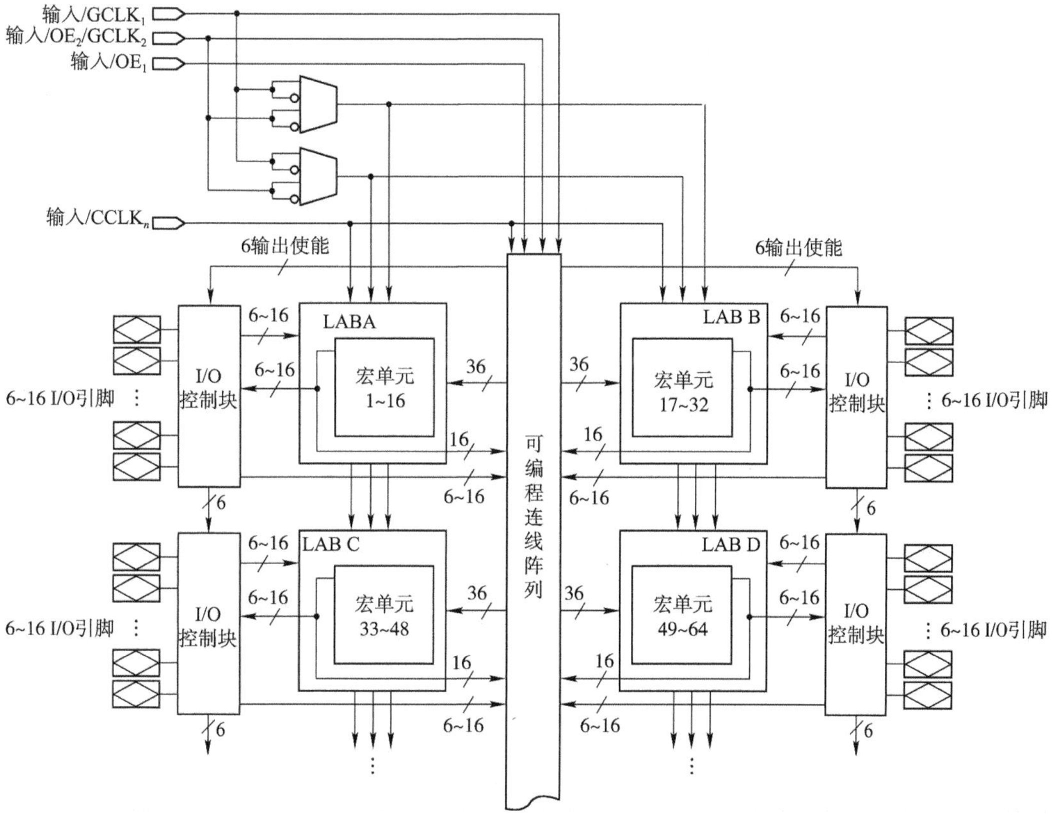

图 8-15　EPM7128S 系列器件的结构图

1）逻辑阵列块

一个逻辑阵列块（LAB）内包含 16 个宏单元，逻辑阵列块之间通过可编程连线阵列互连，并与输入、输出和全局控制信号（时钟、输出使能）连接。

与 LAB 连接的输入信号如下所述。

（1）来自可编程连线阵列的 36 个输入信号；

（2）用于寄存器控制的全局控制信号；

（3）从 I/O 引脚到可编程寄存器的直接输入信号。

2）逻辑宏单元

逻辑宏单元（Macrocell）是实现时序逻辑和组合逻辑的基本单元，每个宏单元由逻辑阵列、乘积项选择矩阵和可编程寄存器组成。宏单元结构如图 8-16 所示，图中数据选择器选择端的浮栅场效应管表示可以编程。

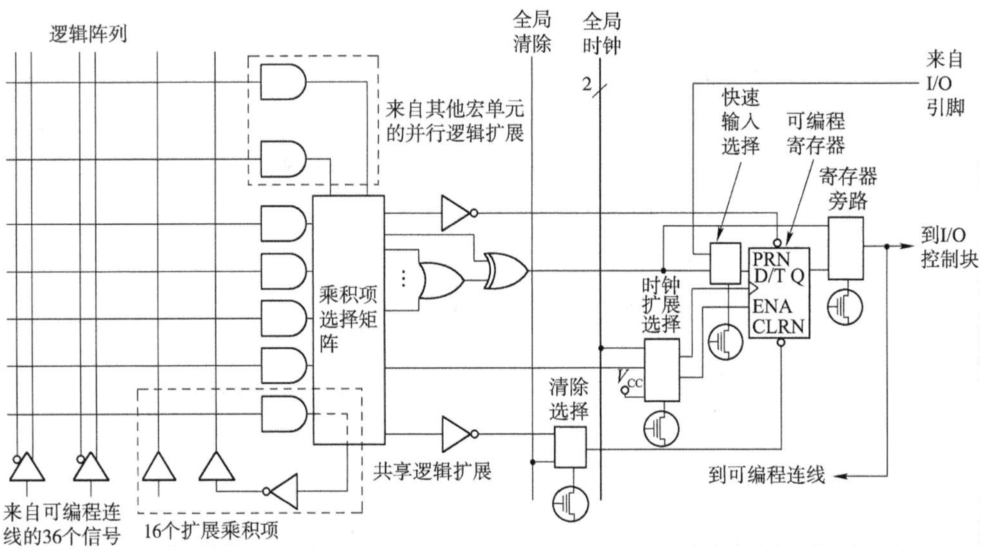

图 8-16　宏单元结构图

“与”矩阵形成 5 个乘积项，每个乘积项可以由 36 个来自可编程连线阵列的信号和 16 个共享乘积项组成。乘积项选择矩阵对本宏单元生成的乘积项和来自其他宏单元的乘积项进行选择，通过并行逻辑扩展器形成更多的乘积项组合，或者通过共享逻辑扩展组合后输出，可以直接输出，也可以控制可编程寄存器。可编程寄存器可以配置成 D、T、JK 和 RS 触发器，可以接收全局时钟(GCLK1、GCLK2)的边沿、电平信号和乘积项时钟的触发，并接收来自乘积项选择矩阵的预置、清零信号或全局清零信号(GCLRn)。

为实现更多乘积项的逻辑，可以采用每个宏单元提供一个共享乘积项的方法扩展，或采用并联宏单元中未使用乘积项的方法扩展。

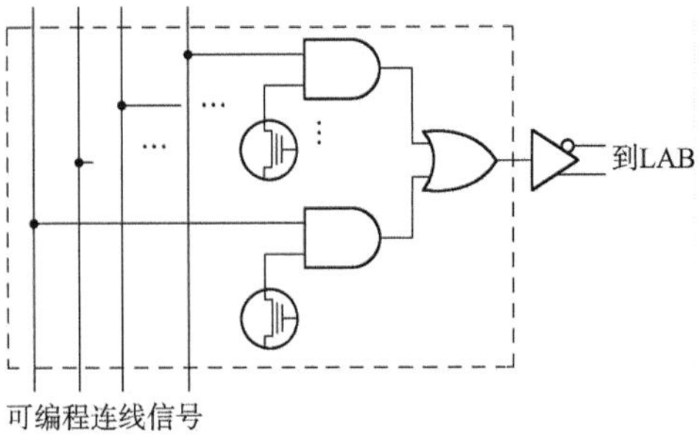

图 8-17　可编程连线阵列图

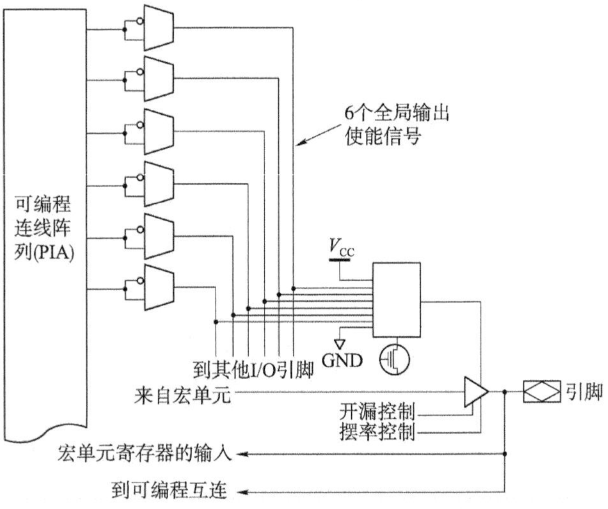

图 8-18　I/O 控制块

3)可编程连线阵列

可编程连线阵列(PIA)用于专用输入、I/O 引脚和宏单元的输入、输出之间的互连。所有专用输入、I/O 引脚和宏单元的输出都送到 PIA，然后 PIA 将这些信号送到器件中各个需要这些信号的地方。可编程连线阵列如图 8-17 所示，浮栅场效应管连接 2 输入与门的一个输入端，以控制与门的另一个信号与输出之间的连接。

4）输入/输出控制块

输入/输出(I/O)控制块允许每个引脚配置成输入、输出、双向或来自 PIA 的 6 个全局信号控制的三态使能输出，还可以对输出引脚进行开漏、摆率控制。输入/输出控制块如图 8-18 所示。

2. EPM7128S 芯片的引脚排列

PLCC 封装的 EPM7128S 芯片的引脚排列如图 8-19 所示。该芯片具有 JTAG 接口，因此可以使用 JTAG 接口电缆实现在系统编程。

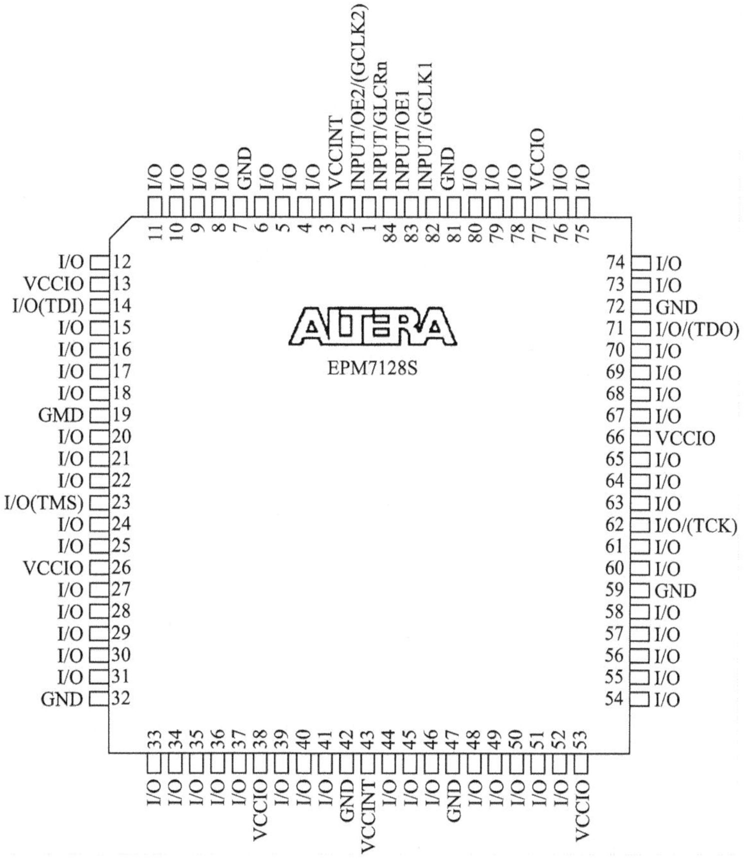

图 8-19　PLCC 封装的 EPM7128S 芯片的引脚排列

3. MAX7000 系列 5 V 器件电特性

1）极限参数、推荐使用条件与直流特性

MAX7000 系列 5 V 器件的极限参数、推荐使用条件、直流特性与 FLEX10k 系列 5 V 器件基本相同。

2）引脚电容参数

MAX7000 系列的引脚电容参数如表 8-5 所示。

表 8-5　MAX7000 系列 5 V 器件的引脚电容参数

符　号	参　数	条　件	最　小	最　大	单　位
C_{IN}	专用引脚输入电容	$V_{IN}=0$ V, $f=1.0$ MHz		10	pF
$C_{I/O}$	I/O 引脚电容	$V_{OUT}=0$ V, $f=1.0$ MHz		10	pF

3)MAX7000 系列输出特性

MAX7000 系列输出特性如图 8-20 所示。由图可知,输出电压是输出电流的函数。

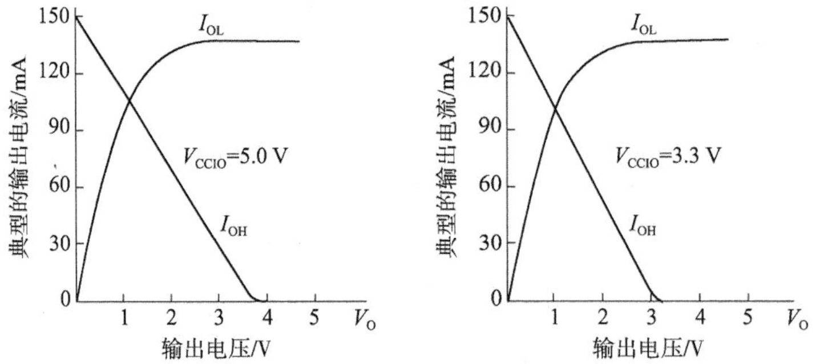

图 8-20　MAX7000 系列输出特性曲线

*8.3　其他可编程逻辑器件介绍

1. Altera 公司的 Cyclone 器件

Altera 公司的 Cyclone 器件具有很多的功能,非常适合消费类、工业类、汽车业、计算机和通信类等市场需求。

该器件基于全铜 1.5 V SRAM 工艺,容量为 2910 至 20060 个逻辑单元,具有多达 294912 位嵌入 RAM,如表 8-6 所示。Cyclone 器件支持各种单端 I/O 标准,如 LVTTL、LVCMOS、PCI 等,还提供多达 129 个通道的差分 I/O 支持。Cyclone 器件还具有双数据速率(DDR)SDRAM 接口。

Cyclone 器件有两个锁相环(PLL),以及复杂的时钟管理电路。

表 8-6　Cyclone 器件资源表

资　源	EP1C3	EP1C4	EP1C6	EP1C12	EP1C20
逻辑单元	2910	4000	5980	12060	20060
M4K RAM 块(128×36)	13	17	20	52	64
全部 RAM 位	59904	78336	92160	239161	294912
锁相环 PLL	1	2	2	2	2
最大用户 I/O 引脚	104	301	185	249	301

2. Altera 公司的 MAX Ⅱ 器件

Altera 推出的 MAX Ⅱ 器件系列是低成本的 CPLD。MAX Ⅱ 器件采用新型的 CPLD 结构,通过采用低功耗处理技术,MAX Ⅱ 器件与前一代 MAX 器件相比,成本减半,功耗只有十分之一,并具 4 倍的密度和 2 倍的性能。

这种上电即用、非易失的器件系列用于低密度逻辑应用环境。除了给予传统 CPLD 设计的低成本，MAX Ⅱ器件还将成本和功耗优势引入高密度领域，使设计者可以采用 MAX Ⅱ器件替代高成本或高功耗的标准逻辑器件。MAX Ⅱ器件的资源如表 8-7 所示。

表 8-7　MAX Ⅱ器件的资源表

器　件	逻辑单元	宏　单　元	用户 I/O	最高速度/ns	用户 Flash/位
EPM240	240	192	80	4.5	8192
EPM570	570	440	160	5.5	8192
EPM1270	1270	980	212	6.0	8192
EPM2210	2210	1700	272	6.5	8192

8.4　可编程逻辑器件的配置与编程

1. FPGA 器件的配置方法

FPGA 器件的配置比 CPLD 器件复杂，因为 CPLD 器件采用 E^2PROM 或 FLASH 结构的存储器，能够保存数据。FPGA 器件采用 RAM 结构，不能保存配置数据，须在上电瞬时将配置数据写入，而且断电后，配置数据丢失。一般配置 FPGA 的方法如下所述。

(1)保证 FPGA 器件不断电的情况下，采用下载电缆配置数据。该方法用于学校实验室，只要不断电，在电缆的支持下，将数据配置到芯片中进行实验，即使断电也没有关系，再配置一次即可。这种情况下，配置过程由 PC 和下载电缆控制，FPGA 处于被控制之下，所以称为被动串行配置方式(PS)。

(2)在实际的工业产品中，每次上电都须对 FPGA 重新配置，因而不能使用电缆配置，只能采用 EPROM 或 E^2PROM 专用配置芯片保存配置数据，即通过下载电缆将数据写入到专用配置芯片中，再将配置芯片与 FPGA 连接在一起。在上电瞬时，配置数据从专用配置芯片中读入 FPGA。这种配置方式称为器件配置方式。

(3)只要按照 FPGA 配置时序要求给出配置数据，即将数据写入 FPGA。所以可以采用单片机、PC 等对 FPGA 进行配置。

2. 下载电缆

下载电缆连接 PC 并口与实验板上的 FPGA，如图 8-21 所示。

Altera 公司提供的下载电缆原理图如图 8-22 所示。其中，串联电阻为 100Ω，上拉电阻为 2.2kΩ。下载电缆 ByteBlasterMV 用于连接 PC 的并行口与被配置芯片的引脚。

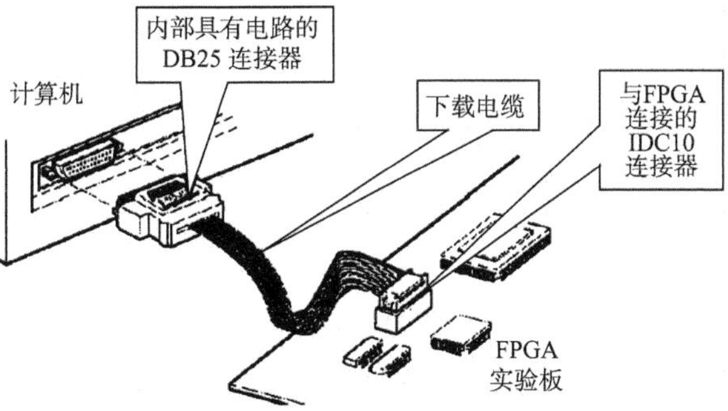

图 8-21　用于配置 FPGA 的下载电缆

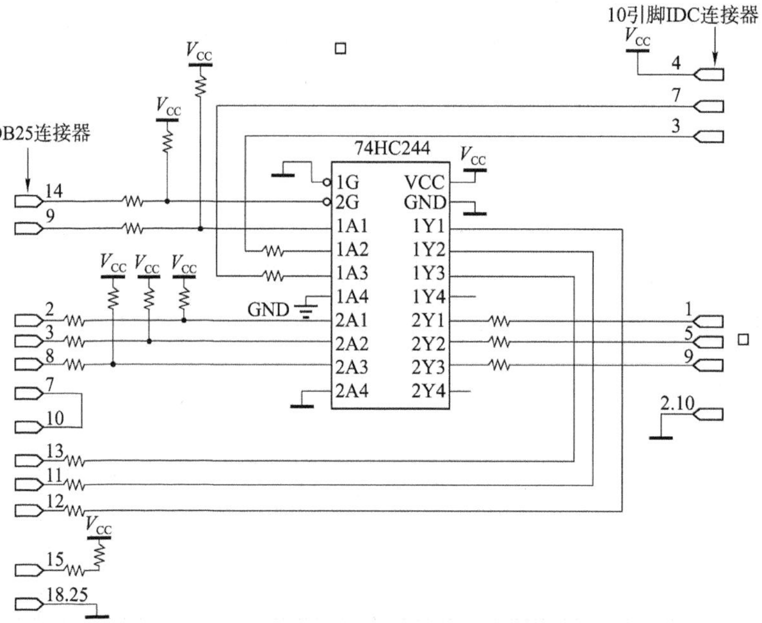

图 8-22　下载电缆 ByteBlasterMV 的原理图

该下载电缆可以对 Altera 公司的 FLEX10k、Cyclone 等 FPGA 器件进行配置，也可以对 MAX7000、MAX Ⅱ等系列的 CPLD 器件进行编程。

该电缆接口的 I/O 引脚连接器信号(JTAG)为：引脚 1，TCK 时钟；引脚 2，GND 信号地；引脚 3，TDO 从器件输出的数据；引脚 4，V_{CC}电源；引脚 5，TMS 器件状态机时钟控制；引脚 6、7、8 是空引脚；引脚 9，TDI 输入到器件的数据；引脚 10，GND 信号地。

该电缆还支持内核电压为 2.5 V、1.8 V 和 1.5 V 器件的配置，这时电缆接 3.3 V，器件 I/O 引脚的电源电压 V_{CCIO}为 2.5 V 或 3.3 V。

该电缆支持被动配置(PS)模式和 JTAG 下载模式，其中被动配置模式用于 FPGA 器件，而 JTAG 模式不仅适用于 FPGA 类器件，还支持 CPLD 类产品下载。

Altera 公司的 Max＋PlusⅡ和 QuartusⅡ软件支持该电缆配置 FPGA 或编程 CPLD。

在 PS 模式，配置 FPGA 时支持扩展名为 sof 的文件，编程 CPLD 时支持扩展名为 pof 的文件。

在 JTAG 模式，配置 FPGA 时支持扩展名为 sof 的文件，编程 CPLD 时支持扩展名为 pof 的文件。在对配置用 E^2PROM 器件编程时，使用扩展名为 pof 的文件。

由于笔记本计算机很少有并行通信口，新的下载电缆都支持 USB 口，大量使用的是 USB Blaster 电缆，该电缆支持 JTAG/AS/PS。

3. FLEX10k 系列的 JTAG 接口配置

若使用 JTAG 配置方式，须按照图 8-23 的原理图实现器件与电缆接口的连线。

(1)所有上拉电阻接相同的电源。

(2)按照 JTAG 下载方式接线，使 nCONFIG 信号接 V_{CC}，MSEL0 和 MSEL1 信号接地。

4. MAX7000 系列器件的编程

MAX7000 系列器件一旦编程，数据即保存在器件中，永远不丢失。MAX7000S 是 MAX7000 系列中支持 4 线 JTAG 接口的器件，图 8-24 是 MAX7000S 器件与电缆接口的连接图。

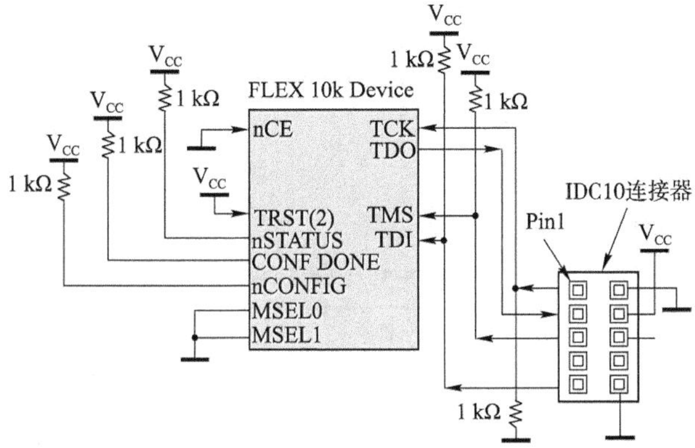

图 8-23 FLEX10K 器件与 JTAG 电缆接口接线图

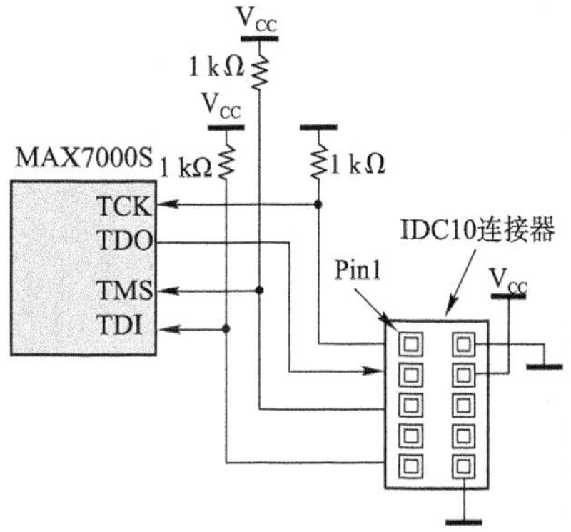

图 8-24 MAX7000S 系列器件与电缆接口的连接图

5. 使用电缆配置 Cyclone 器件

Cyclone 器件电缆配置接线如图 8-25 所示。

(1)接线时注意图中的上拉电阻应连接与电缆相同的电压。

(2)如果只使用 JTAG 下载,还应连接 nCONFIG 到 V_{CC},连接 MSEL0、MSEL1 到地,DATA0 和DCLK 接高电平或地电平。

(3)nCE 应接地。

6. MAX Ⅱ 器件的电缆编程

MAX Ⅱ 器件的电缆编程连接如图 8-26 所示。

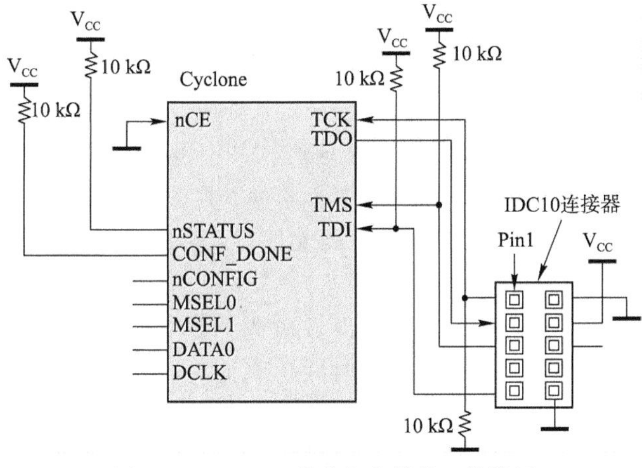

图 8-25 Cyclone 器件与电缆接口接线图

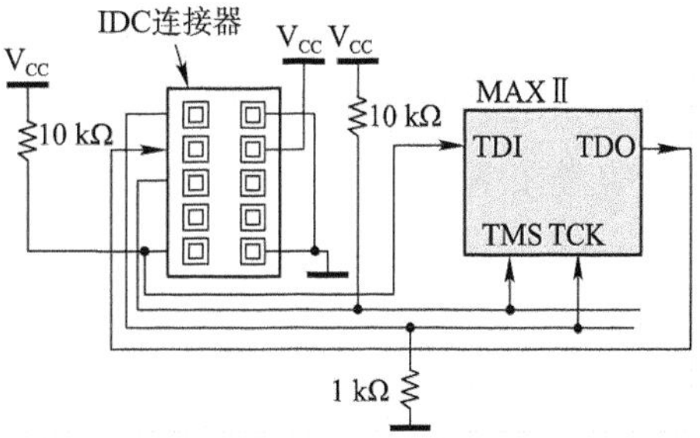

图 8-26 MAX Ⅱ 器件与电缆接口连接图

MAX Ⅱ 系列器件支持 4 线 JTAG 接口,用 ByteBlasterMV 电缆可以对该系列的器件进行编程。

7. 使用器件配置 Cyclone 器件

使用器件配置 Cyclone 器件的电路如图 8-27 所示。

借助配置器件,首先采用电缆编程配置器件,将数据写入配置器件,这样在断电后再上电,数据自动从配置器件配置到 Cyclone 器件,而电缆无须再次配置芯片。

图 8-27 中的串行配置器件是 EPCS 系列中的一种,配置器件的存储容量如表 8-8 所示。

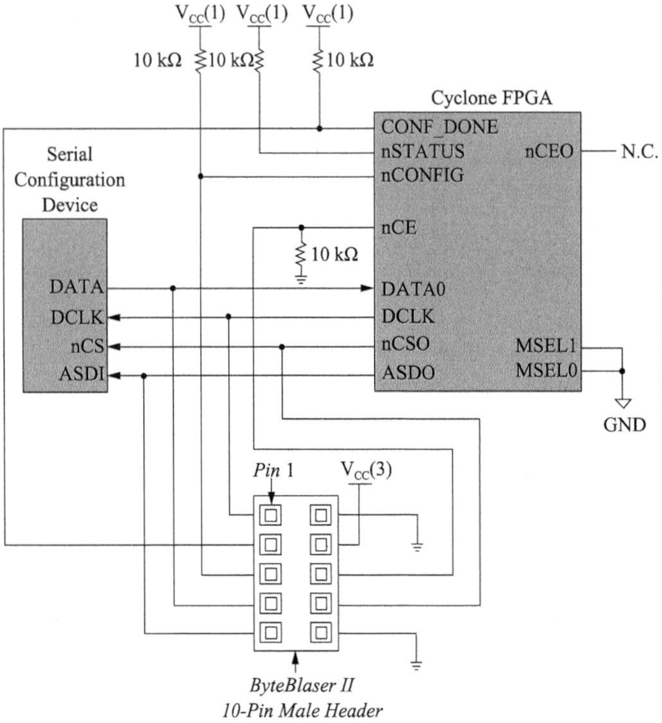

图 8-27 器件配置 Cyclone 器件的电路

表 8-8 配置器件的存储容量表

配置器件	存储容量/bit
EPCS1	1 048 576
EPCS4	4 194 304
EPCS16	16 777 216
EPCS64	67 108 864
EPCS128	134 217 728

EPCS 系列配置器件采用 4 线接口，8 脚封装；擦写数据周期大于 10000 次；断电不丢失数据；低功耗，支持 3.3V 电源电压；在 QUARTUS Ⅱ 软件支持下，使用 USB 下载电缆可以实现编程。

8. CPLD 和 FPGA 器件的开发软件

使用可编程逻辑器件设计数字系统需要计算机软件的支持，在这些软件中可以编辑所设计数字系统的源文件，检查文件语法，功能仿真与时间仿真。软件的综合器可以将源文件综合成适合写入可编程逻辑器件的下载文件，最后在编程软件的支持下将下载文件写入可编程逻辑器件，验证功能正确后，才能完成一个设计。

Max+Plus Ⅱ 软件是 Altera 公司的一个可编程逻辑器件设计软件，该软件支持图形、VHDL 和 Verilog HDL（硬件描述语言）编写源文件，具有功能与时间仿真能力，并能综合成适合多种器件需要的下载文件。

Max+Plus Ⅱ 软件的升级软件是 QUARTUS Ⅱ 软件，该软件支持众多的新可编程器件系列，是大量使用的可编程逻辑器件设计软件。

*8.5 Cyclone 器件最小系统电路

Cyclone 器件最小系统电路是可以使 Cyclone 器件运行的由最少器件组成的电路。Cyclone 器件最小系统电路如图 8-28 所示。

U1 为 144 脚 TQFP 封装的 Cyclone 系列器件 EP1C3，该芯片引脚电压为 3.3V，内核电压为 1.5V，有 104 个 I/O 引脚与 4 个时钟引脚。

U2 为配置器件 EPCS1，可以保存配置数据，上电时将保存的配置数据写入 EP1C3。

U3 为有源晶振插座，可以根据需要安装有源晶振，该晶振输出通过调线 JPclk，分配到 EP1C3 的时钟引脚。

U4 为三端稳压器 LM7805，当该芯片输入电压在 7.5～12V 之间时，该芯片输出稳定 5V 电压。

U5 为输出为 3.3V 的三端稳压器 LM1117(3.3)，该稳压器的输出电压提供给 EP1C3 引脚。

U6 为可调输出三端稳压器 LM317，适当选择电阻 R7 和 R8，可输出电压 1.5V，该电压供给 EP1C3 内核。

JAS_CABLE 是配置器件编程电缆接口，通过这个接口，以及在 QUARTUS Ⅱ 软件支持下，连接的 USB 下载电缆可以将配置数据写入配置器件 EPCS1。

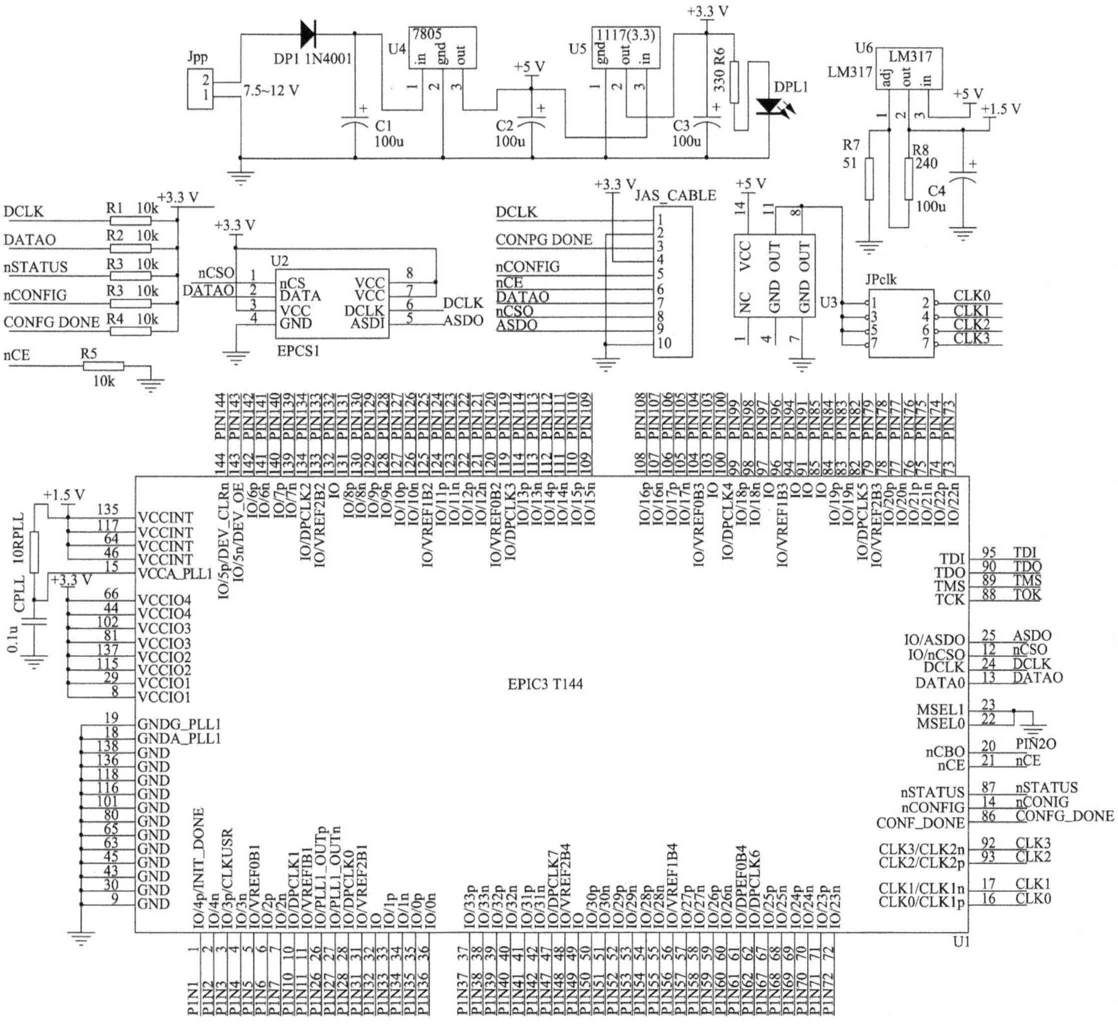

图 8-28　Cyclone 器件最小系统电路图

*8.6　MAX Ⅱ器件最小系统电路

MAX Ⅱ器件最小系统电路如图 8-29 所示。

U1 为 100 脚 TQFP 封装的 MAX Ⅱ系列器件 EPM240，有 80 个可编程为施密特输入的I/O引脚与 4 个时钟引脚。该芯片内核支持电压为 3.3V/2.5V 或 1.8V，引脚支持电压为 3.3V/2.5V 或 1.5V，静态电流为 25μA，支持 JTAG 编程。

U2 为输出为 3.3V 的三端稳压器 LM1117(3.3)，该稳压器在输入电压为 5～12V 之间时，可以输出稳定的 3.3V 电压供给 EPM240 的内核与 I/O 引脚；

U3 为有源晶振插座，可以根据需要安装有源晶振，该晶振输出通过调线 JPclk，分配到 EPM240 的时钟引脚。

JTAG_CABLE 是下载电缆接口，通过这个接口，以及在 QUARTUS Ⅱ 软件支持下，连接的 USB 下载电缆或是 ByteBlasterMV 电缆可以将数据直接写入器件 EPM240。

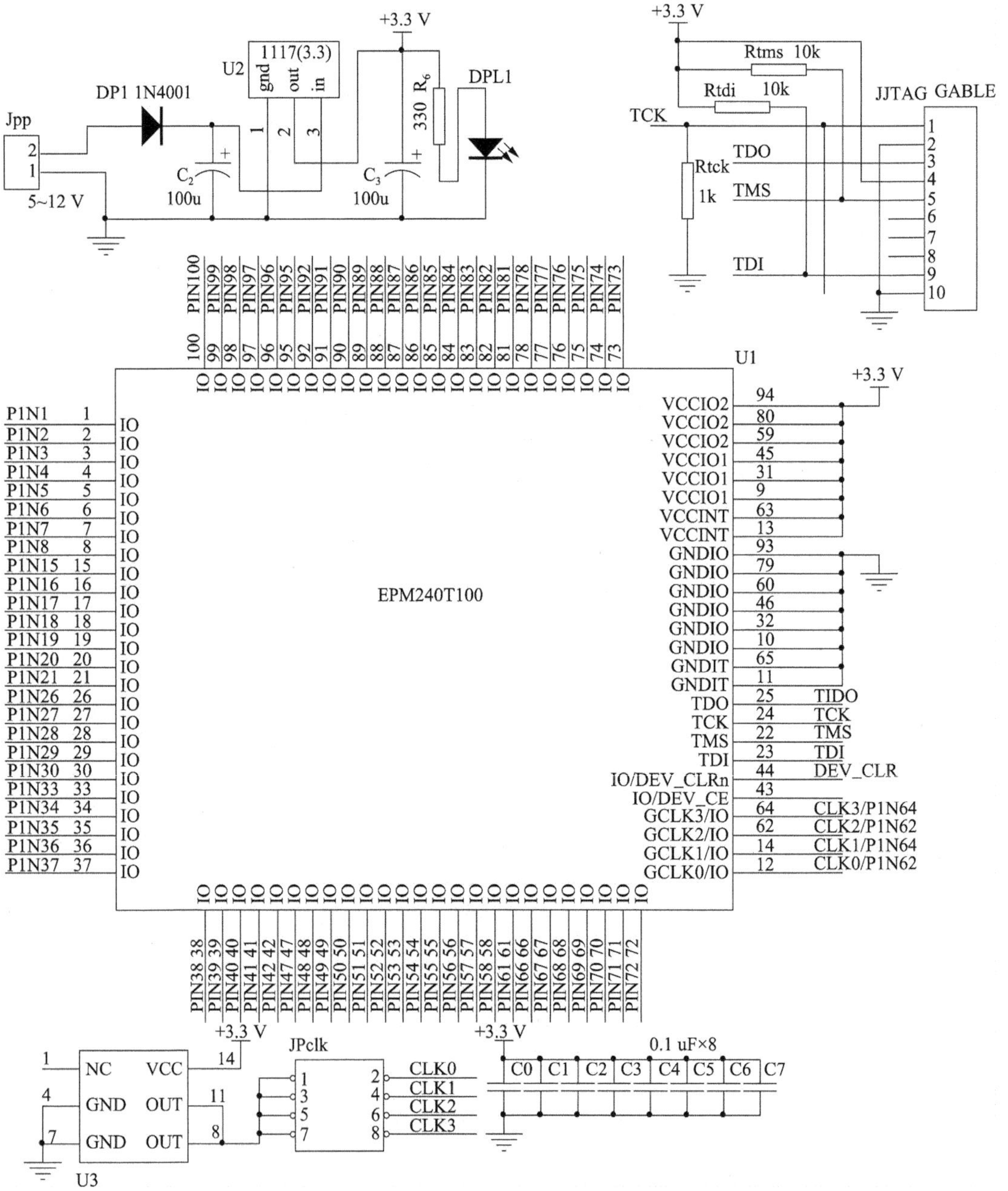

图 8-29 MAX Ⅱ器件最小系统电路图

小　结

本章主要内容为：

(1)现场可编程门阵列，包括实现逻辑函数的基本工作原理，以及实际芯片 FLEX10k 系列器件的结构、引脚、逻辑单元、I/O 与嵌入式阵列块和电特性。

(2)复杂可编程逻辑器件，包括基本工作原理，以及实际芯片 MAX7128S 的基本结构、逻辑宏单元 I/O 模块、引脚排列和电特性。

(3)可编程逻辑器件的配置与编程，包括电缆图与芯片接线图。

思 考 题

1. 十六选一的查找表可以实现几个变量的逻辑函数？

2. 什么是内核电压？什么是 I/O 电压？

3. FLEX10k 系列 5 V 器件的极限电源电压是多少？推荐电源电压是多少？输入电平是多少？输出电平是多少？电容参数包括哪些？可否画出驱动特性？

4. Cyclone 系列具有哪些特点？EP1C3 的资源是什么？

5. MAX Ⅱ系列器件中 EPM240 的资源是什么？

习　题

【题 8-1】 通用系列数字集成电路有什么缺点？

【题 8-2】 FPGA 与 CPLD 实现逻辑函数的原理有什么区别？

【题 8-3】 试用查找表实现逻辑函数式 $Y(A,B,C,D)=\sum m(1,3,5,7,9,10)$，并画出逻辑图。

【题 8-4】 试用与或阵列实现逻辑函数式 $Y(A,B,C)=\sum m(1,3,5)$，并画出逻辑图。

【题 8-5】 FPGA 芯片 EPF10k10 有哪些特点？

【题 8-6】 FPGA 芯片 EPF10k10 的引脚有哪些分类？

【题 8-7】 CPLD 芯片 MAX7128S 有哪些特点？

【题 8-8】 JTAG 接口的作用是什么？该接口有几根信号线？

【题 8-9】 什么是 FPGA 的配置？什么是 CPLD 的编程？

【题 8-10】 下载电缆的作用是什么？

【题 8-11】 配置器件的作用是什么？

第 9 章 Verilog HDL

Verilog HDL 是使用广泛的硬件描述语言，该语言的特点是语言能力强，代码简单，有大量支持仿真的语句与可综合语句。本章介绍该语言中的可综合语句描述数字电路与系统，重点介绍该语言的基本语法、组合电路与时序电路的描述与实际描述举例。

9.1 Verilog HDL 基础

Verilog HDL 以模块(module)的形式描述数字电路，模块接口部分用来描述与其他模块之间的连接，一般一个文件是一个模块。模块的定义从关键词 module 开始，到关键词 endmodule 结束；每条 Verilog HDL 语句以分号“;”作为结束(块语句、endmodule 等少数语句除外)。注释语句单行以“//”开头，多行以“/*”开始、以“*/”结束。该语言很多规定与 C 语言相似。

【例 9-1】 Verilog HDL 描述与非门。

```
module NAND(in1,in2,out);      //以 module 开头，随后是模块名和括号内的端口名列表，最后以分
                               //号结束
 input in1,in2;                //定义端口类型，只有输入(input)、输出(output)和双向(inout)三种
 output out;                   //凡是在端口列表的端口，都必须经过定义
 //wire in1,in2,out;           //由于 in1、in2 和 out 是 1 位宽连线类型，所以可以采用默认定义，此
                               //语句可省略
   assign out = ~(in1&in2);    //连续赋值语句 assign 描述组合电路
                               //在 Verilog 中，还有 initial 叙述、always 叙述、模块调用、门调用等
endmodule                      //关键字 endmodule 用于结束行，注意其后没有分号
```

【例 9-2】 Verilog HDL 描述具有数据输入端 d 的 D 触发器。

```
module dff (q,d, clk);       //模块开始，q 是寄存器输出，d 是寄存器的数据端输入，clk 是寄存器
                               时钟
 output q;                   //定义输出量 q
 input d, clk;               //定义输入量 d,clk
 reg q;                      //对 q 进行数据类型说明，表明 q 是寄存器型，而 d 和 clk 没有定义数
                             //据类型，表示它们都是一位宽的连线(wire)类型
   always @(posedge clk)     // always 块语句，当时钟上升沿到来时执行如下语句
     begin
       q = d;                //q 等于 d,这是 D 触发器的特性方程
     end
endmodule                    //模块结束
```

9.1.1 Verilog HDL 中的基本约定

1. 可用在描述语句中的逻辑状态

(1)0 表示逻辑 0、逻辑非、低电平、假；1 表示逻辑 1、逻辑真、高电平、真。

(2)x 或 X 表示不确定的逻辑状态；z 或 Z 表示高阻态。

2. 整数及其表示

整数可以按照简单的十进制数格式或基数格式书写。

1)简单的十进制数格式

简单的十进制数的整数表示与普通的十进制数表示相同,如 35、−46。

2)基数格式

表示格式:＋/－＜位宽＞'＜基数符号＞＜按基数表示的数值＞。其中:＋/－是符号位;位宽是数的等效二进制数的位数(bit),用十进制数表示;二进制的基数符号位 b 或 B;八进制的基数符号是 o 或 O;十进制的基数符号是 d 或 D,可默认不写基数符号;十六进制的基数符号是 h 或 H。

下面说明相关的规则。

(1)数值中,左边是数值最高位(MSB),右边是最低有效位(LSB);

(2)在二进制中,x、z 只代表相应位的逻辑状态,x 表示不定,z 表示高阻;

(3)当位宽默认时,位宽为 32 位。

例如:3'b000 是位宽为 3 的二进制数;

res = 8'b11111110 是 8 位二进制数;

9'o671 是位宽为 9 的八进制数;

8'h3f 是位宽为 8 的十六进制数。

3. 标志符取名

标志符取名的规定:标志符必须是字母或下画线开头,长度小于 1024;后续部分可以是字母、数字或下画线;Verilog HDL 中的标志符区分大小写。

例如,_bus,topp,BUS。

4. 系统命令

以 $ 开头的标志符代表 Verilog HDL 中的命令(系统任务与系统函数),普通的标志符不能以 $ 开头。

5. 保留字

Verilog HDL 内部已经使用的保留字,在 Verilog HDL 编辑器中,保留字以醒目的颜色表示。

9.1.2 数据类型

Verilog HDL 中的 4 种最基本数据类型是:整型(integer)、参数(parameter)型、寄存器(reg)类型和连线(wire)类型。

连线类型(又称为线网类型)与寄存器类型是 Verilog 中的主要数据类型,这两种类型在驱动方式(赋值)、保持方式和相应的硬件实现方式三方面不同。

连线类型信号是硬件电路中的信号连接(物理连接),有两种驱动方式:在结构描述中,把它连接到门电路或模块的输出端;在连续赋值 assign 语句中对它赋值。没有被赋值前,连线类型处于高阻态。

寄存器类型信号对应的是具有状态保持作用的硬件电路,在赋新值以前保持原值不变,如触发器、锁存器等。寄存器类型可以使用过程赋值语句赋值,在下次赋值之前,保持原来的数值不变。过程赋值语句只能出现在过程语句(initial 或 always)中,当寄存器类型没有被赋值之前处于不确定状态。

1. 连线类型

常用的连线类型关键字为 wire。

连线类型的逻辑状态为 0、1、x(任意)、z(高阻),主要用在模块的结构描述中,对应硬件的物理信号连线。当用数字表示其逻辑值时,不存在符号位。

在用连线类型的信号时,必须用连线类型定义语句对信号进行类型说明,当说明被省略时,表示位宽为 1bit 的 wire 型连线信号。wire 是基本不附带其他功能的连线,也是最常用的连线类型。

对于 input,output 和 inout 端口,若未指明数据类型,默认为连线类型。

连线类型定义格式:

<连线类型> [矢量范围] <连线名>[, 连线名];

矢量范围以[MSB:LSB]格式描述。例如:

```
wire [0: 31] w1, w2;     // w1 和 w2 是 32 位连线类型,高位 MSB 为 bit0
wire [7:0] tmp;          //tmp 为 8 位连线,高位 MSB 为 bit7,低位 LSB 是位 0
```

2. 寄存器类型

常用的寄存器类型的关键字为 reg。

所有寄存器类型的信号都可以保存数据,在接受下一次赋值前,数据保持不变。寄存器类型必须给出类型说明(无默认状态)。寄存器类型的信号必须通过过程赋值语句进行赋值,只能出现在 always 后面的过程语句中。

寄存器变量的定义格式:

<寄存器类型> [矢量范围] <寄存器名>[,寄存器名];

矢量范围以[MSB:LSB]格式描述。例如:

```
reg a;              //a 为寄存器类型
reg [3: 0]  v;      //v 为 4 位寄存器类型
reg [7: 0]  m, n;   //m 和 n 为 8 位寄存器类型
```

在 Verilog HDL 中,线宽为一位的连线和只有一位的寄存器变量称为标量;线宽大于一位的连线和位宽大于一位的寄存器变量为矢量。

按位或部分位赋值的矢量称为标量类矢量,相当于多个一位标量的集合,标量类矢量进行类型说明时,需要关键字 scalared(可以默认)。例如,

```
reg scalared [7:0] reg_a;  //reg_a 被定义成标量类矢量
```

该说明可以默认关键字 scalared,因此可以写成:

```
reg [7:0] reg_a;
```

3. 端口信号与内部信号

信号可以分为端口信号和内部信号。出现在端口列表中的信号是端口信号,其他的信号为内部信号。对于端口信号,输入端口只能是连线类型。输出端口可以是连线(wire)类型,也可以是寄存器(reg)类型。若输出端口在过程块中赋值则为 reg 类型;若在过程块外赋值,则为 wire 类型。

内部信号类型与输出端口相同,可以是连线(wire)类型或寄存器(reg)类型。若在过程块(always 叙述)中赋值,则为 reg 类型;若在过程块外赋值,则为 wire 类型。

端口类型只有输入(input)、输出(output)和双向(inout)三种,凡是在端口列表中的端口都必须定义端口类型。例如,"output[6:0]ag;"定义端口 ag 为输出端口,"input[3:0]hex;"定义端口 hex 为输入端口。

4. 其他定义语句

1)参数定义语句

参数定义语句经常用于对时延、线宽、寄存器位数等物理量的定义,其方法是用一个文字参数代替一个数字量,从而使描述语言易于修改。

参数定义的格式:

parameter <参数定义>

其中,参数定义部分给出具体的各个参数与数字之间的关系,各个关系之间用逗号隔开。例如:

```
module module_name(  );
parameter msb = 7,lsb = 0;   //定义参数
reg[msb:lsb] reg_a;          //使用参数
 ⋮
endmodule
```

2)宏替换语句 'define

宏替换格式:

'define <宏名> <进行宏替换的内容>

在模块编译时,可以用宏替换中的文本内容替换模块中出现的宏名。注意,一条宏替换定义语句只能定义一个宏替换,而且定义结束时不加分号,宏替换与用到宏替换的地方必须以"'"开头。例如:

```
'define msb 8  //定义 msb 为 8
'define lsb 0  //定义 lsb 为 0
```

宏替换语句总是在模块外部,作用范围从定义开始,到源文件结束。

9.1.3 运算符

Verilog HDL 的运算符除没有加 1 和减 1 运算符外,其他运算符与 C 语言很相似,综合工具支持的运算符如下所述。

1. 算术运算符

算术运算符包括加法、减法与乘法,如 $a+b$,$a-b$,$a*b$。有些综合工具不支持乘法。

2. 位运算符

按位运算的运算符是位运算符,原来的操作数有几位,结果就有几位。若两个操作数位数不同,则短的操作数左端自动补 0。位运算符为:按位取反~ 、按位"与"&、按位"或"|、按位"异或"^、按位"同或"^~或~^。

例如,a='b0110, b='b0100 则 $a|b$=0110, $a\&b$=0100。

3. 缩位(归约)运算符

缩位运算符是单目运算符,也是按位进行逻辑运算,结果是一位逻辑值。例如,对 $a[3]$,$a[2]$,$a[1]$,$a[0]$进行缩位运算时,先对 $a[3]$和 $a[2]$进行缩位运算符指定的运算,产生一位结果,再将这个结果与 $a[1]$进行缩位运算,然后再将产生的结果与 $a[0]$缩位运算,产生最后的结果。

缩位运算符包括:"与"缩位 &、"或"缩位|、"异或"缩位^,以及由"与"、"或"、"异或"缩位运算符和非操作运算符组成的复合运算符~&、~|、~^。

例如,a='b0110, b='b0100 则 |b=1, &b=0,~|a=0。

4. 逻辑运算符

逻辑运算符包括:逻辑"与"&&、逻辑"或"‖、逻辑"非"运算符!。

逻辑“与”和逻辑“或”为双目运算符,逻辑“非”为单目运算符。

如果操作数是一位,则 1 代表真值,0 代表逻辑假。如果操作数是多位,则将操作数看成整体。如果操作数中每一位都是 0,则具有逻辑 0 值。若其中有一位为 1,就把这个操作数看成逻辑 1 值。因此,可以把逻辑运算符看成是字逻辑运算符。

5. 关系运算符

关系运算符包含:小于<、大于>、小于等于<=、大于等于>=。

关系运算符都是双目运算符,用于比较两个操作数的大小,比较结果是 1 位逻辑值,值 1 代表关系成立,值 0 代表比较关系不成立。

6. 相等与全等运算符

相等与全等运算符包括:相等= =、不等! =、全等= = =、不全等! = =。

这四个运算符都是双目运算符,结果是一位的逻辑值。

7. 逻辑移位运算符

逻辑移位运算符包括:逻辑左移<<,逻辑右移>>。

设 a 是操作对象,n 是移位位数,则 $a<<n$ 表示将 a 左移 n 位。进行移位操作时,用 0 填补移出的空位。

8. 连接运算符

该运算符可以将两组信号用大括号括起来,拼接成一个新的信号。例如,{a,b,c,'b101},若 a、b、c 都是一位信号,则该连接运算的结果是 6 位宽信号。

对于一些重复信号,连接运算符有简化表示方法{n{a}},这里 n 是重复数。例如:{4{w}}表示{w,w,w,w}。

【例 9-3】 使用 Verilog HDL 连接运算符描述全加器。

```
module addr(sum,co,ci,ina,inb);
 output [3:0] sum;                  //4 位宽的和
 input [3:0] ina,inb;               //4 位宽的加数与被加数
 output co;                         //1 位宽的进位输出
 input ci;                          //1 位宽的进位输入
      assign {co,sum} = ina + inb + ci;   //连接运算
endmodule
/* 将 co 和 sum 拼接成一个新信号为{co,sum[3],sum[2],sum[1],sum[0]} */
```

9. 条件运算符

条件运算符是三目运算符,它的格式是

〈条件表达式〉?〈条件为真时的表达式〉:〈条件为假时的表达式〉

例如,assign tri_bus=(drv_enable)? data:16'bz;

【例 9-4】 Verilog HDL 描述三态门。

```
module likebufif( in, en, out);
 input in;
 input en;
 output out;
    assign out = (en = = 1) in :'bz;   //如果 en = 1,则输出 out = in,否则输出 out = z
endmodule
```

9.2 Verilog HDL 中的描述

1. Verilog HDL 数据流描述

Verilog HDL 的数据流描述可以很好地描述组合电路。

1)连续赋值语句

连续赋值语句值赋给连线信号，格式为：

```
assign<连线变量> = <表达式>
```

例如：

```
wire[3:0] z,pre,clr;
assign z = pre&clr;            //将 pre&clr 的值赋给 z
assign {co,sum} = a + b + ci;
assign mux = (s = = 0)? a: 'bz;
```

2)在定义连线类型时赋值

连续赋值可作为连线说明的一部分，成为连线说明赋值。例如：

```
wire [3:0] sum = 4'b0;  //将 4'b0 赋给 sum
wire clear = 'b1;       //将 'b1 赋给 clear
```

【例 9-5】 描述一个数值比较器。

在 Verilog HDL 中，描述组合逻辑时常使用 assign 结构。源代码如下：

```
module compare(equal,a,b);
  input a,b;
  output equal;
     assign equal = (a = = b)? 1:0;   //a 等于 b 时,equal 输出为 1;a 不等于 b 时,equal 输出为 0
endmodule
```

2. Verilog HDL 行为描述

1)过程块

Verilog HDL 对模块的行为描述以过程块为基本单位，一个模块的行为描述由一个或多个并行运行的过程块组成。过程块格式如下：

```
过程语句 @ (事件控制敏感表)
块语句开始标志符:块名
     块内局部变量说明;
     一条或多条过程赋值或其他程序语句;
块语句结束标志符
```

过程语句是指关键字 always 开始的语句，事件控制敏感表中的信号用于激活过程语句的执行；块语句标志符为 begin-end，块名和块内局部变量说明均为可选项。

2)过程语句 always

(1)如图 9-1 所示，always 从时刻 0 开始执行，并循环重复执行后面的块语句。

(2)always 语句常带有触发(激活或敏感)条件，只有当触发条件满足时，块中的语句才真正开始执行。若触发条件默认，则触发条件始终成立。

(3)一个模块的行为描述可以有多个 always 语句，这些语句

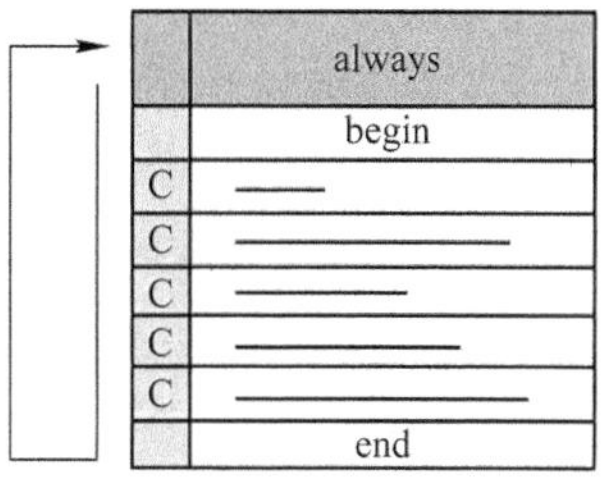

图 9-1　always 语句动作示意图

之间相互独立，并行运行。

3. 块语句

1)串行块

串行块的标志符是 begin-end，位于串行块中的语句按串行方式顺序执行。综合工具支持串行块描述。

2)串行块的行为描述可以形象地理解为硬件电路中数据在时钟与控制信号的作用下，沿数据通道的各级寄存器之间的传送过程。例如，

```
begin
 reg_a = reg_b;
 reg_c = reg_a;
end
```

4. 过程赋值语句

Verilog HDL 对模块的行为描述由一个或多个并行运行的过程块构成，而位于过程块中的赋值语句称为过程赋值语句。在过程赋值语句中表达式左边的信号必须是寄存器类型(如 reg 类型)；在过程赋值语句等式右边可以是任何有效的表达式，数据类型也没有限制。如果一个信号没有声明则默认为 wire 类型，使用过程赋值语句给 wire 赋值会产生错误。

过程赋值的基本格式是：

＜寄存器变量＞=＜表达式＞

例如：如果 sum 定义为寄存器信号，而 carry 为连线信号，则在 always 过程块中有：

```
sum = a ^ b ^ cin ;                          //正确
carry = a & b | a & ! b & cin | ! a & b & cin ; //错误
```

1)事件控制

事件控制以@开头，后面紧跟的是事件敏感表，包括如下 4 种。

(1)@(信号名)。

信号名通常是一位标量，也可以是多位矢量，数据类型没有限制，其含义是只有检测到信号名所确定的信号发生变化时，后面的赋值语句才能执行。例如，

```
@(clock)
reg_a = reg_b;  //当时钟信号 clock 变化时，执行 reg_a = reg_b
```

(2)@(posedge 信号名)。

与前一情况相比，只关心信号上升沿(posedge)跳变的情况。例如，

```
@(posedge clock)
reg_a = reg_b;    // 当时钟上升沿到来时，执行 reg_a = reg_b
```

(3)@(negedge 信号名)。

只关心信号下降沿(negedge)跳变的情况。例如，

```
@(negedge clock)
reg_a = reg_b;    //当时钟下降沿到来时，执行 reg_a = reg_b
```

(4)@(敏感事件 1 or 敏感事件 2 or 敏感事件 3 …)。

在这个表达式中，敏感事件可以是上面三类事件控制中的任一种，只要所列举的任意一种情况发生，都将激活事件控制，各个敏感事件之间是“或”的关系。例如，

```
@(posedge  reset  or  negedge clear)
reg_out = 0;
```

在 always 语句的敏感信号表中，注意敏感信号的动作类型应一致，例如：

```
always @ (posedge clk or negedge rst_n)   //正确,都是边沿动作。负沿可以代替低电平,
                                          //正沿可以代替高电平,这里 rst_n 为低电平有效
always @(state or go or ws)               //正确,都是电平动作
always @( posedge clk or go or ws)        //不正确,有边沿和电平两类,动作类型不一致
```

2)阻塞型过程赋值与非阻塞型过程赋值

等号赋值符"="在 Verilog HDL 中称为阻塞(blocking)型过程赋值符,该赋值符的特点是它在串行块的执行过程中前一条语句没有完成赋值过程之前,后面的语句不能执行。"阻塞"的意义是前一条语句阻塞后面语句执行。

非阻塞(non_blocking)赋值符"<="可以改变阻塞的情况。在串行块中,非阻塞赋值符并行执行。

例如:

阻塞赋值:$a=1$;$b=a$;$c=b$;结果是 a、b、c 都等于 1,相当于如图 9-2 所示的组合逻辑电路。

非阻塞赋值:$a<=1$;$b<=a$;$c<=b$; 则 a 等于 1,b 是 a 的老值,c 是 b 的老值,相当于如图 9-3 所示的寄存器电路。

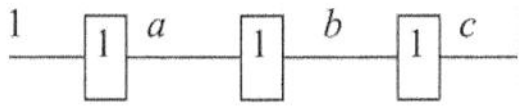

图 9-2 阻塞型赋值示意图

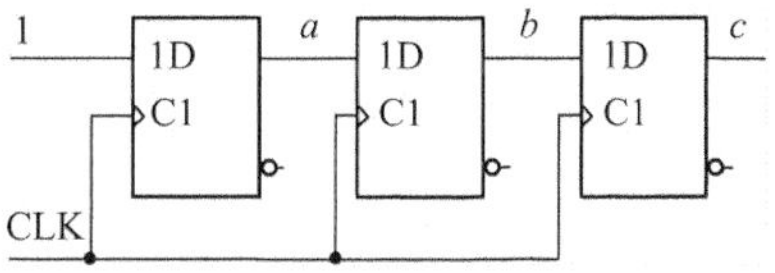

图 9-3 非阻塞型赋值示意图

【例 9-6】 为实现如图 9-4 所示的逻辑图,则必须在过程块中使用阻塞型赋值语句,程序如下:

```
module blocking(a,b,c,x,y);  //a、b 和 c 是输入,x、y 是输出
input a,b,c;
output x,y;
reg x,y;
  always @(a or b or c)
  begin
   x = a&b;                  //阻塞赋值
   y = x|c;
  end
endmodule
```

【例 9-7】 对于如图 9-5 所示的电路,必须在过程块中使用非阻塞型赋值语句,程序如下:

```
module demo1 (reg_a,reg_b,d,clock);  //该例相当于两个寄存器串联
input d,clock;
output reg_a,reg_b;
reg  reg_a,reg_b;
always @(posedge clock)              //时钟上升沿动作
    begin
      reg_a< = d;                    // reg_a 的输入为 d
      reg_b< = reg_a;                // reg_b 的输出为 reg_a 的老值
    end
endmodule
```

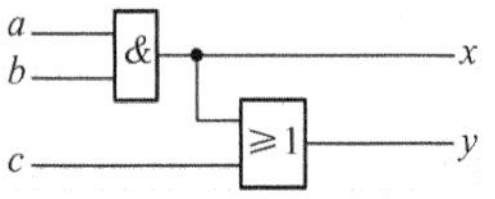

图 9-4　例 9-6 描述电路的逻辑图

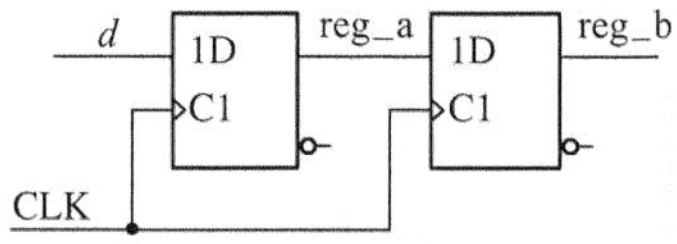

图 9-5　例 9-7 描述电路的示意图

在实现组合逻辑的 always 块中,几乎都采用阻塞赋值语句,因为非阻塞逻辑不能描述多级组合逻辑。在时序 always 块中,应采用非阻塞赋值,因为阻塞赋值不能描述多级时序逻辑。

3)连续赋值语句与过程赋值语句的区别

Verilog HDL 中的过程赋值语句与连续赋值语句之间的区别如下所述。

(1)赋值对象不同:连续赋值语句用于连线类型信号,过程赋值语句用于寄存器类型信号。

(2)赋值语句的实现过程不同:连线信号一旦被连续赋值语句赋值,赋值语句右端表达式中的信号的任何变化都反映到左端的连线变量中;过程赋值语句只有在执行时才有效。

(3)语句的位置不同:连续赋值语句不能出现在过程块中;过程赋值语句只能出现在过程块中。

(4)语句结构不同:连续赋值语句以 assign 开头;过程赋值不需要先导字。

9.3　Verilog HDL 中的分支语句

1. if-else 语句

1)if(条件表达式) 块语句

当条件表达式成立时,执行后面的块语句,否则不执行。

2)if(条件表达式) 块语句 1

else 块语句 2

当条件表达式成立时,执行块语句 1,否则执行块语句 2。

3)if(条件表达式) 块语句 1

else if　(条件表达式) 块语句 2

…

else if　(条件表达式) 块语句 n

else　(条件表达式) 块语句 $n+1$

if-else 语句可以嵌套使用,使用方法同 C 语言,注意 else 与最近的 if 搭配。

2. case 语句

语句格式:

```
case(敏感表达式)
  值 1:块语句 1
  值 2:块语句 2
  …
  值 n:块语句 n
  default: 块语句 n + 1
endcase
```

if 语句、case 语句必须在 always 块中使用,assign 语句不能在 always 块中使用。

在 if 语句中,关系表达式之间应用逻辑运算符(&&、‖、!)连接。不用赋值语句代替关系运算符。

9.4 Verilog HDL 中的结构描述

1. 结构描述方法

Verilog HDL 结构描述只是将逻辑图方式的连接关系转换成文字表达,若已经有模块的逻辑图,则可以按照如下步骤将逻辑图转换成 Verilog HDL 模块。

(1)给逻辑电路图中的每个输入/输出端口命名端口名。

(2)给逻辑电路图中的内部连线命名连线信号名。

(3)给每个逻辑单元命名调用名。

(4)命名模块名。

(5)书写模块名和输入/输出端口,进行端口的类型说明。

(6)依据逻辑电路图,描述信号之间的连接关系。

2. 模块调用

模块调用是 Verilog HDL 结构描述的基本构成方式,一个模块可以调用其他模块,被调用的模块是底层模块,而调用底层模块的模块是顶层模块。

模块调用分为两类:一类是调用基本门,另一类是调用用户写的模块。

模块调用的格式:

模块名　调用名(端口名列表)

调用时注意端口名列表中端口名的排列顺序、输入/输出类型,它们都必须与被调用模块定义的顺序保持一致。

1)位置对应调用法

将被调用模块定义时的端口名对应地用与之相连的信号名代替。

2)端口名对应调用法

调用格式:

定义时的端口名(调用时与之相连的信号名)

9.5 Verilog HDL 描述组合逻辑电路

组合逻辑电路是输出仅与当前输入信号有关的电路,描述组合电路可用 always 块或连续赋值 assign 语句。

1. always 块实现组合电路

在使用 always 块实现组合电路时,须将所有影响 always 块内赋值的信号都列入 always 的敏感信号表中,同时注意在 always 块内部赋值须使用声明过的 reg 型信号。

敏感信号表不能有描述时钟边沿的 posedge 和 negedge 关键字。

【例 9-8】 Verilog HDL 描述八线-三线编码器例 1。

```
module encoder1(none_on, out2, out1, out0, h, g, f, e, d, c, b, a);
input h, g, f, e, d, c, b, a;                 //编码器输入信号,可以是按钮信号,高电平有效
output out2, out1, out0;                      //编码器输出信号
output none_on;                               //有编码输出信号
reg [3:0] out;
  assign {none_on, out2, out1, out0} = out;   //连接运算
  always @(a or b or c or d or e or f or g or h) //always 过程块,敏感信号中没有边沿描述关键字
```

```
    begin
     if (h) outvec = 4'b0111;                    //使用 if 语句,如果 h 为 1,则输出 out 等于 4'b0111
     else if (g) out = 4'b0110;
     else if (f) out = 4'b0101;
     else if (e) out = 4'b0100;
     else if (d) out = 4'b0011;
     else if (c) out = 4'b0010;
     else if (b) out = 4'b0001;
     else if (a) out = 4'b0000;
     else out = 4'b1000;
    end
endmodule
```

2. 连续赋值语句实现组合电路

使用连续赋值语句 assign 时须注意:

(1)连续赋值的信号型式一定是连线 wire 型。

(2)使用 assign 关键字,格式是

assign 被赋值的连线变量 = 表达式;

(3)只要等式右侧的值发生改变时,重新对左侧被赋值变量进行赋值。

(4)所有输出(output)和输入(input)端口都默认为连线类型,不需要特别的连线类型声明。

【例 9-9】 Verilog HDL 描述八线-三线编码器例 2。

```
module encoder(none_on, out2, out1, out0, h, g, f, e, d, c, b, a);
input h, g, f, e, d, c, b, a;
output none_on, out2, out1, out0;
wire [3:0] out;                                  //定义 out 为内部连线信号
  assign out = h ? 4'b0111: g ? 4'b0110: f 4'b0101: e ? 4'b0100: d? 4'b0011: c? 4'b0010:
                 b? 4'b0001: a ? 4'b0000: 4'b1000;   //条件操作符
  assign none_on = out[3];                       //正在编码信号,用于编码器级联
  assign out2 = out[2];
  assign out1 = out[1];
  assign out0 = out[0];
endmodule
```

9.6 Verilog HDL 描述时序电路

时序逻辑是具有状态记忆的电路,其输出不仅依赖当前的输入,而且依赖以前的状态。可以使用 always 块和连续赋值 assign 语句实现时序电路。

1. 使用 always 块实现触发器

只要在 always 块敏感信号表中定义有效的时钟沿,然后使用非阻塞过程赋值语句对信号赋值,就可以实现触发器或寄存器。注意,always 块中的过程赋值语句只能对 reg 型的信号进行赋值。

【例 9-10】 Verilog HDL 描述 D 触发器。

```
module dff(q,a,b,clk );     //q 是输出,a、b 是输入,clk 是时钟信号
  output q;
```

```
    input a,b,clk;
    reg q;
     always @(posedge clk)   //时钟 clk 的上升沿是敏感信号
      begin
       q<= a | b;            //D 触发器的驱动方程是 a|b,这里使用非阻塞型赋值语句
     end
endmodule
```

在这个例子中,D 触发器的 D 端输入信号是 $a \mid b$。

2. 使用连续赋值语句实现电平敏感的触发器

在 Verilog HDL 中实现电平敏感的触发器最好使用连续赋值 assign 语句。

【例 9-11】 Verilog HDL 连续赋值语句描述电平敏感的同步触发器。

```
module latch(q,a,b,clk );        //q 是输出,a、b 是输入,clk 是时钟信号
  output q;
  input a,b,clk;
     assign q = clk ? (a|b) : q;  //连续赋值语句
endmodule
```

该例描述的是电平控制的触发器。当时钟信号为 1 时,q 是 $a \mid b$ 信号,否则 q 保持不变。

3. 使用 always 块实现电平敏感的触发器

always 块同样能实现电平敏感的触发器。

【例 9-12】 Verilog HDL 中的 always 块实现电平敏感的触发器。

```
module lat2(q,a,b,clk ); //q 是输出,a、b 是输入,clk 是时钟信号
output q;
input a,b,clk;
reg q;
  always @(clk or a or b)
    begin
    if (clk)
     q<= a | b;
    end
endmodule
```

在该例中,如果 clk 为 1,则 q 等于 $a \mid b$,否则 q 保持不变。

4. 置位与清零

触发器在置位与清零信号的作用下置 1 或是置零。在异步置位与清零的触发器中,置位与清零信号的作用与时钟信号无关;在同步置位与清零的触发器中,置位与清零信号的作用一定等到时钟的有效边沿出现时起作用。

1)异步置位与清零

对于异步置位与清零的触发器描述,其 always 块中的敏感信号应为:

```
always @(时钟边沿关键字  时钟信号 or 时钟边沿关键字  置位信号 or 时钟边沿关键字  复位信号)
```

其中,对于高电平有效的置位和清零信号,使用的时钟边沿关键字是 posedge;对于低电平有效的置位和清零信号,应使用的时钟边沿关键字是 negedge。

对于高电平置位和清零的 D 触发器,一般有如下的格式:

```
always @ (posedge clk or posedge set or posedge reset)  //上升沿时钟,高电平置位与复位
begin
```

```
    if (reset) begin
       /* 置位输出为 0*/
    end else if (set) begin
       /* 置位输出为 1*/
    end else begin
      /* 时钟边沿执行的逻辑*/
    end
  end
```

对于单变量输出的触发器,可以使用如下的格式:

```
always @ (posedge clk or posedge set or posedge reset)
q = reset ? 1'b0 : set ? 1'b1: d;
```

2)同步置位与清零

对于同步置位与清零的触发器,其置位和清零信号在时钟信号的有效沿发挥作用,描述这些触发器的 always 块的敏感信号只有时钟,但是在块内总是首先检查置位和清零信号。对于高电平置位清零的同步触发器,有如下的格式:

```
always @ ( posedge clk)  //敏感信号表中只有时钟沿
begin
  if (reset) begin
    /* 触发器清零*/
  end else if (set) begin
    /* 触发器置位*/
  end else begin
    /* 时钟逻辑*/
  end
end
```

9.7 Verilog HDL 描述状态机

Verilog HDL 常用 always 块和 case 语句描述状态机。状态机描述一般可分为次态逻辑、输出逻辑和状态寄存器三部分。

1. 状态机描述

(1)Verilog 定义寄存器变量,并进行状态编码。

定义寄存器变量分现态与次态,例如:

```
reg [1:0] state,next_state;  //定义位宽为 2 的寄存器信号 state 和 next_state
```

使用参数语句定义状态编码,例如:

```
parameter s0 = 2'b00,s1 = 2'b01, s2 = 2'b10, s3 = 2'b11;  //只能用 1 个参数语句定义状态编码
```

(2)使用 always 语句描述状态寄存器的状态转换,例如:

```
always @ (posedge clk)              //描述状态寄存器的 always 块,在时钟的上升沿
begin  state <= next_state; end     //实现从现态到次态的状态转换
```

(3)使用 always 语句、case 语句描述次态逻辑。

(4)使用 always 语句或连续赋值 assign 语句描述输出。

(5)使用 always 语句、case 语句描述输出与次态逻辑,先描述输出,再描述次态逻辑。

2. Verilog HDL 描述状态机时应注意的约定

(1)每一个模块只描述一个状态机。

(2)在组合 always 块的顶部(case 语句前)可给出次态的初始值,还可给输出赋初值。一旦在 case 语句前给输出赋初值,则在各状态下可只对不同于初值的输出赋值。

若输出未赋过初值,则应在各状态对所有输出信号赋值。若只对部分输出信号赋值,则在仿真时,有些状态下输出信号为任意值。

(3)状态转移描述,把向其他状态转移的条件与保持在自己状态的条件同时写清楚。

(4)在一般情况下,还应给状态机设置一个异步或同步复位引脚,以便在任何情况下可以把状态机复位到初始状态。在复位或在某些条件下,所有状态都向初始状态转移的情况可以在状态寄存 always 块中处理。例如,按钮 key 在低电平时,从所有状态返回状态 s0,则可以写成如下的格式:

```
always @ (posedge clk or negedge key)
  begin
    if(! key) state<= s0;      //描述 key=0 时,返回初始状态 s0 的语句
    else state<= next_state;  //否则,从现态转到次态
end
```

3. 状态机描述例题

下面举例说明如何描述状态机的这三个部分。

【例 9-13】 试用 Verilog HDL 描述如图 9-6 所示的四状态摩尔状态机。该状态机有一个输入信号 x 和一个输出信号 z。

(1)第 1 种描述:次态逻辑、输出逻辑使用一个 always 块描述,状态寄存器单独使用一个 always描述的例子。Verilog HDL 描述如下:

```
module fsm1(clk,x,z);
input x,clk;
output z;
reg z;
reg [1:0] state,next_state;                              //定义寄存器类型的状态变量
parameter s0 = 2'b00,s1 = 2'b01, s2 = 2'b10, s3 = 2'b11;  //用参数语句描述状态编码
  always @ (posedge clk)                                 //描述状态寄存器的 always 块
    begin state <= next_state; end                       //实现状态转换
always @ (state or x)                                    //次态逻辑和输出逻辑 always 块
    begin
    case (state)
    s0: begin z<= 1;                                     //状态 s0,先描述输出 z<=1
          if (! x) begin next_state <= s1; end           //再描述次态逻辑
          else begin next_state <= s0; end
      end
    s1: begin z<= 0;                                     //状态 s1
          if (x) begin  next_state <= s2; end
          else begin next_state <= s1; end
      end
    s2: begin z<= 0;                                     //状态 s2
          if (! x) begin next_state <= s3; end
```

```
            else begin next_state <= s2; end
        end
      s3: begin z<= 1;                                    //状态 s3
            if (x) begin next_state <= s0; end
            else begin next_state <= s3; end
        end
    endcase
  end
  endmodule
```

该例使用两个 always 块，将次态逻辑、输出逻辑与状态寄存器分开描述。采用 Max+Plus Ⅱ软件可以得到该例的仿真结果，如图 9-7 所示，知输出变化与状态变化同时发生。

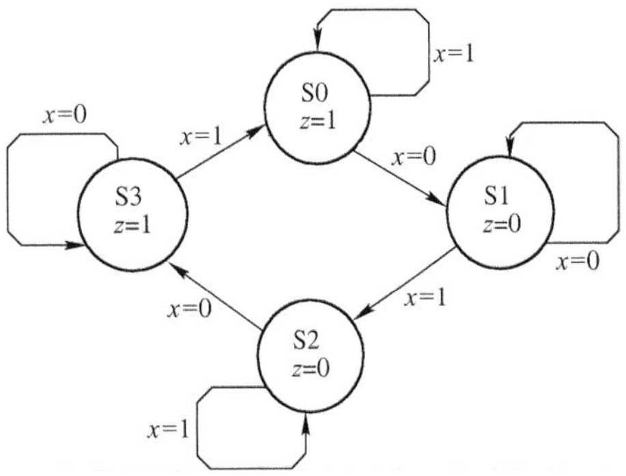

图 9-6　具有四状态的摩尔状态机

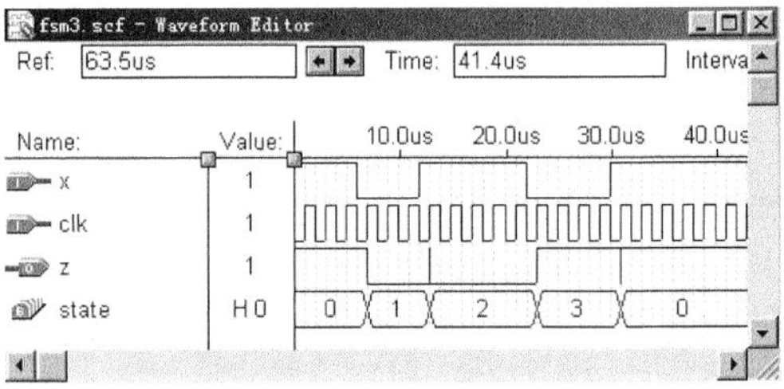

图 9-7　例 9-13 的仿真结果（采用 Max+Plus Ⅱ仿真）

（2）第 2 种描述：分别使用三个 always 块描述次态逻辑、输出逻辑和状态寄存器的例子。该描述的 Verilog HDL 源程序如下。

```
module fsm2(clk,x,z);                                   //clk 是时钟，x 是输入，z 是输出
input x,clk;
output z;
reg z;
reg [1:0] state,next_state;                             //定义寄存器类型的状态变量
parameter s0 = 2'b00,s1 = 2'b01, s2 = 2'b10,s3 = 2'b11; //用参数语句描述状态编码
  always @ (posedge clk)                                //描述状态寄存器 always 块
     begin state <= next_state; end                     //实现状态转移
  always @ (state or x)                                 //描述次态逻辑的 always 块
     begin
     case (state)
     s0: begin                                          //状态 s0
          if (! x) begin next_state <= s1;end
          else begin next_state <= s0;end
        end
     s1: begin                                          //状态 s1
          if (x) begin next_state <= s2;end
          else begin next_state <= s1;end
        end
     s2: begin                                          //状态 s2
```

```
            if (! x) begin next_state <= s3;end
            else begin next_state <= s2;end
          end
      s3: begin                                       //状态 s3
            if (x) begin next_state <= s0;end
            else begin next_state <= s3; end
          end
    endcase
end
always @ (state)                                      //描述输出逻辑的 always 块
  begin
    if ((state == s0) || (state == s3))
    z <= 1;
    else z <= 0;
  end
endmodule
```

该例的仿真结果也如图 9-7 所示。

(3)第 3 种描述:该例采用状态为独一编码的次态逻辑、状态寄存器和输出逻辑,分三个 always 块描述。

```
module fsm3(clk,x,z);
input x,clk;
output z;
reg z;
reg [2:0] state,next_state;                           //初始状态的编码应与复位、上电后
                                                        的触发器状态一致
parameter s0 = 4'b000,s1 = 4'b001,s2 = 4'b010,s3 = 4'b100; //参数语句描述独一编码
  always @ (posedge clk)                              //状态寄存器的 always 块描述
    begin state <= next_state; end
  always @ (state or x)                               //次态逻辑的 always 块
    begin
     case (state)
      s0: begin                                       //s0 状态
            if (! x) begin next_state <= s1; end
            else begin next_state <= s0; end
          end
      s1: begin                                       //s1 状态
            if (x) begin next_state <= s2; end
            else begin next_state <= s1; end
          end
      s2: begin                                       //s2 状态
            if (! x) begin next_state <= s3; end
            else begin next_state <= s2; end
          end
      s3: begin                                       //s3 状态
            if (x) begin next_state <= s0; end
```

```
            else begin next_state <= s3; end
           end
       default: next_state <= s0;
   endcase
 end
     always @ (state)                                        //描述输出逻辑的 always 块

     begin
      if ((state= = s0) || (state= = s3))
      z <= 1;
      else z <= 0;
      end
 endmodule
```

该例的仿真结果如图 9-8 所示。由仿真结果可知，除状态编码发生变化，输出 z 的波形与前例的一样。

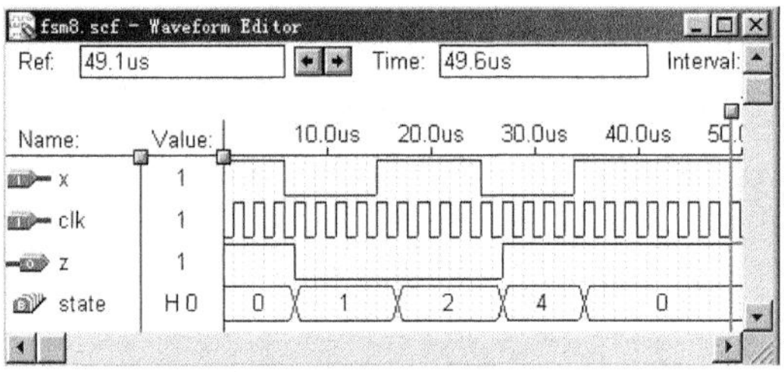

图 9-8 仿真结果(采用 Max+Plus Ⅱ 仿真)

【例 9-14】 Verilog HDL 描述如图 9-9(a)所示的状态机。该状态机的框图如图 9-9(b)所示。该状态机的信号如下所述。

低电平有效异步复位信号 rst_n，时钟信号 clk。

两个输入信号：运行信号 go 和等待信号 ws。

两个输出信号：读信号 rd、选通信号 ds。

复位信号为 0，进入 IDLE 状态；若 go 信号为 1，则进入读状态 READ，这时读信号 rd=1，选通信号 ds=0；随后进入延时状态 DLY。若等待信号 ws=1，则在 READ 状态与 DLY 状态之间交换；若 ws=0，则进入状态 DONE，使 ds=1 后返回 IDLE 状态。

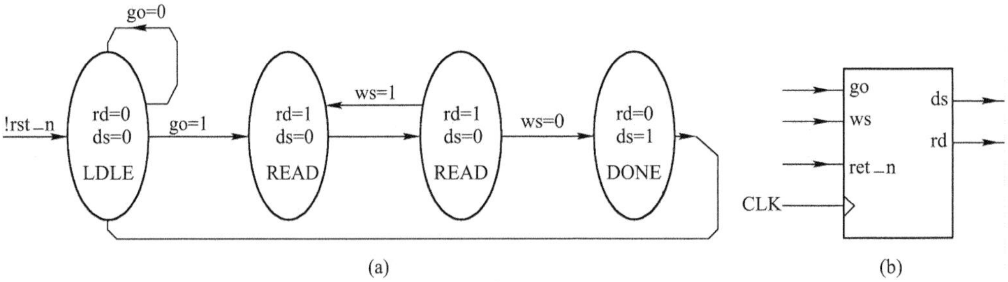

图 9-9 例 9-14 的状态图与状态机原理框图

该状态机用于控制 CPU 读存储器的过程，在 go=1 时，输出 rd=1，进入读存储器状态，但由于存储器速度慢，须等待若干个 CPU 周期，当等待周期数未到 ws=1，则等待；当等待周期数到后 ws=0，使读选通信号 ds=1 后结束读操作。

如下采用两个 always 块描述该状态机，一个 always 块采用非阻塞赋值，另一个 always 块采用阻塞赋值。

```
module first ( rd, ds, go, ws, clk, rst_n);
output rd, ds;
input go, ws, clk, rst_n;
reg rd, ds;
parameter IDLE = 2'b00, READ = 2'b01, DLY = 2'b11, DONE = 2'b10;   //状态编码
reg [1:0] state, next;
  always @(posedge clk or negedge rst_n)                          //状态寄存器 always 块，该块
                                                                    采用非阻塞赋值
    if (! rst_n) state <= IDLE;
    else state <= next;
  always @(state or go or ws)                                     //次态逻辑与输出 always 块，
                                                                    该块采用阻塞赋值
    begin
      next = 'bx;                                                 //设置初始次态为任意
      rd = 1'b0;                                                  //设置输出 rd 初始状态
      ds = 1'b0;                                                  //设置输出 ds 初始状态
    case (state)
      IDLE : if (go) next = READ;                                 //空闲状态
             else next = IDLE;
      READ : begin                                                //读状态
                 rd = 1'b1;                                       //由于在 case 语句前已经有
                                                                    输出赋值，则这里只对变化
                                                                  //的输出赋值
                 next = DLY;
               end
      DLY : begin                                                 //延时状态
               rd = 1'b1;
               if (! ws) next = DONE;
               else next = READ;
             end
      DONE : begin                                                //完成状态
               ds = 1'b1;
               next = IDLE;                                       //返回空闲状态
             end
    endcase
  end
endmodule
```

该状态机的仿真结果如图 9-10 所示。

【例 9-15】 某控制器在按钮 *a* 按下后，控制信号 y1 输出高电平 21s，然后输出低电平 5s，再输出高电平 25s。任何时候当按钮 *b* 为低电平时，返回初始状态。该题的控制器框图如图 9-11

所示，状态图如图 9-12 所示。

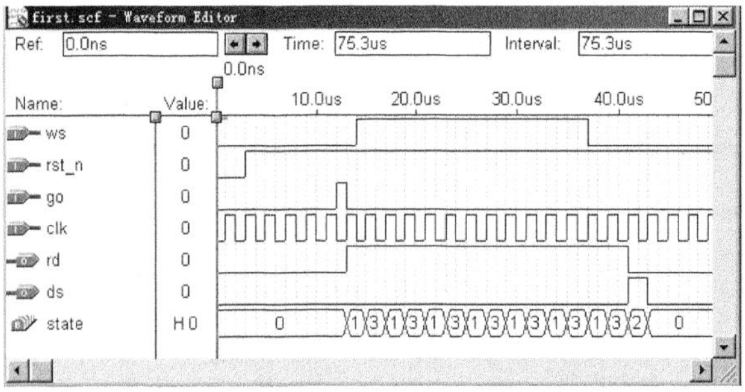

图 9-10 例 9-14 状态机的仿真结果(采用 Max+Plus Ⅱ 仿真)

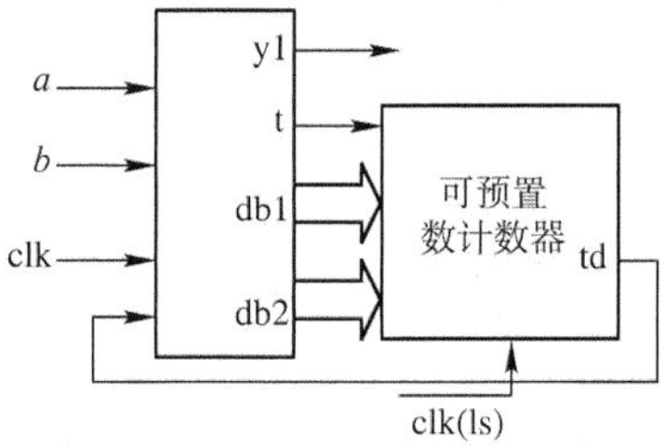

图 9-11 例 9-15 的控制器框图

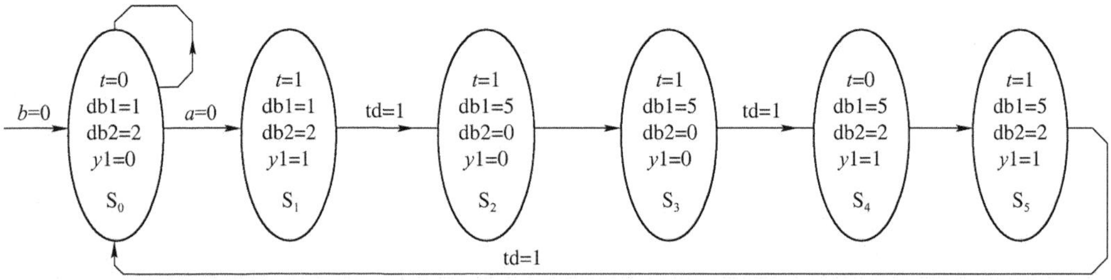

图 9-12 例 9-15 的状态图

该例题的状态机 Verilog HDL 描述如下，状态机的仿真如图 9-13 所示。

```
module state ( a,b,t, db1, db2, clk, td,state_out,y1);  //state_out 输出状态编码
outputt, db1,db2,state_out,y1;
inputclk, a,b,td;
reg[3:0] db1,db2;
reg t,y1;
reg [2:0] state, next,state_out;
//parameter s0 = 2'b00, s1 = 2'b01, s2 = 2'b10, s3  = 2'b11;
parameter s0 = 0, s1 = 1, s2 =  2, s3 = 3,s4 = 4,s5 = 5;    //采用十进制数字描述状态编码
  always @(posedge clk or negedge b )                       //状态寄存器描述
   if(! b) state<= s0;                                      //任何时候，b = 0 时，返回状态 s0
   else
    state <= next;
  always @(state or a or td)                                //输出与次态逻辑
begin
  case (state )
       s0: begin t <= 1'b0; db1 <= 4'b0001; db2<= 4'b0010;y1<= 0;
            if (! a) next <= s1; else next <= s0;
           end
       s1: begin t <= 1'b1; db1 <= 4'b0001; db2<= 4'b0010; y1<= 1;
            if (td) next <= s2; else next <= s1;
           end
       s2: begin t <= 1'b0; db1 <= 4'b0101; db2<= 4'b0000; y1<= 0;
```

```
            next <= s3;
            end
        s3: begin t <= 1'b1; db1 <= 4'b0101; db2<= 4'b0000; y1<= 0;
            if(td) next <= s4; else next <= s3;
            end
        s4: begin t <= 1'b0; db1 <= 4'b0101; db2<= 4'b0010; y1<= 0;
            next <= s5;
            end
        s5: begin t <= 1'b1; db1 <= 4'b0101; db2<= 4'b0010; y1<= 1;
            if(td) next <= s0; else next <= s5;
            end
      default: next <= s0;
endcase
state_out<= state;
end
endmodule
```

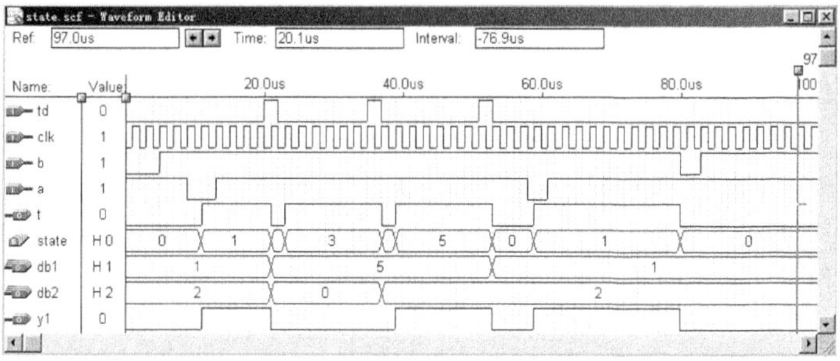

图 9-13　例 9-15 状态机的仿真图(采用 Max+Plus Ⅱ仿真)

该例题采用具有可变预置数的 99 进制计数器作为定时器。输入 $t=0$ 时置数,输入 $t=1$ 时计数。计数值归零时,输出 td=1。该计数器的 Verilog HDL 描述如下:

```
module jishu10b(clk,t,td,qq1,qq2,db1,db2);
input t,clk,db1,db2;                                   //db1 是预置数低位,db2 是预置数高位
output td;
output [3:0] qq1,qq2;
wire [3:0] qq1,qq2,db1,db2;
reg tds;                                               //定义信号
reg [3:0] qq11,qq22;                                   //定义信号
  always @ (posedge clk or negedge t)
    begin
      if (t = = 0) begin qq11<= db1; qq22<= db2;tds<= 0; end   //t = 0 时,计数器预置数,tds 赋初值
      else if(! tds)
      begin qq11<= qq11 - 1;                           //低位减法计数
        if (qq11 = = 0)
             begin qq22<= qq22 - 1; qq11<= 9; end      //高位减法计数
```

```
        else qq22< = qq22;
      if((qq11 = = 0) &&(qq2 = = 0)) tds< = 1;                    //如果高低位都减到 0,tds = 1
      end
    end
  assign qq1 = qq11;                                              //信号赋予端口
  assign qq2 = qq22;
  assign td = tds;
endmodule
```

该计数器的仿真结果如图 9-14 所示。在 $t=0$ 时，设置初值 25；在 $t=1$ 时，计数器减法计数；当计数值 qq2、qq1 为 00 时，计数器停止计数，并使 td=1。

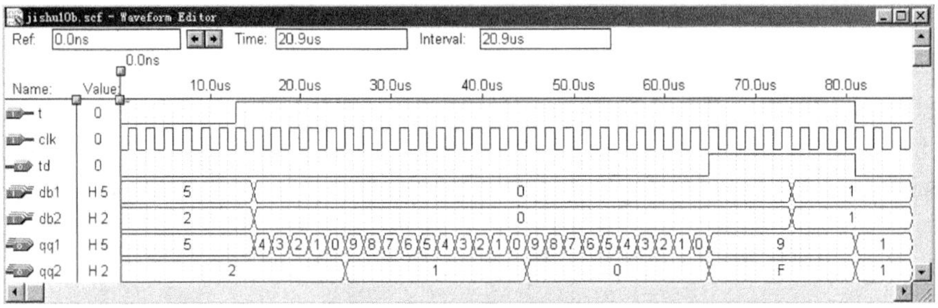

图 9-14 例 9-15 计数器的仿真结果(采用 Max+Plus Ⅱ仿真)

该例的顶层电路图如图 9-15 所示。为简化仿真，计数器与状态机共用同周期时钟。顶层电路仿真结果如图 9-16 所示，仿真时钟 clk 周期为 2 μs。

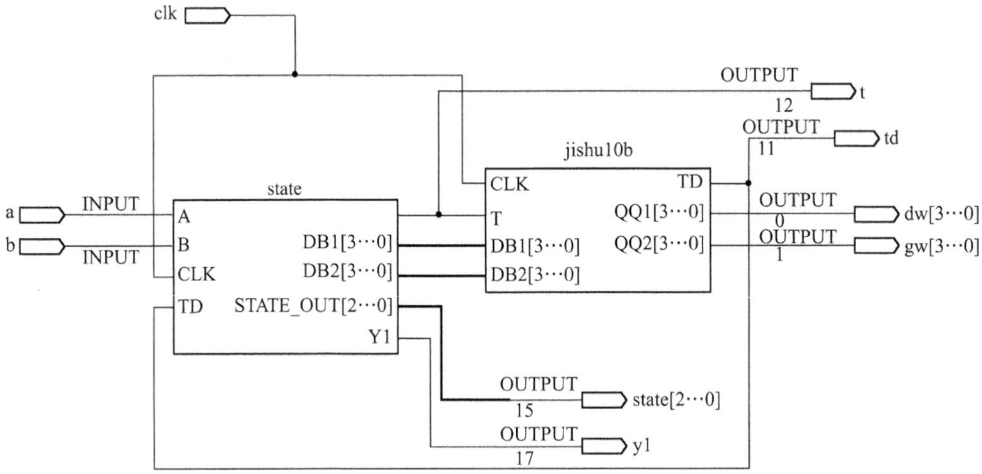

图 9-15 例 9-15 的顶层电路图(采用 Max+Plus Ⅱ仿真)

由仿真图可知，在状态 0，y1 为 0，计数器预置数 21；在 a 信号为低电平时，进入 1 状态，这时 y1 为 1，计数器开始从 21 减计数到 0 后进入状态 2；状态 2 计数器预置数 05，随后进入状态 3；在状态 3，y1 为 0，计数器从 5 减计数到 0，进入状态 4；在状态 4，计数器预置数为 25，随后进入状态 5；在状态 5，y1 为 1，计数器从 25 减计数到 0，返回状态 0。输入 b 为低电平时，可以中断状态转换，从状态 1 返回 0 状态。

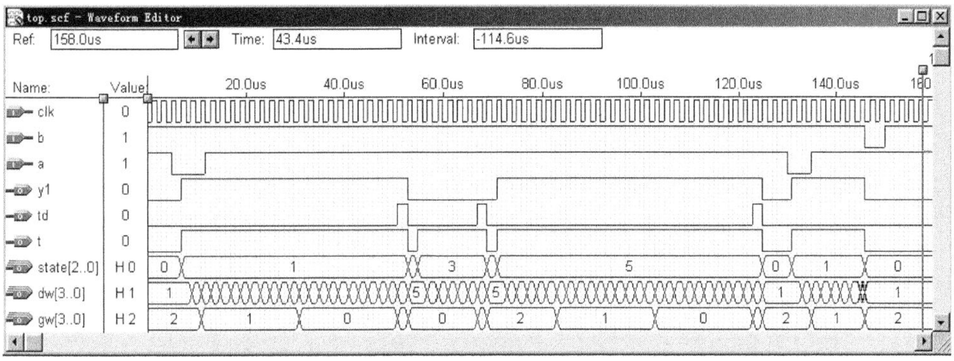

图 9-16　例 9-15 的顶层电路仿真图(采用 Max+Plus Ⅱ 仿真)

9.8　一些 Verilog HDL 描述数字电路的例子

【例 9-16】 十六进制码到七段共阳数码管译码器。

如下描述中的数码管各段排列顺序为 abcdefg,段码低电平有效。

```
module bcd(ag,hex);            //ag 是译码器输出,hex 是译码器输入
output[6:0] ag;
input[3:0] hex;                //输入十六进制数
reg [6:0] ag;
  always @(hex)
    begin
     case(hex)
      4'd0: ag = 7'b0000001;   //显示数字 0  高位为 a 段,低位是 g 段
      4'd1: ag = 7'b1001111;   //显示数字 1
      4'd2: ag = 7'b0010010;   //显示数字 2
      4'd3: ag = 7'b0000110;   //显示数字 3
      4'd4: ag = 7'b1001100;   //显示数字 4
      4'd5: ag = 7'b0100100;
      4'd6: ag = 7'b0100000;
      4'd7: ag = 7'b0001111;
      4'd8: ag = 7'b0000000;
      4'd9: ag = 7'b0000100;   //显示数字 9
      4'd10: ag = 7'b0001000;  //显示数字 A
      4'd11: ag = 7'b1100000;
      4'd12: ag = 7'b0110001;
      4'd13: ag = 7'b1000010;
      4'd14: ag = 7'b0110000;
      4'd15: ag = 7'b0111000;  //显示数字 F
     endcase
  end
endmodule
```

【例 9-17】 具有高电平异步置位和清零的 D 触发器。

```
module www(q,qb,d,clk,set,reset);                        //触发器输出 q 和 qb,触发器输入 d,
                                                           时钟 clk,置位 set,复位 reset
 output q,qb;
 input d,clk,set,reset;
 reg q,qb;
always @ (posedge clk or posedge set or posedge reset)   //always 块和敏感信号
  begin                                                  //时钟上升沿、高电平置位、高电平
                                                           复位
    if (reset) begin                                     //触发器清零
          q<=0;
          qb<=1;
    end else if (set) begin                              //触发器置位
          q<=1;
          qb<=0;
    end else begin                                       //触发器时钟逻辑
          q<=d;
          qb<=~d;
    end
  end
endmodule
```

【例 9-18】 可预置数的十六进制输出减计数器的 Verilog HDL 描述。

如下是一个小于 256 进制的可预置数倒计时计数器的描述。该计数器在 $t=0$ 时,设置初值 data;在 $t=1$ 时,开始减法计数;当减计数到 0 时,停止计数,并使输出信号 td=1。

```
module re3(clk,t,td,qq1,qq2,data);                       //clk 时钟,t 控制置数
                                                           与计数,td 是输出信
                                                           号,data 是计数初值
input t,clk,data;                                        //qq1 是低 4 位,qq2 是
                                                           高 4 位
output td;
output [3:0] qq1,qq2;
wire [3:0] qq1,qq2;
wire[7:0] data;
reg td;
reg [7:0] qq;
  assign{qq2,qq1} = qq;                                  //将两个 4 位数连接成
                                                           8 位数
  always @ (posedge clk or negedge t)                    //t 是异步置数与计数
                                                           信号
    begin
     if (t==0) begin qq<=data; td<=0; end               //如果 t=0,则定时器
                                                           预置初值 qq=data
     else if ((t==1) && (qq>=1)) begin qq<=qq-1; td<=0; end   //如果 t=1,且计数器数
                                                           值大于等于 1,则减法
                                                           计数
```

```
    else td <= 1;                                   //否则 td = 0
  end
endmodule
```

该减法计数器的仿真结果如图 9-17 所示。在 $t=0$ 时，计数器预置初始值 45；$t=1$ 时，开始减计数；当减计数到 0 时，td 信号为 1。

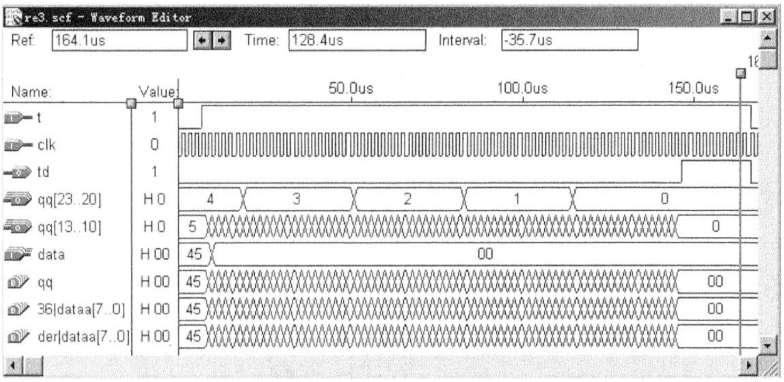

图 9-17　例 9-18 的仿真图(采用 Max+Plus Ⅱ仿真)

【例 9-19】　可设置计数终值的十六进制加法计数器的 Verilog HDL 描述。该计数器设置终值 data，当计数器从计数值 qq=0 加计数达到终值 data 时停止计数。

```
module jiafa(clk,t,td,qq1,qq2,data);   //clk 时钟，t 控制置数与计数；td 减计数到 0 时，td = 1；
                                       //data 为预置数；qq1 和 qq2 是计数器输出
input t,clk,data;                      //定义输入信号
output td;                             //定义输出信号
output [3:0] qq1,qq2;                  //定义输出信号：qq2 是高 4 位，qq1 是低 4 位
wire [3:0] qq1,qq2;                    //定义数据类型
wire[7:0] data;                        //定义 data 的数据类型
reg td;                                //定义 td 的数据类型
reg [7:0] qq,chucun;                   //定义信号的数据类型
assign{qq2,qq1} = qq;                  //组合信号
  always @ (posedge clk or negedge t)  //t 是异步控制置数或是计数信号，该信号低电平置数
    begin
     if (t = = 0) begin qq<= 0; td<= 0; chucun<= data; end
                                       //如果 t = 0，则计数器 qq = 00，td = 0，将预置终值保存在寄
                                         存器 chucun 中
    else if ((t = = 1) && (qq < chucun)) begin qq <= qq + 1; td<= 0; end
                                       //如果 t = 1，计数器数值小于 data，则加法计数
    else td <= 1;                      //否则 qq>chucun，则 td = 1
   end
endmodule
```

该计数器的仿真结果如图 9-18 所示，在 $t=0$ 时。计数器设置终值为 22，然后计数器从 0 开始加计数，当计数值为 22 时停止计数，并使 td=1。

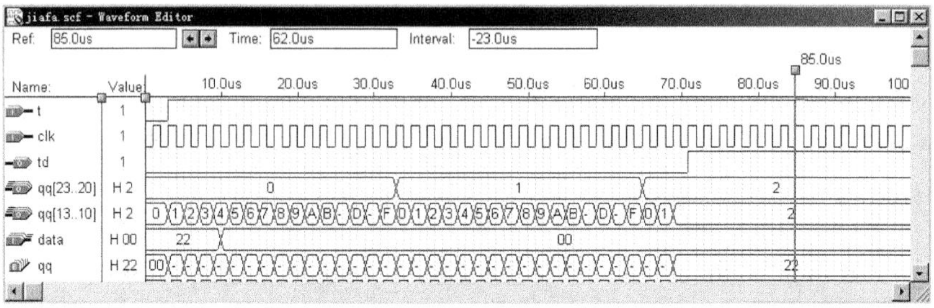

图 9-18　例 9-19 的仿真图(采用 Max+Plus Ⅱ仿真)

【**例 9-20**】　可设置初值的加法十六进制输出计数器。该计数器从初值 data 开始，加计数到 255 后停止计数，并使输出 td=1。

该计数器 Verilog HDL 描述如下。

```
module jiafa2(clk,t,td,qq1,qq2,data);       //clk 时钟,t 控制置数与计数,减计数到 0 时,td = 1
input t,clk,data;                            //data 为计数初值
output td;                                   //计数器输出信号
output [3:0] qq1,qq2;                        //qq2 是高 4 位,qq1 是低 4 位
wire [3:0] qq1,qq2;
wire[7:0] data;
reg td;
reg [7:0] qq;
  assign{qq2,qq1} = qq;
  always @ (posedge clk or negedge t)        //t 用于异步控制置数或计数
    begin
      if (t = = 0) begin qq< = data; td< = 0;   end
                                             //如果 t = 0,则计数器设置初值 qq = data
      else if ((t = = 1) && (qq < 255)) begin qq < = qq + 1; td< = 0; end
                                             //如果 t = 1,计数器数值小于 255,则加计数
      else td < = 1;                         //否则,td = 1
    end
endmodule
```

该例的仿真结果如图 9-19 所示。$t=0$ 时，计数器设置初值为 F1；$t=1$ 时，计数器开始加计数；当计数值为 FF 时停止计数，并使 td=1。

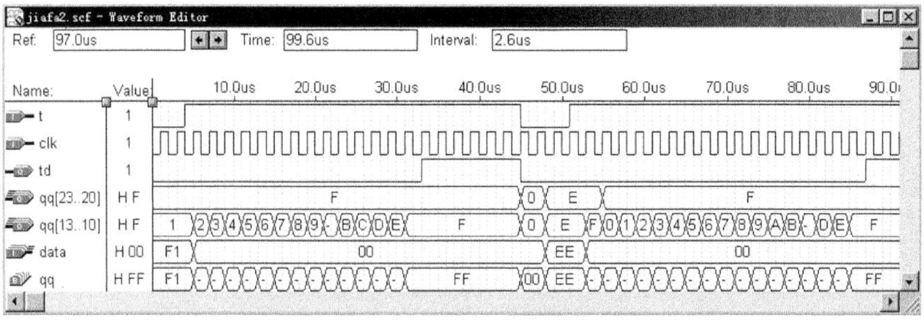

图 9-19　例 9-20 的仿真图(采用 Max+Plus Ⅱ仿真)

【**例 9-21**】　摩尔微分电路。

有些情况须在按钮按下时只转移一个状态，这时需要一个如图 9-20 所示的微分电路。

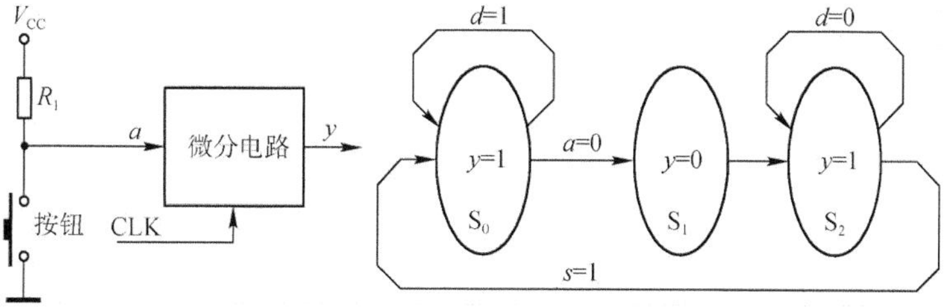

图 9-20　摩尔微分电路的框图与状态图

微分电路的 Verilog HDL 描述如下。

```
module weifen (clk,a,y);                       //clk 是时钟,a 是输入,y 是输出
input a,clk;
output y;
reg y;
reg [1:0] state,next_state;
parameter s0 = 2'b00,s1 = 2'b01, s2 = 2'b10;   //状态编码
  always @ (posedge clk)                       //状态寄存器
    begin state <= next_state; end
  always @ (state)                             //输出与次态逻辑
  begin
   case (state)
   s0: begin y<=1;
          if (!a) begin next_state <= s1; end
          else begin next_state <= s0; end
       end
   s1: begin y<=0;
            next_state <= s2;
       end
   s2: begin y<=1;
          if (a) begin next_state <= s0; end
          else begin next_state <= s2; end
     end
   default:next_state <= s0;
   endcase
     end
endmodule
```

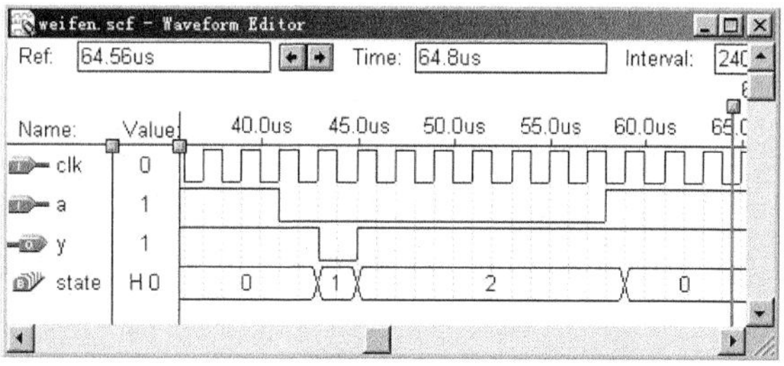

图 9-21　摩尔微分电路 Verilog HDL 描述的仿真结果(采用 Max+Plus Ⅱ仿真)

微分电路 Verilog HDL 描述的仿真结果如图 9-21 所示。在输入信号 a 的下降沿 y 输出 1 个时钟周期的低电平。

小　结

本章主要内容为：

(1) Verilog HDL 基础，包括基本约定、数据类型、运算符。

(2) Verilog HDL 中的描述，包括连续赋值语句、行为描述语句。

(3) Verilog HDL 中分支语句，包括 if 语句、case 语句。

(4) Verilog HDL 中的结构描述。

(5) Verilog HDL 描述组合电路、时序电路与状态机。

思 考 题

1. Verilog HDL 如何写注释语句？
2. Verilog HDL 的基数表示法如何表示十进制数？
3. Verilog HDL 如何定义连线类型和寄存器类型的端口与信号？
4. Verilog HDL 可综合的算术运算符有哪些？
5. Verilog HDL 如何表示信号的上升沿与下降沿？
6. Verilog HDL 如何定义状态机的状态？
7. 触发器的同步、异步置位与复位端的描述有什么区别？
8. 试写出描述状态机的步骤与约定。

习　题

【题 9-1】 wire 与 reg 数据类型有什么区别？

【题 9-2】 连续赋值语句与过程赋值语句有什么区别？

【题 9-3】 如何在过程赋值语句的事件控制语句中描述时钟边沿？

【题 9-4】 阻塞型过程赋值与非阻塞型过程赋值有什么区别？

【题 9-5】 试用 Verilog HDL 中的 always 块描述三线-八线译码器 74138。

【题 9-6】 试用 Verilog HDL 中的连续赋值 assign 语句描述三线-八线译码器 74138。

【题 9-7】 试用 Verilog HDL 描述具有高电平置位、复位功能的上升沿 D 触发器。

【题 9-8】 试用 Verilog HDL 描述一个 4 位二进制数-七段共阴数码管显示译码电路，要求数码管按照十六进制显示 0～9、A、B、C、D、E 和 F。

【题 9-9】 试用 Verilog HDL 描述芯片 74163。

【题 9-10】 试用 Verilog HDL 描述芯片 74161。

【题 9-11】 试用 Verilog HDL 描述 8 位二进制减法计数器，该计数器在 t 的控制下工作：当 $t=0$ 时，计数器预置初值；当 $t=1$ 时，计数器从初值减法计数；当计数器计数值为 0 时，信号 td 为高电平，计数器停止计数。

【题 9-12】 试用 Verilog HDL 描述 8 位二进制加法计数器，该计数器在 t 的控制下工作：当 $t=0$ 时，计数器预置计数终值；当 $t=1$ 时，计数器从 0 开始加计数；当计数器计数值与所预置终值相等时,信号 td 为高电平,计数器停止计数。

【题 9-13】 试用 Verilog HDL 描述如图题 9-13 所示的状态机。其中,*k*、td10 是输入信号;deng、t10 是输出信号。

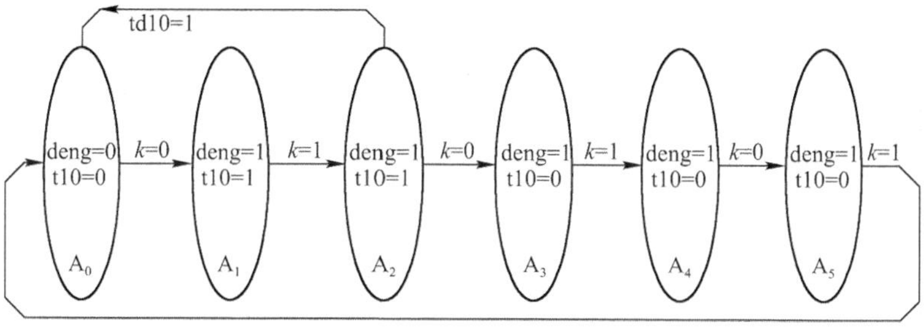

图题 9-13

【题 9-14】 试用 Verilog HDL 描述数字微分电路,要求在按钮 k 按下(低电平)时,输出脉宽小于等于状态机时钟 clk 一个周期的低电平脉冲信号。

第 10 章　脉冲整形与产生电路

脉冲整形与产生电路用于对脉冲波形进行变换，以及产生数字电路中的时钟，是数字电路中不可缺少的部分。本章介绍施密特触发器、单稳态触发器、方波发生器，以及定时器 555 的工作原理与应用。

10.1　施密特触发器

10.1.1　由门电路组成的施密特触发器

1. 由 CMOS 门电路组成的施密特触发器

由 CMOS 非门和电阻组成的施密特触发器如图 10-1 所示。假设该电路中非门 G_1 和 G_2 的阈值电压为 $V_{TH}\approx\frac{1}{2}V_{CC}$，为保证输入电压可有效控制，取 $R_1<R_2$。下面分析它的工作原理。

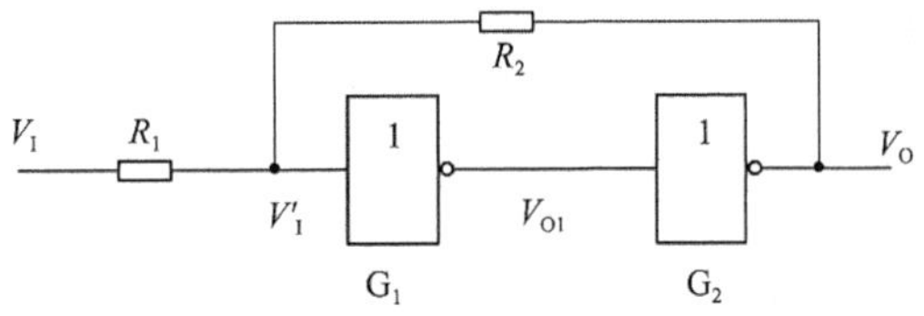

图 10-1　由 CMOS 非门和电阻组成的施密特触发器

若 $V_I\approx 0V$，则 $V'_I\approx 0V$，$V_{O1}=V_{OH}\approx V_{CC}$，$V_O=V_{OL}\approx 0V$，电路进入稳态 1。

在稳态 1，若 V_I从 0V 逐步升高，使 $V'_I=V_{TH}$时，G_1进入电压传输特性的转折区，引起如下的正反馈过程。

$$V_I\uparrow\rightarrow V'_I\uparrow\rightarrow V_{O1}\downarrow\rightarrow V_O\uparrow$$

该正反馈过程的结果是 $V_O=V_{OH}\approx V_{CC}$，$V_{O1}=V_{OL}\approx 0V$，$V'_I\geqslant V_{TH}$。设这个正反馈过程出现时 $V_I=V_{T^+}$。由于 V_I上升并达到 V_{T^+}时使正反馈出现，所以 V_{T^+}称为正向阈值电压（上升阈值电压）。

由于 $V_O=V_{OL}\approx 0V$，所以有 $V'_I=V_{TH}\approx\frac{R_2}{R_1+R_2}V_I$。

出现正反馈过程时，$V_I=V_{T^+}=\frac{R_1+R_2}{R_2}V_{TH}=\left(1+\frac{R_1}{R_2}\right)V_{TH}$。

当正反馈过程结束时，电路进入稳态 2。

在稳态 2，有 $V_{O1}=V_{OL}\approx 0V$，$V_O=V_{OH}\approx V_{CC}$。若 V_I从 V_{CC}逐步降低，使 $V'_I=V_{TH}$时，G_1进入电压传输特性的转折区，引起如下的正反馈过程。

$$V_I\downarrow\rightarrow V'_I\downarrow\rightarrow V_{O1}\uparrow\rightarrow V_O\downarrow$$

该正反馈过程的结果是 $V_O=V_{OL}\approx 0V$，$V_{O1}=V_{OH}\approx V_{CC}$，$V'_I\leqslant V_{TH}$。设这个正反馈过程出现时，$V_I=V_{T-}$，由于 V_I下降并达到 V_{T^-}时使正反馈出现，所以 V_{T-}称为负向阈值电压（下降阈值电

压)。

由于 $V_O=V_{OH}\approx V_{CC}$,所以使用叠加原理,得 $V'_I=V_{TH}\approx\dfrac{R_1}{R_1+R_2}V_{CC}+\dfrac{R_2}{R_1+R_2}V_I$。

出现正反馈过程时,$V_I=V_{T^-}=\dfrac{R_1+R_2}{R_2}V_{TH}-\dfrac{R_1}{R_2}V_{CC}$。

由于 $V_{CC}=2V_{TH}$,有 $V_{T^-}=\left(1-\dfrac{R_1}{R_2}\right)V_{TH}$。

当正反馈过程结束时,电路进入稳态 1。对应输入电压 V_I先升高,再降低的输出电压 V_O波形如图 10-2(a)所示。

常将 V_{T^+} 与 V_{T^-} 之差定义为回差电压 ΔV_T,即

$$\Delta V_T=V_{T^+}-V_{T^-}$$

由以上可知,当 V_I 上升至 V_{T^+} 时,V_O 从 $V_{OL}\approx 0V$ 变为 V_{OH};当 V_I 下降至 V_{T^-} 时,V_O 从 V_{OH}变为 V_{OL}。由此可以画出如图 10-2(a)所示的电压动作波形与如图 10-2(b)所示输入/输出电压传输特性。由图可知,画施密特触发器的电压传输特性需要三个参数:正负向阈值电压、输出电压的范围和输出电压跃变方向。

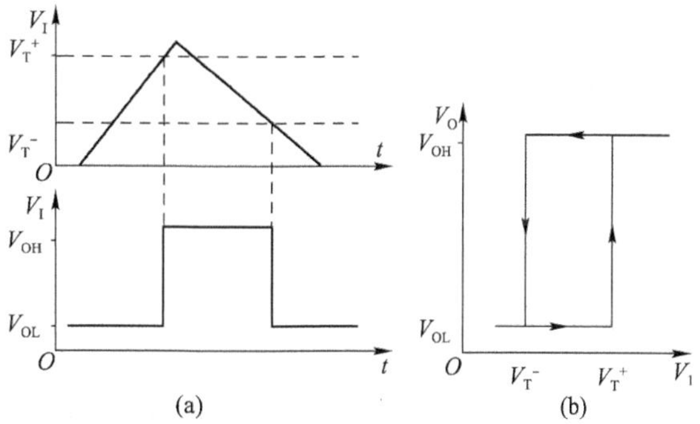

图 10-2　施密特触发器的电压传输特性

2. 施密特触发输入端的门电路

由于施密特触发输入端采用特殊的反馈电路,可根据输入信号从低到高或从高到低的变化移动动作阈值,因此有抗干扰的作用,在实际中有很多应用。具有施密特触发输入端典型的 TTL 非门 74LS14 传输特性如图 10-3 所示,引脚排列如图 10-4 所示。

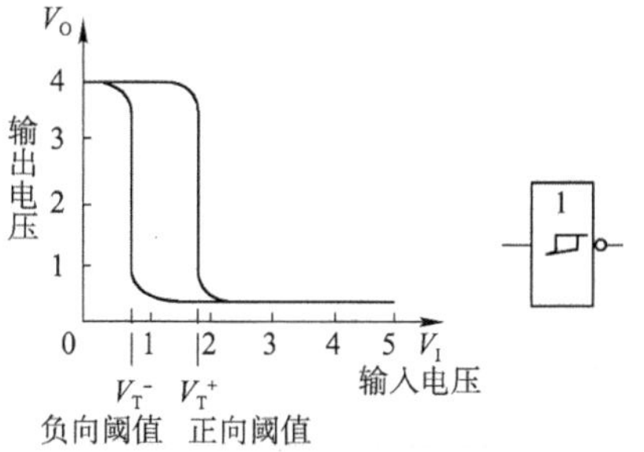

图 10-3　74LS14 的传输特性与逻辑符号

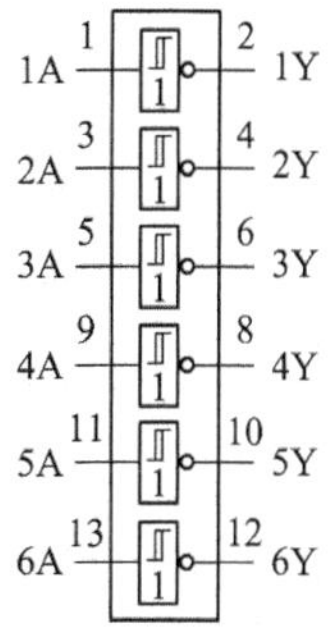

图 10-4　74LS14 的引脚排列

由传输特性可知,假设初始输入信号 $V_I=0$ V,这时输出为高电平(接近于 4 V)。如果输入电压增加,在输入电压增加到 1.6 V 之前,输出一直保持高电平;当输入电压达到 1.6 V 以后,输出变成低电平。如果输入电压减小,在输入电压减小到 1.6 V 时,输出并不变成高电平,而是当输入电压减小 0.8 V 以后,输出才变成高电平。

该芯片典型的正向阈值 $V_{T^+}=1.6$ V,负向阈值 $V_{T^-}=0.8$ V,回差电压 $\Delta V_T=0.8$ V。

具有施密特触发输入的电路具有抗噪声能力,74LS14 的抗噪声应用示意图如图 10-5 所示。

如图 10-5(a)所示的是一个具有噪声的输入信号,若将该信号加到一般非门电路的输入端,则输出的信号波形如图 10-5(b)所示,噪声使该非门出现了很多误动作。但是,当该信号加到具

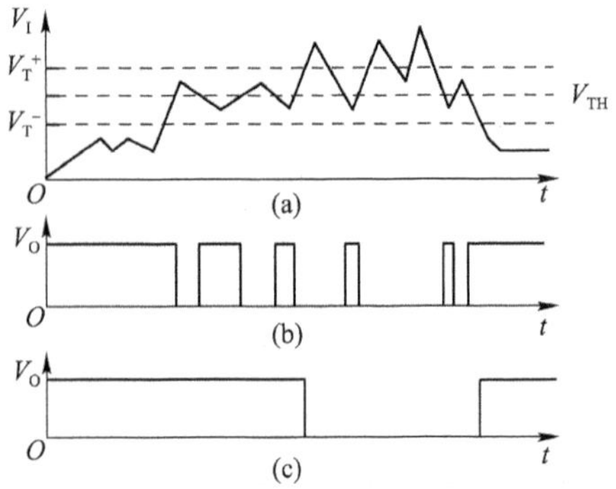

图 10-5　74LS14 的抗噪声应用示意图

有施密特输入的非门输入端时，则有如图 10-5(c)所示的输出波形，输出波形没有受到干扰。

74LS14 具有很好的抑制噪声能力，若前接 74LS 系列门，其高电平噪声容限为 $V_{OHmin}-V_{T^-}$，低电平噪声容限为 $V_{T^+}-V_{OLmax}$，由于 V_{T^-} 小于 V_{IHmin} 和 V_{T^+} 大于 V_{ILmax}，所以噪声容限好于一般的门电路。例如，74LS 系列门电路驱动 74LS14 时的高电平噪声容限为 $V_{OHmin}-V_{T^-}=2.7-0.8=1.9$ V，低电平噪声容限为 $V_{T^+}-V_{OLmax}=1.6-0.5=1.1$ V。74LS 系列门电路驱动 74LS04 时的高电平噪声容限为 $V_{OHmin}-V_{IHmin}=2.7-2.0=0.7$ V，低电平噪声容限为 $V_{ILmax}-V_{OLmax}=0.8-0.5=0.3$ V。所以，具有施密特滞环输入的门电路具有更好的抗干扰能力，常用于信号远距离传输，如 TTL 信号传输大于 2 m 的情况。

74HC14 的引脚排列与 74LS 相同，也是具有施密特触发输入的六非门电路，常用于远距离信号传输线的接收端接收信号。该芯片对应不同电源电压时的 V_{T^+} 和 V_{T^-} 不同。在 4.5 V 电源电压，环境温度为 25℃时，该芯片典型的阈值电压 $V_{T^+}=2.7$ V，$V_{T^-}=1.8$ V，典型的回差电压 ΔV_T 为 0.9 V。在 CMOS 负载(拉电流与灌电流负载都是 0.02 mA)时的最小高电平 V_{OH} 输出电压为 4.4 V，最大低电平输出电压 V_{OL} 为 0.1 V。

双 4 输入与非门 74LS13 和四 2 输入与非门 74LS132 也是具有施密特滞环输入的门电路。

10.1.2　施密特触发器的应用

施密特触发器可以把边沿变化缓慢的周期信号转换成矩形脉冲信号。图 10-6 是将正弦波转换成矩形波的波形图。

图 10-7 是正弦波转换方波的实际接线图。其中，图 10-7(a)是输入 50 Hz 正弦波，输出 100 Hz 方波的接线图；全波整流电路将交流 50 Hz 整流成 100 Hz 的脉动直流，然后稳压二极管将脉动直流电压的幅值稳定在 4.5 V，经过 74LS14 整形成方波输出。

图 10-7(b)是输入 50 Hz 正弦波，输出 50 Hz 的方波接线图，采用半波整流电路将交流 50 Hz 交流电整流成 50 Hz 的脉动直流电压，经过稳压管稳压成 4.5 V 的脉动直流，经过 74LS14 整形成 50 Hz 的方波输出。

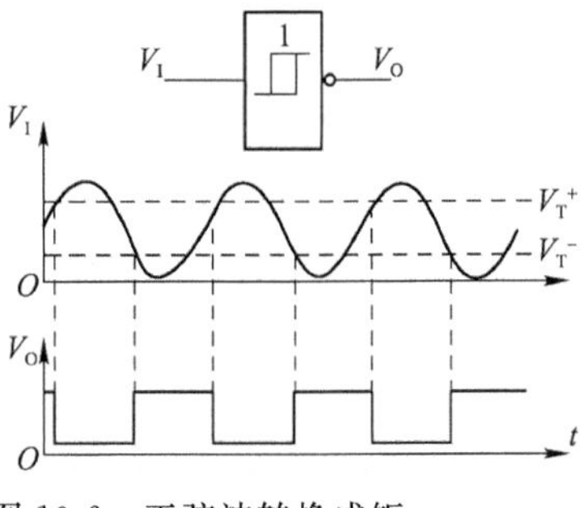

图 10-6　正弦波转换成矩形波的波形图

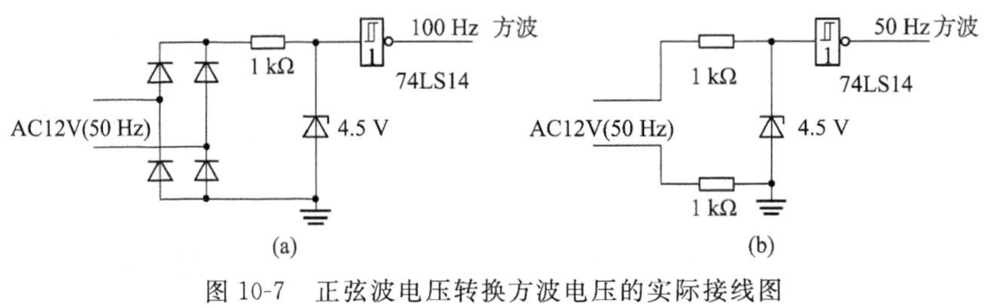

图 10-7　正弦波电压转换方波电压的实际接线图

10.2　单稳态触发器

10.2.1　由门电路组成的单稳态触发器

1. 微分型单稳态触发器

如图 10-8 所示，微分型单稳态触发器由或非门、非门、电容和电阻组成。工作原理叙述如下。

当触发输入端 V_I 为低电平 V_{OL} 时，由于 V_{I2} 处电压为 V_{CC}（忽略 G_2 的输入电流），则 V_O 输出低电平 V_{OL}，使 G_1 的另一个输入端为低电平 V_{OL}，所以 V_{O1} 输出高电平 V_{OH}，电路工作在稳态。

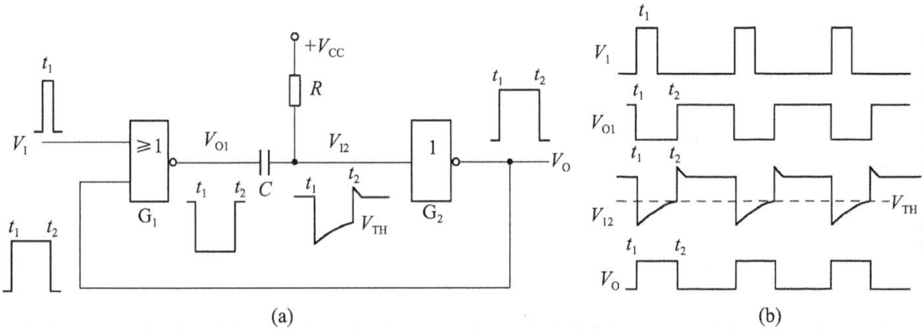

图 10-8　微分型单稳态触发器

在时间 t_1，触发正脉冲加在触发输入端，当触发正脉冲超过 G_1 的阈值电压 V_{TH} 后，G_1 输出从高电平 V_{OH} 跳向低电平 V_{OL}；由于电容两端的电压不能突变，所以 V_{I2} 在 t_1 瞬间随 V_{O1} 从电源电压 V_{CC} 下跳（$V_{OH}-V_{OL}$）。由于 G_2 的输入电压 V_{I2} 低于阈值电压 V_{TH}，所以 G_2 输出 V_O 为高电平 V_{OH}；由于正反馈的连接方式，G_2 的输出替代触发脉冲保持 G_1 输出为低电平。上述变化过程迅速完成，电路进入暂稳态。

随着时间的推移，电源通过电阻 R 向电容 C 充电，V_{I2} 电位随时间从低电平 V_{OL} 指数上升，上升的终值是电压值 V_{CC}；在时间 t_2，当 V_{I2} 升到 G_2 的阈值电压 V_{TH} 时，G_2 输出低电平 V_{OL}；由于此时触发正脉冲已经恢复到低电平，所以 G_1 输出从低电平 V_{OL} 跳到高电平 V_{OH}，进一步升高 V_{I2}，该正反馈过程使电路迅速恢复到稳态。V_{I2} 电位随 V_{O1} 从 V_{TH} 上跳幅度为（$V_{OH}-V_{OL}$），但是对于输入端具有保护钳位二极管的门电路，V_{I2} 的电位只能达到电源电压 V_{CC} 加二极管压降 V_D。

1）输出脉冲宽度

若使用由 CMOS 门电路构成单稳态触发器，则有如图 10-9 所示的等效电路，这里假设 $V_{OH}\approx V_{CC}$，$V_{OL}\approx 0$ V，并假设场效应管导通电阻 $R_{ON}\ll R$（可以忽略），取 $V_{TH}=\dfrac{1}{2}V_{CC}$。

由上述分析可知，该电路暂稳态的持续时间 t_W 取决于电容 C 充电到 G_2 的阈值电压 V_{TH} 需要的时间，由电容电压表达式 $V_C=V_C(\infty)+[(V_C(0)-V_C(\infty))]\mathrm{e}^{-\frac{t}{RC}}$，有

$$t=RC\ln\left[\frac{V_C(\infty)-V_C(0)}{V_C(\infty)-V_C}\right]$$

若取电容的充电初值 $V_C(0)=0$ V，充电终值 $V_C(\infty)=V_{CC}$，则当电容两端电压 $V_C=V_{TH}$ 时需要的时间 t_W 为

$$t_W=RC\ln\left[\frac{V_{CC}-0}{V_{CC}-V_{TH}}\right]=RC\ln\frac{2V_{TH}-0}{2V_{TH}-V_{TH}}=RC\ln 2=0.69RC$$

使用微分型单稳态触发器时注意尽量使触发正脉冲的宽度小于暂稳态的持续时间，因为在暂稳态结束时有正反馈过程，使输出脉冲的下降沿迅速下降。

2）恢复时间

在暂稳态结束进入稳态后，须延迟一个小的恢复时间 t_{re} 后，才可以再进行触发。根据如图 10-10 所示的恢复时间估算等效电路，有如下的估算公式，即

$$t_{re}=(3\sim5)R_DC$$

式中，R_D 是门电路输入端保护二极管的等效导通电阻。

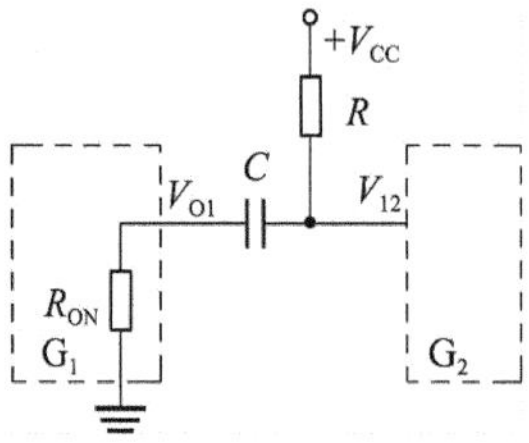

图 10-9　脉宽计算等效电路图

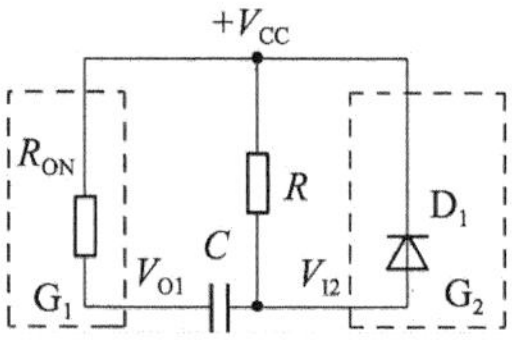

图 10-10　恢复时间估算等效电路图

3）分辨时间

允许两个相邻触发脉冲之间的最小时间间隔通常称为分辨时间 t_{MIN}，由以上分析得

$$t_{MIN}=t_W+t_{re}$$

若触发正脉冲的宽度大于输出脉宽 t_W，该电路也可以工作，但是在 t_2 时刻，由于 G_1 输出不会出现低电平到高电平的跳变，因此不会出现正反馈，结果是输出脉冲 V_O 的下降沿变化缓慢。

2. 积分型单稳态触发器

如图 10-11 所示的积分型单稳态触发器由非门 G_1、与门 G_2、电阻 R 和电容 C 组成。由于电阻和电容组成积分电路，所以称为积分型单稳态触发器。

当输入触发信号 $V_I=0$ V 时，G_1 的输出 V_{O1} 为高电平 V_{OH}，电容 C 上充满电荷，V_{I2} 为高电平 V_{OH}（忽略 G_2 的输入端电流），输出电压 V_O 为高电平 V_{OH}，电路工作在稳态。

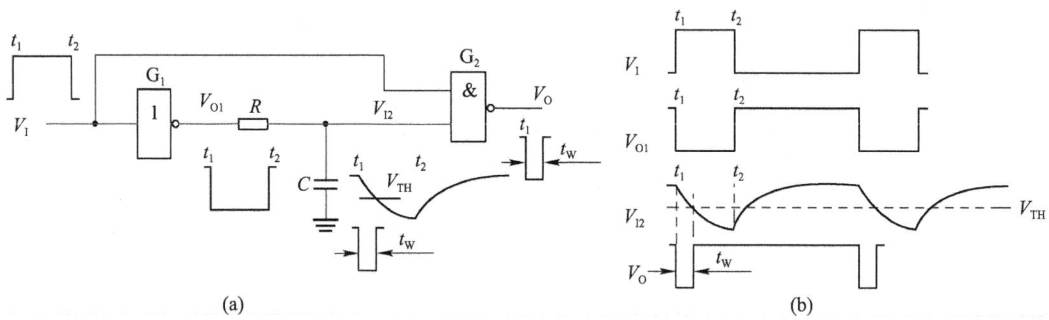

图 10-11　积分型单稳态触发器电路及其输入输出波形

在时间 t_1，输入触发端加入正脉冲，由于 V_{I2} 为高电平 V_{OH}，所以 G_2 的两个输入端都是高电平 V_{OH}，则输出电压 V_O 从高电平跃变成低电平，电路进入暂稳态。由于 G_1 输出从高电平 V_{OH} 跃变成低电平 V_{OL}，所以电容开始放电，电压 V_{I2} 逐步降低。

当 V_{I2} 等于 V_{TH} 时，G_2 输出从低电平 V_{OL} 跃变成 V_{OH}，输出电压 V_O 从暂稳态恢复到稳态。

在时间 t_2，输入触发信号恢复到 0 V，G_1 输出 V_{O1} 变成 V_{OH}，电容开始充电。当 V_{I2} 达到 V_{OH} 时，V_{I2} 也恢复到稳态。

1)输出脉冲宽度

由 CMOS 门电路组成积分单稳的脉宽计算等效电路如图 10-12 所示。设积分单稳的电源电压为 V_{CC}，有 $V_{OH}\approx V_{CC}$，$V_{OL}\approx 0$ V，通常 $V_{TH}=\frac{1}{2}V_{CC}$。电容放电初值 $V_C(0)=V_{OH}$，放电终值 $V_C(\infty)=V_{OL}$，时间常数 $\tau=(R+R_{ON})C$，R_{ON} 是 G_1 输出低电平时的输出等效电阻。

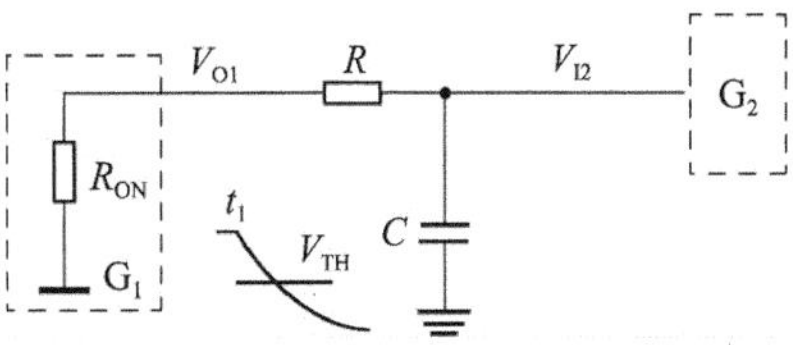

图 10-12　脉宽计算等效电路

由电容的充放电表达式

$$t=RC\ln\left[\frac{V_C(\infty)-V_C(0)}{V_C(\infty)-V_C}\right]$$

可以得到电容电压放电使 $V_{I2}=V_{TH}$ 的时间 t_W，即

$$t_W=(R+R_{ON})C\ln\left(\frac{V_{OL}-V_{CC}}{V_{OL}-V_{TH}}\right)$$

$$=(R+R_{ON})C\ln\left(\frac{0-2V_{TH}}{0-V_{TH}}\right)=(R+R_{ON})C\ln 2=0.69(R+R_{ON})C$$

若 $R\gg R_{ON}$，则可以忽略 R_{ON}，这时 $t_W=0.69RC$。

2)恢复时间

恢复时间等于 V_{O1} 跳变为高电平后，电容 C 开始充电直到 V_{I2} 等于 V_{OH} 时所经过的时间。若忽略 G_1 输出高电平时的输出电阻 R_{ON}，则恢复充电时间常数 $\tau=RC$，恢复时间 $t_{re}\approx(3\sim5)RC$。

3)分辨时间

该电路从稳态开始触发，到再完全恢复到稳态经历的最小分辨时间为 $t_{MIN}=t_w+t_{re}$。

与微分型单稳比较，积分型单稳具有抗干扰能力强的特点，但是输出波形的边沿较差。使用时注意触发脉冲的宽度必须大于输出脉冲的宽度。

3. 基于 74HC14 的单稳态电路

1)工作原理

利用 74HC14 输入端的施密特滞环特性可以组成如图 10-13(a)所示的单稳态电路，7406 是集电极开路非门，电阻 R 和电容 C 组成 RC 充放电电路。该电路动作过程波形如图 10-13(b)所示。

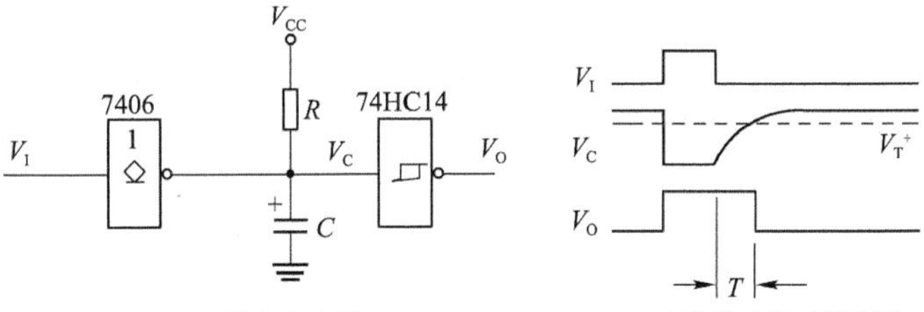

(a) 单稳态电路　(b) 电路动作过程波形

图 10-13　基于 74HC14 的单稳态电路与其动作波形图形

(1)稳态：输入信号为低电平，7406 输出端开路，忽略 74HC14 的输入电流，则电容电压 V_C 为 V_{CC}，输出电压 V_O 为低电平。

(2)触发：输入信号变成高电平，7406 输出低电平，电容 C 放电，两端的电压 V_C 快速接近 0 V，输出 V_O 为高电平。

(3)暂稳态：输入信号 V_I 由高电平变为低电平，7406 输出端开路，电阻 R 向电容 C 充电；当电容上的电压 V_C 达到 74HC14 的输入上限电压 V_{T^+} 时，输出电压 V_O 变为低电平。

74HC14 为 CMOS 电路，可以忽略其输入电流，这时单稳态时间 T 可简单估算如下：

电容充电初值 $V_C=0$ V，充电终值 $V_C=V_{CC}$，时间常数为 RC，当 $V_C=V_{T^+}$ 时充电结束，则有暂稳态时间

$$T=RC\ln\left[\frac{V_C(\infty)-V_C(0)}{V_C(\infty)-V_C}\right]=RC\ln\frac{V_{CC}-0}{V_{CC}-V_{T^+}}$$

若取 $V_{CC}=5$ V，$V_{T^+}=3.5$ V，则暂稳态时间为

$$T=RC\ln\left(\frac{V_{CC}-0}{V_{CC}-V_{T^+}}\right)=RC\ln\left(\frac{5}{5-3.5}\right)=RC\ln\left(\frac{5}{1.5}\right)\approx 1.20RC$$

2)用 74HC14 组成窄脉冲触发单稳态触发器

如图 10-14(a)所示，单稳态触发器电路在前述电路的基础上增加 R_1C_1 微分电路组成，二极管 D_1 的作用是钳位 A 点电位，使其不低于−0.7 V。在 7406 内部也有相同的钳位二极管，若电容 C_1 足够小，放电电流不大，就不用外接二极管 D_1。

(1)触发：若忽略 7406 的输入电阻，则电压 $V_A=V_I-V_{C1}$。V_I 上升沿出现的瞬时，电容 C_1 上压降 $V_{C1}=0$ V，电压降落在电阻 R_1 上，V_A 使 7406 输出低电平；随着时间推移，电容 C_1 逐步充电，当电容 C_1 两端的电压足够高时，电阻 R_1 两端的电压 V_A 足够低，7406 输出端开路。由于时间常数 R_1C_1 非常小，在 V_I 上升沿后，电压 V_A 很快衰减，所以 7406 输出低电平时间很短。

(2)暂稳态：7406 输出低电平，使 C_2 快速放电，B 点电位 V_B 为低电平，74HC14 的输出 V_O 由低电平变为高电平；当 7406 输出开路时，电源通过电阻 R_2 向 C_2 充电；当 V_B 电压达到 74HC14 的正向阈值电压 V_{T^+} 时，74HC14 输出 V_O 返回低电平，暂稳态结束。该电路的动作波形如图 10-14(b)所示。

由于 7406 输出低电平时间很短，对比于 R_2C_2 时间常数可以忽略，所以输出电压 V_O 的高电平持续时间与前述单稳态触发器的暂稳态时间 T 相同。

该电路的特点是输出电压 V_O 的宽度与输入信号 V_I 的宽度无关，如果输入信号 V_I 不断地有频率足够高的上升沿，则电容 C_2 不断地放电，使输出 V_O 持续保持高电平，如图 10-14(c)所示，则该触发器处于重复触发状态，输出 V_O 维持高电平。只有触发间隔时间大于暂稳态时间，触发器才返回稳态，输出 V_O 为低电平。

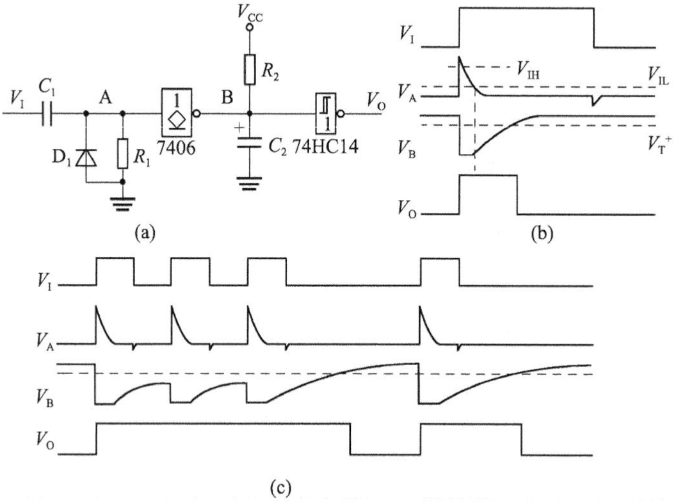

图 10-14　窄脉冲触发单稳态电路

3)74HC14 组成延时灯开关

如图 10-15 所示，74HC14 组成延时灯开关电路。

按钮按下一次，电容 C 上的电压为 0 V，74HC14 输出高电平，三极管 9013 导通，继电器 J_1 通电动作，常开触点 J_1 闭合，电灯点亮。随时间的推移，电源通过电阻 R_1 向电容 C 充电，其两端的电压越来越高，当达到 74HC14 的上限电压 V_{T^+} 时，74HC14 输出低电平，使继电器断电，常开触点 J_1 断开，电灯灭。若在电容 C 电压未达到 V_{T^+} 时，按钮再次按下，释放电容 C 上的电荷，使电压为 0 V，则开始新的充电过程，继续延迟时间常数 R_1C 决定的时间。

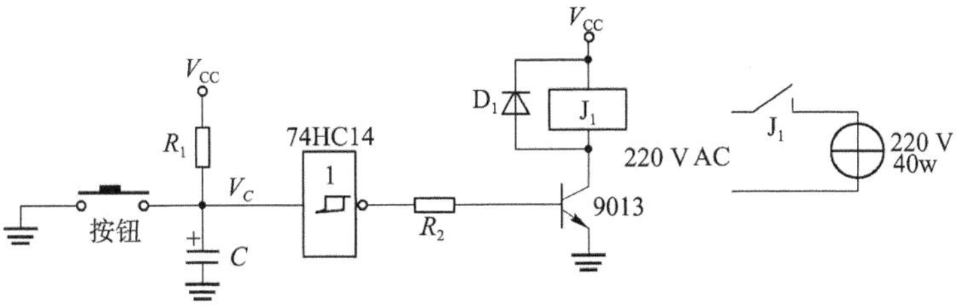

图 10-15　延时电灯开关电路

*10.2.2　集成单稳态触发器 74121

74121 是不可重复触发的集成触发器，集成单稳态触发器 74121 的符号如图 10-16 所示。

在图 10-16 中，A_1、A_2 和 B 是触发器输入端，在 R_{INT} 端连接有 2 kΩ 的内部电阻。由于 74121 具有施密特触发器输入特性，所以具有较高的抗干扰特性，对输入信号的边沿要求不高。

74121 的功能如表 10-1 所示。由功能表可知，74121 在三个输入信号 A_1、A_2 和 B 之间满足关系时，在触发信号的脉冲沿触发。

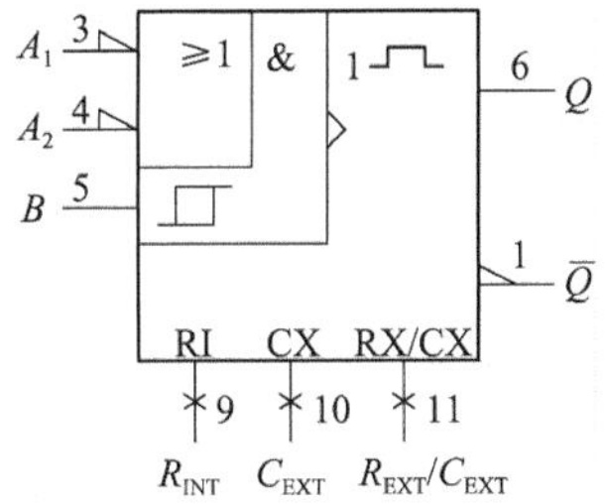

图 10-16　74121 的符号图

表 10-1　74121 的功能表

输入			输出	
A_1	A_2	B	Q	$\overline{Q}$
L	×	H	L	H
×	L	H	L	H
×	×	L	L	H
H	H	×	L	H
H	↓	H	⎍	⊔
↓	H	H	⎍	⊔
↓	↓	H	⎍	⊔
L	×	↑	⎍	⊔
×	L	↑	⎍	⊔

该芯片静态电特性与 74 系列兼容。触发输入脉冲上升与下降沿最小变化率为 1 V/μs，最小输入脉宽为 50 ns。外接定时电阻 R_{EXT} 最大值为 40 kΩ，外接定时电容 C_{EXT} 最大值为 1000 μF。

如果把 R_{INT} 连接到 V_{CC}，则 74121 具有 40 ns 的暂稳态持续时间，如图 10-17(a)所示。

如果使用内部电阻和外部电容 C_{EXT}（见图 10-17(b)），或是外部电阻和外部电容（见图 10-17(c)），则延迟时间可以在 40 ns 到 28 s 之间，由如下公式计算，即

$$t_W = 0.7RC_{EXT}$$

式中，R 可以是内部电阻 R_{INT}，或者是外部电阻 R_{EXT}。如果电阻 R 的单位是 kΩ，电容 C 的单位是 pF，则 t_W 的时间单位是 ns。

例如，若单稳态触发器需要暂稳态持续时间为 100 ms，则可以选择外接电阻 $R_{EXT}=39$ kΩ，然后由公式 $t_W=0.7RC_{EXT}$ 计算外接电容 C_{EXT} 的值，即

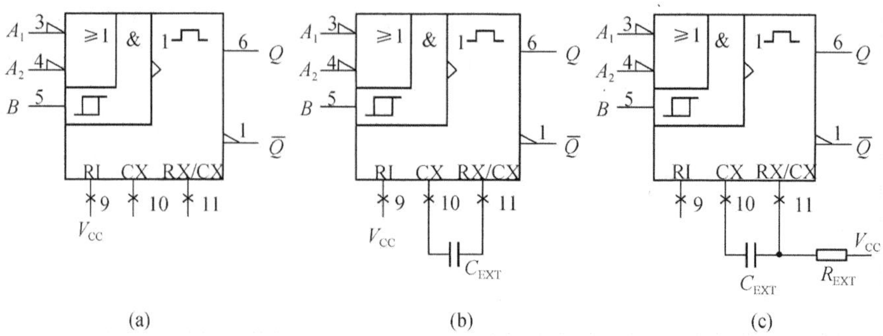

图 10-17　74LS121 的三种连接方式

$$C_{EXT}=\frac{t_W}{0.7R_{EXT}}=\frac{1\times10^8\,\text{ns}}{0.7\times39\text{k}\Omega}=3.66\times10^6\ \text{pF}=3.66\mu\text{F}$$

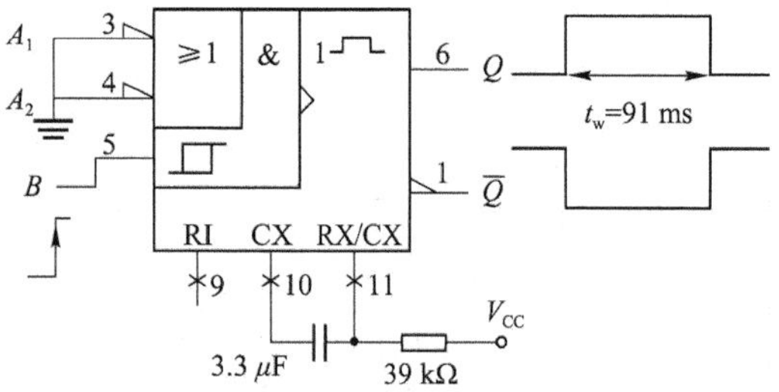

图 10-18　74121 触发器延时 100 ms 的接线图

用 3.3 μF 的标准系列电容取代计算出来的电容，这样暂稳态时间为 91 ms。最后的接线图如图 10-18 所示，该单稳态电路在输入信号 B 的上升沿触发。

一个使 3 个灯依次点亮 1 s 的电路如图 10-19 所示。该电路使用 3 个单稳态触发器 74121，按钮按下时，产生下降沿触发信号。

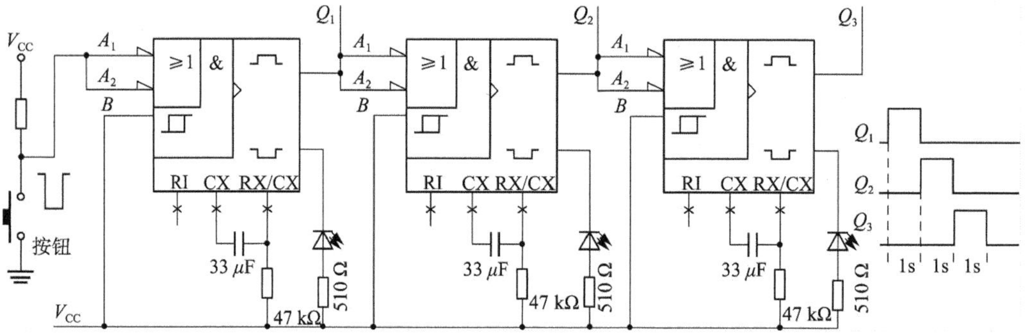

图 10-19　三灯依次点亮电路

若取外电阻 R_{EXT} 为 47 kΩ，则外接电容为

$$C_{EXT}=\frac{t_W}{0.7R_{EXT}}=\frac{1\times10^9\,\text{ns}}{0.7\times47\ \text{k}\Omega}=30.3\times10^6\,\text{pF}=30.3\ \mu\text{F}$$

取标准系列值 33 μF，则暂稳态时间 $t_W=0.7RC_{EXT}=0.7\times47\ \text{k}\Omega\times33\ \mu\text{F}=1.085\ \text{s}$

该电路在触发信号的作用下，三触发器 Q 端依次输出三个持续 1 s 的正脉冲；三触发器 $\overline{Q}$ 端依次点亮相连接三个发光二极管。

10.3　多谐振荡器

10.3.1　门电路组成的多谐振荡器

如图 10-20 所示，用 CMOS 非门电路构成多谐振荡器，电阻 $R_P\gg R$，其作用是消除 G_1 输入保护二极管钳位作用对 V_{I1} 的影响。为分析方便，假设 CMOS 门电路的 $V_{OH}\approx V_{CC}$，$V_{OL}\approx 0$ V，$V_{TH}=\frac{1}{2}V_{CC}$。

由图 10-20 可知，CMOS 非门 G_1 的输入端和输出端之间串联有反馈电阻 R，由于 CMOS 门电路的输入电流在正常的高低电平范围内几乎等于零，所以没有电流流过电阻 R，或者电阻 R 两端的压降等于零，结果非门 G_1 的 $V_{O1}=V_{I1}$，因而非门 G_1 的电压传输特性与 $V_{O1}=V_{I1}$ 直线的交点 Q 是非门 G_1 的工作点，两线相交的情况如图 10-21 所示。

由于 $V_{TH}=\frac{1}{2}V_{CC}$，所以非门工作在阈值电压附近。电压传输特性在阈值附近的曲线非常陡，所以对应于输入端 V_{I1} 的微小电压变化，可以获得输出端 V_{O1} 大的变化，因此这样连接的非门是具有很大放大倍数的放大器。

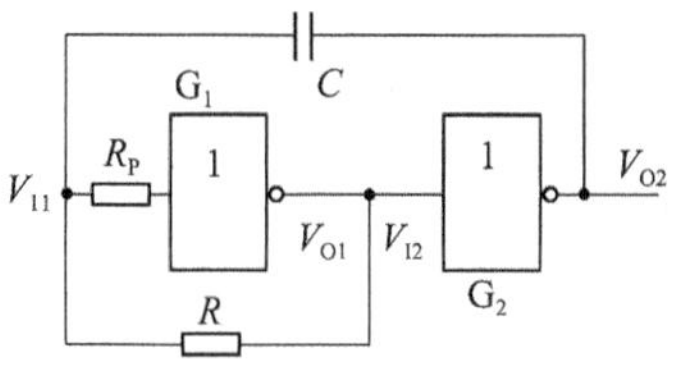

图 10-20　由非门电路组成的多谐振荡器

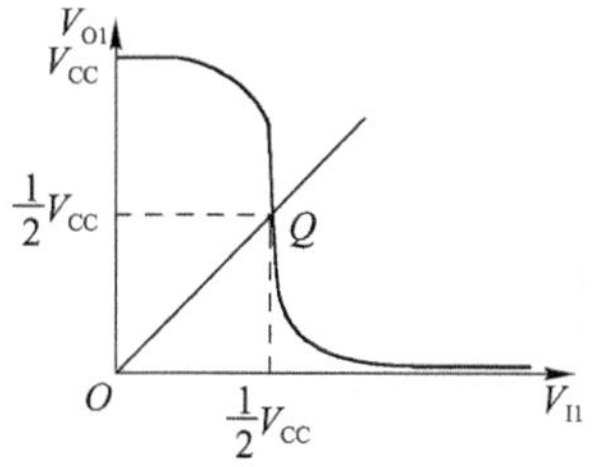

图 10-21　非门电压传输特性与 $V_{O1}=V_{I1}$ 直线相交的情况

G_1 的输出电压 $V_{O1}=V_{TH}$，G_2 的输入电压是 V_{O1}，所以 G_2 也工作在阈值电压，输出 $V_{O2}=V_{TH}$。

电容放电过程：G_1 和 G_2 组成放大器，若输入端 V_{I1} 在某种情况下出现微小的正跳变，则引起如下正反馈过程：

$$V_{I1}\uparrow\rightarrow V_{O1}=V_{I2}\downarrow\rightarrow V_{O2}\uparrow$$

该正反馈的结果是 $V_{O1}=V_{OL}$，$V_{O2}=V_{OH}$，电路进入第一稳态。这时，电容开始放电，放电路径如图 10-22(a)所示。放电路径中 R_{ON}(N)是 G_1 输出端输出低电平时的等效电阻，R_{ON}(P)是 G_2 输出端输出高电平时的等效电阻。

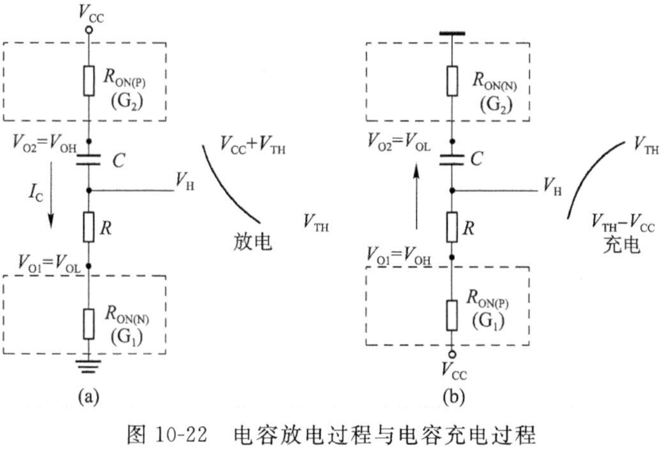

图 10-22　电容放电过程与电容充电过程

电容放电开始时，V_{I1} 为 $V_{CC}+V_{TH}$，因为正反馈之前，V_{I1} 的电位是 V_{TH}。当 V_{O2} 从零跳到 V_{CC} 时，V_{I1} 的电位是 $V_{CC}+V_{TH}$。随着电容放电，V_{I1} 的电位越来越低，当 $V_{I1}=V_{TH}$ 时，第一稳态

结束。

电容充电过程：当 V_{I1} 小于等于 V_{TH} 时，引起如下的正反馈过程：

$$V_{I1}\downarrow \rightarrow V_{O1}=V_{I2}\uparrow \rightarrow V_{O2}\downarrow$$

该正反馈的结果是 $V_{O1}=V_{OH}$，$V_{O2}=V_{OL}$，电路进入第二稳态。这时，电容开始充电，充电路径如图 10-22(b)所示。充电路径中 R_{ON}(P)是 G_1 输出端输出高电平时的等效电阻，R_{ON}(N)是 G_2 输出端输出低电平时的等效电阻。

正反馈之前，V_{I1} 的电位是 V_{TH}。当 V_{O2} 从 V_{CC} 跳到零时，V_{I1} 的电位是 $V_{TH}-V_{CC}$。随着电容充电，V_{I1} 的电位越来越高，当 $V_{I1}=V_{TH}$ 时，第二稳态结束，返回第一稳态。

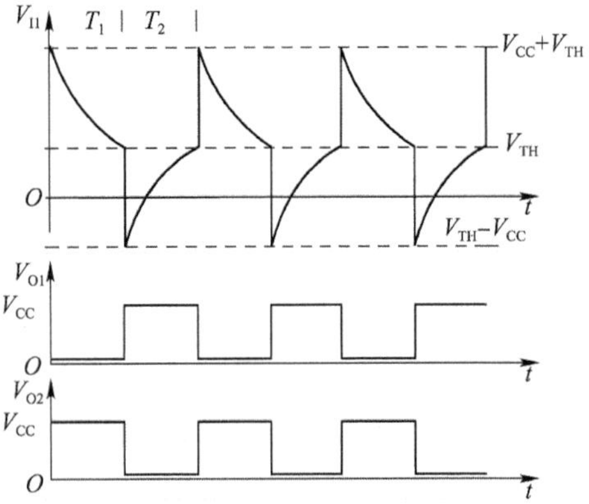

图 10-23 多谐振荡器电路的工作波形

该电路在这两个稳态之间不停地转换，产生振荡。振荡波形如图 10-23 所示。

若 G_1 输入端的串联电阻 R_P 足够大，则 V_{I1} 高于 $V_{CC}+V_{TH}$ 或低于 $V_{TH}-V_{CC}$ 时 G_1 的输入电流可以忽略不计。

如果电阻 R 比 R_{ON}(N)和 R_{ON}(P)大得多，则可以近似计算振荡周期。

(1)放电周期 T_1 的计算。

电容放电的初值 $V_C(0)=V_{TH}+V_{CC}$，放电终值是 $V_C(\infty)=0$ V，时间常数是 RC。根据电容充放电计算公式，$V_C=V_C(\infty)+[(V_C(0)-V_C(\infty))]e^{-\frac{t}{RC}}$，有

$$t=RC\ln\left[\frac{V_C(\infty)-V_C(0)}{V_C(\infty)-V_C}\right]$$

则 V_C 等于 V_{TH} 时的放电时间为

$$T_1\approx RC\ln\left[\frac{0-(V_{TH}+V_{CC})}{0-V_{TH}}\right]=RC\ln 3$$

(2)充电周期 T_2 的计算。

电容充电的初值 $V_C(0)=V_{TH}-V_{CC}$，充电终值是 $V_C(\infty)=V_{CC}$，时间常数是 RC。根据电容充放电计算公式，当 V_C 等于 V_{TH} 时的充电时间为

$$T_2\approx RC\ln\left[\frac{V_{CC}-(V_{TH}-V_{CC})}{V_{CC}-V_{TH}}\right]=RC\ln 3$$

由此知，振荡周期为 $T=T_1+T_2\approx 2RC\ln 3=2.2RC$。

10.3.2 施密特型多谐振荡器

使用施密特触发器组成的多谐振荡器如图 10-24 所示。

假设施密特触发器由 CMOS 电路构成，而且 $V_{OH}\approx V_{CC}$，$V_{OL}\approx 0$ V。

电源接通时，电容 C 上的电压 $V_I=0$ V，所以输出端 $V_O=V_{CC}$，通过电阻 R 向电容 C 充电，充电到 $V_I=V_{T^+}$ 时，输出 $V_O=0$ V，电容 C 通过电阻 R 放电。放电到 $V_I=V_{T^-}$ 时，输出端 $V_O=V_{CC}$，再通过电阻 R 向电容 C 充电。以上过程不断重复，产生周期振荡。V_I 和 V_O 的电压波形如图 10-25 所示。

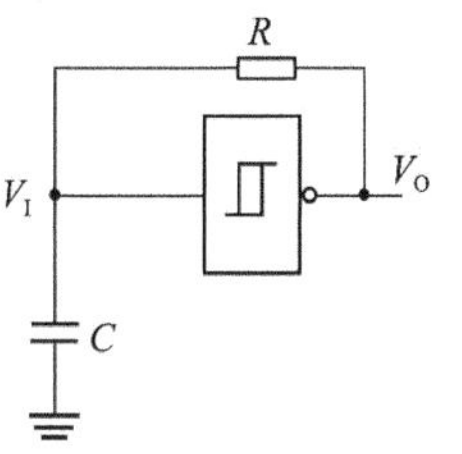

图 10-24　由施密特触发器组成的多谐振荡器

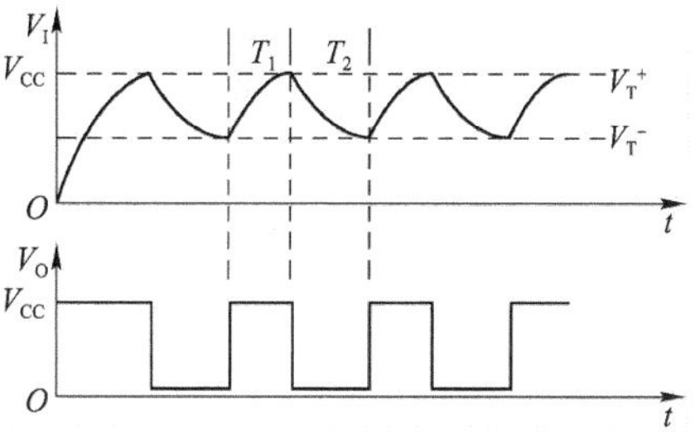

图 10-25　V_I和V_O的电压波形

电容充电周期 T_1:电容电压初值 $V_C(0)=V_{T^-}$，终值 $V_C(\infty)=V_{CC}$，时间常数为 RC，根据电容充放电计算公式 $V_C=V_C(\infty)+[(V_C(0)-V_C(\infty))]e^{-\frac{t}{RC}}$，可以得到当 V_C 等于 V_{T^+} 时的时间为

$$T_1=RC\ln\left(\frac{V_{CC}-V_{T^-}}{V_{CC}-V_{T^+}}\right)$$

电容放电周期 T_2:电容电压初值 $V_C(0)=V_{T^+}$，终值 $V_C(\infty)=0\ \text{V}$，时间常数为 RC，则根据电容充放电计算公式，可以得到当 V_C等于 V_{T^-} 时的时间为

$$T_2=RC\ln\left(\frac{0-V_{T^+}}{0-V_{T^-}}\right)=RC\ln\frac{V_{T^+}}{V_{T^-}}$$

所以，振荡周期为

$$T=T_1+T_2=RC\ln\left(\frac{V_{CC}-V_{T^-}}{V_{CC}-V_{T^+}}\frac{V_{T^+}}{V_{T^-}}\right)$$

10.3.3　石英晶体振荡器

在振荡周期要求准确的场合，通常都采用石英晶体振荡器，这是由于石英晶体的频率稳定度可达 10^{-7}以上。

1. 振荡器的组成

振荡器电路包含放大器和反馈网络，如图 10-26 所示，振荡器产生振荡的条件是放大器的增益 A 与反馈网络的反馈系数 F 之积必须大于 1，同时放大器和反馈网络的总相移必须等于 360°的 n 倍(n 为整数)，这样，才能保证某一频率的信号在回路中不断放大，最终产生振荡。振荡器的振荡频率取决于反馈网络的选频能力。石英晶体选频可以使振荡频率非常稳定。

2. 电容反馈式振荡电路

电容反馈式振荡电路如图 10-27(a)所示，该电路又称为电容三点式或考毕兹(Colpitts)振荡电路。

在电路中，G_1是 CMOS 非门电路，G_1与电阻 R 组成放大器。反馈/选频网络中电感的感抗 L 与电容 C_1和 C_2的容抗相等。

假设 G_1与电阻 R 组成的放大器的倍数足够大，完全满足放大器增益与反馈网络衰减乘积大于 1 的要求；由于是由非门组成的放大器，所以 V_O与 V_I之间的相移是 180°，如图 10-27(b)所示，由于感抗与两个电容的容抗相等，所以在电感 L 和电容 C_2 支路呈电感性，其电流 I 落后电压 V_O 90°，电流 I 在电容 C_2上产生的电压 V_f落后电流 I 90°，这样，V_f的极性与 V_I相同，总相移是 360°，满足振荡条件。该电路的振荡频率稳定度取决于由电感 L 和电容组成的选频网络的特性，由于电感由导线绕成，具有电阻，该电阻损耗能量使选频特性变差，所以在需要频率稳定度高的场合，须使用石英晶体代替电感。

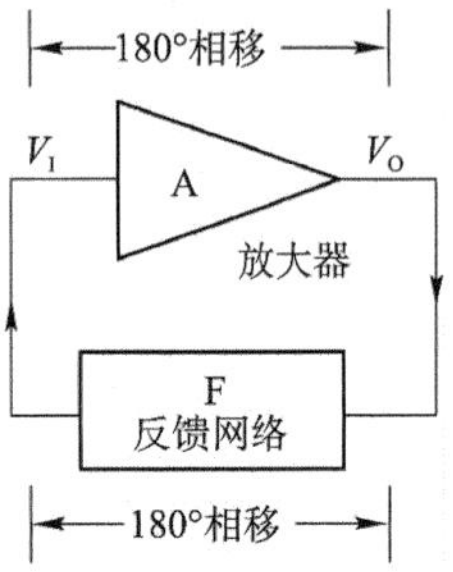

图 10-26　振荡器原理框图

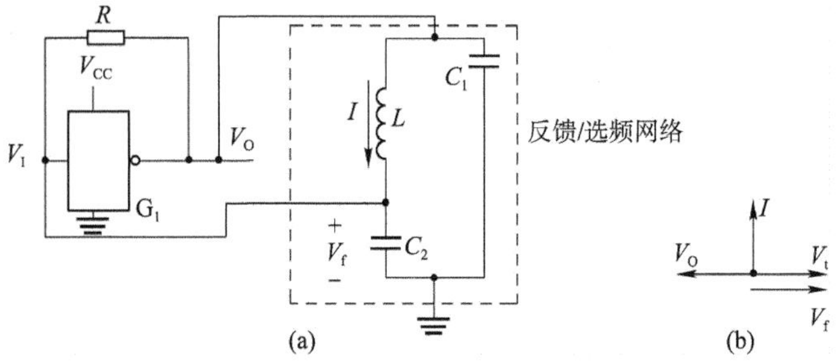

图 10-27　电容反馈式振荡电路

石英晶体的符号与其等效电抗的频率特性如图 10-28 所示。由石英晶体的电抗频率特性可知，当 f 小于 f_s 时，晶体呈现电容性；当 f 大于 f_p 时，晶体也呈现电容性；只有当频率 f 在 f_s 与 f_p 之间时，晶体才呈现电感性。一般情况下 $f_s \approx f_p$。所以只要晶体呈现电感性，则晶体的谐振频率在 f_s 与 f_p 之间。

3. 具有石英晶体的振荡器

把电容反馈式振荡电路中的电感改为石英晶体，就构成如图 10-29 所示的单非门晶体振荡器。该振荡器只有当石英晶体呈现电感性时才能振荡，而石英晶体呈现电感性的谐振频率在 f_s 与 f_p 之间，且 $f_s \approx f_p$，所以晶体的谐振频率是该振荡器的工作频率。

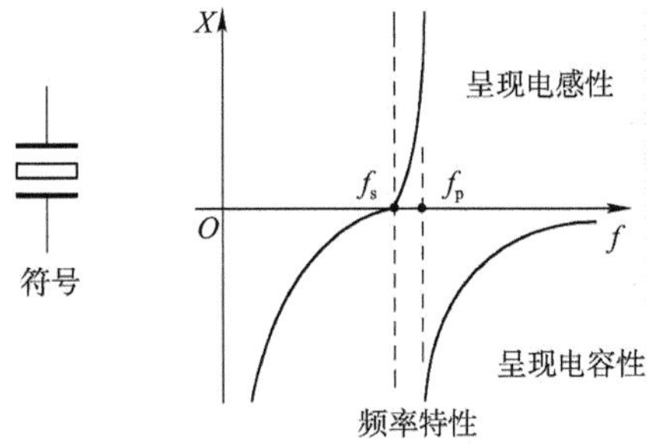

图 10-28　石英晶体的符号和电抗的频率特性

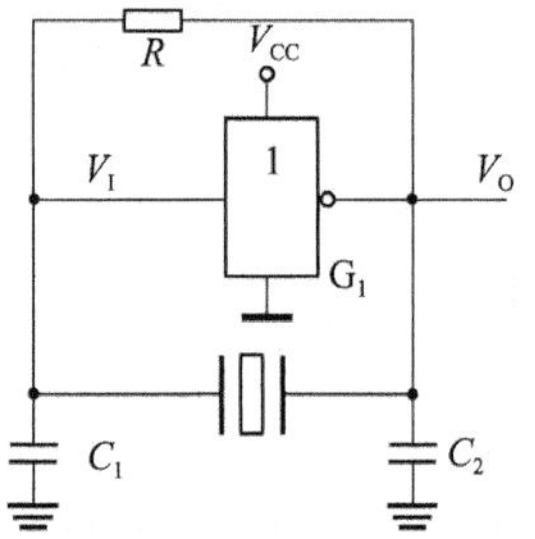

图 10-29　由单非门组成的石英晶体振荡器电路图

对于 CMOS，电路中 R 的数值应足够大，一般取 2～10 MΩ。目前，各种谐振频率的石英晶体已经成为系列产品，所以可以组成各种工作频率的振荡器。

在各种单片机、时钟等芯片中常使用这种振荡器作为时钟信号源。

例如，如图 10-30 所示的是由 74HC04 组成的石英晶体振荡器电路，该电路可以作为数字系统的时钟源使用，用一个非门产生振荡，用另外一个非门对振荡产生的波形整形后输出。

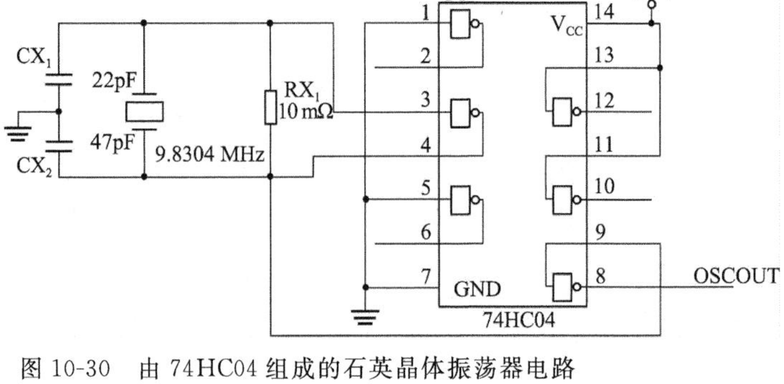

图 10-30　由 74HC04 组成的石英晶体振荡器电路

4. 有源晶体振荡器

将由石英晶体与“非”门组成的振荡器电路装在一个小的双列直插封装(DIP)中，组成有源振荡器，其特点如下所述。

(1)全金属封装。

(2)频率范围一般为 1～130 MHz。

(3)TTL/CMOS 兼容逻辑电平。

(4)电源电压为 3.3～5 V。

10.4 定时器 555 及其应用

10.4.1 定时器 555 的基本工作原理

定时器 555 是一种多功能集成电路，只要在外部接上几个电阻和电容，就可以组成施密特触发器、单稳态触发器和多谐振荡器。定时器 555 的内部结构框图和符号图如图 10-31 所示。

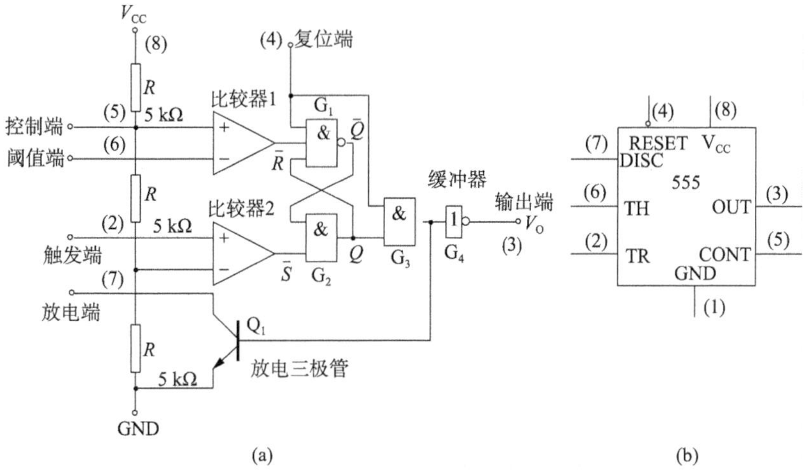

图 10-31 定时器 555 的内部结构框图和符号图

由图 10-31 所示的内部结构框图可知，它由比较器 1、比较器 2、由非门 G_1 与 G_2 组成的 SR 锁存器和放电三极管 Q_1 组成。

比较器 1 的反相端是阈值输入端；若同相端不外接控制信号，则是电阻分压得到的参考电压 $\frac{2}{3}V_{CC}$。比较器 2 的同相端是触发端；反相端是电阻分压得到的参考电压 $\frac{1}{3}V_{CC}$。当放电晶体管导通时，放电端与地相连。

在复位端加低电平信号，锁存器复位，可以使输出 V_O 低电平。正常工作时，复位端应加高电平。

控制端所加电压可以改变比较器 1 同相端、比较器 2 反相端的电压值，因此也改变比较器 1 反相端的阈值电压和比较器 2 同相端的触发电压。若控制端不外接电压，则比较器 1 同相端的电压为 $\frac{2}{3}V_{CC}$，比较器 2 反相端的电压为 $\frac{1}{3}V_{CC}$。

若复位端为高电平，则输入信号 V_{I1}、V_{I2} 与输出状态之间的关系如下所述。

(1)阈值端电压 V_{I1} 大于$\frac{2}{3}V_{CC}$，触发端电压 V_{I2} 大于$\frac{1}{3}V_{CC}$，锁存器的$\overline{R}$端为低电平，$\overline{S}$端为高电平，锁存器输出 Q 置零，放电管导通，输出端 V_O输出低电平。

(2)阈值端电压 V_{I1} 小于$\frac{2}{3}V_{CC}$，触发端电压 V_{I2} 大于$\frac{1}{3}V_{CC}$，锁存器的$\overline{R}$端为高电平，$\overline{S}$端为高电平，锁存器保持原状态不变，放电管维持原状态不变，输出状态不变。

(3)阈值端电压 V_{I1} 小于$\frac{2}{3}V_{CC}$，触发端电压 V_{I2} 小于$\frac{1}{3}V_{CC}$，锁存器的$\overline{R}$端为高电平，$\overline{S}$端为低电平，锁存器输出 Q 置 1，放电管截止，输出端 V_O输出高电平。

(4)阈值端电压 V_{I1} 大于$\frac{2}{3}V_{CC}$，触发端电压 V_{I2} 小于$\frac{1}{3}V_{CC}$，锁存器的$\overline{R}$端为低电平，$\overline{S}$端为低电平，锁存器置 1。放电管截止，输出高电平。

为提高电路的带负载能力，输出端设置缓冲器 G_4。双极性定时器 555 的电源电压范围是 5～16 V，最大负载电流达 200 mA。CMOS 型定时器 555 的电源电压范围是 3～18 V，最大负载电流为 4 mA。

定时器 555 的输出高电平近似等于电源电压，低电平近似等于 0 V。

10.4.2 定时器 555 组成施密特触发器

用定时器 555 组成的施密特触发器电路如图 10-32 所示。

由定时器 555 的工作原理可知，V_I从低于$\frac{1}{3}V_{CC}$开始增加，当 V_I小于$\frac{1}{3}V_{CC}$时，输出为高电平。当 V_I大于$\frac{1}{3}V_{CC}$、小于$\frac{2}{3}V_{CC}$时，输出保持不变。当 V_I大于$\frac{2}{3}V_{CC}$时，输出低电平。由此可知 V_{T^+} 为$\frac{2}{3}V_{CC}$。

V_I从高于$\frac{2}{3}V_{CC}$开始减小，当 V_I大于$\frac{2}{3}V_{CC}$时，输出为低电平。当 V_I小于$\frac{2}{3}V_{CC}$、大于$\frac{1}{3}V_{CC}$时，输出保持不变。当 V_I小于$\frac{1}{3}V_{CC}$时，输出高电平。由此可知，V_{T^-} 为$\frac{1}{3}V_{CC}$。

由此得到回差电压为

$$\Delta V_T = V_{T^+} - V_{T^-} = \frac{1}{3}V_{CC}$$

该电路的电压传输特性如图 10-33 所示。

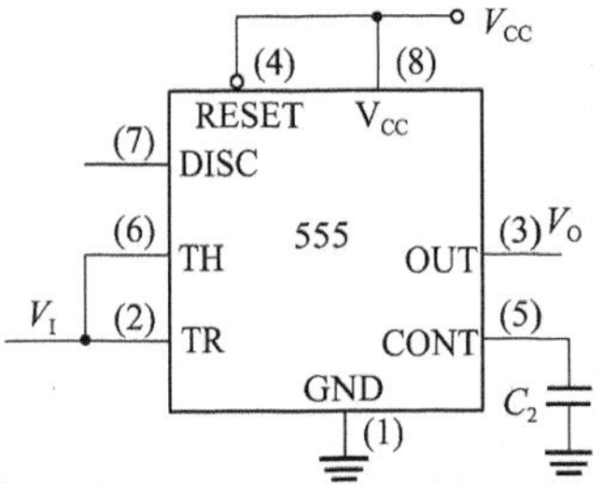

图 10-32 用定时器 555 组成的施密特触发器电路

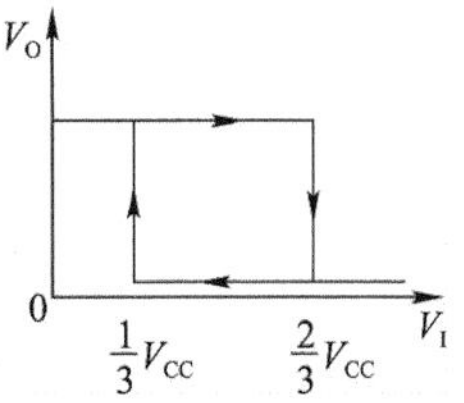

图 10-33 定时器 555 施密特电路的电压传输特性

在控制端加电压可以改变正负向阈值电压值，所加电压的电压值为 V_{T^+}，所加电压值的一半为 V_{T^-}。

10.4.3 定时器 555 组成单稳态触发器

由定时器 555 组成的单稳态触发器电路如图 10-34(a)所示。由定时器 555 组成单稳态触发器的触发过程波形如图 10-34(b)所示。

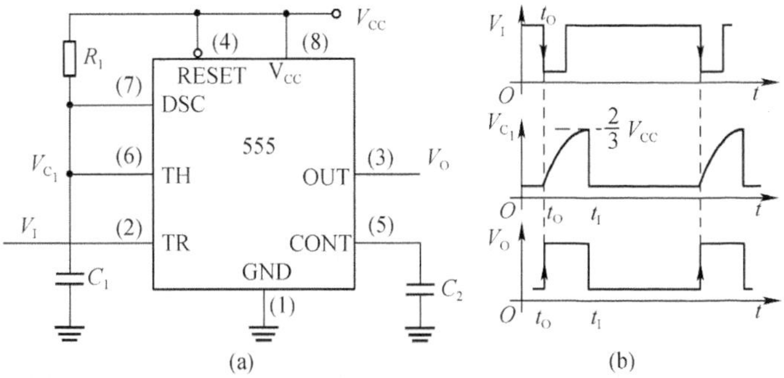

图 10-34 由定时器 555 组成的单稳态触发器电路及其触发过程波形

触发前：触发端 V_I 为高电平，比较器 1 输出高电平；比较器 2 也输出高电平，输出端输出 V_O 低电平，放电管导通，V_{C_1} 为 0 V。

触发时：幅度低于$\frac{1}{3}V_{CC}$的窄脉冲触发信号加在触发端，比较器 2 输出低电平，锁存器置 1，关闭放电管，输出端 V_O 输出高电平。电源通过电阻向电容 C_1 充电，V_{C_1} 电压指数增加，暂稳态开始。

经过一个小的延迟时间，触发信号消失，触发端为高电平。比较器 2 输出高电平。

暂稳态结束时：V_{C_1} 达到$\frac{2}{3}V_{CC}$，比较器 1 输出低电平，输出端输出低电平，放电管导通，电容 C_1 通过放电管放电，当 V_{C_1} 电压低于$\frac{2}{3}V_{CC}$时，比较器 1 输出高电平，恢复触发前的状态。

输出脉冲宽度：电容电压 V_{C_1} 从 0V 增加到$\frac{2}{3}V_{CC}$需要的时间。根据充电初值 $V_{C_1}(0)=0$ V，充电终值 $V_{C_1}(\infty)=V_{CC}$，时间常数是 R_1C_1，可得 V_{C_1} 达到$\frac{2}{3}V_{CC}$的脉冲宽度为

$$T_W = R_1C_1\ln\left[\frac{V_{C_1}(\infty)-V_{C_1}(0)}{V_{C_1}(\infty)-\frac{2}{3}V_{CC}}\right]$$

$$= R_1C_1\ln\left(\frac{V_{CC}-0}{V_{CC}-\frac{2}{3}V_{CC}}\right) = R_1C_1\ln 3 = 1.1R_1C_1$$

通常，R_1 的取值在几百欧姆到几兆欧姆之间，电容的取值范围为几百皮法到几百微法，T_W 的范围为几微秒到数小时。时间越长，定时精度越差，主要原因是电容有漏电。

10.4.4 定时器 555 组成多谐振荡器

由定时器 555 组成的多谐振荡器电路如图 10-35(a)所示。

把定时器 555 接成施密特触发器后，很容易组成振荡器。从电路图可知，通过电阻 R_1 和 R_2 向电容 C_1 充电，充电到 $V_{C_1}=\frac{2}{3}V_{CC}$时，比较器 1 输出低电平，输出端输出低电平，放电管导通，电容通

过电阻 R_2 和放电管放电；放电到 $V_{C_1}=\frac{1}{3}V_{CC}$ 时，比较器 2 输出低电平，输出端输出高电平，放电管截止，电容开始充电，如此循环，产生振荡。电容充放电曲线和输出脉冲如图 10-35(b)所示。

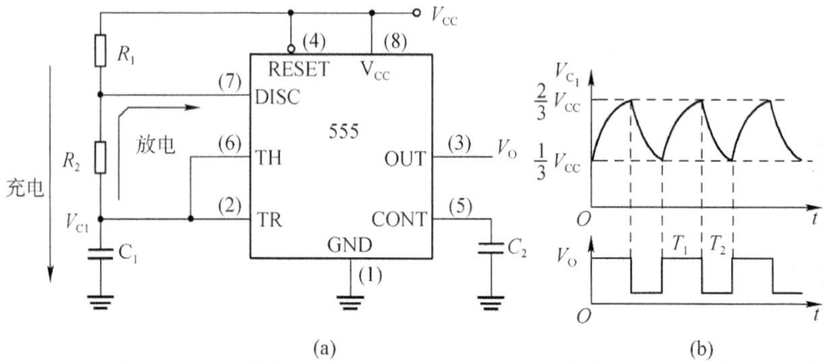

图 10-35　由定时器 555 组成的多谐振荡器电路图与工作波形图

充电时间 T_1 的计算：由于充电初值 $V_{C_1}(0)=\frac{1}{3}V_{CC}$，充电终值 $V_{C_1}(\infty)=V_{CC}$，时间常数为 $(R_1+R_2)C_1$，则 V_{C_1} 到达 $\frac{2}{3}V_{CC}$ 的时间为

$$T_1=(R_1+R_2)C_1\ln\left[\frac{V_{C_1}(\infty)-V_{C_1}(0)}{V_{C_1}(\infty)-\frac{2}{3}V_{CC}}\right]=(R_1+R_2)C_1\ln\left(\frac{V_{CC}-\frac{1}{3}V_{CC}}{V_{CC}-\frac{2}{3}V_{CC}}\right)=(R_1+R_2)C_1\ln 2$$

放电时间 T_2 的计算：由于放电初值 $V_{C_1}(0)=\frac{2}{3}V_{CC}$，放电终值 $V_{C_1}(\infty)=0\ \text{V}$，时间常数为 R_2C_1，则 V_{C_1} 到达 $\frac{1}{3}V_{CC}$ 的时间为

$$T_2=R_2C_1\ln\left[\frac{V_{C_1}(\infty)-V_{C_1}(0)}{V_{C_1}(\infty)-\frac{1}{3}V_{CC}}\right]=R_2C_1\ln\left(\frac{0-\frac{2}{3}V_{CC}}{0-\frac{1}{3}V_{CC}}\right)=R_2C_1\ln 2$$

振荡周期为 $T=T_1+T_2=(R_1+2R_2)C_1\ln 2=0.69(R_1+2R_2)C_1$

占空比为

$$q=\frac{T_1}{T}=\frac{R_1+R_2}{R_1+2R_2}$$

由占空比的表达式可知，占空比始终大于 50%，要使占空比小于等于 50%，可以使用如图 10-36 所示的电路(脉冲占空比等于脉冲高电平时间除以脉冲周期)。

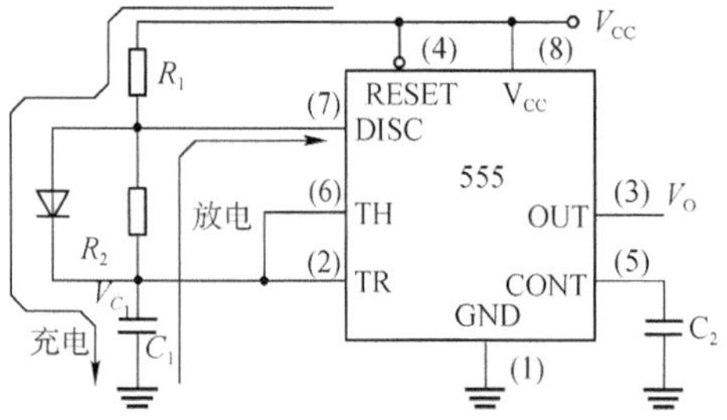

图 10-36　减小占空比的多谐振荡器电路

10.5　应用电路举例

【例 10-1】　单脉冲与连续时钟产生电路。

解：在数字电路实验中，常需要连续时钟源和单脉冲时钟源，图 10-37 显示的是产生连续时钟和单脉冲时钟的电路。

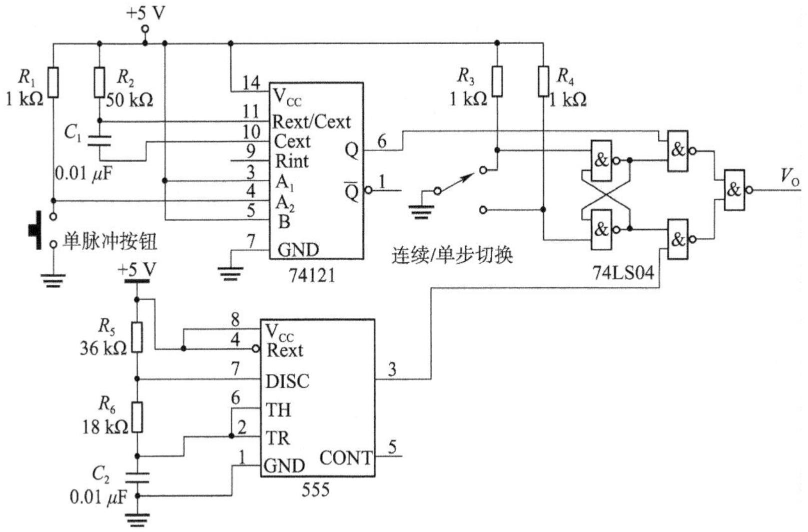

图 10-37　产生连续时钟和单脉冲时钟的电路

单脉冲用由 74121 组成的单稳态触发电路实现，单脉冲按钮按下后，下降沿触发 74121，使引脚 6 输出高电平；一段时间后，暂稳态结束，引脚 6 恢复到低电平。

74121 的暂稳态时间为

$$t_W = 0.7R_{EXT}C_{EXT} = 0.7 \times 50\ \text{k}\Omega \times 0.01\ \mu\text{F} = 0.35\ \text{ms}$$

连续脉冲电路由定时器 555 构成的多谐振荡器组成，振荡频率为

$$f = 1.45/[(36\ \text{k}\Omega + 2 \times 18\ \text{k}\Omega)0.01\ \mu\text{F}] = 2\ \text{kHz}$$

“连续/单步切换”开关用于控制锁存器切换输出信号 V_O，选择单脉冲信号或连续脉冲信号。

【例 10-2】 用定时器 555 实现长延时。

解：采用定时器 555 组成的长延时电路如图 10-38 所示。该电路是由定时器 555 组成的单稳态触发电路，并增加按钮、继电器等元件组成。

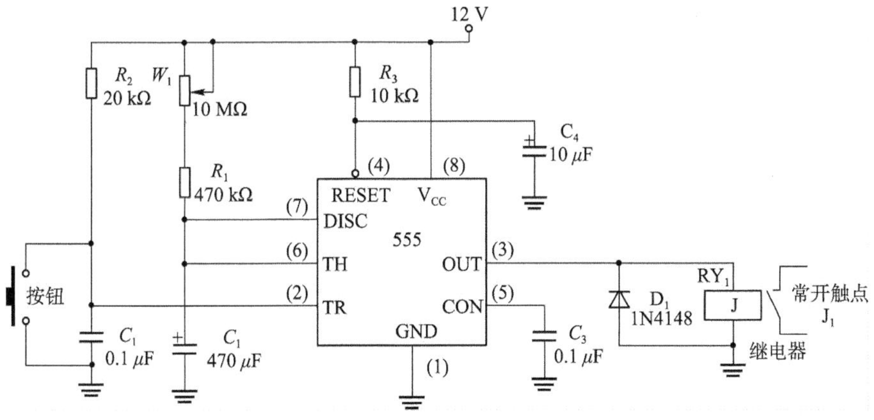

图 10-38　由 555 定时器组成的长延时电路

为保证该电路上电后，引脚 3 输出低电平，增加由 R_3、C_4 组成的上电复位电路。复位电路可保证上电后，复位引脚 4 为低电平，引脚 3 输出低电平，继电器 RY_1 失电，常开触点 J_1 断开。

按钮按下后，定时器 555 电路的引脚 2 为低电平，触发单稳态电路进入暂稳态，引脚 3 输出高电平，继电器 RY_1 的衔铁线圈通电，常开触点 J_1 闭合。

这时，定时器 555 内部放电管截止，电源通过电位器 W_1、电阻 R_1 向 C_1 充电，当引脚 6 的电压超过 2/3VCC 时(这时按钮已经抬起)，引脚 3 输出低电平，继电器 RY_1 的衔铁线圈失电，常开触点 J_1 断开，放电管导通，C_1 上的电荷被放掉，引脚 6 为低电平。这时，定时器 555 返回上电后的初始状态，等待按钮再次按下。

该电路的延时时间由电位器 W_1、电阻 R_1 和电容 C_1 确定，为获得长时间延时应选择漏电小的电容。

如果继电器常开触点连接电灯，则当按钮按下后，电灯亮一段时间后熄灭，因此该电路适合只开不关的电灯亮灭控制。

该电路的最小延时时间为 $t_{\mathrm{Wmin}}=1.1RC=1.1\times470\ \mathrm{k\Omega}\times470\ \mu\mathrm{F}=242.990\ \mathrm{s}\approx4\ \mathrm{min}$

该电路的最大延时时间为

$$t_{\mathrm{Wmax}}=1.1RC=1.1\times(10\ \mathrm{M\Omega}+470\ \mathrm{k\Omega})\times470\ \mu\mathrm{F}=5412.990\ \mathrm{s}\approx90\ \mathrm{min}$$

【例 10-3】 负电源发生电路。

(1)74HC04 组成的负电源电路。

(2)定时器 555 实现负电源电路。

解:(1)采用方波发生器的负电源电路如图 10-39 所示，该电路常在具有运算放大器的电路中向运算放大器提供负电源。

方波发生器中的 G_1～G_3 采用 74HC 系列非门电路 74HC04，该门电路可以提供极限拉灌电流达 25 mA。方波发生器的输出频率为 10 kHz 左右。当 G3 输出高电平时，通过 D_2 向 C_2 充电，这时 D_1 截止，A 点电位为二极管压降 0.7 V；当 G_3 输出低电平时，由于电容 C_2 两端电压不能突变，则 A 电位也随之下跳为负电压，D_1 导通，D_2 截止，V_O 输出负电压。该电路输出负电压值与电源电压、负载有关。

由 74HC04 组成的振荡器周期为 $T=2.2RC=2.2\times470\ \Omega\times0.1\ \mu\mathrm{F}=103.4\times10^{-6}\approx0.1\ \mathrm{ms}$

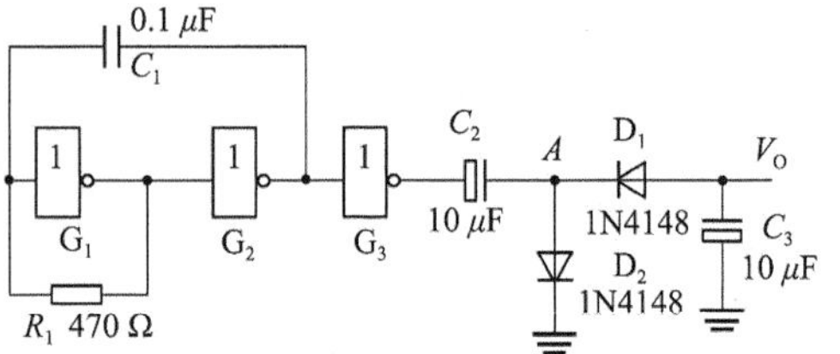

图 10-39 采用方波发生器的负电源电路

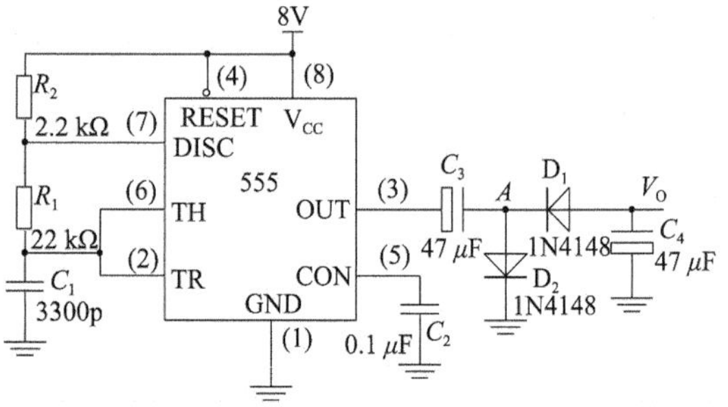

图 10-40 555 定时器实现的负电源电路

(2)由定时器 555 实现的负电源电路见图 10-40。与图 10-39 电路相比，该电路用定时器 555 代替由 74HC14 组成的方波振荡器，由于定时器 555 的电源电压可达到 18 V，输出电流更大，因此可以输出更大的电压和驱动更大的负载。

由 555 组成多谐振荡器的振荡周期为

$$t_{\mathrm{W}}=0.69\times(2.2\ \mathrm{k\Omega}+2\times22\ \mathrm{k\Omega})\times3300\ \mathrm{pF}=0.1\ \mathrm{ms}$$

【例 10-4】 采用工频的秒脉冲发生器。

解:采用工频的秒脉冲发生器电路如图 10-41 所示。

由图可知，220 V 交流工频经过变压器降压，再经过三极管 Q_1 组成的非门后，在三极管集电极输出频率为 50 Hz 的近似方波，再经过 74LS14 整形后形成波形整齐的方波脉冲。该方波使 74LS160 组成的同步 50 进制计数器计数，每计 50 个脉冲，U_2(74LS160)的引脚 12 输出一个脉冲。

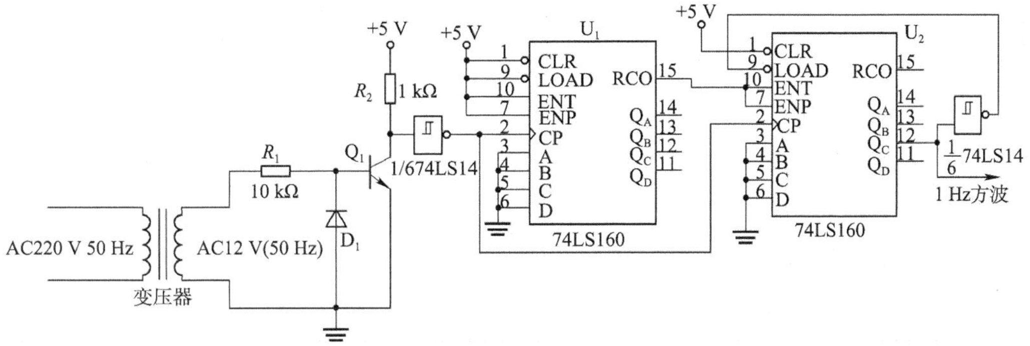

图 10-41　采用工频的秒脉冲发生器电路

【例 10-5】 用扫描数码管方式显示 100 进制计数器计数值。

解: 如图 10-42 所示的是用扫描数码管方式显示 100 进制计数器计数值的电路。

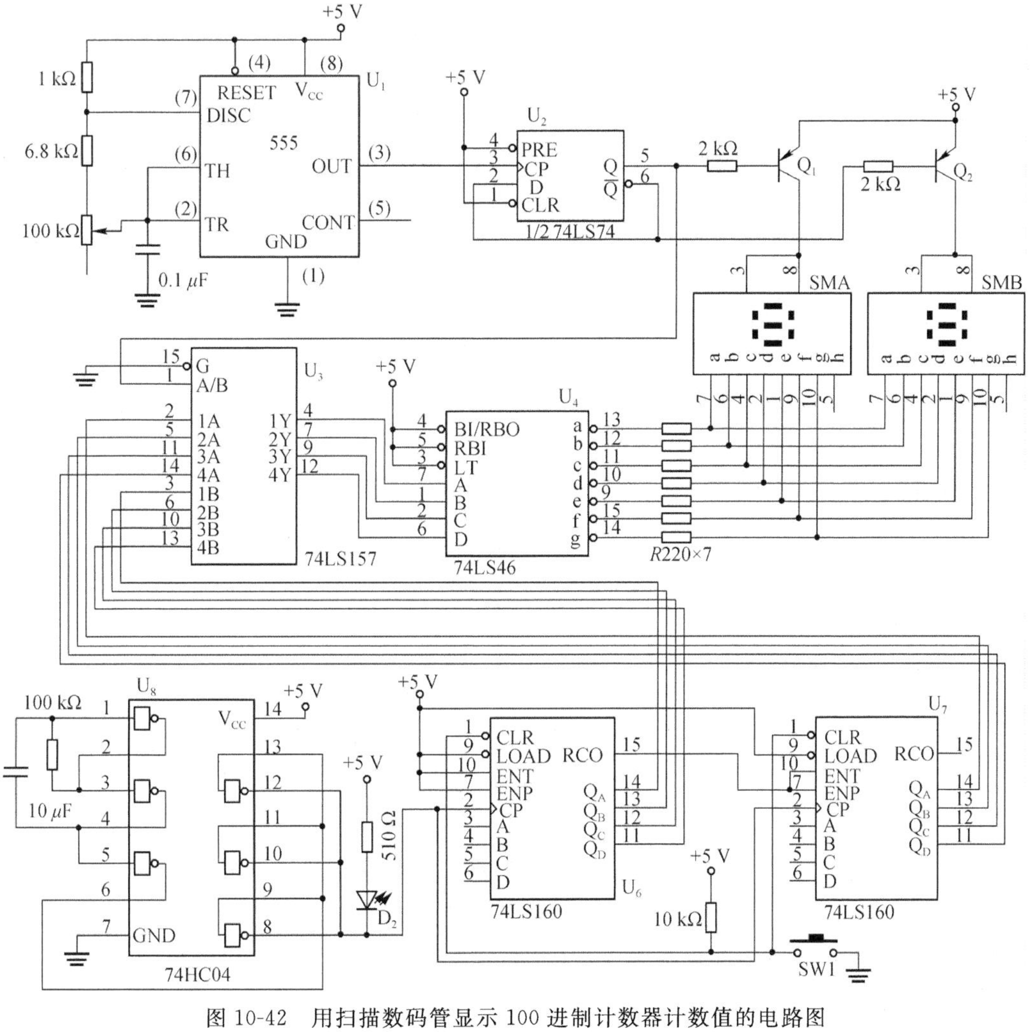

图 10-42　用扫描数码管显示 100 进制计数器计数值的电路图

在电路中,采用两位数码管以扫描方式显示两位 BCD 码,其中四 2 选 1 选择器 74LS157 用于选择数据源,74LS46 用于 BCD-七段译码,两个共阳数码管交替显示两位 BCD 码。扫描时钟源采用由定时器 555 组成的多谐振荡器组成，经过 D 触发器 74LS74 后，在 74LS74 两个输出端 Q 和$\overline{Q}$端输出高低电平时间相等相位相反的方波，两输出在方波低电平期间分别交替驱动 PNP 型三极管向共阳数码管提供阳极电流。

74LS74 的 Q 端还用于控制数据选择器的数据选择端，$Q=0$ 时选择数据 A，$Q=1$ 时选择数据 B。

由定时器 555 组成的多谐振荡器输出脉宽在 1～14 ms 之间。计数部分的时钟源由 74HC04 组成的多谐振荡器组成，其振荡频率为

$$f=\frac{1}{2}.2RC=1/(2.2\times100\ \text{k}\Omega\times10\ \mu\text{F})=1/(2200\times10^{-3})=\frac{1}{2}.2\approx0.45\ \text{Hz}$$

100 进制计数器由十进制计数器 74LS160 组成，两个十进制计数器采用同步方式工作，按钮 SW_1用于清零计数器。

小　　结

本章主要内容为：

(1)施密特触发器，包括由门电路组成的施密特触发器、具有施密特触发电路输入端的门电路。

(2)单稳态电路，包括微分、积分型单稳态触发器基本原理与暂稳态时间计算。

(3)多谐振荡器，包括由门电路组成的多谐波振荡器、施密特型多谐波振荡器、石英晶体振荡器，以及各种振荡器振荡周期的计算。

(4)定时器 555 及其应用，包括工作原理、组成施密特、单稳态触发器与多谐振荡器。

思　考　题

1. 施密特触发器的传输特性有什么特点？需要哪些参数才能画出该传输特性？
2. 施密特触发器有哪些应用？
3. 具有施密特触发功能输入端的门电路有什么优点？是否与噪声容限有关？
4. 什么是微分型单稳态电路的暂稳态时间、恢复时间和分辨时间？
5. 试写出积分型单稳态电路的暂稳态时间的公式。
6. 试写出由 CMOS 门电路组成的多谐振荡器周期公式。
7. 石英晶体有哪些特性？石英晶体振荡器具有哪些优点？
8. 定时器 555 具有哪些特点？试画出定时器 555 构成单稳态、多谐振荡器的接线图。

习　　题

【题 10-1】 在图题 10-1 中，已知 $R_1=10\ \text{k}\Omega$，$R_2=30\ \text{k}\Omega$，其中 CMOS 非门电路的电源电压 $V_{CC}=6\ \text{V}$。

(1)计算该电路的正向阈值电压 V_{T^+}、负向阈值电压 V_{T^-} 和回差电压 ΔV_T。

(2)画出该电路的传输特性曲线。

(3)画出图示波形输入下的输出电压 V_O波形。

【题 10-2】 如图题 10-2 所示的是施密特触发器 74LS14 与其输入端电压 V_I的波形，试画出输出电压 V_O的波形与传输特性。

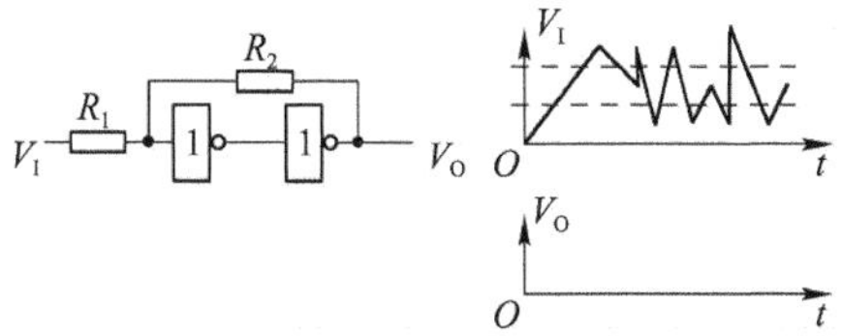

图题 10-1

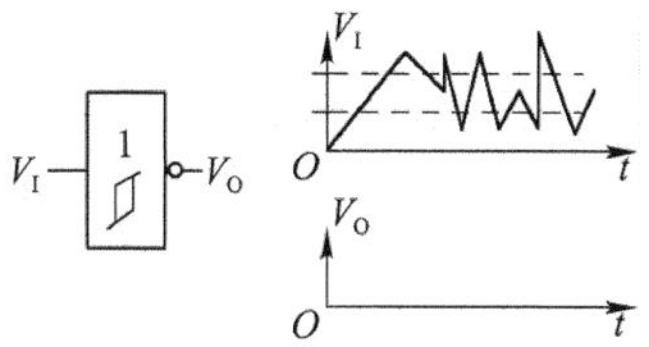

图题 10-2

【**题 10-3**】 由 CMOS 门组成的微分型单稳态触发器如图题 10-3 所示。若电阻 $R=1\ \text{k}\Omega$，电容 $C=0.1\ \mu\text{F}$，试计算该电路的暂稳态时间。

【**题 10-4**】 由 CMOS 门组成的积分型单稳态触发器如图题 10-4 所示。若电阻 $R=1\ \text{k}\Omega$，电容 $C=0.1\ \mu\text{F}$，试计算该电路的暂稳态时间。

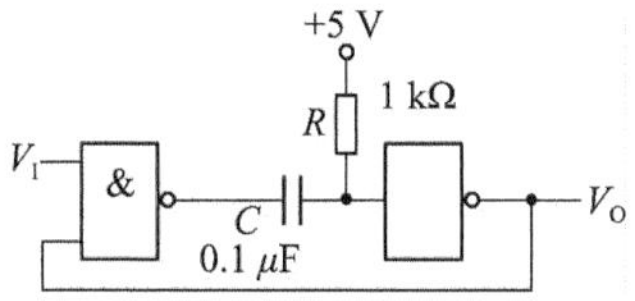

图题 10-3

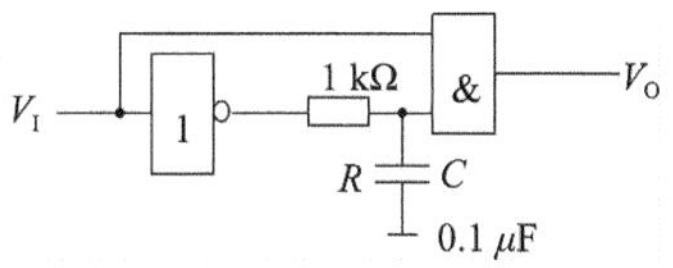

图题 10-4

【**题 10-5**】 由门电路 7406、74HC14 组成的积分型单稳态触发器如图题 10-5 所示。若电阻 $R=10\ \text{k}\Omega$、电容 $C=0.1\ \mu\text{F}$，试计算该电路的暂稳态时间。

【**题 10-6**】 用 74HC14 组成的积分型单稳态触发器、按钮、三极管、继电器等元器件设计一个延时灯开关，要求按钮按下后，灯亮 60 s 后灭。试画出该开关包括元件参数的电路图。

【**题 10-7**】 试用 74121 组成一个单稳态电路，在 74121 的 B 端连接的按钮按下后产生上升沿触发 74121，使 74121 的 Q 端输出宽度为 100 ms 的高电平脉冲。试选择 74121 外接电阻与电容的值，并画出该延时电路的电路图。

【**题 10-8**】 由 CMOS 非门 74HC04 组成的多谐振荡器如图题 10-8 所示，试计算输出 V_O 的方波周期 T。

【**题 10-9**】 用 74HC14 组成的方波产生器如图题 10-9 所示，试计算该电路输出方波的周期。

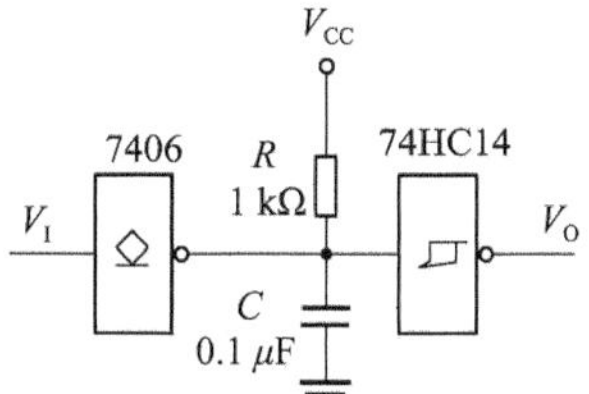

图题 10-5

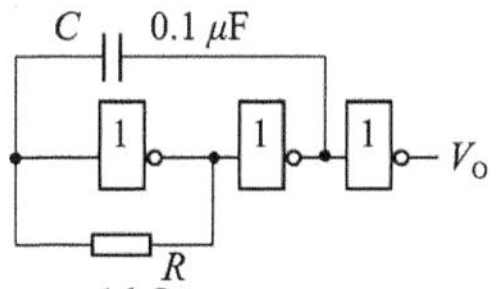

图题 10-8

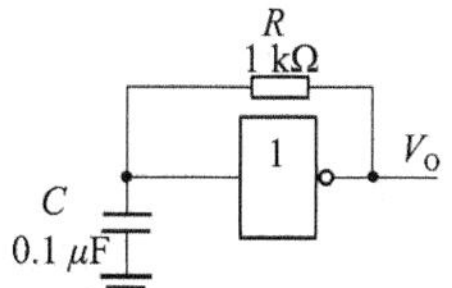

图题 10-9

【**题 10-10**】 试画出由 74HC04 组成的石英晶体振荡器的电路图，已知石英晶体的振荡频率为 7.3728 MHz。

【**题 10-11**】 用定时器 555 组成单稳态电路，要求按钮按下后，定时器 555 暂稳态时间为 1 s。试选择电阻与电容参数，并画出电路图。

【**题 10-12**】 用定时器 555 组成多谐振荡器，要求输出电压 V_O 的方波周期为 1 ms。试选择电阻与电容的数值，并画出电路图。

【**题 10-13**】 用定时器 555 和 JK 触发器 74LS76 组成 4000 Hz 与 2000 Hz 的时钟源电路。

第 11 章 数模与模数转换器

数字信号转换成模拟信号或模拟信号转换成数字信号是常用的信号转换技术，有广泛的应用。本章先介绍各种数模转换器，然后介绍模数转换器，主要涉及工作原理与转换器技术参数。

11.1 数模转换器

数字(Digital)信号转换成模拟(Analog)信号，简称为 D/A 转换。在很多电子系统中，D/A 转换是不可缺少的部分，在介绍几种常用的 D/A 转换器工作原理之前，先介绍运算放大器。

运算放大器符号与电路如图 11-1 所示。

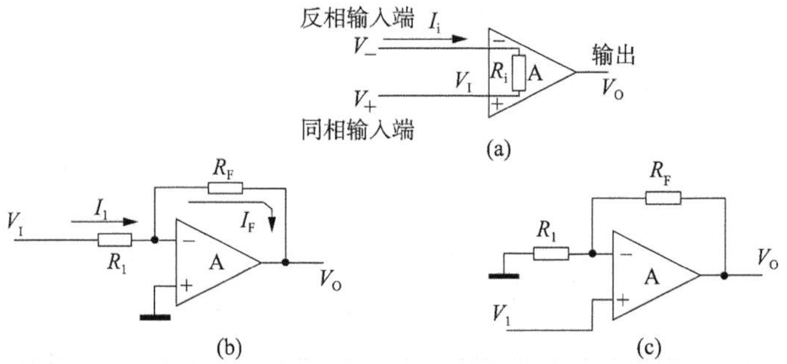

图 11-1 运算放大器符号与电路图

由图 11-1(a)可知，运算放大器(简称运放)具有同相输入端、反相输入端和一个输出端，放大倍数为 A，输入电阻为 R_i，放大器输出电压表达式为 $V_O = A(V_+ - V_-)$，即运放放大输入信号之差。通常，运放具有正负电源，输出电压 V_O 只能在正负电源之间摆动。

若放大倍数 $A \approx \infty$，输入电阻 $R_i \approx \infty$，则为理想运放。因为 V_O 为有限值(正电源电压或负电源电压)，则由表达式 $V_O = A(V_+ - V_-)$ 可知，两输入端电位 $V_+ - V_- \approx 0$ V，说明两个输入端电位相等，相当于短路；又由于 $R_i \approx \infty$，可知输入电流 $I_i \approx 0$ A，因此两输入端之间没有真短路，习惯称为虚短路。

如图 11-1(b)所示的是反相运算放大器，其输出信号的相位与输入信号相反。由图可知，由于同相端接地，属于虚短，运放反相端电位为地电位，称为虚地。由于输入电流 $I_i = 0$ A，所以流过电阻 R_1 的电流 I_1 等于流过反馈电阻 R_F 的 I_F，因此由

$$\frac{V_I - 0}{R_1} = \frac{0 - V_O}{R_F}$$

得到反相放大器输出电压与输入电压之间的关系为

$$V_O = -\frac{R_F}{R_1} V_I$$

图 11-1(c)是同相运算放大器电路图，由于输入信号 V_I 加在同相端，由于虚短，反相端电压也为 V_I，因此由

$$\frac{0 - V_I}{R_1} = \frac{V_I - V_O}{R_F}$$

可以得到同相放大器的输出电压 V_O 与输入电压 V_I 之间的关系为

$$V_O=\left(1+\frac{R_F}{R_1}\right)V_I$$

由于运放的放大倍数 A 很大，因此运算放大器可以作为模拟信号比较器，如如果 $V_+>V_-$，则输出电压 V_O 近似等于正电源电压值；若 $V_+<V_-$，则输出电压 V_O 近似等于负电源电压值。

11.1.1 权电阻 D/A 转换器

权电阻数/模转换器电路如图 11-2 所示，开关分别受数字信号 $D_3\sim D_0$ 控制：当数字信号为 1 时，开关的动触点连接 V_{REF}；数字信号为 0 时，开关的动触点连接地线。

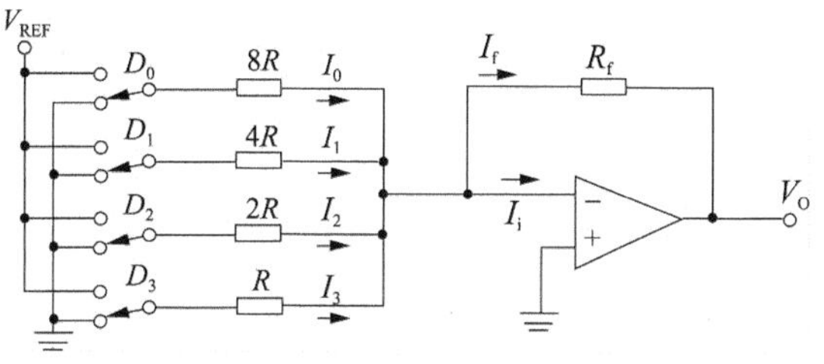

图 11-2　4 位权电阻数/模转换器电路

由于运算放大器同相端接地，所以反相端为虚地，电位为 0，则有

$$I_0=\frac{V_{REF}}{8R}D_0\quad I_1=\frac{V_{REF}}{4R}D_1\quad I_2=\frac{V_{REF}}{2R}D_2\quad I_3=\frac{V_{REF}}{R}D_3$$

由于运放输入阻抗很大，因此运放输入电流 $I_i=0$ A，则有

$$I_f=I_0+I_1+I_2+I_3=\frac{1}{R}\left(\frac{V_{REF}}{2^3}D_0+\frac{V_{REF}}{2^2}D_1+\frac{V_{REF}}{2^1}D_2+\frac{V_{REF}}{2^0}D_3\right)$$

$$=\frac{V_{REF}}{R}\left(\frac{D_0}{2^3}+\frac{D_1}{2^2}+\frac{D_2}{2^1}+\frac{D_3}{2^0}\right)=\frac{V_{REF}}{2^3R}(2^0D_0+2^1D_1+2^2D_2+2^3D_3)$$

而运放的输出电压为 $V_O=-I_fR_f$。

这种形式 D/A 转换器的缺点是电阻的阻值太多，例如，如果 8 位转换器需要 8 个电阻，阻值范围从 R 到 $128R$，特别是在大规模生产中。

【例 11-1】　如果图 11-3(a)的电压波形施加在图 11-3(b)权电阻 D/A 转换器的输入端，试决定该电路的输出电压(这里假设运放电源为正负 15 V)。

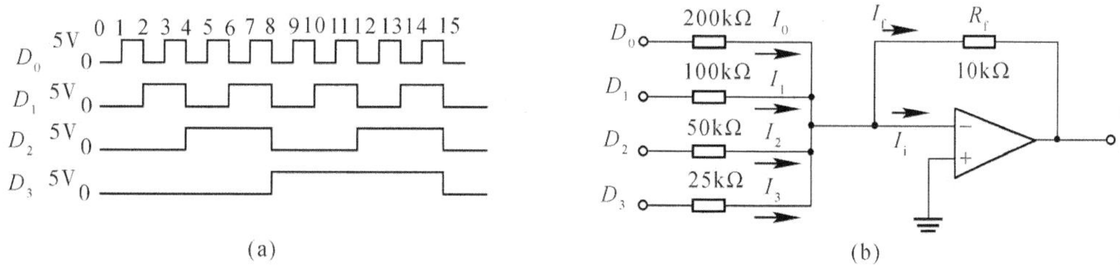

图 11-3　例 11-1 的波形和 D/A 转换器电路图

解：首先计算各个权的电流。由于输入端为二进制数字 1，相当于所加幅度为 5 V 的脉冲电压，所以有

$$I_0=\frac{5}{200}=0.025\text{ mA}\quad I_1=\frac{5}{100}=0.05\text{ mA}\quad I_2=\frac{5}{50}=0.1\text{ mA}\quad I_3=\frac{5}{25}=0.2\text{ mA}$$

由此可以得到对应此电流的电压，即

$$V_O(D_0)=-R_f \cdot I_0=10\times 0.025=-0.25\ \text{V}$$

$$V_O(D_1)=-R_f \cdot I_1=10\times 0.05=-0.5\ \text{V}$$

$$V_O(D_2)=-R_f \cdot I_2=10\times 0.1=-1\ \text{V}$$

$$V_O(D_3)=-R_f \cdot I_0=10\times 0.2=-2\ \text{V}$$

当所加输入二进制码为 0000 时，输出电压为 0 V；当输入二进制码为 0001 时，输出电压为 −0.25 V；当输入二进制码为 0010 时，输出电压为 −0.5 V；当输入电压为 0011 时，输出电压为 −0.25 V+(−0.5 V)=−0.75 V。每一个增加的二进制码相当于给输出电压增加 −0.25 V。所以，对于这样的二进制码，输出像一个从 0 到 −3.75 V、梯级为 −0.25 V 的台阶，输出电压的波形如图 11-4 所示。

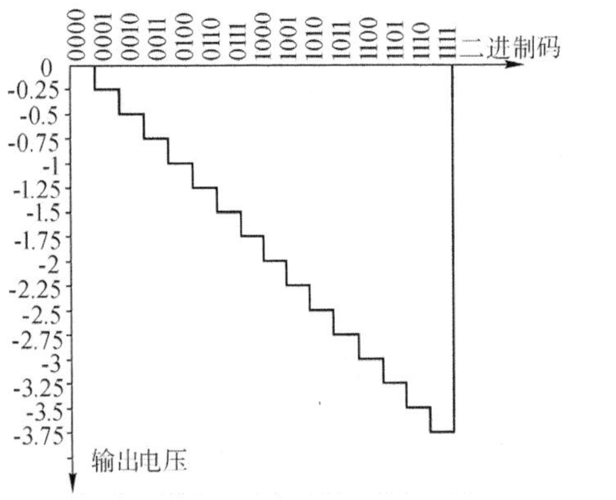

图 11-4　例 11-1 的 D/A 转换器输出电压的波形

*11.1.2　输出电压型 *R*/2*R* 电阻网络 D/A 转换器

图 11-5 显示的是 4 位输出电压型 $R/2R$ 梯形电阻 D/A 转换器电路，数字信号 $D_3 \sim D_0$ 控制参考电源与地线之间的切换开关：当数字信号为 1 时，切换开关动触点连接参考电压 V_{REF}；当数字信号为 0 时，切换开关动触点连接地线。

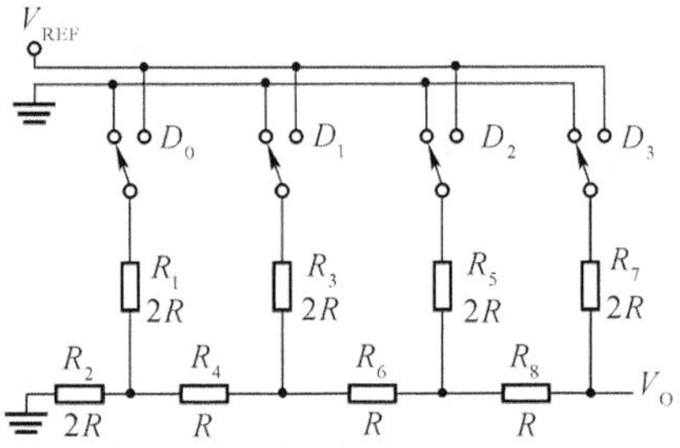

图 11-5　$R/2R$ 梯形电阻 D/A 转换器电路

由于该转换器中的电阻值不是 R 就是 $2R$，所以克服了权电阻转换器电阻值过多的缺点。

若选择 $V_{REF}=5$ V，并使输入端输入数字量 $D_3 \sim D_0$ 分别为 1000、0100、0010 和 0001，通过计算出对应各个数字量的模拟量的方法，可以获得该转换器输入数字量与输出模拟量之间的关系。

1)数字量为 1000 的情况

数字量为 1000，即除 $D_3=1$ 外，D_2、D_1、D_0 都是 0，这种情况如图 11-6 所示。

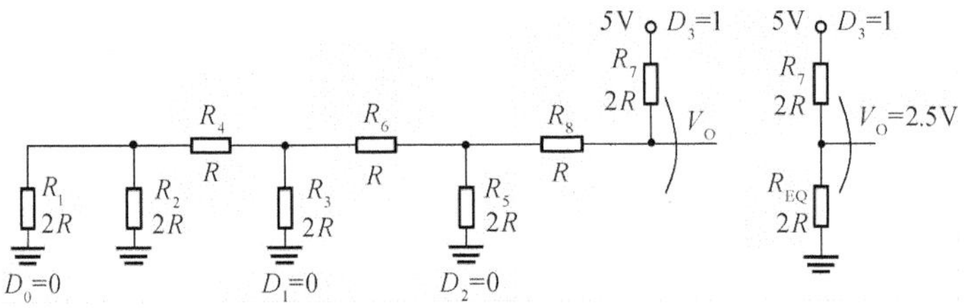

图 11-6　$D_3=1$，D_2、D_1、D_0 都是 0 的情况

由于 $D_2=D_1=D_0=0$，根据电阻串并联的规律，有 $R_{EQ}=2R$。由此可以得到对应数字量 1000 的输出模拟电压是

$$V_O=\left(\frac{5}{4R}\right)\times 2R=2.5\ \text{V}=\frac{5\ \text{V}}{2^4}\times 2^3$$

2)数字量为 0100 的情况

如果数字量为 0100,即 $D_3=0$、$D_2=1$、$D_1=0$、$D_0=0$,这种情况如图 11-7 所示。

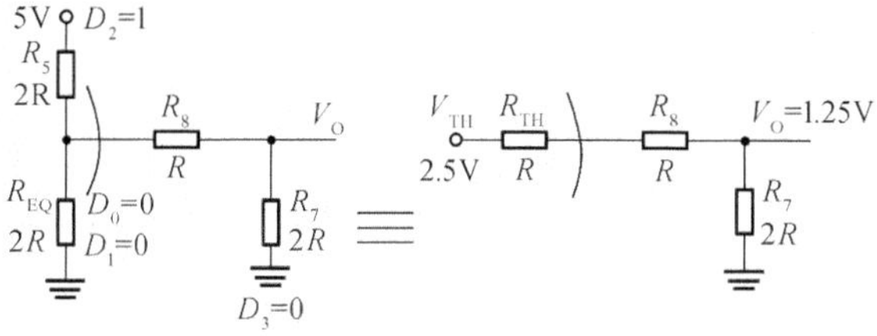

图 11-7　$D_3=0$、$D_2=1$、$D_1=0$、$D_0=0$ 的情况

由图可知,$V_{TH}=2.5\ V$,$R_{TH}=R$。输出的模拟电压为

$$V_O=\left(\frac{2.5}{4R}\right)\times 2R=1.25\ V=\frac{5\ V}{2^4}\times 2^2$$

3)数字量为 0010 的情况

如果数字量为 0010,即 $D_3=0$、$D_2=0$、$D_1=1$、$D_0=0$,这种情况如图 11-8 所示。

由图可知,$V_{TH}=1.25\ V$,$R_{TH}=R$。输出的模拟电压为

$$V_O=\frac{1.25}{4R}\times 2R=0.625\ V=\frac{5\ V}{2^4}\times 2^1$$

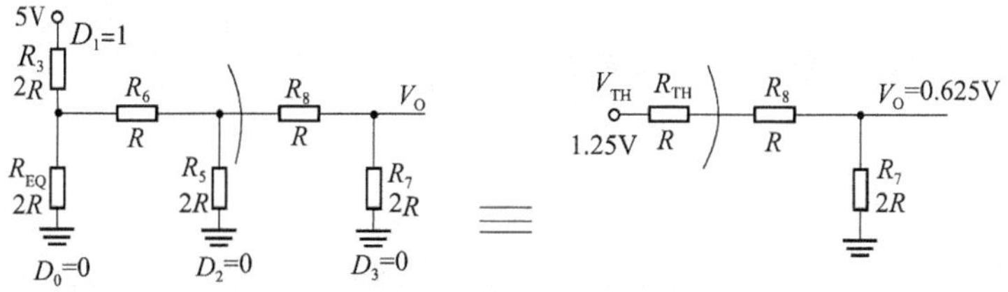

图 11-8　$D_3=0$、$D_2=0$、$D_1=1$、$D_0=0$ 的情况

4)数字量为 0001 的情况

如果数字量为 0001,即 $D_3=0$、$D_2=0$、$D_1=0$、$D_0=1$,这种情况如图 11-9 所示。

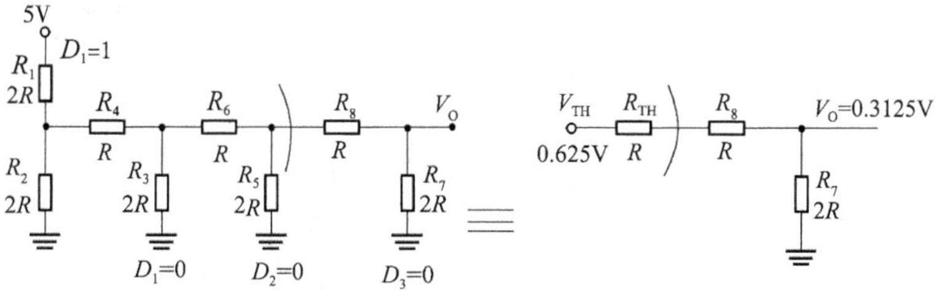

图 11-9　$D_3=0$、$D_2=0$、$D_1=0$、$D_0=1$ 的情况

由图可知,$V_{TH}=0.625\ V$,$R_{TH}=R$。输出的模拟电压为

$$V_O=\frac{0.625}{4R}\times 2R=0.3125\ V=\frac{5\ V}{2^4}\times 2^0$$

由上叙述可知,任意 4 位二进制输入数码情况下的输出电压为

$$V_O=\frac{5\ V}{2^4}\times(2^3D_3+2^2D_2+2^1D_1+2^0D_0)=\frac{5\ V}{2^4}\times(D_3\sim D_0)$$

式中，$D_3 \sim D_0$是 4 位数字输入。因此，参考电压为 V_{REF}，n 位输出电压型 $R/2R$ 梯形电阻 D/A 转换器的输出电压为

$$V_O = \frac{V_{REF}}{2^n}(D_n \sim D_0)$$

式中，$D_n \sim D_0$是 n 位数字输入。

例如，若 4 位输出电压型 $R/2R$ 梯形电阻 D/A 转换器数字输入是 1101，参考电压 V_{REF} = 5 V，则输出的模拟量为

$$V_O = \frac{5\ \text{V}}{2^4} \times (2^3 + 2^2 + 2^0) = \frac{5\ \text{V}}{16} \times 13 = 2.5 + 1.25 + 0.3125 = 4.0625\ \text{V}$$

可以使用的 $R/2R$ 电阻网络 D/A 转换器电路如图 11-10 所示。

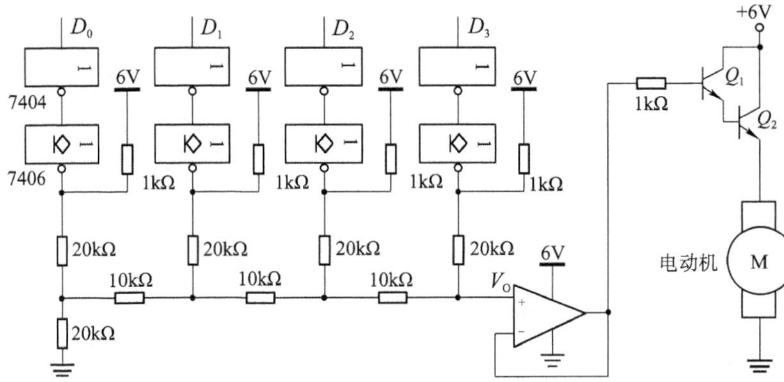

图 11-10　基于 $R/2R$ 电阻网络的 D/A 转换器电路

在电路图中，采用集电极开路输出非门 7406 切换数字量，当数字信号为 0 时，7406 输出管导通，输出管压降为 0.1～0.2 V，由于不是 0 V，因此产生误差；当数字信号为 1 时，7406 输出管截止，20 kΩ 电阻通过 1 kΩ 上拉电阻连接 6 V 电压的电源，这相当于使 $2R$ 电阻的阻值增加 5%，也产生误差。由于该电路控制电动机速度，因此可以容许这样的误差。

$R/2R$ 电阻网络输出连接由运放组成的电压跟随器，电压跟随器的特点是输入电阻高，输出电阻低，因此起缓冲作用，电压跟随器驱动由功率晶体管组成的射极跟随器，控制电动机的电流，进而控制电动机转速。为减少运放驱动电流，采用 Q_1、Q_2 连接成达林顿功率晶体管驱动电动机。

11.1.3　输出电流型 *R*/2*R* 电阻网络 D/A 转换器

如图 11-11 所示的是 4 位输出电流型 $R/2R$ 电阻网络 D/A 转换器电路。

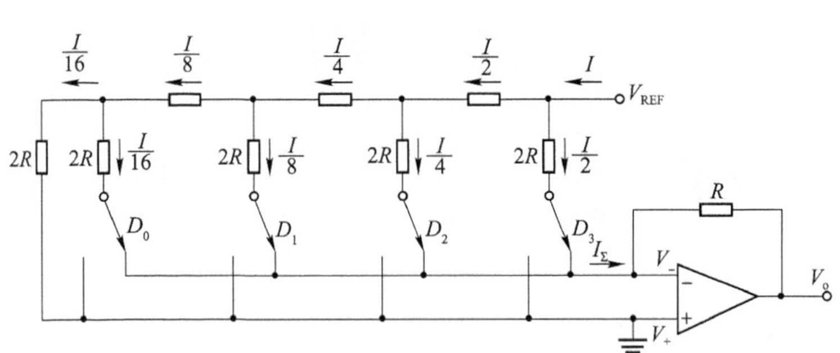

图 11-11　另一种 $R/2R$ 电阻网络 D/A 转换器电路

由图可知，运放反相输入端 V_- 的电位总接近于 0V（虚地），所以无论数字量 D_3、D_2、D_1、D_0 控制的开关是连接虚地还是实地，流过各个支路的电流都保持不变。为计算流过各个支路的电流，可以把电阻网络等效成图 11-12。

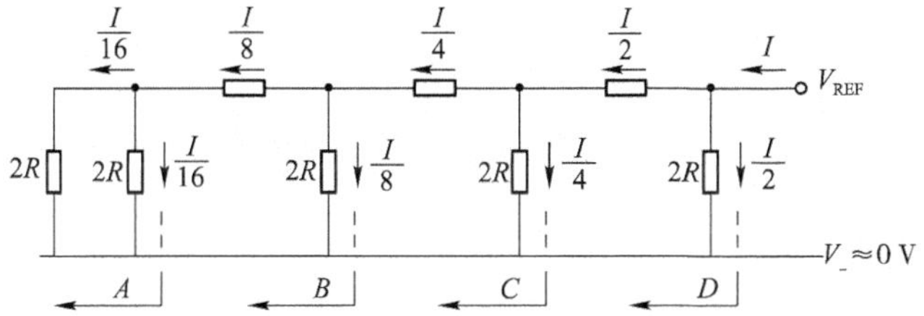

图 11-12 计算各个支路电流的等效网络

由图可知，从 D、C、B 和 A 点向左看的等效电阻都是 R，因此从参考电源流向电阻网络的电流为 $I=V_{REF}/R$，而每个支路电流依次为 $I/2$、$I/4$、$I/8$、$I/16$。各个支路电流在数字量 D_3、D_2、D_1 和 D_0 的控制下流向运放的反相端或地线。若数字量为 1，则流入运放的反相端；若数字量为 0，则流入地。

例如，若 $D_3=1$，则有 $I/2$ 电流流入运放的反相端；若 $D_2=1$，则有 $I/4$ 的电流流入运放的反相端；若 $D_1=1$，则有 $I/8$ 的电流流入运放的反相端；若 $D_0=1$，则有 $I/16$ 的电流流入运放的反相端。流入运放反相端的电流写成表达式为

$$I_\Sigma = \frac{I}{2}D_3 + \frac{I}{4}D_2 + \frac{I}{8}D_1 + \frac{I}{16}D_0$$

式中，$I = V_{RRF}/R$，而运放输出的模拟电压为

$$\begin{aligned}V_O &=- I_\Sigma R =-\left(\frac{V_{REF}}{2R}D_3 + \frac{V_{REF}}{4R}D_2 + \frac{V_{REF}}{8R}D_1 + \frac{V_{REF}}{16R}D_0\right)R \\ &=- V_{REF}\left(\frac{1}{2}D_3 + \frac{1}{4}D_2 + \frac{1}{8}D_1 + \frac{1}{16}D_0\right) \\ &=- \frac{V_{REF}}{2^4}(2^3 D_3 + 2^2 D_2 + 2^1 D_1 + 2^0 D_0) \\ &=- \frac{V_{REF}}{2^4}(D_3 \sim D_0)\end{aligned}$$

式中，$D_3 \sim D_0$ 是 4 位数字输入。数字量 D_3、D_2、D_1 和 D_0 为 1 表示开关连通运放的反相端，则该项保留；为 0 表示开关连通地，则该项不保留。

由此得到 n 位输出电流型 $R/2R$ 电阻网络 D/A 转换器的输出电压为

$$V_O=-\frac{V_{REF}}{2^n}(D_n\sim D_0)$$

式中，$D_n\sim D_0$ 是 n 位数字输入。

例如，4 位输出电流型 $R/2R$ 电阻网络 D/A 转换器数字输入为 1001，参考电压为 5 V，则运放的输出电压为

$$V_O=-5\left[\frac{1}{2}(1)+\frac{1}{4}(0)+\frac{1}{8}(0)+\frac{1}{16}(1)\right]=-(2.5+0.3125)=-2.8125\ \text{V}$$

*11.1.4 电阻串型 D/A 转换器

如图 11-13 所示的是 4 位电阻串型 D/A 转换器原理图，4 位二进制数据 $D_3\sim D_0$ 经过译码，控制 16 个开关切换串联电阻的分压节点。因此，对于一位二进制数据，只有一个开关闭合，闭合

的开关将电阻分压节点的电压值输入缓冲放大器输出。

由于每个电阻的阻值相同，所以输出电压为

$$V_O = \frac{V_{REF}}{2^4}(D_3 \sim D_0)$$

式中，$D_3 \sim D_0$是4位数字输入。

n位电阻串型D/A转换器的输出电压为

$$V_O = \frac{V_{REF}}{2^n}(D_n \sim D_0)$$

式中，$D_n \sim D_0$是n位数字输入。

例如，取$V_{REF}=5$ V，若$D_3 \sim D_0$为0000，$V_{OUT}=0$；若$D_3 \sim D_0$为0101，$V_{OUT}=1.5625$ V；若$D_3 \sim D_0$为1111，$V_{OUT}=4.6875$ V。

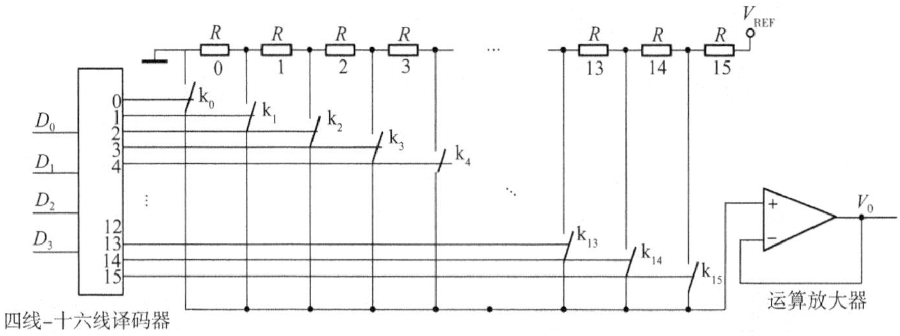

图11-13　4位电阻串型D/A转换器原理图

11.1.5　D/A转换器的技术指标

1. 台阶电压

台阶电压是D/A转换器输入数码每位代表的电压值。n位D/A转换器具有满度理想输出电压为V_{full}，则台阶电压为$V_{Step}=V_{full}/2^n$。

台阶电压也是D/A转换器最低位LSB所代表的电压。根据前述D/A转换器工作原理，D/A转换器的满度理想输出电压V_{full}是参考电压V_{REF}，而实际满度输出电压与理想满度输出电压之间相差一个台阶电压，这是因为理想满度输出对应的数字量为2^n，而实际满度输出的数字量为2^n-1。

例如，对于理想满度电压为5V的8位D/A转换器，台阶电压为

$$V_{Step}=5V/2^8=5000\ mV/256=19.5\ mV$$

如图11-14(a)显示的是一个8位D/A转换器的实验电路，8位加法计数器向8位D/A转换器提供数码，则D/A转换器输出具有台阶的锯齿电压如图11-14(b)所示。

8位D/A转换器在数码为0000 0000时，输出电压V_O为0 V；

数码为0000 0001时，输出为19.5 mV。

…

数码为1111 1110时，输出为4.96 V。

数码为1111 1111时，输出为4.98 V。

由上所述，D/A转换器只能输出台阶电压值，台阶电压之间的模拟电压值不能输出。

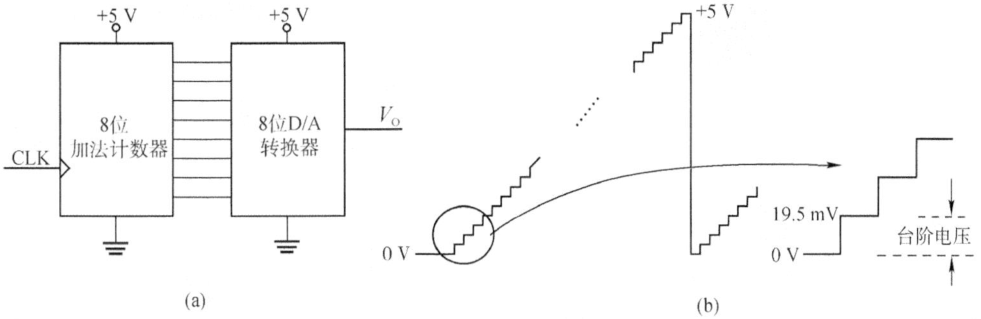

图 11-14　8 位 D/A 转换器的实验电路与输出波形

2. 分辨率

D/A 转换的分辨率是每个台阶代表的模拟电压值占理想满度输出电压 V_{full} 的百分比，因此 n 位 D/A 转换器的分辨率为

$$分辨率=V_{\text{Step}}/V_{\text{full}}\times100\%=1/2^n\times100\%$$

因为分辨率与 D/A 转换器的位数成固定关系，所以有时人们常把 D/A 转换器的位数称为分辨率，位数越大，分辨率越高。

例如，8 位 D/A 转换器的分辨率约为 0.4%；

10 位 D/A 转换器的分辨率约为 0.1%；

12 位 D/A 转换器的分辨率约为 0.024%。

3. 精度

D/A 转换器的精度是实际输出与理想输出之间的偏差，通常用 D/A 转换器满度输出电压的百分比误差表示。例如，如果 D/A 转换器的满度输出电压为 10 V，实际输出是 9.990 V，误差为 10 mV，则精度用百分比误差表示为(10 V−9.990 V)/10 V×100%=0.1%

影响 D/A 转换器精度的因素主要为分辨率、单调性、偏移误差、增益误差、微分非线性误差与线性误差等。

1)偏移误差

偏移误差又称为零点误差或失调误差。当 D/A 转换器的输入数字为全 0 时，D/A 转换器输出电压应为 0 V，但是由于偏移误差，D/A 转换器输入数字为 0 时，输出电压不为 0 V，这个差别是偏移误差。偏移误差示意图如图 11-15(a)所示。

在一定温度下，偏移误差可以用在模拟输出电压上叠加一个可调整电压的方法消除。

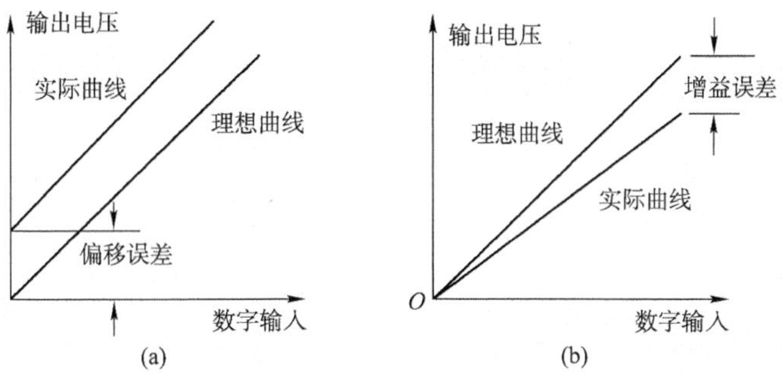

图 11-15　偏移误差与增益误差示意图

2)增益误差

实际 D/A 转换器转换函数(直线)与理想转换函数(直线)之间的角度差引起的误差,称为增益误差,常由参考电压 V_{REF} 引起。因为 $V_O=(V_{REF}/2^n)\times$ 输入数字,因此 $V_{REF}/2^n$ 是增益系数。增益误差示意图如图 11-15(b)所示。在消除偏移误差后,向 D/A 转换器输入全 1 数码,其实际输出与理想输出之间的偏差是增益误差,一般以 LSB 为单位表示,或以相对于满度输出的百分比表示。当温度固定时,可以通过调整参考电压 V_{REF} 校正增益误差。

3)线性误差

线性误差是 D/A 转换器实际传输特性与理想传输特性之间的最大偏差,并以该偏差相对于满度输出电压的百分数表示,又称为积分非线性误差,因此线性误差描述的是传递函数的形状。该误差示意图如图 11-16(a)所示。

D/A 转换器的非线性误差不容易用外部校正方法补偿,但是可以通过调整零点和满度输出点使该误差均匀分布在理想直线的两侧,而使非线性误差最小,这种情况如图 11-15(b)所示。

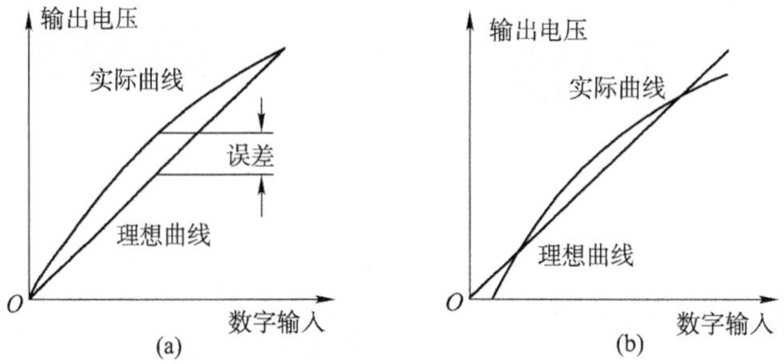

图 11-16　线性误差示意图

4)单调性

以加法计数器输出作为输入的 D/A 转换器,如果输出像楼梯一样递升电压,则称为单调 D/A 转换器。

有时,由于模拟开关内阻、电阻网络中电阻值不一致,以及制作工艺等问题,D/A 转换器会出现非单调误差,如图 11-17 所示的是单调输出与具有误差的非单调输出的情况。

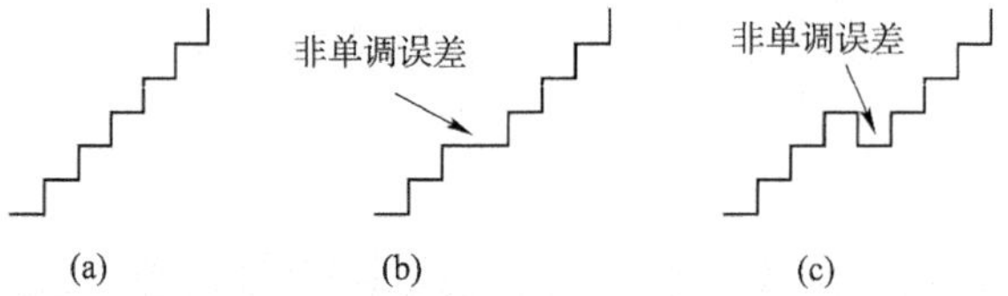

图 11-17　单调输出与非单调输出情况

图 11-17(a)是单调输出的情况,图 11-17(b)～(c)是非单调输出的情况。

5)微分非线性误差

两相邻输入数字对应模拟量之差减去 1 个 LSB 对应的模拟量是微分非线性误差。例如,输入数字 001 与 010 之间的模拟量之差为 1.5LSB,则误差为 0.5LSB。该误差主要由 D/A 转换器电阻网络中的电阻、切换开关导通电阻等误差引起。该误差示意图如图 11-17(b)和图 11-17(c)所示。

如果用 LSB 描述微分非线性误差,则 −1LSB 表示转换器的输出出现丢码,即转换器输出不随数字量的增加而增加,而是数字量增加一个 LSB,但是输出没有随之增加一个 LSB 的电压。

转换器不丢码是一项重要的技术指标。

4. 建立时间

建立时间是完成一次转换需要的时间，即从数字量加到 D/A 转换器的输入端，到输出达到该数字量产生模拟量 99.95%所需要的时间。该时间越短说明转换速度越快，或者转换频率越高，建立时间的范围通常为 50 ns～20 μs 之间。

11.2 模数转换器

模拟信号转换成数字信号，简称为 A/D 转换。在很多系统中，A/D 转换是不可缺少的部分，本节介绍几种常用的 A/D 转换器。

11.2.1 并行 A/D 转换器

利用比较器和优先编码器可以组成速度最快的模数转换器，图 11-18 是 3 位并行 A/D 转换器电路图。由图可知，比较器反相端电压是参考电压 V_R 通过串联电阻分挡的电压，加在比较器同相端的输入电压通过与各个比较器反相端电压比较，输入电压比哪些分挡电压高，则哪些比较器输出高电平。但是，由于比较器后连接优先编码器，所以只有最高分挡电压比较器输出的高电平被编码。

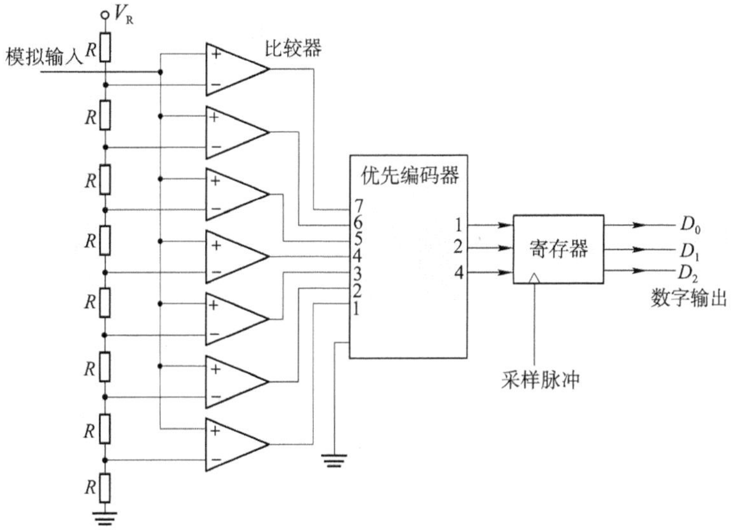

图 11-18 并行 A/D 转换器

该转换器每个采样脉冲输出一次编码，因此采样脉冲速率越高，则转换速度越高。

若需要 n 位 A/D 转换器，则需要 2^n-1 个比较器，所以对于位数多的 A/D 转换器，其内部比较器的数量极多，这是并行 A/D 转换器的缺点。

例如，某 3 位并行 A/D 转换器，具有 $V_R=+8$ V。对于由图 11-19 给定的模拟输入电压，试决定输出数字量。

因为参考电压为 8 V，所以比较器反相端的

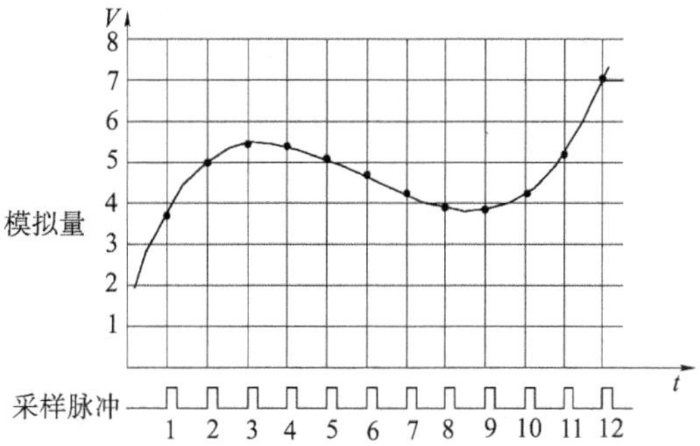

图 11-19 模拟输入电压与输出数字量关系图

分挡电压为 1 V、2 V、3 V、4 V、5 V、6 V、7 V。在第 1 个采样到来时，输入模拟量大于 3 V，则有三个比较器输出高电平，但优先编码器只对反相端接 3 V 分挡电压的比较器的输出进行编码，输出数字量为 011。依此类推，如表 11-1 所示。

表 11-1　3 位并行 A/D 在采样点的输出数字表

采样脉冲	1	2	3	4	5	6	7	8	9	10	11	12
数字编码	011	101	101	101	101	100	100	011	011	100	101	111

*11.2.2　流水线型 A/D 转换器

流水线型 A/D 转换器在速度、分辨率、动态性能和功耗方面有很大的优势：对于几兆到 100 兆采样速率的高速模数转换器，流水线已经成为最流行的 A/D 转换器结构；流水线 A/D 涵盖很广的应用范围，包括 CCD 成像、超声成像、数字视频、线缆调制解调器，以及快速以太网。

流水线 A/D 转换器工作原理如下所述。

如图 11-20 所示的是 8 位两级流水线 A/D 转换器的原理图，每级由 4 位并行 A/D 转换器组成。

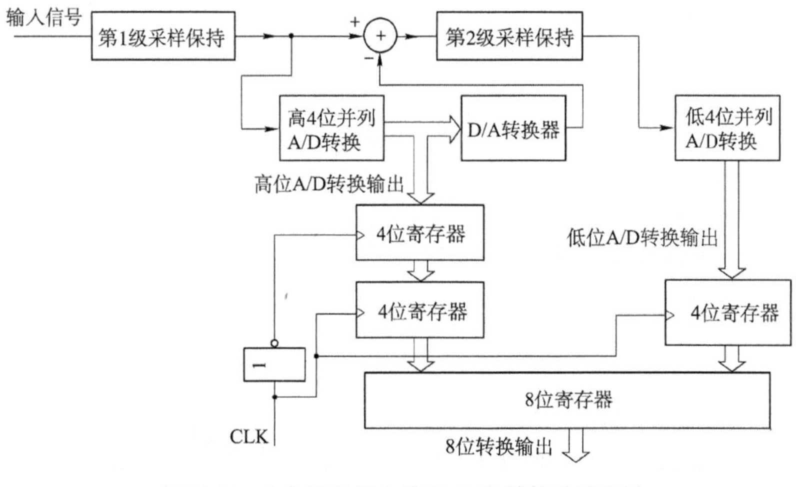

图 11-20　8 位两级流水线型 A/D 转换器原理图

如图所示，首先对输入信号的高 4 位进行 A/D 转换，其转换结果由数模转换器转换成模拟电压与输入信号相减后，输入第 2 级继续进行 A/D 转换。

例如，对于 8 位 A/D 转换器，参考电压 V_{REF} 为 5 V，则每个二进制数字代表 19.53 mV，如果对 4.2 V 的输入电压进行转换，则转换结果为 $D_{7(16)}$。

若流水线型 A/D 转换器的高 4 位并行转换器的参考电压为 5 V，则最低二进制数字代表 0.3125 V，高 4 位转换输出数字 $D_{(16)}$，输入到第 2 级的电压为 4.2 V$-D_{(16)}\times$0.3125$=$ 4.2 V$-$4.0625 V$=$0.1375 V；第 2 级的低 4 位并行转换器的参考电压为 0.3125 V，最低二进制数字代表 19.53 mV，低 4 位转换后输出数字 $7_{(16)}$。

若将第 2 级输入电压 0.1375 V 经过放大器放大 16 倍，则第 2 级可以采用与第 1 级相同的 5 V 参考电压完成转换。

A/D 转换过程在时钟 CLK 的作用下依次完成，时序图如图 11-21 所示。第 1 级转换器在第

1 个时钟的前半周期完成第 1 个采样点的高 4 位转换，随后的时钟对第 2 个采样点实施高 4 位转换；第 2 级转换器在第 1 级完成转换后，在第 1 个时钟的后半周期，实施低 4 位转换，两级转换完成后，第 2 个时钟周期输出 8 位结果。由于每级在不同的时间得到变换结果，因此须用移位寄存器对两级的转换结果实现时间校准。只要第 1 级完成第 1 个采样的转换，得到结果并把模拟电压差值送给下一级，它就可以处理第 2 个采样。整个转换过程就像流水一样，因此流水线操作可提高转换速度。

8 位并行转换需要 256 个比较器，一个时钟周期可以完成 A/D 转换；两级流水线转换器只需要 32 个比较器，两个时钟周期得到转换结果，减少比较器数量，增加转换时间。即使时间有所增加，但对比其他转换器，转换速度还是快很多，因此高速 A/D 转换器产品几乎都采用流水线结构。

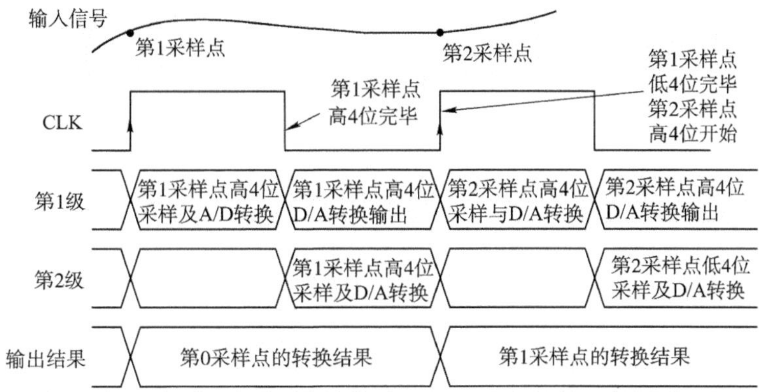

图 11-21　两级流水线型转换器时序图

11.2.3　双斜率 A/D 转换器

在数字仪表或其他测量仪器中，如数字万用表，经常使用的模数转换器是双积分 A/D 转换器。双积分 A/D 转换器原理框图如图 11-22 所示。

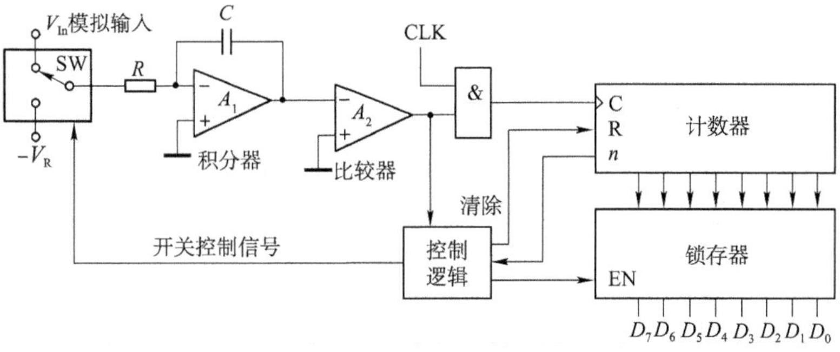

图 11-22　双积分 A/D 转换器原理框图

该转换器由切换开关、积分器、比较器、计数器和控制逻辑等电路组成。下面分析该转换器的工作原理。

该转换器的工作原理分为两个阶段，第一阶段是定时积分阶段，第二阶段是定电压积分阶段。

定时积分阶段的工作情况如图 11-23 所示。

在该阶段，首先对电容放电，积分器输出 0 V 电压，并使计数器复位。随后控制逻辑发出信号使开关 SW 接通输入模拟正电压 V_{IN}，由于积分器的反相端是虚地，所以电容 C 的充电电流 I

是常数，积分器的输出电压按照某个斜率向负方向线性变化。在积分器输出负电压的期间，比较器输出高电平，“与”门打开，计数器开始计数。计数器计满 n 个数，计数器归零。这一阶段的时间为 $T_1=nT_C$，T_C是计数脉冲的周期。在这段时间结束时，积分器的输出电压为

$$V_1=\frac{1}{C}\int_0^{T_1}\left(-\frac{V_{IN}}{R}\right)dt=-\frac{T_1}{RC}V_{IN}$$

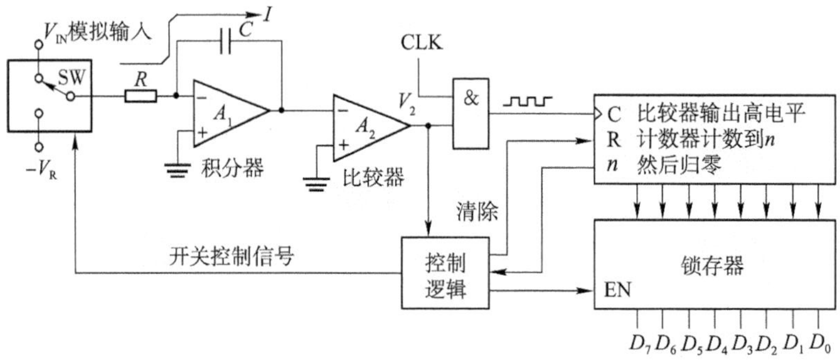

图 11-23　第一阶段的工作情况

计数器归零后，发出信号到控制逻辑，使开关 SW 接通参考负电压，开始第二阶段。这时的工作情况如图 11-24 所示。

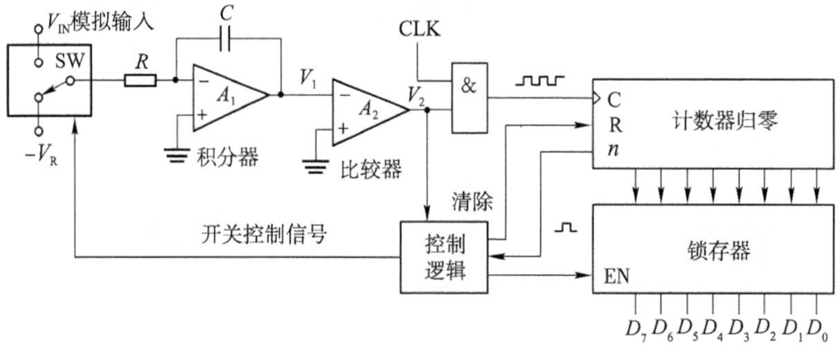

图 11-24　第一阶段结束，第二阶段开始时的状态

由于比较器还输出高电平，所以计数器归零后继续计数。这时积分器对负参考电压 V_R 积分，积分器的输出电压 V_1 不断升高，当积分器的输出大于 0 V 时，比较器输出低电平，“与”门关闭，计数器停止计数，控制逻辑给出使能脉冲使计数器的计数值 n_x 存入锁存器，然后复位计数器开始下一次转换。第二阶段的工作情况如图 11-25 所示。

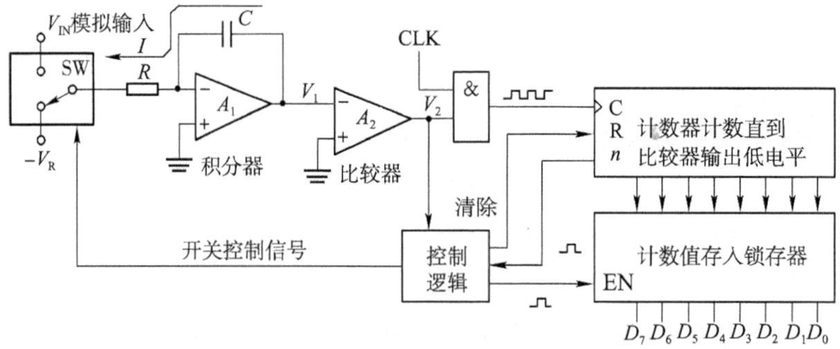

图 11-25　对参考电压积分阶段的工作状态

当积分器在对负参考电压 V_R 积分时，如果积分器的输出电压上升到 0 V 时所需的时间为 T_2，则

$$V_1=\frac{1}{C}\int_0^{T_2}\frac{V_R}{R}\mathrm{d}t-\frac{T_1}{RC}V_{IN}$$

电压 V_1 为 0 V 时计数器停止计数，所以

$$\frac{T_2}{RC}V_R=\frac{T_1}{RC}V_{IN}$$

因此

$$T_2=\frac{T_1}{V_R}V_{IN}$$

由于第二阶段计数器的计数值是 n_x，令 $T_2=n_xT_C$，所以

$$n_xT_C=\frac{nT_C}{V_R}V_{IN}$$

最后得到

$$n_x=\frac{n}{V_R}V_{IN}$$

由于 n 是常数，所以 n_x 是与输入电压 V_{IN} 成正比的数。两个阶段的积分器输出电压变化如图 11-26 所示。

双积分转换器具有抑制交流噪声干扰、结构简单和精度高的特点，其转换精度取决于参考电压和时钟周期的精度。双积分转换的不足之处是转换速度慢且时间不固定。

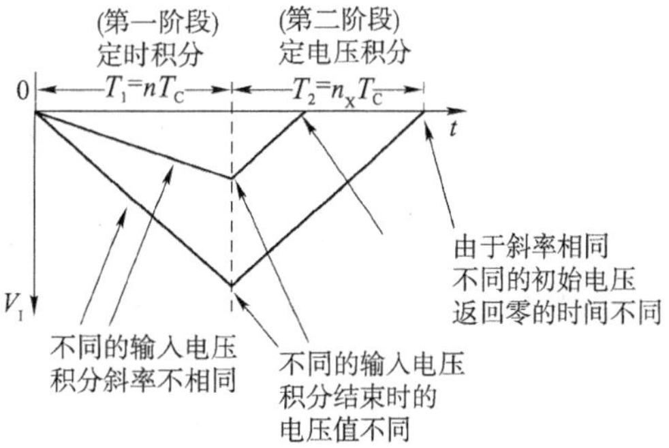

图 11-26　双积分器的输出电压 V_I 变化图

*11.2.4　Δ－Σ 型 A/D 转换器

图 11-27 显示的是 Δ－Σ 型 A/D 转换器原理框图。工作原理介绍如下。

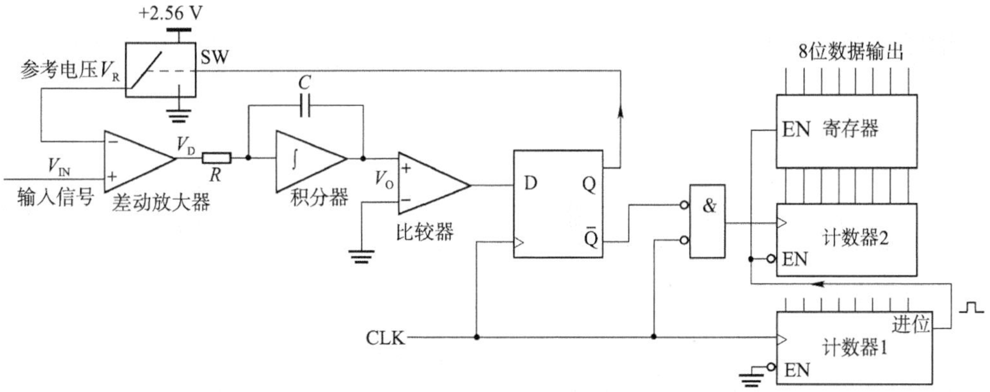

图 11-27　Δ－Σ 型 A/D 转换器原理框图

1) T_1 周期

假设输入信号 $V_{IN}=1.28$ V，在 D 触发器输出 $Q=0$ 的控制下，参考电压 V_R 接地线。

由于差动放大器同相端为输入信号 V_{IN}，反相端连接的参考电压 $V_R=V_{R^-}=0$ V，差动放大

器输出电压 $V_D=1.28$ V 输入积分器；随时间推移，积分器输出端电压 V_O不断上升，经过积分器后输出至比较器同相端，与比较器反相端的地线电平比较，若比较器输出为 1，则在时钟脉冲 CLK 的上升沿触发器 $Q=1$。差动放大器反相端连接的参考电压 $V_R=V_{R^+}=+2.56$ V。

2）T_2周期

由于差动放大器反相端连接的参考电压 $V_R=V_{R^+}=+2.56$ V，因此差动放大器输出电压 $V_D=V_{IN}-(+V_{R^+})=^-1.28$ V，该电压送入积分器后，积分器输出电压 V_O不断降低，小于 0 V 时，比较器输出为 0。在时钟脉冲 CLK 的上升沿，D 触发器输出 Q 为 0，再次使参考电压 $V_R=V_{R^-}=0$ V 加在差动放大器反相输入端，进入 T_1周期，该过程不断重复。

由于积分器电容 C 上的电荷处于平衡状态，充电电荷与放电电荷量相等，所以

$$Q_{充}=Q_{放}$$

$$T_1 I_{充}=T_2 I_{放}$$

$$T_1(V_{IN}-V_{R^-})/R=T_2[-(V_{IN}-V_{R^+})/R]$$

式中，$V_{R^-}=0$。设一个充放电周期为 $T=T_1+T_2$，则

$$V_{IN}(T-T_2)=-V_{IN}\times T_2+V_{R^+}\times T_2$$

$$V_{IN}(T-T_2)+V_{IN}\times T_2=+V_{R^+}\times T_2$$

$$V_{IN}(T-T_2+T_2)=V_{R^+}\times T_2$$

最后得到

$$V_{IN}=V_{R^+}(T_2/T)$$

该式说明输入电压与充放电周期的占空比成正比，即与放电时间 T_2成正比。由以上分析可知，一次充放电相当于对输入信号进行一次测量。

实际上，每一次的充放电周期不确定，但是每次输入电压总与充放电周期的占空比成正比，为此可以多次充放电，采用多次累加的方法，用多次充放电周期之和与多次放电周期之和的比值确定输入电压，即

$$V_{IN}=V_R\frac{T_{2(1)}+T_{2(2)}+\cdots+T_{2(k)}}{T_{(1)}+T_{(2)}+\cdots+T_{(k)}}=V_R\frac{T_{2Z}}{T_Z}$$

式中，k 是充放电次数，T_{2Z}是总放电时间，T_Z是总测量时间。

图 11-27 使用计数器 1 对时钟脉冲 CLK 计数以控制总的转换时间 T_Z，这个转换时间内有多个充放电周期。计数器 2 对多个放电时间 T_{2Z}内的时钟脉冲计数，若已知时钟脉冲周期，则计数值与输入电压成正比。

设 CLK 周期是 t_0，取总测量时间 $T_Z=mt_0$，取总放电时间 $T_{2Z}=nt_0$，则

$$V_{IN}=\frac{V_R}{mt_0}nt_0=\frac{V_R}{m}n$$

若取 $m=256$，取参考电压是 2.56 V，则每个时钟代表 0.01 V，有 $V_{IN}=0.01n$，如对于输入电压 $V_{IN}=0.6$ V，计数器 2 输出 $n=60$。

例如，若参考电压 $V_{R^+}=2.56$ V，输入电压为 1.28 V 和 1.92 V 的积分器输出 V_O、D 触发器输出 Q、时钟 CLK 三者之间的关系如图 11-28 所示，每个充放电周期内有 4 个时钟沿，输入电压为 1.28 V，充电与放电期间内时钟沿各为 2 个；输入电压为 1.92 V，充电期间内 1 个时钟沿，放电期间内 3 个时钟沿。若每个时钟代表 0.01 V，则一次测量需要 256 个时钟，充放电 64 个周期。对于 1.28 V 电压，计数器 2 输出 $n=128$；对于 1.92 V 电压，计数器 2 输出 $n=192$。

由于采用累加的方法，充放电周期越多，累积的数据位数越大，测量越准确，所以为达到高 A/D 转换位数，须增加总测量时间，即增加一次测量的时钟脉冲数。时钟脉冲数的二进制位数是 Δ－Σ 型 A/D 转换器的位数，测量精度一般可以达到 16～24 位。

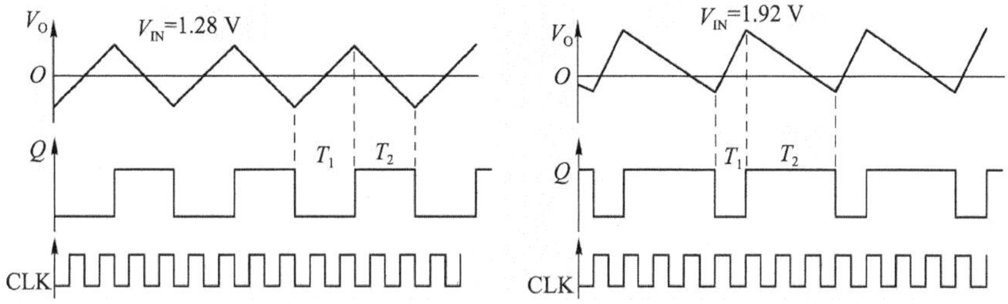

图 11-28　输入电压为 1.28 V 和 1.92 V 时的积分器、D 触发器的动作示意图

由于充放电频率大大高于采样定理规定的两倍被测信号的要求，所以常称为过采样 A/D 转换。

Δ－Σ 型 A/D 转换器的输入信号范围只能是在参考电压 V_R 范围之内，由于内部没有 D/A 网络，所以容易集成；缺点是转换速度慢，因为多次充放电才能完成一次测量。

11.2.5　逐次比较式 A/D 转换器

逐次比较式 A/D 转换器是现在较为普遍使用的 A/D 转换技术。该转换方式的转换速度是除并行、流水线转换外最快的一种，而且转换时间固定不变。

4 位逐次比较式 A/D 转换器方框图如图 11-29 所示。

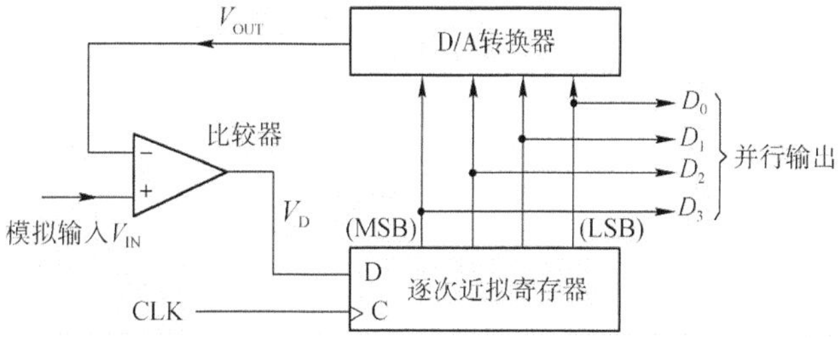

图 11-29　4 位逐次比较式 A/D 转换器方框图

由图可知，它由逐次近似寄存器、D/A 转换器和比较器组成。该转换器的工作原理如下所述。

首先，D/A 转换器的输入从最高位向最低位逐次置 1，每次置 1 完毕，比较器产生一个输出，指示 D/A 转换器的输出电压是否比输入的模拟电压大。如果 D/A 转换器的输出电压大于输入的模拟电压，则比较器输出低电平，使存储该位的逐次近似寄存器复位；若 D/A 转换器的输出比输入的模拟电压小，比较器输出高电平，则保留存储该位的逐次近似寄存器数据。转换器从最高位开始，按此方法逐次比较，直至最低位，转换结束。

为更好地理解逐次比较式 A/D 转换器的工作原理，现在举一个 4 位逐次比较式 A/D 转换器的例子。该转换器中的 D/A 转换器的输入输出之间具有如下关系：当输入为 2^3 时输出 8 V 电压，输入为 2^2 时输出 4 V 电压，输入为 2^1 时输出 2 V 电压，输入为 2^0 时输出 1 V 电压。

如果在转换器的输入端加 5.1 V 的模拟电压，则工作过程如下所述。

(1)逐次近似寄存器 2^3 位置位，同时 D/A 转换器的 2^3 位置 1，D/A 转换器输出 8 V 电压。由于比较器的反相端电压(8 V)高于同相端电压(5.1 V)，所以输出低电平，逐次近似寄存器中该位复位，输出 0000。

(2)逐次近似寄存器 2^2 位置位，同时 D/A 转换器的 2^2 位置 1，D/A 转换器输出 4 V 电压。由于比较器的反相端电压(4 V)低于同相端电压(5.1 V)，所以输出高电平，逐次近似寄存器中该位保留，输出 0100。

(3)逐次近似寄存器 2^1 位置位，同时 D/A 转换器的 2^1 位置 1，这时 D/A 转换器的输入数字量为 0110，所以输出 6 V 电压。由于比较器的反相端电压(6 V)高于同相端电压(5.1 V)，所以输出低电平，逐次近似寄存器中该位复位，输出 0100。

(4)逐次近似寄存器 2^0 位置位，同时 D/A 转换器的最低位(LSB)置 1，这时 D/A 转换器的输入数字量为 0101，所以输出 5 V 电压。由于比较器的反相端电压(5 V)低于同相端电压(5.1 V)，所以输出高电平，逐次近似寄存器中该位保留，输出 0101。

当逐次近似寄存器的 4 位触发器都置过 1 时，转换完成，这时逐次近似寄存器存有二进制数据 0101，即 5.1 V 输入模拟电压的近似二进制数表示。由此可见，位数越多，精度越高。

一个转换周期完成后，逐次近似寄存器清零，开始下一次转换。

逐次比较式 A/D 转换器的转换时间取决于转换中数字位数 n，完成每位数字的转换需要一个时钟周期，前面分析可知，第 n 个时钟脉冲作用后，转换完成，所以该转换器的转换最小时间是 nT_C，T_C是时钟脉冲的周期。

11.2.6 A/D 转换器的技术指标

1. 分辨率

分辨率表示输出数字量变化一个相邻数码所需输入模拟电压的变化量，也是输出数字量的最低位(LSB)代表的电压量。例如，8 位 A/D 转换器能够分辨满度输入的 $1/2^8$，若是满度输入电压为 5 V，则可以分辨输入电压的最小值为 $5\ \text{V}/2^8=19.53\ \text{mV}$。对于 10 位 A/D 转换器，若满度输入电压为 5 V，那么这个转换器的输出能区分输入模拟电压的最小值为 $5\ \text{V}/2^{10}=4.88\ \text{mV}$。

分辨率还可以用百分数表示：$\frac{1}{2}^n\times100\%$，如对于 12 位 A/D 转换器，则百分比分辨率为 $\frac{1}{4096}\times100\%=0.0244\%$。有些双积分 A/D 转换器的分辨率用位数表示，如 3 位半，满度数字为 1999，则百分比分辨率为 $(1/1999)\times100\%=0.05\%$。

2. 量化误差

量化误差是由于有限数字对模拟电压值进行离散取值(量化)而引起的误差，由 A/D 转换器位数有限引起，如图 11-30 所示，量化误差是理想转换直线与实际转换曲线之间的偏差。

当输入电压未达到 A/D 转换器分辨率的 1/2 时，输出数字是 000，因此有 1/2 LSB 的误差。当输入电压达到分辨率的 1/2 时，输出数字为 001，因此也有 1/2 LSB 的误差。提高分辨率可以减少量化误差。

3. 偏移误差

偏移误差是指理想转换直线原点与实际转换曲线原点之间的距离，该误差示意如图 11-31 所示。

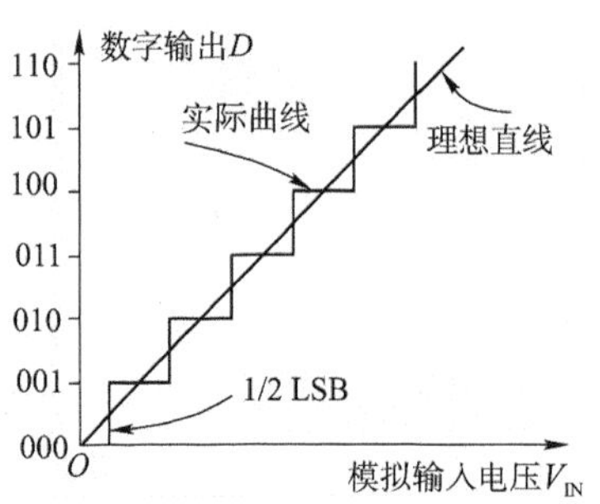

图 11-30　量化误差示意图

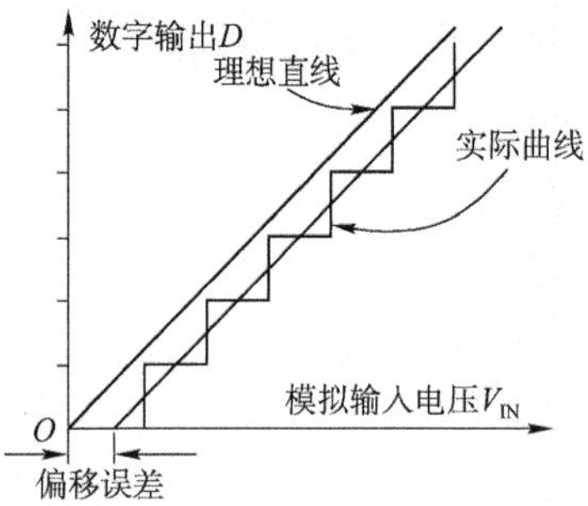

图 11-31　偏移误差示意图

由图可知，A/D 转换器的输入电压逐步增加，A/D 转换器输出数字从 000 跳到 001，这时的输入电压与 1/2 LSB 代表电压之差是偏移误差，偏移误差可以通过移动输入电压范围的方法消除。

4. 增益误差

增益误差又称为满度误差，是满度输出数字时，实际输入电压与理想输入电压之差。增益误差示意如图 11-32 所示。

由于 A/D 转换器的数字输出 D 为 $D=\frac{2^n}{V_R}V_{IN}$，所以参考电压 V_R 可以影响 A/D 转换器增益，引起增益误差。

5. 非线性误差

积分非线性、微分非线性与增益非线性等都是非线性误差，如果不详细区分误差原因，则非线性误差是实际转换曲线与理想转换直线之间的最大纵向偏移。非线性误差示意图如图 11-33 所示。

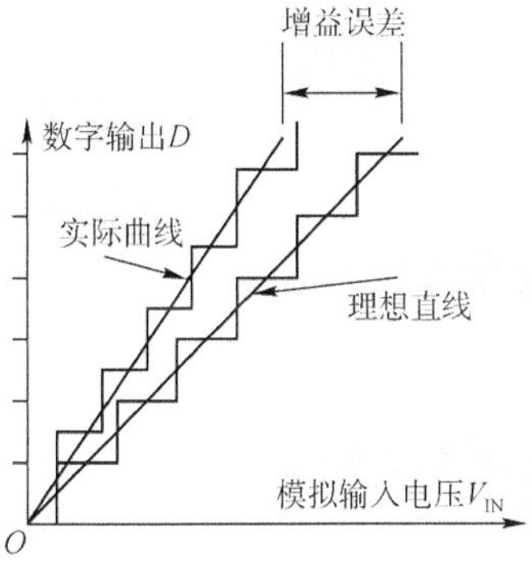

图 11-32　增益误差示意图

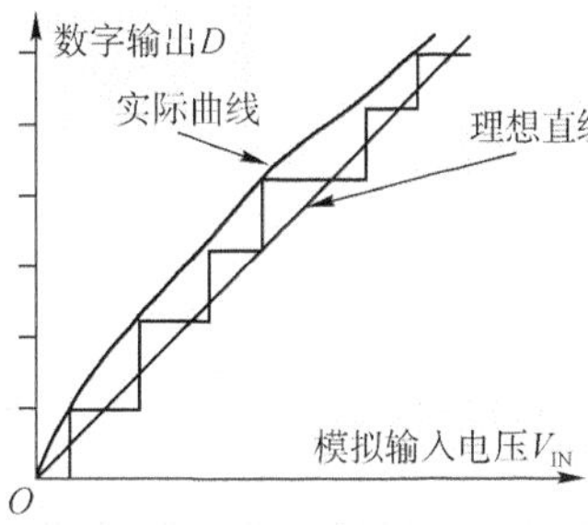

图 11-33　非线性误差示意图

6. 绝对精度与相对精度

对于某 A/D 转换器输出的任何数字，其对应的实际模拟输入电压与理想模拟输入电压之间差别的最大值称为绝对精度。

对应某 A/D 转换器输出数字的实际模拟输入电压与理想模拟输入电压之间差别的最大值除以满度模拟输入电压之商称为相对精度。

7. A/D 转换器转换速率

A/D 转换器的转换速率是每秒钟转换的次数，主要取决于转换器的类型，不同转换器的转换速率相差很多。

并联型与流水线 A/D 转换器的转换速率最快，如 8 位二进制数据输出的并联型 A/D 转换器的转换速率可达 50 ns 以内。

逐次比较式 A/D 转换器的转换速率排第二，多数产品的转换速率都在 10～100 μs 以内。个别 8 位转换器转换时间小于 1 μs。

双积分与 Δ－Σ 型 A/D 转换器的转换速率很慢，一般在数十毫秒至数百毫秒之间。

小　结

本章主要内容为：

(1)数模转换，包括权电阻 D/A 转换器、输出电压型与输出电流型 $R/2R$ 电阻 D/A 转换器、电阻串型 D/A 转换器，以及 D/A 转换器的技术指标。

(2)模数转换器，包括并行 A/D 转换器、流水线型 A/D 转换器、双斜率 A/D 转换器、Δ－Σ

型 A/D 转换器、逐次比较式 A/D 转换器，以及 A/D 转换器的技术参数。

(3)A/D 转换器组成的数据采集系统，包括采样定理、采样保持电路、多通道数据采集与 A/D 转换器 0809 组成的数据采集系统举例。

思　考　题

1. 试写出理想运放组成的同相、反相放大器的输出电压表达式。
2. 权电阻 D/A 转换器的缺点是什么？
3. 试写出电压输出型 $R/2R$ 电阻 D/A 转换器的输出电压表达式。
4. 试写出电流输出型 $R/2R$ 电阻 D/A 转换器的输出电压表达式。
5. D/A 转换器的技术指标有哪些？
6. D/A 转换器 0832 的主要参数有哪些？
7. 并行 A/D 转换器与其他 A/D 转换器相比有什么特点？
8. 简述双斜率 A/D 转换器的工作原理。
9. 简述逐次比较式 A/D 转换器的工作原理。
10. A/D 转换器的技术指标有哪些？
11. A/D 转换器 0804 的主要参数有哪些？
12. A/D 转换器组成的数据采集系统由哪些模块组成？
13. 试叙述采样定理。
14. 在数据采集系统中，多路开关的功能是什么？
15. 如何估算数据采集系统的增益？

习　　题

【题 11-1】 反相运算放大器如图题 11-1 所示，其输入电压为 10 mV，试计算其输出电压 V_O。

【题 11-2】 同相运算放大器如图题 11-2 所示，其输入电压为 10 mV，试计算其输出电压 V_O。

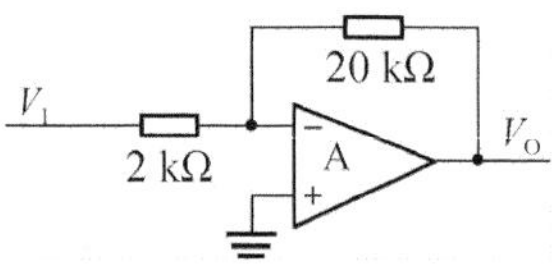

图题 11-1

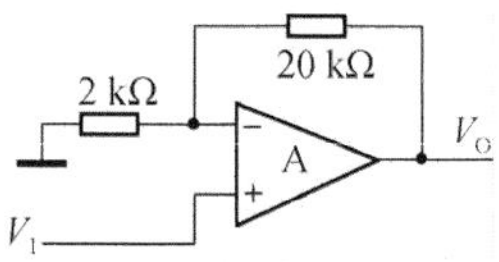

图题 11-2

【题 11-3】 如图题 11-3 所示的是权电阻 D/A 转换器与其输入数字信号列表，若数字 1 代表 5 V，数字 0 代表 0 V，试计算 D/A 转换器输出电压 V_O。

D_3	D_2	D_1	D_0	V_O
0	0	0	1	
0	0	1	1	
0	1	0	0	
0	1	0	1	
0	1	1	0	
0	1	1	1	
1	0	0	0	

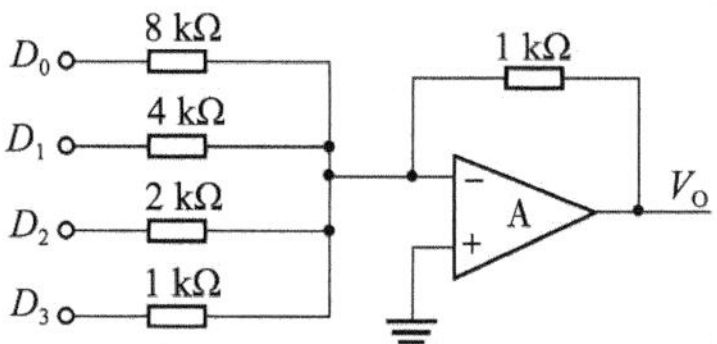

图题 11-3

【题 11-4】 试计算如图题 11-4 所示电路的输出电压 V_O。

【题 11-5】 8 位输出电压型 $R/2R$ 电阻网络 D/A 转换器的参考电压为 5 V，若数字输入为 10011001，则该转换器输出电压 V_O 是多少？

【题 11-6】 试计算如图题 11-6 所示电路的输出电压 V_O。

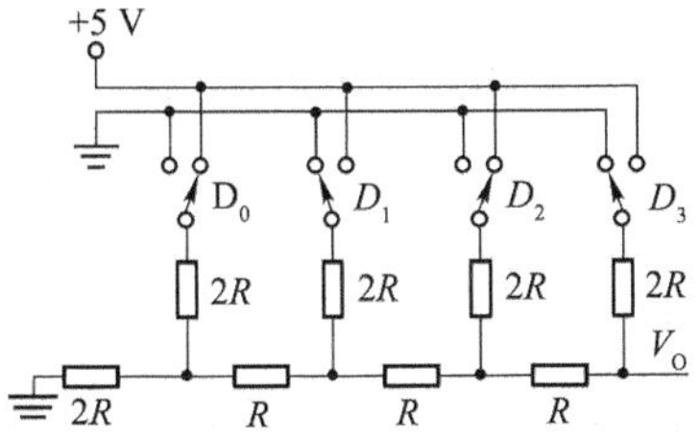

图题 11-4

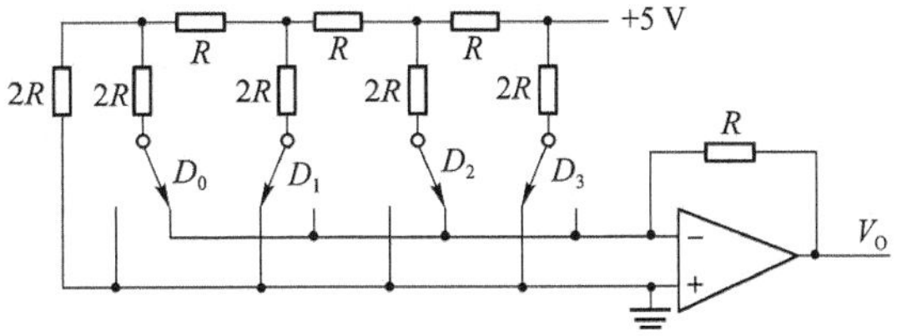

图题 11-6

【题 11-7】 试分析如图题 11-7 所示电路的工作原理。若输入电压 $V_{IN}=7.5$ V，$D_3 \sim D_0$ 是多少？

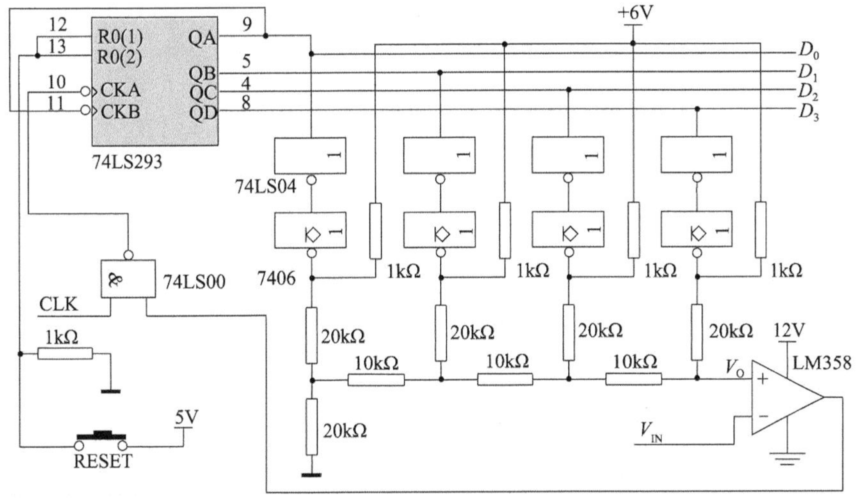

图题 11-7

【题 11-8】 对于满度电压为 5 V 的 8 位 D/A 转换器，其台阶电压是多少？分辨率是多少？

【题 11-9】 若分辨率要求小于 1%，至少应有多少位 D/A 转换器？

【题 11-10】 什么是 D/A 转换器的偏移误差？偏移误差可否消除？

【题 11-11】 如果 D/A 转换器的参考电源发生变化，可引起哪种误差？

【题 11-12】 如果 D/A 转换器 0832 的输入数字为 $AF_{(16)}$，参考电压为 5 V，则输出电流 I_{OUT1} 是多少？

【题 11-13】 在学过的几种 A/D 转换器中，哪种转换速度快？哪种转换位数多？

【题 11-14】 逐次比较式 A/D 转换器的转换时间与转换位数之间有什么关系？

【题 11-15】 某 10 位 A/D 转换器的参考电压为 4.096 V，该转换器能区分的输入模拟信号最小变化量为多少？分辨率是多少？

【题 11-16】 A/D 转换器的采样频率与输入信号频率之间应该满足什么关系？

【题 11-17】 采样/保持电路的作用是什么？

【题 11-18】 如何采用一个 A/D 转换器实现多路模拟量转换？

【题 11-19】 A/D 转换器 0809 的输入电压与输出数字之间具有什么关系?

【题 11-20】 试用 D/A 转换器 0832 与计数器 74LS161 组成 10 个台阶的阶梯电压发生器，要求画出完整的原理图。已知，从 0 V 不断升高，每次升高一个台阶，在最高电压处返回 0 V 后，再重复升高过程的电压波形是阶梯电压。

*【题 11-21】** 试用 A/D 转换器 0804 组成一个 8 位 A/D 转换电路，输入模拟电压范围为 0～5 V，采用两个十六进制显示的共阳数码管显示转换结果，用 CPLD 器件 MAX7128S 实现，并用 Verilog HDL 描述十六进制-七段译码器。要求画出完整的电路图与十六进制-七段译码器的 Verilog HDL 描述。

*第 12 章　数字外围电路

数字外围电路是配合数字电路工作的电路。本章重点介绍常用的数字外围电路，包括按键、按键消除抖动电路与光耦隔离输入电路等，之后介绍 LED 显示电路与数字驱动电路等，最后介绍数字实验电路。

12.1　常用的开关量输入电路

12.1.1　按键电路

1. 按键

按键可以把机械信号转换成电信号，具有上拉与下拉电阻的按键电路如图 12-1 所示。

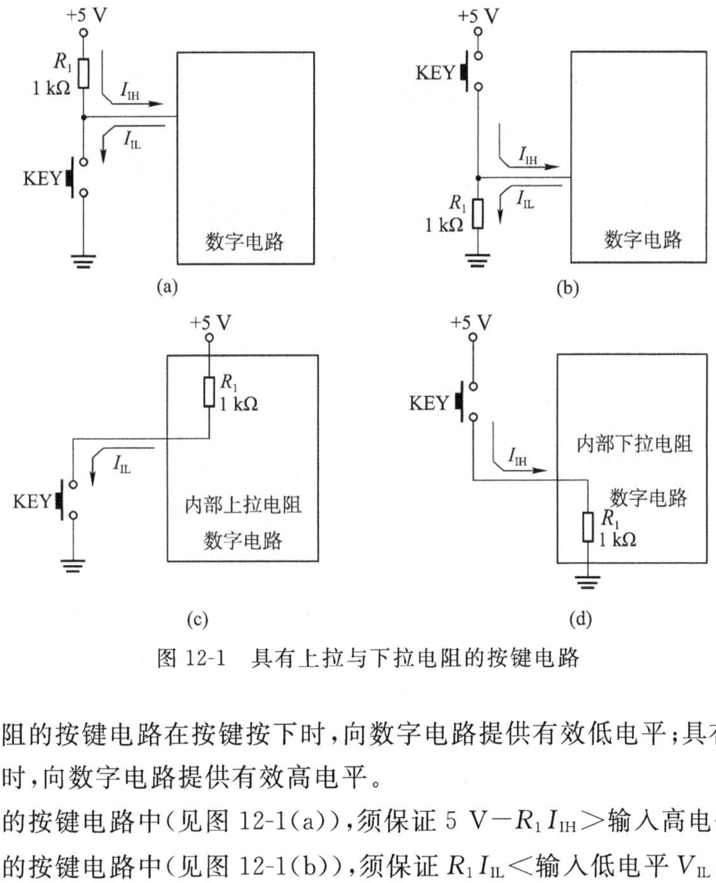

图 12-1　具有上拉与下拉电阻的按键电路

具有上拉电阻的按键电路在按键按下时，向数字电路提供有效低电平；具有下拉电阻的按键电路在按键按下时，向数字电路提供有效高电平。

在上拉电阻的按键电路中(见图 12-1(a))，须保证 $5\ \text{V}-R_1 I_{IH}>$ 输入高电平 V_{IH}。

在下拉电阻的按键电路中(见图 12-1(b))，须保证 $R_1 I_{IL}<$ 输入低电平 V_{IL}。

I_{IH} 和 I_{IL} 分别是数字电路引脚高电平输入电流和低电平输入电流。V_{IH} 和 V_{IL} 分别是数字电路引脚高电平输入电压和低电平输入电压。

对于某些数字电路，由于内部有上拉电阻或下拉电阻，所以可以按照图 12-1(c)～(d)的电路连接，不需要外部上拉或下拉电阻。

若数字电路是可配置为输入/输出的引脚结构，为防止配置为输出后，连接在引脚的按键按下时，将引脚与地线短路，常采用如图 12-2 所示的串联保护电阻 R_b 的方法保护引脚。上拉电阻的最大值应保证引脚需要的高电平 V_{IH}，若引脚的高电平输入电流为 I_{IH}，则 $5\ V-R_S I_{IH}>V_{IH}$。保护电阻的最大值应保证引脚所需要的低电平 V_{IL}，若引脚的低电平输入电流为 I_{IL}，则 $R_b[I_{IL}+5V/(R_S+R_b)]<V_{IL}$。

2. 按键抖动消除电路

按键的抖动与按键的质量有关，一般质量的按键常有 1～25 ms 的抖动时间，按键闭合时电阻为 0.1 Ω，断开时电阻为无穷大。具有上拉电阻的按键抖动过程波形如图 12-3 所示。

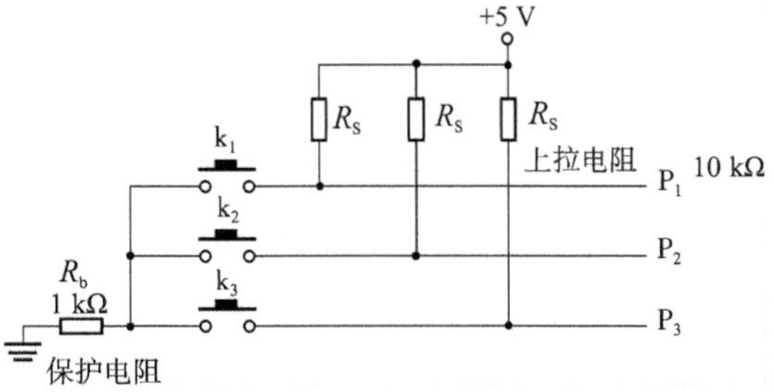

图 12-2　串联保护电阻 R_b 保护引脚的电路

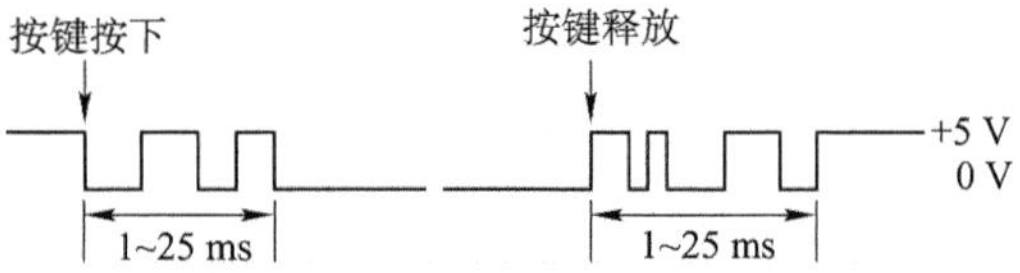

图 12-3　具有上拉电阻的按键抖动过程波形

1)具有电容的消除按键抖动电路

很多的应用需要消除按键抖动，具有电容的消除按键抖动的硬件电路如图 12-4 所示。

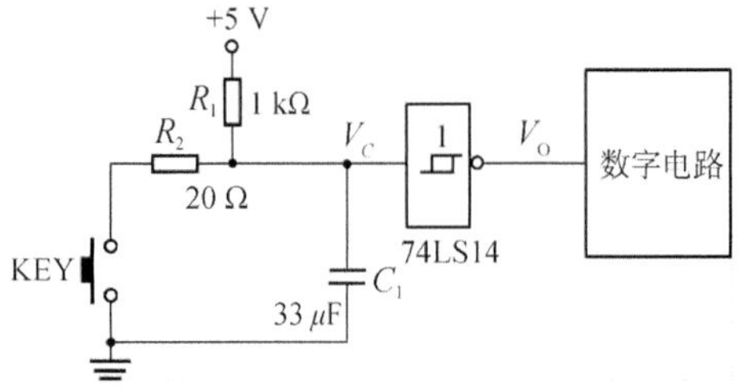

图 12-4　具有电容的消除按键抖动的硬件电路图

在图 12-4 中，按键按下时，电容通过 20 Ω 电阻快速放电，V_C 小于 74LS14 的 V_{T^-}，V_O 为高电平。在随后的按键抖动期间，电容 C_1 充电时间短，所充电压 V_C 达不到 74LS14 的 V_{T^+}，因此 V_O 为高电平；按键释放时，电源通过 1 kΩ 电阻向电容 C_1 充电，由于按键抖动期间，按键的短时间闭合使电容 C_1 放电，电容 C_1 上的电压 V_C 达不到 V_{T^+}，所以 V_O 为高电平；直到按键不抖动，电容 C_1 上的电压 V_C 达到 V_{T^+} 时，输出 V_O 为低电平。动作过程如图 12-5 所示。

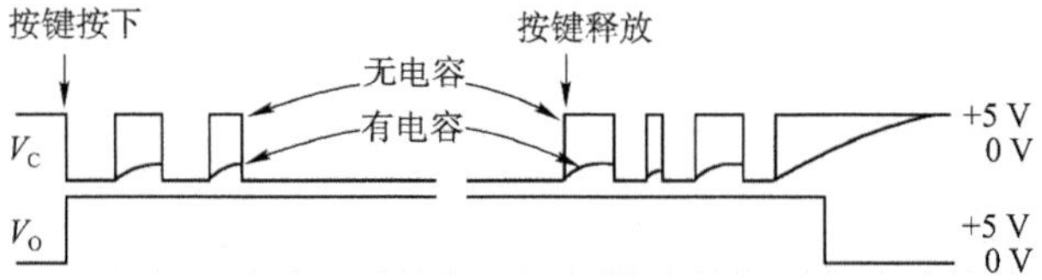

图 12-5　具有电容的按键动作过程示意图

在按键释放时，V_C 电压升高。当电源电压为 5 V 时，其值为

$$V_C=5-5e^{-t/R_1C_1}$$

若 $R_1=1\ k\Omega$，则可以得到 $V_C=V_{T^+}=2\ V$ 时电容量 C_1 与充电时间 t 之间的关系为

$$2.0=5-5e^{-t/1k\Omega\, C_1}$$

$$t=1\ k\Omega\times C_1\times \ln(1.67)$$

若 $C_1=33\ \mu F$，可以得到 $t=17$ ms，即电容电压升到 74LS14 的 V_{T^+} 电压需要 17 ms。

由上述可知，按键按下时，74LS14 立即输出高电平，但是当按键释放时，则有最小 17 ms 的延迟。

2)使用计数器的消除按键抖动电路

使用计数器的消除按键抖动电路如图 12-6(a)所示，该电路采用计数器 74LS161 计数的方法延时消除按键抖动。按键按下后，D 触发器置 1，输出信号 PB 为 1，同时计数器开始计数；计数到 1001 时，计数器$\overline{CLR}$端为低电平，计数器异步置零，同时 D 触发器清零，输出信号 PB 为 0。该电路工作波形如图 12-6(b)所示。

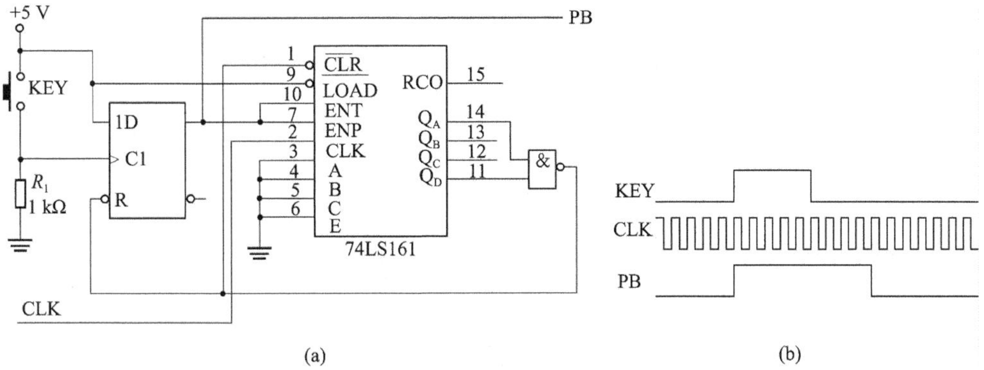

图 12-6 具有计数器的消除按键抖动电路与工作波形

3)基于时基电路 555 的消除按键抖动电路

由定时器 555 组成的消除按键抖动电路如图 12-7(a)所示，该电路在按键按下后输出与按键按下时相同的高电平信号。在按键按下瞬间，由于定时器 555 进入时间 $t_W=1.1R_2C_1=1.1\times 10\ k\Omega\times 1\ \mu F=10\ ms$ 的暂稳态，在暂稳态期间可以消除按键抖动。暂稳态结束后，如果按键还保持在按下状态，则输出 V_O保持高电平，直到按键释放后，V_O恢复低电平，等待按键再次按下。该电路工作波形如图 12-7(b)所示。

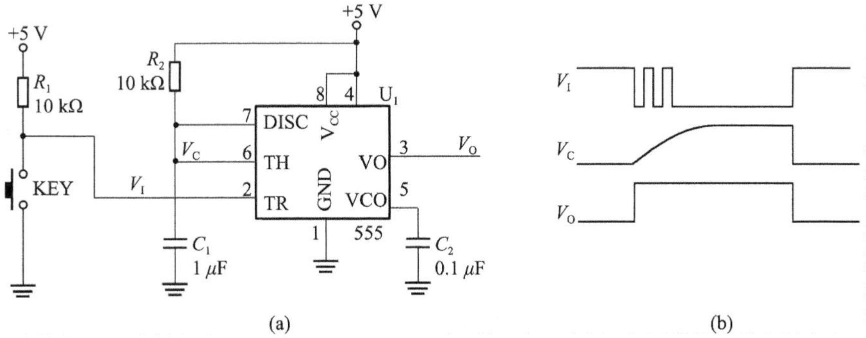

图 12-7 基于定时器 555 的按键消除抖动电路与工作波形

3. 同步按键电路

状态机的输入信号常是按键信号，既然是按键信号，则按下的时间长短，可能是一个或多个状态机时钟脉冲的时间。如果状态机的状态转移在某输入信号的作用之下连续转移。例如，在状态 1，当按键第一次为 0 时，转移到状态 2，第二次按键为 0 时转移到状态 1，则因为按钮一直保持在 0，引起状态连续转换，不能实现每按一次按键，转换一次状态的目的。

解决的方法是使一个按键按下后，只在状态变化的时钟沿输出一个时钟周期低电平的电路。图 12-8(a)是实现该功能的同步按键电路，输出波形如图 12-8(b)所示，V_I是按键信号，V_O是输出信号。由图可知，输出信号是输入信号下降沿的微分。

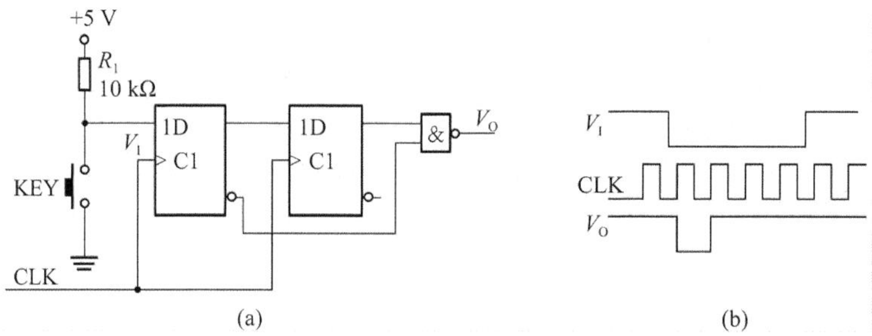

图 12-8　同步按键电路与工作波形

4. 矩阵按键

4×4 矩阵按键电路如图 12-9 所示。

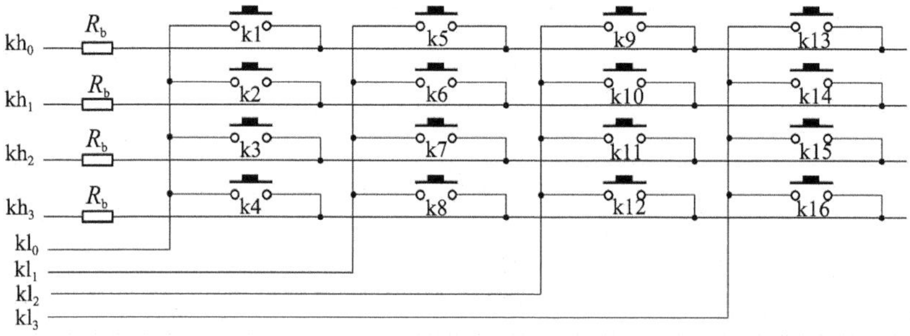

图 12-9　4×4 矩阵按键电路

电阻 R_b 是保护数字电路引脚的电阻。常用的矩阵按键检测方法为扫描法，如当 $kh_3 \sim kh_0 = 1110$ 时，若按键 k1 按下时 $kl_3 \sim kl_0 = 1110$，则 $kh_3 \sim kh_0$、$kl_3 \sim kl_0 = 11101110$ 代表 k1 按键按下，依此类推，11101101 代表按键 k5 按下。当 $kh_3 \sim kh_0$ 依次完成 1110、1101、1011 和 0111 扫描后，则完成全部矩阵按键的检测。

12.1.2　光耦隔离输入电路

1. 光耦合器

光耦合器（简称光耦）的种类有很多，分为直流输入与交流输入两种，下面分别介绍。

1）直流输入光耦 4N25

4N25 的内部电路与引脚排列如图 12-10 所示。

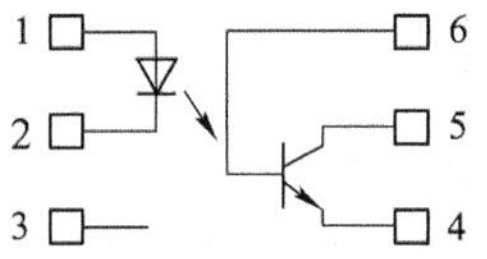

图 12-10　4N25 内部电路与引脚排列图

连接在引脚 1 与引脚 2 的发光二极管（LED）加正向电流后，产生光发射。光敏三极管基极接收到光时，处于导通状态，否则处于截止状态。

4N25 的主要电特性如表 12-1 所示。

表 12-1　4N25 的主要电特性

参　数	测试条件	参数值	说　明
发光二极管的压降	$I_F = 10$ mA	1.15～1.5 V	I_F 是正向电流
电流传输比 CTR=(I_C/I_F)%	$I_F = 10$ mA	20%～70%	I_C 是光耦中晶体管集电极电流
最大集电极-发射极间饱和压降 $V_{CE(sat)}$	$I_C = 2$ mA，$I_F = 50$ mA	0.5 V	
最大集电极-发射极间暗电流 I_{CEO}	$V_{CE} = 10$ V	50 nA	

(1)具有 I_F 电流的情况

若图 12-11 选择 I_F 为 5 mA，由于电源电压为 5 V，LED 的压降为 1.5 V，可以得到串联电阻 R_1 阻值近似为 680 Ω。根据电流传输比 CTR=$(I_C/I_F)\times10\%$，则有最小集电极电流 $I_C=I_F\times20\%=$ 1 mA，因为 R_C 电阻为 10 kΩ，所以三极管 Q_1 可处于深度饱和状态，三极管压降 V_{CE} 接近 0 V。

(2)没有 I_F 电流的情况

若没有 I_F，发光二极管不亮，三极管暗电流约为 50 nA，则 V_{CE} 近似为电源电压 5 V。

2)交流输入的光耦 TLP120

TLP120 是可以接收交流输入信号的光耦，内部电路与引脚排列如图 12-12 所示。由图 12-12 可知，在引脚 1 和 3 之间有两个正反向连接的发光二极管，因此可以流过交流电流。

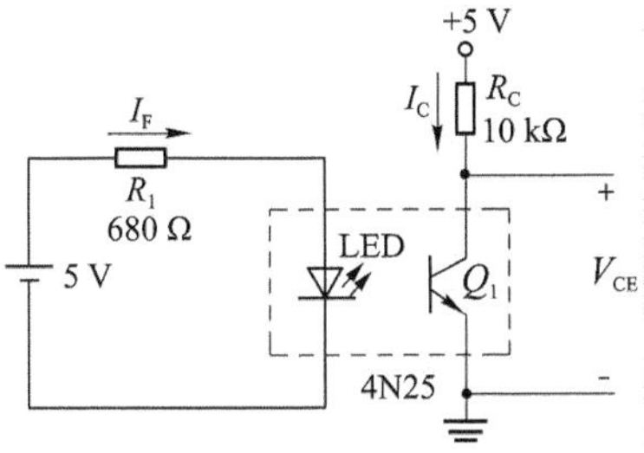

图 12-11　由 4N25 组成的光耦电路

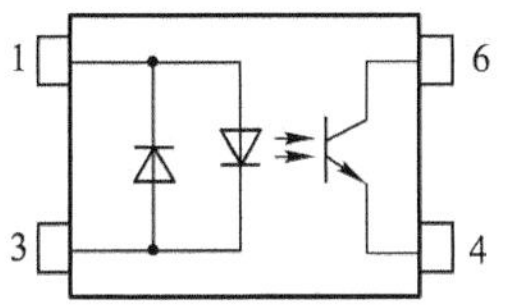

图 12-12　TLP120 内部电路与引脚排列图

该芯片推荐工作条件为：电源电压 V_{CC} 范围为 5～48 V，正向电流 I_F 最大为 20 mA，集电极电流 I_C 为 1～10 mA。主要电特性如表 12-2 所示。

表 12-2　TLP120 主要电特性

参　数	测试条件	参 数 值
发光二极管正向电压 V_F	$I_F=10$ mA	1～1.3 V
电流传输比 CTR=I_C/I_F	$I_F=\pm5$ mA，$V_{CE}=5$ V	(50～600)%
最大集电极-发射极饱和电压 $V_{CE(sat)}$	$I_C=2.4$ mA，$I_F=\pm8$ mA	0.4 V
最大集电极-发射极间暗电流 I_{CEO}	$V_{CE}=48$ V	100 nA

2. 光耦隔离的直流开关输入电路

光耦隔离开关输入电路可以有效隔离高电压与输入共模干扰。如图 12-13 所示的是数字系统中常用的光耦隔离输入电路，光耦 4N25 左侧的电路为独立电源 BAT、开关动作 LED 指示灯与抗干扰电容 C_1。光耦右侧的电路具有集电极电阻 R_C。当开关 SW 断开时，光耦发光二极管不发光，三极管截止，V_O 输出高电平；当开关 SW 闭合时，光耦发光二极管发光，三极管导通，V_O 输出低电平。

下面估算光耦三极管饱和与截止条件。

1)饱和条件

电源 BAT 的电压 V_{BAT} 为 12 V 时，流过光耦的电流 I_F 为

$$I_F=(V_{BAT}-V_F-V_D)/R_1=(12\text{ V}-1.5\text{ V}-1.8\text{ V})/2.4\text{ k}\Omega=3.6\text{ mA}$$

式中，V_{BAT} 是电源 BAT 电压，V_D 是 LED 压降，V_F 是光耦内部 LED 的最大管压降。

按照传输比 CTR=20%计算，得到 $I_C=I_F\cdot20\%=0.72$ mA 的电流，由于上拉电阻 R_C 的阻值为 10 kΩ，电流 $I_C=0.72$ mA 可以使 V_{CE} 处于深饱和状态，输出电压 V_O 近似为 0 V。

2)截止条件

三极管截止后的电流（最大暗电流）为 50 nA，可以算出暗电流时的电阻 R_C 压降为 10 kΩ×

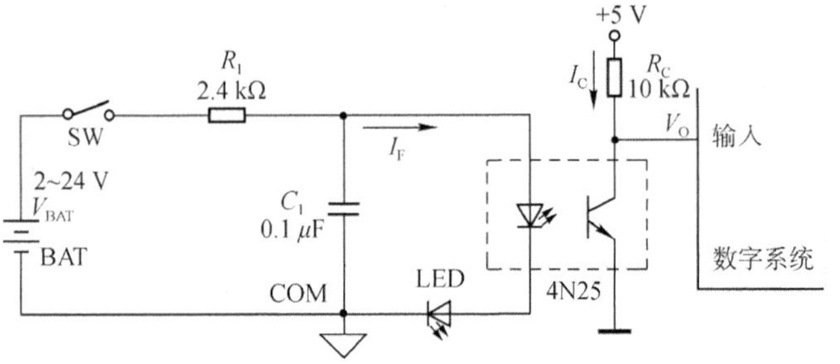

图 12-13　光耦隔离直流电源输入电路图

50 nA=0.5 mV，因压降很小，所以可以保证三极管截止时，三极管集电极输出电压 V_O 近似为 5 V。

若须在接线时不考虑开关侧的电源极性，则可以采用如图 12-14 所示的电路。电路采用光耦 TLP120，由于 TLP120 内部具有两个方向相反的发光二极管，因此对于不同极性电源的连接，一定有一个发光二极管控制三极管通断。

由于 TLP120 的最小电流传输比 CTR=50%，大于 4N25 的传输比，因此可以有效保证三极管饱和与截止，使输出电压 V_O 满足数字器件的高低电平需求。

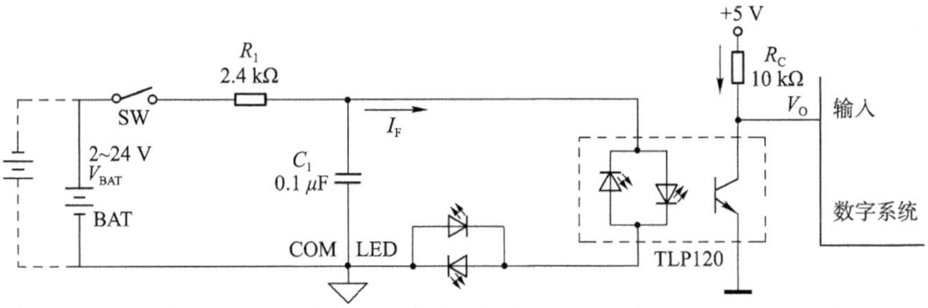

图 12-14　不考虑输入电源极性的开关输入电路图

3. 光耦隔离的交流输入电路

光耦隔离的交流输入电路如图 12-15 所示。该电路的输入电源是电压范围为 200～240 V/50 Hz 的交流电源，采用电容限流的方法向 TLP120 光耦发光二极管供电，C_1 是限流电容，C_2 是滤波电容。

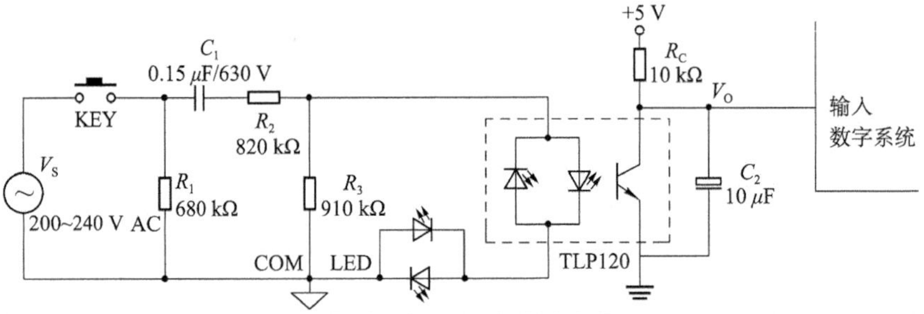

图 12-15　光耦隔离的交流输入电路图

由于电容 C_1 的容抗很大，忽略 LED 压降、TLP120 内部发光二极管压降与电阻 R_2 上的压降，则可以估算流过光耦的电流 I_F 有效值为

$$I_F = \frac{V_S}{\dfrac{1}{\omega C_1}} = \frac{200}{\dfrac{1}{314 \times 0.15\ \mu\text{F}}} \approx 0.009\ \text{A}$$

由于 TLP120 的最小电流传输比 CTR＝50％，因此可以获得 4.5 mA 的 I_C 电流，可以可靠保证三极管饱和，使输出 V_O 近似为 0 V。

12.2 LED 显示电路

1. 发光二极管显示

实际上，常用发光二极管(LED 灯)作为指示灯显示引脚的电平。通常有两种方式连接 LED 灯，一种是引脚输出高电平使 LED 灯亮，另外一种是引脚输出低电平使 LED 灯亮。

常用的 LED 灯驱动电路如图 12-16 所示。

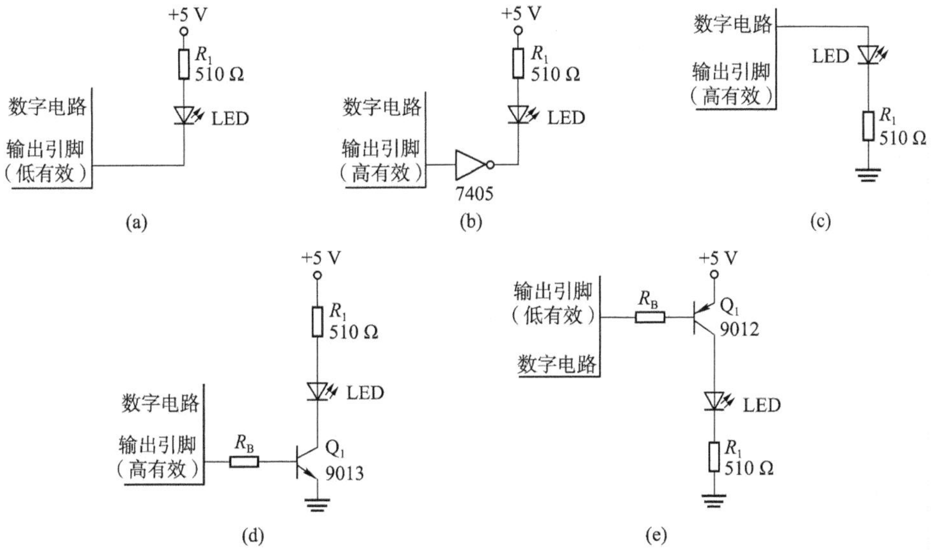

图 12-16　常用的 LED 灯驱动电路

图 12-16(a)是数字电路低电平输出直接驱动 LED 灯的电路，这使数字电路的输出具有一定的驱动能力，如按照图中的参数，可以得到 LED 灯电流为

$$I_{LED}=(V_{CC}-V_{OL}-V_D)/R_1=(5-0.4-1.8)/0.51\approx 5\ \text{mA}$$

式中，V_{CC} 是电源电压，V_{OL} 是数字电路输出低电平，V_D 是 LED 灯压降。通常，LED 灯的电流不大于 30 mA，普通红、绿颜色的 LED 灯压降在 1.8 V 左右。

图 12-16(b)是数字电路驱动能力不够，采用 OC 门电路 7405 驱动 LED 灯的电路。

图 12-16(c)是数字电路高电平输出直接驱动 LED 灯的电路，该电路需要足够的拉电流驱动能力。

图 12-16(d)是使用 NPN 晶体管 9013 驱动 LED 灯的电路，该电路须使数字电路输出高电平，而且三极管工作在饱和状态。

图 12-16(e)是使用 PNP 晶体管 9012 驱动 LED 灯的电路，该电路须使数字电路输出低电平，而且三极管工作在饱和状态。

2. 静态数码管显示

数字电路直接驱动静态数码管显示电路如图 12-17 所示。图 12-17(a)是共阳数码管显示电路，由低电平输出的七段译码器或数字电路驱动。图 12-17(b)是共阴数码管显示电路，由高电平输出的七段译码器与数字电路驱动。数码管驱动电流的计算方法与 LED 灯相同。通常，小于 0.5 英寸的数码管每段有一个 LED 灯；尺寸大一些的数码管，为保持亮度，每段中的 LED 灯个数多于 1 个。驱动静态数码管显示的集成电路有高电平输出 BCD-七段译码器 74LS248 与低电平输出 BCD-七段译码器 74LS247。另外，寄存器 74HC373、74HC273 和 74HC595 等电路也经常用于直接驱动数码管。

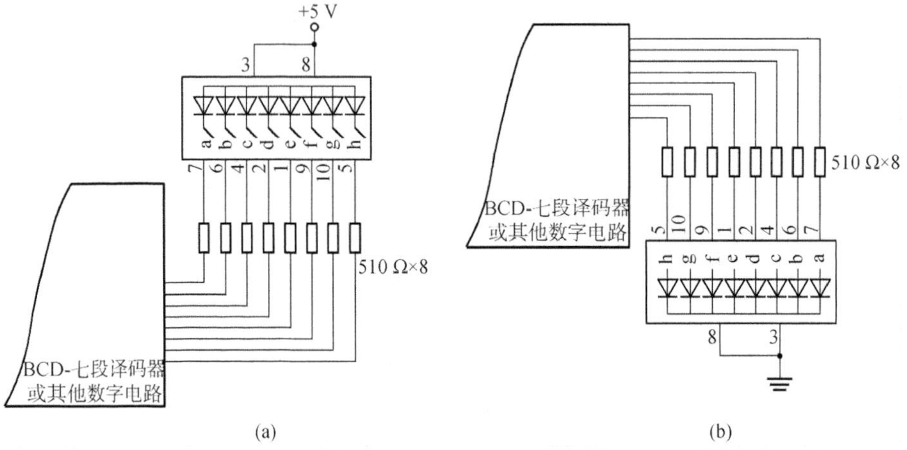

图 12-17　静态数码管显示电路

3. 扫描数码管显示

4 位扫描数码管显示电路如图 12-18 所示，其中图 12-18(a)为共阳数码管显示电路，图 12-18(b)是共阴数码管显示电路；$D_7 \sim D_0$ 是段驱动信号，$W_3 \sim W_0$ 是位驱动信号。

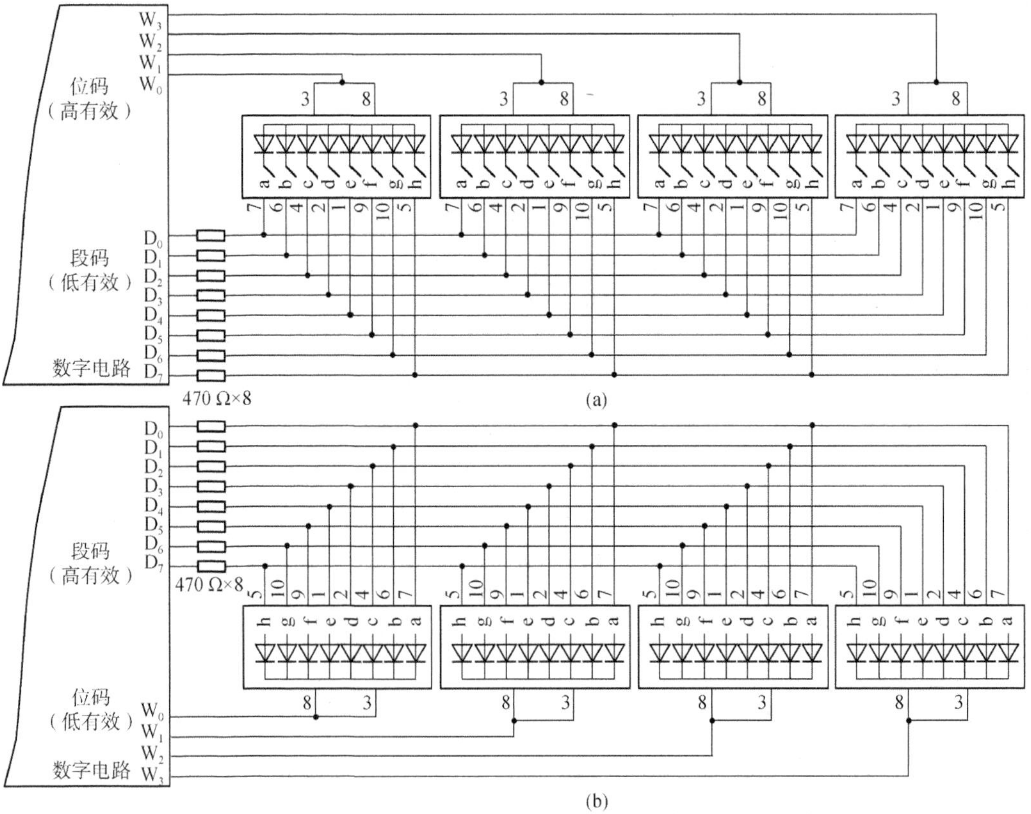

图 12-18　4 位扫描数码管显示电路

采用数字电路直接位驱动，这是因为74HC系列数字电路的最大驱动电流可以达到35 mA，若取数码管每段电流为4 mA，则在该数码管8段都亮时，8段电流之和为32 mA。74HC373、74HC273等可以直接驱动数码管。

但是，如果扫描驱动数码管时的占空比太小，如4个数码管的扫描时间为20 ms，每个数码管的驱动时间为5 ms，则占空比为25%，若需要平均电流为4 mA，则须将每段电流提高16 mA，或者位电流为16 mA×8=128 mA。对于这样大的电流，一般数字电路的输出能力不够，须增加驱动电路实现位驱动，如增加三极管驱动，如图12-19所示的是三极管实现位驱动的4位共阳数码管扫描电路。图12-19(a)中三极管9012参数为：PNP型，电流放大倍数β约为180，I_C电流为0.5 A，BV_{CEO}为50 V。图12-19(b)是共阴数码管电路图，须采用NPN型的三极管9013驱动，该管参数与9012相同。

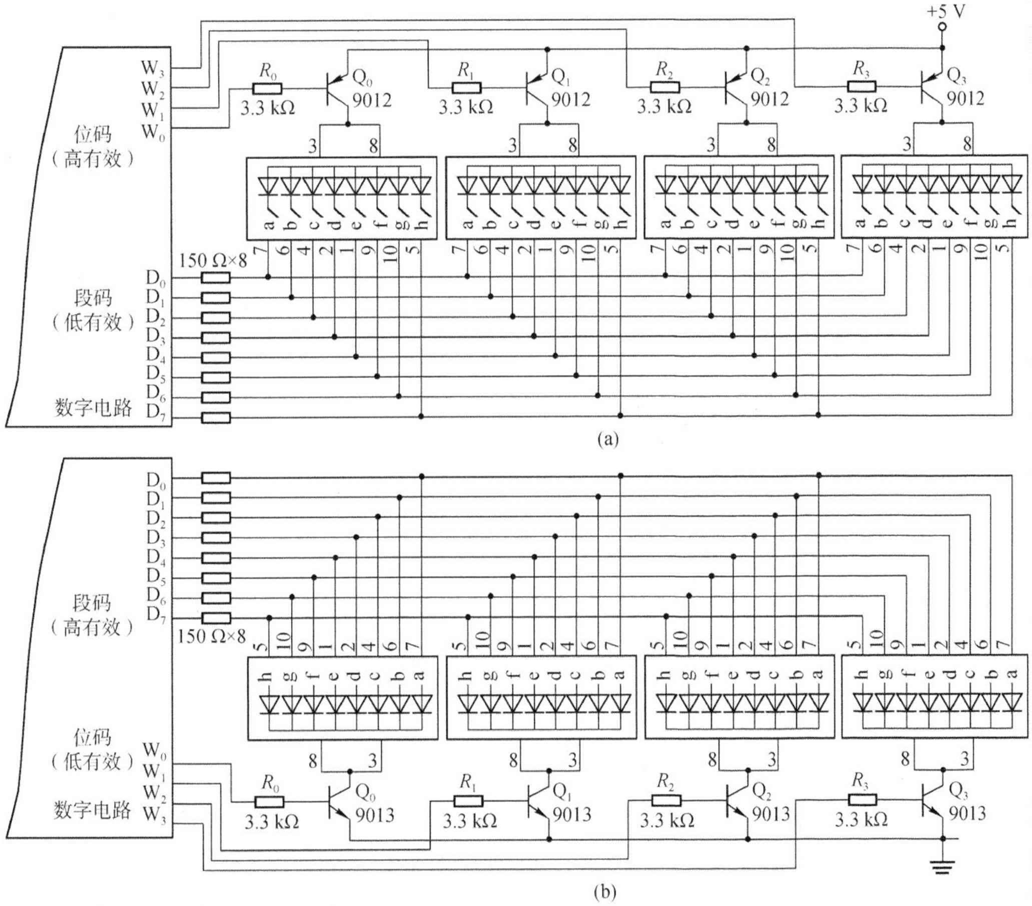

图12-19 采用三极管位驱动的4位数码管扫描电路

12.3 数字驱动电路

12.3.1 采用三极管或场效应管驱动继电器

1. 继电器工作原理与参数

由于数字电路驱动能力不够大，因此常借助三极管或场效应管驱动继电器。

继电器是一种弱电流控制强电流的器件，结构图与符号图如图 12-20 所示，由线圈、具有动铁的铁心、弹簧和触点组成。触点分为动触点和静触点，能够移动的称为动触点，不能移动的称为静触点。继电器线圈不通电时闭合的触点称为常闭触点，通电闭合的触点称为常开触点。

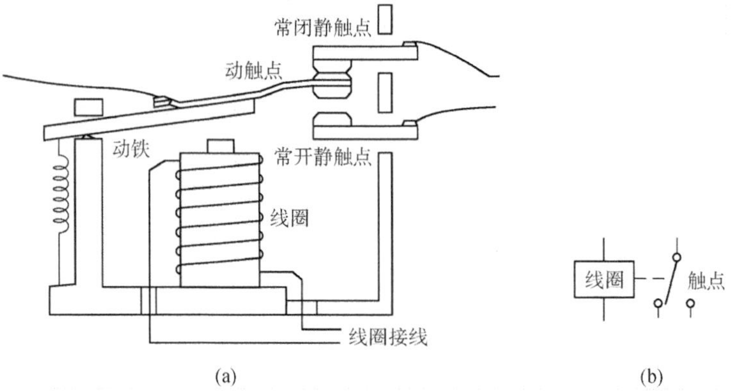

图 12-20　继电器结构图与符号图

线圈通电后，铁心磁化产生足够强的磁力线，磁力线像橡皮筋一样拉动动铁，使动触点和静触点闭合或分开；线圈断电后，磁力线消失，在弹簧的作用下动铁返回原来的位置，动触点和静触点又恢复到原来的分开或闭合状态。如果把待控制的电路接到动静触点上，可利用继电器使电路连接或分断。

通常，直流驱动的继电器参数有如下 5 个。

(1)工作电压或工作电流是继电器工作时，其线圈需要的电压或电流，由数字电路提供；若由数字电路引脚提供的电压与电流不满足要求，则须外接驱动电路。

(2)直流电阻是继电器线圈的直流电阻。通常给出线圈电流、电压和电阻三个参数之二。

(3)吸合电流是指继电器能够产生吸合动作的最小线圈电流。

(4)释放电流是指继电器产生释放动作的最大线圈电流。释放电流比吸合电流小得多。

(5)触点负荷是指继电器触点允许的电压和电流，或者是继电器带负载的能力。该参数决定继电器能控制电压和电流能力的大小。不能用触点负荷小的继电器控制大电流和高电压，因为触头会因为电流容量小而烧损。

通常，小型继电器触点允许 AC 250 V/50 Hz 以下，且负载电流小于 2 A 的负载，因此一般不宜直接驱动大电流负载。通常用小继电器驱动大继电器的方法驱动大负载，如若驱动 10 kW 的电动机，可先驱动一个触点电流比较小的中间继电器，由中间继电器驱动大触点容量的接触器，再用接触器的触点控制电动机。

继电器触点的使用寿命一般为数十万次，根据负载而定，且感性负载时的寿命小于阻性负载。此外，继电器输出的响应时间也比较长(10 ms 左右)，在要求快速响应的场合不适合使用继电器。连接感性负载时，为延长继电器触点的使用寿命，直流负载通常应在负载两端加过电压抑制二极管；交流负载应在负载两端加 RC 抑制器。

某型号小型继电器主要参数如表 12-3 所示。

表 12-3　某型号小型继电器主要参数表

触点参数	触点负载：2.0 A/240 V AC，2A/24 V DC 阻抗：≤50 mΩ 额定电流：2 A 电气寿命：≥100 万次，机械寿命：≥150 万次	
线圈参数	线圈阻值(±10%)：100 Ω 线圈功耗：250 mW 额定电压：DC 5 V	计算出电流约为 50 mA
吸合与释放参数	吸合电压：DC 9 V 释放电压：DC 6 V	
绝缘与耐压	绝缘电阻：≥1000 MΩ 线圈与触点间耐压：1000 V AC/1 分钟 触点与触点间耐压：1000 V AC/1 分钟	
工作温度	－25℃～＋70℃	

2. 三极管驱动继电器

使用三极管可以增加数字集成电路引脚的驱动能力，数字电路通过三极管驱动继电器的电路如图 12-21 所示。

图 12-21(a)是采用 PNP 型三极管的驱动电路图，该电路中继电器的工作电压不能高于数字集成电路输出引脚能支持的极限电压。如果继电器工作电压高于数字集成电路的电源电压，应选择输出引脚可以支持高电压的数字电路或使用 OC 或 OD 电路。

图 12-21(b)是采用 NPN 型三极管的驱动电路图，该电路中继电器的工作电压与数字集成电路的电源电压无关。

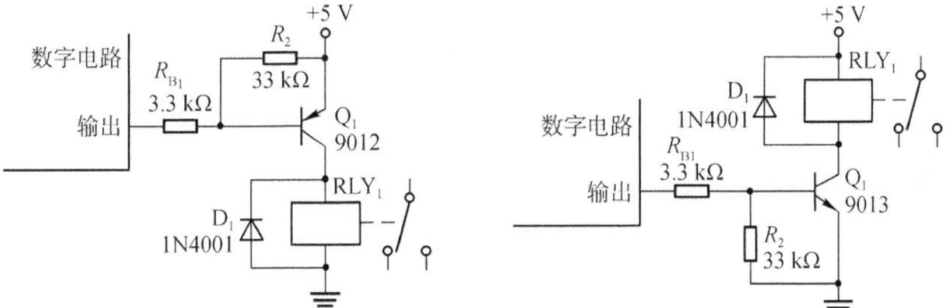

(a)　　　　　　　　(b)

图 12-21　三极管驱动继电器的电路

在使用 TTL/CMOS 输出电平信号驱动三极管时，须考虑如下问题。

(1) TTL/CMOS 集成电路的引脚拉电流输出能力应满足如下关系，即

$$I_{OH} > I_B = (V_{OH} - V_{BE})/R_{B1}$$

式中，I_{OH}是高电平输出电流，I_B是三极管基极电流，V_{BE}是发射极压降，R_{B1}是基极串联电阻。

(2) 为使三极管处于开关状态，三极管须饱和，或满足如下基本关系，即

$$\beta I_B > I_C$$

式中，β 是三极管的电流放大倍数，I_C是集电极电流。

如果这个条件不满足，三极管可能工作在放大区。由于管压降 V_{CE} 增加，使三极管的消耗功率($P_D = I_C \times V_{CE}$)增加而发热并烧毁。

(3)由于三极管工作在开关状态，所以自身损耗的功率很小。

(4)三极管的集电极电流 I_C 应足够大，不至于因为电流大，引起过热而烧毁晶体管。

(5)电源能够提供足够大的电流。

(6)数字电路引脚必须提供足够大的 I_B，或者三极管的电流放大倍数 β 应足够大，才能使 $\beta I_B > I_C$，但通常数字电路引脚的驱动电流有限，所以在须使 I_C 电流非常大时，可以使用高电流放大倍数的达林顿管代替普通的三极管。例如，达林顿三极管 TIP125 最大的集电极电流为 8 A，电流放大倍数为 2500 倍。

*12.3.2 其他数字输出接口电路

1. 光耦直接输出

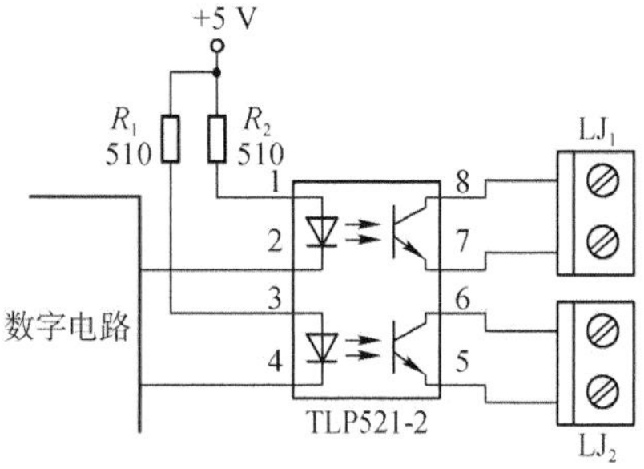

图 12-22 采用光耦 TLP521-2 的隔离输出电路

为避免输出端外电路的高电压干扰数字电路工作，数字电路的输出信号经常采用光耦隔离的方法输出。采用光耦 TLP521-2 的隔离输出电路如图 12-22 所示。数字电路的两个 I/O 引脚被 TLP521-2 光耦隔离输出；电路给出光耦输出引脚连接器，没有外接电路。该电路可以将数字电路输出的 PWM 脉冲信号引出，驱动功率元件控制电动机、电磁铁等电磁装置，也可以将数字信号引出驱动继电器、晶闸管等功率器件。

TLP521-2 光耦的参数如下所述。

1)极限参数

发光二极管：最大正向电流 $I_F = 50$ mA，反向耐压 $V_R = 5$ V。

三极管：集电极-发射极间电压 $V_{CEO} = 55$ V，集电极电流 $I_C = 50$ mA。

2)推荐工作条件

电源电压 V_{CC}：5～24 V。

最大发光二极管正向电流 $I_F = 20$ mA。

三极管集电极电流 $I_C = 1 \sim 10$ mA。

3)静态电特性

发光二极管正向电压 V_F：当 $I_F = 10$ mA 时，$V_F = 1 \sim 1.3$ V，典型值为 1.15 V。

三极管暗电流 I_{CEO}：$V_{CE} = 24$ V 时，$I_{CEO} = 10 \sim 100$ nA。

电流传输比 CTR $= I_C / I_F$：当 $I_F = 5$ mA、$V_{CE} = 5$ V 时，CTR $= (100 \sim 600)\%$。

三极管饱和电压 V_{CE}(sat)：当 $I_C = 2.4$ mA、$I_F = 8$ mA 时，最大 V_{CE}(sat) $= 0.4$ V。

按照图示参数可知，发光二极管 I_F 近似为 6 mA，若取最小电流传输比为 1，则流过三极管集电极的电流 I_C 最大为 $I_F \times$ CTR $= 6$ mA。

如果须隔离强电部分与弱电部分，则应采用光耦隔离，如数字电路驱动继电器时，若不隔离，则继电器驱动电路与数字电路共地，流过继电器线圈的地线电流容易干扰数字电路的工作，因此须采用图 12-28 的双电源电路。图 12-23(a)是采用三极管 9013 的驱动继电器电路图，图 12-28(b)是采用 NMOS 管 IRF540 的驱动继电器电路图。

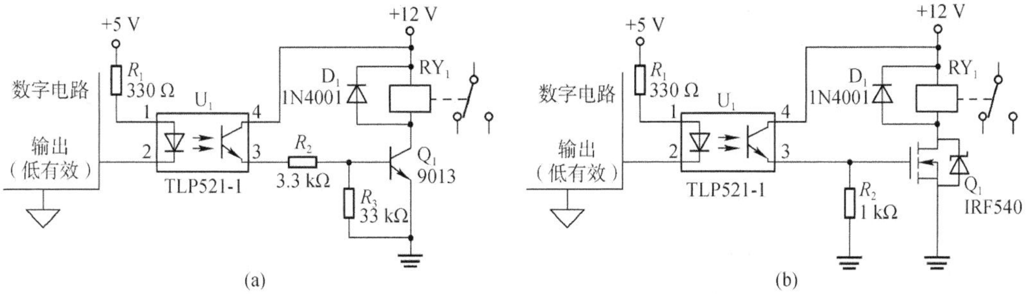

图 12-23　采用光耦隔离的继电器驱动电路

2. 三极管直接输出

三极管输出电路形式相比于继电器输出响应快（一般在 0.2 ms 以下），适用于要求快速响应的场合；由于三极管是无机械触点，因此比继电器触点的寿命长。

三极管输出型电路的外接电源只能是直接电源，其输出驱动能力小于继电器输出；允许负载电压一般为 DC 5～30 V，允许负载电流为 0.2～0.5 A。三极管输出电路的形式主要有两种：NPN 和 PNP 型集电极开路输出。

1）NPN 型输出电路

NPN 型三极管作为输出的电路如图 12-24 所示。

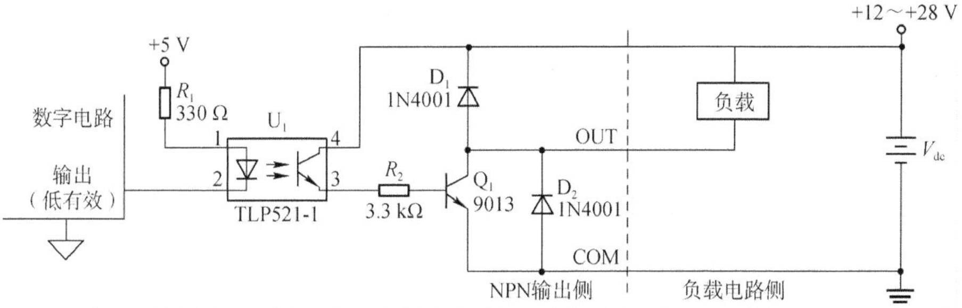

图 12-24　NPN 型三极管输出电路图

数字电路输出有效低电平驱动光耦 TLP521-1，电路参数应保证足够的光耦内发光二极管正向电流 I_F 使光耦内三极管饱和，进而使三极管 Q_1 工作在饱和状态。若数字电路的拉电流能力足够大，则可以采用有效高电平输出驱动光耦。

2）PNP 型输出电路

PNP 型三极管作为输出的电路如图 12-25 所示，元件参数要求同 NPN 电路。

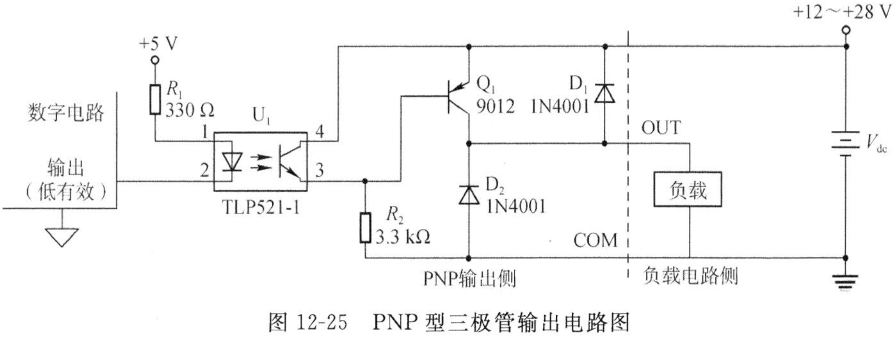

图 12-25　PNP 型三极管输出电路图

3. 集成多路驱动芯片 ULN2803

若多路数字电路输出引脚驱动能力不够，则可以采用 8 路达林顿阵列电路 ULN2803 增加驱动能力。ULN2803 的引脚图与内部结构图如图 12-26 所示。每个达林顿三极管接线如图 12-27 所示。ULN2803 主要参数如下所述。

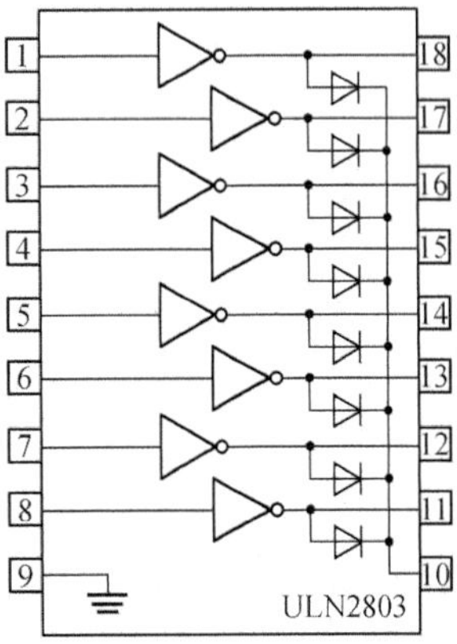

图 12-26　ULN2803 的引脚图与内部结构图

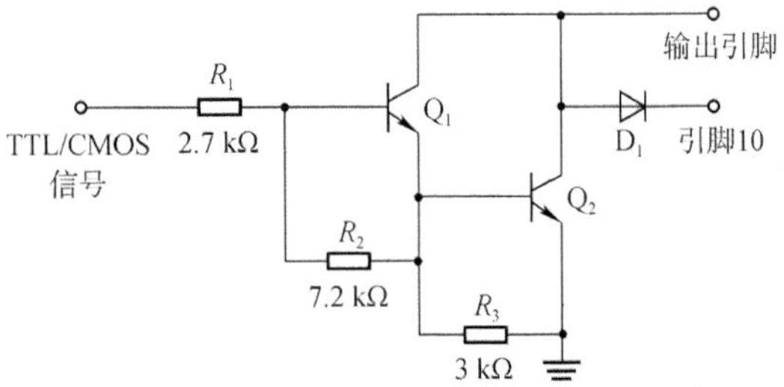

图 12-27　ULN2803 的达林顿晶体管结构

1)极限参数

最大输出电压 V_{CE}=50 V。

最大输入电压 V_{IN}=30 V。

最大连续输出电流 I_C=500 mA。

最大连续输入电流 I_{IN}=25 mA。

2)直流特性

集电极-发射极间饱和压降 $V_{CE(sat)}$：

(1)I_C=100 mA，I_B=250 μA 时，典型值 0.9 V，最大值 1.1 V；

(2)I_C=350mA，I_B=500 μA 时，典型值 1.3 V，最大值 1.6 V。

输入电流 $I_{IN(ON)}$：V_{IN}=3.85 V 时，典型值 0.93 mA，最大值 1.35 mA。

输入电压 $V_{IN(ON)}$：V_{CE}=2 V，I_C=300 mA 时，最大值 3.0 V。

ULN2803 驱动 8 路继电器的电路如图 12-28 所示，V_{CC}是电源电压，可以根据继电器需要选择，但不能超过 50 V。由于 ULN2803 内部有抑制继电器线圈反电势的二极管，所以连接继电器时不用外接二极管。

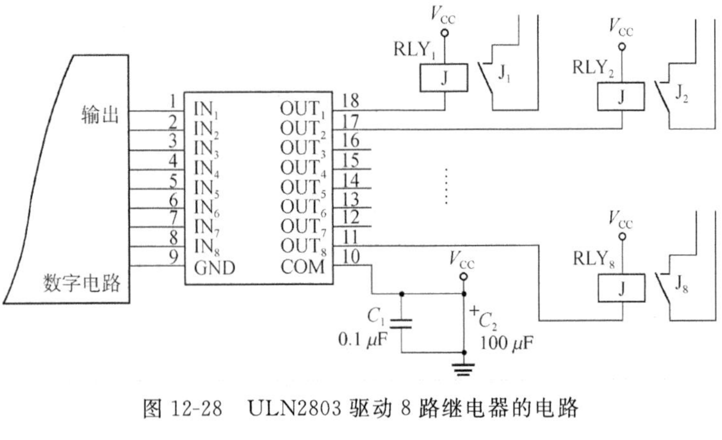

图 12-28　ULN2803 驱动 8 路继电器的电路

12.4 常用的数字实验电路

学习数字电路时，最好能有一套数字电路实验装置。下面介绍如图 12-29 所示的简单实验电路。

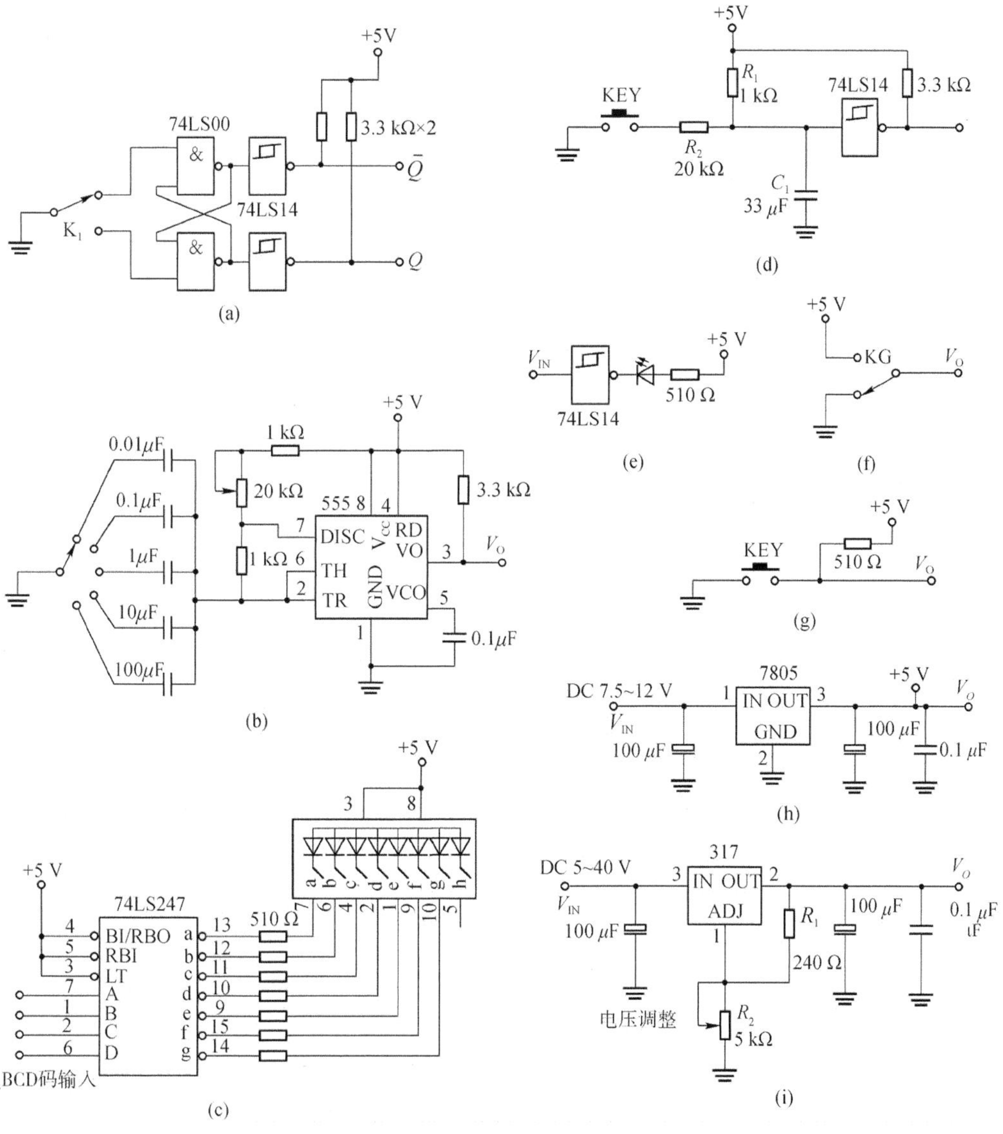

图 12-29　简单数字电路实验电路图

图 12-29(a)是可以产生上升沿、高低电平与下降沿的电路。由于采用锁存器，因此可以消除抖动；又由于 74LS14 的输出端加上拉电阻，因此输出电平得以提高，可用于 74HC 系列电路实验。

图 12-29(b)是由定时器 555 组成的时钟产生电路图，采用切换 5 个电容 0.01 μF、0.1 μF、1 μF、10 μF、100 μF 的方法实现粗调频率，采用 20 kΩ 电位器微调频率。输出电压经过 3.3 kΩ 上拉的电阻，可以向 74HC 系列数字电路提供时钟。

最高频率：$f_{max}=1/[0.69\times(1\ k\Omega+2\times1\ k\Omega)\times0.01\ \mu F]\approx4830\ Hz$

最低频率：$f_{min}=1/[0.69\times(21\ k\Omega+2\times1\ k\Omega)\times100\ \mu F]\approx6.3\ Hz$

图 12-29(c)为由 74LS247 与共阳数码管组成的数码管显示电路图。该译码器显示数字 6 时，有 a 段，显示 9 时有 d 段。

图 12-29(d)为由 74LS14 组成的消除按键抖动的电路图，74LS14 输出经过上拉，因此可用于 74HC 系列数字电路的实验。

图 12-29(e)为发光二极管电路图，该电路在输入 V_{IN} 为高电平时发光二极管亮。因为采用了 74LS14 驱动发光二极管，因此只要能驱动 74LS14，就能控制发光二极管亮与灭。

图 12-29(f)为钮子开关电路图，该电路输出未经过消除按键抖动的高低电平信号。

图 12-29(g)为按键电路图，该电路输出没有经过消除按键抖动的脉冲信号。

图 12-29(h)为 5 V 稳压电源电路图，该电路采用三端稳压器 7805 稳压；输入电压为直流，范围为 7.5～12 V。

图 12-29(i)为可调电压稳压电路图，该电路采用三端可调输出稳压器 317；当输入电压小于等于 40 V 时，输出电压可用 5 kΩ 电位器调节，在 2～30 V 之间可调；输出电压表达式为 $V_O\approx 1.25\left(1+\frac{R_2}{R_1}\right)$。

每种类型的电路只给出一个，实验时可以根据需要增加相关电路的数量。例如，需要 3 位数码管显示，则可以采用 3 个数码管电路。

可采用焊盘板焊接或面包板插接数字电路芯片的方法实现实验。

小　结

本章主要内容为：

(1)常用的开关量输入电路，包括各种消除按键抖动的电路、光耦隔离输入电路。

(2)LED 显示电路，包括发光二极管显示电路与各种数码管驱动电路。

(3)数字驱动电路，包括三极管或晶体管驱动继电器、其他输出接口电路与驱动交流负载的电路。

(4)常用数字实验电路。

思 考 题

1. 按键电路的上拉电阻与下拉电阻值如何计算？
2. 消除按键抖动电路有几种？
3. 光耦隔离输入电路的作用是什么？
4. 光耦合器 4N25 的参数有哪些？交流输入的光耦 TLP120 的参数有哪些？
5. 如何计算光耦合器输入侧限流电阻值与输出侧三极管的集电极电阻值？
6. 数字电路有几种驱动发光二极管的方式？如何计算发光二极管的限流电阻值？
7. 静态驱动数码管与动态驱动数码管各有什么特点？
8. 继电器参数有哪些？
9. NPN 与 PNP 型输出电路对负载的要求是什么？

习　题

【题 12-1】 某数字电路输入端低电平有效，试设计一个按键电路给该数字电路输入端提供信号。

【题 12-2】 试设计一个输出低电平有效消除抖动的按键电路。

【题 12-3】 试设计一个开关量光耦隔离电路，要求某开关闭合时，向数字电路输出高电平有效的信号(数字电路侧电源为＋5 V，开关量侧电源为＋12 V)。

【题 12-4】 现有 74LS160 须外接发光二极管显示其输出端的电平，要求输出高电平使发光二极管亮，试设计该电路(电源为＋5 V)。

【题 12-5】 试设计一个采用 74HC595 的 8 位共阳数码管显示电路，由于室内显示，不要求很亮，可以采用 74HC595 直接驱动(电源为＋5 V)。

【题 12-6】 某继电器工作电压 12 V，工作电流 50 mA，若采用 74LS00 门电路输出的有效高电平控制，试设计该继电器驱动电路。

【题 12-7】 某继电器工作电压 6 V，工作电流 50 mA，若采用 74HC04 门电路输出的有效高电平控制，试设计光耦隔离电路驱动该继电器(电源为＋6 V)。

【题 12-8】 非门 74LS04 输出低电平有效，现需要驱动电压为 12 V、线圈阻值为 300 Ω 的继电器，试设计该继电器的驱动电路。

【题 12-9】 某共阳数码管的每段都由 4 个发光二极管串联构成，若数码管驱动电源为 12 V，试采用 74LS247 译码电路设计该数码管的驱动电路(可用 ULN2803)。

【题 12-10】 试采用 MOC3063 设计一个 74LS04 输出有效高电平驱动交流 220 V、5 A 电炉丝负载的电炉。

【题 12-11】 试用 74LS244、74LS76、74LS247、门电路和三极管设计一个 4 位共阳数码管扫描显示电路。

*第 13 章　学习使用 QUARTUS Ⅱ软件

QuartusⅡ软件是 Altera 公司的 FPGA、CPLD 开发软件，是 Max+PlusⅡ软件的升级版。下面介绍 Quartus Ⅱ软件。

13.1　图形输入法设计数字电路

设计步骤

1)启动 QuartusⅡ软件

选择“开始”/“所有程序”/Altera/Quartus Ⅱ 7.2/Qartus Ⅱ 7.2(32-Bit) 菜单，进入 QuartussⅡ运行环境。

2)建立图形文件

在菜单 File 中选 New 菜单项，出现对话框(图 13-1)，然后在 Device Design Files 页面选择第二项图形文件 Block Diagram /Schematic File，单击 OK 按钮，出现标题为 Block1. bdf 的图形编辑窗口(图 13-2)，窗口左侧为画图工具区，右侧为图形编辑区。

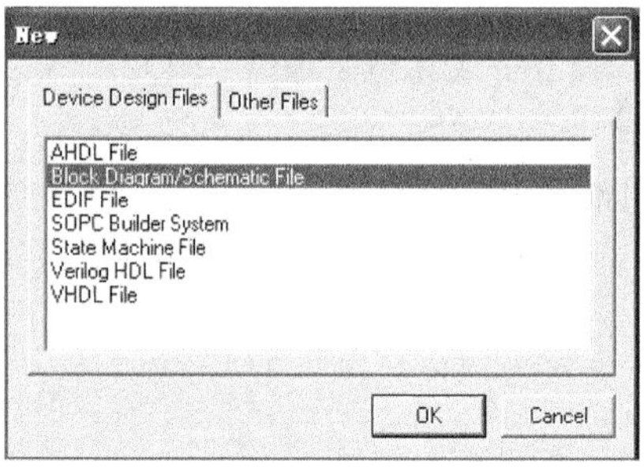

图 13-1　“建立图形文件”窗口

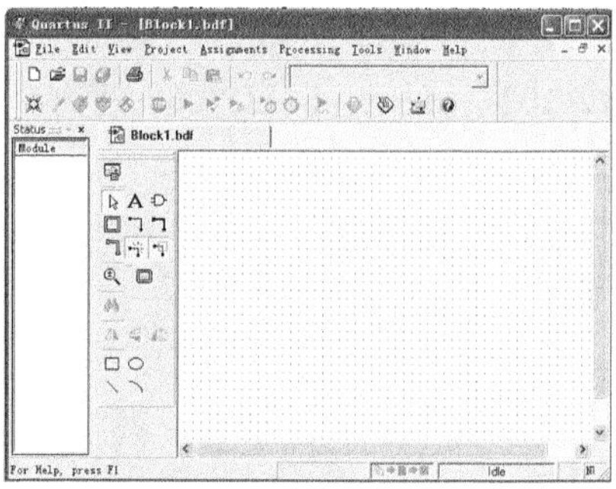

图 13-2　“图形编辑”窗口

3)绘制图形文件

在图形编辑窗口中单击，出现一条闪烁的小竖线，然后，双击窗口中须放置元件的位置，出现

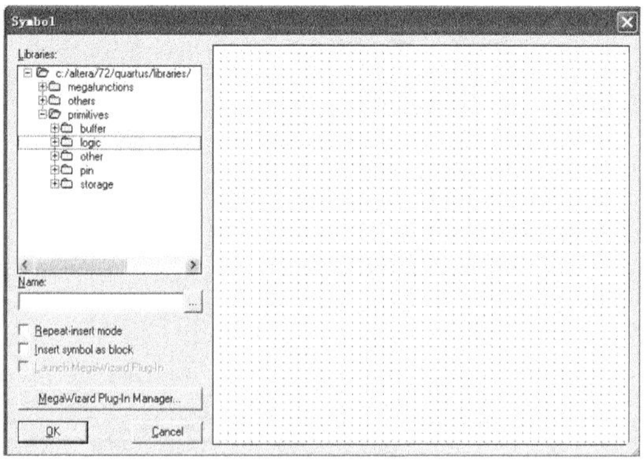

图 13-3　“调入元件”对话框

Symbol 对话框(图 13-3)。

图 13-3 左上角显示的是 Quartus 库中的元件,包括以下三种。

(1)megafunctions(宏功能库):arithmetics、gate、IO、storage。

(2)others(其他元件库):maxplus2、opencore_plus。

(3)primitives(基本元件库):buffer、logic、other、pin 和 storage。

maxplus2 库有 74 系列元件,如 D 触发器 7474、计数器 74190 等;logic 有基本逻辑门电路;pin 有输入端口(INPUT)、输出端口(OUTPUT);other 有电源 VCC(逻辑 1)、地线 GND(逻辑 0);Storage 有各种触发器等。

选择需要的元件,单击 OK 按钮,元件显示在图上,然后连线画图(直接单击引脚开始画线,再单击画线结束),最后画出图 13-4(用 NOT、INPUT、OUTPUT,双击端口键入端口名,输入端口名为 a,输出端口名为 out)。画图时常用复制的方法获得相同的元件。

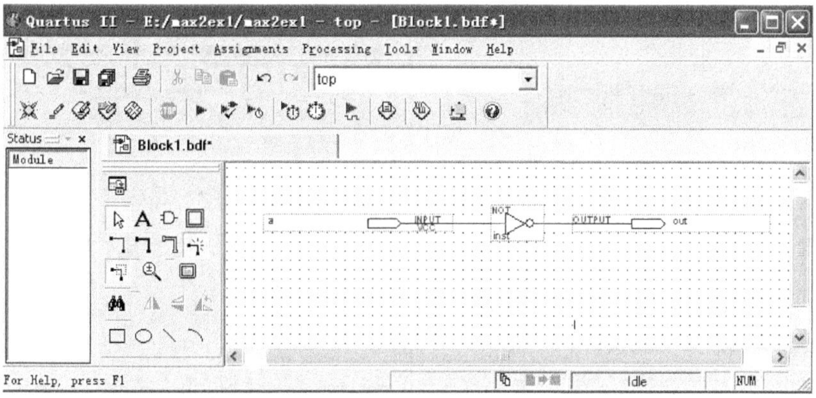

图 13-4 "非门"逻辑图

4)图形文件存盘

单击"存盘工具"按钮,屏幕弹出文件名与文件夹名输入窗口,在该窗口中输入文件名(如 block1)与文件夹名(2012,6,4)后单击 OK 按钮,屏幕弹出"是否建立新项目"对话框,单击 Yes 按钮,进入项目向导界面,首先显示的是向导说明,单击 NEXT 按钮跳过,然后屏幕显示图 13-5。

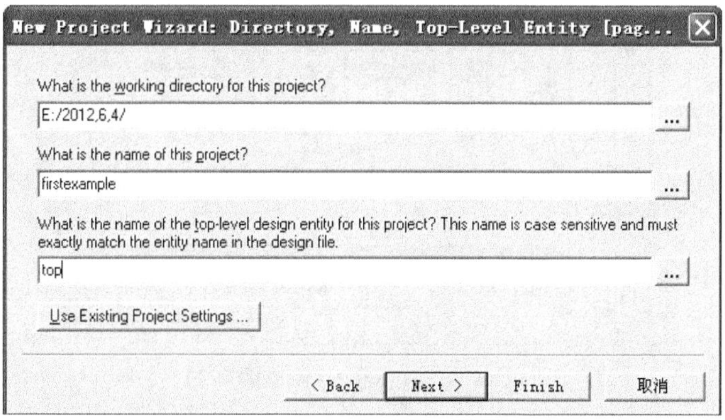

图 13-5 "新项目导航"窗口

在该窗口中输入项目名(firstexample)和顶层文件名 top 后,单击 Finish 按钮,这时建立项目 firstexample、顶层文件 top 和图形文件 block1。

顶层文件只能有一个，其他文件可以有 N 个，只有将文件设置为顶层实体文件（Project/set as Top Level Entity 菜单项）才能进行编译与仿真。例如，编译图形文件 block1 前，应将其设置为顶层实体文件。

存盘时注意：将所有项目中的文件放在一个文件夹中，不能有中文路径、文件夹和文件名。

5）编译

首先选择 Project/set as Top Level Entity 菜单项，将当前文件设置成顶层实体文件（须编译的文件一定是顶层文件），然后使用 Processing/Compiler 菜单进行编译，这时的窗口显示编译过程。编译结束后，屏幕显示编译结果报告。如果编译正确，屏幕提示“编译成功”。

编译正确后，下一步是仿真验证所画的逻辑图。仿真前，首先首先输入逻辑图的输入波形。

6）建立波形文件

在菜单 File 中选 New 菜单项，出现对话框，然后在 Other Files 中页面选择 Vector Waveform files，如图 13-6 所示。单击 OK 按钮，屏幕显示图 13-7 所示。

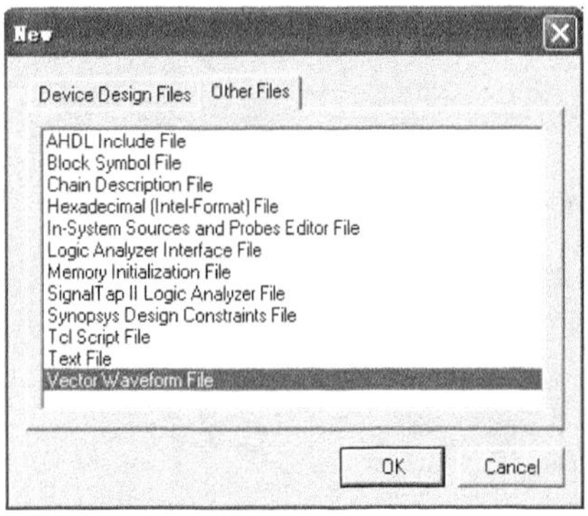

图 13-6 “选择波形文件”对话框

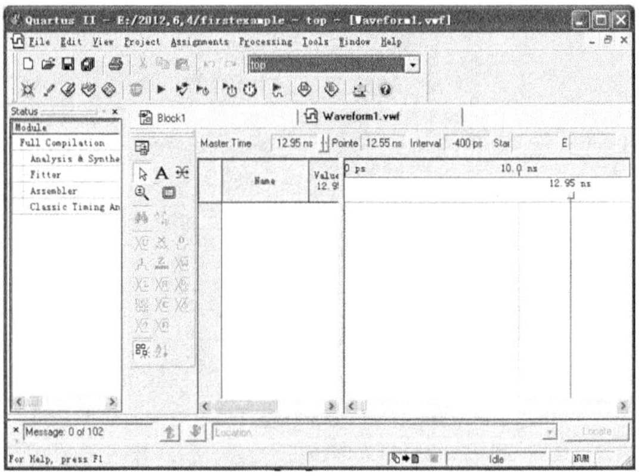

图 13-7 “仿真波形编辑”窗口

7）调入输入/输出端口，画输入端口波形

在窗口 Name 区，右击选择右键菜单 Insert/Insert Node or Bus，如图 13-8 所示。之后屏幕显示图 13-9 所示。

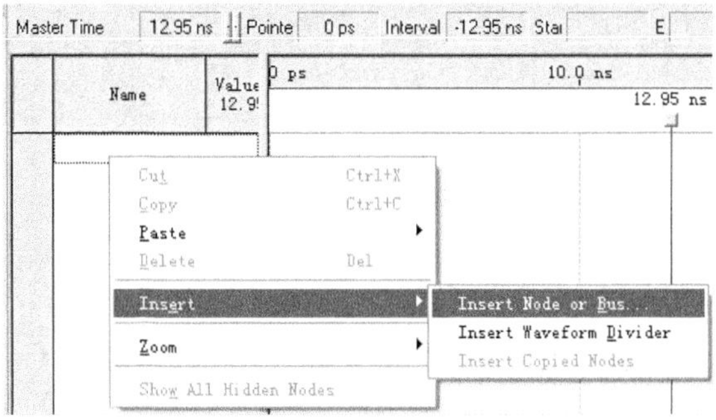

图 13-8 调入输入/输出端口 1

在该窗口中单击 List 按钮，则窗口左侧小窗口中出现输入/输出端口的列表。然后单击两个小窗口中间的“＝＞”按钮，将输入/输出端口调入右侧窗口，最后单击 OK 按钮结束操作。这时屏幕显示如图 13-10 所示，逻辑图中的输入端口 a 和输出端口 out 出现在窗口中。

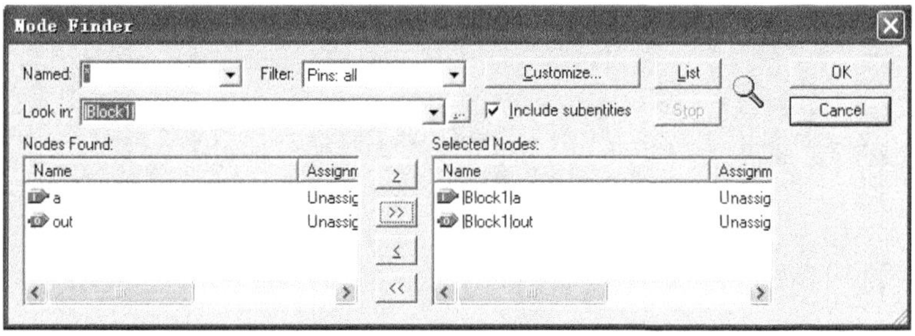

图 13-9　调入输入/输出端口 2

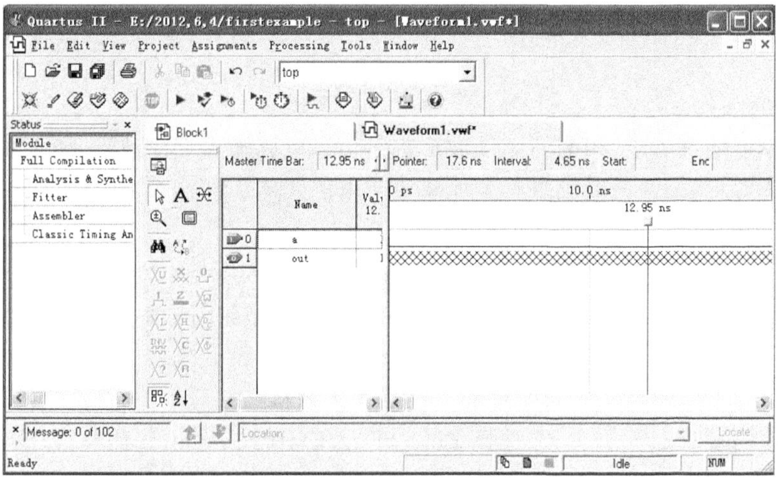

图 13-10　“信号名已经调入波形编辑”窗口

将仿真波形存盘。注意修改文件名,仿真文件应与待仿真波形文件名相同。

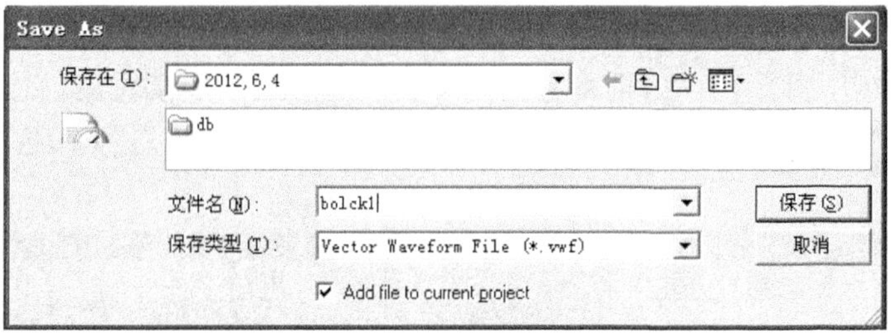

图 13-11　“图形文件存盘”窗口

在画波形前还应设置:

(1)Edit/End Time 菜单项,该菜单设置总仿真时间(需要仿真的时间,一般为 100 μs)。

(2)Edit//Grid Size 菜单项,该菜单设置栅格尺寸(一般为 1 μs)。

若须将多个信号组成一组,则可以选择 EDIT/ Grouping 菜单项,该菜单用于将多个端口信号组合成一个总线信号。

画好波形的窗口如图 13-12 所示。画图时将须画图形的位置用鼠标涂黑(选择),然后选择如图 13-13 所示的“画图工具”按钮,使涂黑的波形满足电平要求。

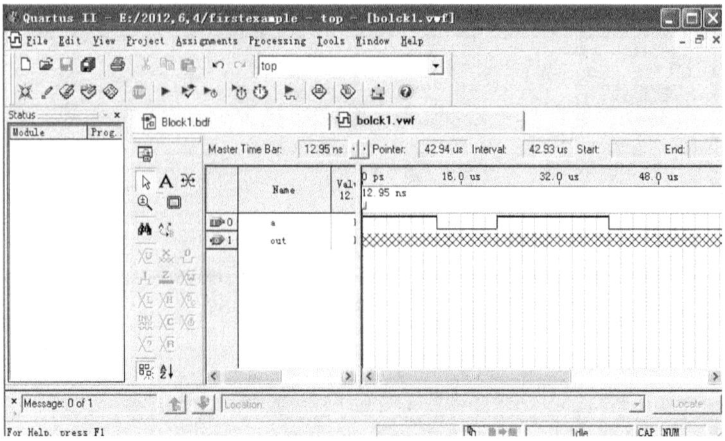

图 13-12 “画完输入端口波形”窗口

激励波形不可随意画成，因为所画的波形都是仿真电路输入端的波形，所以画波形的原则是使被仿真电路正常工作，并在输出端得到能够说明电路功能的波形。

图 13-13 波形编辑工具

8)仿真

选择 Assignments/Settings 菜单项，在弹出的窗口中选择 Simulator Settings 选项区域组，屏幕显示图 13-14，在窗口中设置 Simulation input 文本框，选择已经画好的波形文件 Block1. vwf，随后关闭窗口。

选择 Processing/Start Simulaton 菜单，计算机开始仿真，显示仿真波形如图 13-15 所示。

由于所仿真的电路是反相器，因此输出波形 OUT 与输入波形相位相反。如果仿真结果不正确，则修改被设计的电路或输入端的输入波形。

电路应分成模块，逐个设计与仿真，当所有的模块都正确时，再将它们连接在一起形成顶层模块进行总调试。

验证数字电路是否正确的最有效方式是在数字电路的输入

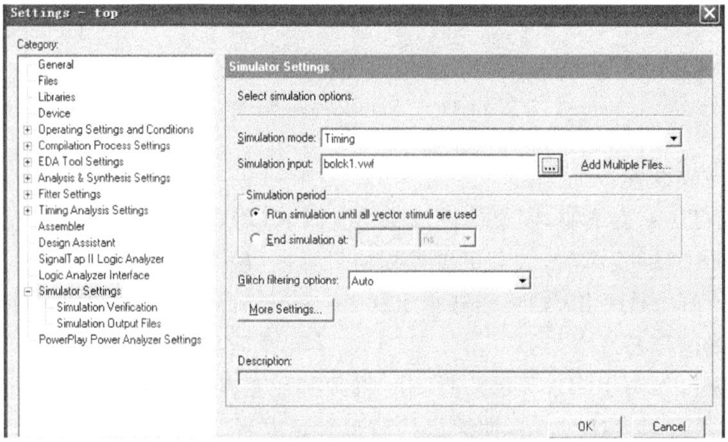

图 13-14 “仿真文件设置”窗口

端输入信号，然后观察输出信号或电路内部信号波形，如果这些波形正确，说明电路设计正确。波形比功能表、真值表、状态图等更能说明电路的工作情况，特别是对于时序电路。

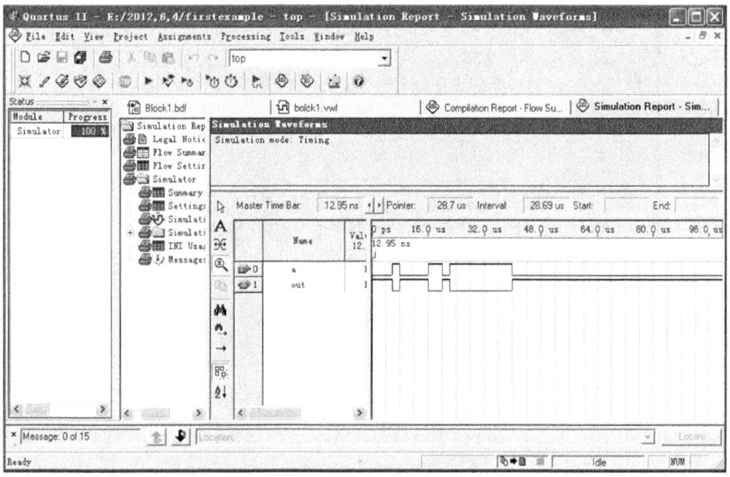

图 13-15 仿真结果图

9)指定 FPGA 芯片

由于设计的电路要在 FPGA 中实现，所以应指定 FPGA 芯片。若 FPGA 实验电路板上的芯片是 Cyclone 系列 EP1C3T144，则应在 QuartusⅡ软件中指定芯片。选择 Assignment/Device 菜单，屏幕弹出如图 13-16 所示的“芯片选择”对话框，在该对话框中选定芯片型号 EP1C3T144C6。

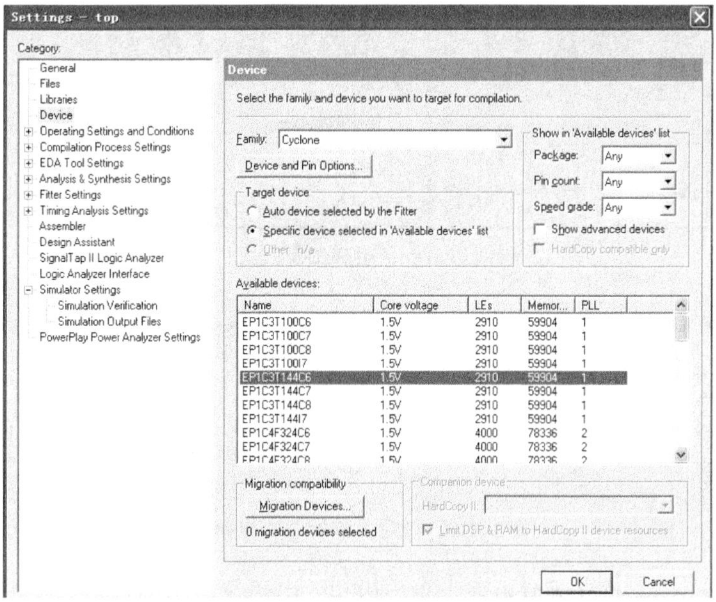

图 13-16 “芯片选择”对话框

在“芯片选择”对话框中，单击 Device and Pin Options 按钮，随后选择 Unused Pins 选项卡，在 Reserve all unused pins 下拉列表中将不用的引脚选择为“三态输入”。如果不设置为“三态输入”，有可能是开漏输出，则不用引脚上连接的数码管与发光二极管都有可能被点亮。

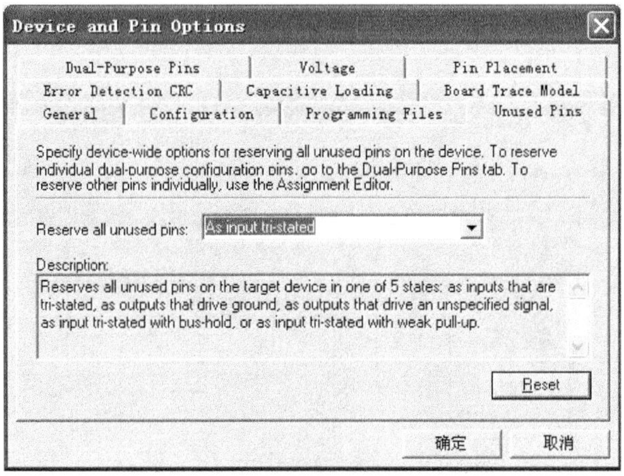

图 13-17 将所有不用的引脚设置为 As input tri-stated

10)引脚锁定

引脚锁定是使所设计电路中的输入输出引脚与 EP1C3T144 芯片引脚之间有连接关系。选择菜单 Assignments/Pins,屏幕弹出图 13-18。引脚锁定过程是双击窗口中的 Location 列中对应端口名的输入框,然后选择芯片引脚号,这样所设计原理图电路端口信号与实际芯片的引脚即有对应的连接关系。

注意:电路信号与器件引脚之间不可随意连接,连接方式取决于芯片引脚与实验板资源连接的情况。

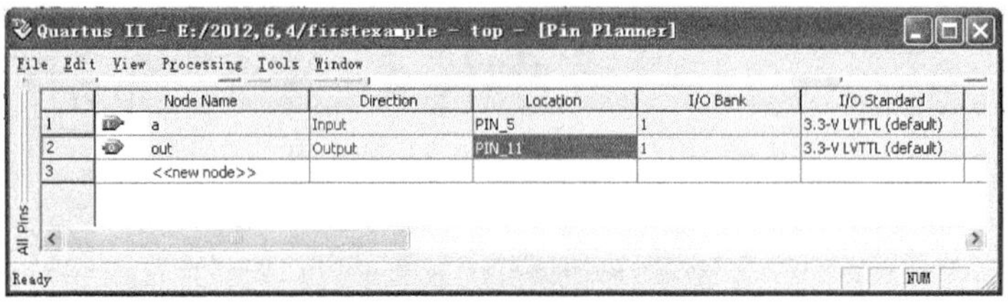

图 13-18 "引脚锁定"窗口

引脚锁定完毕后退出,电路图上的输入/输出端口上显示 EP1C3T144 芯片的引脚号码,如图 13-19 所示。

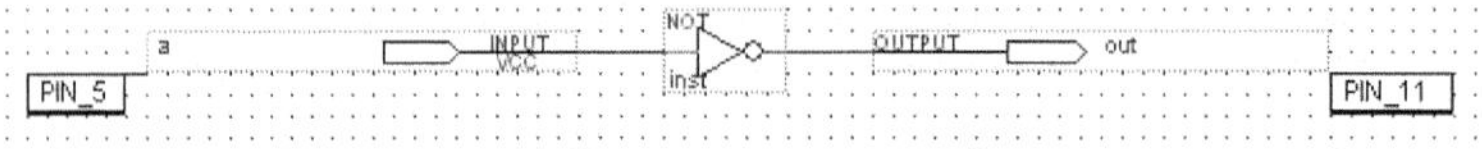

图 13-19 锁定引脚的逻辑电路图

引脚锁定完成后,再次对顶层模块编译,即可以下载到 EP1C3T144 芯片中 sof 类型的下载文件。

11)配置

配置 FPGA 器件又称为编程、下载或烧写,即将编译形成的以 sof 为扩展名的文件写入(配置)到 EP1C3T144 器件的 RAM。

在计算机 USB 接口与实验电路板 JTAG 接口之间连接电缆(提前安装驱动程序),接通实验板电源后,选择菜单 Tools/Programmer,屏幕显示图 13-20。

单击图 13-20 的 Start 按钮，配置开始，几秒钟内数据写入芯片。数据一旦写入芯片就可以通过实验板上的按钮、数码管、发光二极管验证设计。注意：不断电，否则芯片中的数据就丢失。

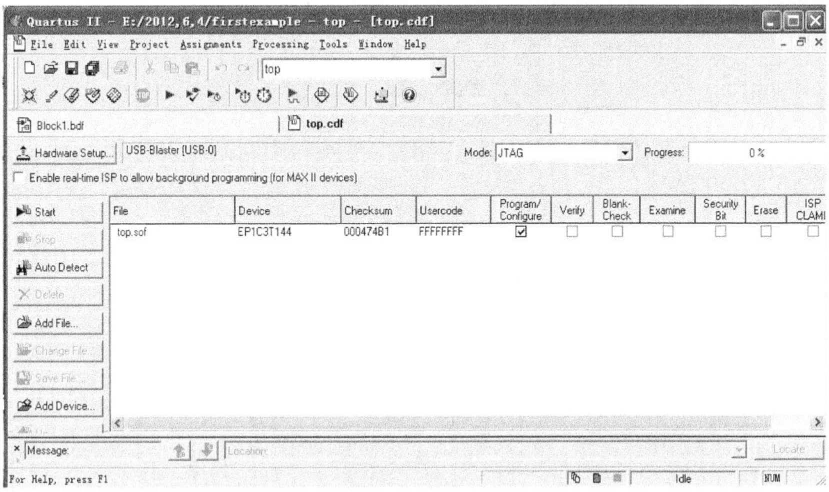

图 13-20 配置 EP1C3T144 器件的设置窗口

第 1 次配置时，应指定下载电缆，单击图 13-20 的 Hardware Setup 按钮，屏幕显示图 13-21，在对话框上选择 USB-Blaster 电缆。

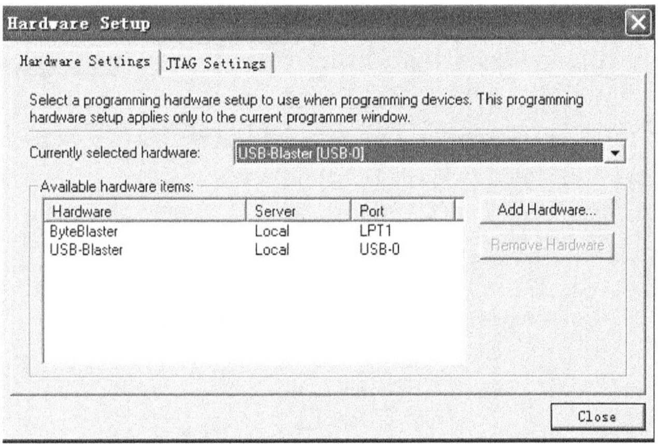

图 13-21 “电缆选择”对话框

12）将配置文件写入配置芯片 EPCS1

选择 Assignments/Device 菜单，在弹出的窗口中单击 Device and Pin Options 按钮，随后在如图 13-22 所示的窗口中选择 Configuraton 选项卡，在 Configuraton scheme 下拉列表框中选择 Active Serial，然后在 Configuraton device 选项区域组中选择配置器件 EPCS1。这样在编译完成后，生成可写入 EPCS1 的文件(后缀为 pof)。

选择菜单 Tools/Programmer，屏幕显示图 13-23，在该窗口中选择 MODE 为 Active Serial Programming；单击 Add Device 按钮，选择配置器件 EPCS1；然后更换文件为 top. pof，将电缆连接到实验板上配置器件的连接口；最后单击 Start 按钮，配置数据写入器件 EPCS1。

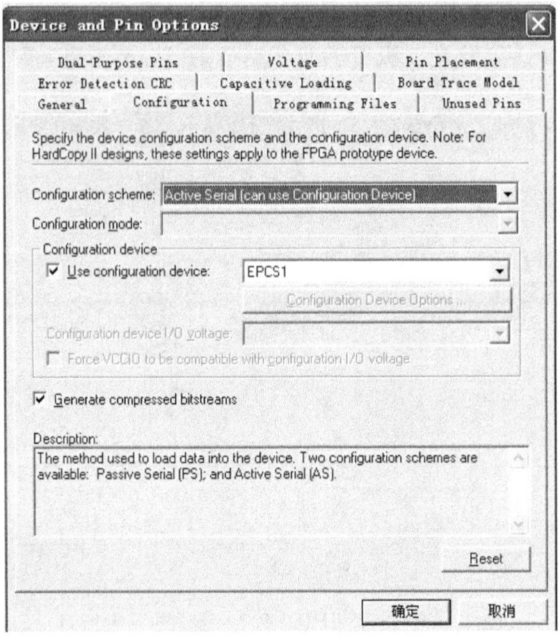

图 13-22 “设置配置器件”对话框

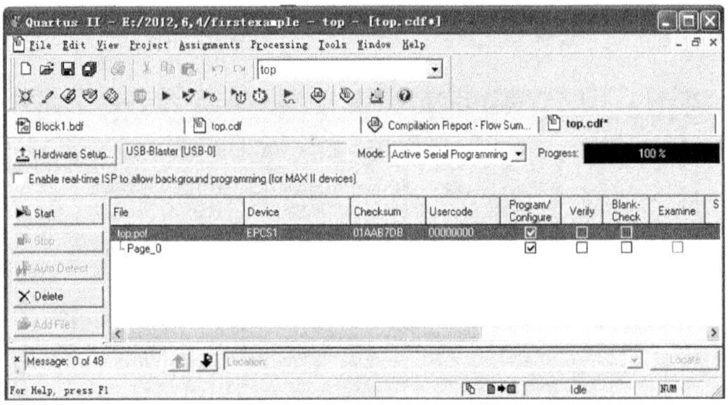

图 13-23 “将数据写入 EPCS1”窗口

13.2 Verilog HDL 输入法

Verilog HDL 输入法与图形输入法的最大区别是采用文本编辑器，通过 Verilog HDL 描述数字系统，其他编译、仿真、引脚锁定、配置等与图形输入法相同。

为进入文本编辑器，在菜单 File 中选择 New 菜单项，出现如图 13-24 所示的选择框，然后选择 Verilog HDL File，单击 OK 按钮，屏幕显示“文本编辑”窗口。在“文本编辑”窗口中输入 Verilog HDL 描述的“与非门”文件：

```
module veriexample2(in1,in2,out);
input in1,in2;
output out;
assign out = ~(in1&in2);
endmodule
```

文件输入完毕后存盘时注意文件名与模块名相同（本例文件名为 veriexample2. v），选择文件扩展名为 v。在“新项目导航”窗口中建立一个文件夹，同时输入项目名与顶层文件名。

存盘时注意：将所有项目中的文件放在一个文件夹中，不能有中文路径、文件夹和文件名。

编译前使用菜单 Project/set as Top Level Entity，使待编译的文件作为顶层实体文件。

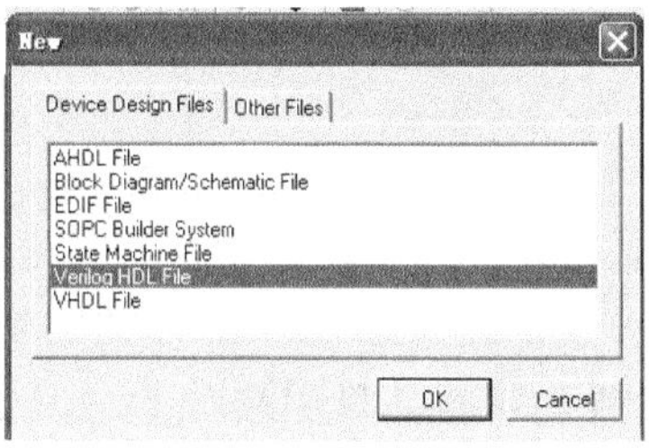

图 13-24 “建立文本文件”对话框

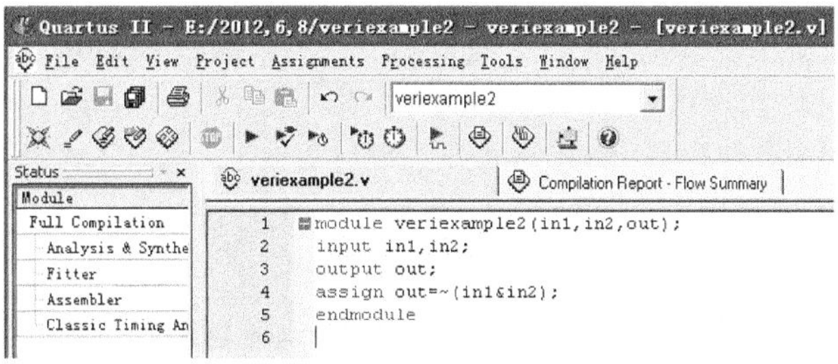

图 13-25 文本编辑窗口

Verilog HDL 源文件的编译过程与图形文件相同。编译成功后，在菜单 File 中选 New 菜单项，出现对话框，在 Other Files 页面选择 Vector Waveform files，单击 OK 按钮，屏幕弹出“波形编辑”窗口。在“波形编辑”窗口左侧端口名区(Name)，右击选择 Insert/Insert Node or Bus 菜单，屏幕弹出对话框；在弹出的对话框中选择 Insert/Insert Node or Bus 菜单，屏幕弹出“信号选择”窗口；在弹出的窗口中单击 List 按钮，信号出现在窗口右侧后，单击 OK 按钮，信号就出现在“波形编辑器”窗口。

在画波形前还应设置：选择 Edit/End Time 菜单，设置总仿真时间(需要仿真的时间，一般为 100 μs)；选择 Edit//Grid Size 菜单，设置栅格尺寸(一般为 1 μs)。随后在波形编辑器中输入变量 in1、in2 的激励波形，如图 13-26 所示。

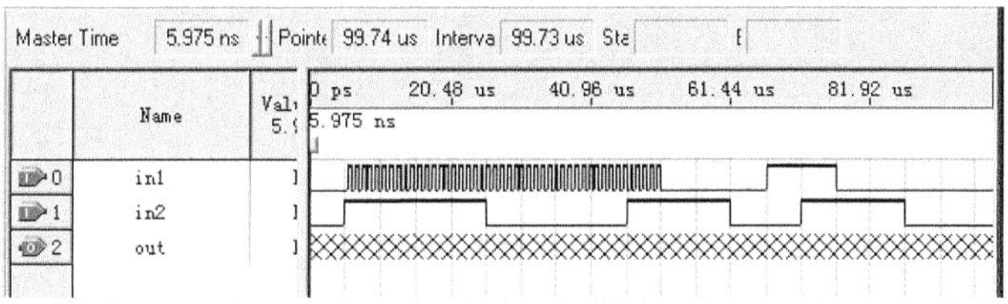

图 13-26 输入变量 in1、in2 的激励波形

存盘时注意：选择与被仿真文件相同的文件名；仿真前，应选择 Assignments/Settings 菜单，在出现的窗口中选择 Simulator Settings 选项区域组，再在出现的屏幕窗口中设置 Simulation input，选择已经画好的波形文件 veriexample2. vwf，随后关闭窗口。

选择 Processing/Start Simulaton 菜单，计算机开始仿真，显示仿真波形如图 13-27 所示。

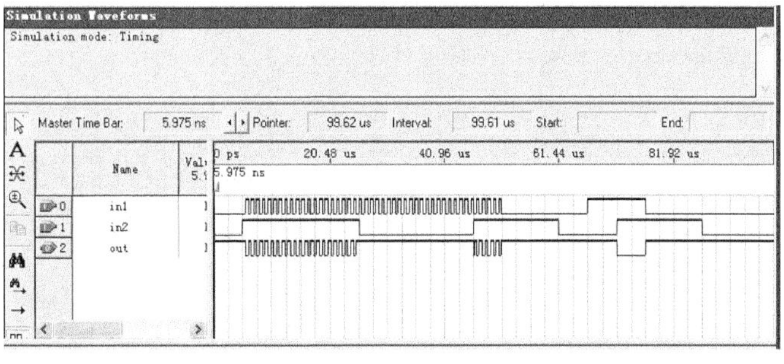

图 13-27 与非门的仿真结果

若仿真结果不正确，则分析原因，找出错误后再次仿真，直到正确为止。若仿真正确，则可以指定 FPGA 器件、设置不用引脚、锁定引脚，再次编译，将编译得到的配置文件下载到 FPGA，进行实际实验，以验证所设计的逻辑。

13.3 Verilog HDL 设计数字系统

[设计题目]瞬开延断开关设计。

试设计一个按钮开关，该按钮开关在按钮第一次按下时，输出信号 x 和 y 瞬时变为高电平。在按钮第二次按下时，输出信号 x 瞬时变为低电平，但是输出信号 y 在延迟 90 s 后才变为低电平。若 x 控制投影仪的灯泡，y 控制投影仪的风扇，则该开关是投影仪的电源开关。

该控制器框图如图 13-28 所示。由题意，可以画出图 13-29 所示的状态图。

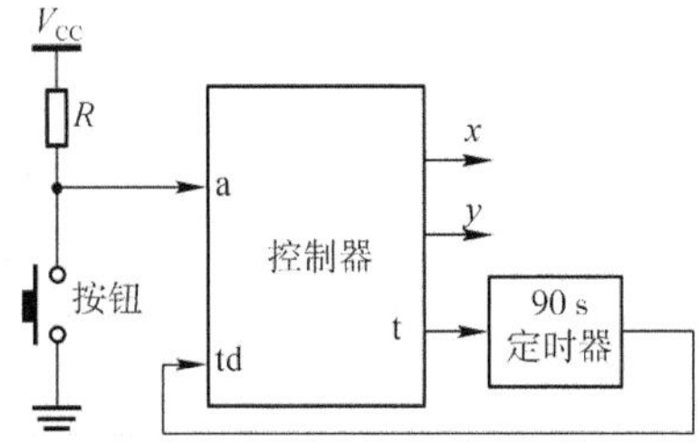

图 13-28　瞬开延断开关系统的框图

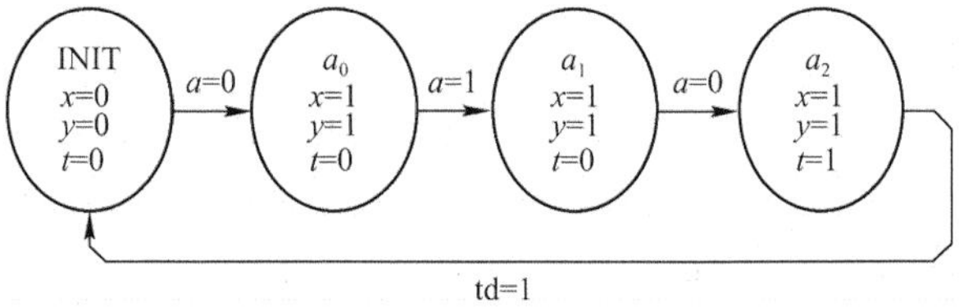

图 13-29　瞬开延断开关的状态图

1)设计状态机

状态机源程序如下：

```
module state(clk,a,td,t,x,y);                //a、td 是输入，t、x 和 y 是输出，clk 是状态机时钟
input a,clk,td;
output t,x,y;
reg t,x,y;
reg [1:0] state,next_state;
parameter init = 2'b00,a0 = 2'b01, a1 = 2'b10, a2 = 2'b11;
always @ (posedge clk)                       //状态寄存器
begin state <= next_state; end

always @ (state or td or a)                  //输出与次态逻辑
begin
   case (state)
   init: begin t<=0;x<=0;y<=0;
          if (! a) begin next_state <= a0; end
         else begin next_state <= init; end
       end
    a0: begin t<=0;x<=1;y<=1;
          if (a) begin next_state <= a1; end
          else begin next_state <= a0; end
       end
    a1: begin t<=0;x<=1;y<=1;
          if (! a) begin next_state <= a2; end
```

```
            else begin next_state <= a1; end
        end
      a2: begin t<=1;x<=0;y<=1;
            if (td) begin next_state <= init; end
            else begin next_state <= a2; end
        end
   endcase
 end
 endmodule
```

状态机仿真结果如图 13-30 所示。在 *a* 与 td 信号的控制下,状态机状态能够正确转移。

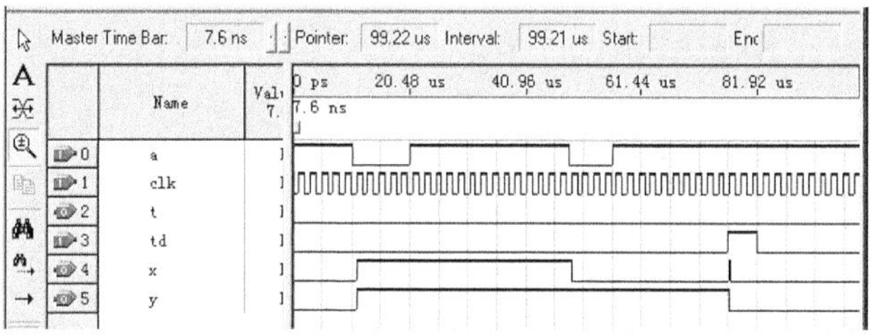

图 13-30　状态机仿真结果

若仿真结果正确,则须生成逻辑符号。选择 File/Create/Update/Create Symbol Files for Current File 菜单,则可以生成顶层图形文件需要的逻辑图符号。

2)设计减法计数器

减法计数器程序如下:

```
module count(clk,t,td,qq1,qq2);   //clk 是计数时钟,t 是输入,td、qq1 和 qq2 是输出
input t,clk;
output td;
output [3:0] qq1,qq2;
wire [3:0] qq1,qq2;
reg td;
reg [7:0] qq;
assign{qq2,qq1} = qq;
always @ (posedge clk or negedge t)
begin
     if (t = = 0) begin qq<=90; td<=0; end
     else if ((t = = 1) && (qq >=1)) begin qq <= qq-1; td<=0; end
     else td <=1;
end
endmodule
```

减法计数器的仿真结果如图 13-31 所示。当 *t* 信号为 0 时,计数器置入十六进制数据 A5;在 $t=1$ 时,计数器开始减法计数;当计数到 0 时,td 信号置 1。

选择 File/Create/Update/Create Symbol Files for Current File 菜单,将计数器的描述文件生成逻辑图形符号。

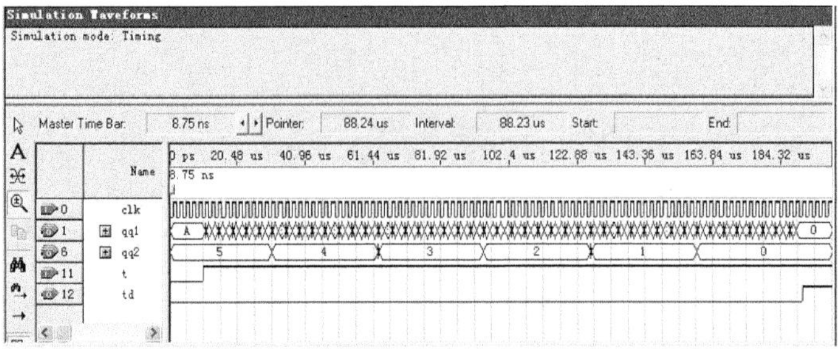

图 13-31　减法计数器的仿真结果

3)设计十六进制-七段译码器

十六进制-七段译码器源程序如下：

```
module yima(ag,bcd);                //ag是输出,bcd是输入
output[6:0] ag;
input[3:0] bcd;                     //输入BCD码
reg [6:0] ag;
always @(bcd)
begin
 case(bcd)
  4'd0: ag = 7'b0000001;
  4'd1: ag = 7'b1001111;
  4'd2: ag = 7'b0010010;
  4'd3: ag = 7'b0000110;
  4'd4: ag = 7'b1001100;
  4'd5: ag = 7'b0100100;
  4'd6: ag = 7'b0100000;
  4'd7: ag = 7'b0001111;
  4'd8: ag = 7'b0000000;
  4'd9: ag = 7'b0000100;
  4'd10: ag = 7'b0001000;
  4'd11: ag = 7'b1100000;
  4'd12: ag = 7'b0110001;
  4'd13: ag = 7'b1000010;
  4'd14: ag = 7'b0110000;
  4'd15: ag = 7'b0111000;
  endcase
 end
 endmodule
```

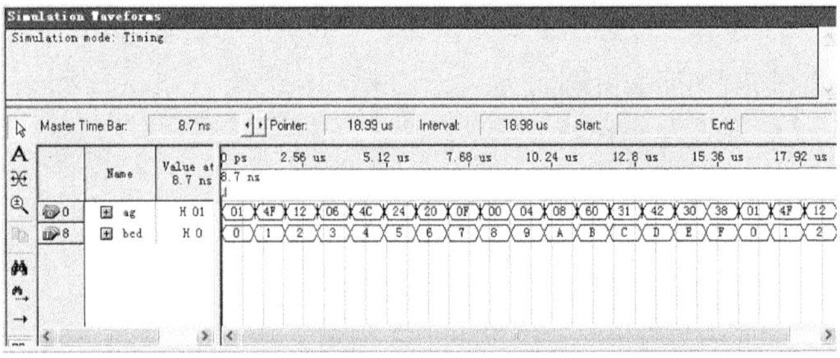

图 13-32　十六进制-七段译码器的仿真结果

图 13-32 显示仿真结果。

选择 File/Create/Update/Create Symbol Files for Current File 菜单，将译码器的 Verilog HDL 描述文件生成逻辑图形符号。

当以上三部分都仿真正确后，就可以进行顶层模块的设计与仿真。

4)设计顶层电路

建立图形文件，在“元件选择”框中有 Project 元件库，调用里面由 Verilog HDL 生成的模块符号，再连线，则有由图 13-33 所示的顶层电路逻辑图。

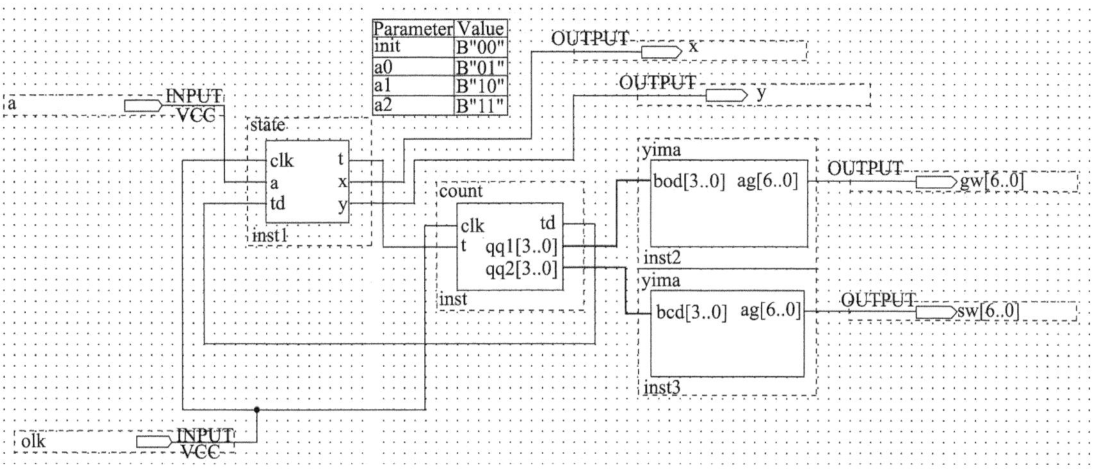

图 13-33　瞬开延断开关顶层电路图

编译成功后编辑仿真波形文件，再仿真，得到图 13-34。

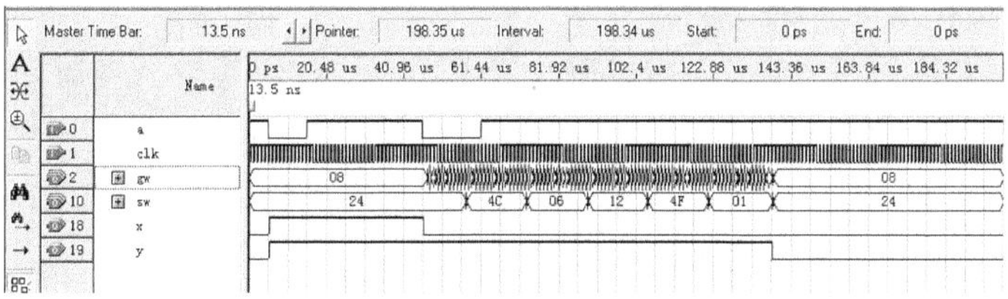

图 13-34　瞬开延断开关仿真结果

由仿真结果可知，当 a 信号第一次为低电平时，x 与 y 信号都为低电平；当 a 信号第二次为低电平时，x 信号为高电平，同时计数器开始减法计数；当计数器计数到 0 时，y 信号为高电平，同时状态返回到 0 状态(发光二极管低电平时亮，按钮信号 a 按下时输出低电平，抬起时输出高电平)。

若仿真正确，还需要如下的步骤才能将配置文件下载到芯片。

(1)选择 Assignments/Device 菜单，选择器件为 Cyclone 系列 EP1C3T144(假设实验板上的 FPGA 是 EP1C3T144)。

(2)选择 Assignments/Device 菜单，在弹出的窗口中单击 Device and Pin Options 按钮，随后在屏幕弹出的窗口中选择 Unused Pins 选项卡，在 Reserve all unused pins 下拉列表框中将不用的引脚选择为 As input tristated。

(3)选择 Assignments/Pins 菜单，进行引脚锁定，锁定后关闭引脚锁定窗口，再编译一次顶层文件。

(4)选择 Tools/ Programmer 菜单，连接 PC 与实验板 FPGA 芯片 EP1C3T144 的 JTAG 接口之间的连接电缆。单击 Start 按钮，将配置文件写入 EP1C3T144 芯片。

附录　数字电路大型作业与数字电子产品开发

F.1　大作业题目

如下是 30 个数字电路课程大型作业，都是与状态机设计有关的题目，用 Verilog HDL 描述。

设计时假设：

(1)大作业中用到的电机功率为 1 kW，交流三相 380 V，需要小型继电器或晶闸管控制接触器才能控制电机工作；

(2)交通灯、电灯为 100W/AC220V，可用小型继电器或晶闸管直接驱动。

(3)电器的加热功率为 1 kW，加热电压为单相 AC220V。

(4)电扇的功率 100W/AC220V。

所有的题目还可扩展如下的功能：

(1)定时器时间长度设置功能，采用拨码盘、DIP 开关、按钮等输入各时间段的时间。

(2)用数码管显示定时器时间。

(3)若是驱动继电器、交流 220 V 等功率负载时，画出驱动电路。

(4)可以在输入、输出电路中增加光耦隔离。

【题目 1】 试设计一个电子秒表。

该秒表有两个按钮，按钮 k1 用于启动和停止秒表，按钮 k2 用于秒表停止时复位秒表。该秒表的最小计时时间为 0.1 s。

【题目 2】 试设计送料小车控制器。

图 A-1 是送料小车示意图，小车 M 可以在 A、B 之间运动，在 A、B 点各有一个行程开关 K_A、K_B。按下按钮 k_1后，小车 M 从 A 点向 B 点前进，到达 B 点，停车 10 s 后，从 B 点后退到 A 点后停止。按钮 k_2能够任何时候使小车停止运行。

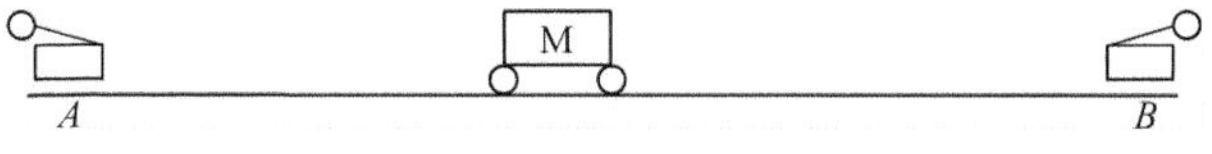

图 A-1　小车运行示意图

注：行程开关(又称为限位开关)是一种检测物体移动位置的开关。图 A-2(a)是结构图，当

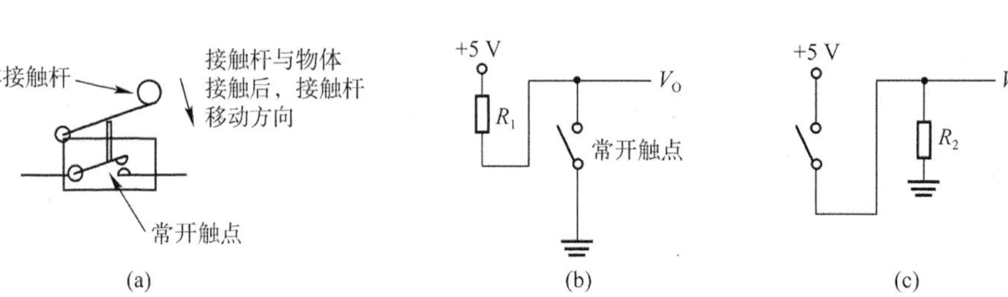

图 A-2　行程开关结构与接线图

物体碰到行程开关的接触杆时，接触杆向下移动，使开关的常开触点闭合。若具有上拉电阻，如图 A-2(b)所示，则常开触点闭合后，行程开关输出低电平；若具有下拉电阻，如图 A-2(c)所示，则常开触点闭合后，行程开关输出高电平。

【题目 3】 电灯延时开关。

设计一个电灯延时开关，按钮 k 按下 1 次，电灯 L 亮 10 s 后灭；按钮按下 2 次(灯亮 10 s 内按第 2 次)，电灯 L 长亮不灭；再按下按钮 1 次，电灯 L 灭。

【题目 4】 汽车自动清洗装置。

汽车驶到清洗机 M 上，按下启动按钮 START，清洗机 M 移动；清洗机移动，检测汽车的开关 JC1 闭合后，打开喷淋阀门 P，同时启动旋转刷子 S 开始刷洗汽车，这时清洗机继续移动；移动到检测汽车的开关 JC2 闭合后，清洗机停止移动，刷子停止旋转，关闭阀门，清洗机后退；当 JC3＝1 时，回到原位；随后延时 10 s，蜂鸣器鸣响，这时汽车可驶离清洗机；延时 5 s 后，蜂鸣器停止鸣响。任何时候按下按钮 STOP，可以停止所有的动作。

【题目 5】 自动定时搅拌系统设计。

定时搅拌控制系统如图 A-3 所示。

初始状态是出料阀 A 关闭。按钮 k1 按下后，进料阀 B 打开，开始进料；液面开始上升，液面传感器 L_1 接通后，停止进料；搅拌机开始搅拌，搅拌 50 s，停止搅拌，打开出料阀 A；液面下降到传感器 L_2 断开时，关闭出料阀 A 后停止动作。

按钮 k2 按下时，可以停止所有的动作。

【题目 6】 加热控制器。

按钮 k1 按下后，加热器 J 加热 25 s；然后停止加热，电扇 F 通电 15 s，加热器加热 10 s 后停止加热，风扇 F 断电。按钮 k2 按下时，可以随时停止加热，电扇断电。

【题目 7】 试设计一个铁路与公路交叉路口的交通灯控制器。

该题目示意图如图 A-4 所示。要求无论火车从西向东，还是由东向西，只要火车任何部分通过传感器 S_0 或 S_3 时，在路口响起 10 s 报警声，且只响一次；只要火车任何部分位于传感器 S_1 ～S_2 之间时，公路呈红灯；否则公路呈绿灯(假设火车不会同时压住传感器 S_1 与 S_2。火车压住传感器时，传感器输出高电平)。

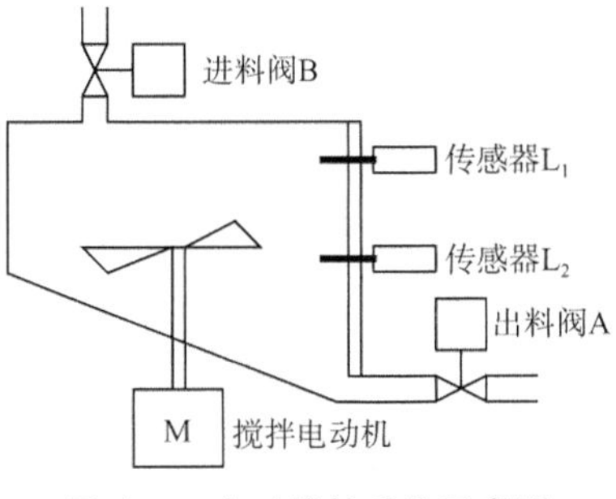

图 A-3　定时搅拌系统示意图

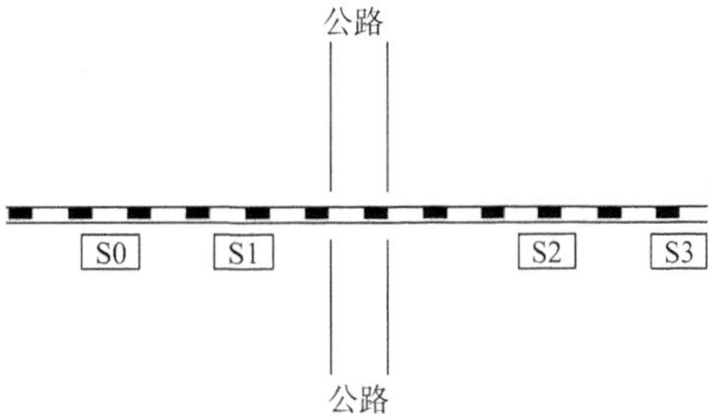

图 A-4　铁路与公路交叉路口的交通灯示意图

【题目 8】 设计并制作一个十字路口交通灯控制系统。

该交通灯控制规则如下所述。

(1)每个街口有左拐、右拐、直行及行人 4 种指示灯。每个灯有红绿两种颜色(用箭头区别)。自行车与汽车共用左拐、右拐和直行灯。

(2)共有 4 种通行方式。

①车辆南北直行、各路右拐与南北向行人通行的南北向通行时间为 30 s，各路右拐比直行滞后 10 s 开放。

②南北向左拐和各路右拐的通行时间为 25 s，期间行人禁行。

③东西向直行、各路右拐和东西向行人通行的东西向通行时间为 45 s，各路右拐比直行滞后 10 s 开放。

④东西向左拐和各路右拐的通行时间为 35 s，期间行人禁行。

(3)在通行结束前 10 s，绿灯闪烁直至结束(2 s 间隔)。

【题目 9】 试设计一个十字路口交通灯控制系统 1。

十字路口只有直行和左拐控制的红、黄和绿交通灯，控制规则见图 A-5。

<table>
<tr><td></td><td></td><td></td><td></td><td></td><td>30 s</td><td>2 s</td><td>15 s</td><td>2 s</td></tr>
<tr><td rowspan="2">东西向</td><td colspan="4">东西直红</td><td>东西直行绿</td><td>东西直行黄</td><td>东西直行红</td><td>东西直行红</td></tr>
<tr><td colspan="4">东西拐红</td><td>东西拐红</td><td>东西拐红</td><td>东西拐绿</td><td>东西拐黄</td></tr>
<tr><td rowspan="2">南北向</td><td>南北直行绿</td><td>南北直行黄</td><td>南北直行红</td><td>南北直行红</td><td colspan="4">南北直红</td></tr>
<tr><td>南北拐红</td><td>南北拐红</td><td>南北拐绿</td><td>南北拐黄</td><td colspan="4">南北拐红</td></tr>
<tr><td></td><td>20 s</td><td>2 s</td><td>10 s</td><td>2 s</td><td></td><td></td><td></td><td></td></tr>
</table>

图 A-5　题目 9 图

【题目 10】 试设计一个十字路口交通灯控制系统 2。

十字路口只有直行和左拐控制的红、黄和绿交通灯，该交通灯控制规则见图 A-6。

<table>
<tr><td></td><td></td><td>30 s</td><td>2 s</td><td>15 s</td><td>2 s</td><td></td><td></td><td></td><td></td></tr>
<tr><td rowspan="2">东西向</td><td>东向西</td><td>直拐绿</td><td>直拐黄</td><td colspan="2">直拐红</td><td colspan="4">直拐红</td></tr>
<tr><td>西向东</td><td colspan="2">直拐红</td><td>直拐绿</td><td>直拐黄</td><td colspan="4">直拐红</td></tr>
<tr><td rowspan="2">南北向</td><td>南向北</td><td colspan="4">直拐红</td><td>直拐绿</td><td>直拐黄</td><td colspan="2">直拐红</td></tr>
<tr><td>北向南</td><td colspan="4">直拐红</td><td colspan="2">直拐红</td><td>直拐绿</td><td>直拐黄</td></tr>
<tr><td></td><td></td><td></td><td></td><td></td><td></td><td>25 s</td><td>2s</td><td>20 s</td><td>2 s</td></tr>
</table>

图 A-6　题目 10 图

【题目 11】 试设计组合机床液压工作台控制器。

控制要求：工作台在原位时，若按下按钮 k1，则工作台快进信号 Y_1 为 1；到行程开关 SQ_2 后，工作台工进信号 Y_2 为 1；到达行程开关 SQ_3 并停止 5 s 后，工作台快退信号 Y_3 为 1；到达原点行程开关 SQ_1 后，工作台停止运行。任何时候按下按钮 k2，可以停止工作台运行。

注："快进(退)"是指工作台上工件不加工时，工作台快速移动；"工进"是指工作台上的工件加工时，工作台按照加工要求的速度移动。

【题目 12】 试设计电动机控制器。

控制要求：按钮 k1 按下后，第 1 台电动机 M_1 启动，5 s 后第 2 台电动机 M_2 启动；10 s 后第 2 台电动机 M_2 停止；5 s 后 M_1 停止。任何时候按下按钮 k2，可以停止电动机运行。

【题目 13】 设计 5 台电动机的启停控制器。

控制器信号为：一个启动按钮 k1，一个停止按钮 k2，一个紧急停止按钮 k3，5 台电动机控制信号 $M_1 \sim M_5$。控制要求如下：

(1)每按一次启动按钮 k1，从第 1 台电动机开始，增序启动一台电动机。按下 5 次后，5 台电动机全部启动运行。

(2)每按一次停止按钮 k2,从第 5 台电动机开始,逆序停止一台电动机。按下 5 次后,5 台电动机全部停止运行。

(3)在正常情况下,若按动停止按钮 k2 一次都对所有正在运行电动机的编号选最大的先停止运行,其他状态不变;若按启动按钮 k1 一次都对所有没有运行电动机的编号选最小的先启动。

(4)急停按钮 k3 按下时,所有电动机都停止运行。

【题目 14】 气压成型机控制器设计。

控制要求:冲头初始处在最高位置(行程开关 XK_1 闭合)。按下启动按钮 k1,电磁阀控制信号 Y_1 为 1,冲头向下运动,触到行程开关 XK_2 时,Y_1 为 0,加工 5 s 时间。5 s 后,电磁阀 Y_2 为 1,冲头向上运动,触到行程开关 XK_1 时,Y_2 为 0 使冲头停止。任何时间按下停车按钮 k2,可以立即停止冲头运行(冲头上有零件上模具,向下运动与下模具合并,形成完整的零件模具后才能加工零件;冲头由空气驱动,用电磁阀门控制)。

【题目 15】 喷泉控制器设计。

控制要求:喷泉有 A、B、C 三组喷头。按下按钮 k1 启动后,A 组先喷 5 s,后 B、C 同时喷,5 s 后 B 停;再 5 s 后 C 停,而 A、B 又喷;再 2 s 后,C 也喷,持续 5 s 后全部停;再过 3 s 重复上述过程。按钮 k2 随时可以停止所有喷头喷水(控制器输出信号控制电磁水阀门开启与关闭,即控制喷泉是否喷水)。

【题目 16】 3 台电动机控制器设计。

控制要求:按下按钮 k 时,三台电动机 M_1、M_2、M_3 按 M_1-M_2-M_3 顺序,间隔 10 s 启动运行;再次按下按钮 k 时,三台电动机按 M_3-M_2-M_1 顺序,间隔 30 s 停止运行。

【题目 17】 试设计一个食物加工装置控制器。

控制要求如下:

(1)按下 k1 按钮,电热器 Q 开始加热,约 8 s 后停止加热。

(2)使电动机 M 运转 10 s 后,电热器 Q 再加热 10 s。

(3)使电动机 M 运转 5 s 后,电热器 Q 加热 3 s 后停止加热。

任何时候,按钮 k2 停止电动机运转或电热器加热。

加热信号 JR=1 时加热,否则停止加热。电动机控制信号 M=1 时电动机运转,否则电动机停止运转。

【题目 18】 两台电动机控制器设计。

控制要求:

按钮 k1 按下后,M_1 启动;随后按下 k2 后,M_2 才能启动;按钮 k3 按下后,M_1 停止,延时 30 s 后 M_2 才能停止。

【题目 19】 液压动力工作台控制器设计。

某液压动力工作台在初始状态时停在原点位置 X_0。按下启动按钮 k1,工作台以速度 0 移动到位置 X_1;然后以速度 1 移动到位置 X_2,再以速度 2 移动到位置 X_3。在位置 X_3 处停止 5 s 后,工作台以速度 3 返回原点位置。按钮 k2 可在任何时候停止工作台运行。在位置 X_0、X_1、X_2、X_3 处有行程开关 SW_0 ~ SW_3 检测工作台位置,当工作台到达预定位置时,对应的行程开关输出有效高电平;工作台速度 0、1、2、3 的控制信号 S_0、S_1、S_2 和 S_3 为高电平有效。

【题目 20】 电镀生产线控制系统设计。

控制要求:SQ_1 ~ SQ_4 为行车进退限位开关,SQ_5 ~ SQ_6 为上下限位开关。工件原始位置为 SQ_4、SQ_6。

(1)工件提升至 SQ_5 停，行车进至 SQ_1 停，放下工件至 SQ_6，电镀定时 10 s；工件升至 SQ_5 停，滴液定时 5 s；

(2)行车退至 SQ_2 停，放下工件至 SQ_6，清洗定时 6 s，工件升至 SQ_5 停，滴液定时 5 s；

(3)行车退至 SQ_3 停，放下工件至 SQ_6，清洗定时 6 s，工件升至 SQ_5 停，滴液定时 5 s；

(4)行车退至 SQ_4 停，放下工件至 SQ_6（行车是安装在屋顶上的起重机，其吊钩可以向三维方向移动。该题目用上与下、前进与后退方向移动吊钩上所挂的电镀零件）。

【题目 21】 设计某秒表。

使用一个按钮 k 工作，第一次按下按钮时，秒表开始计数；第二次按下按钮时，秒表停止计数；第三次按下按钮时，秒表计数器继续计数；第四次按下时，秒表计数器停止计数，如此反复。若在停止计数状态，按钮按下时间超出 2 s，则秒表计数器清零。要求最小显示时间是 100 ms，最大显示时间是 9 min。

【题目 22】 试设计小车移动控制器。

如图 A-7 所示，小车初始位置时，限位开关 X_0 接通，按下按钮 k，小车按照图示的顺序移动，最后返回初始位置。小车在限位开关 X_2 处停 5 s，在限位开关 X_3 处停 10 s。

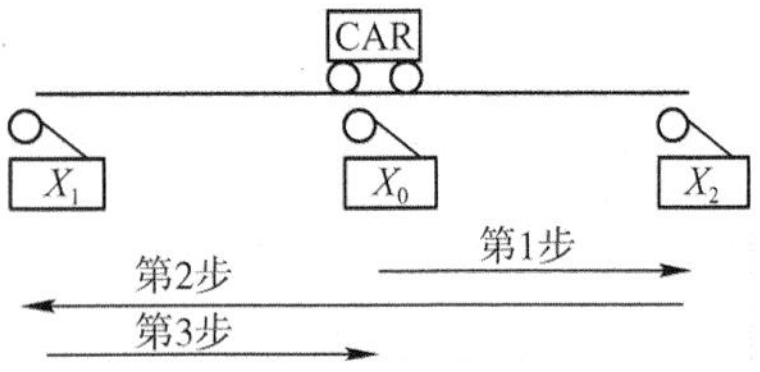

图 A-7 小车移动示意图

【题目 23】 起重机的动负荷试验装置。

控制要求如下：按钮 k 按下时，起重机吊钩上升 10 s 后停 5 s，然后下降 10 s，再停 5 s，反复运行 60 min 后停止，然后发出声光信号提示试验结束。

【题目 24】 试设计生产线控制器。

控制任务说明：生产线示意图如图 A-8 所示，该生产线有自动输送工件至工作站的功能，生产线分三个工作站，工件在每个工作站加工时间为 20 s，生产线由电动机驱动的输送带组成。工件搬运到输送带上移动，若工件输送到工作站 1，限位开关 SQ_1 检测出工件已到位，电动机停转，输送带停止运动，工件在工作站 1 加工；随后电动机再运行，输送带将工件输送到工作站 2 加工；最后再输送到工作站 3 加工后，搬运到搬运车上。

该生产线的控制系统须启动按钮 k1，每启动一次完成一个周期。按钮 k2 可以在任何时候停止所有动作。

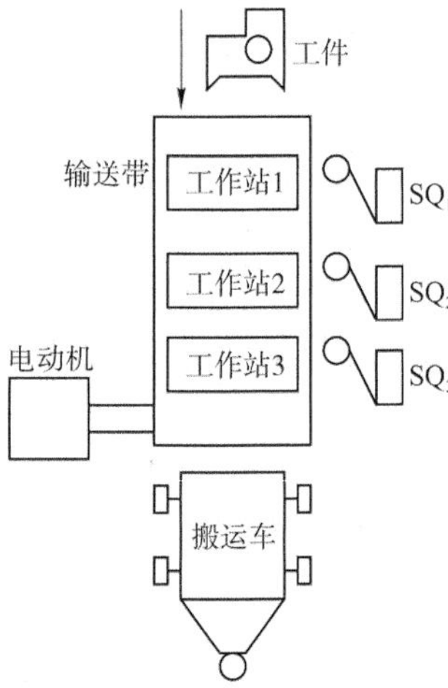

图 A-8 生产线示意图

【题目 25】 冷却液系统控制器。

控制任务说明：机床的冷却液系统由 3 台电动机驱动，要求如下所述。

(1)按下按钮 k1 后，M_1 和 M_2 同时启动。

(2)M_1 和 M_2 同时启动后，延迟 8 s 后，M_3 启动。

(3)停止按钮 k2 按下时，M_3 先停止，延时 10 s 后，M_2 停止；再延时 5 s，M_1 停止。

【题目 26】 试设计一个楼梯灯控制装置。

控制要求：只用一个按钮 k 控制，当按一次按钮 k 时，楼梯灯 L 亮 1 min 后自动熄灭；当第二次按按钮 k 时（在 1 min 内），灯亮 4 min 后灭；若在 4 min 内，再按下按钮 k 时，灯熄灭。

【题目 27】 试设计定量封装设备控制器。

该设备可半自动封装定量产品，如面粉、饲料等。控制任务说明：

① 人工将包装袋装在封口机上。按下启动按钮 k，重量开关 $k=0$，使进料阀门 A 打开，物料

落入包装袋中。

② 当重量到达时，重量开关 $k=1$，使进料阀 A 关闭；同时封口电磁铁 M 得电，压紧包装袋封口时间为 5 s，5 s 后电磁铁失电（“得电”是接通电源，“失电”是断开电源）。

③ 人工移去已包装好的物品，装上空包装袋后，按下按钮 k，开始下一循环。

该半自动定量封装设备示意图如图 A-9 所示。

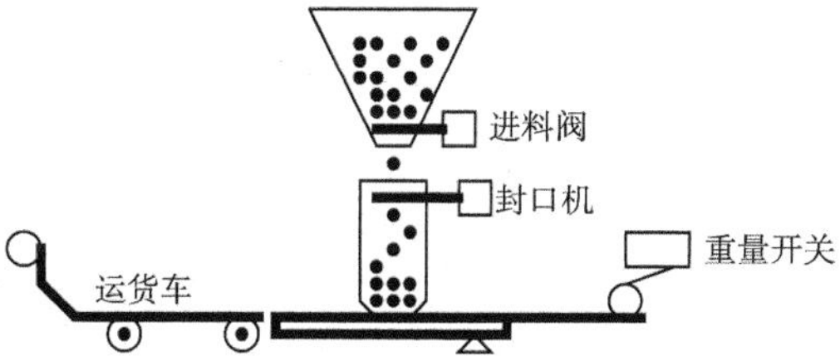

图 A-9 半自动定量封装设备示意图

【题目 28】 试设计两个电动机控制器。要求电动机 1 运转 10 s 后，电动机 1 停止，电动机 2 运转；电动机 2 运转 5 s 后，电动机 2 停止，电动机 1 启动运转……，不断重复；按钮 k 按下后，该控制器开始运行；按钮 k 再次按下后，该控制器停止运行。

【题目 29】 试设计电灯控制器，按钮 k 按下后（低电平有效），电灯亮 5 s 后灭；若按钮在灯亮 5 s 期间，再按下按钮 k，则灯长亮不灭；若这时按下按钮 k，则灯灭。

【题目 30】 某控制器完成的动作为：

(1)按下控制装置启动按钮 k1 后，传送带 A 先启动运行，拖动空箱体前移至指定位置，达到指定位置后。由光电检测器 SQ1 发出信号，使传送带电动机 A 停止运行。

(2)传送带 A 停止运行后，传送带 B 启动运行，产品逐一落入箱内，由光电传感器 SQ2 检测产品数量。当累计产品数量达到 12 个时，传送带 B 制动停车，传送带 A 启动运行。

(3)上述过程周而复始进行，直到按下停止按钮 k2，传送带 A 和传送带 B 同时停止。

试设计该控制器。

F.2 大作业论文的写作

一、摘要的写作

第 1 段写：大作业的意义，大作业有哪些应用？

第 2 段写：论文的工作包括：查阅文献、研究 FPGA 芯片，设计哪些电路，研究什么类型的状态机，用硬件描述语言编写哪些代码等。

第 3 段写：通过大作业，得到（学到）什么。

二、第 1 章 概述

论文工作的意义。

所设计的产品是个小控制器，在市场上有无同类产品？外形、技术指标、图片、价格、优缺点等都可以写。

所设计的小控制器，对比现在市场上的 PLC、单片机等，有何特点。

为完成论文工作，应该先做什么，后做什么。这是论文工作安排。

论文的内容：分小节简要介绍各个章节内容

三、第 2 章 总体方案介绍

所设计产品的功能介绍。

设计产品的实现原理，多几种原理也可以，但至少应该有学过的原理。

产品所用到的FPGA选择、硬件描述语言介绍等。FPGA产品很多,怎么选择芯片。介绍所选择的FPGA芯片的特点,电参数、各个引脚功能及下载方式等。

给出所设计产品的详细功能框图,分别介绍各个模块的功能,输入、输出信号。状态机画出状态图,并解释状态图。

四、第3章　硬件电路设计

(1)介绍硬件电路所实现的功能,该硬件电路的输入是什么,输出是什么。

(2)画一个电路框图,介绍电路框图由哪些电路模块组成,然后简要描述各个模块的功能,如一个电路可能的模块划分为:时钟、FPGA或CPLD芯片与下载接口组成的最小系统、电源、数码管显示、按键与功率驱动电路组成。模块内标示信号名与模块名,信号标示实际方向。

(3)分别描述各个模块:

① 模块的功能与技术要求。

② 模块与哪些电路连接,有哪些信号,对信号有何要求。

③ 模块中的主要器件特点,主要直流参数、优缺点等。

④ 模块的具体电路、电路特点、电路参数选择。

⑤ 模块可以和其他电路顺利接口吗?噪声容限是多少?作为信号源可以驱动负载吗?作为负载,信号源满足要求吗?例如,如果一个按钮与数字电路的输入引脚连接,应计算出该按钮按下或是抬起时,引脚上的高低电平。

⑥ 模块功耗是多少?将所有元件消耗的电流相加是该模块消耗的电流。

(4)电源模块最后写;选择稳压器件时,注意满足其他所有模块消耗的电流之和。

(5)给出详细完整电路图,若图太大,可以放到附录中。

(6)电路板设计说明,叙述在设计中应该注意的问题。

(7)给出电路板图。

(8)电路板丝网漏印图(元器件布局图)。

(9)元件列表(包括价格)。

五、第4章 逻辑设计

(1)按照控制要求的功能,按照功能划分模块,画出顶层模块图,分析各个模块之间的信号,研究各个模块的功能。

(2)分小节介绍各个模块的实现:

① 用Verilog HDL描述(在MAX+Plus Ⅱ或QUARTUS Ⅱ软件环境)各个模块,仿真模块功能(解释怎么输入信号,怎么正确输入信号)。

② 将Verilog HDL描述写入论文,最好加注释。

③将仿真结果波形图粘贴到论文,解释怎么正确输入信号。

④ 生成各个模块的符号,在MAX+Plus Ⅱ或QUARTUS Ⅱ软件环境中画顶层电路图,并仿真,还应

a. 将顶层电路粘贴到论文,并解释。

b. 将顶层仿真结果波形图粘贴到论文,解释怎么正确输入信号

c. 指定器件型号,设置非使用引脚,并锁定引脚。将引脚锁定的顶层图粘贴到论文。

第 5 章　验证实验

实际实验板实验验证大作业所设计的电路

第 6 章　总结与展望

(1)应该指明作者在论文工作中做了什么。

(2)不足与展望。

大作业附录　附录为一些可以证明工作的材料，如图片等。

参考文献

毕满清．2005．电子技术实验与课程设计．北京:机械工业出版社

常晓明,李媛媛．2005．Verilog HDL工程实践入门．北京:北京航空航天大学出版社

常晓明,2003．Verilog HDL实践与应用系统设计．北京:北京航空航天大学出版社

康华光．2000．电子技术基础(数字部分)．北京:高等教育出版社

奈杰尔P·库克．2003．应用PLD的数字电子技术．北京:机械工业出版社

潘松,黄继业．2002．EDA技术实用教程．北京:科学出版社

渠云田．2008．电工电子技术(第2分册)．北京:高等教育出版社

任爱峰等．2004．基于FPGA的嵌入式系统设计．西安:西安电子科技大学出版社

宋万杰,罗丰等．1999．CPLD技术及其应用．西安:西安电子科技大学出版社

夏路易．2008．单片机技术基础教程与实践．北京:电子工业出版社

夏路易．2009．基于EDA的电子技术课程设计．北京:电子工业出版社

夏路易,石宗义．2002．电路原理图与电路板设计教程．北京:北京希望电子出版社

夏路易,王建平．1995．电路、电子电路微机辅助分析．太原:山西高校联合出版社

夏路易,阎宏印等．2001．电子技术基础(上下册)．北京:兵器工业出版社

谢克明,夏路易．2002．可编程控制器原理与程序设计．北京:电子工业出版社

谢克明．2001．电子电路EDA．北京:兵器工业出版社

阎石．2006．数字电子技术基础(第5版)．北京:高等教育出版社

臧春华等．2005．现代电子技术基础．北京:北京航空航天大学出版社

詹姆斯·比格内尔,罗伯特·多诺万．2003．数字电子学．4版．北京:机械工业出版社

张明．1999．Verilog HDL实用教程．成都:电子科技大学出版社

Bhasker J. 2000. Verilog HDL硬件描述语言．许振林等译．北京:机械工业出版社

Nelson V P等．1997．数字逻辑电路分析与设计．北京:清华大学出版社,PRENTICE HALL

Thomas L. Floyd. 2002．数字基础．北京:科学出版社

Thompson R D. 2003．数字电路简明教程．北京:电子工业出版社

Wakerly J F. 2001．数字设计．3版．北京:高等教育出版社,Pearson Education出版集团

Yarbrough J M. 2000．数字逻辑应用与设计．北京:机械工业出版社